化学工程与技术研究生教学丛书

计算流体力学及其在化学工程中的应用

卫宏远　党乐平　张　婷　编著

天津大学研究生创新人才培养项目资助

科 学 出 版 社
北　京

内 容 简 介

本书介绍了计算流体力学(CFD)相关的基础知识和数值算法，并根据化工过程以及单元操作的特点，详细介绍了多相流、燃烧、微观混合等应用模型，以及如何将这些应用模型集成于CFD主解器的框架中。本书的最大特点是通过典型案例向读者全面介绍CFD相关理论模型在具体的化工过程中的应用方法，帮助读者充分了解如何利用CFD有效地服务于化工工艺和设备的优化、设计、放大及创新。全书共7章，前两章是基础理论知识、模型与数值算法；后五章根据应用单元或工艺，系统阐述CFD仿真在流体输送及非传质多相流、传热过程、传质与分离过程、化学反应过程及反应器优化与放大、化工安全等领域的相关应用。

本书可作为高等学校化学工程与技术学科的研究生教材，也可供从事化工行业和流程工业研发、设计以及生产的技术人员参考。

图书在版编目(CIP)数据

计算流体力学及其在化学工程中的应用 / 卫宏远，党乐平，张婷编著. —北京：科学出版社，2021.10

（化学工程与技术研究生教学丛书）

ISBN 978-7-03-069801-8

Ⅰ. ①计…　Ⅱ. ①卫…　②党…　③张…　Ⅲ. ①计算流体力学-研究　Ⅳ. ①O35

中国版本图书馆 CIP 数据核字(2021)第 185198 号

责任编辑：陈雅娴　李丽娇 / 责任校对：杨　赛

责任印制：张　伟 / 封面设计：无极书装

科学出版社 出版

北京东黄城根北街 16 号

邮政编码：100717

http://www.sciencep.com

北京九州迅驰传媒文化有限公司 印刷

科学出版社发行　各地新华书店经销

*

2021 年 10 月第　一　版　开本：787 × 1092　1/16

2023 年 12 月第三次印刷　印张：26 1/4

字数：622 000

定价：139.00 元

（如有印装质量问题，我社负责调换）

前　言

计算流体力学(computational fluid dynamics，CFD)是近代流体力学、数值计算和计算机科学相结合的产物，是一门具有强大生命力的交叉学科。随着近年来计算机软硬件技术和数值计算技术的不断发展，CFD已在流体流动研究、发动机设计、飞行器设计、机动车设计、水文气象预测等领域成为重要研究手段。在化学工业中，流体几乎存在于化工生产过程中的每个环节，而流体的流动直接影响化工过程的传质、传热以及反应效率、安全环保等方面。因此，近二十年来国内研究人员开始利用CFD数值技术分析解决化工过程中的各种单元操作及其相关的工艺、设备问题。随之而来的是，人们发现CFD在化工领域的应用面临着在其他领域所没有的挑战，如多相流问题、湍流传质问题、传质与本真反应动力学问题、高黏度系统以及复杂反应体系问题等，这使得CFD仿真技术在化工领域的应用更加复杂，亟待展开更多、更深入的研究。

CFD的学习需要掌握复杂的流体动力学知识和较强的数值计算基础。在CFD应用于化工过程中时，还必须深入了解化工过程中所涉及的工艺知识和特定模型，能够将这些特定模型正确植入CFD计算框架中，并能在物理和化学意义上正确地定义初始条件和边界条件。虽然商用CFD软件的使用减轻了学习者对其应用的难度，但进行CFD基础理论及相关模型知识的学习，对深刻理解CFD原理、正确使用相关模型与数值计算技术，以及获得收敛且正确的模拟结果十分重要，否则应用CFD对化工过程进行仿真模拟可能会导致很大的偏差，甚至出现误导性的结论。与此同时，很多具有CFD背景的技术人员却缺乏化工基本知识，对工艺流程、设备以及创新设计切入点不甚了解，从而在应用CFD时很难入手。目前，国内CFD相关书籍主要集中在对CFD理论及相关软件的介绍上，而专门针对CFD在化学工程中应用介绍的参考书几乎没有。为填补这一空白，并应对化工专业的研究生以及相关科研和工程技术人员在科研和产业化创新中日益增长的需求，在科学出版社和天津大学化工学院的强力促进下，编者编写了本书，以期为读者提供一本较为全面的教材和实用参考书。

本书的编者卫宏远教授于20世纪90年代初在英国工作期间首次提出了将计算流体力学耦合结晶粒数衡算和结晶动力学模型对结晶过程进行数值模拟，随后不断致力于把CFD仿真技术推广到反应器的设计与放大、化工创新设备的开发等化工过程应用实践中。回国后，他带领团队主持或参与了多项国家重点研发计划项目、国家高技术研究发展计划(863计划)项目和国家自然科学基金项目，并成功地利用CFD仿真辅助设计技术在中国石油化工集团有限公司、中国宝武钢铁集团有限公司、中国兵器工业集团有限公司、攀钢集团有限公司、中信工程设计建设有限公司、中冶焦耐工程技术有限公司等二十多家国有大型企业实现了大型结晶器、反应器、吸收和精馏塔、燃烧装置和大型焦炉等产业化创新设计与实施，破解了多项“卡脖子”技术难题，积累了丰富的理论与工业化经验。2003年开始，卫宏远教授和党乐平副教授在天津大学开授了研究生课程——化工过程计算流体力学。本书正是卫宏远教授及其团队在二十多年来的教学、科研以及产业化应用成果积累基础上编写的，并广泛参考了国内外最新科技论文和专著。

全书共7章，前两章系统介绍了CFD的基础理论、应用模型与数值算法，特别详细介绍了化学反应、燃烧过程以及多相流体系所涉及的过程应用模型，这是其他计算流体力学参考书中所没有的。后五章根据应用单元或领域，综合阐述各种CFD仿真技术在化学工程中的具体应用，包括CFD在单相流和非相间传质流、传热过程、分离过程、化学反应过程、反应器优化与放大、化工安全等化工领域的应用。应用介绍中融入国际最新研究进展，并包括行业内的一些经典工程案例，还包括编者主持的一些产业化实例，如CFD仿真技术应用于中国石油化工集团有限公司、中国宝武钢铁集团有限公司的硫铵结晶器的优化设计与放大，中冶焦耐工程技术有限公司大型焦炉的开发，中信工程设计建设有限公司无回收焦炉的仿真，以及众多制药过程的反应器/结晶器的模拟设计与放大工程等，力求将理论与实践良好地结合。在编写过程中，编者力求运用通俗易懂的语言、清晰的理论逻辑、合理的应用领域结构来组织内容，使读者能够轻松地理解和掌握相关核心知识。建议读者先对第1章与第2章的基础知识进行系统的学习，再进一步了解后续相关案例章节。

本书由卫宏远、党乐平和张婷编著。参与本书资料准备和整理工作的还有徐金杰、高思达、王颖慧、王伟、苏冠文、刘国钊等同志。

感谢科学出版社的特别邀约，使编者坚定了将多年教学与科研的积累进行总结的决心。感谢天津大学化工学院在该主题的课程教学过程以及本书出版过程中自始至终给予的大力支持与关心。感谢Gexcon公司的支持，他们提供的FLACS软件以及技术支持帮助编者在化工安全领域的仿真模拟取得重要成果，成果部分内容汇入本书。还要特别感谢编者已经毕业的和在读的研究生，他们的很多成果与贡献是本书的重要内容。同时，在本书编写和出版过程中得到了国内外众多学者和专家的指导与斧正，在此一并表示衷心的感谢！

由于时间仓促，本书不可避免地存在一些问题，敬请读者批评指正，编者将在未来进一步修订和完善。

编　者

2021年7月

目　录

前言
第1章　计算流体力学概述 …… 1
1.1　什么是计算流体力学 …… 1
1.2　流体流动基本特性 …… 3
1.2.1　流体特性 …… 3
1.2.2　流动特性 …… 4
1.3　流体流动控制方程 …… 6
1.3.1　质量守恒方程 …… 7
1.3.2　动量守恒方程 …… 10
1.3.3　能量守恒方程 …… 11
1.3.4　组分质量守恒方程 …… 14
1.3.5　控制方程的通用形式 …… 15
1.4　CFD 控制方程的离散 …… 16
1.4.1　离散目的 …… 17
1.4.2　离散网格 …… 17
1.4.3　离散方法 …… 18
1.4.4　离散格式 …… 20
1.5　CFD 求解方法 …… 24
1.5.1　基于压力的求解器 …… 24
1.5.2　基于密度的求解器 …… 26
1.6　CFD 求解过程 …… 27
1.7　常用 CFD 商业软件 …… 29
1.7.1　前处理软件 …… 29
1.7.2　求解器 …… 30
1.7.3　后处理软件 …… 32
1.7.4　综合软件 …… 32
符号说明 …… 34
参考文献 …… 34
第2章　CFD 模拟常用应用模型 …… 35
2.1　湍流 …… 35
2.1.1　湍流简介 …… 35
2.1.2　湍流模型 …… 36

2.1.3 近壁流动 …… 53
2.2 热传递 …… 56
2.2.1 热传递概述 …… 56
2.2.2 热传递模型 …… 56
2.3 化学反应与燃烧 …… 63
2.3.1 概述 …… 63
2.3.2 化学反应与燃烧模型 …… 64
2.3.3 微观混合 …… 75
2.4 多相流 …… 83
2.4.1 多相流概述 …… 83
2.4.2 多相流分类 …… 83
2.4.3 多相流模型 …… 84
2.5 其他应用模型 …… 99
2.5.1 移动区域模型 …… 99
2.5.2 非牛顿流体模型 …… 102
符号说明 …… 104
参考文献 …… 105
第3章 CFD在单相流和非相间传质流过程中的应用 …… 109
3.1 流体输送 …… 109
3.1.1 流体输送简介 …… 109
3.1.2 流体输送应用模型 …… 110
3.1.3 CFD在流体输送中的应用 …… 111
3.1.4 离心泵模拟案例分析 …… 112
3.2 搅拌混合 …… 120
3.2.1 搅拌混合简介 …… 120
3.2.2 搅拌混合CFD模拟概述 …… 121
3.2.3 搅拌混合模拟案例分析 …… 122
3.3 沉降 …… 128
3.3.1 沉降简介 …… 128
3.3.2 沉降CFD模拟概述 …… 129
3.3.3 重力空气分级器模拟案例分析 …… 130
3.4 过滤 …… 136
3.4.1 过滤简介 …… 136
3.4.2 过滤应用模型 …… 136
3.4.3 CFD在过滤中的应用 …… 139
3.4.4 陶瓷过滤器模拟案例分析 …… 140
3.5 流态化 …… 147
3.5.1 流态化概述 …… 147

3.5.2　流化床 CFD 模拟概述 …… 148
3.5.3　流化床模拟案例分析 …… 149
符号说明 …… 155
参考文献 …… 156
第 4 章　CFD 在传热过程中的应用 …… 160
4.1　传热过程 …… 160
4.1.1　传热过程简介 …… 160
4.1.2　换热过程应用模型 …… 161
4.1.3　CFD 在换热器中的应用 …… 162
4.1.4　管式换热器模拟案例分析 …… 163
4.2　蒸发 …… 169
4.2.1　蒸发简介 …… 169
4.2.2　蒸发应用模型 …… 170
4.2.3　CFD 在蒸发中的应用 …… 181
4.2.4　盐水液滴蒸发模拟案例分析 …… 182
4.3　物料干燥 …… 187
4.3.1　物料干燥简介 …… 187
4.3.2　物料干燥应用模型 …… 189
4.3.3　CFD 在物料干燥中的应用 …… 193
4.3.4　喷雾干燥模拟案例分析 …… 194
符号说明 …… 199
参考文献 …… 200
第 5 章　CFD 在分离过程中的应用 …… 203
5.1　气体吸收 …… 203
5.1.1　气体吸收简介 …… 203
5.1.2　气体吸收应用模型 …… 205
5.1.3　CFD 在气体吸收中的应用 …… 206
5.1.4　吸收塔模拟案例分析 …… 207
5.2　蒸馏 …… 212
5.2.1　蒸馏简介 …… 212
5.2.2　蒸馏应用模型 …… 214
5.2.3　CFD 在蒸馏中的应用 …… 224
5.2.4　板式塔模拟案例分析 …… 224
5.3　萃取 …… 233
5.3.1　萃取简介 …… 233
5.3.2　萃取 CFD 模拟概述 …… 235
5.3.3　萃取塔模拟案例分析 …… 237
5.4　工业结晶 …… 244

5.4.1 工业结晶简介 ······ 244
5.4.2 工业结晶应用模型 ······ 246
5.4.3 CFD 在工业结晶中的应用 ······ 248
5.4.4 反应结晶模拟案例分析 ······ 249
5.5 吸附 ······ 253
5.5.1 吸附简介 ······ 253
5.5.2 吸附应用模型 ······ 256
5.5.3 CFD 在吸附中的应用 ······ 260
5.5.4 吸附模拟案例分析 ······ 261
5.6 膜分离 ······ 265
5.6.1 膜分离简介 ······ 265
5.6.2 膜分离应用模型 ······ 267
5.6.3 CFD 在膜分离中的应用 ······ 273
5.6.4 膜分离模拟案例分析 ······ 274
符号说明 ······ 279
参考文献 ······ 280
第 6 章 CFD 在化学反应过程中的应用 ······ 286
6.1 微观混合 ······ 286
6.1.1 微观混合嵌入 CFD 模拟化学反应 ······ 286
6.1.2 微观混合模拟案例分析 ······ 288
6.2 催化 ······ 294
6.2.1 催化简介 ······ 294
6.2.2 催化过程应用模型 ······ 295
6.2.3 CFD 在催化中的应用 ······ 298
6.2.4 催化模拟案例分析 ······ 299
6.3 聚合反应 ······ 305
6.3.1 聚合反应简介 ······ 305
6.3.2 聚合反应应用模型 ······ 307
6.3.3 CFD 在聚合反应中的应用 ······ 308
6.3.4 聚合反应模拟案例分析 ······ 310
6.4 电化学反应 ······ 318
6.4.1 电化学反应简介 ······ 318
6.4.2 电化学反应应用模型 ······ 320
6.4.3 CFD 在电化学反应中的应用 ······ 323
6.4.4 电化学反应模拟案例分析 ······ 325
6.5 燃烧 ······ 330
6.5.1 燃烧应用模型 ······ 331
6.5.2 CFD 在燃烧中的应用 ······ 342

6.5.3 燃烧反应模拟案例分析 343
6.6 微反应器 348
6.6.1 微反应器简介 348
6.6.2 CFD 在微反应器中的应用 351
6.6.3 微反应器 CFD 模拟案例分析 353
6.7 反应器放大 356
6.7.1 反应器放大方法与准则 356
6.7.2 CFD 在反应器放大过程中的应用 359
6.7.3 反应器放大模拟案例分析 360
符号说明 364
参考文献 366
第 7 章 CFD 在化工安全领域中的应用 373
7.1 化工安全简介 373
7.1.1 化工生产的特点 373
7.1.2 化工安全生产的意义 374
7.1.3 化工安全的重要性 374
7.1.4 本质安全 376
7.1.5 CFD 在化工过程安全中的应用 376
7.2 反应器热失控模拟 378
7.3 化学气体泄漏模拟 383
7.3.1 气体扩散简介 383
7.3.2 气体泄漏案例分析 393
7.4 爆炸事故模拟 396
7.4.1 爆炸模型 396
7.4.2 爆炸案例分析 399
7.5 池火事故模拟 404
符号说明 408
参考文献 409

第1章

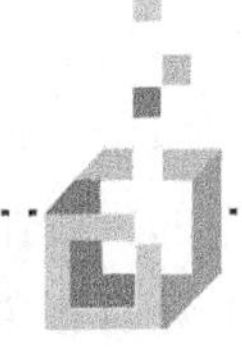

计算流体力学概述

流体无处不在，流体影响着工业生产中的每个环节，与人们的生活密切相关。任何流体都受质量守恒定律、动量守恒定律和能量守恒定律的约束，并可由数学方程描述，采用数值计算方法对其进行求解，进而研究流体的规律，这一学科就是计算流体力学(computational fluid dynamics，CFD)。本章介绍如何通过利用计算流体力学技术来研究流体问题，阐述计算流体力学的相关基础知识，介绍流体流动的基本特性和控制方程，简述控制方程的离散方法、求解方法和求解过程，并简单介绍常用的计算流体力学软件。研究流体流动的影响对优化工业生产流程、提高生产效率和降低生产成本有重要意义。

1.1　什么是计算流体力学

计算流体力学是建立在流体力学、数学和计算机科学基础上的一门交叉学科，是一种利用计算机对涉及流体流动、传热以及相关化学反应的系统进行数值模拟，得到基于时间和空间的流场数值解的研究方法。

CFD 最初作为流体力学的一个分支诞生于第二次世界大战时期，20 世纪 60 年代逐渐发展成为一门独立学科。1966 年，世界上第一本计算流体力学的期刊 *Journal of Computational Physics* 创刊，与此同时交错网格以及对流项迎风差分方法的提出大大推动了 CFD 的发展。1981 年，D. B. Spalding 等开发的流动计算软件 PHOENICS 正式投入市场，成为第一款商用 CFD 软件。20 世纪 80 年代开始，随着计算机技术的迅猛发展，加之 CFD 在工业领域中的应用越来越广泛，为满足工业应用的需求，CFD 也迎来了黄金发展期：FLUENT、FIDAP、STAR-CD 和 FLOW-3D 等软件相继进入市场。1993 年，商用 CFD 软件进入中国市场，促进了相关学科的发展。时至今日，CFD 已经成为研究流体问题的重要手段，并与实验流体力学和理论流体力学共同构成了完整的流体力学研究体系。

理论流体力学主要研究流体力学的基础理论，是进行实验研究和数值计算的依据。通过理论研究获得的结论具有普遍性，但往往要对研究对象进行抽象化，因此除少数情况外，不能直接用于求解实际问题。与理论研究不同，实验流体力学则主要通过实验来研究流体问题，通过实验得出的结果真实可靠，因此可据此验证理论研究和数值计算的准确性，但是实验研究经常面临研究对象过大、实验成本过高和研究周期过长等问题。

CFD 正好克服了理论和实验方法研究流体的缺点。CFD 将研究对象进行离散化，得到有限个离散点，离散点及其变量的值满足流体基本方程(质量守恒方程、动量守恒方程和能量守恒方程)，通过控制方程建立起离散点之间关系的方程组，最后利用计算机求解即可获得研究对象的近似值。相较于理论研究，CFD 具有很强的适应性，可以研究具有复杂边界条件和计算域的流体问题，并且能够将获得的基本物理量(如速度、压力、温度和浓度等)的空间分布和随时间变化的情况进行更加直观的图像显示。另外，CFD 具有很大的灵活性，通过修改计算机中的参数可以研究不同情况的流体流动问题，从而比较不同方案，得到最优化解决方案。除此之外，CFD 还可以降低研发成本，节省经费和时间，对于高温高压、有毒有害和易燃易爆等危险场景的流体问题也可以研究。

CFD 也存在固有的局限性。首先，由于 CFD 是离散化后进行数值求解的，因此模拟结果是有限个离散点上的数值解，无法得到解析表达式，且由于采用的数学模型往往存在缺陷，CFD 模拟结果必然存在误差，甚至会得到错误结果，因此数值模拟所得到的结果必须要进行实验验证，才能认为是可靠的数值解。其次，CFD 模拟对于研究人员的要求较高，模拟精度在很大程度上依赖于经验与技巧，并且用户必须能够对模拟结果进行正确的分析。最后，CFD 受限于计算机技术的发展，模拟时需要较高的计算机配置。由此可以看出，CFD 与理论及实验方法是相辅相成的，它并不能完全替代另外二者，因此在实践中应该注意三者的有机结合，才能做到取长补短。

经过 50 多年的发展，CFD 日趋成熟并被广泛应用于工业及非工业领域之中。它主要应用于以下领域，但并不局限于此：

(1) 飞行器和车辆的空气动力学：升力和阻力。

(2) 船舶水动力学。

(3) 动力装置：内燃机中的燃烧过程。

(4) 旋转机械：旋转通道及扩散器内的流动。

(5) 电子设备：电子元器件的散热。

(6) 化学工程：传质分离、流动输送及传热过程。

(7) 建筑学：建筑物内部通风和外部风载荷等。

(8) 水利及海洋学：河流及海洋的流动。

(9) 气象学：天气预报等。

本书主要关注计算流体力学以及相关模型在化工过程中的应用。流体存在于化工生产的每一个环节，流体的传质、传热、传动以及化学反应对生产过程有着根本影响，因此 CFD 成为化学工程技术人员分析问题和解决问题的强有力的工具，广泛应用于各种化工过程。CFD 在化工中的应用如图 1-1 所示。

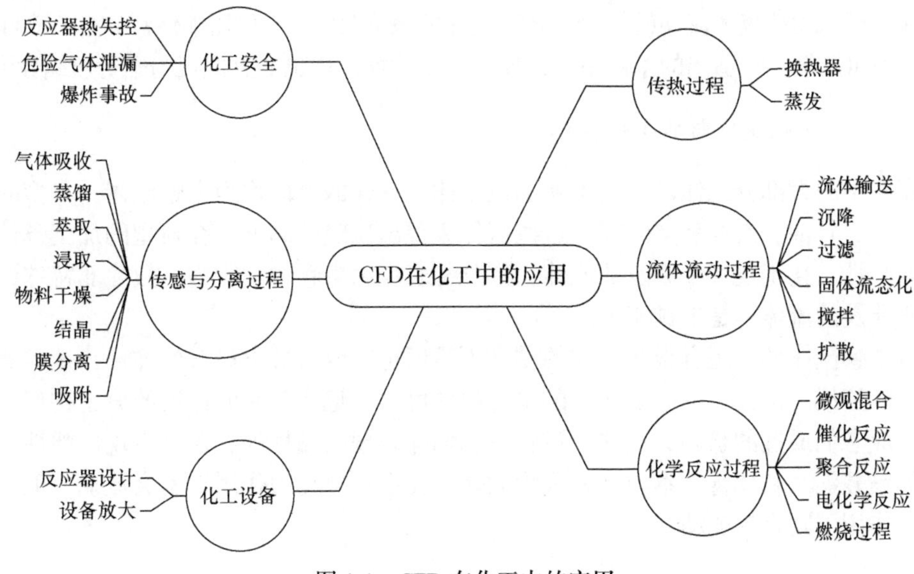

图 1-1　CFD 在化工中的应用

1.2　流体流动基本特性

认识流体的性质和流动状态是利用 CFD 解决问题的基础，决定着如何选择计算方法。本节将从流体特性和流动特性两方面介绍相关基本概念和术语。

1.2.1　流体特性

1.2.1.1　理想流体与黏性流体

流体流动时产生的阻碍相邻两层流体相对运动的应力称为黏性应力，流体这种抵抗变形的性质称为黏性。黏性的大小取决于流体自身的性质和温度，对于气体，温度越高黏性越大，液体则相反。因此，无黏性的流体可以称为理想流体，与之相对的有黏性的流体称为黏性流体。然而，现实中的流体均有黏性，并不存在理想流体，理想流体只是实际流体在一定条件下的理想模型。但这并不意味着理想流体没有意义，理想流体仍然可以用于分析流体流动问题。

1.2.1.2　可压缩性流体与不可压缩性流体

在一定温度下，流体的体积随压力升高而减小的性质称为流体的可压缩性。可压缩性大的流体称为可压缩性流体。可压缩性流体在流动时，流体密度会发生显著的变化。可压缩性流体的研究已经成为流体力学的一个分支，涉及高速飞机、喷气发动机、火箭发动机、天然气管道、喷砂等诸多领域。

虽然现实中所有的流体都是可压缩性的，但当马赫数(可压缩性流体流场中某点的速度与该点的声速之比)小于 0.3 时，流体通常被认为是不可压缩性的，这样的流体即为不可压缩性流体。不可压缩性流体在流动时，材料密度恒定，其体积变化小，可忽略。一个包含不可压缩性流体流动的等价表述是流速的散度为零。不可压缩性流体并不意味着流体本身不可压缩。在适当的条件下，即使是可压缩性流体也能近似视为不可压缩性流体。

1.2.1.3 牛顿流体与非牛顿流体

现实中的大部分流体都遵循牛顿黏性定律，这样的流体称为牛顿流体，典型的牛顿流体有水、甘油、汽油和空气等。这些流体表现出恒定的黏度，在典型的加工条件下几乎没有弹性。化工过程中涉及的流体大部分都表现出牛顿力学行为，故除非特殊说明，本书所涉及的流体都是牛顿流体。

除牛顿流体外，还有很多流体的黏度不是恒定的或表现出显著的弹性，这类流体称为非牛顿流体。例如，一些易变形的聚合材料可以“记住”它们最近的分子构型，并试图恢复成它们最近的状态，在这一过程中它们除表现出黏性外，还会表现出弹性。其他液体如钻井泥浆和牙膏，本质上表现为固体，在小的剪切力作用下不会流动，但在大的剪切力作用下则容易流动。

1.2.2 流动特性

1.2.2.1 层流与湍流

现实中的流体流动主要有两种状态，即层流和湍流(或称紊流)。层流是指流体在低速流动时流体倾向于流动，相邻层彼此滑过，没有垂直于流动方向的横流，也没有涡流。在层流中，流体粒子的运动非常有序，靠近固体表面的粒子沿着平行于该表面的直线进行运动。

与层流不同，湍流是一种以压力和流速的随机变化为特征的流体运动，是常见的现象，如海浪、快速流动的河流、翻滚的风暴云和大多数发生在自然界或在工程应用中产生的流体流动。湍流是由于流体流动部分动能过大，克服了流体黏度的阻尼作用而引起的，是低黏度流体中普遍存在的现象。一般情况下，在湍流中会出现多种尺寸的非定常涡，它们相互作用，由于摩擦作用而阻力增大，这意味着湍流时输送流体会损失更多的能量，但是湍流也会带来益处。例如，湍动程度越大，流体传热效率越高，因此传热器中都会采取措施增大湍动程度。

通道内的流体中发生的流体流动类型在流体动力学问题中非常重要，并随后影响流体系统中的热量与质量传递。一般可以通过雷诺数预测流体的流型，雷诺数是惯性力与流体的剪切力之比。雷诺数的具体计算及其决定流动类型的值取决于流动系统的几何形状和流动模式。常见的示例是通过管道的流体，其雷诺数 Re 定义为

$$Re = \frac{\rho u D_{\mathrm{H}}}{\mu} \tag{1-1}$$

式中，D_{H} 为管道的水力直径(m)；ρ 为流体的密度(kg/m^3)；μ 为流体的动态黏度(Pa · s)；u 为流体的平均速度(m/s)。

对于这种系统，当雷诺数低于临界值(约 2000)时，会发生层流。随着雷诺数的增加(如通过增加流体的流速)，在特定的雷诺数范围内，流体将从层流过渡到湍流。如果雷诺

数非常小(远小于 1)，则流体将表现出斯托克斯(Stokes)流或蠕变流，其中流体的黏性力占惯性力的主导。

1.2.2.2　边界层

在流体力学中，边界层是一个重要的概念，是指流体流经壁面时，由于流体黏性作用，在靠近壁面处形成速度梯度的流体薄层。由于实际流体的黏性，当流体流经固体壁面时，其与固体壁面相接触的部分会产生黏附而不脱落，表现为速度为零；当逐渐远离壁面时，流体的速度则急剧增加，在边界层内产生一个比较大的速度梯度，而在边界层外，则认为速度几乎不变(湍流状态下)。

从图 1-2 可以看出，随着流体沿平板向前流动，边界层在壁面上逐渐加厚，边界层界限不断上移，在平板前部一段距离内，边界层的厚度较小，流体维持层流流动，相应的边界层称为层流边界层(也称滞流边界层)。流体沿壁面的流动经过这一段距离后，边界层中的流动形态由层流经过渡区逐渐转变为湍流，此时的边界层称为湍流边界层。在湍流边界层中，壁面附近仍存在着一个极薄的内层，维持层流流动，这一薄层流体称为层流内层或层流底层。在层流内层与湍流边界层之间，流体的流动既非层流又非完全湍流，称为缓冲层或过渡层。除此之外，流体边界层还可根据动量、能量、质量分为流动边界层、温度边界层和浓度边界层。

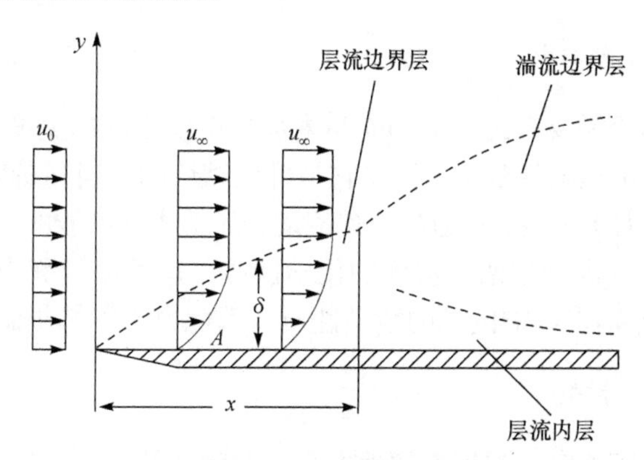

图 1-2　边界层示意图

A 为壁面；*x* 为流体发展充分的距离；*y* 为流体流动的垂直方向；u_0 为流体初始流速；u_∞为流体主体(远离边界层)流速；δ 为边界层厚度

1. 流动边界层

在边界层区域中，由于壁面的摩擦阻力作用，流体沿固体壁面的切向速度由固体壁面处的 0 发展至来流速度 u_0 的 99%。由于此薄层的厚度很小，速度急剧变化，速度梯度($\mathrm{d}u/\mathrm{d}y$)很大，流体的黏性(阻力)效应主要体现在这一区域中，即流体流动的阻力损失主要集中在该边界层内；而层外流体的动量交换十分充分，流体速度几乎相等，不存在流体的动量传递。因此，根据边界层模型，与壁面接触的流体流动可分为两个区域，其一是流体的主体部分(边界层外)，流体微团粒子的交换十分充分，各个方向上的流速均相等，没有动量传递；其二是靠近壁面的薄层(边界层内)，由于流体的黏性作用，层与层之间的摩擦阻力明显，沿壁面法线方向的速度分布很大，存在明显的动量传递，即流体的阻力损失。

2. 温度边界层

运动中的流体仅在靠近壁面的薄层中存在温度差异，此薄层即为温度边界层(又称传热边界层)，而层外流体的温度基本无差异，即 $dt/dy=0$。边界层内集中了全部的传热阻力，而层外由于无温度差，传热推动力为零，不存在热量的传递。通过温度边界层模型，可将复杂的流动传热问题简化为边界层内的层流导热问题。

3. 浓度边界层

对于吸收传质过程而言，运用边界层概念引入了浓度边界层模型(传质有效膜模型)。其基本思想是在传质边界层内，组分存在明显的浓度分布，是传质的主要区域，即集中了传质的全部阻力；而在层外，组分浓度差异性消失，无传质推动力，故不存在物质的传递。通过浓度边界层模型，可将复杂的流体流动传质问题简化为边界层内流体层流下的扩散问题。

1.2.2.3　稳态流动与瞬态流动

不随时间变化的流体流动称为稳态流动。稳态流动指的是系统中某点的流体性质不随时间变化的情况。随时间变化的流体流动称为瞬态流动。流体流动是稳定的还是非稳定的，取决于所选择的参照系。例如，球体上的层流在参照系中是稳定的，该参照系相对于球体是静止的。在相对于背景静止的参照系中，流动则是不稳定的。

1.2.2.4　亚声速流动与超声速流动

马赫数决定了是否需要考虑运动动能与内部自由度之间的交换。当马赫数小于 0.3 时，可认为流动是不可压缩性的；否则，它是可压缩性的。当马赫数小于 1 时，称为亚声速流动；当马赫数大于 1 时，称为超声速流动，则激波是可能的；当马赫数大于 5 时，压缩可能产生足够高的温度来改变流体的化学性质，这种流动称为超高声速流动(又称极声速流动)。这些差别将影响问题的数学性质，因此也影响其求解方法。

1.2.2.5　热传导与扩散

当流体中存在温度差时，温度高的地方会向温度低的地方传送热量，这种现象称为热传导。同理，当流体中存在浓度差时，浓度高的地方会向浓度低的地方输送质量，这种现象称为扩散。流体具有黏性、扩散和热传导等性质，其根本原因是分子的不规则运动使得各层流体间进行质量、动量和能量交换。其中，质量输运表现为扩散现象，动量输运表现为黏性现象，能量输运表现为热传导现象。

1.3　流体流动控制方程

流体流动控制方程是了解计算流体力学的数学基础。流体流动控制方程包括质量守恒方程、动量守恒方程、能量守恒方程及组分质量守恒方程。本节将依次对这些方程进行推导，并在最后给出控制方程的通用形式。

将流体视为一个连续体，忽略物质的分子结构及分子运动，在宏观尺度(一般在 1μm 以上)下对流体流动进行分析。将流体质点视为流体的最小单位，使用流体的宏观特性(如速度、压力、密度和温度)及其空间和时间导数描述流体行为，这些宏观性质并不受单个分子的影响，是大量分子的平均值。

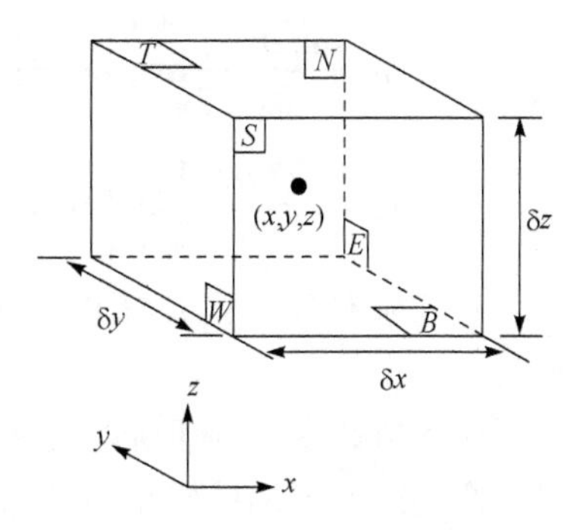

图 1-3　守恒方程的流体微元

在流体内取一个平行六面体微团，其边长分别为 δx、δy 和 δz，如图 1-3 所示。流体微元的六个面分别记为 N、S、E、W、T 和 B，分别代表北、南、东、西、上和下，流体微元的中心位于点(x, y, z)处。

流体的所有性质都是空间和时间的函数，$\rho(x, y, z, t)$、$p(x, y, z, t)$、$T(x, y, z, t)$和 $\boldsymbol{u}(x, y, z, t)$分别表示密度、压力、温度和速度矢量。为避免表达式过于烦琐，下文不明确表示物理量对空间坐标和时间的依赖。例如，在时间 t 时，流体微元中心(x, y, z)处的密度直接用 ρ 表示；在时间 t 时，(x, y, z)处的压力在 x 方向上的导数用$\partial p/\partial x$ 表示。流体其他性质的表示方法也与之类似。

当所取的流体微元足够小，则只需保留泰勒级数展开式的前两项即可描述流体表面的特性。例如，W 和 E 面与流体微元中心的距离均为 1/2 δx，因此两个平面上的压力可以表示为 $p-\frac{\partial p}{\partial x}\frac{1}{2}\delta x$ 和 $p+\frac{\partial p}{\partial x}\frac{1}{2}\delta x$ 。

1.3.1　质量守恒方程

由质量守恒定律可知，流体微元中的质量增长率等于进入流体微元的流体的净流率。

流体微元的质量增长率为

$$\frac{\partial}{\partial t}(\rho\delta x\delta y\delta z)=\frac{\partial \rho}{\partial t}\delta x\delta y\delta z \tag{1-2}$$

考虑流体微元表面的质量流率，该质量流率由密度、面积和垂直于该面的速度分量的乘积给出。从图 1-4 可以看出，通过流体微元边界并流入流体微元的质量净流动速率为

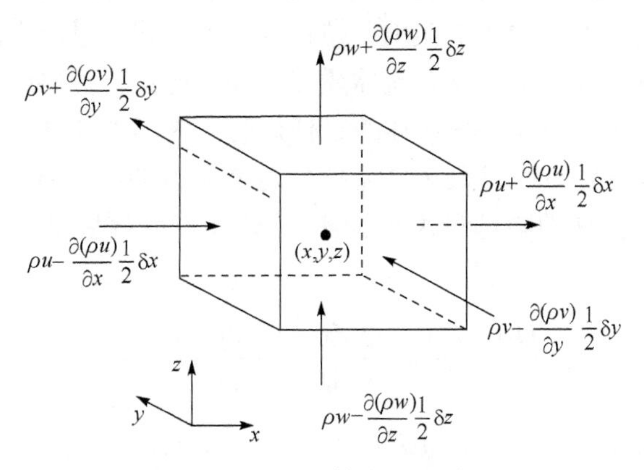

图 1-4　出入流体微元的质量

$$\left[\rho u-\frac{\partial(\rho u)}{\partial x}\frac{1}{2}\delta x\right]\delta y\delta z-\left[\rho u+\frac{\partial(\rho u)}{\partial x}\frac{1}{2}\delta x\right]\delta y\delta z+\left[\rho v-\frac{\partial(\rho v)}{\partial y}\frac{1}{2}\delta y\right]\delta x\delta z$$
$$-\left[\rho v+\frac{\partial(\rho v)}{\partial y}\frac{1}{2}\delta y\right]\delta x\delta z+\left[\rho w-\frac{\partial(\rho w)}{\partial z}\frac{1}{2}\delta z\right]\delta x\delta y-\left[\rho w+\frac{\partial(\rho w)}{\partial z}\frac{1}{2}\delta z\right]\delta x\delta y \quad (1\text{-}3)$$

流入流体微元的流体增加了微团的质量，其符号为正；流出流体微元的流体，其符号为负。

流入流体微元的质量增长率等于流经流体微元表面并进入微团的质量净增长率。质量平衡的所有项都排列在等号的左侧，将表达式除以流体微元体积 $\delta x\delta y\delta z$，即得到

$$\frac{\partial\rho}{\partial t}+\frac{\partial(\rho u)}{\partial x}+\frac{\partial(\rho v)}{\partial y}+\frac{\partial(\rho w)}{\partial z}=0 \quad (1\text{-}4)$$

更简单的矢量表示为

$$\frac{\partial\rho}{\partial t}+\mathrm{div}(\rho\boldsymbol{u})=0 \quad (1\text{-}5)$$

式(1-5)是可压缩性流体中某一点的非定常三维流动时的质量守恒方程或连续性方程。方程左侧的第一项是密度随时间的变化率。第二项描述了流体流过微元边界的净质量流率，称为对流项。

对于不可压缩性流体(如液体)，密度 ρ 是常数，式(1-5)可以变为

$$\mathrm{div}\,\boldsymbol{u}=0 \quad (1\text{-}6)$$

用符号记为

$$\frac{\partial u}{\partial x}+\frac{\partial v}{\partial y}+\frac{\partial w}{\partial z}=0 \quad (1\text{-}7)$$

在流体力学中，有两种描述流体运动的方法：欧拉(Euler)法和拉格朗日(Lagrange)法。欧拉法着眼于空间点，在空间的每一点上描述流体运动随时间的变化情况。如果每一点的流体运动已知，则整个流体的运动状况也就清楚了。拉格朗日法着眼于流体微元，即大量质点构成的微小单元，设法描述出每一流体质点自始至终的运动过程，即其位置随时间变化的规律。两种方法的区别在于：拉格朗日法描述的是质点的位置坐标，进而得到速度，欧拉法则直接描述空间点上流体质点的速度向量；拉格朗日法追踪每个粒子从某一时刻起的运动轨迹，而欧拉法描述的是任何时刻流场中各种变量的分布。

一般而言，随体导数的物理意义是流场中流体质点的物理量(如温度)随时间和空间的变化率。单位质量流体的物理量表示为ϕ，流体质点的物理量对时间的随体导数记为$\mathrm{D}\phi/\mathrm{D}t$，则

$$\frac{\mathrm{D}\phi}{\mathrm{D}t}=\frac{\partial\phi}{\partial t}+\frac{\partial\phi}{\partial x}\frac{\mathrm{d}x}{\mathrm{d}t}+\frac{\partial\phi}{\partial y}\frac{\mathrm{d}y}{\mathrm{d}t}+\frac{\partial\phi}{\partial z}\frac{\mathrm{d}z}{\mathrm{d}t} \quad (1\text{-}8)$$

流体质点跟随流体流动，因此 $\mathrm{d}x/\mathrm{d}t=u$，$\mathrm{d}y/\mathrm{d}t=v$，$\mathrm{d}z/\mathrm{d}t=w$。因此，$\phi$ 的随体导数为

$$\frac{\mathrm{D}\phi}{\mathrm{D}t}=\frac{\partial\phi}{\partial t}+u\frac{\partial\phi}{\partial x}+v\frac{\partial\phi}{\partial y}+w\frac{\partial\phi}{\partial z}=\frac{\partial\phi}{\partial t}+\boldsymbol{u}\cdot\mathrm{grad}\phi \tag{1-9}$$

$\mathrm{D}\phi/\mathrm{D}t$ 定义为单位质量的特性ϕ的变化率：可基于拉格朗日法开发用于流体流动计算的数值方法，即通过跟随流体一起运动并计算流体守恒的物理量的变化率。然而，以空间固定区域来研究流体方程的方法更加普遍。例如，以管道、泵、加热炉或者类似的工程设备为固定区域，即为欧拉法。

对于单位体积变化率的方程，流体质点在单位体积物理量的变化率由 $\mathrm{D}\phi/\mathrm{D}t$ 与密度ρ 的乘积给出，因此可得

$$\rho\frac{\mathrm{D}\phi}{\mathrm{D}t}=\rho\left(\frac{\partial\phi}{\partial t}+\boldsymbol{u}\cdot\mathrm{grad}\phi\right) \tag{1-10}$$

对于计算流体力学，守恒定律最有用的形式就是与空间中固定流体微元的流动性质相关联，则可以建立起随流体质点而得到的ϕ的随体导数与流体微元ϕ的变化率的关系。

质量守恒方程包括单位体积的质量(密度 ρ)守恒。流体微元的密度随时间的变化率与质量守恒方程中的对流项之和为

$$\frac{\partial\rho}{\partial t}+\mathrm{div}(\rho\boldsymbol{u}) \tag{1-11}$$

对于任意守恒性质的普遍形式为

$$\frac{\partial\rho\phi}{\partial t}+\mathrm{div}(\rho\phi\boldsymbol{u}) \tag{1-12}$$

式(1-12)表示单位体积的ϕ随时间的变化率加上单位体积的ϕ流出流体微元的净流量。现将其重写以说明其与ϕ的实质导数的关系：

$$\frac{\partial(\rho\phi)}{\partial t}+\mathrm{div}(\rho\phi\boldsymbol{u})=\rho\left[\frac{\partial\phi}{\partial t}+\boldsymbol{u}\mathrm{grad}\phi\right]+\phi\left[\frac{\partial\rho}{\partial t}+\mathrm{div}(\rho\boldsymbol{u})\right]=\rho\frac{\mathrm{D}\phi}{\mathrm{D}t} \tag{1-13}$$

由于质量守恒，$\phi[\partial\rho/\partial t+\mathrm{div}(\rho\boldsymbol{u})]$这一项等于零。式(1-13)可表示为

流体微元的ϕ的增长率+流出流体微元的ϕ的净流率=流体质点ϕ的增长率

为了得到动量方程的三个分量及能量方程，根据定义，表 1-1 给出了ϕ的相关条件及其在单位体积中的变化率。

表 1-1　动量和能量方程

相关方程	符号表示	流体质点 ϕ 的增长率	流体微元的 ϕ 的增长率+流出流体微元的 ϕ 的净流率
x 方向的动量	u	$\rho(\mathrm{D}u/\mathrm{D}t)$	$\partial(\rho u)/\partial t+\mathrm{div}(\rho u\boldsymbol{u})$
y 方向的动量	v	$\rho(\mathrm{D}v/\mathrm{D}t)$	$\partial(\rho v)/\partial t+\mathrm{div}(\rho v\boldsymbol{u})$
z 方向的动量	w	$\rho(\mathrm{D}w/\mathrm{D}t)$	$\partial(\rho w)/\partial t+\mathrm{div}(\rho w\boldsymbol{u})$
能量	E	$\rho(\mathrm{D}E/\mathrm{D}t)$	$\partial(\rho E)/\partial t+\mathrm{div}(\rho E\boldsymbol{u})$

1.3.2　动量守恒方程

牛顿第二定律指出，流体质点的动量变化率等于作用在质点上的力之和。

单位体积流体的 x、y 和 z 方向上的动量的增加速率分别为

$$\rho(\mathrm{D}u/\mathrm{D}t),\ \rho(\mathrm{D}v/\mathrm{D}t),\ \rho(\mathrm{D}w/\mathrm{D}t)$$

作用在流体质点上的力分为两种：①表面力，如压力、黏性力、重力；②体积力，如离心力、科里奥利力(Coriolis force)、电磁力。在动量方程中，通常将由表面力引起的贡献作为单独项，并将体积力的影响作为源项包括在内。

流体微元的受力状态主要由压力和图 1-5 中所表示的九种黏性应力分量所组成。压力(法向应力)用 p 表示，黏性应力用 τ 表示。通常使用后缀表示黏性应力的方向，如 τ_{ij}，其中 i 和 j 表示 j 方向的应力作用在垂直于 i 轴的平面上。

首先考虑受力在 x 方向的分量，主要由如图 1-6 所示的压力和应力分量 τ_{xx}、τ_{yx} 和 τ_{zx} 引起。由表面应力产生的力的大小是应力与面积的乘积。与坐标轴正向同向的力为正，相反方向的力则为负。x 方向上的净作用力为作用在流体微元上合力在 x 方向上的分量。

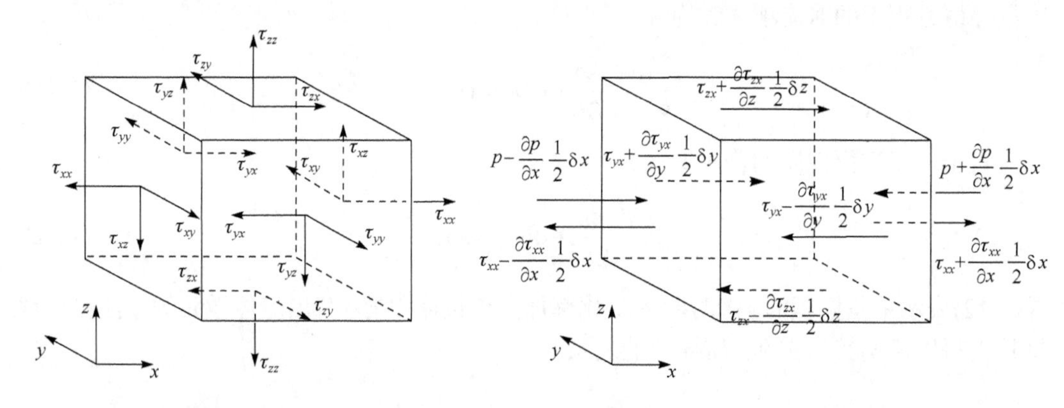

图 1-5　流体微元三个面上的应力分量　　　图 1-6　x 方向的应力分量

在相对面 E 和 W 上，有

$$\left[\left(p-\frac{\partial p}{\partial x}\frac{1}{2}\delta x\right)-\left(\tau_{xx}-\frac{\partial \tau_{xx}}{\partial x}\frac{1}{2}\delta x\right)\right]\delta y\delta z+\left[-\left(p+\frac{\partial p}{\partial x}\frac{1}{2}\delta x\right)+\left(\tau_{xx}+\frac{\partial \tau_{xx}}{\partial x}\frac{1}{2}\delta x\right)\right]\delta y\delta z=\left(-\frac{\partial p}{\partial x}+\frac{\partial \tau_{xx}}{\partial x}\right)\delta x\delta y\delta z \tag{1-14}$$

在相对面 N 和 S 上，在 x 方向上的净作用力为

$$-\left(\tau_{yx}-\frac{\partial \tau_{yx}}{\partial y}\frac{1}{2}\delta y\right)\delta x\delta z+\left(\tau_{yx}+\frac{\partial \tau_{yx}}{\partial y}\frac{1}{2}\delta y\right)\delta x\delta z=\frac{\partial \tau_{yx}}{\partial y}\delta x\delta y\delta z \tag{1-15}$$

最后，在相对面 T 和 B 上，在 x 方向上的净作用力由下式给出：

$$-\left(\tau_{zx}-\frac{\partial \tau_{zx}}{\partial z}\frac{1}{2}\delta z\right)\delta x\delta y+\left(\tau_{zx}+\frac{\partial \tau_{zx}}{\partial z}\frac{1}{2}\delta z\right)\delta x\delta y=\frac{\partial \tau_{zx}}{\partial z}\delta x\delta y\delta z \tag{1-16}$$

单位体积流体受表面应力的合力等于上述三式之和除以体积 $\delta x\delta y\delta z$：

$$\frac{\partial(-p+\tau_{xx})}{\partial x}+\frac{\partial\tau_{yx}}{\partial y}+\frac{\partial\tau_{zx}}{\partial z} \tag{1-17}$$

在不进一步详细考虑体积力的情况下，可以通过定义单位时间单位体积 x 方向上动量的源 S_{Mx} 来包含它们的整体效果。

流体质点在 x 方向上的动量的变化率等于表面应力在流体微元上沿 x 方向的总力加上由源引起的 x 方向动量的增长率，最终得到动量方程在 x 方向的分量：

$$\rho\frac{\mathrm{D}u}{\mathrm{D}t}=\frac{\partial(-p+\tau_{xx})}{\partial x}+\frac{\partial\tau_{yx}}{\partial y}+\frac{\partial\tau_{zx}}{\partial z}+S_{Mx} \tag{1-18}$$

动量方程在 y 方向的分量为

$$\rho\frac{\mathrm{D}v}{\mathrm{D}t}=\frac{\partial\tau_{xy}}{\partial x}+\frac{\partial(-p+\tau_{yy})}{\partial y}+\frac{\partial\tau_{zy}}{\partial z}+S_{My} \tag{1-19}$$

动量方程在 z 方向的分量为

$$\rho\frac{\mathrm{D}w}{\mathrm{D}t}=\frac{\partial\tau_{xz}}{\partial x}+\frac{\partial\tau_{yz}}{\partial y}+\frac{\partial(-p+\tau_{zz})}{\partial z}+S_{Mz} \tag{1-20}$$

压力的符号与一般黏性应力的符号相反，这是因为通常的符号设定将拉伸应力设为正应力，因此按定义压缩法向应力的压力为负。

表面应力的影响需要明确考虑。S_{Mx}、S_{My} 和 S_{Mz} 仅包括体积力的作用。例如，由重力组成的体积力可以通过 $S_{Mx}=0$、$S_{My}=0$ 和 $S_{Mz}=-\rho g$ 表示。

1.3.3　能量守恒方程

能量守恒方程由热力学第一定律推导而来，该定律指出，流体质点的能量变化率等于流体质点的加热速率与对其做功速率之和。

在流体微元中，流体质点受表面力做功的速率等于所受的力和力方向上的速度分量的乘积。例如，由动量方程给出的力沿 x 方向上的作用，这些力所做的功为

$$\begin{aligned}&\left\{\left[pu-\frac{\partial(\rho u)}{\partial x}\frac{1}{2}\delta x\right]-\left[\tau_{xx}u-\frac{\partial(\tau_{xx}u)}{\partial x}\frac{1}{2}\delta x\right]-\left[pu+\frac{\partial(\rho u)}{\partial x}\frac{1}{2}\delta x\right]+\left[\tau_{xx}u+\frac{\partial(\tau_{xx}u)}{\partial x}\frac{1}{2}\delta x\right]\right\}\delta y\delta z\\&+\left\{-\left[\tau_{yx}u-\frac{\partial(\tau_{yx}u)}{\partial y}\frac{1}{2}\delta y\right]+\left[\tau_{yx}u+\frac{\partial(\tau_{yx}u)}{\partial y}\frac{1}{2}\delta y\right]\right\}\delta x\delta z\\&+\left\{-\left[\tau_{zx}u-\frac{\partial(\tau_{zx}u)}{\partial z}\frac{1}{2}\delta z\right]+\left[\tau_{zx}u+\frac{\partial(\tau_{zx}u)}{\partial z}\frac{1}{2}\delta z\right]\right\}\delta x\delta y\end{aligned} \tag{1-21}$$

由这些沿 x 方向作用的表面力完成的净做功速率为

$$\left\{\frac{\partial[u(-p+\tau_{xx})]}{\partial x}+\frac{\partial(u\tau_{yx})}{\partial y}+\frac{\partial(u\tau_{zx})}{\partial z}\right\}\delta x\delta y\delta z \tag{1-22}$$

y 和 z 方向上的表面应力分量也对流体质点做功。同上，可得这些表面力对流体质点的做功速率为

$$\left\{\frac{\partial(v\tau_{xy})}{\partial x}+\frac{\partial[v(-p+\tau_{yy})]}{\partial y}+\frac{\partial(v\tau_{zy})}{\partial z}\right\}\delta x\delta y\delta z \tag{1-23}$$

$$\left\{\frac{\partial(w\tau_{xz})}{\partial x}+\frac{\partial(v\tau_{yz})}{\partial y}+\frac{\partial[w(-p+\tau_{zz})]}{\partial z}\right\}\delta x\delta y\delta z \tag{1-24}$$

作用在单位流体质点上的所有表面力所做功的总速率由式(1-22)、式(1-23)和式(1-24)的总和除以体积 $\delta x\delta y\delta z$ 得出。将包含压力的项合并在一起并用向量得到更简洁的形式为

$$-\frac{\partial(up)}{\partial x}-\frac{\partial(vp)}{\partial y}-\frac{\partial(wp)}{\partial z}=-\mathrm{div}(\rho\boldsymbol{u}) \tag{1-25}$$

最终得到表面应力在流体质点上的总功率为

$$\begin{aligned}&[-\mathrm{div}(\rho\boldsymbol{u})]+\left[\frac{\partial(u\tau_{xx})}{\partial x}+\frac{\partial(u\tau_{yx})}{\partial y}+\frac{\partial(u\tau_{zx})}{\partial z}+\frac{\partial(v\tau_{xy})}{\partial x}+\frac{\partial(v\tau_{yy})}{\partial y}\right.\\&\left.+\frac{\partial(v\tau_{zy})}{\partial z}+\frac{\partial(w\tau_{xz})}{\partial x}+\frac{\partial(w\tau_{yz})}{\partial y}+\frac{\partial(w\tau_{zz})}{\partial z}\right]\end{aligned} \tag{1-26}$$

热通量 q 具有三个分量：q_x、q_y 和 q_z (图 1-7)。由 x 方向的热流所得到的流体质点的传热净速率等于 W 面上的热输入速率减去 E 面上的热损失速率：

$$\left[\left(q_x-\frac{\partial q_x}{\partial x}\frac{1}{2}\delta x\right)-\left(q_x+\frac{\partial q_x}{\partial x}\frac{1}{2}\delta x\right)\right]\delta y\delta z=-\frac{\partial q_x}{\partial x}\delta x\delta y\delta z \tag{1-27}$$

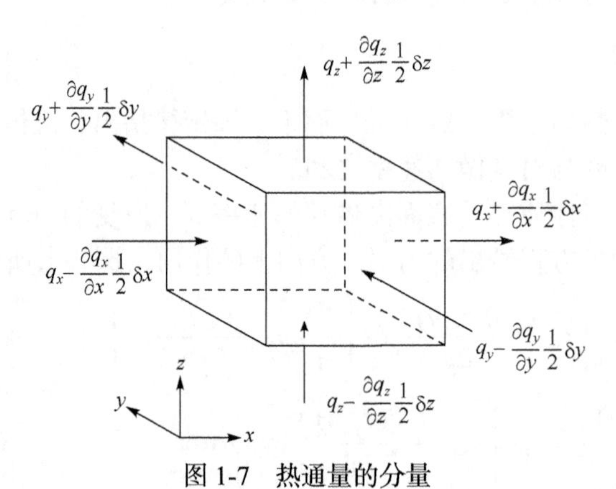

图 1-7　热通量的分量

类似地，y 和 z 方向上的热流传给流体的传热净速率为

$$-\frac{\partial q_y}{\partial y}\delta x\delta y\delta z;\ -\frac{\partial q_z}{\partial z}\delta x\delta y\delta z \tag{1-28}$$

对于穿过边界的热流，单位体积流体质点的加热总效率等于式(1-27)和式(1-28)的总和除以体积 $\delta x\delta y\delta z$：

$$-\frac{\partial q_x}{\partial x}-\frac{\partial q_y}{\partial y}-\frac{\partial q_z}{\partial z}=-\mathrm{div}\,\boldsymbol{q} \tag{1-29}$$

由傅里叶传热定律可知，热通量与局部温度梯度相关，可得

$$q_x = -k\frac{\partial T}{\partial x};\ q_y = -k\frac{\partial T}{\partial y};\ q_z = -k\frac{\partial T}{\partial z} \tag{1-30}$$

用矢量形式表示如下：

$$\boldsymbol{q} = -k\ \mathrm{grad}\ T \tag{1-31}$$

联立式(1-29)和式(1-31)可得，对于经过流体微元边界的热传导所产生的流体质点的总加热效率为

$$-\mathrm{div}\ \boldsymbol{q} = \mathrm{div}(k\ \mathrm{grad}\ T) \tag{1-32}$$

到目前为止，还没有定义流体的能量 E。通常将流体的能量定义为内能 i、动能 $1/2(u^2+v^2+w^2)$和重力势能的总和。这个定义认为流体微元正在存储重力势能。也可以将重力视为一种体积力，流体微元在重力场中移动时会受到重力的作用。

采用后一种观点，并将潜在能量变化的影响也作为一个源项。同上，定义单位时间单位体积的源项 S_E。为了保证流体质点的能量守恒，使流体质点的能量变化率等于对流体质点所做的净功率、对质点加热净速率以及流体在源中能量的增长率三者的和，则能量方程为

$$\begin{aligned}\rho\frac{\mathrm{D}E}{\mathrm{D}t} = &-\mathrm{div}(p\boldsymbol{u}) + \left[\frac{\partial(u\tau_{xx})}{\partial x} + \frac{\partial(u\tau_{yx})}{\partial y} + \frac{\partial(u\tau_{zx})}{\partial z} + \frac{\partial(v\tau_{xy})}{\partial x} + \frac{\partial(v\tau_{yy})}{\partial y} + \frac{\partial(v\tau_{zy})}{\partial z}\right.\\ &\left. + \frac{\partial(w\tau_{xz})}{\partial x} + \frac{\partial(w\tau_{yz})}{\partial y} + \frac{\partial(w\tau_{zz})}{\partial z}\right] + \mathrm{div}(k\ \mathrm{grad}\ T) + S_E\end{aligned} \tag{1-33}$$

在能量方程中，可知

$$E = i + \frac{1}{2}(u^2 + v^2 + w^2) \tag{1-34}$$

尽管能量方程较为完善，但通常的做法是提取动能的变化以获得内能 i 或温度 T 的方程式。能量方程式中归因于动能的部分可以通过将 x 方向的动量方程乘以速度分量 u，y 方向的动量方程乘以 v，z 方向的动量方程乘以 w，并将结果相加得出。最终得到如下动量守恒方程

$$\begin{aligned}\rho\frac{\mathrm{D}\left[\frac{1}{2}(u^2+v^2+w^2)\right]}{\mathrm{D}t} = &-\boldsymbol{u}\cdot\mathrm{grad}\ p + u\left(\frac{\partial\tau_{xx}}{\partial x} + \frac{\partial\tau_{yx}}{\partial y} + \frac{\partial\tau_{zx}}{\partial z}\right)\\ &+ v\left(\frac{\partial\tau_{xy}}{\partial x} + \frac{\partial\tau_{yy}}{\partial y} + \frac{\partial\tau_{zy}}{\partial z}\right) + w\left(\frac{\partial\tau_{xz}}{\partial x} + \frac{\partial\tau_{yz}}{\partial y} + \frac{\partial\tau_{zz}}{\partial z}\right) + \boldsymbol{u}\cdot S_M\end{aligned} \tag{1-35}$$

从式(1-33)中减去式(1-35)并将新的源项定义为

$$S_i = S_E - \boldsymbol{u}\cdot S_M \tag{1-36}$$

即内能方程

$$\begin{aligned}\rho\frac{\mathrm{D}i}{\mathrm{D}t} = &-p\ \mathrm{div}\ \boldsymbol{u} + \mathrm{div}(k\ \mathrm{grad}\ T) + \tau_{xx}\frac{\partial u}{\partial x} + \tau_{yx}\frac{\partial u}{\partial y} + \tau_{zx}\frac{\partial u}{\partial z}\\ &+ \tau_{xy}\frac{\partial v}{\partial x} + \tau_{yy}\frac{\partial v}{\partial y} + \tau_{zy}\frac{\partial v}{\partial z} + \tau_{xz}\frac{\partial w}{\partial x} + \tau_{yz}\frac{\partial w}{\partial y} + \tau_{zz}\frac{\partial w}{\partial z} + S_i\end{aligned} \tag{1-37}$$

对于不可压缩性流体的特殊情况，已知 $i=cT$，其中 c 是热容，div$\boldsymbol{u}$=0。这时可以将式(1-37)重新写为温度方程：

$$\rho c\frac{\mathrm{D}T}{\mathrm{D}t}=\mathrm{div}(k\ \mathrm{grad}\ T)+\tau_{xx}\frac{\partial u}{\partial x}+\tau_{yx}\frac{\partial u}{\partial y}+\tau_{zx}\frac{\partial u}{\partial z}$$
$$+\tau_{xy}\frac{\partial v}{\partial x}+\tau_{yy}\frac{\partial v}{\partial y}+\tau_{zy}\frac{\partial v}{\partial z}+\tau_{xz}\frac{\partial w}{\partial x}+\tau_{yz}\frac{\partial w}{\partial y}+\tau_{zz}\frac{\partial w}{\partial z}+S_i \tag{1-38}$$

对于可压缩性流动，式(1-33)经常改写为包含焓的方程。流体的比焓 h 和总焓 h_0 定义为

$$h=i+p/\rho;\quad h_0=h+\frac{1}{2}(u^2+v^2+w^2) \tag{1-39}$$

将这两个定义与能量 E 的定义结合起来，则

$$h_0=i+p/\rho+\frac{1}{2}(u^2+v^2+w^2)=E+p/\rho \tag{1-40}$$

将式(1-40)代入式(1-33)并进行重排可得出(总)焓方程：

$$\frac{\partial(\rho h_0)}{\partial t}+\mathrm{div}(\rho h_0\boldsymbol{u})=\mathrm{div}(k\ \mathrm{grad}\ T)+\frac{\partial p}{\partial t}+\left[\frac{\partial(u\tau_{xx})}{\partial x}+\frac{\partial(u\tau_{yx})}{\partial y}+\frac{\partial(u\tau_{zx})}{\partial z}\right.$$
$$\left.+\frac{\partial(v\tau_{xy})}{\partial x}+\frac{\partial(v\tau_{yy})}{\partial y}+\frac{\partial(v\tau_{zy})}{\partial z}+\frac{\partial(w\tau_{xz})}{\partial x}+\frac{\partial(w\tau_{yz})}{\partial y}+\frac{\partial(w\tau_{zz})}{\partial z}\right]+S_h \tag{1-41}$$

应该强调的是，这些方程不是新的(额外的)守恒定律，而只是能量方程的替代形式。

1.3.4　组分质量守恒方程

可以清楚地看出，各种方程式之间有很多共同点。如果引入一般变量 ϕ，那么所有流体流动方程的守恒形式，包括标量方程，如温度和组分浓度等，都可以用以下形式表示：

$$\frac{\partial(\rho\phi)}{\partial t}+\mathrm{div}(\rho\phi\boldsymbol{u})=\mathrm{div}(\Gamma\ \mathrm{grad}\ \phi)+S_\phi \tag{1-42}$$

式(1-42)是性质 ϕ 的输运方程。它清楚地强调了各种输运过程：变化率项和对流项在左侧，扩散项(Γ 为广义扩散系数)和源项在右侧。

式(1-42)用作有限体积法中计算过程的起点。通过将 ϕ 设为 1、u、v、w 和 i(或 T 或 h_0)，并为广义扩散系数 Γ 和源项选择合适的值，针对质量、动量和能量的五个偏微分方程组(partial differential equations，PDEs)分别获得其特殊形式。

通过使用高斯散度定理，将左侧第二项的对流项进行体积积分，以及右侧第一项的扩散项进行体积积分，重写为控制体积整个边界面上的积分。对于向量，该定理说明：

$$\int_{CV} \mathrm{div}(\boldsymbol{a})\mathrm{d}V = \int_{A} \boldsymbol{n}\cdot\boldsymbol{a}\mathrm{d}A \tag{1-43}$$

CV(control volume)表示控制体积；A 表示边界表面面积；$\boldsymbol{n}\cdot\boldsymbol{a}$ 的物理解释为矢量 $\boldsymbol{a}$ 在垂直于表面元素 $\mathrm{d}A$ 矢量 $\boldsymbol{n}$ 方向上的分量。因此，向量 $\boldsymbol{a}$ 在控制体积上散度的积分等于在垂直于表面方向上的 $\boldsymbol{a}$ 的分量，该方向限定了在整个边界表面 A 上相加(积分)的体积。应用高斯散度定理，方程可以写成如下形式：

$$\frac{\partial}{\partial t}\left(\int_{CV}\rho\phi\mathrm{d}V\right)+\int_{A}\boldsymbol{n}\cdot(\rho\phi\boldsymbol{u})\mathrm{d}A=\int_{A}\boldsymbol{n}\cdot(\Gamma\,\mathrm{grad}\,\phi)\mathrm{d}A+\int_{CV}S_{\phi}\mathrm{d}V \tag{1-44}$$

为了说明其物理意义，积分和微分的顺序在式(1-44)左侧的第一项中已更改。该项表示控制体积中的流体特性总量的变化率。乘积 $\boldsymbol{n}\cdot(\rho\phi\boldsymbol{u})$ 表示性质 ϕ 的通量分量，这是由流体沿着向外的法向矢量 $\boldsymbol{n}$ 流动所致，因此式(1-44)左侧的第二项是对流项，表示由对流所引起的流体微元特性 ϕ 的净减少率。

扩散通量在流体特性 ϕ 的负梯度方向上(沿 $-\mathrm{grad}\phi$ 方向)为正。例如，在逆温度梯度的方向上传导热量。乘积 $\boldsymbol{n}\cdot(\Gamma\,\mathrm{grad}\,\phi)$ 是沿着外部法向矢量扩散通量的分量，因此是流体单元之外的分量。同样，乘积 $\boldsymbol{n}\cdot(\Gamma\,\mathrm{grad}\,\phi)$ 也等于 $\Gamma\cdot[-\boldsymbol{n}\cdot(\Gamma\,\mathrm{grad}\,\phi)]$，可以解释为向内法向矢量 $-\boldsymbol{n}$ 方向(进入微元的方向)的正扩散通量。在式(1-44)右边的第一项是扩散项，与进入微元的通量相关，表示由扩散导致的流体微元特性 ϕ 的净增长率。该方程右侧的最后一项给出了由微元内部而导致的特性 ϕ 的增长率。

该关系可以表示为

$$\begin{matrix}\text{控制体积内}\phi\text{的}\\ \text{增长率}\end{matrix}+\begin{matrix}\text{对流带来}\phi\text{的}\\ \text{净减少率}\end{matrix}=\begin{matrix}\text{扩散带来}\phi\text{的}\\ \text{净增长率}\end{matrix}+\begin{matrix}\text{控制体积内}\phi\text{的}\\ \text{净生成率}\end{matrix}$$

该讨论阐明了有限大小(宏观)控制体积流体性质的守恒。

在稳态问题中，变化率项式(1-44)等于零。稳态输运方程的积分形式可写为

$$\int_{A}\boldsymbol{n}\cdot(\rho\phi\boldsymbol{u})\mathrm{d}A=\int_{A}\boldsymbol{n}\cdot(\Gamma\,\mathrm{grad}\,\phi)\mathrm{d}A+\int_{CV}S_{\phi}\mathrm{d}V \tag{1-45}$$

在与时间有关的问题中，则必须在从 t 到 $t+\Delta t$ 的小间隔 Δt 内对时间 t 进行积分。得出输运方程的最一般积分形式为

$$\int_{\Delta t}\frac{\partial}{\partial t}\left(\int_{CV}\rho\phi\mathrm{d}V\right)\mathrm{d}t+\int_{\Delta t}\int_{A}\boldsymbol{n}\cdot(\rho\phi\boldsymbol{u})\mathrm{d}A\mathrm{d}t=\int_{\Delta t}\int_{A}\boldsymbol{n}\cdot(\Gamma\,\mathrm{grad}\,\phi)\mathrm{d}A\mathrm{d}t+\int_{\Delta t}\int_{CV}S_{\phi}\mathrm{d}V\mathrm{d}t \tag{1-46}$$

1.3.5　控制方程的通用形式

综上所述，描述一个可压缩性牛顿流体瞬态、三维流动和热传递的控制方程可表述为如下守恒或其变异形式。

连续性方程：

$$\frac{\partial\rho}{\partial t}+\mathrm{div}(\rho\boldsymbol{u})=0 \tag{1-47}$$

动量方程在 x 方向的分量：

$$\rho\frac{\mathrm{D}u}{\mathrm{D}t}=\frac{\partial(-p+\tau_{xx})}{\partial x}+\frac{\partial\tau_{yx}}{\partial y}+\frac{\partial\tau_{zx}}{\partial z}+S_{Mx} \tag{1-48}$$

动量方程在 y 方向的分量：

$$\rho\frac{\mathrm{D}v}{\mathrm{D}t}=\frac{\partial\tau_{xy}}{\partial x}+\frac{\partial(-p+\tau_{yy})}{\partial y}+\frac{\partial\tau_{zy}}{\partial z}+S_{My} \tag{1-49}$$

动量方程在 z 方向的分量：

$$\rho\frac{\mathrm{D}w}{\mathrm{D}t}=\frac{\partial\tau_{xz}}{\partial x}+\frac{\partial\tau_{yz}}{\partial y}+\frac{\partial(-p+\tau_{zz})}{\partial z}+S_{Mz} \tag{1-50}$$

能量方程：

$$\frac{\partial(\rho t)}{\partial t}+\mathrm{div}(\rho i\boldsymbol{u})=-p\,\mathrm{div}(\boldsymbol{u})+\mathrm{div}(k\ \mathrm{grad}\ T)+\varPhi+S_i \tag{1-51}$$

状态方程：

$$p=p(\rho,T) \tag{1-52}$$

$$i=i(\rho,T) \tag{1-53}$$

动量源 S_M 定义如前，耗散率 $\varPhi$ 定义如下：

$$\varPhi=\mu\left\{2\left[\left(\frac{\partial u}{\partial x}\right)^2+\left(\frac{\partial v}{\partial y}\right)^2+\left(\frac{\partial w}{\partial z}\right)^2\right]+\left(\frac{\partial u}{\partial y}+\frac{\partial v}{\partial x}\right)^2+\left(\frac{\partial u}{\partial z}+\frac{\partial w}{\partial x}\right)^2+\left(\frac{\partial v}{\partial z}+\frac{\partial w}{\partial y}\right)^2\right\}+\lambda(\mathrm{div}\,\boldsymbol{u})^2$$

此外，热力学平衡假设已经用另外两个代数方程对五个流动偏微分方程进行了补充。当进一步引入牛顿模型，其以速度分量的梯度表示黏滞应力，则形成了含有七个未知数的七个方程组。在方程式数量相同且函数未知的情况下，该系统在数学上是封闭的，即只要提供合适的辅助条件(初始条件和边界条件)就可以得到该问题的数值解。

1.4　CFD 控制方程的离散

为求解物理过程，将其转化为数值计算的基本思路主要包括区域离散、方程离散、代数求解及结果分析，如图 1-8 所示。在进行 CFD 计算之前，要对计算区域进行离散化，包括区域离散和时间离散(瞬态问题)。对于普适问题，区域离散是对空间上连续的计算域进行划分，获得众多子域，并确定每个区域中的节点，进而生成网格的过程。方程离散就是将控制方程在网格上离散，即把偏微分格式的控制方程转化为各节点上的代数方程组。通过求解这些方程组可得到数值结果，从而进行后续分析。方程离散是将数学模型转化为求解实际问题工具的关键步骤。本节将主要对 CFD 控制方程的离散进行介绍。

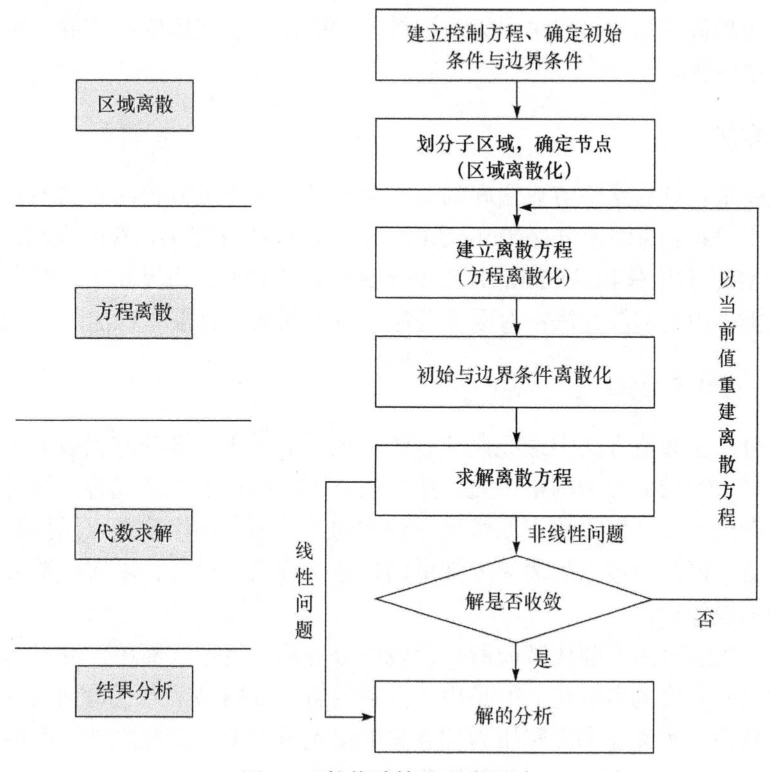

图 1-8　数值计算的基本思路

1.4.1　离散目的

如前文所述，CFD 的控制方程是复杂的偏微分方程，而在计算域上建立偏微分方程虽然理论上有解析解，但实际上由于问题的复杂性，很难获得解析解。因此，为获得近似解，需通过数值方法把计算域内有限量的因变量作为未知量处理，建立一组关于未知量的代数方程。简单来说，离散的目的是将连续的偏微分方程组及其定解条件，按照某种方法，遵循特定的规则，在计算区域的离散网格上转化为代数方程组，从而得到连续系统的离散数值逼近解。

偏微分方程定解问题的数值解法可分成两阶段：①用网格线将连续的计算域划分为有限离散点(网格节点)集，并选择适当路径将微分方程及其定解条件转化为网格节点上相应的代数方程组，即建立离散方程组；②在计算机上求解离散方程组，得到节点上的解。

1.4.2　离散网格

方程的离散依赖于网格，一般有结构化网格和非结构化网格两种不同类型的网格。结构化网格指每个网格点(顶点、节点)由符号 i、j、k 和对应的笛卡儿坐标 $x_{i,j,k}$、$y_{i,j,k}$ 和 $z_{i,j,k}$ 表示。二维几何中为四边形网格，三维中为六面体网格。非结构化网格指网格单元和网格点没有特定的顺序，即相邻的网格单元或网格点不能通过索引直接识别。过去的二维几何中的非结构网格为三角形网格，三维中为四面体网格，现在对于非结构化网格，二维中为四边形或三角形，三维中为六面体、四面体、棱柱体或锥体混合组成，以便准确解决边界层问题。

1.4.3 离散方法

按照应变量在计算网格节点之间的分布假设及推导离散方程的方法不同，控制方程的离散方法主要有：有限差分法(finite difference method，FDM)、有限元法(finite element method，FEM)、有限体积法(finite volume method，FVM)、边界元法、谱方法等。本书主要介绍三类常用的离散方法：有限差分法、有限元法、有限体积法。

1.4.3.1 有限差分法

有限差分法是数值方法中最经典的方法，也是最早用于微分方程数值求解的方法之一。首先，将求解域划分为网格单元，然后用有限个网格节点来代替连续的求解域。其次，利用泰勒级数展开等方法将偏微分方程中的导数项在网格节点上用函数值的差商代替，从而建立以网格节点上的值为未知量的代数方程组。最后，求解代数方程组，得到偏微分方程的数值近似解。

有限差分法通过用差商代替微商，使偏微分方程变得形式简单，并且可以通过高阶近似来实现高阶精度的离散化。但是由于方程的解是在网格节点上得到的，忽略了节点间的信息，从而导致速度梯度和压力梯度只能得到近似值。除此之外，有限差分法只适用于结构化网格，不能用于求解非结构化网格体系。

1.4.3.2 有限元法

有限元法由Turner等在1956年首次提出，最初仅用于结构分析，大约10年后，研究人员开始使用有限元法对连续介质中的场方程进行数值求解，直到20世纪90年代初，有限元法才在欧拉方程和纳维-斯托克斯(Navier-Stokes)方程的求解中得到普及。有限元法是将一个连续的求解域任意分成适当形状的许多微小单元，并于各小单元分片构造插值函数，然后根据极值原理(变分或加权余量法)，将问题的控制方程转化为所有单元上的有限元方程，把总体的极值作为各单元极值之和，即将局部单元总体合成，形成嵌入了指定边界条件的代数方程组，求解该方程组就得到各节点上待求的函数值。有限元法的基础是极值原理和划分插值，它吸收了有限差分法中离散处理的内核，又采用了变分计算中选择逼近函数并对区域进行积分的合理方法，是这两类方法相互结合、取长补短发展的结果。

该方法的构造过程包括以下三个步骤。首先，利用变分原理得到偏微分方程的弱形式(利用泛函分析的知识将求解空间扩大)。其次，将计算区域划分为有限个互不重叠的单元(三角形、四边形、四面体、六面体等)。最后，在每个单元内选择合适的节点作为求解函数的插值点，将偏微分方程中的变量改写成由各变量或其导数的节点值与所选用的分片插值基函数组成的线性表达式，得到微分方程的离散形式。利用插值函数的局部支集性质及数值积分可以得到未知量的代数方程组。

在有限元法中，需要将控制方程从微分方程转化为其等效积分形式。这可以通过两种不同的方式来实现。第一种是基于变分原理，即寻找一个物理解，其中某个函数具有极值。第二种可能性称为加权残差法或弱公式。这里，要求残差的加权平均值在物理域上等于零。残差可以看作近似解的误差。弱公式与守恒定律的有限体积离散化具有相同的优点，它允许处理不连续现象，如冲击。因此相对于变分方法，弱公式更受青睐。

有限元法有较完善的理论基础，具有求解区域灵活(复杂区域)、单元类型灵活(适于结构化网格和非结构化网格)、程序代码通用(数值模拟软件多数基于有限元法)等特点。有限元法有非常严格的数学基础，特别是对于椭圆形和抛物线形问题。虽然可以表明在某些情况下，该方法在数学上等价于有限体积离散化，但其数值计算的工作量明显较高。应用于非结构化网格时，有限元法和有限体积法有时会结合在一起，其边界的处理和黏流的离散化通常借鉴有限元法。

有限元法在 CFD 中的应用并不广泛，其原因是有限元离散方程也只是对偏微分方程的数学近似，并没有反映出其物理特征。对于 CFD 中经常出现的守恒性、强对流和不可压缩性等条件，有限元离散方程中的各项无法给出合理的物理解释，并且计算中的误差也难以改进。但是，有限元法在固体力学的数值计算中占据绝对优势，几乎所有的固体力学分析软件都采用有限元法。

1.4.3.3　有限体积法

有限体积法又称控制体积积分法，是近年来发展非常迅速的一种离散化方法，其特点是计算效率高。其基本思路是：将计算区域划分为一系列互不重叠的控制体，并使每个网格点周围有一个控制体；将待求解的微分方程对每一个控制体积积分，便得出一组离散方程。该方法的未知量为网格点上的函数值。为了求出控制体积的积分，需假定函数值在网格点控制体边界上的变化规律。从积分区域的选取方法看来，有限体积法属于有限元法中检验函数取分片常数插值的子区域法；从未知量的近似方法看来，有限体积法属于采用局部近似的离散方法。有限体积法在流体流动和传热数值计算领域内适用面较广、解题能力较强、通用性较好，目前主要的流体计算软件，如 FLUENT、CFX、STAR-CD 等都采用有限体积法作为核心算法。

有限体积法的主要优点是直接在物理空间中进行空间离散，因此在物理坐标系和计算坐标系之间不存在像有限差分法那样的转换问题。与有限差分法相比，有限体积法的另一个优点是非常灵活，可以很容易地在结构化网格和非结构化网格上实现。这使得有限体积法特别适合于模拟复杂几何形状内或周围的流动。由于有限体积法是基于守恒定律的直接离散化，因此质量、动量和能量也通过数值格式得以守恒。这导致了该方法的另一个重要特性，即正确计算控制方程弱解的能力。然而，在欧拉方程的情况下，还有一个附加条件必须满足，就是熵条件。由于弱解的非唯一性，它是非常有必要的。熵条件防止了膨胀冲击等违反热力学第二定律的非物理特性的出现(通过熵的减少)。作为守恒离散化的另一结果，兰金-于戈尼奥(Rankin-Hugoniot)关系必须跨越解的不连续点(如冲击波或接触不连续点)而直接得到满足。在一定条件下，有限体积法与有限差分法或低阶有限单元法是等价的。

有限体积法的基本思路易于理解，能够保持物理量在控制体上的守恒，即离散方程保持了微分方程物理量在控制体满足某种守恒原理的物理意义，这是有限体积法吸引人的优点。此外，在有限体积法中，插值函数只用于计算控制体积的积分，因此可以对微分方程中不同的项采取不同的插值函数。有限体积法是解决 CFD 问题最有效的数值计算方法，在 CFD 领域得到了广泛应用。

1.4.4 离散格式

在使用有限体积法建立离散方程时，至关重要的一个步骤是将控制体积界面上的物理量及其导数通过节点物理量差值求出。引入插值方式的目的就是建立离散方程，不同的插值方式对应于不同的离散结果，因此，插值方式也称为离散格式(discretization scheme)。本节将分别对中心差分格式、一阶迎风格式、混合格式、指数格式、二阶迎风格式、QUICK 格式等常用的离散格式进行介绍。

1.4.4.1 通用离散方程

离散格式不影响控制方程中的源项及瞬态项，本节以一维、稳态、无源项的对流-扩散问题为对象，以说明各离散格式的特点。图 1-9 定义了一维控制体积及其几何标记，P 为广义节点，E 及 W 为相邻节点，e 及 w 为控制体积的界面。

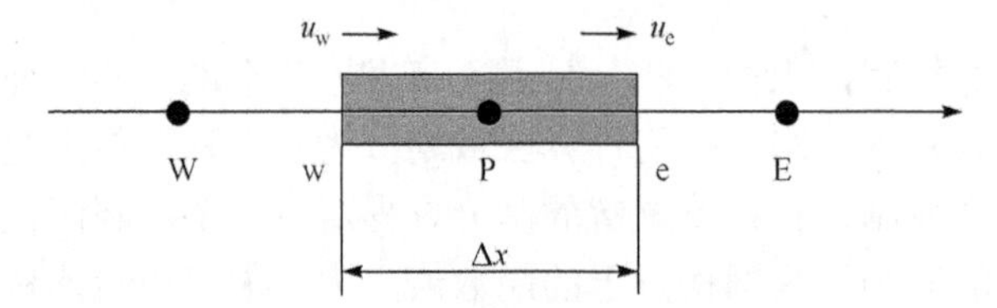

图 1-9 控制体积 p 及界面上的流速

广义未知量ϕ的输运方程为

$$\frac{\mathrm{d}(\rho u\phi)}{\mathrm{d}r}=\frac{\mathrm{d}}{\mathrm{d}r}\left(\Gamma\frac{\mathrm{d}\phi}{\mathrm{d}r}\right) \tag{1-54}$$

在控制体积 p 对式(1-54)进行积分可得

$$(\rho uA\phi)_{\mathrm{e}}-(\rho uA\phi)_{\mathrm{w}}=\left(TA\frac{\mathrm{d}\phi}{\mathrm{d}x}\right)_{\mathrm{e}}-\left(\Gamma A\frac{\mathrm{d}\phi}{\mathrm{d}x}\right)_{\mathrm{w}} \tag{1-55}$$

为方便后续说明，定义两个新的物理量 F 和 D，其中 F 表示界面上单位面积的对流质量通量(convective mass flux)，简称对流质量流量；D 表示界面的扩散传导性(diffusion conductance)。因此

$$F=\rho u \tag{1-56}$$

$$D=\frac{\Gamma}{\delta x} \tag{1-57}$$

F 和 D 在控制体积界面上的值分别为

$$F_{\mathrm{w}}=(\rho u)_{\mathrm{w}} \tag{1-58}$$

$$F_e = (\rho u)_e \tag{1-59}$$

$$D_w = \left(\frac{\Gamma}{\delta x}\right)_w \tag{1-60}$$

$$D_e = \left(\frac{\Gamma}{\delta x}\right)_e \tag{1-61}$$

在定义了 F 及 D 后，对流扩散离散方程的通用格式可写为

$$F_e\phi_e - F_w\phi_w = D_e(\phi_E - \phi_P) - D_w(\phi_P - \phi_W) \tag{1-62}$$

借助 F 及 D，可定义一维单元的佩克莱(Peclet)数 Pe 为

$$Pe = \frac{F}{D} = \frac{\rho u}{\Gamma / \delta x} \tag{1-63}$$

Pe 表示对流与扩散的强度之比。当 Pe 为 0 时，流场中没有流动，只有扩散，对流-扩散问题演变为纯扩散问题；当 $Pe>0$ 时，流体沿 x 方向流动，当 Pe 很大时，扩散作用可以忽略，对流-扩散问题变为纯对流问题；当 $Pe<0$ 时，对流与扩散方向相反。

1.4.4.2 中心差分格式

中心差分格式(central differencing scheme)就是将界面上的物理量采用线性插值公式计算，即取上游和下游节点的算术平均值。它是条件稳定的，在网格 $Pe \leqslant 2$ 时，中心差分格式的计算结果与精确解基本吻合，在不发生振荡的参数范围内可以获得较准确的结果。如没有特殊声明，扩散项总是采用中心差分格式进行离散。但中心差分格式因为有限制而不能作为对于一般流动问题的离散格式，必须创建其他更合适的离散格式。

中心差分格式的对流-扩散方程的离散方程可表示为

$$a_P\phi_P = a_W\phi_W + a_E\phi_E \tag{1-64}$$

其中

$$a_W = D_w + \frac{F_w}{2} \tag{1-65}$$

$$a_E = D_e - \frac{F_e}{2} \tag{1-66}$$

$$a_P = a_W + a_E + (F_e - F_w) \tag{1-67}$$

1.4.4.3 一阶迎风格式

一阶迎风格式(first order upwind scheme)即界面上的未知量恒取上游节点(迎风侧节点)的值。这种迎风格式具有一阶截差，因此称一阶迎风格式。在任何计算条件下都不会引起解的振荡，是绝对稳定的。但是当网格 Pe 较大时，假扩散比较严重，为避免此问题，常需加密网格。研究表明，在对流项中心差分数值解不出现振荡的参数范围内，在相同的网格节点数条件下，采用中心差分的计算结果比采用一阶迎风格式的结果误差小。因此，随着计算机硬件处理能力的提高，在正式计算时，一阶迎风格式目前常被后续讨论的二阶迎风格式或其他高阶格式所代替。

一阶迎风格式的对流-扩散方程的离散方程可表示为式(1-64)，式中 a_P 如式(1-67)所示，a_W、a_E 如下式所示：

$$a_W = D_w + \max(F_w, 0) \tag{1-68}$$

$$a_E = D_e + \max(0, -F_e) \tag{1-69}$$

此处，界面上未知量恒取上游节点的值，而中心差分则取上、下游节点的算术平均值。这是两种格式间的基本区别。

1.4.4.4 混合格式

混合格式(hybrid scheme)综合了中心差分和迎风作用两方面的因素，规定：当 $|Pe|<2$ 时，采用具有二阶精度的中心差分格式；当 $|Pe|\geqslant 2$ 时，采用具有一阶精度但考虑流动方向的一阶迎风格式。混合格式根据流动的 Pe 在中心差分格式和迎风格式之间进行切换，综合了中心差分格式和迎风格式的共同优点。其离散方程的系数总是正的，因此是无条件稳定的。与高阶离散格式相比，混合格式计算效率高，总能产生物理上比较真实的解，且是高度稳定的。该格式的缺点是其只具有一阶精度。

混合格式下对应的离散方程可表示为式(1-64)，式中 a_P 如式(1-67)所示，a_W、a_E 如下式所示：

$$a_W = \max\left[F_w, \left(D_w + \frac{F_w}{2}\right), 0\right] \tag{1-70}$$

$$a_E = \max\left[-F_e, \left(D_e - \frac{F_e}{2}\right), 0\right] \tag{1-71}$$

1.4.4.5 指数格式

指数格式(exponential scheme)将扩散与对流的作用合在一起考虑，绝对稳定。在应对一维稳态问题时，指数格式对任何 Pe 以及任意数量的网格点均可得到精确解。缺点是指数运算较为费时，对于多维问题以及源项不为零的情况此方案不准确。

指数格式对应的离散方程可表示为式(1-64)，式中 a_P 如式(1-67)所示，a_W、a_E 如下式所示：

$$a_W = \frac{F_w \exp(F_w / D_w)}{\exp(F_w / D_w) - 1} \tag{1-72}$$

$$a_E = \frac{F_e}{\exp(F_e / D_e) - 1} \tag{1-73}$$

1.4.4.6 二阶迎风格式

二阶迎风格式(second order upwind scheme)与一阶迎风格式的相同点在于二者都通过上游单元节点的物理量确定控制体积界面的物理量。但二阶格式不仅要用到上游最近一个节点的值，还用到另一个上游节点的值。它可以看作在一阶迎风格式的基础上，考虑了物理量在节点间分布曲线的曲率影响。在二阶迎风格式中，只有对流项采用了二阶迎风格式，而扩散项仍采用中心差分格式。二阶迎风格式具有二阶精度的截差，但仍存在假扩散的问题。

二阶迎风格式的对流-扩散方程的离散方程为

$$a_P\phi_P = a_W\phi_W + a_{WW}\phi_{WW} + a_E\phi_E + a_{EE}\phi_{EE} \tag{1-74}$$

其中

$$a_W = \left(D_w + \frac{3}{2}\alpha F_w + \frac{1}{2}\alpha F_e\right) \tag{1-75}$$

$$a_E = D_e - \frac{3}{2}(1-\alpha)F_e - \frac{1}{2}(1-\alpha)F_w \tag{1-76}$$

$$a_P = a_W + a_E + a_{WW} + a_{EE} + \left(F_e - F_w\right) \tag{1-77}$$

$$a_{WW} = -\frac{1}{2}\alpha F_w \tag{1-78}$$

$$a_{EE} = \frac{1}{2}(1-\alpha)F_e \tag{1-79}$$

式中，当流动沿着正方向，即 $F_w>0$ 及 $F_e>0$ 时，$\alpha=1$；当流动沿着负方向，即 $F_w<0$ 及 $F_e<0$ 时，$\alpha=0$。

1.4.4.7　QUICK 格式

QUICK 格式是“对流项的二次迎风插值”，是一种改进离散方程截差的方法，通过提高界面上插值函数的阶数来提高格式截断误差。对流项的 QUICK 格式具有三阶精度的截差，但扩散项仍采用二阶截差的中心差分格式。对于与流动方向对齐的结构化网格而言，QUICK 格式可产生比二阶迎风格式等更精确的计算结果。QUICK 格式常用于六面体(二维四边形)网格。对于其他压缩性类型的网格，一般使用二阶迎风格式。

QUICK 格式下的离散方程可表示为式(1-74)，式中 a_P 如式(1-77)所示，a_W、a_E、a_{WW}、a_{EE} 如下式所示：

$$a_W = D_w + \frac{6}{8}\alpha_w F_w + \frac{1}{8}\alpha_e F_e + \frac{3}{8}(1-\alpha_w)F_w \tag{1-80}$$

$$a_E = D_e - \frac{3}{8}\alpha_e F_e - \frac{6}{8}(1-\alpha_e)F_e - \frac{1}{8}(1-\alpha_w)F_w \tag{1-81}$$

$$a_{WW} = -\frac{1}{8}\alpha_w F_w \tag{1-82}$$

$$a_{EE} = \frac{1}{8}(1-\alpha_e)F_e \tag{1-83}$$

式中，当 $F_w>0$ 时，$\alpha_w=1$；当 $F_e>0$ 时，$\alpha_e=1$；当 $F_w<0$ 时，$\alpha_w=0$；当 $F_e<0$ 时，$\alpha_e=0$。

1.4.4.8　离散格式的比较

对于任一种离散格式，都希望其既具有稳定性和较高的精度，又能适应于不同的流动形式，而实际上又不存在这样理想的离散格式。现根据上述各种离散格式的描述归纳常见离散格式的性能对比，如表 1-2 所示。

表 1-2 常见离散格式的性能对比

离散格式	稳定性及稳定条件	精度及经济性
中心差分格式	条件稳定，$Pe\leqslant 2$	在不发生振荡的参数范围内，可获得较准确的结果
一阶迎风格式	绝对稳定	虽然可以获得物理上可接受的解，但 Pe 较大时，假扩散较严重，为避免此问题，常需要加密计算网格
二阶迎风格式	绝对稳定	精度较一阶迎风格式高，但仍有假扩散问题
混合格式	绝对稳定	当 $Pe\leqslant 2$ 时，性能与中心差分格式相同；当 $Pe\geqslant 2$ 时，性能与一阶迎风格式相同
指数格式	绝对稳定	主要适用于无源项的对流-扩散问题，对有非常数源项的场合，当 Pe 较大时有较大误差
QUICK 格式	条件稳定，$Pe\leqslant 8/3$	可以减少假扩散误差，精度较高，应用较广泛，但主要用于六面体或四边形网格

(1) 控制方程的扩散项一般采用中心差分格式离散，而对流项则可采用多种不同的格式进行离散。

(2) 中心差分格式一般只用于大涡模拟，而且要求网格很细的情况。

(3) 当流动与网格方向一致时，如使用四边形或六面体网格模拟层流流动，可使用一阶精度离散格式。但当流动斜穿网格线时，一阶精度格式将产生明显的离散误差(数值扩散)。因此，对于 2D 三角形及 3D 四面体网格，注意使用二阶精度格式，特别是对复杂流动更是如此。

(4) 一般来讲，在一阶精度格式下容易收敛，但精度较差。有时为了加快计算速度，可先在一阶精度格式下计算，再转到二阶精度格式下计算。如果使用二阶精度格式遇到难以收敛的情况，则可考虑改换一阶精度格式。

(5) 对于转动及有旋流的计算，在使用四边形及六面体网格时，具有三阶精度的 QUICK 格式可能会产生比二阶精度更好的结果。但一般情况下用二阶精度就已足够，即使使用 QUICK 格式，结果也不一定好。

总之，在满足稳定性条件的范围内，一般在截差较高的格式下解的准确度要高一些，并且准确性往往是与稳定性相矛盾的。由此，在进行实际计算时，应结合具体情况和自身需求选用合适的离散格式。

1.5 CFD 求解方法

1.5.1 基于压力的求解器

基于压力的求解器采用的算法属于一类称为投影法的方法。在投影法中，通过求解压力(或压力校正)方程来实现速度场质量守恒(连续性)的约束。压力方程是根据压力校正的速度场满足其连续性而导出的。由于控制方程是非线性的并且彼此耦合，求解过程涉及迭代，因此需重复求解整组控制方程直到解收敛。

很多 CFD 商业软件提供两种基于压力的求解器算法：分离算法和耦合算法。

1.5.1.1　基于压力的分离算法

基于压力的求解器使用的求解算法中，控制方程是按顺序求解的(彼此分离)。

在分离算法中，求解变量(如 u、V、w、p、T、k 等)的各个控制方程一个接一个被求解。每个方程在求解时都与其他方程解耦或隔离，因此得名。分离算法具有存储效率，因为离散方程只需一次存储在存储器中。但是由于方程是以解耦方式求解的，因此求解收敛速度相对较慢。

使用分离算法时，每次迭代都包含以下步骤：

(1) 根据当前的解更新流体性质(如密度、黏度和比热容)，包括湍流黏度(扩散率)。

(2) 使用最近更新的压力和面质量通量值，一个接一个求解动量方程。

(3) 使用最近获得的速度场和质量流量求解压力校正方程。

(4) 使用从步骤(3)获得的压力校正来校正面质量通量、压力和速度场。

(5) 使用解决方案变量的当前值求解其他标量的方程式(如果有)，如湍动量、能量、组分和辐射强度。

(6) 更新不同阶段之间相互作用产生的源(如由离散颗粒导致的载体相的源项)。

(7) 检查方程的收敛性。

持续进行上述步骤直到满足收敛标准。

1.5.1.2　基于压力的耦合算法

与上述分离算法不同，基于压力的耦合算法解决了包括动量方程和基于压力的连续性方程的耦合方程组。因此，在耦合算法中，分离算法中的步骤(2)和步骤(3)由单个步骤代替，以求解耦合的方程组，而其余的等式以分离的方式求解，就像在分离算法中那样。

由于动量和连续性方程以紧密耦合的方式求解，因此与分离算法相比，耦合算法的求解收敛速度显著提高。然而，由于在求解速度和压力场(不仅仅是单个场)时需要将所有动量和基于压力的连续性方程的离散系统存储在存储器中，因此存储器需求是分离算法的 1.5～2 倍。常用的求解算法包括 SIMPLE、SIMPLEC、PISO、Coupled 算法等。

SIMPLE(semi-implicit method for pressure linked equations)意为求解压力耦合方程组的半隐式方法。该方法由 Patankar 和 Spalding 于 1972 年提出，是一种主要用于求解不可压缩性流场的数值方法(也可用于求解可压流动)。它的核心是采用“猜测—修正”的过程，在交错网格的基础上计算压力场，从而达到求解动量方程(Navier-Stokes 方程)的目的。算法的基本思想如下：对于给定的压力场(它可以是假定的值，或是上一次迭代计算所得到的结果)，求解离散形式的动量方程，得出速度场。因为压力场是假定的或不精确的，由此得到的速度场一般不满足连续性方程，所以必须对给定的压力场加以修正。修正原则是：与修正后的压力场相对应的速度场能满足这一迭代层次上的连续性方程。据此原则，把由动量方程的离散形式所规定的压力与速度的关系代入连续性方程的离散形式，从而得到压力修正方程，由压力修正方程得出压力修正值。接着，根据修正后的压力场求得新的速度场。然后检查速度场是否收敛，若不收敛，用修正后的压力值作为给定的压力场，开始下一层次的计算。如此反复，直到获得收敛的解。

SIMPLEC(SIMPLE consistent)算法与 SIMPLE 算法的基本思路一致，仅在通量修正方法上有所改进，因而加快了计算的收敛速度。SIMPLEC 算法是求解非复杂问题时比较好的选择，使用 SIMPLEC 算法时，压力耦合算法的欠松弛因子一般应设为 1.0，这样能加快收敛。SIMPLE 算法与 SIMPLEC 算法在每个迭代步中得到的压强场都不能完全满足动量方程，因此需要反复迭代，直到收敛。

PISO(pressure implicit with splitting of operators)意为压力的隐式算子分割算法，它针对 SIMPLE 算法中每个迭代步所得的压力场与动量方程偏离过大的问题，在每个迭代步增加了动量修正和网格畸变修正过程。因此，虽然 PISO 算法的每个迭代步中的计算量大于 SIMPLE 算法和 SIMPLEC 算法，但是由于每个迭代步中获得的压力场更准确，计算收敛得更快，也就是说获得收敛解需要的迭代步数大大减少了。

Coupled 算法是一种统一求解动量和基于压力的连续性方程的隐式耦合算法。耦合控制方程中的每个方程要转化成一个涉及所有未知量的方程，通过离散动量方程中的压力梯度项以及耗散项而实现求解。Coupled 算法同时求解连续性方程、动量方程和能量方程，计算过程也需要经过迭代才能收敛得出最终解。

1.5.2　基于密度的求解器

基于密度的求解器可耦合求解连续性、动量以及能量和组分输运控制方程。因为控制方程是非线性的，所以在获得收敛解之前，必须先执行几次求解循环迭代。每次迭代都包含以下步骤：

(1) 根据当前解决方案更新流体属性。如果计算刚刚开始，流体属性应根据初始化的解决方案进行更新。

(2) 同时解决连续性、动量、能量(适当时)和组分输运控制方程。

(3) 适当情况下，使用先前更新的其他变量值求解标量方程，如湍流和辐射。

(4) 当要包括相间耦合时，使用离散相位轨迹计算更新适当的连续相位方程中的源项。

(5) 检查方程组的收敛性。

持续进行上述步骤直到满足收敛标准。

在基于密度的求解方法中，可以使用耦合显式公式或耦合隐式公式求解耦合方程组。在基于密度的求解方法中，离散的非线性控制方程被线性化以产生用于每个计算单元因变量的方程组，然后求解所得的线性系统以产生更新的流场解。控制方程线性化的方式可以相对于感兴趣的因变量(或变量集)采用隐式或显式形式。

隐式：对于给定变量，使用包括来自相邻单元的现有值和未知值的关系计算每个单元中的未知值。因此，每个未知数将出现在系统中的多个方程中，并且必须同时求解这些方程以得出未知量。

显式：对于给定变量，使用仅包括现有值的关系计算每个单元格中的未知值。因此，每个未知数将仅出现在系统中的一个等式中，并且可以一次一个地求解每个单元中未知值的等式以给出未知量。

在基于密度的求解方法中，可以选择使用控制方程的隐式或显式线性化。该选择仅适用于耦合的控制方程组。用于附加标量的输运方程是从耦合组中分离出来的(如湍流、辐射等)，且输运方程是线性化的。

如果选择隐式基于密度的求解器选项，耦合的控制方程组中的每个方程相对于集合中的所有因变量隐式线性化。将产生 N 个线性方程组，其中包含域中每个单元的方程，其中 N 是该组中耦合方程的数量。因为每个单元有 N 个方程，所以有时称为块方程组。

点隐式线性方程求解器方案或对称块与代数多重网格(algebraic multi-grid，AMG)方法结合使用，可求解每个单元中所有 N 个因变量的合成块方程组。例如，耦合连续性线性化 x、y、z 动量，以及能量方程组产生方程的系统，其中 p、u、v、w、T 是未知数。该方程系统同时求解(使用块 AMG 求解器)且立即产生更新的压力，u、v、w 速度场以及温度场。总之，隐式耦合方法可解决所有 u、v、w 速度场和温度场变量。

如果选择显式基于密度的求解器选项，耦合的控制方程组中每个方程被明确线性化。与隐式选项一样，也将产生 N 个线性方程组，其中包含域中每个单元的方程，同样，该组中的所有因变量将立即更新。然而，这个方程组在未知的因变量中是明确的，不需要线性方程求解器。相反，使用龙格-库塔(Runge-Kutta)求解器更新解决方案。在这里可以选择使用全近似存储(full approximation storage，FAS)多重网格方案来加速多级求解。综上所述，基于密度的显式方法也可求解所有变量。

1.6　CFD 求解过程

CFD 求解过程包括：创建几何模型、划分计算网格、建立控制方程、确定边界条件与初始条件、建立离散方程、离散初始条件和边界条件、给定求解控制参数、求解离散方程、判断解的敛散性、显示和输出计算结果等，且这些求解过程可以按阶段划分为预处理、方程求解、后处理。下面对各求解步骤做简单介绍。

1. 创建几何模型

在任何 CFD 分析前，首先需要对计算区域的几何形状进行定义和构建。创建几何模型是进行 CFD 分析的基础，建立良好的几何模型可以准确地反映所研究的物理对象，又能方便进行下一步的网格划分工作。

2. 划分计算网格

在创建完几何模型后，需要对网格进行划分。目前已发展出多种对各种区域进行离散以生成网格的办法，统称为网格生成技术。目前网格主要分为结构化网格和非结构化网格两大类。简单来讲，结构化网格在空间上较为规范，而非结构化网格在空间分布上没有明显的行线和列线。结构化网格生成方法有：代数方法生成网格、椭圆形微分方程方法生成网格和 Thomas & Middlecoff 方法生成网格。非结构化网格生成方法有：四叉树(二维)/八叉树(三维)方法、Delaunay 方法、阵面推进法。

3. 建立控制方程

在求解 CFD 时需要建立控制方程。一般的流体流动可根据之前的流体控制方程直接给出，而特殊的流动则需添加相应的控制方程或模型。例如，当处于湍流时需添加湍流方程。

4. 确定边界条件与初始条件

方程如果有确定解，那么边界条件与初始条件应被确定下来，控制方程与相应的初始条件、边界条件的组合构成对一个物理过程完整的数学描述。初始条件是所研究对象在整个过程开始时刻的空间分布状态。对于瞬态问题，必须给定初始条件。边界条件是在求解区域的边界上所求解的变量或其导数随地点和时间的变化规律。对于任何问题都需要给定边界条件。

5. 建立离散方程

对于在求解域内所建立的偏微分方程，理论上是有精确解的。但是由于实际条件比较复杂，一般很难获得方程的精确解。因此，需要利用数值方法把计算域内有限数量位置(网格节点或网格中心点)上的因变量当作基本未知量处理，从而得到一组关于这些未知量的代数方程组，通过方程组得到这些节点值，利用这些节点值就可求出计算域内其他位置上的值。

6. 离散初始条件和边界条件

前面步骤中提到的初始条件和初始边界是连续的，现在需要针对所生成的网格，将连续性的初始条件和边界条件转化为特定节点上的值。再和上一步骤中得到的离散方程联立，方可对方程组求解。在商业 CFD 软件中，通常在前处理阶段完成网格划分后，直接在边界上指定初始条件和边界条件，然后由前处理软件自动将这些初始条件和边界条件按离散的方式分配到相应的节点上。

7. 给定求解控制参数

在得到了离散方程，确立了相应的离散初始条件和边界条件后，还需要给定流体的物理参数以及相关湍流模型的经验系数。此外，还要给定迭代计算的控制精度和输出频率等。

8. 求解离散方程

在进行上述设置后，便可得到具有定解条件的代数方程组。对于这些代数方程组数学上已有相应的解法，如线性方程组可采用 Gauss 消去法或 Newton 插值法求解。商用 CFD 软件往往提供不同的解法，以适应不同类型的问题。这属于求解器设置的范畴。

9. 判断解的敛散性

对于稳态问题的解或是瞬态问题在某个特定时间步上的解，通常需要经过反复迭代才可得到，甚至有时还会因为网格的形式、大小等原因，导致解的发散。因此，在迭代过程中应时刻注意解的敛散性，并在系统达到指定精度后结束迭代过程。

10. 显示和输出计算结果

最后，在通过上述求解过程得到各计算节点上的解后，需要利用适当的方式将整个计算域上的结果表示出来。比较常用的方式有线值图、矢量图、流线图等。

1.7　常用 CFD 商业软件

CFD 模拟过程中的软件按照其应用阶段可分为前处理软件、求解器及后处理软件。此外，随着集成思想的兴起和计算机软件的发展，一些综合软件也被开发出来。

1.7.1　前处理软件

CFD 前处理主要包括几何模型的创建和计算域网格的划分。

1.7.1.1　几何建模软件

1. GAMBIT

GAMBIT 具有用于几何创建和网格划分的单一界面，可在一个环境中汇集所有 FLUENT 的预处理技术，在同一界面中进行几何创建和网格划分。在几何建模方面，GAMBIT 拥有生成点、面和几何实体的功能，可以使用曲面缝合、旋转、扫掠等方式生成较为复杂的几何实体，也可以读入其他 CAD/CAE 网格数据并自动完成几何清理和几何修正。它的 ACIS R12 内核使得其几何建模功能大大领先于其他 CAE 软件的前处理器。另外，GAMBIT 也提供了功能强大、灵活易用的网格划分工具，可以划分出满足 CFD 特殊需要的网格，它可以生成线网格，允许详细控制线上节点的分布规律；也可以生成面网格，用来处理平面及轴对称流动问题，或作为进一步划分体网格的网格种子。除此之外，GAMBIT 的优势还在于可以针对近壁黏性效应生成边界层网格，而其他通用的 CAE 前处理器在结构分析中不存在边界层问题，因而采用这种工具生成的网格难以满足 CFD 计算要求。

GAMBIT 在 FLUENT 自动网格划分工具和用户控制工具方面处于领先地位。独有的网格划分算法以及六面体核心技术使 GAMBIT 可以在复杂的区域内直接划分出高质量的四面体、六面体网格或混合网格，还大大节省了网格数量，提高了网格质量。除此之外，GAMBIT 的尺寸函数功能使用户能自主控制网格的生成过程和空间上的分布规律，使得网格的过渡与分布更加合理，最大限度地满足 CFD 分析的需要。

2. DesignModeler

ANSYS DesignModeler 可以使用户熟悉 ANSYS Workbench 中与分析相关的工具。它主要包括以下功能：几何创作、几何修改、几何清理、2D 草图生成、将 2D 草图转换为 2D 或 3D 模型、CAD 几何导入、线体生成、表面实体生产、装配体建模、参数实用程序。除了几何建模功能之外，ANSYS DesignModeler 最主要的用途是实现 CAD 和 CAE 的交互，承担桥梁的功能。

3. SpaceClaim

SpaceClaim 是世界首个自然方式 3D 设计系统，可以快速进行模型的创建和编辑。不同于基于特征的参数化 CAD 系统，它能够让用户以最直观的方式对模型直接编辑，自然流畅地进行模型操作而无需关注模型的建立过程。它最大的优势在于其易用性和简单性，非常适合没有时间使用复杂 CAD 工具但需要建模的情况。另外，它在建模方面也有几大优势：直接建模工具(拖拉和移动)能轻松自如地完成设计和编辑；合并工具能轻易地完成各种模型的合并和分割；填充工具能快速地填充或去除各种特征。但是，SpaceClaim 不太适用于较为复杂和精细度要求较高的建模，主要用于模型预处理或简单模型的建模。

1.7.1.2 网格划分软件

1. ICEM

ANSYS ICEM 是一种提供了网格生成功能的功能强大的软件，可以根据用户需求创建并划分多块结构化网格、非结构化网格和混合网格等不同类型的网格结构。它允许使用几何拓扑包或通过外部 CAD 软件导入几何模型，还具有构建拓扑的能力，可以删除不需要的表面，用户可以查看网格划分区域中是否存在导致网格“泄漏”的“孔洞”。ICEM 在网格划分上的主要优势是结构化网格和参数化网格的建立。目前，ICEM 作为 FLUENT 和 CFX 标配的网格划分软件，已取代了 GAMBIT 的地位。

2. Meshing

除外部网格划分软件外，也可以使用 ANSYS 自带的 Meshing 功能进行网格划分。Meshing 最大的优势在于操作的简便性，对于模型中的所有零件，只需单击鼠标即可利用拓扑算法自动生成适合特定分析的网格，整体上比较方便合理，但难以像 ICEM 一样对网格进行微调。综上，Meshing 在对于网格要求不高的任务中可以带来较大的便利。

1.7.2 求解器

求解器需要承担的工作主要包括：读取前处理阶段输出的计算域网格、设定控制方程、定义边界条件、定义求解参数、定义输出参数、条件初始化、进行求解计算等。

1.7.2.1 STAR-CD

STAR-CD 是英国 Computational Dynamics 公司开发的全球第一个采用完全非结构化网格生成技术和有限体积方法研究工业领域中复杂流体流动分析的商用软件包。网格生成工具软件包 Proan 软件利用单元修整技术使各种复杂形状几何体能够简单快速地生成网格。STAR-CD 能够对绝大部分典型物理现象进行建模分析，并且拥有较为高速的大规模并行计算能力，可以应用到工业制造、化学反应、汽车动力、结构优化设计等许多领域的流体分析过程中。此外，STAR-CD 可以同大多数的 CAE 工具软件数据进行对口连接，大大方便了工程的开发与研究。同时，它可以对网格进行精细的微调，但这也使它的命令行操作和复杂细节的划分网格过程耗费使用者大量的时间和精力。

1.7.2.2 PHOENICS

PHOENICS 是最早的通用商用 CFD 程序代码，适用于使用直角坐标、圆柱极坐标或曲线坐标进行定常或非定常，一维、二维或三维湍流或层流、多相流、可压缩性或不可压缩性流动。它除了具备通用流体力学计算软件的功能外，还具有很强的开放性，可以根据需要任意修改和添加用户程序、用户模型，而且引入了 VR 用户界面，用户可以更方便地进行 CFD 建模。

1.7.2.3　OpenFOAM

OpenFOAM 是一个完全由 C++ 编写的面向对象的 CFD 类库，采用类似于日常习惯的方法在软件中描述偏微分方程的有限体积离散化，支持多面体网格，可以处理复杂的几何外形，其自带的 SnappyHexMesh 可以快速高效地划分六面体及多面体网格，且网格质量高，主要用于创建新的求解器和实用程序。

严格来说，OpenFOAM 并不是一款软件，而是一个针对不同流动编写的不同 C++ 程序的集合。每一种流体流动都可以用一系列的偏微分方程表示，求解这种运动的偏微分方程的代码即为 OpenFOAM 的一个求解器。OpenFOAM 提供预处理和后处理环境，预处理和后处理的接口本身就是 OpenFOAM 实用程序，从而确保跨所有环境的一致数据处理。它的源代码是公开的，因此研究人员除了可以使用自带的标准求解器，也可以编写自己的求解器，从而解决很多商业软件没有涉及的问题，但是对初学者来说，编写求解器是一项很困难的任务。

1.7.2.4　ANSYS CFX

ANSYS CFX 最初是英国原子能机构(AEA)开发的一个通用 CFD 软件套件，结合了先进的求解器与强大的预处理和后处理能力，能够对稳态和瞬态流动、层流和湍流流动、亚声速流动、跨声速流动和超声速流动、传热和热辐射、非牛顿流动进行建模。它由预处理器 CFX-Pre、耦合求解器 CFX-Solver、CFX-Solver 管理器和交互式后处理图形工具 CFD-Post 四个软件模块组成，通过几何图形和网格传递进行 CFD 分析所需的信息。CFX 最重要的特点之一是耦合求解器的使用，所有的流体动力学方程作为一个单一的系统求解，耦合求解器比传统的分离求解器速度快，获得收敛流场求解所需的迭代次数少。它主要的优势在于其处理二阶差分格式时具有较好的精确性、可靠性和并行能力，而且拥有丰富的物理模型。

1.7.2.5　ANSYS FLUENT

ANSYS FLUENT 是目前应用最为广泛的商用求解器，用于模拟复杂几何形状中的流体流动、传热和化学反应。它支持的网格类型包括 2D 三角形或四边形、3D 四面体、六面体、棱锥、楔形、多面体以及混合网格，还允许根据流程解决方案细化或粗化网格。在将网格读入 ANSYS FLUENT 后，其他操作包括设置边界条件、定义流体属性、执行解决方案、后处理等。

作为功能类似的 CFD 求解器，FLUENT 和 CFX 最大的区别是，FLUENT 用基于 cell-based 的体积元，而 CFX 则用基于 vertex-based 的体积元。另外，FLUENT 的主要优势是计算速度较快，内存占用较低，但收敛速度和物理模型丰富度不如 CFX。

1.7.3 后处理软件

后处理阶段需要将计算求解得到的数据以直观的方式展示出来，以便于解读和工程应用。后处理的常用表达格式有数据表、流线图、云图、矢量图、动画等。

1.7.3.1 ParaView

ParaView 是 OpenFOAM 自带的后处理软件。作为一个开源、多平台的数据分析和可视化应用程序，它既是一个应用程序框架，也可以直接使用。它支持并行计算，可以运行于单处理器的工作站，也可以运行于分布式存储器的大型计算机。但是目前 ParaView 在国内应用较少。

1.7.3.2 Tecplot 360

Tecplot 是由美国 Tecplot 公司开发的可视化和分析软件工具系列。Tecplot 360 是用于后处理模拟结果的软件包。Tecplot 360 还用于化学应用中，通过后处理电荷密度数据来可视化分子结构。它可以直接读入常见的网格、CAD 图形和 CFD 软件生成的文件，利用鼠标直接点击即可知道流场中任一点的数值，能随意增加和删除指定的等值线(面)，还可以利用 FORTRAN、C、C++ 等语言开发特殊功能。

1.7.3.3 EnSight

EnSight(Engineering Insight)是一款由美国 CEI 公司研发的科学工程可视化与后处理软件，能在所有主流计算机平台上运行，支持大多数主流 CAE 程序接口和数据格式。

它可以高效地批量处理大规模数据，且占用内存较少，可以对流体和结构耦合进行可视化，还可通过 Python 脚本控制 EnSight 命令，同时可使用 PyQt 创建自己的 GUI。例如，通过创建一个按钮，执行一系列自己需要的后处理操作。

与其他可视化或后处理工具相比，EnSight 除了常用的后处理功能之外，还拥有更多更强大的功能，该软件可以看到一些无法显示和记录的内容。例如，通过 GUI 完成沿着流线生成截面动画等操作。

1.7.3.4 CFD-Post

CFD-Post 是所有 ANSYS 流体动力学产品的通用后处理器，使用一系列带有积分计算器的函数快速探测流场，对结果数据做积分操作，可以实现可视化和结果分析，主要包括图像的生成、显示和计算数据的量化处理，以简化重复工作而实现自动化以及批处理的能力。CFD-Post 可以非常方便地和 CFD 模拟软件进行交互，其用户界面现代、直观，相对来说使用较为简便。

1.7.4 综合软件

1.7.4.1 FLOW-3D

FLOW-3D 模拟软件包建立在模拟流体流动的算法上，这些算法是在 20 世纪 60 年代和70年代在美国洛斯阿拉莫斯国家实验室开发的。该计算机程序的基础是描述流体中质量、动量和能量守恒方程的有限体积公式(在欧拉框架中)。该程序能够模拟两种流体问题：①不可压缩性和可压缩性流体；②层流和湍流。FLOW-3D有许多模拟相变、非牛顿流体、非惯性参考系、多孔介质流、表面张力效应和热弹性行为的辅助模型。

FLOW-3D软件的网格是该软件的一大特点，不同于CFD常见的贴体网格，该软件采用FAVOR(fractional area/volume)方法处理网格与模型边界的拟合。网格形式为结构式有限差分网格。相比贴体网格，FLOW-3D网格的缺点是对复杂几何的描述精度相对较差，需要对局部增大网格密度才能实现较好的描述；优点是网格为全结构式，计算效率高，数值累计误差相对较小。另外，FLOW-3D采用的独特计算方法TruVOF是对VOF技术的进一步改进，能够准确追踪自由液面的变化情况，精确模拟具有自由界面的流动问题，精确计算自由液面的交界聚合与飞溅流动，尤其适合高速高频流动状态的计算模拟。

1.7.4.2 COMSOL Multiphysics

COMSOL Multiphysics是一款大型高级数值仿真软件，广泛应用于各个领域的科学研究以及工程计算、模拟科学和工程领域的各种物理过程。它以有限元法为基础，通过求解偏微分方程或偏微分方程组实现真实物理现象的仿真，用数学方法求解真实世界的物理现象。COMSOL最早是Matlab的一个工具箱(Toolbox)，称为Toolbox 1.0，后来改名为Femlab 1.0(Fem为有限元，lab是取用的Matlab)，这个名字也一直沿用到Femlab 3.1，从3.2版本开始，正式命名为COMSOL Multiphysics。

COMSOL Multiphysics具有用途广泛、灵活、易用的特性，相比其他有限元分析软件，其强大之处在于利用附加的功能模块，可以很容易进行软件功能扩展。Multiphysics翻译为多物理场，因此这个软件的优势就在于多物理场耦合方面。多物理场的本质就是偏微分方程组，所以只要是可以用偏微分方程组描述的物理现象，COMSOL Multiphysics都能够很好地进行计算、模拟、仿真。

1.7.4.3 Workbench

ANSYS Workbench是一种项目管理工具，是连接ANSYS所有软件工具的接口，它把ANSYS系列产品融合在仿真平台，使数据实现无缝传递及共享，并为仿真模拟和设计提供了全新平台，以提高仿真效率，同时保证仿真模拟的通用性和精确性。Workbench用来处理ANSYS几何、网格、求解器、后处理工具之间的数据传递。从图形上看，可以一眼看到一个项目是如何构建的。由于Workbench可以管理各个应用程序并在它们之间传递数据，因此可以自动执行设计研究(参数分析)以实现设计优化。

Workbench可以支持几乎全部主流的3D制图软件，建模过程轻松，是新一代CAE分析环境和应用平台，可以提供统一的开发和管理CAE信息的工作环境，它包括CAE建模工具DesignModeler、分析工具DesignSimulation和优化工具DesignXplorer等。此外，它提供了这些环境之间相互操作和控制信息传递的流程，并能够方便地切换到ANSYS环境。

符号说明

英文

A 表面面积

c 热容

D 扩散传导性

D_{H} 管道的水力直径，m

E 能量，J

F 对流质量通量

h 比焓

h_0 总焓

i 内能

Pe 佩克莱数

p 控制体积；压力

q 热通量

Re 雷诺数

S_E 单位时间单位体积的源项

S_i 内能方程源项

S_M 动量源项

S_ϕ 性质ϕ的输运方程源项

T 温度

t 时间，s

$\boldsymbol{u}$ 速度矢量

u 流体的平均速度，m/s

x方向的动量

u_0 流体初始流速，m/s

u_∞ 流体主体流速，m/s

v y方向的动量

w z方向的动量

希文

Γ 广义扩散系数

δ 边界层厚度，m

μ 流体的动态黏度，Pa · s

ρ 流体的密度，kg/m^3

τ 黏性应力

Φ 耗散率

ϕ 广义未知量

参考文献

韩占忠，王敬，兰小平. 2010. Fluent：流体工程仿真计算实例与应用. 北京：北京理工大学出版社.

李人宪. 2005. 有限体积法基础. 北京：国防工业出版社.

王福军. 2004. 计算流体动力学分析：CFD 软件原理与应用. 北京：清华大学出版社.

朱振兴. 2008. 硫酸铵结晶过程的研究及其固-液多相流的计算流体力学研究. 天津：天津大学.

Blazek J. 2015. Computational Fluid Dynamics: Principles and Applications. 3rd ed. Oxford：Butterworth-Heinemann.

Fluent A. 2011. Ansys Fluent Theory Guide. ANSYS Inc., USA, 15317: 724-746.

Tu J, Yeoh G H, Liu C. 2018. Computational Fluid Dynamics: A Practical Approach. Oxford：Butterworth-Heinemann.

Versteeg H K, Malalasekera W. 2007. An Introduction to Computational Fluid Dynamics: the Finite Volume Method. 2nd ed. Harlow: Pearson Education Limited.

Wilkes J O, Birmingham S G. 2006. Fluid Mechanics for Chemical Engineers with Microfluidics and CFD. 2nd ed. Engle Wood: Prentice Hall.

第2章

CFD 模拟常用应用模型

在 CFD 模拟过程中，模型的开发或选择是至关重要的一步，需要根据所计算的问题选择适当的模型。本章将对化工过程中常用的 CFD 模拟应用模型进行详细介绍，主要包括湍流流动过程、热传递过程、化学反应与燃烧过程和多相流体系的相关介绍。对于湍流流动过程，主要介绍了 k-ε 模型、k-ω 模型和大涡模拟等；对于热传递过程，主要介绍了热辐射模型；对于化学反应与燃烧过程，主要介绍了涡耗散概念模型、非预混燃烧模型、预混燃烧模型、部分预混燃烧模型和概率密度函数(PDF)模型等；对于多相流体系，主要介绍了 VOF(volume of fluid)模型、混合模型和欧拉模型等。此外，本章对移动区域模型及非牛顿流体模型也做了相应介绍。

2.1 湍　　流

2.1.1 湍流简介

湍流是流体中速度梯度较大时发生的一种自然现象，它会引起流场随时间与空间的扰动，如空气中的烟雾、壁面空气的凝结、燃烧室中的流动、海浪、暴风雨天气、行星大气层、太阳风与磁层的相互作用等。

湍流和层流都是流体的一种流动状态。当流速很小时，流体分层流动，互不混合，称为层流，也称为稳流或片流；当流速逐渐增加时，流体的流线开始出现波浪状的摆动，摆动频率及振幅随流速的增加而增加，此种流况称为过渡流；当流速增加到很大时，流线不再清楚可辨，在流场中有许多小涡旋，层流被破坏，相邻流层间不仅有滑动，还有混合，从而形成湍流，又称为乱流、紊流或扰流。湍流与层流可以由雷诺数判断。

尽管在过去的一个世纪里湍流一直是被深入研究的主题，但仍有许多问题没有被解决，特别是在高马赫数和高雷诺数的流动中。湍流是在与壁面接触或在速度不同的相邻层之间产生的，是由层流产生的不稳定波引起的，随着下游雷诺数的增加和速度梯度的增大，流体由单向流动变为旋转，导致涡线剧烈拉伸，而此现象在二维中是无法模拟的，因此，湍流通常是物理三维的、典型的随机波动。这使得二维简化在大多数数值模拟中无法应用。

在湍流中，与涡旋运动大小成正比的大尺度和小尺度连续能谱是相互混合的。涡旋在空间上相互重叠，大的涡旋带动小的涡旋。在这一过程中，湍动能从较大的涡旋转移到较小的涡旋，其中最小的涡旋最终通过分子黏性耗散成热能。

计算湍流的基本方程是纳维-斯托克斯(Navier-Stokes)方程，这一方程是法国科学家纳维和英国物理学家斯托克斯分别建立的，是描述不可压缩性流体动量守恒的运动方程，在直角坐标系中可以写成：

$$\rho\frac{\mathrm{d}u}{\mathrm{d}t}=\rho gx-\frac{\partial p}{\partial x}+\mu\left(\frac{\partial^2 u}{\partial x^2}+\frac{\partial^2 u}{\partial y^2}+\frac{\partial^2 u}{\partial z^2}\right) \tag{2-1}$$

$$\rho\frac{\mathrm{d}v}{\mathrm{d}t}=\rho gy-\frac{\partial p}{\partial y}+\mu\left(\frac{\partial^2 v}{\partial x^2}+\frac{\partial^2 v}{\partial y^2}+\frac{\partial^2 v}{\partial z^2}\right) \tag{2-2}$$

$$\rho\frac{\mathrm{d}w}{\mathrm{d}t}=\rho gz-\frac{\partial p}{\partial z}+\mu\left(\frac{\partial^2 w}{\partial x^2}+\frac{\partial^2 w}{\partial y^2}+\frac{\partial^2 w}{\partial z^2}\right) \tag{2-3}$$

Navier-Stokes 方程概括了黏性不可压缩性流体流动的普遍规律，因而在流体力学中具有特殊意义。

2.1.2　湍流模型

湍流的数值模拟可以用来捕捉随时间波动流场的时间平均特征。虽然许多工程问题可能只需要寻求时间平均解，但并不意味着湍流波动可以被忽略。湍流的非线性特性使平均流量与湍流波动相耦合，湍流的影响以湍流应力的形式出现在平均控制方程中。这种带有湍流应力的模型称为湍流模型。以往文献揭示，数值计算的结果与湍流模型的选择有很强的相关性。除特定情况下，由于计算资源的限制，直接模拟所有尺度的涡流是不可能的。目前还没有找到一个适用于所有湍流的通用湍流模型。湍流模型的应用范围可从天气预报到新型汽车、飞机、热交换器、燃气轮机发动机、化学反应器等。湍流的精确模拟对社会和工业都具有重要意义。因此，湍流模型是 CFD 的关键要素之一。

2.1.2.1　直接数值模拟

在直接数值模拟(direct numerical simulation，DNS)中使用精细网格，所有大小规模的湍流尺度都能得到解决，即所谓的确定性方法。直接数值模拟是模拟湍流最明显、最直接的方法，但由于其高昂的计算成本，在面对与实际利益相关的工业问题时，其使用受到限制。

使用直接数值模拟可以直接求解三维非定常 Navier-Stokes 方程，不需要湍流模型，因为该方程正确地描述了层流与湍流条件下的流体流动。而实际上的难点在于在高雷诺数下求解这些方程。在高雷诺数的湍流中存在各种空间尺度与时间尺度，意味着所有的湍流尺度必须在模拟中得以解决。其所需的分辨率范围大致可由科尔莫戈罗夫尺度(Kolmogorov's scale)范围和时间范围描述。因此，需要非常密集的计算网格与较短的时间步长。另外，这些方程是非线性的，显然对进行计算的算法提出了很大挑战，且造成了极大的计算成本。事实上，在未来许多代的计算机更新后，才有可能对真正的工程问题执行直接数值模拟，而且即使有可能在实际工程应用中执行这些模拟，数据量也将十分巨大。目前，直接数值模拟只是一种研究工具，而不是工程设计的辅助手段。直接数值模拟的计算成本非常高，并且随着雷诺数的增加而增加。反应流中直接数值模拟的计算成本为

$$t \propto Re^3 Sc^2 \tag{2-4}$$

注意，对于气体，$Sc \approx 1$；对于液体(如水)，$Sc \approx 10^3$；对于非常黏稠的液体，$Sc \approx 10^6$。直接数值模拟计算成本较高，因此主要应用于中等雷诺数的气流。这种确定性模拟对于开发统计湍流模型的封闭以及模型的验证很有用，但在实际工程模拟中用处不大。目前，直接数值模拟在实际工程模拟中几乎没有被使用。

2.1.2.2　非直接数值模型

湍流所具有的强烈瞬态性和非线性使得与湍流三维时间相关的全部细节无法用解析的方法精确描述，况且湍流流动的全部细节对于工程实际来说意义不大，因为人们所关心的经常是湍流所引起的平均流场变化。于是出现了对湍流进行不同简化处理的数学计算方法，其中一种就是统计方法。在这种方法中，为了把平均量从波动中分离出来而对变量进行时间平均，导致在控制方程中出现新的未知变量，即湍流脉动造成的应力，称为雷诺应力。因此，除了基本 Navier-Stokes 方程之外，还需要建立应力的表达式或引入附加方程来使系统封闭，此过程称为雷诺时均纳维-斯托克斯(Reynolds-averaged Navier-Stokes，RANS)方法。建立雷诺应力表达式的模型称为雷诺应力模型(Reynolds stress model，RSM)，引入附加的方程即通常引入零个、一个、两个微分方程来使模型封闭，这些模型则分别称为零方程模型、一方程模型、两方程模型。这三个模型都使用了布西内斯克(Boussinesq)提出的涡黏假设，引入湍流黏度处理雷诺应力项，因此有时也被统称为涡黏模型。在这种方法中，所有大尺度和小尺度的湍流都被建模，因此不需要与直接数值模拟一样的精细化网格。但这种基于平均方程与湍流模型的研究方法只适用于模拟小尺度的湍流运动，不能从根本上解决湍流计算问题。

大涡模拟是介于直接数值模拟与 RANS 之间的一种折中方法，近年来已变得非常流行。其中大尺度的旋涡被计算，小尺度的旋涡则被建模。小尺度涡旋与各向同性湍流的耗散范围有关，建模比 RANS 简单。但由于要计算大尺度湍流，网格的精细化比 RANS 要求高得多。

本章介绍使用较多的湍流模型，包括零方程模型、一方程模型、两方程模型、雷诺应力模型及大涡模拟。

1. 零方程模型

零方程模型是指不使用微分方程，而用代数关系式把湍流黏度和时均值联系起来的模型。在量纲的基础上，假设运动涡流黏度 ν_t(m^2/s)可以表示为湍流速度 u(m/s)和湍流长度 l(m)的乘积。若用一个速度尺度和一个长度尺度描述湍流的影响，量纲分析可得到

$$\nu_t = Cul \tag{2-5}$$

式中，C 为量纲为一的比例常数。

动态湍流黏度可由下式给出：

$$\mu_t = c\rho u l \tag{2-6}$$

湍流的大部分动能包含在最大的涡流中，所以涡流长度 l 是这些涡流与平均流相互作用的特征。如果平均流与最大涡流的行为之间存在紧密联系，则可以尝试将涡流的特征速度尺度与平均流特性相联系。目前已发现在简单的二维湍流中效果比较好，其唯一的雷诺应力为 $\tau_{xy}=\tau_{yx}=-\rho\overline{u'v'}$，唯一的平均速度梯度为$\partial U/\partial y$。若涡流长度为 l，c 为量纲为一的常数，则这种流动至少在量纲上是正确的。取绝对值以确保速度尺度始终为正数，与速度梯度的符号无关，则湍流速度可表示为

$$u = cl\left|\frac{\partial U}{\partial y}\right| \tag{2-7}$$

结合式(2-6)和式(2-7)，并将两个常数 C 和 c 引入新的长度尺度 l_m 中，可得

$$\nu_t = l_m^2\left|\frac{\partial U}{\partial y}\right| \tag{2-8}$$

式中，l_m 为混合长度。普朗特混合长度模型如下：

$$\tau_{ij} = -\rho\overline{u_i'u_j'} = \mu_t\left(\frac{\partial U_i}{\partial x_j}+\frac{\partial U_j}{\partial x_i}\right)-\frac{2}{3}\rho k\delta_{ij} \tag{2-9}$$

注意：$\partial U/\partial y$ 是唯一有效的平均速度梯度，湍流雷诺应力可表示为

$$\tau_{xy}=\tau_{yx}=-\rho\overline{u'v'}=\rho l_m^2\left|\frac{\partial U}{\partial y}\right|\frac{\partial U}{\partial y} \tag{2-10}$$

湍流是流动的函数，如果湍流发生变化，则需要在混合长度模型中通过改变 l_m 解决这一问题。对于自由湍流和壁面边界层在内的一类简单湍流，湍流结构足够简单，可以用简单的代数公式表示 l_m，表 2-1 列出了一些示例。

表 2-1　二维湍流的混合长度

流型	混合长度 l_m	L
混合层	$0.07L$	层宽度
射流	$0.09L$	射流半宽度
轴对称射流	$0.075L$	射流半宽度
边界层($\partial p/\partial x=0$) 黏稠子层和对数层($y/L\leqslant 0.22$)	$\kappa y\left[1-\exp\left(-y^{+}/26\right)\right]$	
外层($y/L\geqslant 0.22$)	$0.09L$	边界层厚度
管道	$L\left[0.14-0.08(1-y/L)^2-0.06(1-y/L)^4\right]$	管半径或通道宽度的一半

混合长度在流动方向变化缓慢的简单二维流动中非常有用。在这些情况下，湍流的产生与其在整个流动中的耗散达到平衡，并且湍流特性与平均流动长度 L 成正比。意味着在这种流动中，混合长度 l_m 与 L 成正比，并且可以通过一个简单的代数公式将其表示为位置的函数。然而，大多数流动都涉及输运造成的湍流特性的变化。此外，湍流的产生和消散过程可以通过流程本身进行修改。因此，混合长度模型不能在通用 CFD 中单独使用，但是它可以嵌入许多更复杂的湍流模型中，作为处理壁面边界条件的一部分来描述近壁面流动行为。混合长度模型的总体评价如表 2-2 所示。

表 2-2　混合长度模型评价

优点	缺点
易于实现且计算资源需求较低	无法完全通过分离和再循环描述流动
对薄剪切层可良好预测：射流、混合层、尾流和边界层完善	仅计算平均流量特性和湍流剪切力

2. 一方程模型

为了弥补混合长度模型的局限性，引入一个新的输运方程，这些模型称为一方程模型。Spalart-Allmaras 模型就是一种应用较广的一方程模型，引入的方程是运动涡流黏度参数 $\tilde{\nu}$ 的输运方程，还包括长度尺度的代数公式，以及外部空气动力学中边界层的计算。动态湍流黏度与 $\tilde{\nu}$ 的关系为

$$\mu_t = \rho\tilde{\nu} f_{v1} \tag{2-11}$$

式(2-11)包含壁面阻尼函数 $f_{v1} = f_{v1}(\tilde{\nu}/\nu)$，该函数在高雷诺数时趋于统一，此时运动涡流黏度参数 $\tilde{\nu}$ 正好等于运动涡流黏度 ν_t。壁面阻尼函数 f_{v1} 趋于零。

雷诺应力计算公式为

$$\tau_{ij} = -\rho\overline{u_i'u_j'} = 2\mu_t S_{ij} = \rho\tilde{\nu} f_{v1}\left(\frac{\partial U_i}{\partial x_j} + \frac{\partial U_j}{\partial x_i}\right) \tag{2-12}$$

运动涡流黏度参数 $\tilde{\nu}$ 的输运方程为

$$\frac{\partial(\rho\tilde{\nu})}{\partial t} + \operatorname{div}(\rho\tilde{\nu}U) = \frac{1}{\sigma_v}\operatorname{div}\left[(\mu+\rho\tilde{\nu})\operatorname{grad}(\tilde{\nu}) + C_{b2}\rho\frac{\partial\tilde{\nu}}{\partial x_k}\frac{\partial\tilde{\nu}}{\partial x_k}\right] + C_{b1}\rho\tilde{\nu}\Omega - C_{w1}\rho\left(\frac{\tilde{\nu}}{\kappa y}\right)^2 f_w \tag{2-13}$$

式中，Ω 为涡度参数；κy 为长度尺度；常数 $\sigma_v = 2/3$，$\kappa = 0.4187$，$C_{w1} = C_{b1} + \kappa^2(1 + C_{b2})/\sigma_v$，$C_{b1} = 0.1335$，$C_{b2} = 0.622$。

在式(2-13)中，$\tilde{\nu}$ 的产生速率与局部平均涡量的关系为

$$\Omega = \Omega + \frac{\tilde{\nu}}{(\kappa y)^2} f_{v2} \tag{2-14}$$

$$\Omega = \sqrt{2\Omega_{ij}\Omega_{ij}} = \text{平均涡度} \tag{2-15}$$

$$\Omega_{ij} = \frac{1}{2}\left(\frac{\partial U_i}{\partial x_j} - \frac{\partial U_j}{\partial x_i}\right) = \text{平均涡度张量} \tag{2-16}$$

函数 $f_{v2} = f_{v2}(\tilde{\nu}/\nu)$ 和 $f_{w} = f_{w}\left[\tilde{\nu}/(\Omega\kappa^2 y^2)\right]$ 是壁面阻尼函数。

在一方程湍流模型中，无法计算长度尺度，需要单独指定，从而确定输送量的耗散率。通过对方程式(2-13)的破坏项的检查表明，κy(y 等于到固体壁面的距离)被用作长度尺度。长度尺度 κy 也输入涡度参数 Ω 中，等于用于推导壁面边界层对数定律的混合长度。

针对外部空气动力流动，将这些模型常数和另外三个隐藏在壁面函数中的常数进行调整，结果表明，该模型在具有逆压力梯度的边界层中具有良好的性能，对于预测失速流动非常重要。它适用于机翼的模拟，因此 Spalart-Allmaras 模型也引起了涡轮机械领域越来越多的关注。然而，在复杂的几何结构中很难定义长度尺度，因此该模型不适用于一般的内部流动。另外，它对快速变化流动中的输送过程也缺乏敏感性。

除了 Spalart-Allmaras 模型，Baldwin-Barth 模型也是一方程模型，它通过引入湍动能 k 的输运方程使方程封闭。

3. 两方程模型

目前，零方程和一方程模型仍应用于某些应用程序，但很少用于通用流动模拟。对于通用流动模拟，通常使用更复杂的两方程模型。随着方程式数量的增加，计算成本也随之增加。应当指出的是，两方程模型有时称为完整模型，因为它们允许独立确定湍流速度和长度尺度。实际工程中最成功的模型涉及两个或多个输运方程，这是因为它需要两个量表征湍流的长度和速度尺度。用输运方程描述这些变量意味着湍流的产生和耗散过程可以具有局部速率。在许多情况下，湍流的高局部值是由上游产生的涡流对流引起的。

两方程模型广泛应用于工程模拟。尽管这些模型具有局限性，但由于它们功能强大且相比较而言计算容易实现，因此被广泛使用。常用的两方程模型有 k-ε 模型和 k-ω 模型。

1) k-ε 模型

a. 标准 k-ε 模型

两方程模型中，经常引入的方程是湍动能 k 的输运方程。除此之外，耗散率 ε 是较常用变量。顾名思义，标准 k-ε 模型使用湍动能 k 和耗散率 ε 两个变量描述湍流。湍流尺度与耗散率之间的关系为

$$\phi = k^{3/2}/l = \varepsilon \tag{2-17}$$

长度尺度 l 则是湍流速度 $\sqrt{k}$ 乘以湍流旋涡的寿命 k/ε：

$$l = \sqrt{k}\frac{k}{\varepsilon} = \frac{k^{3/2}}{\varepsilon} \tag{2-18}$$

湍流黏度为

$$\tau_{ij} = -\rho\overline{u_i'u_j'} = 2\mu_t S_{ij} = \rho\tilde{\nu} f_{v1}\left(\frac{\partial U_i}{\partial x_j} + \frac{\partial U_j}{\partial x_i}\right) \tag{2-19}$$

ε 在对湍流的解释中发挥着重要作用，且 ε 直接出现在 k 的输运方程中，因此 k-ε 模型非常受欢迎，在许多 CFD 问题的通用性和经济性之间提供了非常好的折中方案。在介绍 k 和 ε 的输运方程之前，首先需清楚这些方程实际上是 k 和 ε 精确输运方程的简化，即意味着标准 k-ε 模型是几种可能的闭合形式之一，而通过这些闭合形式可以进一步简化 RANS 方程。需要注意的是，闭合并不是 k-ε 模型独有的，而是由于引入了高阶矩，因此需要封闭所有基于统计平均的模型。湍动能 k 的输运方程可以通过雷诺分解从动能方程推导出来，表达式如下：

$$\underset{(\mathrm{I})}{\frac{\partial k}{\partial t}} + \underset{(\mathrm{II})}{\left\langle U_j\right\rangle\frac{\partial k}{\partial x_j}} = \underset{(\mathrm{III})}{-\left\langle u_i u_j\right\rangle\frac{\partial\left\langle U_i\right\rangle}{\partial x_j}} \underset{(\mathrm{IV})}{-\nu\left\langle\frac{\partial u_i}{\partial x_j}\frac{\partial u_j}{\partial x_i}\right\rangle} + \frac{\partial}{\partial x_j}\left(\underset{(\mathrm{V})}{\nu\frac{\partial k}{\partial x_j}} \underset{(\mathrm{VI})}{-\frac{\left\langle u_i u_i u_j\right\rangle}{2}} \underset{(\mathrm{VII})}{-\frac{\left\langle u_j p\right\rangle}{\rho}}\right) \tag{2-20}$$

式中，Ⅰ为 k 的累积；Ⅱ为 k 对流的平均速度；Ⅲ为 k 从平均流量中提取能量导致大涡流的产生，为产生项；Ⅳ为通过黏性应力使 k 消散，从而使湍动能转化为热量，为耗散项；Ⅴ为 k 的分子扩散，为扩散项；Ⅵ为速度波动引起的湍流输运；Ⅶ为压力波动引起的湍流输运。

在式(2-20)中，项Ⅲ、Ⅳ、Ⅵ和Ⅶ是未知的，除非引入一些近似值，否则无法求解该方程式。因此，产生项、耗散项和扩散项需封闭，其为建立 k 方程模型所需的第一个封闭。产生项表示由平均流动应变率而产生的湍动能。如果考虑平均流的动能方程，则湍动能的产生是平均流量损失动能的结果，$\langle E\rangle = \bar{E} + k$。产生项是雷诺应力乘以剪切速率，当两者都很大时，将产生最大生成量。这主要发生在靠近壁面的边界层中，且对于平行于壁面的流动，最大生成量为 $y^+\approx 12$。雷诺应力可以在产生项中确定，并假设可以通过将 Boussinesq 近似值与平均流量梯度相关联来对该项进行建模：

$$-\left\langle u_i u_j\right\rangle = \nu_t\left(\frac{\partial\left\langle U_i\right\rangle}{\partial x_j} + \frac{\partial\left\langle U_j\right\rangle}{\partial x_i}\right) - \frac{2}{3}k\delta_{ij} \tag{2-21}$$

湍动能的产生可以建模为

$$-\left\langle u_i u_j\right\rangle\frac{\partial\left\langle U_i\right\rangle}{\partial x_j} = \nu_t\left(\frac{\partial\left\langle U_i\right\rangle}{\partial x_j} + \frac{\partial\left\langle U_j\right\rangle}{\partial x_i}\right)\frac{\partial\left\langle U_i\right\rangle}{\partial x_j} - \frac{2}{3}k\frac{\partial\left\langle U_j\right\rangle}{\partial x_i} \tag{2-22}$$

对于不可压缩性流体，因为具有连续性的特点，式(2-22)中的最后一项为零。另外，Boussinesq 近似是一个雷诺应力各向同性模型，且假设所有的法向应力都相等。

建立 k 方程模型所需的第二个封闭是能量耗散率的关系，即湍动能的耗散率。湍动能的能量耗散定义为

$$\varepsilon=\nu\left\langle\frac{\partial u_i}{\partial x_j}\frac{\partial u_j}{\partial x_i}\right\rangle \tag{2-23}$$

k 的湍流输运需要第三个封闭描述。这些高阶矩[式(2-20)中项Ⅵ和Ⅶ]通常是通过假设梯度扩散输运机制建模的。该假设将由速度和压力波动引起的湍流输运建模为

$$-\frac{\langle u_i u_i u_j\rangle}{2}-\frac{\langle u_j p\rangle}{\rho}=\frac{\nu_{\mathrm{t}}}{\sigma_k}\frac{\partial k}{\partial x_j} \tag{2-24}$$

式中，σ_k 为模型系数，称为普朗特-施密特(Prandtl-Schmidt)数；ν_{t} 为湍流黏度。将这些闭合公式代入 k 的精确输运方程(2-20)中，可得出 k 的模型方程：

$$\frac{\partial k}{\partial t}+\langle U_j\rangle\frac{\partial k}{\partial x_j}=\nu_{\mathrm{t}}\left[\left(\frac{\partial\langle U_i\rangle}{\partial x_j}+\frac{\partial\langle U_j\rangle}{\partial x_i}\right)\frac{\partial\langle U_i\rangle}{\partial x_j}\right]-\varepsilon+\frac{\partial}{\partial x_j}\left[\left(\nu+\frac{\nu_{\mathrm{t}}}{\sigma_k}\right)\frac{\partial k}{\partial x_j}\right] \tag{2-25}$$

要闭合 k 方程，需要计算 ε 和湍流黏度。显然，能量耗散率是用第二个输运方程建模的，而湍动能的产生被建模为湍流黏度和平均速度梯度的乘积。

精确 ε 方程可表示为

$$\underset{(\mathrm{I})}{\frac{\partial\varepsilon}{\partial t}}+\langle U_j\rangle\frac{\partial\varepsilon}{\partial x_j}=-2\nu\left(\underset{(\mathrm{II})}{\left\langle\frac{\partial u_i}{\partial x_k}\frac{\partial u_j}{\partial x_k}\right\rangle}+\underset{(\mathrm{III})}{\left\langle\frac{\partial u_k}{\partial x_i}\frac{\partial u_k}{\partial x_j}\right\rangle}\right)\frac{\partial\langle U_i\rangle}{\partial x_j}-\underset{(\mathrm{IV})}{2\nu\left\langle u_k\frac{\partial u_i}{\partial x_j}\right\rangle\frac{\partial^2\langle U_i\rangle}{\partial x_k\partial x_j}}-\underset{(\mathrm{V})}{2\nu\left\langle\frac{\partial u_i}{\partial x_k}\frac{\partial u_i}{\partial x_j}\frac{\partial u_k}{\partial x_j}\right\rangle}$$
$$\underset{(\mathrm{VI})}{-2\nu\nu\left\langle\frac{\partial^2 u_i}{\partial x_k\partial x_j}\frac{\partial^2 u_i}{\partial x_k\partial x_j}\right\rangle}+\frac{\partial}{\partial x_j}\left(\underset{(\mathrm{VII})}{\nu\frac{\partial\varepsilon}{\partial x_j}}-\underset{(\mathrm{VIII})}{\nu\left\langle u_j\frac{\partial u_i}{\partial x_j}\frac{\partial u_i}{\partial x_j}\right\rangle}-\underset{(\mathrm{IX})}{2\frac{\nu}{\rho}\frac{\partial p}{\partial x_j}\frac{\partial u_j}{\partial x_j}}\right) \tag{2-26}$$

式中，Ⅰ为 ε 的积累；Ⅱ为 ε 对流平均速度；Ⅲ和Ⅳ为由平均流量与湍流波动产物之间的相互作用产生的耗散；Ⅴ和Ⅵ为湍流速度波动导致的耗散破坏率；Ⅶ为 ε 的黏性扩散；Ⅷ为由速度波动引起的 ε 湍流输运；Ⅸ为由压力-速度波动引起的 ε 湍流输运。

在式(2-26)中有几个未知项包含波动速度及波动速度与压力梯度的相关性，即项Ⅲ、Ⅳ、Ⅴ、Ⅵ、Ⅷ和Ⅸ。同样，需要对未知项进行多次封闭以闭合方程。引入闭合方程大大简化了模型方程。为避免对精确 ε 方程进行烦琐的推导，此处仅给出模型化 ε 方程的一般形式：

$$\underset{(\mathrm{I})}{\frac{\partial\varepsilon}{\partial t}}+\underset{(\mathrm{II})}{\langle U_j\rangle\frac{\partial\varepsilon}{\partial x_i}}=\underset{(\mathrm{III})}{C_{\varepsilon1}\nu_{\mathrm{t}}\frac{\varepsilon}{k}\left[\left(\frac{\partial\langle U_i\rangle}{\partial x_j}+\frac{\partial\langle U_j\rangle}{\partial x_i}\right)\frac{\partial\langle U_i\rangle}{\partial x_j}\right]}-\underset{(\mathrm{IV})}{C_{\varepsilon2}\frac{\varepsilon^2}{k}}+\underset{(\mathrm{V})}{\frac{\partial}{\partial x_j}\left[\left(\nu+\frac{\nu_{\mathrm{t}}}{\sigma_\varepsilon}\right)\frac{\partial\varepsilon}{\partial x_j}\right]} \tag{2-27}$$

式中，Ⅰ为 ε 的积累；Ⅱ为 ε 对流平均速度；Ⅲ为 ε 的产生；Ⅳ为 ε 的耗散；Ⅴ为 ε 的扩散。

湍流的时间常数由湍动能与湍动能耗散率计算得出

$$\tau = k/\varepsilon \tag{2-28}$$

ε 方程中的源项与 k 方程中的源项相同，由式(2-28)中的时间常数 τ 表示，ε 的耗散率为

$$\varepsilon/\tau = \varepsilon^2/k \tag{2-29}$$

通过计算运动湍流黏度以封闭 k-ε 模型。运动湍流黏度是特征速度与长度尺度的乘积，$\nu_t \propto ul$。意味着

$$\nu_t = C_\mu \frac{k^2}{\varepsilon} \tag{2-30}$$

最后，假定标准 k-ε 模型中的五个封闭系数(C_μ、$C_{\varepsilon1}$、$C_{\varepsilon2}$、σ_k和 σ_ε)是通用且恒定的，即使它们在一种流动中与另一种流动中可能略有不同。这些常量的值在表 2-3 中给出。

表 2-3　标准 k-ε 模型中的封闭系数

系数	值	系数	值
C_μ	0.09	σ_k	1.00
$C_{\varepsilon1}$	1.44	σ_ε	1.30
$C_{\varepsilon2}$	1.92		

较好的收敛性及易于解释的模型项使标准 k-ε 模型成为目前使用最广泛的两方程模型。然而，标准 k-ε 模型并不总能提供良好的准确性。用标准 k-ε 模型无法准确预测的对象包括流线曲率、旋流和轴对称射流等。其误差来源于施加各向同性的潜在 Boussinesq 假设及耗散方程的建模方式。实际上，该模型是针对具有高雷诺数的流动而导出的，意味着它适用于湍流几乎各向同性的流动及能量级联在局部平衡产生的流动。此外，标准 k-ε 模型中的模型参数是折中方案，可以为各种不同的流动提供最佳性能。因此，可以通过调整特定实验的相关参数提高模型的准确性。随着对标准 k-ε 模型优缺点认识的加深，人们对该模型进行了改进，提高了其性能。文献中已经对湍流模型提出了大量的改进建议。标准模型最著名的变体是 RNG k-ε 模型和可实现 k-ε 模型，其修改过程不在本书的讨论范围内，本书直接介绍 RNG k-ε 模型和可实现 k-ε 模型的相关内容。实际上，标准 k-ε 模型及其变体已成为实际工程流模拟的主力。

b. RNG k-ε 模型

RNG k-ε 模型与标准 k-ε 模型之间的主要差异在于耗散方程的不同表示形式。在 RNG k-ε 模型中添加了一个附加项 S_ε，方程为

$$\frac{\partial \varepsilon}{\partial t} + \langle U_j \rangle \frac{\partial \varepsilon}{\partial x_j} = C_{\varepsilon1}\nu_t \frac{\varepsilon}{k}\left[\left(\frac{\partial \langle U_i \rangle}{\partial x_j} + \frac{\partial \langle U_j \rangle}{\partial x_i}\right)\frac{\partial \langle U_i \rangle}{\partial x_j}\right] - C_{\varepsilon2}\frac{\varepsilon^2}{k} + \frac{\partial}{\partial x_j}\left[\left(\nu + \frac{\nu_t}{\sigma_\varepsilon}\right)\frac{\partial \varepsilon}{\partial x_j}\right] - S_\varepsilon \tag{2-31}$$

其中，S_ε 由下式给出：

$$S_\varepsilon = 2\nu S_{ij}\left\langle \frac{\partial u_l}{\partial x_i}\frac{\partial u_l}{\partial x_j}\right\rangle \tag{2-32}$$

在 RNG k-ε 模型中，附加项 S_ε 建模为

$$S_\varepsilon = \frac{C_\mu \eta^3 (1-\eta/\eta_0)\varepsilon^2}{\left(1+\beta\eta^3\right)K} \tag{2-33}$$

$$\eta = \frac{k}{\varepsilon}\sqrt{2S_{ij}S_{ij}} \tag{2-34}$$

式中，S_{ij} 为应变率张量；常数 η 和 β 分别取值为 4.38 和 0.012。此附加项是一个特别的模型，在很大程度上导致了与标准模型的性能差异。

已知标准 k-ε 模型耗散性很高，即在循环中的湍流黏度往往过高，从而抑制了涡流。在应变率大的区域中，RNG k-ε 模型中的附加项会使对 ε 的破坏较小，从而增大 ε 并减小 k，实际上降低了有效黏度，所以对于旋流和具有强曲率几何形状的流动有所改进。因此，与标准 k-ε 模型相比，RNG k-ε 模型对快速应变及流线曲率的影响更敏感。RNG k-ε 模型非常适合于预测旋流，但对射流和羽流的预测不如标准 k-ε 模型。通过使用数学归一化技术，可以从 Navier-Stokes 方程中得出 k-ε 模型，从而得出不同的分析模型常数。RNG 分析产生的常数与标准 k-ε 模型中根据经验确定的常数略有不同。

c. 可实现 k-ε 模型

可实现 k-ε 模型与标准 k-ε 模型的不同之处在于，它在预测应力张量上具有可实现性约束，因此将其命名为可实现 k-ε 模型。区别来自于对 k 方程的修正，在标准 k-ε 模型中，对于平均应变率较大的流动，法向应力可能变为负值。通过分析雷诺应力张量的法向分量可以看出

$$\langle u_i u_i\rangle = \sum_i \langle u_i^2\rangle = \frac{2}{3}k - 2\nu_{\mathrm{t}}\frac{\partial\langle U_i\rangle}{\partial x_j} \tag{2-35}$$

需要注意的是，法向应力 $\langle u_i u_i\rangle$ 必须大于零，因为它是平方和。然而式(2-35)表明，如果应变足够大，则法向应力将变为负值。可实现 k-ε 模型使用了变量 C_μ 以保证这种情况永远不会发生。实际上，C_μ 不再是常数，而是流动局部状态的函数，以确保在所有流动条件下的法向应力均为正值，即确保可实现性。换句话说，可实现 k-ε 模型可以确保法向应力为正，即 $\langle u_i^2\rangle \geqslant 0$，而标准 k-ε 模型和 RNG k-ε 模型都无法实现。可实现性还意味着应力张量满足 $\langle u_i^2\rangle\langle u_j^2\rangle - \langle u_i u_j\rangle^2 \geqslant 0$，即满足施瓦茨(Schwarz)不等式。因此，对于涉及旋转和分离的流动，该模型更有可能提供更好的性能。

另外，该模型通常涉及对 ε 方程的修正。这一修正涉及一个湍流能量耗散的产生项，在标准或 RNG 模型中都不涉及。标准 k-ε 模型可以很好地预测平面射流的扩散速率，但不能很好地预测轴对称射流的扩散速率，主要原因在用于建模的耗散方程。值得注意的是，可实现 k-ε 模型解决了圆形射流异常的问题，即它预测了轴对称射流以及平面射流的扩散速率，所以该模型更适合于应变率大的流动，包括具有强流线曲率和旋转的流动。

通过验证复杂的流动如边界层流、分离流和旋转剪切流等，发现可实现 k-ε 模型的性能优于标准 k-ε 模型。

2) k-ω 模型

另一种两方程模型是 k-ω 模型。在该湍流模型中，将 ω 作为确定长度尺度的量，根据定义此量称为比耗散，其中 $\omega \propto \varepsilon/k$，表示耗散发生的时间的倒数。用于建模的 k 方程为

$$\frac{\partial k}{\partial t}+\left\langle U_j\right\rangle\frac{\partial k}{\partial x_j}=\nu_{\mathrm{t}}\left[\left(\frac{\partial\left\langle U_i\right\rangle}{\partial x_j}+\frac{\partial\left\langle U_j\right\rangle}{\partial x_i}\right)\frac{\partial\left\langle U_i\right\rangle}{\partial x_j}\right]-\beta k\omega+\frac{\partial}{\partial x_j}\left[\left(\nu+\frac{\nu_{\mathrm{t}}}{\sigma_k}\right)\frac{\partial k}{\partial x_j}\right] \tag{2-36}$$

用于建模的 ω 方程为

$$\frac{\partial \omega}{\partial t}+\left\langle U_j\right\rangle\frac{\partial \omega}{\partial x_j}=\alpha\frac{\omega}{k}\nu_{\mathrm{t}}\left[\left(\frac{\partial\left\langle U_i\right\rangle}{\partial x_j}+\frac{\partial\left\langle U_j\right\rangle}{\partial x_i}\right)\frac{\partial\left\langle U_i\right\rangle}{\partial x_j}\right]-\beta^*\omega^2+\frac{\partial}{\partial x_j}\left[\left(\nu+\frac{\nu_{\mathrm{t}}}{\sigma_\omega}\right)\frac{\partial \omega}{\partial x_j}\right] \tag{2-37}$$

其中运动湍流黏度的计算公式为

$$\nu_{\mathrm{t}}=\frac{k}{\omega} \tag{2-38}$$

与 k-ε 模型相比，该模型优势在于当模拟的 k 和 ε 都趋近于零时的低湍流区域的性能。由于 ε 方程中的耗散项包括 ε^2/k，所以 k 和 ε 都必须以正确的速率趋近于零，这会引发问题，而在 k-ω 模型中不会出现此类问题。此外，已经证明当 k-ω 模型在黏性子层中应用时能够可靠地预测壁面定律，所以，除了计算效率外，不再需要使用壁面函数。结果表明，当 k-ε 模型应用于有壁流动时，需对模型进行低雷诺数修正或使用壁面函数，所以 k-ω 模型在这一领域有较强的优越性。但是，低雷诺数的 k-ω 模型需要在靠近墙壁的位置有非常精细的网格，并且保证第一网格位于 $y^+=5$ 以下。

对于恒压边界层流动，k-ε 模型和 k-ω 模型都可以提供良好的预测。但是，对于具有逆压梯度的边界层，k-ω 模型可提供更好的预测结果。

4. 雷诺应力模型

最复杂的经典湍流模型是雷诺应力模型，也称为二阶或第二矩闭合模型。雷诺应力模型直接构建表示雷诺应力的方程来处理雷诺应力项。当尝试预测具有复杂应变场或显著体积力的流动时，k-ε 模型会出现几个缺陷。在这种情况下，即使以合理的精度计算了湍动能，单个雷诺应力也很难用一般公式表示。另一方面，精确的雷诺应力传递方程可以解释雷诺应力场的方向效应。遵循文献中的既定惯例，并称 $R_{ij}=-\tau_{ij}/\rho=$ 雷诺应力。R_{ij} 精确输运方程如下：

$$\frac{\mathrm{D}R_{ij}}{\mathrm{D}t}=\frac{\partial R_{ij}}{\partial t}+C_{ij}=P_{ij}+D_{ij}-\varepsilon_{ij}+\Pi_{ij}+\Omega_{ij} \tag{2-39}$$

式(2-39)描述了六个偏微分方程：它用于传递六个独立的雷诺应力（$\mu_1'^2$、$\mu_2'^2$、$\mu_3'^2$、$\mu_1'\mu_2'$、$\mu_1'\mu_3'$ 和 $\mu_2'\mu_3'$，且 $\mu_2'\mu_1'=\mu_1'\mu_2'$，$\mu_3'\mu_1'=\mu_1'\mu_3'$，$\mu_3'\mu_2'=\mu_2'\mu_3'$）。如果将其与湍动能的精

确输运方程进行比较，则雷诺应力方程中会出现两个新的物理过程项：压力-应变相互作用或相关项 Π_{ij}，其对动能的影响可以证明为零，以及旋转项 Ω_{ij}。在使用雷诺应力传递方程进行 CFD 计算时，对流项、生成项和旋转项可以保留为它们的精确形式。

对流项

$$C_{ij}=\frac{\partial\left(\rho U_k\overline{u_i'u_j'}\right)}{\partial x_k}=\operatorname{div}\left(\rho\overline{u_i'u_j'}U\right) \tag{2-40}$$

生成项

$$P_{ij}=-\left(R_{im}\frac{\partial U_j}{\partial x_m}+R_{jm}\frac{\partial U_i}{\partial x_m}\right) \tag{2-41}$$

旋转项

$$\Omega_{ij}=2\omega_k\left(\overline{u_j'u_m'}e_{ikm}+\overline{u_i'u_m'}e_{jkm}\right) \tag{2-42}$$

式中，ω_k 为旋转矢量；e_{ijk} 为交替符号。如果 i、j、k 不同且以循环顺序排列，则 $e_{ijk}=+1$；如果 i、j、k 不同且以反循环顺序排列，则 $e_{ijk}=-1$。如果两个符号相同，则 $e_{ijk}=0$。

为了获得其可解形式，需要在右侧建立扩散、耗散率及压力-应变相关项的模型。简单起见，引用在某些商业 CFD 代码中使用的并由此方法派生的模型。这些模型虽然通常缺少一些细节，但它们的结构更易于理解，并且在所有情况下其主要信息都是完整的。扩散项 D_{ij} 可以通过以下假设建模：扩散引起的雷诺应力的传输速率与雷诺应力的梯度成比例。梯度扩散在整个湍流建模中都反复出现。商业软件中 CFD 代码通常倾向于最简单的形式：

$$D_{ij}=\frac{\partial}{\partial x_m}\left(\frac{\nu_t}{\sigma_k}\frac{\partial R_{ij}}{\partial x_m}\right)=\operatorname{div}\left(\frac{\nu_t}{\sigma_k}\operatorname{grad}\left(R_{ij}\right)\right) \tag{2-43}$$

式中，$\nu_t=C_\mu k^2/\varepsilon$，$C_\mu=0.09$；$\sigma_k=1.0$。

耗散率 ε_{ij} 通过假设小耗散涡旋的各向同性建模。通过设置可以使其仅影响法向雷诺应力$(i=j)$，并且每个应力分量均相等，如下式所示：

$$\varepsilon_{ij}=\frac{2}{3}\varepsilon\delta_{ij} \tag{2-44}$$

式中，ε 为定义的湍动能的耗散率。

如果 $i=j$，则克罗内克函数 $\delta_{ij}=1$；如果 $i\neq j$，则 $\delta_{ij}=0$。压力-应变相互作用是最重要的项之一，但也是最难精确建模的一项。它们对雷诺应力的影响是由两个不同的物理过程引起的：由于各项之间的相互作用而减小湍流旋涡的各向异性的“缓慢”过程，湍流波动与产生涡流的平均流动应变之间的相互作用抑制了湍流旋涡各向异性的产生而导致的“快速”过程。这两个过程的整体效果是能量在正常的雷诺应力$(i=j)$之间重新分配，以增大各向同性，并减小雷诺剪切应力$(i\neq j)$。对缓慢过程而言，最简单的处理是各向同性条件的返回速率正比于雷诺应力各向异性程度 $a_{ij}(a_{ij}=R_{ij}-2/3k\delta_{ij})$与湍流特征时间尺度 k/ε 的比值，而快速过程的速率应与各向异性的生成过程成比例。因此，雷诺应力传递

方程中应力-应变项的最简单表示为

$$\Pi_{ij} = -C_1 \frac{\varepsilon}{k}\left(R_{ij} - \frac{2}{3}k\delta_{ij}\right) - C_2\left(P_{ij} - \frac{2}{3}P\delta_{ij}\right) \tag{2-45}$$

式中，$C_1 = 1.8$；$C_2 = 0.6$。

更详细的说明在方程式的第二组括号中进行了更正，以确保模型的框架是不变的(无论坐标系如何，效果都是相同的)。

压力-应变项的作用是减小雷诺应力的各向异性(使法向应力 $u_1'^2$ 、$u_2'^2$ 和 $u_3'^2$ 相等)，但是测量结果表明，在垂直于壁的方向上，由波动的阻尼而导致的实心壁附近雷诺应力各向异性增加了。因此，需要进行其他修正以解决近壁位置对应力-应变项的影响。这些校正本质上与 k-ε 模型中遇到的壁面阻尼函数不同，因此无论平均流雷诺数的大小如何，都需要应用这些校正。式(2-45)所需湍动能 k 可通过简单地添加三个法向应力求出：

$$k = \frac{1}{2}\left(R_{11} + R_{22} + R_{33}\right) = \frac{1}{2}\left(\overline{u_1'^2} + \overline{u_2'^2} + \overline{u_3'^2}\right) \tag{2-46}$$

求解用于雷诺应力传递的六个方程，以及用于标量耗散率 ε 的模型方程。文献中可以找到更精确的形式。但是为了简单起见，在商业 CFD 软件中使用标准 k-ε 模型的方程式：

$$\frac{\mathrm{D}\varepsilon}{\mathrm{D}t} = \mathrm{div}\left(\frac{\nu_t}{\sigma_\varepsilon}\mathrm{grad}\varepsilon\right) + C_{1\varepsilon}\frac{\varepsilon}{k}2\nu_t S_{ij} S_{ij} - C_{2\varepsilon}\frac{\varepsilon^2}{k} \tag{2-47}$$

式中，$C_{1\varepsilon}$=1.8，$C_{2\varepsilon}$= 0.6。

雷诺应力传递方程的求解需要椭圆流的边界条件，如表 2-4 所示。

表 2-4　边界条件

边界名称	条件
入口	根据 R_{ij} 及 ε 指定
出口及自由液面	$\partial R_{ij}/\partial n = 0$ 及 $\partial\varepsilon/\partial n = 0$
自由流股	由 $\partial R_{ij}/\partial n = 0$ 及 $\partial\varepsilon/\partial n = 0$ 得出 $R_{ij} = 0$，$\varepsilon = 0$
固体壁面	使用壁面函数关联 R_{ij} 与 k 或 u_τ^2

在没有任何信息的情况下，可以通过以下假定关系，从湍流强度 T_i 和设备的特征长度 L(如等效管道直径)等出发计算 R_{ij} 的近似入口分布：

$$k = \frac{2}{3}\left(U_{\mathrm{ref}} T_i\right)^2 \varepsilon = C_\mu^{3/4}\frac{k^{3/2}}{l} l = 0.07L \tag{2-48}$$

$$\overline{u_1'^2} = k\,\overline{u_2'^2} = \overline{u_3'^2} = \frac{1}{2}k \tag{2-49}$$

$$\overline{u_i' u_j'} = 0\left(i \neq j\right) \tag{2-50}$$

如果不对假定的入口边界条件的敏感性进行后续测试，则不应使用此类表达式。对于高雷诺数的计算，可以使用壁面函数类型的边界条件，该条件与 k-ε 模型的边界条件非常相似，并将壁切应力与平均流量相关联。根据 $R_{ij}=\overline{u_i'u_j'}=c_{ij}k$ 等公式计算近壁雷诺应力值，其中 c_{ij} 是通过测量获得的。

通过对模型中低雷诺数情况的修正，可以将分子黏度的影响添加到扩散项中，并考虑 R_{ij} 方程中耗散率项的各向异性。壁面阻尼可调节 ε 方程的常数，修正耗散率变量 $\varepsilon=\varepsilon-2\nu(\partial k^{1/2}/\partial y)^2$ 在近壁区域提供了更真实可靠的模型。

相似的包括三个更为复杂的偏微分方程的模型可标量输运。商业 CFD 代码可以使用简单的权宜方法作为替代，即求解单个标量输运方程，并通过将湍流扩散系数 $\Gamma_t=\mu_t/\sigma_\varphi$ 添加到层流扩散系数中，并认为其中的普朗特-施密特数 σ_k 约为 0.7。关于近壁流中标量输运方程的低雷诺数修改，目前所知甚少。

雷诺应力模型显然很复杂，但是人们普遍认为雷诺应力模型是“最简单”的模型，因为其可以描述所有的平均流动特性和雷诺应力，并且不需要根据具体情况进行调整。雷诺应力模型并没有像 k-ε 模型那样得到充分验证，其计算成本高昂，因此在工业流计算中并未得到广泛使用。此外，对于与通过源项进行的平均速度和湍流场耦合有关的数值问题，该模型可能会遇到收敛问题。这些模型的扩展和改进是非常热门的研究领域。一旦人们就组件模型的精确形式和最佳数值求解策略达成共识，这种形式的湍流建模很可能会开始被工业用户广泛应用。

5. 大涡模拟

大涡模拟(large eddy simulation，LES)是实现更有效湍流计算目标的一种替代方法。通过使用比雷诺平均 Navier-Stokes(RANS)方程所需的更为精细的网格，可以计算大涡流，对小涡流则进行建模。大涡模拟在表现与性能方面的严格性介于 RANS 与直接数值模拟之间。大涡模拟分析过程主要涉及两个步骤：过滤和子网格建模。传统上，使用 Box 函数、高斯(Gaussian)函数或傅里叶(Fourier)截止函数执行过滤。子网格建模包括涡流黏度模型、结构函数模型、动力学模型、尺度相似性模型和混合模型等。

1) 过滤、次大尺度应力和能量谱

为定义仅包含总场的大规模分量的速度场，有必要过滤 Stokes 方程组的变量，从而得出总场的局部平均值。为简单起见，使用一维表示法，过滤后的变量 f 可以写为

$$\overline{f}=\int G(x,\xi)f(\xi)\mathrm{d}\xi \tag{2-51}$$

$$\int G(x,\xi)\mathrm{d}\xi=1 \tag{2-52}$$

式中，$G(x,\xi)$为滤波器函数，仅当 x 和 ξ 靠近时，它才比较大，包括 Box 函数、高斯函数和傅里叶截止函数。

Box 函数

$$\left.\begin{aligned}&G(x)=1/\Delta, &&\text{如果}|x|\leqslant\Delta/2\\&G(x)=0, &&\text{否则}\end{aligned}\right\} \tag{2-53}$$

高斯函数

$$G(x)=\sqrt{\frac{6}{\pi\Delta^2}}\exp\left(-\frac{6x^2}{\Delta^2}\right) \tag{2-54}$$

傅里叶截止函数

$$\left.\begin{aligned}&G(x)=1,\quad 如果\ k\leqslant\pi/2\\&G(x)=0,\quad 否则\end{aligned}\right\} \tag{2-55}$$

过滤后的动量方程为

$$\frac{\partial\bar{u}_j}{\partial t}+\left(\overline{u_i u_j}\right)_i=-\frac{1}{\rho}\bar{P}_j+\bar{\tau}_{ij,i} \tag{2-56}$$

其中

$$\begin{aligned}\overline{u_i u_j}&=\overline{\left(\bar{u}_i+u_i'\right)\left(\bar{u}_j+u_j'\right)}=\overline{\bar{u}_i\bar{u}_j}+\overline{u_i'\bar{u}_j}+\overline{\bar{u}_i u_j'}+\overline{u_i'u_j'}\\&=\overline{\bar{u}_i\bar{u}_j}+\bar{u}_i\bar{u}_j-\bar{u}_i\bar{u}_j+\overline{u_i'\bar{u}_j}+\overline{\bar{u}_i u_j'}+\overline{u_i'u_j'}=\bar{u}_i\bar{u}_j-\tau_{ij}^*\end{aligned} \tag{2-57}$$

联立以上各式可得

$$\frac{\partial\bar{u}_j}{\partial t}+\left(\bar{u}_i\bar{u}_j\right)_i=-\frac{1}{\rho}\bar{P}_j+\bar{\tau}_{ij,i}+\tau_{ij}^* \tag{2-58}$$

从式(2-57)确定的亚网格应力张量 τ_{ij}^* 为

$$-\tau_{ij}^*=L_{ij}+C_{ij}+R_{ij}=\overline{u_i u_j}-\bar{u}_i\bar{u}_j \tag{2-59}$$

式中，L_{ij} 为伦纳德(Leonard)应力张量；C_{ij} 为交叉应力张量；R_{ij} 为亚网格尺度雷诺应力张量。

$$L_{ij}=\overline{u_i u_j}-\bar{u}_i\bar{u}_j \tag{2-60}$$

$$C_{ij}=\overline{u_i'\bar{u}_j}+\overline{\bar{u}_i u_j'} \tag{2-61}$$

$$R_{ij}=\overline{u_i'u_j'} \tag{2-62}$$

此处，Leonard 应力代表解析尺度之间的相互作用，将能量转移到小尺度中，称为分散。Leonard 应力可以通过过滤后的速度场显式计算。交叉应力代表分辨尺度和未分辨尺度之间的相互作用，将能量传递到大尺度或小尺度。亚网格尺度的雷诺应力代表两个小尺度的相互作用，从小尺度到大尺度产生的能量称为反向散射。

可以使用所谓的伽利略(Galileo)尺度相似度模型，根据解析尺度简化交叉应力张量：

$$C_{ij}=\overline{u_i'\bar{u}_j}+\overline{\bar{u}_i u_j'}=\bar{u}_i\bar{u}_j-\bar{\bar{u}}_i\bar{\bar{u}}_j \tag{2-63}$$

$$K_{ij}=L_{ij}+C_{ij}=\overline{\bar{u}_i\bar{u}_j}-\bar{\bar{u}}_i\bar{\bar{u}}_j \tag{2-64}$$

可以看出，通过解析尺度可以计算出 Leonard 应力和横向应力的总和，所以只需对亚网格尺度的雷诺应力进行建模。因此要建模的湍流应力张量由式(2-56)或式(2-58)

所得

$$\tau_{ij}^{*}=-\left(\overline{u_i u_j}-\bar{u}_i\bar{u}_j\right) \tag{2-65}$$

在讨论亚网格模型之前，先根据科尔莫戈罗夫(Kolmogorov)的“−5/3 定律”对能量谱进行检查从而得知过滤的物理意义。能量谱与湍动能有关

$$K=\frac{1}{2}\overline{u_i'u_j'}=\int_0^{\infty}E(\kappa)\mathrm{d}\kappa \tag{2-66}$$

能量谱 $E(\kappa)$与波数 κ 的分布分为三个区域，如图 2-1 所示，包含大涡流的能量区域，其次是惯性子区域和能量耗散区域，它们位于由能量承载长度标度 ι(整数标度)的倒数与 Kolmogorov 微观标度 η 所确定的波数之间：

$$\eta=\left(u^3/\varepsilon\right)^{1/4} \tag{2-67}$$

惯性子区域的特征是一条直线，也被称为 Kolmogorov“−5/3 定律”：

$$E(\kappa)=\alpha\varepsilon^{2/3}\kappa^{-5/3} \tag{2-68}$$

式中，α 为常数。

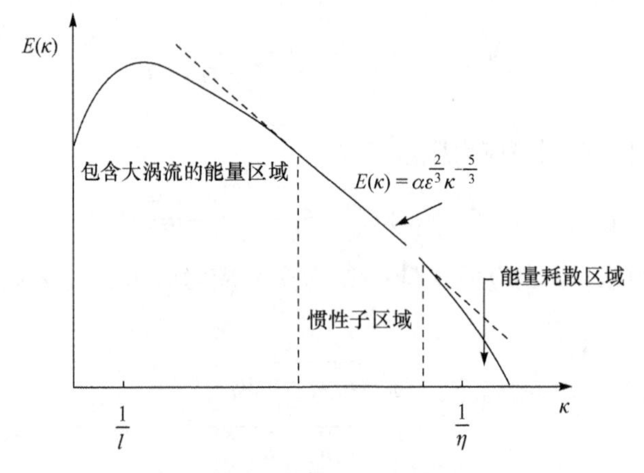

图 2-1　能谱与波数空间(对数坐标系)

在此范围内，涡流很小，并且在最小规模下耗散变得很重要。因此，滤波过程设计为以合适的滤波器宽度识别该范围。在下面的内容中，讨论基于 Box 函数的过滤。

2) 可压缩性流体的大涡模拟控制方程

大涡模拟的 Stokes 方程组根据法夫尔(Favre)平均值表示。下面描述了可压缩性流体滤波后的连续性、动量及能量方程。

高超声速流中的高马赫数和高雷诺数的湍流闭合模型的构建较为困难，特别是对于大湍流尺度。因此，可选择探索大涡模拟的可能性，以尝试使子网格规模(subgrid scale，SGS)建模仍然可行。为此，将法夫尔滤波的可压缩性流体控制方程重写如下：

$$\frac{\partial\bar{\rho}}{\partial t}+\left(\bar{\rho}\tilde{u}_i\right)_i=0 \tag{2-69}$$

$$\frac{\partial}{\partial t}\left(\overline{\rho}\tilde{u}_j\right)+\left(\overline{\rho}\tilde{u}_i\tilde{u}_j\right)_{,i}+\overline{P}_{,j}-\left(\overline{\tau}_{ij}+\tau_{ij}^*\right)_{,i}=0 \tag{2-70}$$

$$\frac{\partial}{\partial t}\left(\overline{\rho}\widetilde{E}\right)+\left[\left(\overline{\rho}\widetilde{E}+\overline{\rho}\right)\tilde{u}_i-\tilde{\tau}_{ij}\tilde{u}_j+\tilde{q}_i\right]_{,i}+\left(q_i^{(H)}+q_i^{(T)}+q_i^{(\nu)}\right)_{,i}=0 \tag{2-71}$$

式中，SGS 变量分别为湍流应力 τ_{ij}^*、湍流通量 $q_i^{(H)}$、湍流扩散 $q_i^{(T)}$、湍流黏性扩散 $q_i^{(\nu)}$。它们分别表示为

$$\tau_{ij}^*=-\overline{\rho}\left(\widetilde{u_iu_j}-\tilde{u}_i\tilde{u}_j\right) \tag{2-72}$$

$$q_i^{(H)}=\overline{\rho}\tilde{c}_p\left(\widetilde{u_iT}-\tilde{u}_i\widetilde{T}\right) \tag{2-73}$$

$$q_i^{(T)}=\frac{1}{2}\overline{\rho}\left(\widetilde{u_iu_ju_j}-\tilde{u}_i\tilde{u}_j\tilde{u}_j\right) \tag{2-74}$$

$$q_i^{(\nu)}=\left(\overline{\tau_{ij}u_j}-\tilde{\tau}_{ij}\tilde{u}_j\right) \tag{2-75}$$

这些未知变量可以通过三种不同的方式建模，包括涡流黏度模型、尺度相似模型和混合模型。

3) 次网格建模

过滤后的 Stokes 方程组的解决方案仅使大涡旋得以解析，而小涡旋仍不能得到解析。由于这些小涡流或多或少是各向同性的，因此与 RANS 相比，建模要容易得多。但是，对于可压缩性流体，尤其是在超声速和高超声速流中，在湍流热通量、湍流扩散和黏性扩散可能变得很重要的情况下，SGS 建模过程远不能令人满意。

有三种不同的方法可以开发 SGS 湍流应力模型，其中涡流黏度模型得到最广泛的应用，该模型考虑了 SGS 项的整体效应，忽略了与对流和扩散相关的局部能量事件。尺度相似模型假设最活跃的子网格尺度是接近截止波数的尺度，并使用其中最小的 SGS 解析应力。该方法确实考虑了局部能量，但往往低估了耗散的影响。为了弥补涡流黏度模型和尺度相似模型的缺陷，Erlebacher 等提出了一种混合模型，其中耗散被充分地提供给尺度相似模型。Germano 提出，动态计算 SGS 湍流应力张量中涉及的闭合封闭常数(取决于流场)称为动态模型。动态模型的优势已经被许多研究者证明，而一些研究人员试图为能量方程中的湍流扩散和黏性扩散提供 SGS 模型。下面介绍一些著名的 SGS 湍流涡黏度、湍流热通量及湍流扩散模型。

a. 时间平均应力张量 SGS 涡流黏度模型

该模型使用了传统的梯度扩散方法(分子运动)，以便将可压缩性流体的湍流应力张量写为

$$\tau_{ij}^*=2\mu_T\left(\overline{d}_{ij}-\frac{1}{3}\overline{d}_{kk}\delta_{ij}\right)-\frac{2}{3}\overline{K}\delta_{ij} \tag{2-76}$$

$$\mu_T=\overline{\rho}\left(C_s\varDelta\right)^2\left|\overline{d}\right|,\ \varDelta\cong\iota,\ \overline{d}_{ij}=\frac{1}{2}\left(\overline{u}_{i,j}+\overline{u}_{j,i}\right),\ \left|\overline{d}\right|=\left(2\overline{d}_{ij}\overline{d}_{ij}\right)^{1/2} \tag{2-77}$$

式中，C_s 为司马格林斯基(Smagorinsky)常数；K 为亚网格规模的湍动能。可以通过假设

图 2-1 中存在惯性子区域谱评估该常数

$$\left|\overline{d}\right| \cong 2\int_0^{\pi/\varDelta} \kappa^2 E(\kappa)\mathrm{d}\kappa = 2C_\mathrm{k}\varepsilon^{2/3}\int_0^{\pi/\varDelta} \kappa^{1/3}\mathrm{d}\kappa = \frac{3}{2}C_\mathrm{k}\varepsilon^{2/3}\left(\frac{\pi}{\varDelta}\right)^{4/3} \tag{2-78}$$

式中，C_k 为科尔莫戈罗夫常数，值为 1.41。因此

$$C_\mathrm{s} \cong \frac{1}{\pi}\left(\frac{2}{3\alpha}\right)^{3/4} = 0.18 \tag{2-79}$$

对于不可压缩性流体，可以忽略式(2-76)右侧的各向同性部分 K 和 $\overline{d}_{kk}$ 项。

b. 法尔夫平均应力张量 SGS 涡流黏度模型

它的子网格标度应力张量如式(2-72)所示，现可用于可压缩性流体法尔夫平均值，如下所示：

$$\tau_{ij}^* = -\overline{\rho}\left(\overline{\overline{u_i u_i}} - \tilde{u}_i\tilde{u}_i\right) = 2\mu_T\left(\tilde{d}_{ij} - \frac{1}{3}\tilde{d}_{kk}\delta_{ij}\right) - \frac{2}{3}\widetilde{K}\delta_{ij} \tag{2-80}$$

其中

$$\mu_T = \overline{\rho}(C_\mathrm{s}\varDelta)^2\left|\tilde{d}\right|,\ \widetilde{K} = \overline{\rho}C_\mathrm{I}\varDelta^2\left|\overline{d}\right|^2,\ C_\mathrm{s} = 0.16,\ C_\mathrm{I} = 0.09 \tag{2-81}$$

Moin 等扩展了高尔曼的动态模型，将其用于法尔夫平均值。法尔夫平均混合模型由 Speziale 等开发，并由 Erlebacher 等使用。

c. SGS 结构函数模型

Metais 等提出了结构函数模型，其形式为

$$\nu_\mathrm{t} = 0.105C_\mathrm{k}^{-3/2}\Delta x\left[F(x,\Delta x)\right]^{1/2} \tag{2-82}$$

其中，F 由下式计算得到

$$F(x,\Delta\varOmega) = \frac{1}{6}\sum_{i=1}^{3}\left[\left\|u(x) - u(x + \Delta x_i i_i)\right\|^2 + \left\|u(x) - u(x - \Delta x_i i_i)\right\|^2\right]\left(\frac{\Delta\varOmega}{\Delta\varOmega_i}\right)^{2/3} \tag{2-83}$$

其中

$$\Delta\varOmega = \left(\Delta x_1\Delta x_2\Delta x_3\right)^{1/3} \tag{2-84}$$

$$\Delta x \to 0,\ \nu_\mathrm{t} \cong 0.777\left(C_\mathrm{s}\Delta x\right)^2\sqrt{2\overline{d}_{ij}\overline{d}_{ij} + \overline{\omega}_i\overline{\omega}_j} \tag{2-85}$$

式中，C_s 为 Smagorinsky 常数；$\overline{\omega}_i$ 为过滤场的涡度。

d. 时间平均值动态 SGS 涡流黏度模型

通过基于当前流场更新模型系数(动态模型)可获得更好的结果。在此，除了子网格过滤之外，还引入了一个测试过滤器，该测试过滤器宽度 $\varDelta_\mathrm{t}$ 大于网格过滤器宽度 $\varDelta$ (通常使用 $\varDelta_\mathrm{t} = 2\varDelta$)，以便从解析的流场中获取信息。基于这种模型，存在

$$\mu_T = C_\mathrm{d}\overline{\rho}\varDelta^2\left|\overline{d}\right| \tag{2-86}$$

其中

$$C_{\mathrm{d}}=\frac{A_{ij}M_{ij}}{M_{km}M_{km}} \tag{2-87}$$

$$A_{ij}=\left\langle\overline{\rho u_i}\,\overline{u}_j\right\rangle-\frac{\left\langle\overline{\rho u_i}\right\rangle\left\langle\overline{\rho u_j}\right\rangle}{\left\langle\overline{\rho}\right\rangle} \tag{2-88}$$

$$M_{ij}=-2\varDelta_{\mathrm{t}}^2\left\langle\overline{\rho}\right\rangle\left\langle\left|\overline{d}\right|\right\rangle\left\langle\overline{d}_{ij}-\frac{1}{3}\overline{d}_{kk}\delta_{ij}\right\rangle+2\varDelta^2\left\langle\overline{\rho}\left|\overline{d}\right|\left(\overline{d}_{ij}-\frac{1}{3}\overline{d}_{kk}\delta_{ij}\right)\right\rangle \tag{2-89}$$

式中，$\langle\ \rangle$表示测量过滤量。

可以按照以下步骤执行测试过滤器操作：

$$\left\langle f(x,t)\right\rangle=\int\left\langle G(x,\xi)\right\rangle f(\xi,t)\mathrm{d}\xi \tag{2-90}$$

如果使用 Box 函数，则有

$$\left.\begin{aligned}&\left\langle G(x-\xi)\right\rangle=\frac{1}{\varDelta_{\mathrm{t}}},\quad \text{如果 } x_i-\varDelta_{\mathrm{t}}/2\leqslant\xi_i\leqslant x_i+\varDelta_{\mathrm{t}}/2\\&\left\langle G(x-\xi)\right\rangle=0,\quad \text{否则}\end{aligned}\right\} \tag{2-91}$$

可以使用梯形法则、辛普森(Simpson)法则或插值函数法计算测试滤波器。例如，使用梯形法则的一维过滤操作采用以下形式：

$$q_i^{(H)}=\overline{\rho}\tilde{c}_p\left(u_iT-\tilde{u}_i\tilde{T}\right)=\frac{\overline{\rho}\tilde{c}_{pT}}{Pr_T}\tilde{T}_i \tag{2-92}$$

以及

$$\nu_{\mathrm{t}}=C\varDelta^2\left|\tilde{d}\right| \tag{2-93}$$

e. SGS 湍流扩散和黏性扩散封闭

Vreman 等使用法布尔平均变量展示了用于能量方程子网格建模的更多细节。Knight 等提出了 SGS 湍流扩散封闭，并且 Meneveau 和 Lund 也研究了 SGS 黏性扩散封闭模型。在两种情况下都使用了规模相似度方法。这些领域的未来发展需要证实模型的准确性，特别是对于高雷诺数和高马赫数高超声速流。

作为 Stokes 方程组的大涡模拟解的结果，获得的流量变量不仅包含均值，还包含波动。通过各种平均或滤波方法(时间平均值、空间平均值或滤波后的法尔夫平均值等)计算平均流场值。大涡模拟解与平均值之间的差异将导致湍流波动，根据这些波动可以计算出详细的湍流统计数据。其中包括湍流强度、相对于波数的能谱分布、湍动能和雷诺应力的产生、耗散和扩散/膨胀所反映的可压缩性、高速流热传递/冲击波湍流的细节及过渡到完全湍流和再分层物理学中的边界层相互作用。

2.1.3　近壁流动

在湍流的计算过程中，通常选用标准 k-ε 模型。标准 k-ε 模型只是针对充分发展的湍流才有效，而在壁面附近流动情况变化很大，特别是在黏性底层，流动几乎是层流，湍流应力几乎不起作用，解决这一问题的途径目前有两个：一是不求解层流底层和混合区，采用半经验公式(壁面函数)求解层流底层与完全湍流之间的区域；二是改进湍流模型，使受黏性影响的近壁区域包括层流底层都可以求解。例如，在 FLUENT 中提供了两种方法对近壁区域流动进行计算。下面分析不同壁面处理方法对计算结果的影响。

FLUENT 提供了壁面函数和近壁模型两种方法，包括标准壁面函数、非平衡壁面函数和增强壁面函数 FLUENT 程序，在 $y^+>11.225$ 区域，平均速度满足对数率分布，即

$$U^+ = \frac{1}{\kappa}\ln(Ey^+) \tag{2-94}$$

其中

$$U^+ \equiv \frac{U_p C_\mu^{\frac{1}{3}} k_p^{\frac{1}{2}}}{\tau_{\mathrm{w}} / \rho} \tag{2-95}$$

$$y^+ \equiv \frac{\rho C_\mu^{\frac{1}{4}} k_p^{\frac{1}{2}} y_p}{\mu} \tag{2-96}$$

式中，y^+为边界层与壁面间的量纲为一的垂向距离。在 $y^+<11.225$ 区域，FLUENT 采用层流应力应变关系，即 $U^+=y^+$。κ 为 von Kármán 常数，0.4187。

非平衡壁面函数是在标准壁面函数法的基础上引入压力梯度关系，即

$$\frac{UC_\mu^{\frac{1}{4}} k^{\frac{1}{2}}}{\tau_{\mathrm{w}} / \rho} = \frac{1}{\kappa}\ln\left(E\frac{\rho C_\mu^{\frac{1}{4}} k^{\frac{1}{2}} y}{\mu}\right) \tag{2-97}$$

其中

$$U = U - \frac{1}{2}\frac{\mathrm{d}p}{\mathrm{d}x}\left[\frac{y_v}{\rho\kappa k^{\frac{1}{2}}}\ln\left(\frac{y}{y_v}\right) + \frac{y - y_v}{\rho\kappa k^{\frac{1}{2}}} + \frac{y_v^2}{\mu}\right] \tag{2-98}$$

式中，y_v 为物理黏性底层厚度，由下式计算：

$$y_v \equiv \frac{\mu y_v^*}{\rho C_\mu^{\frac{1}{4}} k_p^{\frac{1}{2}}} \tag{2-99}$$

非平衡壁面函数把壁面函数方法推广到有压力梯度和非平衡的流动过程中。

增强壁面函数将线性分布的黏性底层和对数率层结合起来：

$$u^+ = \mathrm{e}^{\Gamma} u_{\mathrm{lam}}^+ + \mathrm{e}^{\frac{1}{\Gamma}} u_{\mathrm{turb}}^+ \tag{2-100}$$

式中，u_{lam}^+ 为量纲为一的层流切向速度；u_{turb}^+ 为量纲为一的湍流切向速度；$\Gamma=[-a(y^+)^4]/(1+by^+)$，$a=0.01$，$b=5$。

对于加热壁面，采用 Kurul 提出的壁面沸腾模型，又称为 RPI 模型，将加热壁面的热通量 Q_t 划分为三部分

$$Q_t = Q_c + Q_q + Q_e \tag{2-101}$$

式中，Q_c 为液体单相对流换热带走的热流密度；Q_q 为从一个气泡在壁面挣脱到下一个气泡产生这一时间内液体与壁面瞬态激冷(淬灭)产生的热流密度；Q_e 为液体在壁面发生汽化所带走的热流密度。

$$Q_c = h_c A_l (T_w - T_l) \tag{2-102}$$

式中，h_c 为单相对流换热系数，$h_c = \rho C_p u_t / T^+$，T^+ 为量纲为一的边界层温度，A_l 为壁面上液相所占的面积，T_w 为壁面温度，T_l 为液体温度。

$$Q_q = h_q A_g (T_w - T_l) \tag{2-103}$$

其中

$$h_q = \frac{2}{\pi} f \sqrt{\tau_w \lambda_l \rho_l C_{pl}} \tag{2-104}$$

式中，A_g 为壁面上汽相所占的面积；τ_w 为气泡等待时间；f 为气泡挣脱频率。

$$Q_e = m_e H_{gl} = \frac{\pi d_w^3 \rho_g n f H_{lg}}{6} \tag{2-105}$$

式中，d_w 为气泡挣脱直径；n 为壁面的成核密度；f 为气泡的挣脱频率。

另外，计算气泡挣脱直径 d_w、壁面的成核密度 n、气泡的挣脱频率 f、气泡等待时间 τ_w 等参数的辅助模型为

$$d_w = \min\left(d_{ref} e^{\left(-\frac{\Delta T_{sub}}{\Delta T_{ref}} \right)}, d_{max} \right) \tag{2-106}$$

$$n = \left[210 (T_w - T_{sat}) \right]^{1.805} \tag{2-107}$$

$$f = \sqrt{\frac{4g(\rho_l - \rho_g)}{3 d_{b_w} \rho_l}} \tag{2-108}$$

$$\tau_w = \frac{1}{f} \tag{2-109}$$

式中，d_{ref} 为参考气泡直径，0.6mm；d_{max} 为最大气泡直径，1.4mm；ΔT_{ref} 为参考温差，45K；ΔT_{sub} 为近壁面过冷度。

2.1.2 节提到的湍流模型中的 k-ε 模型是针对发展充分的湍流流动建立的，是一种针对高雷诺数的湍流计算模型。对于低雷诺数的流动，如靠近壁面区的流动，湍流发展并不充分，流动可能处于层流状态，因此不能使用 k-ε 模型对这个区域的流动进行求解。目前解决这个问题的途径有两种，一种是采用低雷诺数 k-ε 模型求解黏性影响比较明显的区域，该方法要求在壁面区划分比较细密的网格，越靠近壁面，网格越细，如图 2-2 所示。另一种是使用 k-ε 模型对湍流核心区求解，而不对黏性影响比较明显的区域直接求解，借助一组半经验公式将壁面上的物理量与湍流核心区内的相应物理量联系起来，间接获得与壁

面相邻控制体积的节点变量值，即壁面函数法，它必须与高雷诺数 k-ε 模型配合使用。

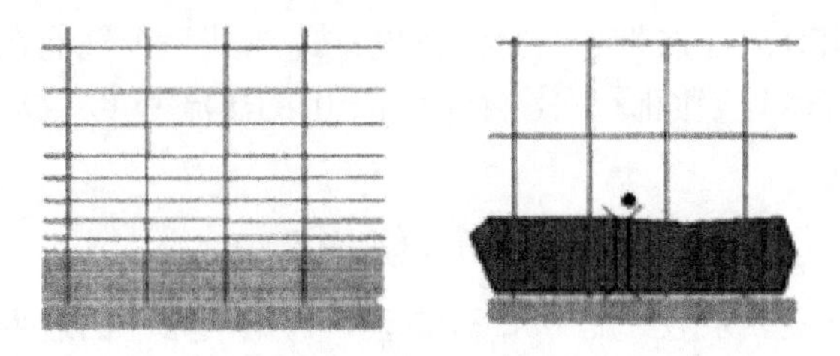

(a) 低雷诺数k-ε模型对应的网格　　(b) 壁面函数法对应的网格

图 2-2　求解壁面区流动的两种途径所对应的计算网格

利用壁面函数法划分网格时，不需要在壁面区加密，只需要把第一个内节点布置在对数率成立的区域内，即配置到湍流充分发展的区域，图 2-2(b)的阴影区域就是应用壁面函数法的区域。壁面函数法是多数 CFD 软件选用的默认方法，它对各种壁面流动都非常有效。在采用低雷诺数 k-ε 模型时，壁面区内的物理量变化非常大，必须使用细密的网格，导致计算成本升高。相对地，采用壁面函数法可以节约计算资源，并具有一定的精度，因此壁面函数法得到了较多的应用。

2.2　热　传　递

2.2.1　热传递概述

传递过程是化工生产中最为重要的部分，热传递更与化工生产的大部分过程密切相关。精馏、蒸发、物料加热与冷却等过程中热传递都占据主导地位。热传递包含三种形式：热传导、热对流和热辐射。通过求解导热方程，可以简单地处理只考虑热传导的问题。当涉及流体流动时，通过求解与 Navier-Stokes 方程及连续性方程并列的能量方程来求解对流换热问题。能量方程的边界条件考虑了越过边界的计算区域的传热。热源和吸热过程的内部分布以及通过扩散和对流方式进行的热传递决定了流体流动引起的焓分布。

2.2.2　热传递模型

2.2.2.1　热传导

热从物体温度较高的部分沿着物体传到温度较低的部分，称为热传导。热传导是固体中热传递的主要方式。在气体或液体中，热传导过程往往和对流同时发生。各种物质都能够传导热，但是不同物质的传热能力不同。热传导可以通过能量方程进行求解计算，在 FLUENT 中需要勾选 Models 中的 Energy 方程。

2.2.2.2　热对流

对流是液体和气体中热传递的主要方式，气体的对流现象比液体更明显。利用对流加热或降温时，必须同时满足两个条件：一是物质可以流动；二是加热方式必须能促使物质流动。对流可分为自然对流和强制对流两种。自然对流是由流体温度不均匀引起流体内部密度或压强变化而形成的自然流动。强制对流是液体或气体在外力如泵或搅拌器的影响下所发生的对流。与热传导类似，当模拟涉及热对流时，需要启用相关的物理模型，提供热边界条件，并输入控制热传递的相关属性。

2.2.2.3　热辐射

热辐射是指物体由于具有温度而辐射电磁波的现象，是热量传递的三种方式之一。一切温度高于绝对零度的物体都能产生热辐射，温度越高，辐射出的总能量就越大。FLUENT 中的主要热辐射模型包括离散传递辐射模型(discrete transfer radiation model，DTRM)、P-1 辐射模型、Rosseland 辐射模型、表面-表面(surface-to-surface，S2S)辐射模型、DO(discrete ordinates)辐射模型及蒙特卡罗(Monte-Carlo，MC)辐射模型。

1. 离散传递辐射模型

在 DTRM 中，沿着某一路径，辐射强度 I 的变化方程可写为

$$\frac{\mathrm{d}T}{\mathrm{d}s}+aI=\frac{a\sigma T^4}{\pi} \tag{2-110}$$

式中，a 为气体吸收系数；I 为辐射强度；T 为气体局部温度；σ 为斯蒂芬-玻尔兹曼(Stefan-Boltzmann)常量。

此处假设折射率均一。DTRM 沿从边界面发出的一系列射线对式(2-110)进行积分。如果气体吸收系数 a 沿射线路径保持恒定，则 $I(s)$可以估计为

$$I(s)=\frac{\sigma T^4}{\pi}\left(1-\mathrm{e}^{-as}\right)+I_0\mathrm{e}^{-as} \tag{2-111}$$

式中，I_0 为路径开始处的辐射强度，由适当的边界条件确定。

然后，通过对沿流体控制体积路径踪迹的每条射线强度变化求和，可以计算出由于热辐射造成的流体中能量的变化。

DTRM 中使用的射线追踪技术可以对表面之间的辐射热传递进行预测，而无需进行明确的视图因子计算。另外，此模型的准确性主要受所跟踪的光线数量及计算网格精度限制。

DTRM 是一个相对简单的模型，可以通过增加射线数量以提高其准确性，并且适用于各种光学厚度。使用 DTRM 时应注意以下限制：DTRM 假定所有表面都是分散的，意味着入射辐射在表面的反射相对于立体角是各向同性的；其未考虑散射的影响；假定为灰体辐射；解决大量光线的问题时需占用大量 CPU 处理时间；DTRM 与非共形界面或滑动网格不兼容；DTRM 与并行处理不兼容。

2. P-1 辐射模型

P-N 辐射模型是一种将光谱辐射强度 I 关于(θ，ψ)做球谐展开进行处理的模型。其中的方程可在 $n=N+1$ 处进行截断，当 N 取 1 时就得到 P-1 辐射模型。P-1 辐射模型是 P-N 模型最简单的情况。在对灰体辐射进行建模时，如果仅使用序列中的四个项，则可以得到如下所示的辐射通量：

$$q_r = \frac{1}{3(a+\sigma_s)-C\sigma_s}\nabla G \tag{2-112}$$

式中，a 为吸收系数；σ_s 为散射系数；G 为入射辐射强度；C 为线性各向异性相位函数系数。

如下所述，引入参数后

$$\Gamma = \frac{1}{3(a+\sigma_s)-C\sigma_s} \tag{2-113}$$

式(2-112)可简化为

$$q_r = -\Gamma\,\nabla G \tag{2-114}$$

G 的输运方程为

$$\nabla\cdot(\Gamma\nabla G)-aG+4an^2\sigma T^4 = S_G \tag{2-115}$$

式中，n 为介质折射率；σ 为 Stefan-Boltzmann 常量；S_G 为用户定义的辐射源。

当 P-1 辐射模型激活时，求解此方程以确定局部入射辐射。将式(2-114)和式(2-115)结合可得出以下公式：

$$-\nabla q_r = aG-4an^2\sigma T^4 \tag{2-116}$$

可以将 $-\nabla q_r$ 的表达式直接代入能量方程，以说明由辐射引起的热源，还可以使用灰体模型对非灰体辐射进行建模。对于非灰体辐射，式(2-116)可修正为

$$\nabla\cdot(\Gamma_\lambda\nabla G_\lambda)-a_\lambda G_\lambda+4a_\lambda n^2\sigma T^4 = S_{G\lambda} \tag{2-117}$$

式中，G_λ 为光谱入射辐射；a_λ 为光谱吸收系数；n 为介质折射率；$S_{G\lambda}$ 为用户定义的源项；σ 为 Stefan-Boltzmann 常量。

Γ_λ 定义为

$$\Gamma_\lambda = \frac{1}{3(a_\lambda+\sigma_{s\lambda})-C\sigma_{s\lambda}} \tag{2-118}$$

式中，$\sigma_{s\lambda}$ 为光谱散射系数；C 为线性各向异性相位函数系数。

波长 λ_1 和 λ_2 之间的光谱黑体发射($G_{b\lambda}$)表示为

$$G_{b\lambda} = 4\left[F(0\to n\lambda_2 T)-F(0\to n\lambda_1 T)\right]\sigma T^4 \tag{2-119}$$

$F(0\to n\lambda T)$ 表示温度 T 下，黑体在折射率为 n 的介质中在 0～λ 的波长区间内射出的辐射能比率。λ_1 和 λ_2 是该波段的波长边界。

光谱辐射通量计算式为

$$q_\lambda = -\Gamma_\lambda\nabla G_\lambda \tag{2-120}$$

能量方程中的辐射源项为

$$-\nabla q_r = \sum_{\text{所有波段}} -\nabla q_{r,\lambda} = \sum_{\text{所有波段}} a_\lambda\left(G_\lambda-n^2G_{b\lambda}\right) \tag{2-121}$$

与 DTRM 相比，P-1 辐射模型具有多个优势：对于 P-1 辐射模型，辐射传递方程

(radiative transfer equation，RTE)是一个扩散方程，容易求解且对 CPU 需求小；该模型包括散射的影响；对于光学厚度较大的燃烧情况该模型仍表现良好；可以轻松地应用于具有曲线坐标的复杂几何图形中。

使用 P-1 辐射模型时应注意以下限制：P-1 辐射模型假定所有表面都是分散的，也就是入射辐射在表面的反射相对于立体角是各向同性的；该方法仅限于使用灰体模型的灰体辐射或非灰体辐射，非灰体方法的实现需假定每个波段内的吸收系数恒定，灰气体加权和模型(weighted sum model of grey gas，WSGGM)不能用于指定每个频带中的吸收系数，非灰体方法的实现还假定在每个频带内壁面处的光谱发射率是恒定的；如果光学厚度较小，则可能会失去一些精度，具体取决于几何形状的复杂程度；P-1 辐射模型倾向于过度预测来自局部热源或热阱的辐射通量。

3. Rosseland 辐射模型

与 P-1 辐射模型一样，灰体介质中的辐射热通量矢量可通过式(2-114)近似得出

$$q_r = -\Gamma \nabla G \tag{2-122}$$

式中，Γ 由式(2-113)给出。

Rosseland 辐射模型与 P-1 辐射模型的不同之处在于，Rosseland 模型假定的强度是气体温度下的黑体强度(P-1 模型实际上计算出了 G 的输运方程)。将该值代入式(2-122)得出

$$q_r = -16\sigma\Gamma n^2 T^3 \nabla T \tag{2-123}$$

由于辐射热通量具有与傅里叶传导定律相同的形式，因此可以写成

$$q = q_c + q_r \tag{2-124}$$

$$q = -\left(k + k_r\right)\nabla T \tag{2-125}$$

$$k_r = 16\sigma\Gamma n^2 T^3 \tag{2-126}$$

式中，k 为热导率；k_r 为辐射传导率。能量方程中使用式(2-120)计算温度场。

Rosseland 辐射模型虽然不能如 P-1 辐射模型那样解决入射辐射的额外输运方程，但它比 P-1 辐射模型计算速度更快，所需内存更少。

Rosseland 辐射模型只能用于光学厚度较厚的介质，推荐在光学厚度超过 3 时使用。另外，当使用基于密度的求解器时，Rosseland 辐射模型不可用，该模型仅适用于基于压力的求解器。

4. 表面-表面辐射模型

此模型为灰体扩散(gray-diffuse)辐射模型。S2S 辐射模型假定表面为灰色且发生漫反射。灰体表面的发射率和吸收率与波长无关。根据基尔霍夫(Kirchhoff)定律，发射率等于吸收率($\varepsilon = \alpha$)。对于漫反射表面，反射率与出射(或入射)方向无关。对于某些应用情况来说，表面之间的辐射能交换实际上不受分隔它们的介质的影响。因此，根据灰体模型，如果一定量的辐射能 E 入射在表面上，则反射分数 ρE、吸收分数 αE 及透射分数 τE 也会被传输。由于对于大多数应用而言，所讨论的表面对于热辐射是不透明的，故可以将这些表面视为不透明的，因此可以忽略透射率。从能量守恒中可以看出，$\alpha + \rho = 1$，由于 $\alpha = \varepsilon$，则 $\rho = 1 - \varepsilon$。

离开给定表面的能量通量由直接发射和反射能量组成。反射能量通量取决于周围环境的入射能量通量，可以用离开所有其他表面的能量通量表示。从表面离开的能量通量为

$$q_{\text{out},k} = \varepsilon_k \sigma T_k^4 + \rho_k q_{\text{in},k} \tag{2-127}$$

式中，$q_{\text{out},k}$为离开表面的能量通量；ε_k为发射率；σ为 Stefan-Boltzmann 常量；$q_{\text{in},k}$为从周围环境入射到表面的能量通量。

从一个表面到另一个表面的入射能量是表面到表面的直接函数。定义表面可视因子(view factor)F_{jk}为离开表面j的能量入射到表面k的比例。入射能量通量$q_{\text{in},k}$可以用离开所有其他表面的能量通量表示为

$$A_k q_{\text{in},k} = \sum_{j=1}^{N} A_j q_{\text{out},j} F_{jk} \tag{2-128}$$

式中，A_k为曲面k的面积；F_{jk}为曲面k与曲面j之间的可视因子。

对于N个表面，使用视图因子互易关系可得出

$$A_j F_{jk} = A_k F_{kj} \qquad j = 1,2,3,\cdots,N \tag{2-129}$$

继而有

$$q_{\text{in},k} = \sum_{j=1}^{N} F_{kj} q_{\text{out},j} \tag{2-130}$$

因此

$$q_{\text{out},k} = \varepsilon_k \sigma T_k^4 + \rho_k \sum_{j=1}^{N} F_{kj} q_{\text{out},j} \tag{2-131}$$

可以写成

$$J_k = E_k + \rho_k \sum_{j=1}^{N} F_{kj} J_j \tag{2-132}$$

式中，J_k为从表面k释放(或辐射)的能量；E_k为表面发射功率。这里表示的N个方程可以重新转换为矩阵形式：

$$[K]\boldsymbol{J} = \boldsymbol{E} \tag{2-133}$$

式中，$[K]$为$N\times N$阶矩阵；$\boldsymbol{J}$为光能传递矢量；$\boldsymbol{E}$为发射功率矢量。

式(2-133)称为光能传递矩阵公式。两个有限曲面之间的可视因子为

$$F_{ij} = \frac{1}{A_i} \int_{A_i} \int_{A_j} \frac{\cos\theta_i \cos\theta_j}{\pi r^2} \delta_{ij} \mathrm{d}A_i \mathrm{d}A_j \tag{2-134}$$

式中，δ_{ij}由$\mathrm{d}A_j$到$\mathrm{d}A_i$的可见性确定。如果可见，则$\delta_{ij}=1$，否则为0。

S2S 辐射模型非常适合在没有参与介质(如航天器散热系统、太阳能收集器系统、辐射空间加热器和汽车引擎盖冷却系统)的情况下对外壳辐射传递进行建模，而此情况下有参与介质的辐射方法有时并不有效。与 DTRM 和下文中的 DO 辐射模型相比，S2S 模型每次迭代所需的时间要短很多，尽管可视因子计算本身会占用大量 CPU(当发射或吸收表面是多面体单元的多边形面时，用于可视因子计算所增加的时间将特别明显)。

使用 S2S 辐射模型时，应注意以下限制：S2S 辐射模型假定所有表面都是分散的；该方法假设辐射为灰体辐射；随着表面数量的增加，对存储和内存的需求也迅速增加，如果以面对面的基础计算可视因子，尽管 CPU 时间与使用的簇数无关，但可通过使用一组表面簇将 CPU 时间最小化；S2S 辐射模型不能用于对有参与介质的辐射问题进行建模；如果模型包含对称或周期性边界条件，则不能使用带有半立方体可视因子方法的 S2S 辐射模型；S2S 辐射模型不支持辐射边界区域上的悬挂节点。

5. DO 辐射模型

DO 辐射模型将 $\boldsymbol{s}$ 方向上的辐射传递方程视为场方程：

$$\nabla\cdot\left[I(\boldsymbol{r},\boldsymbol{s})\boldsymbol{s}\right]+(a+\sigma_s)I(\boldsymbol{r},\boldsymbol{s})=an^2\frac{\sigma T^4}{\pi}+\frac{\sigma_s}{4\pi}\int_0^{4\pi}I(\boldsymbol{r},\boldsymbol{s}')\Phi(\boldsymbol{s}\cdot\boldsymbol{s}')\mathrm{d}\Omega' \tag{2-135}$$

可以使用灰带模型(gray-band model)对非灰体辐射进行建模。频谱强度 $I_\lambda(\boldsymbol{r},\boldsymbol{s})$的辐射传递方程可以写成

$$\nabla\cdot\left[I_\lambda(\boldsymbol{r},\boldsymbol{s})\boldsymbol{s}\right]+(a_\lambda+\sigma_s)I_\lambda(\boldsymbol{r},\boldsymbol{s})=a_\lambda I_{b\lambda}+\frac{\sigma_s}{4\pi}\int_0^{4\pi}I_\lambda(\boldsymbol{r},\boldsymbol{s}')\Phi(\boldsymbol{s}\cdot\boldsymbol{s}')\mathrm{d}\Omega' \tag{2-136}$$

式中，λ 为波长；a_λ 为光谱吸收系数；$I_{b\lambda}$ 为普朗克函数给出的黑体强度，并假设散射系数、散射相位函数和折射率与波长无关。

非灰体 DO 辐射模型将辐射光谱分为多个波段，这些波段不必是连续或相等的。波长间隔需要单独定义，并且对应于真空度($n = 1$)中的值。辐射传递方程在每个波长间隔内积分，从而得出传输量方程式 $I_\lambda\Delta\lambda$，即波长带 $\Delta\lambda$ 中包含的辐射能的数量。每个频段中的行为均假定为在灰体状态下发生。每单位立体角的波段中黑体发射表示为

$$\left[F(0\to n\lambda_2T)-F(0\to n\lambda_1T)\right]n^2\frac{\sigma T^4}{\pi} \tag{2-137}$$

式中，$F(0\to n\lambda T)$ 是黑体在温度 T 下从 0 到 λ 的波长间隔内在介质中发出的辐射能的折射率；λ_1、λ_2 为波段的波长边界。使用下式计算位置 $\boldsymbol{r}$ 上每个方向 $\boldsymbol{s}$ 的总强度 $I(\boldsymbol{r},\boldsymbol{s})$：

$$I(\boldsymbol{r},\boldsymbol{s})=\sum_k I_{\lambda_k}(\boldsymbol{r},\boldsymbol{s})\Delta\lambda_k \tag{2-138}$$

其中，总和在整个波段范围内。非灰体 DO 辐射模型的边界条件是在频带的基础上应用的。频带内的处理与灰体 DO 辐射模型的处理相同。

DO 辐射模型涵盖了光学厚度的所有范围，并允许解决从表面、表面辐射到燃烧问题中参与辐射的各种问题。它还可以解决半透明壁的辐射问题。对于典型的角度离散化，计算成本及内存需求均适中。

当前的实施方式仅限于使用灰带模型的灰体辐射或非灰体辐射，当解决具有精细角度离散的问题时可能会占用大量 CPU 时间。

非灰体实现方式考虑了参与吸收的介质，该介质的光谱吸收系数 a_λ 在整个光谱带上阶跃变化，但在频带内平滑变化。例如，玻璃就会显示这种带状行为。当前的实现方式

并未模拟如二氧化碳或水蒸气之类的气体的行为，它们以不同的波数吸收和发射能量。非灰气体辐射的建模仍处在发展过程中。然而，一些研究人员使用灰带模型，通过将每个带内的吸收系数近似为常数来模拟气体行为。许多软件中的非灰带模型与所有使用灰带的模型兼容，可以使用 DO 辐射模型实现。因此，可能包括散射、各向异性、半透明介质和颗粒效应。但是，非灰体实现假定每个波段内的吸收系数恒定。灰气体加权和模型不能用于指定每个频带中的吸收系数。

使用 DO 辐射模型时，应该注意其不能用于颗粒状(流固)欧拉多相流。

6. 蒙特卡罗辐射模型

对于辐射传递方程，MC 辐射模型假设强度与光子的微分角通量成比例，并将辐射场视为光子气体。对于这种气体，a 是光子在给定频率下被吸收的每单位长度的概率。因此，平均辐射强度 I 与单位时间内单位体积中光子行进距离成正比。

同样，光谱辐射热通量 q_{in} 与在 $\boldsymbol{r}$ 处的光子入射速率成正比，因为体积吸收与光子的吸收率成正比。

通过遵循典型的光子选择方法并计算在每个体积单元中行进的距离可以获得平均总强度。通过遵循典型的光子选择方法和计算在每个体积单元中的距离乘以吸收系数的结果，即可得到平均总吸收强度。通过遵循典型的光子选择方法并计算在每个体积单元中将距离乘以散射系数的结果，可以得到平均总散射强度。通过计算入射在表面上的光子数和该数乘以发射率的结果，可以得到平均总辐射通量和平均吸收通量。

注意，不需要离散化光谱，因为差分量通常对于传热计算并不重要。如果正确选择了频谱(多频带)，则蒙特卡罗计数会自动在频谱上积分。非灰带 DO 辐射模型的边界条件是在频带的基础上应用的。频带内的处理与灰带 DO 辐射模型的处理相同。

MC 辐射模型以随机方式生成光子，因此，如果目标的历史记录数量相对较小，将产生不连续的斑点(speckled)结果。增加历史记录的目标数量会产生一个更平滑、更准确的解决方案，但会带来更大的计算量。

MC 辐射模型的优点在于它可以解决从光学上较薄(透明)区域到光学上较厚(扩散)区域的问题，如燃烧。它可以得到精确解，并且与其他可用模型相比，其结果更精确，但计算成本更高。使用 MC 辐射模型时，应注意其所涉及的物理量均以表面或体积平均值计算。

MC 辐射模型支持以下模型：壳传导、周期性边界、瞬态模型、换热器模型。MC 辐射模型当前不支持以下功能：2D 情况、旋转/移动/覆盖网格、CutCell 网格、网格中悬挂节点、非保形接口、薄壁(如挡板)、太阳能负荷模型、离散相模型(discrete phase model，DPM)、多相模型、多孔介质模型、(燃烧)概率密度函数传输、用户定义的材料属性、流动边界/开口的边界辐射源、不透明壁面壁、两个具有内部边界的区域都必须参与辐射的情况、各向同性辐射通量选项不适用于不透明壁上的边界辐射源情况、具有边界源和外壳导电外壁的情况、耦合的具有半透明边界条件的两侧壁面情况(MC 辐射模型不提供辐射通量值)。

2.2.2.4 热辐射模型选择

综合上文，在选择辐射模型时应考虑以下因素：

(1) 光学厚度。利用光学厚度可以很好地判断应该在模拟中使用哪种模型。例如，对于燃烧室中的流量，如果 $aL \gg 1$，最好使用 P-1 和 Rosseland 辐射模型。P-1 辐射模型通常应用于光学厚度大于 1 的情况。对于光学厚度大于 3 的情况，Rosseland 辐射模型计算成本更低、更高效。对于高光学厚度的情况，建议使用 DO 辐射模型的二阶离散化方案。DTRM、DO 和 MC 辐射模型可在整个光学厚度范围内工作，但使用成本高得多。因此，条件允许的情况下应该使用“厚度极限”P-1 和 Rosseland 辐射模型。对于光学厚度较薄的情况($aL<1$)，只有 DTRM、DO 和 MC 辐射模型较为合适。

(2) 散射和发射率。P-1、Rosseland 和 DO 辐射模型考虑了散射，而 DTRM 忽略了它。由于 Rosseland 辐射模型在壁面处使用温度滑移条件，因此它对壁面的发射率不敏感。

(3) 微粒效应。只有 P-1 和 DO 辐射模型对气体和微粒之间的辐射交换做出了解释。

(4) 半透明壁面(内部和外部)。只有 DO 辐射模型可以为各种类型的半透明壁面(如玻璃)建模。在双层壁面的情况下，MC 辐射模型允许半透明边界条件。但使用 MC 辐射模型和透明壁面时，半透明选项不适用于外壁面。

(5) 镜面壁面。只有 DO 辐射模型允许镜面反射(如无尘镜面)。

(6) 部分镜面壁面。仅 DO 辐射模型允许镜面反射(如灰尘较多的镜面)。

(7) 非灰体辐射。只有 P-1、DO 和 MC 辐射模型允许使用灰带模型计算非灰体辐射。

(8) 局部热源。在局部热源问题中，P-1 辐射模型可能会过度预测辐射通量。对于这种情况，DO 辐射模型可能最适合于计算辐射，DTRM 也可以使用。

(9) 使用非参与介质的外壳辐射传递。S2S 辐射模型适用于此类问题。与参与介质一起使用的辐射模型原则上可以用于计算地表辐射，但是并不适用于所有情况。

2.3 化学反应与燃烧

2.3.1 概述

化学反应是化工生产的核心部分，它决定着产品的收率，对生产成本有重要影响。然而，由于化学反应的复杂性，人们对其系统研究开始较晚，直到 20 世纪中叶，在单元操作和传递过程研究成果的基础上，人们在各种反应过程(如氧化、还原、硝化、磺化等)中发现了若干共性问题，如反应器内的返混、反应相内传质和传热、反应相外传质和传热、反应器的稳定性等。对这些问题本身及它们对反应动力学的各种效应的研究，构成了一个新的学科分支即化学反应工程，从而使化学反应的内容和方法得到了充实和发展。在化学反应过程中应用 CFD 工具进行问题分析也成为一种常用的工程方法。

化学反应种类很多，燃烧是工程中最重要的化学反应过程之一，其涉及湍流流体流动、传热、化学反应、辐射传热等复杂模型，对燃烧模型进行研究能够代表大多数的化学反应问题，燃烧模型和化学反应模型在很大程度上是相通的，因此本章以燃烧模型为例介绍化学反应中的 CFD 模型。燃烧模型是化学反应与湍流相互作用的模型，其典型的工程应用包括内燃机、电站燃烧室、航空发动机、锅炉、熔炉和许多其他燃烧设备。为了设计和改进燃烧设备，特别是考虑到目前对各类有害气体排放水平及其对环境影响的关注，预测各种燃烧系统的气体流量、温度分布、有害气体种类及浓度是极其重要的。CFD 对燃烧过程的分析由流体流动和传热的基本输运方程控制，另外包括燃烧化学、辐射传热和其他重要子过程的建模。

燃烧主要分为气体燃料燃烧、液体燃料燃烧、喷雾燃烧、固体燃料燃烧、粉末状燃料燃烧等。本章着重讲解气体燃烧。气体燃烧包括燃料和氧化剂之间的化学反应，两者都是气相。气体燃烧过程分为预混燃烧和非预混燃烧两类。例如，在火花点火的内燃机(汽油发动机)中，可以将燃烧定为预混燃烧，因为燃料(汽油)在燃烧前与空气混合，燃烧发生在火花点火之后。相比之下，燃料进入空气中进行燃烧的喷射火焰则属于非预混燃烧过程，气体燃料与氧化剂(空气)混合，然后在适当的条件下发生燃烧。非预混火焰也称为扩散火焰，因为燃料和氧气以两股或两股以上的独立气流进入燃烧区，燃烧前通过扩散而混合在一起。

2.3.2 化学反应与燃烧模型

CFD 在模拟化学反应与燃烧过程时常用的模型主要包括：通用有限速率模型、非预混燃烧模型、预混燃烧模型、部分预混燃烧模型、组分 PDF 输运模型、污染物生成模型。

2.3.2.1 通用有限速率模型

CFD 可以模拟具有或不具有组分输运的化学反应。通用有限速率模型是基于求解组分质量分数输运方程、化学反应机理由使用者自己定义的模型。在此模型中，反应速率以源项的形式通过组分输运方程进行计算。通用有限速率模型通过求解描述每种组分的对流、扩散和反应源的守恒方程来模拟混合和输运，可以模拟多种同时发生的化学反应，反应可以发生在大容量相中(容积反应)，也可以发生在壁面、微粒的表面。根据湍流与化学反应作用不同，通用有限速率模型可以分为有限速率模型、涡耗散模型、有限速率/涡耗散模型和涡耗散概念模型。

1. 有限速率模型

当不存在湍流-化学相互作用时，利用一般的反应速率表达式计算化学源项，而不明确解释湍流波动对源项计算的影响，纳入有限速率动力学。该模型建议使用层流流动，因为其方位明确，但也可在化学反应较为复杂的湍流中使用。

$$\sum_{i=1}^{N} \nu'_{i,r} M_i \underset{k_{f,r}}{\overset{k_{b,r}}{\rightleftharpoons}} \sum_{i=1}^{N} \nu''_{i,r} M_i \tag{2-139}$$

式(2-139)对于可逆和不可逆反应均成立。对于不可逆反应，逆向反应速率常数为零。式(2-139)中的求和适用于系统中的所有化学物质，但只有作为反应物或生成物出现的化学物质的化学计量系数是非零的。

对于两种反应物 A、B 参与的化学反应，有限速率模型使用阿伦尼乌斯(Arrhenius)公式计算反应速率源项，公式如下：

$$W = kC_{\mathrm{A}}^{a}C_{\mathrm{B}}^{b} = k_0 \exp\left(-\frac{E}{RT}\right)C_{\mathrm{A}}^{a}C_{\mathrm{B}}^{b} \tag{2-140}$$

如果反应可逆，一般反应的逆向速率常数可由正向速率常数 $k_{f,r}$ 计算，其关系式为

$$k_{b,r} = \frac{k_{f,r}}{K_r} \tag{2-141}$$

式中，K_r 为 r 级反应的平衡常数，由式(2-142)计算

$$K_r = \exp\left(\frac{\Delta S_r}{R} - \frac{\Delta H_r}{RT}\right)\left(\frac{p_{\mathrm{atm}}}{RT}\right)^{\sum_{i=1}^{N}\left(\nu''_{i,r}-\nu'_{i,r}\right)} \tag{2-142}$$

式中，p_{atm} 为大气压。指数函数中的项表示吉布斯自由能的变化，其分量计算为

$$\frac{\Delta S_r}{R} = \sum_{i=1}^{N}\left(\nu''_{i,r} - \nu'_{i,r}\right)\frac{S_i}{R} \tag{2-143}$$

$$\frac{\Delta H_r}{RT} = \sum_{i=1}^{N}\left(\nu''_{i,r} - \nu'_{i,r}\right)\frac{H_i}{RT} \tag{2-144}$$

如果需要指定可逆反应速率参数(指前因子、温度指数和反应活化能)，可逆反应的速率常数计算公式如下：

$$k_{b,r} = A_{b,r}T^{\beta_{b,r}}\mathrm{e}^{-E_{b,r}/RT} \tag{2-145}$$

式中，$A_{b,r}$ 为逆向反应指前因子；$\beta_{b,r}$ 为逆向反应温度指数；$E_{b,r}$ 为逆向反应活化能。

2. 涡耗散模型

大多数 CFD 软件中最常见的反应模型都基于涡耗散(ED)建模，而并不是基于概率密度函数。ED 模型的基本思想是混合速率限制了平均反应速率。ED 模型中计算了两种速率：基于平均浓度(慢化学极限)的反应速率和标量混合时间的反应速率。模型总反应 r 中物质 i 的产生速率 $R_{i,r}$ 由下面两个表达式中较小的一个给出：

$$R_{i,r} = \nu'_{i,r}M_{\mathrm{w},i}A\rho\frac{\varepsilon}{k}\min_{\mathrm{R}}\left(\frac{Y_{\mathrm{R}}}{\nu'_{\mathrm{R},r}M_{\mathrm{w,R}}}\right) \tag{2-146}$$

$$R_{i,r} = \nu'_{i,r}M_{\mathrm{w},i}AB\rho\frac{\varepsilon}{k}\frac{\sum_{\mathrm{P}}Y_{\mathrm{P}}}{\sum_{j}^{N}\nu''_{j,r}M_{\mathrm{w},j}} \tag{2-147}$$

式中，Y_{P} 为任意产物 P 的质量分数；Y_{R} 为特定反应物 R 的质量分数；A、B 为实验常数，分别为 4.0、0.5。

由 ED 模型得到的燃烧混合时间可以用来计算对流时间尺度 $\tau_{1\mathrm{C}}$。然而，使用湍流混合模型中的平均标量耗散率或其他针对高施密特数开发的模型，可能会得到更好的结果。平均反应速率与 ED 模型耦合为

$$\langle S_a\rangle=\min\left[S_{动力学},S_{混合}\right]=\min\left[S(\langle C\rangle),c_i\langle C_\alpha\rangle 1/\tau\right] \tag{2-148}$$

式中，$\langle C_\alpha\rangle$ 代表反应物的限制。速率表达式表示反应速率不能超过常数 c_i。ED 模型适用于慢反应和瞬时反应，是混合分数法的简单替代方法。它对某些燃烧装置模拟良好，因为燃烧反应在点火前是缓慢的，但一旦点火开始，反应则变得非常快。然而，对于中等 Da 值[达姆科勒(Damkhler)数是表征湍流混合时间尺度与化学反应时间尺度的比值]的情况，ED 模型不能将平均反应速率与慢速及瞬时极限联系起来。此外，该模型不能预测混合敏感反应对反应流初始体积分数的依赖关系。ED 模型可用于预测瞬时反应的趋势，在模拟多次注射、再循环流或有其他复杂因素时也有用。

3. 有限速率/涡耗散模型

只要存在湍流，燃烧反应就进行，并且不需要点火源启动燃烧。这对于非预混火焰通常是可以接受的，但是在预混火焰中，反应物一旦进入计算区域，即火焰稳定剂的上游，就会燃烧。为了解决这一问题，可使用有限速率/涡耗散模型。一旦火焰被点燃，涡耗散率一般小于阿伦尼乌斯速率。

有限速率/涡耗散模型简单结合阿伦尼乌斯公式与涡耗散方程，求解式(2-140)及式(2-147)，净反应速率取其中的较小值。虽然可采用涡耗散模型和有限速率/涡耗散模型建立多步反应机理，但可能会产生不正确的解。原因是多步骤的化学反应机制通常基于阿伦尼乌斯速率，而每个反应是不同的。在涡耗散模型中，每个反应都有相同的湍流速率，因此该模型只能用于单步(反应物 ⟶ 生成物)或两步(反应物 ⟶ 中间体，中间体 ⟶ 生成物)全局反应。该模型不能预测像自由基一样的受动力学控制的组分。

4. 涡耗散概念模型

涡耗散概念(eddy dissipation concept，EDC)模型试图在燃烧化学中重要的湍流反应流中考虑精细结构的重要性。在涡耗散概念模型中，质量分数定义为

$$\gamma^*=4.6\left(\frac{\nu\varepsilon}{k^2}\right)^{1/2} \tag{2-149}$$

式中，ν 为运动黏度；k 和 ε 分别为湍动能和耗散率。

反应分数定义为

$$X=\frac{Y_{\mathrm{pr}}/(1+s)}{Y_{\min}+Y_{\mathrm{pr}}/(1+s)} \tag{2-150}$$

式中，Y_{pr} 为产物的质量分数，$Y_{\min}=\min(Y_{\mathrm{fu}},Y_{\mathrm{ox}}/s)$，$Y_{\mathrm{fu}}$ 为燃料的质量分数，Y_{ox} 为氧化剂的质量分数，s 为简单一级反应配平当量：燃料+s 氧化剂 ⟶ (1+s)产物。

燃料的反应速率为

$$\dot{\omega}_{\mathrm{fu}}=-\bar{\rho}\frac{\varepsilon}{k}C_{\mathrm{EDC}}\min\left(Y_{\mathrm{fu}},\frac{Y_{\mathrm{ox}}}{s}\right)\left(\frac{X}{1-\gamma^*X}\right) \tag{2-151}$$

式中，C_{EDC} 为模型常数，推荐值为 11.2。

表 2-5 给出了上述四种模型的总结。

表 2-5 通用有限速率模型的比较

模型	特点
有限速率模型	使用常规反应速率表达式计算化学源项，不考虑湍流的影响。在层流情况或者化学反应较为复杂的湍流中使用效果较好
涡耗散模型	忽略复杂的化学动力学而假设混合后立即燃烧。在瞬时反应这种总反应速率由湍流混合控制的情况下效果较好。对某些燃烧装置模拟良好。不能预测混合敏感反应对反应流初始体积分数的依赖关系
有限速率/涡耗散模型	解决预混火焰问题，将有限速率模型和涡耗散模型进行结合。只能用于单步和两步反应
涡耗散概念模型	是涡耗散模型的扩展，允许在湍流中包含详细的化学反应机理。假设反应发生在一个很小的湍流结构内。对于化学反应的计算更加准确，适用于化学反应和湍流共同控制的情况

2.3.2.2 非预混燃烧模型

在非预混燃烧中，燃料和氧化剂在不同的流股中进入反应区。这与预混合系统相反，在预混合系统中，反应物在燃烧前以分子水平混合。非预混燃烧的示例包括煤粉炉、柴油内燃机和池火。

在特定假设下，可将热力学参数用混合分数这一参数代替。混合分数是源自燃料流的质量分数，用f表示。根据原子质量分数，f可写为

$$f = \frac{Z_i - Z_{i,\text{ox}}}{Z_{i,\text{fuel}} - Z_{i,\text{ox}}} \tag{2-152}$$

式中，Z_i为元素 i 的质量分数；下标 ox 表示氧化剂流入口处的值，下标 fuel 表示燃料流入口处的值。

混合分数是所有组分(CO_2、H_2O、O_2等)中已燃烧和未燃烧的燃料流元素(C、H 等)的局部质量分数。该方法之所以具有优势是因为元素在化学反应中是守恒的。反过来，混合分数是守恒的标量，因此其控制的输运方程没有源项。燃烧可以被简化为混合问题，这样就避免了由封闭非线性平均反应速率带来的求解困难。混合后，可以用平衡模型将化学模型建模为处于化学平衡的状态，或者用稳态扩散小火焰模型建模为接近化学平衡的状态，或者用非稳态扩散小火焰模型建模为明显偏离化学平衡的状态。

在相同扩散率的假设下，组分方程可被减少为一个单一的关于混合组分 f 的方程。由于删去了组分方程中的反应源项，f是一个守恒量。时间平均混合分数方程为

$$\frac{\partial}{\partial t}\left(\rho \overline{f}\right) + \nabla \cdot \left(\rho \boldsymbol{v} \overline{f}\right) = \nabla \cdot \left(\frac{\mu_\text{t}}{\sigma_\text{t}} \nabla \overline{f}\right) + S_\text{m} + S_\text{user} \tag{2-153}$$

式中，源项 S_m 仅表示质量由液体燃料滴或反应颗粒传入气相中；S_user为自定义源项。

此外，还需求解一个关于平均混合分数均方值的守恒方程：

$$\frac{\partial}{\partial t}\left(\rho \overline{f'^2}\right) + \nabla \cdot \left(\rho \boldsymbol{v} \overline{f'^2}\right) = \nabla \cdot \left(\frac{\mu_\text{t}}{\sigma_\text{t}} \nabla \overline{f'^2}\right) + C_\text{g} \mu_\text{t} \left(\nabla^2 \overline{f}\right) - C_\text{d} \rho \frac{\varepsilon}{k} \overline{f'^2} + S_\text{user} \tag{2-154}$$

式中，$f' = f - \overline{f}$；常数σ_t、C_g和C_d分别取0.85、2.86和2.0；S_{user}为自定义源项。

非预混燃烧模型的建模涉及一个或两个守恒标量(混合分数)的输运方程的求解，但每个单独组分的方程并未解出，取而代之的是从混合组分的预测结果中导出各组分的浓度，而湍流和化学相互作用是通过假定形状的概率密度函数解释的。

2.3.2.3 预混燃烧模型

在预混燃烧中，燃料和氧化剂在点火之前以分子水平混合。燃烧发生在火焰前部并传播到未燃烧的反应物中。预混燃烧的例子有吸气式内燃机、稀薄预混燃气轮机燃烧室和气体泄漏爆炸。

与非预混燃烧相比，预混燃烧很难建模。这是因为预混燃烧通常以稀薄且不断传播的火焰形式发生，该火焰在湍流作用下被拉伸和扭曲。对于亚声速流，火焰的总传播速度由层流火焰速度和涡流确定。层流火焰速度取决于物质和热量向上游扩散到反应物中并燃烧的速率。为了得到层流火焰速度，需要解决内部火焰结构以及详细的化学动力学和分子扩散过程。由于实际的层流火焰厚度约为毫米级或更小，因此通常难以负担其对分辨率的要求。湍流的作用是使正在传播的层状火焰薄片起皱和拉伸，从而增加火焰的面积，进而增加有效火焰速度。较大的湍流旋涡易使火焰起皱，而小的湍流旋涡如果小于层流火焰厚度，则可能会穿透火焰并改变层流火焰的结构。相比之下，非预混燃烧则可大大简化，成为混合问题。预混燃烧模型的本质在于捕获湍流火焰速度，该速度受层流火焰速度和湍流的影响。在预混火焰中，燃料和氧化剂在进入燃烧装置之前要进行充分混合，然后在燃烧区中发生反应，该燃烧区将未燃烧的反应物和燃烧产物分离。部分预混火焰具有预混火焰和扩散火焰的特性。当另外的氧化剂或燃料进入预混系统时，或者当扩散火焰从燃烧器中升起时，则会在燃烧之前进行一些预混。

预混燃烧模型模拟火焰前端传播需求解一个关于标量c的输运方程

$$\frac{\partial}{\partial t}(\rho c) + \nabla \cdot (\rho \boldsymbol{v} c) = \nabla \cdot \left(\frac{\mu_t}{Sc_t}\right) + \rho S_c \tag{2-155}$$

式中，c为平均反应进程变量；Sc_t为梯度湍流流量的施密特数；S_c为反应进程源项，s^{-1}。

反应进程变量定义为

$$c = \frac{\sum_{i=1}^{n} Y_i}{\sum_{i=1}^{n} Y_{i,ad}} \tag{2-156}$$

式中，n为产物数量；Y_i为第i种组分的质量分数；$Y_{i,ad}$为经过绝热完全燃烧后第i种组分的质量分数。

预混燃烧模型模拟湍流火焰速度通过式(2-157)求解

$$U_t = A(u')^{3/4} U_l^{1/2} \alpha^{-1/4} l_t^{1/4} = Au'\left(\frac{\tau_t}{\tau_c}\right)^{1/4} \tag{2-157}$$

式中，A 为模型常数；u'为均方速度，m/s；U_l为层流火焰速度，m/s；$\alpha = k/\rho c_p$ 为未燃混合物的摩尔传热系数(热扩散系数)，m²/s；l_t为湍流长度尺度；$\tau_t = l_t/u'$，为湍流时间尺度，s；$\tau_c = \alpha/U_l^2$，为化学反应时间尺度。

湍流长度尺度 l_t可以由下式计算：

$$l_t = C_D \frac{u'^3}{\varepsilon} \tag{2-158}$$

式中，ε 为湍流耗散率；C_D 为常数，0.37。

根据理论，CFD 通过求解关于反应进程变量 c 的输运方程，计算源项的公式如下：

$$\rho S_c = AG\rho_v I^{3/4}\left(U_l\lambda_{1p}\right)^{1/2}\left|\alpha\left(\lambda_{1p}\right)\right|^{-1/4} l_t^{1/4}|\nabla c| = AG\rho_v I\left(\frac{\tau_t}{\tau_c\lambda_{1p}}\right)^{1/4}|\nabla c| \tag{2-159}$$

预混燃烧模型具有以下限制：

(1) 必须使用基于压力的求解器。基于密度的求解器都不能求解预混燃烧模型。

(2) 预混燃烧模型仅对湍流、亚声速流有效，此类型的火焰称为爆燃。爆炸(也称为爆轰)可通过基于密度的求解器使用有限速率模型模拟，其将由冲击波带给可燃混合物的热量点燃。

(3) 预混燃烧模型不能与污染物(烟尘和 NO_x)模型一起使用。但是，可以使用部分预混模型对完全预混的系统进行建模，该模型可以与污染物模型一起使用。

(4) 不能使用预混燃烧模型模拟离散相颗粒的反应，预混燃烧只能使用惰性颗粒模型。

2.3.2.4　部分预混燃烧模型

部分预混燃烧系统是带有不均匀燃料-氧化剂混合物的预混火焰。这种系统包括排放到静止气氛中的预混合射流，带有扩散引燃火焰和冷却空气射流的稀薄预混合燃烧器，以及有一定缺陷的预混合入口。

部分预混模型通过求解一个输运方程来求解平均反应进程 $\overline{c}$ (以决定焰峰的位置)、混合物组分方程 $\overline{f}$ 和 $\overline{f'^2}$ 。平均标量(如组分质量、温度和密度)用 $\overline{\phi}$ 表示，其通过计算 f 和 c 的概率密度函数求得，公式如下：

$$\overline{\phi} = \int_0^1\int_0^1 \phi(f,c)\,p(f,c)\,\mathrm{d}f\mathrm{d}c \tag{2-160}$$

目前主要具有三种类型的部分预混模型，即化学平衡模型、稳定扩散小火焰模型和火焰生成歧管(flamelet generated manifold，FGM)模型。化学平衡和稳态扩散小火焰两种部分预混模型假定预混火焰前端是无限薄的，未燃烧的反应物在火焰前端之前，而燃烧后的产物在火焰前端之后。可以假定化学平衡或使用稳定的层状扩散小火焰对燃烧产物的组成进行建模。火焰刷(flame-brush)由 0 到 1 之间的平均反应进程 $\overline{c}$ 表示。在湍流的预混火焰刷内的某个点 $0<c<1$，波动的稀薄火焰在未燃烧状态($c = 0$)下持续了一段时间，而剩余时间则处于燃烧状态($c = 1$)下，平均反应进度为 0～1。但这并不能解释为瞬时预

混火焰反应进程处于未燃烧与燃烧之间的状态。火焰生成歧管模型假定湍流火焰中的热化学状态与层流火焰中的状态相似，并通过混合分数和反应进程对其进行参数化。在层流火焰中，在非零火焰厚度范围内，反应进程从未燃烧的反应物($c = 0$)转变为燃烧产物($c = 1$)。湍流火焰刷中 $0<c<1$ 的某点受到变化的火焰前端和中间反应进程的共同作用。可以选择使用预混或扩散层流火焰对 FGM 进行建模。

非预混和预混模型的基础理论、假设和局限性直接适用于部分预混模型。特别地，单一混合物分数(single-mixture-fraction)模型被限制于双入口流的情况，其可以是纯燃料、纯氧化剂或燃料和氧化剂的混合物。二混合分数(two-mixture-fraction)模型将入口流的数量扩展到最多三个，但是会产生较大的计算量。

2.3.2.5　组分 PDF 输运模型

湍流燃烧是由反应的 Navier-Stokes 方程控制的。准确地说，它的直接解决方案(求解所有湍流尺度)对于实际的湍流来说计算成本过高。一种解决方案是通过梯度扩散对湍流标量通量建模，将湍流对流视为增强扩散。可以使用层流模型、涡耗散模型或 EDC 模型对平均反应速率进行建模。由于反应速率始终是高度非线性的，因此很难对湍流中的平均反应速率进行建模，并且容易出错。

对组分和能量方程进行平均的一种替代方法是为其单点联合概率密度函数(probability density function，PDF)导出输运方程。PDF 中的可能性 P 可以理解为每一组分流体在特定温度压力下所消耗时间的比例。从 PDF 中可以计算任何单点热化学变量(如平均温度或湿球温度、平均反应速率)。组分 PDF 输运方程是从 Navier-Stokes 方程中得出的：

$$\frac{\partial}{\partial t}(\rho P)+\frac{\partial}{\partial x_i}(\rho \boldsymbol{u}_i P)+\frac{\partial}{\partial \boldsymbol{\varphi}_k}(\rho S_k P)=-\frac{\partial}{\partial x_i}\left[\rho\left\langle \boldsymbol{u}_i''|\boldsymbol{\varphi}\right\rangle P\right]+\frac{\partial}{\partial \boldsymbol{\varphi}_k}\left[\rho\left\langle \frac{1}{\rho}\frac{\partial \boldsymbol{J}_{i,k}}{\partial x_i}|\boldsymbol{\varphi}\right\rangle P\right] \quad (2\text{-}161)$$

式中，P 为 PDF 成分；ρ 为平均流体密度；$\boldsymbol{u}_i$ 为 Favre 平均流体速度矢量；S_k 为物质 k 的反应速率；$\boldsymbol{\varphi}$ 为组分空间向量；$\boldsymbol{u}_i''$ 为流体速度波动矢量；$\boldsymbol{J}_{i,k}$ 为分子扩散通量矢量。

式(2-161)中，等号左侧的项是封闭的，等号右侧的项不是封闭的并且需要建模。左侧的第一项是 PDF 的不稳定变化率，第二项是由平均速度场的对流引起的 PDF 变化，第三项是由化学反应引起的变化。组分 PDF 输运模型的主要优点是高度非线性反应项是完全封闭的，不需要建模。右侧的两项分别表示湍流标量通量引起的标量对流和分子混合或扩散引起的 PDF 变化。

概率密度函数写作 $p(f)$，可考虑为流动花在状态 f 的时间分数。图 2-3 阐明了这一概念。f 的脉动值绘在图的右边，依赖于一定范围 Δf 的时间分数。$p(f)$绘在图的左边，表现为在 Δf 这段范围内曲线下的面积值，与 f 在这段范围内的时间分数相等。写成数学形式则为

$$p(f)\Delta f=\lim_{T\to\infty}\frac{1}{T}\sum_i \tau_i \quad (2\text{-}162)$$

式中，T 为时间尺度；τ_i 为流体在 Δf 段内的时间总量。

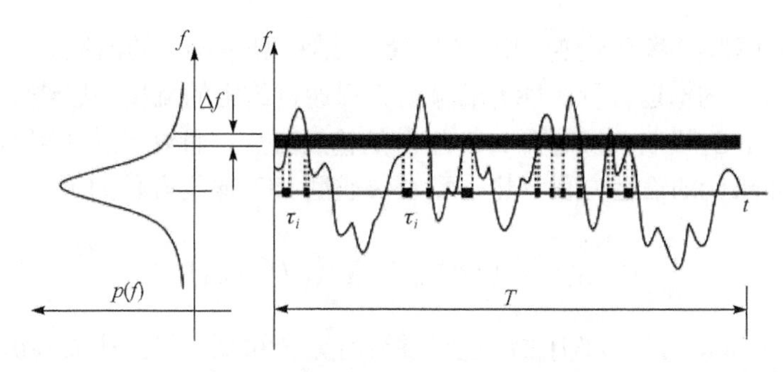

图 2-3　概率密度函数 $p(f)$的图形描述

函数 $p(f)$的分布依赖于流体中湍流脉动的本质。实际上，$p(f)$被表示为一个数学函数，近似为试验中观察到的概率密度函数形状。概率密度函数 $p(f)$描述了湍流中流体的瞬时脉动值，拥有非常有益的属性，即它可被用于计算依赖于 f 变量的时间平均值。对一个单一混合分数系统，在绝热系统中，组分摩尔分数和温度的时间平均值可用下式计算：

$$\overline{\phi_i} = \int_0^1 p(f)\phi_i(f)\mathrm{d}f \tag{2-163}$$

当存在次要流时，平均值计算式为

$$\overline{\phi_i} = \int_0^1\int_0^1 p_1\left(f_{\text{fuel}}\right)p_2\left(p_{\text{sec}}\right)\phi_i\left(f_{\text{fuel}}, p_{\text{sec}}\right)\mathrm{d}f_{\text{fuel}}\mathrm{d}p_{\text{sec}} \tag{2-164}$$

式中，p_1 为 f_{fuel} 的概率密度函数；p_2 为 p_{sec} 的概率密度函数。这里假定 f_{fuel} 和 p_{sec} 具有统计独立性，那么 $p(f_{\text{fuel}},p_{\text{sec}}) = p_1(f_{\text{fuel}})p_2(p_{\text{sec}})$。

概率密度函数的形状主要由两种数学函数描述：双 δ 函数和 β 函数。双 δ 函数是最容易计算的，而 β 函数最接近实验观察到的概率密度函数。这些函数产生的分布仅依赖于平均混合分数 f 及其变化量。

组分 PDF 输运模型就像有限速率模型和涡耗散概念模型一样，可以用于模拟湍流中的有限速率化学动力学效应。结合适当的化学机理可以预测受动力学控制的组分(如 CO 和 NO_x)，并且可以预测火焰的熄灭和点燃。组分 PDF 输运模型的计算量很大，一般从含较少网格数的情况(最好是二维)开始建模。

组分 PDF 输运模型的限制是必须使用基于压力的求解器，基于密度的求解器无法使用该模型。组分 PDF 输运方程有两种不同的离散化方法，分别是拉格朗日方法和欧拉方法。拉格朗日方法比欧拉方法更准确，但是收敛所需的运行时间更长。

2.3.2.6　污染物生成模型

1. NO_x 的形成

NO_x 是光化学烟雾的前体，会导致酸雨并造成臭氧消耗。因此，NO_x 被认为是一种危害很大的污染物。被排放的 NO_x 主要由一氧化氮(NO)、较少的二氧化氮(NO_2)和一氧化二氮(N_2O)组成。

NO_x 模型提供了对 NO_x 形成及由于燃烧系统中的再燃烧而产生的 NO_x 的消耗进行建

模的功能。NO_x模型能够模拟热力型、快速型、燃料型等NO_x的消耗。为了预测NO_x的排放，需解决NO_x的输运方程。NO_x的输运方程通过给定的流场和燃烧结果求解。对于热力型和快速型NO_x机制，仅需要NO_x组分的输运方程；而对于燃料型NO_x，需考虑中间产物(HCN 或 NH_3)的输运方程。热力型及快速型NO_x输运方程如下：

$$\frac{\partial}{\partial t}(\rho Y_{\mathrm{NO}})+\nabla\cdot(\rho \boldsymbol{u} Y_{\mathrm{NO}})=\nabla\cdot(\rho D\nabla Y_{\mathrm{NO}})+S_{\mathrm{NO}} \tag{2-165}$$

对于燃料型NO_x，形成和消失的途径并没有完全知晓，但已达成共识的简单模型如图 2-4 所示。NO_x在一个反应中产生，在另一个反应中消失。对于气体和液体燃料，HCN 为中间组分时，相关源项可由下式估算：

$$S_{\mathrm{NO\text{-}1}}=-S_{\mathrm{HCN\text{-}1}}\frac{M_{\mathrm{w,NO}}}{M_{\mathrm{w,HCN}}}=R_1\frac{M_{\mathrm{w,NO}}p}{R\overline{T}} \tag{2-166}$$

$$S_{\mathrm{NO\text{-}2}}=-S_{\mathrm{HCN\text{-}2}}\frac{M_{\mathrm{w,NO}}}{M_{\mathrm{w,HCN}}}=-R_2\frac{M_{\mathrm{w,NO}}p}{R\overline{T}} \tag{2-167}$$

式中，M_{w} 为分子量，kg/kmol；R_1、R_2 分别为 HCN-1 和 HCN-2 的转化率，s^{-1}。

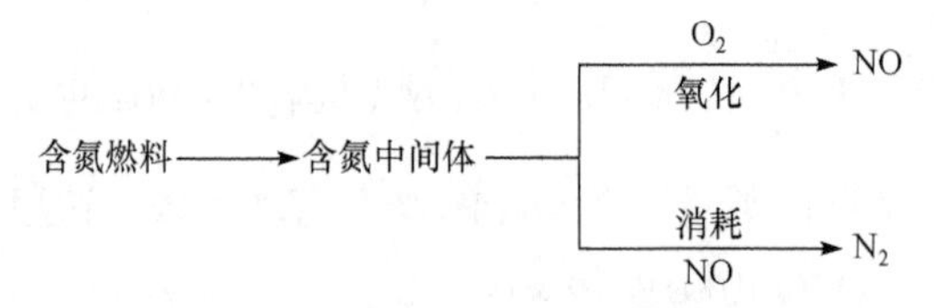

图 2-4 燃料型NO_x形成与消耗途径

NH_3为中间组分时，相关源项可由下式估算：

$$S_{\mathrm{NO\text{-}1}}=-S_{\mathrm{NH_3\text{-}1}}\frac{M_{\mathrm{w,NO}}}{M_{\mathrm{w,NH_3}}}=R_1\frac{M_{\mathrm{w,NO}}p}{R\overline{T}} \tag{2-168}$$

$$S_{\mathrm{NO\text{-}2}}=-S_{\mathrm{NH_3\text{-}2}}\frac{M_{\mathrm{w,NO}}}{M_{\mathrm{w,NH_3}}}=-R_2\frac{M_{\mathrm{w,NO}}p}{R\overline{T}} \tag{2-169}$$

为预测NO_x的排放量，该模型求解了一氧化氮浓度的输运方程。当存在燃料NO_x源时，可用商业软件求解中间产物(HCN 和 NO_3)的附加输运方程。如果考虑N_2O中间模型，还可求解N_2O的附加输运方程。根据给定的流场和燃烧解求解NO_x输运方程，燃烧模拟对NO_x进行后处理。因此，精确的燃烧解决方案是NO_x预测的先决条件。例如，当火焰温度约为 2200K 时，温度每升高 90K，NO_x产生的热量就会增加一倍。因此，必须为燃烧模型提供准确的热物理数据和边界条件，以及采用适当的湍流模型、化学反应模型、辐射模型和其他子模型。

2. SO_x的形成

SO_x主要包括SO_2和SO_3，两者都呈酸性。SO_2主要由煤燃烧产生，是一种易溶于水的大气污染物，在一定条件下可氧化为 SO_3。SO_2 溶于水中会形成亚硫酸(酸雨的主要成分)，进一步氧化会生成硫酸。SO_x 也是造成颗粒物排放和燃烧设备腐蚀的原因。硫的排放来自固定源和汽车燃料。硫污染物可以在燃烧过程中通过后处理方法(如湿法或干法洗涤)捕获。燃煤锅炉是其最大的排放源，占总排放量的 50%以上。

对于燃料中硫含量较高的情况，应使用特定的反应模型，同时解析浓度场与燃烧计算。对于燃料中硫含量低的情况，可以使用后处理方法，它可以解决 H_2S、SO_2、SO、SH 和 SO_3 的输运方程。最基本的假设为：所有燃料硫都可以直接转化为硫，其他产物和中间物质则可以忽略不计，仅需要组分输运方程，公式如下：

$$\frac{\partial}{\partial t}\left(\rho Y_{SO_2}\right)+\nabla\cdot\left(\rho \boldsymbol{u} Y_{SO_2}\right)=\nabla\cdot\left(\rho D\nabla Y_{SO_2}\right)+S_{SO_2} \tag{2-170}$$

如果硫氧化的反应机理涉及多个组分之间的多个反应，则追踪含硫的中间组分非常重要，还需求解其他组分方程：

$$\frac{\partial}{\partial t}\left(\rho Y_{H_2S}\right)+\nabla\cdot\left(\rho \boldsymbol{u} Y_{H_2S}\right)=\nabla\cdot\left(\rho D\nabla Y_{H_2S}\right)+S_{H_2S} \tag{2-171}$$

$$\frac{\partial}{\partial t}\left(\rho Y_{SO_3}\right)+\nabla\cdot\left(\rho \boldsymbol{u} Y_{SO_3}\right)=\nabla\cdot\left(\rho D\nabla Y_{SO_3}\right)+S_{SO_3} \tag{2-172}$$

$$\frac{\partial}{\partial t}\left(\rho Y_{SO}\right)+\nabla\cdot\left(\rho \boldsymbol{u} Y_{SO}\right)=\nabla\cdot\left(\rho D\nabla Y_{SO}\right)+S_{SO} \tag{2-173}$$

$$\frac{\partial}{\partial t}\left(\rho Y_{SH}\right)+\nabla\cdot\left(\rho \boldsymbol{u} Y_{SH}\right)=\nabla\cdot\left(\rho D\nabla Y_{SH}\right)+S_{SH} \tag{2-174}$$

式中，Y_{SO_2}、Y_{H_2S}、Y_{SO_3}、Y_{SO}、Y_{SH} 分别是气相中 SO_2、H_2S、SO_3、SO 和 SH 的质量分数。源项 S_{SO_2}、S_{H_2S}、S_{SO_3}、S_{SO}、S_{SH} 取决于燃料硫释放的形式以及 SO_x 机制中 SO_3、SO 和 SH 的包含情况。

综上，SO_x 模型包含以下阶段：

1) 燃料中的硫释放

对于液体燃料，可以假定硫以 H_2S 形式释放。然而，对于煤来说，该过程更为复杂。在煤的脱硫过程中，一些硫以 H_2S、COS、SO_2 和 CS_2 的形式分解成气相，而部分硫保留在焦炭中，在以后的阶段被氧化。保留在焦炭中的硫的百分数取决于煤的具体种类。

2) 气相中的硫反应

在富氧火焰中，主要的含硫物质是 SO、SO_2 和 SO_3。在较低的氧气浓度下，H_2S、S_2 和 SH 也会大量存在，而 SO_3 则可以忽略不计。

3) 吸附剂中的硫保留

无论吸附剂是原位注入还是在火焰后区域注入，硫污染物均可以被吸附剂颗粒吸附。对于低硫燃料，可以假设硫主要以 H_2S 形式释放，释放速率可以由燃料约束速率确定。对于炭中的 S，可以假定 SO_2 的产生速率与炭烧尽的速率相同。

3. 烟尘的形成

很多模型可以用来预测燃烧系统中烟尘的形成，如一阶 Khan Greeves 模型、二阶 Tesner 模型、Moss-Brookes 模型、Moss-Brookes-Hall 模型和瞬时法模型，这些模型都可以在商业软件中使用。此外，对烟尘浓度的预测还可以与辐射吸收结合使用。

对于一阶模型 Khan Greeves 模型，需求解一个单独的烟尘质量分数输运方程，公式如下：

$$\frac{\partial}{\partial t}(\rho Y_{\text{soot}})+\nabla\cdot(\rho \boldsymbol{u} Y_{\text{soot}})=\nabla\cdot\left(\frac{\mu_{\text{t}}}{\sigma_{\text{soot}}}\nabla Y_{\text{soot}}\right)+R_{\text{soot}} \tag{2-175}$$

式中，Y_{soot}为烟尘质量分数；σ_{soot}为烟尘输运的紊流普朗特数；R_{soot}为烟尘形成净速率，$\text{kg/(m}^3\cdot\text{s)}$。

对于二阶 Tesner 模型，可用来预测基本粒子的生成和粒子表面烟尘的形成，需求解两个标量输运方程，一个是式(2-175)，另一个标准化后的基本粒子浓度方程为

$$\frac{\partial}{\partial t}(\rho b_{\text{nuc}}^{*})+\nabla\cdot(\rho \boldsymbol{u} b_{\text{nuc}}^{*})=\nabla\cdot\left(\frac{\mu_{\text{t}}}{\sigma_{\text{nuc}}}\nabla b_{\text{nuc}}^{*}\right)+R_{\text{nuc}}^{*} \tag{2-176}$$

式中，b_{nuc}^{*}为标准化后的基本粒子浓度；σ_{nuc}为粒子输运的紊流普朗特数；R_{nuc}^{*}为标准化后的粒子净生成速率。

2.3.2.7　模型汇总与比较

表 2-6 给出了各种化学反应与燃烧模型的特点汇总。

表 2-6　化学反应与燃烧模型特点汇总

模型		特点
通用有限速率模型		见表 2-5
非预混燃烧模型		该模型求解混合分数输运方程，单个组分的浓度由预测得到的混合分数的分布求得。将热力学参数用混合物分数的参数代替，输运方程没有源项，适用于燃料和氧化剂在不同的流股中进入反应区、边混合边燃烧的燃烧形式
预混燃烧模型		解决预混火焰问题，较为复杂，计算成本较高。适用于燃料和氧化剂在燃烧前充分混合的情形。必须使用基于压力的求解器，不能与污染物生成模型仪器使用，仅对爆燃有效，不能模拟离散相颗粒的反应
部分预混燃烧模型	化学平衡模型 稳定扩散小火焰模型 歧管火焰生成模型	适用于带有不均匀燃料-氧化剂混合物的预混火焰。非预混燃烧和预混燃烧模型的基础理论，假设和局限性直接适用于部分预混燃烧模型
组分 PDF 输运模型		对组分和能量方程进行平均，利用联合概率密度函数导出输运方程。可以计算任何单点热化学变量。在计算湍流燃烧问题时具有独特的优势。必须使用基于压力的求解器
污染物生成模型		用于预测 NO_x、SO_x 和烟尘的生成与排放

2.3.3　微观混合

2.3.3.1　什么是微观混合

微观混合对于化学反应有至关重要的作用。根据研究尺度的不同，湍流混合过程通常可以分为宏观混合(macro-mixing)、介观混合(meso-mixing)及微观混合(micro-mixing)。加入反应器的物料将逐步经历这些混合阶段。宏观混合是对应于反应器尺度的混合过程，物料经主体循环及湍流扩散为介观混合和微观混合提供环境浓度；介观混合反映了新进物料与其环境之间在较大尺度上的湍流交换，对于快速反应通常是发生在进料点附近，其尺度介于宏观混合尺度和微观混合尺度之间；微观混合是物料从湍流分散后的最小微团即 Kolmogorov 尺度的微团到分子尺度上的均匀化过程，该过程是伴随着吞噬(engulfment)、变形(deformation)的分子扩散(molecular diffusion)过程。

化学反应是分子水平的过程，只有在分子水平上混合才能直接影响其过程，而微观混合理论则涉及导致在分子水平上达到均一性的混合特征，即通过破裂和变形来减小未混合的流体团的规模，以及通过分子扩散达到最终混合。化学反应动力学方程只能部分合并到混合模型中，这可以通过使用微观混合模型来实现。微观混合会影响快速和瞬时化学反应(单一反应或复杂反应)的过程，从而改变其转化率和选择性。在湍流和层流中，气体和液体的反应性能都受到混合的影响。该问题在燃烧、喷射推进、化学激光、化学反应器和环境研究中都是很多重要技术的关键。在化学反应器中，微观混合会改变产品的性能，从而改变产品的质量。在沉淀过程中观察到沉淀颗粒的尺寸分布取决于混合，其还可以控制聚合物分子的分子量分布。除此之外，还有许多依赖于分子规模混合的过程，如反应组分的淬灭、燃烧室中一氧化氮的形成、高黏度液体中的反应、生物反应器等。

2.3.3.2　微观混合流体力学基本原理

Pohorecki 和 Baldyga 提出了微观混合的光谱解释，该光谱解释区分了不同涡旋尺寸范围内的微观混合机制，并且由 Baldyga 和 Bourne 进一步发展。

从湍动能谱密度函数 $E(k)$和浓度波动谱密度函数 $G(k)$角度分析，如图 2-5 所示。对于液体，浓度波动分布 $G(k)$的光谱密度可分为三个子域：惯性对流子域、黏性对流子域和黏性扩散流子域。在惯性对流子域($\eta_K < l < \eta_{OC}$，$k_{OC} < k < k_K$)中，大的流体团因流体运动而变形并破碎，因此它们在没有影响任何分子混合的情况下体积减小了。可以用惯性-对流介观混合过程来识别该过程。在黏性对流子域($\eta_B < l < \eta_K$，$k_K < k < k_B$)中，涡流受到层流应变的影响，其取决于流体黏度，黏性变形进一步减小涡流的尺度，而分子扩散逐渐活跃。当层流应变和分子扩散变得同等重要时，就进入了黏性扩散流子域($l < \eta_B$，$k > k_B$)。对于更小的涡流，分子扩散会迅速消除浓度变化。对于小于 Kolmogorov 标度的涡旋，动能的光谱密度可以忽略不计，因此分子扩散仅受黏性变形的影响。Batchelor 和 Townsend 的研究表明，在随流体旋转和平移的笛卡儿坐标系中，流体微元变形使得在某一方向上发生强烈的伸长，在第二方向上迅速变稀，而在第三方向上尺寸增加。这种条件下就形成了一个细长的平板。浓度梯度沿收缩方向迅速增加，分子扩散沿该方向加速，此问题迅速变为一维，因此极大简化了其数学描述。

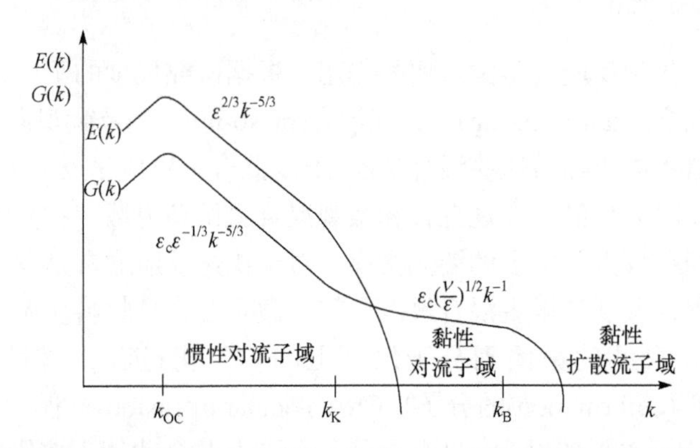

图 2-5　$Sc \gg 1$ 的液体混合物的浓度波动谱密度函数 $G(k)$和湍动能谱密度函数 $E(k)$(双对数坐标)

距平板中心任意距离 x 处的速度 u 与 x 成正比，因此

$$u = -\Psi x \tag{2-177}$$

且浓度分布可描述为

$$\frac{\partial c_i}{\partial t} - \Psi x \frac{\partial c_i}{\partial x} = D_i \left(\frac{\partial^2 c_i}{\partial x^2} \right) + R_i \tag{2-178}$$

虽然流体变形模型不同，但是在任何情况下变形率 Ψ 都是$(\varepsilon/\nu)^{1/2}$的函数，$(\varepsilon/\nu)^{1/2}$是黏性对流子域内的特征 Kolmogorov 应变率。假定纯粹的拉伸压缩动力学情况下，Batchelor 从实验数据中获得

$$\Psi = c_B \left(\frac{\varepsilon}{\nu} \right)^{1/2} \tag{2-179}$$

式中，$c_B = 0.3 \sim 0.5$。Baldyga 和 Bourne 应用初始相对湍流扩散理论估计 Ψ

$$\Psi = \frac{(\varepsilon/\nu)^{1/2}}{\left(4 + \varepsilon t^2/\nu\right)^{1/2}} \tag{2-180}$$

式(2-180)计算的值受纯剪切极限和纯延伸极限的限制。需要注意的是，式(2-180)显示变形率随时间有所降低，这种现象是平板的重新定向所致，而这又是由涡旋和间歇作用引起的，Ottino 将局部伸长率定义为在某种混合情况下实际 Ψ 值与 Ψ_{max} 的比值，其中

$$\Psi_{max} = \left(\frac{1}{2^{1/2}} \right) \left(\frac{\varepsilon}{\nu} \right)^{1/2} \tag{2-181}$$

平均效率系数可以用来表征不同混合器和反应器的能量利用率。

现考虑一个嵌入湍流液体中的污染物平板。平板最初会收缩，当其厚度变得太小以致通过分子扩散来补偿收缩时，厚度将变得稳定并等于 Batchelor 尺度，即

$$\eta_B \cong \left(\frac{D_i}{\Psi}\right)^{1/2} \cong \eta_K Sc^{-1/2} \tag{2-182}$$

而平板长度和原料点(material spot)的体积会增加。

平板厚度从 Kolmogorov 尺度 η_K 减小到 Batchelor 尺度 η_B 的时间(假设没有分子扩散)由式(2-183)给出

$$t_{Ds} = -\frac{1}{\Psi}\ln\left(\frac{\eta_B}{\eta_K}\right) \approx \left(\frac{\nu}{\varepsilon}\right)^{-1/2} \ln Sc \tag{2-183}$$

t_{Ds} 可以解释为扩散和剪切的特征时间。但是，Baldyga 和 Bourne 给出了一个更精确的定义

$$t_{Ds} \cong 2\left(\frac{\nu}{\varepsilon}\right)^{1/2} \operatorname{arcsinh}(0.05Sc) \tag{2-184}$$

涡旋拉伸作用导致由伸长和收缩形成的平板扭曲并回旋。Baldyga 和 Bourne 已经表明，收缩的平板嵌入了拉伸涡旋中。由于拉伸和黏性耗散之间的平衡，尺度 $\delta_w \approx 12\eta_K$ 的涡旋是稳定的，这种机理类似于 Batchelor 微观尺度的机理。规模为 S 的涡流管的拉伸过程伴随着来自环境的流体的进入；速度 $u_i \approx \Psi\eta_K$ 的对流(图 2-6)称为吞噬(engulfment)。其形成了层状结构，图 2-7 所示的扩散混合在薄层中进行，薄层在涡旋拉伸的作用下变薄。因此，物质 i 的点(惰性示踪剂或反应物)以环境为代价增长。

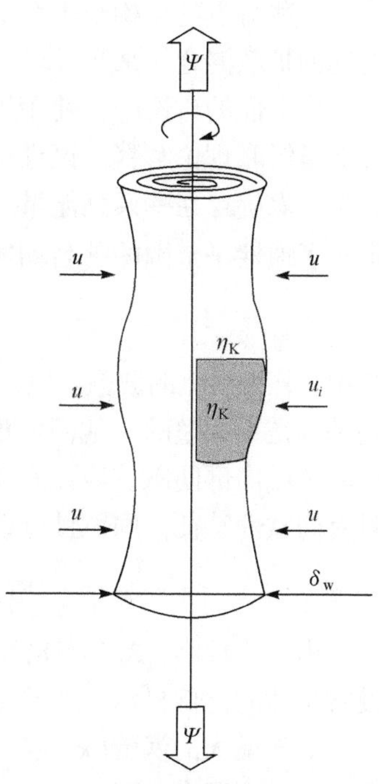

图 2-6　涡旋伸展引起流体被环境吞噬

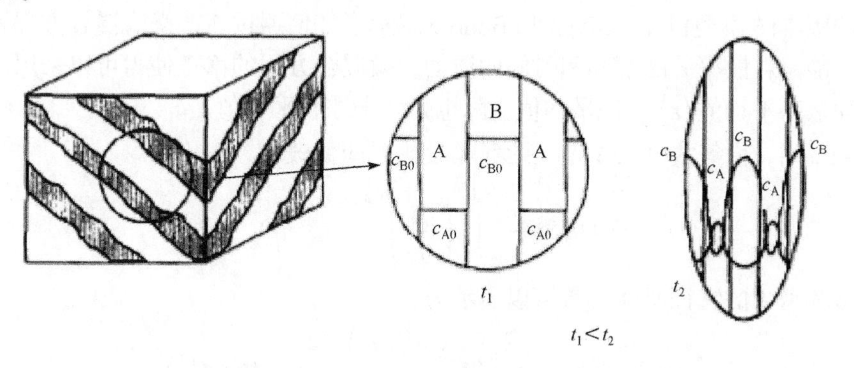

(a) 薄层结构　　(b) 浓度结构

图 2-7　物质 A 和 B 在薄层中在反应与扩散中的浓度分布

$$\frac{dV_i}{dt} = EV_i \tag{2-185}$$

$$E \approx 0.058\left(\frac{\varepsilon}{\nu}\right)^{1/2} \tag{2-186}$$

式中，E 为吞噬参数。吞噬混合特征时间常数约等于 E^{-1}，其确切的定义是

$$\tau_{\omega} \approx 12\left(\frac{\nu}{\varepsilon}\right)^{1/2} \tag{2-187}$$

这些斑点的结构至少在最初是层状的。然而，对于施密特数不太高的情况，变形板之间的扩散混合比来自环境的流体间的合并速率快，并且斑点很快失去其层状特性。

在上面的讨论中，使用光谱方法对微尺度湍流进行了分析。尺度较细的湍流通常通过能量级联理论解释。该理论假设大涡旋和小涡旋之间没有直接相互作用，但是从大涡旋到小涡旋存在一系列能量。能量耗散率的局部值(ε)不会围绕其平均值$\langle\varepsilon\rangle$波动。该理论得出了惯性子范围的著名动能谱方程

$$E(\kappa) \approx 1.5\langle\varepsilon\rangle^{2/3}\kappa^{-5/3} \tag{2-188}$$

式中，κ 为涡流的波数。但是，Kolmogorov 和 Obukhov 的分析表明，能量级联模型的物理基础是不完整的。他们发现瞬时能量耗散率场存在明显的可变性，这种现象称为小规模间歇或内部间歇。应该意识到，在三维各向同性湍流中，速度、涡度和雷诺应力场也具有间歇性特征。间歇性修改式如下：

$$E(\kappa) \approx \langle\varepsilon\rangle^{2/3}\kappa^{-5/3}(\kappa L)^{-\delta}, \quad \delta \approx 0.06 \tag{2-189}$$

由于 δ 较小，式(2-188)和式(2-189)之间的差异经常被忽略。出于工程放大目的，L 与设备尺寸的比例显示了实验室规模和工业规模之间湍流结构的差异。

对于最大的涡流($\kappa \approx L^{-1}$)，式(2-188)和式(2-189)之间几乎没有区别。因此，局部间歇性对介观混合过程(包括惯性对流和分散介观混合)的影响应忽略不计。当 $\kappa \approx \eta^{-1}$ 时，会发生最大的间歇性影响，因此，对于悬浮在湍流流体中的微观混合或悬浮于湍流场中的分散介质而言，这可能很重要。利用 Novikov 和 Stewart 提出的局部间歇模型，在 Frisch 等修改的版本(β模型)上，Baldyga 和 Bourne 揭示了如何通过修改微观混合方程解释间歇的影响。能量耗散率 ε 随空间和时间的波动，微混合方程的修正使得可以采用局部和时间能量耗散率平均值$\langle\varepsilon\rangle$，该平均值实际也是一个综合平均值。

举例说明，由等式(2-186)定义的吞噬参数 E 应修改为

$$\langle E\rangle = 0.058\left(\frac{\langle\varepsilon\rangle}{\nu}\right)^{1/2}\left(\frac{\eta_{\mathrm{K}}}{L}\right)^{0.5(3-D_{\beta})}, \quad D_{\beta} \approx 2.8 \tag{2-190}$$

此时扩散和剪切的特征时间常数可以表示为

$$\langle t_{Ds}\rangle \cong 2\left(\frac{\nu}{\langle\varepsilon\rangle}\right)^{1/2}\left(\frac{\eta_{\mathrm{K}}}{L}\right)^{-0.5(3-D_{\beta})}\operatorname{arcsinh}(0.05Sc) \tag{2-191}$$

β模型过分简化了现象的描述，而间歇性的多重分形模型则更为精确和复杂，它可以更精确地估计微观混合方程中的正确因子。但是，修正的性质是相同的。在考虑复杂反应时，这些修正对反应器的放大有一定影响。

可以得出结论，受局部间歇性影响的吞噬、变形和分子扩散构成了微观混合过程。物质微元和涡旋的拉伸伴随着分子的扩散，导致混合区域的增长。分子尺度上混合区域

的生长(在拉格朗日框架中)符合微观混合的特征，应包括在建模中。

2.3.3.3　微观混合模型

微观混合的数值模拟研究方法主要有两类：经验模型和机理模型。

1. 经验模型

微观混合的经验模型主要有：聚并分散模型(coalescence-dispersion model)、多环境模型(multi-environment model)和 IEM 模型(model of interaction by exchange with the mean)等。为了描述介于最大混合和完全离集的中间混合状态，这些经验模型通常包含一个或多个经验参数，用于反映局部非均匀性对化学反应的影响。由于模型中仅包含简单机理，缺乏流体力学理论基础，对于复杂反应体系，经验模型所预测结果在定量或定性上无法与实验数据吻合，且模型参数由实验拟合确定，很难外推到实验条件范围以外的情况，在实际应用中受到很大限制。因此，经验模型被逐步发展起来的机理模型所取代。

2. 机理模型

1) 扩散模型

扩散模型(diffusion model，DM)是由 Mao、Toor 和 Nauman 等提出的最简单的机理模型。DM 模型的基本思想是假设物料流先经湍流分散成 Kolmogorov 尺度微团，微团内物料再经分子扩散实现微观尺度的均匀，使用拉格朗日方法求解一组扩散-反应方程来表述发生在微团内的化学反应过程，且不考虑对流的影响。微团的初始尺寸对扩散模型的计算结果影响很大，且需要根据实验条件进行拟合得到。使用扩散模型模拟搅拌釜中混合对并行竞争反应选择性影响时，预测结果只能体现出产物分布状况随操作条件变化的大体趋势。

2) 变形扩散模型

随着研究者们对湍流标量输运问题的深入认识，发现物料经湍流分散形成的 Kolmogorov 尺度微团还会在流体黏性应力的作用下发生变形，从而使物料间的接触面积增大，加速分子扩散。基于此，Ottino 等及 Angst 等在扩散模型的基础上考虑了微团的变形，在扩散-反应方程中添加对流项。Ottino 等认为两种反应物分别存在于厚度分别为 δ_A 和 δ_B 的间隔层状结构中，变形作用促使物质条纹厚度(striation thickness)$(\delta_A + \delta_B)/2$ 发生变化，物质间的接触表面也随之增长，最终形成类似于大理石条纹那样的层状结构，可以用条纹厚度表征微观混合的效果，控制方程的边界条件符合对称边界条件，这种变形扩散模型(deformation-diffusion model，DDM)称为层状模型(lamellar model)，如图 2-8 所示。Angst 等以一些具体的简单变形流动模式，如伸长变形、剪切变形等为代表描述微元的收缩变形与分子扩散过程，提出了薄层模型，在物质界面上采用第一类和第二类边界条件，然而如果物质层厚度无限变薄，将无法满足边界条件。变形扩散模型采用的边界条件为封闭或半封闭型，无法趋近于最大混合状态，所以这类模型更适用于类似管道中的层流混合体系，不适用于搅拌釜内混合的模拟以及不同物料初始体积相差悬殊的情况。

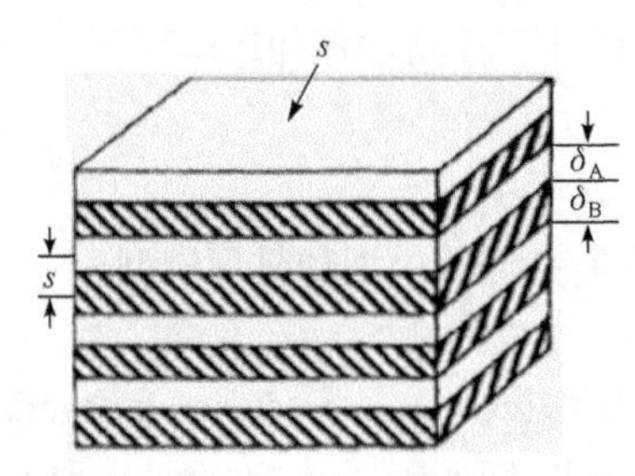

图 2-8　层状模型

3) 涡旋吞噬模型

Baldyga 根据湍流浓度谱的分析提出了涡旋吞噬模型(eddy engulfment model，EDD)，该模型在微观混合过程中考虑了湍流涡旋运动，认为新进物料微元与环境物质之间通过吞噬(engulfment)作用形成等体积且间隔排列的层状结构，如图 2-9 和图 2-10 所示，在涡内通过分子扩散实现分子尺度的均匀，并且每个涡都有一定的寿命，涡旋的不断生成和消亡实现了微元与环境间的物质交换。EDD 完整地描述了微观混合的所有过程，即吞噬、变形和分子扩散，通过求解数个耦合的偏微分方程可以描述变形涡内非稳态扩散和化学反应过程，模型方程的边界条件与层状模型相同，而初始条件加入了周期性变化。然而要完整地描述一个微观混合过程，需要对所有的涡旋进行计算，因此 EDD 的计算量非常大。

后来 Baldyga 等对涡旋吞噬模型进行了简化，形成了吞噬模型(E-model)。当施密特数小于 4000 时，活性涡与环境之间的吞噬交换成为微观混合过程的主导过程，因此 EDD 中的偏微分方程可以简化为常微分方程。此外，EDD 需要对每一个涡的混合过程进行二阶偏微分方程的求解，而在 E-model 中只计算一个平均活性涡的连续体积膨胀过程，吞噬速率关联了湍流能量耗散速率及分子运动黏性。相比于 EDD，E-model 大大缩短了计算时间。Baldyga 等使用 E-model 模拟了搅拌釜内的并行竞争反应，预测的产物分布与实验值以及使用 EDD 获得的结果吻合得很好。

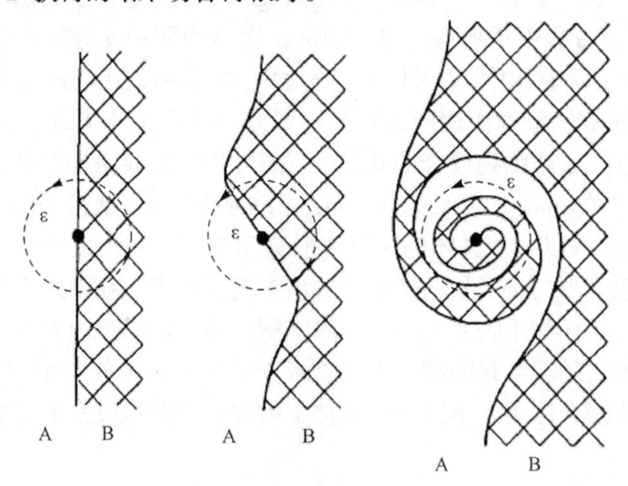

图 2-9　涡旋吞噬形成的层状结构示意图

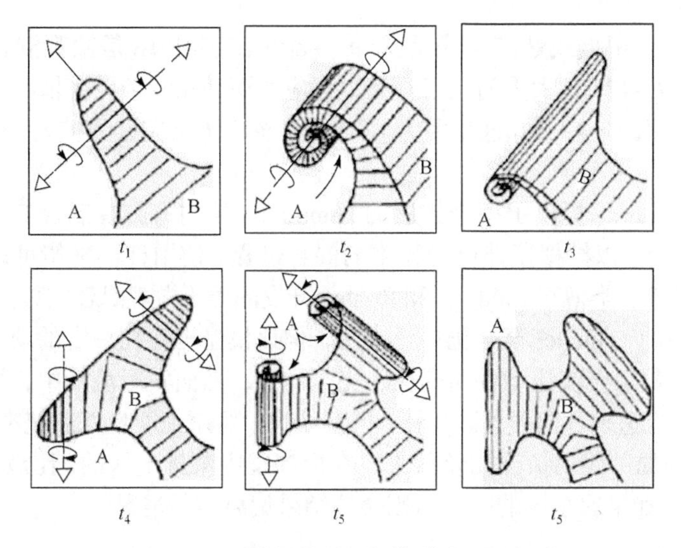

图 2-10 活性涡的吞噬与分裂过程示意图

EDD从机理上较全面地解释了微观混合过程，包括吞噬、变形和分子扩散等步骤。当涡团与环境之间的吞噬交换过程成为控制步骤时，可忽略变形和分子扩散，而将EDD简化为E-model。

当吞噬控制微观混合过程时，可以忽略扩散步骤，将化学反应动力学直接引入吞噬方程中。考虑到相同流体的吞噬(自吞噬)会减慢反应区的生长，Baldyga 和 Bourne 给出了一般的E-model方程

$$\frac{\mathrm{d}V_i}{\mathrm{d}t}=\langle E\rangle V_i\left(1-X_i\right) \tag{2-192}$$

$$\frac{\mathrm{d}c_i}{\mathrm{d}t}=\langle E\rangle\left(1-X_i\right)\left[\langle c_i\rangle-c_i\right]+R_i \tag{2-193}$$

式(2-193)显示了介观混合和微观混合过程是如何相互作用的。介观混合确定了系统中任何流体微元的环境局部组成，即环境中物质的局部平均浓度(c_i)和包含这些物质的流体的局部体积分布X_i。

微观混合参数E可以决定与浓度c_i相关的流体微元及浓度$\langle c_i\rangle$周围的流体微元间的质量交换强度。当流体微元被相同组成的流体微元$[X_i=1,\ c_i=(c_i)]$包围时，介观混合控制过程；当流体微元被不同组成的流体微元围绕时$(X_i\approx 0,\ c_i\neq\langle c_i\rangle)$，微观混合最为重要。这两种机制均会影响不满足这些条件的过程。

David 和 Villermaux 建议使用吞噬或湍流扩散机制增加反应云(reacting cloud)的生长。这种机制称为限制机制，如果单独发生将导致反应云最小。在反应云中发生流体微元变形和物质交换。David 和 Villermaux 建议通过与IEM模型的交互作用表示这种交换

$$\frac{\mathrm{d}c_i}{\mathrm{d}t}=\frac{\overline{c_i}-c_i}{t_{\mathrm{M}}}+R_i \tag{2-194}$$

对于可忽略其质量且具有均匀浓度c_i的点来讲，可以与整个反应云中的点交换质量，

其平均浓度为$\overline{c_i}$，根据线性速率表达式$(\overline{c_i}-c_i)/t_M$，其中t_M是微观混合时间常数。用式(2-194)代替式(2-178)，大大简化了模型，但应意识到在复杂反应情况下，IEM模型预测的结果与实验数据不一致，这是因为IEM模型忽略了反应区的扩大，使得预测结果不准确。

Ranade和Bourne提出了一个扩展的E-model。他们将微观混合E-model与流体力学k-ε模型相结合，以模拟搅拌反应器中的混合过程。使用种群平衡可以进行大规模混合E-model的计算，类似于Baldyga和Rohani开发的用于微观混合的总体种群平衡方程。

虽然简化后的E-model至今仍广泛应用，但该模型也存在一定的缺点。在建立模型时，假定高雷诺数下湍流流动各向同性、完全均一，然而实际流动中，即使在高雷诺数的条件下，流动也呈现各向异性。此外，模型计算中要用到能量耗散速率ε，由于搅拌釜的不同位置上的局部湍动情况相差很大，在搅拌釜中桨排出区的ε比液面附近的ε高出2～3个数量级，如果取全场的平均值则会使结果偏离实际情况。

4) 片状模型

李希等为了获得直观的物质微团的混合形态特征，采用频闪高速显微摄影设备对配装Rushton桨、内径为190mm的搅拌釜和边长为30mm的矩形方管进行实验研究，通过图像分析发现，经湍流分散得到的物质微元呈现“片状”结构，可以用一个很薄的平板表示微元的基本形态(图2-11)，且假设每个微元均被比其体积大很多且浓度均匀的环境所包围，称为片状模型(shrinking slab model，SS)。初始厚度为$2\eta_K$的微元在黏性的作用下变形，在微元法线方向收缩，从而使得微元的面积增加，分子扩散则使微元内的物质浓度趋于均匀，且物质微元的体积呈指数增长，最终实现微元与环境之间的交换。因此，整个微观混合过程就可以简化为在垂直于微元表面方向的收缩变形和分子扩散，其模型方程采用无穷远边界条件。根据湍流涡旋应变模型并且以Kolmogorov尺度η_K作为黏性变形尺度，可以用湍流耗散速率及运动黏度关联估算出微元收缩速率。

5) 圆柱形拉伸涡模型

化学反应发生在尺度小于Kolmogorov尺度的空间，且在湍流流动的最小尺度内流动是层状的，因此Bakker和van den Akker提出使用初始尺度为Kolmogorov尺度的涡管(vortex tube)描述化学反应区，如图2-12所示。对于湍动程度较低的区域，使用一维的

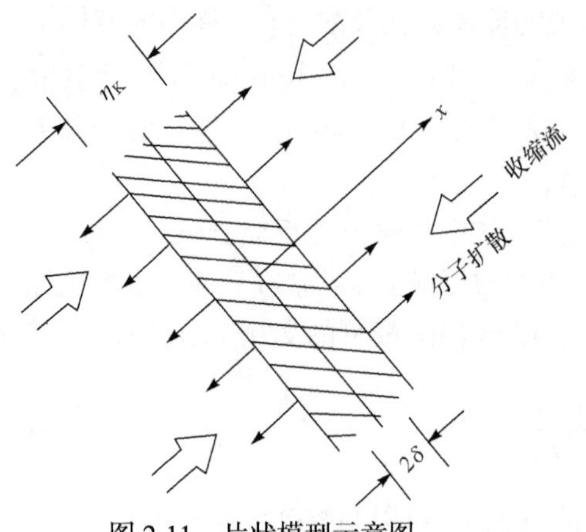

图2-11　片状模型示意图

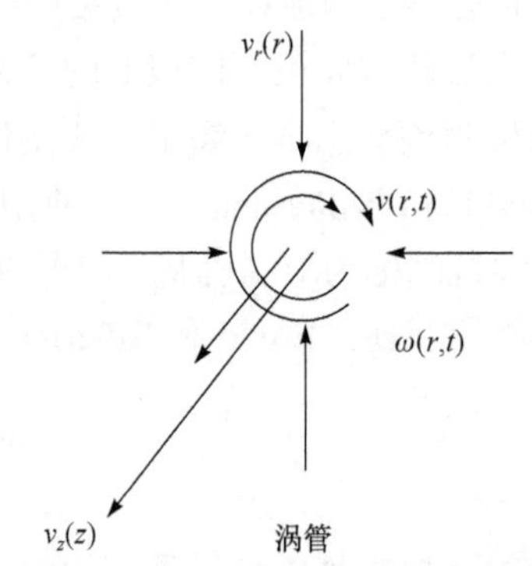

图2-12　圆柱形拉伸涡模型示意图

圆柱形拉伸涡模型(cylindrical stretched vortex model，CSV 模型)可以预测平行反应的产物分布，模型方程仅含有一个参数，即应变速率，但是对于湍动剧烈的区域，作者认为需要使用二维模型，但是计算太耗时。

6) 团聚模型

Fournier 等同样基于拉格朗日法提出了团聚模型(incorporation model)，如图 2-13 所示，其加入反应器的新进物料 2 分散成一系列聚集体，且持续被环境流体 1 所侵蚀。该模型假定团聚的特征时间等于微观混合时间。新进物料流 2 由于团聚周围的流体 1，从而聚集体的体积 V_2 不断增加：

$$V_2 = V_{20} g(t) \tag{2-195}$$

由于团聚机理不同，聚集体的体积 V_2 可以按照线性规律或者指数规律增长：

$$g(t) = 1 + t / t_m \tag{2-196}$$

$$g(t) = \exp(t / t_m) \tag{2-197}$$

化学反应发生在体积 V_2 中，通过求解各物质浓度的守恒方程，可以得到竞争反应的各物质浓度，从而计算离集指数。此外，将微观混合时间和离集指数的实验数据进行拟合，可以用于估算微观混合时间。

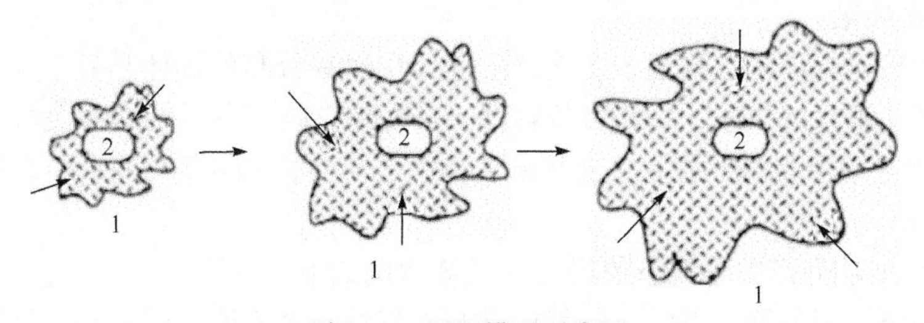

图 2-13　团聚模型示意图

2.4 多 相 流

2.4.1 多相流概述

不同相的混合存在于很多化工生产过程中，如固液催化反应、萃取过程及精馏过程等，这种同时具有两种或两种以上相态的流动称为多相流。物质的相一般分为气相、液相和固相，但多相流中的相也可以是广义上的相。例如，同为固体的不同材料可以视为不同的相，甚至相同材料不同尺寸的固体颗粒也可以视为不同的相，因为不同尺寸的颗粒集合对流动的影响不尽相同。多相流有许多特殊的性质，因此对多相流进行模拟可以提高相关生产过程的效率及降低成本。

化工中多相流态常可分为四类：气液流/液液流、气固流、液固流和三相流。

2.4.2 多相流分类

1. 气液流/液液流

包含气液流动或液液流动的状态有：

(1) 气泡流：连续流体中离散或流动的气泡。

(2) 液滴流：连续气体中离散的液滴流。

(3) 团状流：连续流体中大气泡的流动。

(4) 分层/自由表面流动：这是由明确定义的界面分隔开的不混溶流体的流动。

2. 气固流

包含气固流动的状态有：

(1) 颗粒流：连续气体中离散固体颗粒的流动。

(2) 气动输送：该流动的流态取决于固体载量、雷诺数和颗粒性质等因素。典型的例子是沙丘流、团状流和均质流。

(3) 流化床：将固体颗粒均匀地堆在有开孔底的容器内形成床层，流体自下而上通过以带动固相流动形成流化态。

3. 液固流

包含液固流动的状态有：

(1) 泥浆流：该流动是液体中颗粒的输送。液固流的基本行为随固体颗粒相对于液体的性质而变化。在泥浆流中，斯托克斯数通常小于 1。当斯托克斯数大于 1 时，泥浆流的特征是液固流化。

(2) 水力输送：该状态描述了在连续的液体中密集分布的固体颗粒。

(3) 沉降：该状态描述了一个塔状容器，最初包含均匀分散的颗粒混合物。在底部，颗粒减慢下沉速度并形成污泥层。在顶部，出现清液层，中间存在一个恒定的沉降区域。

4. 三相流

三相流是上述列出的各流态的组合，具体示例如下：

(1) 气泡流：吸收器、曝气、空气提升泵、气蚀、蒸发器、浮选和洗涤塔。

(2) 液滴流：吸收器、雾化器、燃烧器、低温泵、干燥器、蒸发器、气体冷却和洗涤器。

(3) 团状流：管道或水箱中的大气泡运动。

(4) 分层/自由表面流动：海上分离器设备晃动以及在核反应堆中的沸腾和冷凝。

(5) 颗粒流：旋风分离器、空气分级器、集尘器和自然界中带有沙尘的气流。

(6) 气动输送：水泥、谷物和金属粉末的运输。

(7) 流化床：流化床反应器和循环流化床。

(8) 泥浆流：泥浆运输和矿物加工。

(9) 水力输送：矿物加工以及生物医学和物理化学流体系统。

(10) 沉降：矿物加工。

2.4.3　多相流模型

CFD 技术的发展为多相流模型的应用提供了更好的平台。目前，有两种用于多相流数值计算的方法：欧拉-拉格朗日方法和欧拉-欧拉方法，前者为离散相模型，后者为两相模型。为了选择合理的模型，需要得到一些流动参数如流动域、湍流模型、颗粒体积填充量以斯托克斯数等。

2.4.3.1 欧拉-拉格朗日方法

拉格朗日离散相模型遵循欧拉-拉格朗日方法。通过求解 Navier-Stokes 方程，可以将流体相视为一个连续体，而通过在计算域流场中跟踪大量的粒子、气泡或液滴，可解决分散相的问题。分散相可以与连续相交换动量、质量和能量。即使分散相的质量大于连续相，只要分散相的体积分数较低，就可以忽略颗粒之间的相互作用，从而使得拉格朗日离散相模型更加简单。在液相计算过程中，以指定的间隔分别计算颗粒或液滴的轨迹，这使得该模型适合于对喷雾干燥器、煤和液体燃料燃烧以及某些载有颗粒的流体进行建模，但不适用于对液液混合物、流化床或任何第二相体积分数无法忽略的应用进行建模。对于这一类应用，可以使用离散元素模型附加对粒子间相互作用的考虑。

通过积分颗粒上的力平衡预测离散相颗粒(或液滴、气泡)的轨迹，该力平衡可写在拉格朗日参考系中。这种力平衡使粒子惯性等于作用在粒子上的力，表达式为

$$m_{\mathrm{p}}\frac{\mathrm{d}\boldsymbol{u}_{\mathrm{p}}}{\mathrm{d}t}=m_{\mathrm{p}}\frac{\boldsymbol{u}-\boldsymbol{u}_{\mathrm{p}}}{\tau_{\mathrm{r}}}+m_{\mathrm{p}}\frac{\boldsymbol{g}\left(\rho_{\mathrm{p}}-\rho\right)}{\rho_{\mathrm{p}}}+\boldsymbol{F} \tag{2-198}$$

式中，m_{p} 为颗粒质量；$\boldsymbol{u}$ 为液相速度；$\boldsymbol{u}_{\mathrm{p}}$ 为颗粒速度；ρ 为液体密度；ρ_{p} 为颗粒的密度；$\boldsymbol{F}$ 为外力；$m_{\mathrm{p}}\frac{\boldsymbol{u}-\boldsymbol{u}_{\mathrm{p}}}{\tau_{\mathrm{r}}}$ 为曳力；τ_{r} 为液滴或颗粒松弛时间，计算式如下：

$$\tau_{\mathrm{r}}=\frac{\rho_{\mathrm{p}}d_{\mathrm{p}}^{2}}{18\mu}\frac{24}{C_{\mathrm{d}}Re} \tag{2-199}$$

式中，μ 为流体的分子黏度；d_{p} 为粒径；Re 为相对雷诺数，其定义为

$$Re\equiv\frac{\rho d_{\mathrm{p}}\left|\boldsymbol{u}_{\mathrm{p}}-\boldsymbol{u}\right|}{\mu} \tag{2-200}$$

粒子旋转是粒子运动的自然组成部分，其对流体中的粒子运动轨迹产生重大影响。对于具有高惯性矩的大颗粒或重颗粒而言，影响甚至更为明显。在这种情况下，如果在模拟研究中不考虑粒子旋转，则生成的粒子轨迹可能与实际粒子路径明显不同。为解决粒子旋转问题，需要为粒子的角动量求解一个附加的常微分方程(ODE)，表达式为

$$I_{\mathrm{p}}\frac{\mathrm{d}\boldsymbol{\omega}_{\mathrm{p}}}{\mathrm{d}t}=\frac{\rho_{\mathrm{f}}}{2}\left(\frac{d_{\mathrm{p}}}{2}\right)^{5}C_{\omega}\left|\boldsymbol{\Omega}\right|\cdot\boldsymbol{\Omega}=\boldsymbol{T} \tag{2-201}$$

式中，I_{p} 为惯性矩；$\boldsymbol{\omega}_{\mathrm{p}}$ 为粒子角速度；ρ_{f} 为流体密度；d_{p} 为粒子直径；C_{ω} 为旋转阻力系数；$\boldsymbol{T}$ 为在流体域中施加到粒子上的扭矩；$\boldsymbol{\Omega}$ 为计算出的粒子-流体相对角速度，计算公式为

$$\boldsymbol{\Omega}=\frac{1}{2}\nabla\boldsymbol{u}_{f}-\omega_{\mathrm{p}} \tag{2-202}$$

对于球形粒子，惯性矩计算如下：

$$I_{\mathrm{p}}=\frac{\pi}{60}\rho_{\mathrm{p}}d_{\mathrm{p}}^{5} \tag{2-203}$$

可以使用随机跟踪模型或粒子云模型预测由流体湍流引起的粒子扩散。随机跟踪模型通过使用随机方法包含了瞬时湍流速度波动对粒子轨迹的影响，粒子云模型则可以追踪粒子云平均轨迹的统计演变，云中粒子的浓度由关于平均轨迹的高斯概率密度函数表示。对于随机跟踪，可使用模型说明连续相中湍流的产生或消散。

通过离散时间步长上的逐步积分，可以解决轨迹方程以及描述与颗粒之间传热或传质的任何辅助方程。对式(2-198)进行时间积分可以得出沿着轨迹的每个点处的粒子速度，轨迹本身可通过以下方式预测：

$$\frac{\mathrm{d}x}{\mathrm{d}t}=\boldsymbol{u}_{\mathrm{p}} \tag{2-204}$$

精确确定液滴阻力系数对于精确建模至关重要。FLUENT 提供了一种动态确定液滴阻力系数的方法，其考虑了液滴形状的变化。动态阻力模型几乎适用于任何情况，与泰勒相似破碎模型和波动模型都兼容，可用于液滴破裂。

离散相可对反应颗粒或液滴进行建模，检查其对连续相的影响。几种与传热和传质相关的物理模型有：惰性加热或冷却、液滴汽化、液滴沸腾、脱挥发分、表面燃烧、多分量粒子定义。

对多个粒子表面反应进行建模的方式类似于壁表面反应模型，其中表面物质表现为“粒子表面组分”。可以通过粒子表面反应消耗或生成粒子表面组分。颗粒表面组分构成了颗粒的反应性炭块。对于任何给定的燃烧颗粒，可以定义任何数量的颗粒表面组分和任何数量的颗粒表面反应。可以容纳多次喷射，并且可以根据多重表面反应模型进行燃烧反应，燃烧颗粒遵循其他炭燃烧规律。

许多重要的工业过程(如蒸馏、吸收和萃取)都涉及两个不平衡的相接触。组分从一相转移到另一相的速率取决于系统偏离平衡的程度。这些速率过程的定量处理需要了解系统的平衡状态。除这些情况外，还需要了解多组分系统中的气液平衡关系以解决许多其他类别的工程问题，如计算喷雾燃烧应用中的蒸发速率。对于多组分颗粒，需根据公式计算组分的汽化速率，并了解液滴表面的组分浓度或质量分数。

2.4.3.2 欧拉-欧拉模型

欧拉-欧拉模型是将分散的多相流视为两个(或多个)完全互穿的准流体，因此通常称为双流体模型。由于一个相的体积不能被其他相占据，因此引入相体积分数 α_k 的概念，假定体积分数是空间和时间的连续函数，并且和等于 1。推导出每一相的守恒方程，得到一组对所有相具有相似结构的方程，这些方程通过根据经验信息获得的本构关系闭合，或者在颗粒流的情况下通过应用动力学理论闭合。方程表达式为

$$\sum_{k}\alpha_{k}=1 \tag{2-205}$$

$$\frac{\partial\alpha_{k}\rho_{k}U_{i,k}}{\partial t}+\frac{\partial\alpha_{k}\rho_{k}U_{i,k}U_{j,k}}{\partial x_{j}}=-\alpha_{k}\frac{\partial P}{\partial x_{i}}+\frac{\partial\alpha_{k}\tau_{ij,k}}{\partial x_{k}}+\alpha_{k}\rho_{k}g_{i}+F_{i,k} \tag{2-206}$$

$$\frac{\partial \alpha_k \rho_k}{\partial t}+\frac{\partial \alpha_k \rho_k U_{i,k}}{\partial x_i}=-\sum_{l=1}^{p}\left(\dot{m}_{kl}-\dot{m}_{lk}\right) \tag{2-207}$$

式中，p 为相数；$\dot{m}_{kl}$ 为从 k 相到 l 相的质量传递量；F_k 为与其他相的相互作用力。常见的双流体模型有 VOF 模型、混合模型和欧拉模型。

1. VOF 模型

体积分数(VOF)模型使用基于网格单元的体积分数的值描述相界面的位置。该方程的对流部分通过特殊的对流方法(如拉格朗日方法、几何方法和压缩方法)求解。这些方法可以更好地处理交叉流情况，并且和同级别的方法相比，成本更低。

然而，VOF 模型方程的精度仍然是一阶的，并且其计算需要非常精细的网格。通常，为了获得一个较好的球形气泡或液滴的分辨率，需要约 20 个单元格。而且当两个不同流体之间的界面不再是笔直的而是具有一定的曲率时，表面张力的影响就会加大。通常在分层流模型中，其动量方程中表面张力是附加的动量源项

$$\frac{\partial\left(\rho U_i\right)}{\partial t}+U_i\frac{\partial\left(\rho U_i\right)}{\partial x_i}=-\frac{\partial \tau_{ij}}{x_j}+\frac{\partial P}{\partial x_i}+\rho g_i+S_{i,S} \tag{2-208}$$

多相共存网格中的动量方程与仅存在单相的网格中的动量方程不同，多相动量方程中的各物料性质使用了体积加权平均值。如果相的性质具有很大差别，如黏度比大于 10^3，则可能会导致数值计算的不稳定。表面张力 F_{SF} 的方向取决于界面法线的方向，其大小取决于界面曲率的大小，如图 2-14(a)所示。在连续框架中，界面法线 n 通常表示为体积分数的梯度：

$$n_i=\frac{\partial\alpha/\partial x_i}{\left|\sum_j \partial\alpha/\partial x_i\right|} \tag{2-209}$$

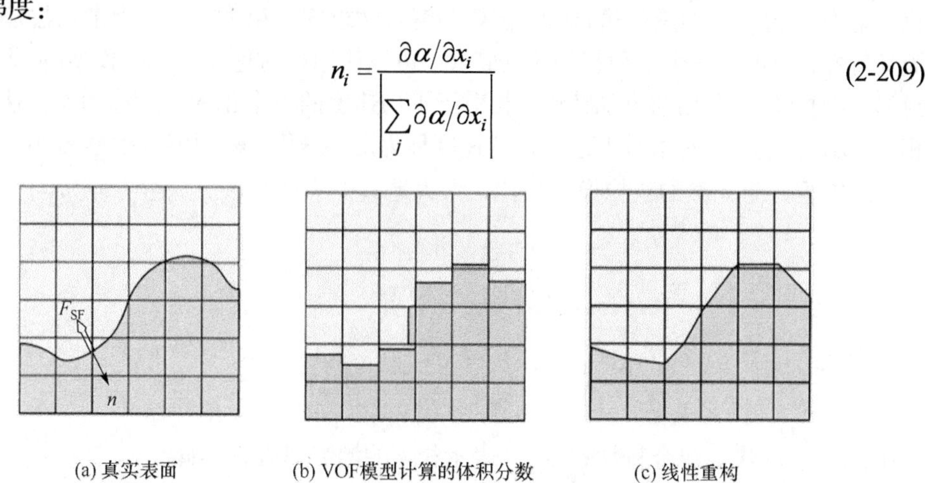

图 2-14　流体-流体表面的 VOF 模型

为了表达两个不混溶的纯流体之间的表面张力，对于前跟踪方法(front-tracking)或水平设定方法(level-set method)，VOF 模型框架内的流体通常以下列形式对其施加连续表面张力：

$$S_{i,S}=\frac{\sigma\rho\kappa n_i\Gamma}{\frac{1}{2}\left(\rho_1+\rho_2\right)} \tag{2-210}$$

式中，σ 为表面张力，通常假定为常数；Γ 为界面指示符函数；κ 为界面的曲率。目前最流行的连续表面张力模型是由 Brackbill 等在 1992 年提出的。在该模型中，界面指标、界面曲率、界面法线与体积分数直接相关：

$$\Gamma = \left| \sum_j \frac{\partial \alpha}{\partial x_j} \right| \tag{2-211}$$

$$\kappa = -\frac{\partial n_i}{\partial x_i} \tag{2-212}$$

因此，曲率是界面法线在空间上变化的速度(幅度)和方向(符号)的度量。表面张力旨在最小化界面面积。对于气泡或液滴，最小化的界面区域为球形；对于完全分层的流动，最小化的界面面积是一条直线。对于毛细管数 $Ca = \mu U/\sigma \gg 1$ 或韦伯数 $We = \rho LU^2/\sigma \gg 1$ 的情形，可以忽略表面张力的影响。对于较大的界面，如在分层流中直径大于几厘米的气泡或液滴的界面，表面张力可以忽略不计。然而，对于曲率非常大的情形，如直径为几毫米的小气泡，表面张力可能会占据主要地位，并且在这种情况下界面会始终为球形。表面张力的复杂之处在于，在混合物中以及在温度梯度下，表面张力不是恒定的，并且与表面相切的力会促使表面能量在总体上最小化。

2. 混合模型

混合模型是简化了的欧拉模型，是对假设做了一个简化。这种简化使得各相之间的耦合增强，并且各相之间的相对速度处于局部平衡状态(也就是它们的速度应该同时变化)。在使用混合模型进行仿真时，需要为混合物求解一组方程，其中未知数是混合物的流动特性，而不是各个单独相的流动特性。可以使用相对速度的代数模型(通常称为代数滑移模型)重建各个相的流动特性。相对于平均速度的单个相的速度称为漂流速度，对于相 k 表示为 $U_{i,\mathrm{dr},k}$，而相对于连续相的速度称为滑移速度。采用混合模型的优点是只计算了一组方程，与完整的欧拉模型相比，大大地减少了计算量。这组方程为

$$\frac{\partial \rho_\mathrm{m}}{\partial t} + \frac{\partial\left(\rho_\mathrm{m} U_{i,\mathrm{m}}\right)}{\partial x_i} = 0 \tag{2-213}$$

$$\frac{\partial\left(\rho_\mathrm{m} U_{i,\mathrm{m}}\right)}{\partial t} + \frac{\rho_\mathrm{m}\partial\left(U_{j,\mathrm{m}} U_{i,\mathrm{m}}\right)}{\partial x_j} = -\frac{\partial P}{\partial x_i} + \frac{\partial \tau_{ij,\mathrm{m}}}{\partial x_j} + \rho_\mathrm{m} g_i - \frac{\partial \sum_k \alpha_k \rho_k U_{i,\mathrm{dr},k} U_{j,\mathrm{dr},k}}{\partial x_j} \tag{2-214}$$

式中，下标 m 代表混合特性；$U_{i,\mathrm{dr},k}$ 表示相 k 的漂流速度，因此

$$U_{i,k} = U_{i,\mathrm{dr},k} + U_{i,\mathrm{m}} \tag{2-215}$$

Navier-Stokes 方程中的非线性惯性项可以写为式(2-214)中左侧的第二项和右侧的最后一项。因为

$$\frac{\partial \sum_k \alpha_k \rho_k U_{i,k} U_{j,k}}{\partial x_j} = \frac{\rho_\mathrm{m}\partial\left(U_{i,\mathrm{m}} U_{j,\mathrm{m}}\right)}{\partial x_j} + \frac{\partial \sum_k \alpha_k \rho_k U_{i,\mathrm{dr},k} U_{j,\mathrm{dr},k}}{\partial x_j} \tag{2-216}$$

混合物的性质通常用体积分数衡量

$$\mu_{\mathrm{m}}=\sum_{\mathrm{m}}\alpha_k\mu_k \tag{2-217}$$

其中，可以使用与欧拉模型相同的模型估计分散流的黏度 μ_k。

通常，稳态代数表达式指定了每相的漂移或滑移速度以闭合混合模型。体积分数可以由守恒方程确定。

此处的湍流建模使用平均密度和黏度特性，可以将标准 RANS 和大涡模拟模型用于湍流建模。在 k-ε 模型中，以与单相流相同的方式从 k 和 ε 计算湍流黏度，对于漂移速度比湍流旋涡速度大的系统，需要进行较小的校正。湍流扩散的影响也被添加到使用等式计算的漂移速度里

$$\left(U_{i,\mathrm{dr},k}\right)_{\mathrm{turb}}=U_{i,\mathrm{dr},k}-\frac{\mu_{\mathrm{t}}}{\sigma_{\mathrm{t}}}\left(\frac{1}{\alpha_k}\frac{\partial\alpha_k}{\partial x_i}-\frac{\partial\alpha_{\mathrm{f}}}{\partial x_i}\right) \tag{2-218}$$

式中，湍流施密特数 σ_{t} 约为 0.7；α_{f} 为连续相体积分数。

3. 欧拉模型

欧拉模型可以对相与相之间相互作用的多相流进行建模。这些相可以是几乎任何组合的液体、气体或固体。这一模型与用于离散相的欧拉-拉格朗日模型处理相反，其每个阶段都使用欧拉方法处理。

使用欧拉模型，分散相的数量仅受内存需求和收敛行为的限制。可以对任意数量的分散相进行建模，前提是有足够的可用内存。但是，对于复杂的多相流，解决方案可能会受到收敛问题的限制。

欧拉模型无法区分流体-流体和流体-固体(颗粒)多相流。颗粒流只是涉及至少一个已被指定的分散相的流动。

欧拉模型可以提供如下功能：①为每个固相计算颗粒温度(固体波动的能量)，使用代数公式、常数，或者其他的函数或偏微分方程计算；②通过将动力学理论应用于颗粒流获得固相剪切黏度和体积黏度。

欧拉模型有以下限制：无法在每个阶段使用雷诺应力湍流模型；粒子跟踪(使用拉格朗日分散相模型)仅与主相相互作用；使用欧拉模型时，无法对具有指定质量流率的周期性流动进行建模(但允许指定压降)；无法模拟无黏流动；无法模拟熔化和凝固；当使用离散相模型与欧拉多相流模型相结合跟踪粒子时，不能选择共享内存的方法(离散相模型并行处理)；欧拉多相流模型与非预混、部分预混和预混燃烧模型不兼容。

要将单相模型更改为多相模型，必须先设置混合溶液，再设置多相溶液。但是，由于多相流问题之间有很强的联系，最好开始使用一组较为保守的初始参数(在时间和空间上的一阶参数)直接解决多相问题。

欧拉模型引入了多个相的体积分数，以及在相之间交换动量、热量和质量的机制。

多相流作为互穿连续体的描述结合了相体积分数的概念，在此用 α_q 表示。体积分数代表每个相所占据的空间，每个阶段都分别满足质量和动量守恒定律。可以通过对每个相的局部瞬时平衡进行平均，或使用混合理论方法完成守恒方程的推导。相的体积为

$$V_q = \int_V \alpha_q \mathrm{d}V \tag{2-219}$$

其中

$$\sum_{q=1}^{n} \alpha_q = 1 \tag{2-220}$$

q 相的有效密度为

$$\hat{\rho}_q = \alpha_q \rho_q \tag{2-221}$$

式中，ρ_q 为 q 相的物理密度。

可以通过隐式或显式时间离散化求解体积分数方程。

1) 质量守恒

q 相的连续性方程为

$$\frac{\partial}{\partial t}\left(\alpha_q \rho_q\right) + \nabla \cdot \left(\alpha_q \rho_q \boldsymbol{v}_q\right) = \sum_{p=1}^{n}\left(\dot{m}_{pq} - \dot{m}_{qp}\right) + S_q \tag{2-222}$$

式中，$\boldsymbol{v}_q$ 为 q 相的速度；$\dot{m}_{pq}$ 表征从 p 相到 q 相的质量传递量；$\dot{m}_{qp}$ 表征从 q 相到 p 相的质量传递量。在默认情况下，源项 S_q 为零。

2) 动量平衡

q 相的动量平衡

$$\begin{aligned}\frac{\partial}{\partial t}\left(\alpha_q \rho_q \boldsymbol{v}_q\right) + \nabla \cdot \left(\alpha_q \rho_q \boldsymbol{v}_q \boldsymbol{v}_q\right) = &-\alpha_q \nabla p - \nabla p_s + \nabla \cdot \overline{\overline{\tau}}_q + \alpha_q \rho_q \boldsymbol{g} + \sum_{p=1}^{n}\left(\boldsymbol{R}_{pq} + \dot{m}_{pq}\boldsymbol{v}_{pq} - \dot{m}_{qp}\boldsymbol{v}_{qp}\right) \\ &+ \left(\boldsymbol{F}_q + \boldsymbol{F}_{\mathrm{lift},q} + \boldsymbol{F}_{\mathrm{wl},q} + \boldsymbol{F}_{\mathrm{vm},q} + \boldsymbol{F}_{\mathrm{td},q}\right)\end{aligned} \tag{2-223}$$

其中，$\overline{\overline{\tau}}_q$ 为 q 相的应力张量：

$$\overline{\overline{\tau}}_q = \alpha_q \mu_q \left(\nabla \boldsymbol{v}_q + \nabla \boldsymbol{v}_q^T\right) + \alpha_q \left(\lambda_q - \frac{2}{3}\mu_q\right) \nabla \cdot \boldsymbol{v}_q \overline{\overline{I}} \tag{2-224}$$

式中，μ_q 和 λ_q 为 q 相的剪切黏度和体积黏度；$\boldsymbol{F}_q$ 为外部力；$\boldsymbol{F}_{\mathrm{lift},q}$ 为升力；$\boldsymbol{F}_{\mathrm{wl},q}$ 为壁面润滑力；$\boldsymbol{F}_{\mathrm{vm},q}$ 为虚拟质量力；$\boldsymbol{F}_{\mathrm{td},q}$ 为湍流分散力(仅在湍流情况下)；$\boldsymbol{R}_{pq}$ 为相之间的相互作用力；p 为所有相共享的压力。

$\boldsymbol{v}_{pq}$ 为相间速度，定义如下：如果 $\dot{m}_{pq}>0$ (也就是 p 相质量正在转移到 q 相中)，$\boldsymbol{v}_{pq} = \boldsymbol{v}_p$；如果 $\dot{m}_{pq}<0$ (也就是 q 相质量正在转移到 p 相中)，$\boldsymbol{v}_{pq} = \boldsymbol{v}_q$。同样，如果 $\dot{m}_{pq}>0$，那么 $\boldsymbol{v}_{pq} = \boldsymbol{v}_q$；如果 $\dot{m}_{pq}<0$，那么 $\boldsymbol{v}_{pq} = \boldsymbol{v}_p$。

使用相间力 $\boldsymbol{R}_{pq}$ 的表达式来闭合方程组。该力取决于摩擦力、压力、内聚力和其他影响，并受 $\boldsymbol{R}_{pq} = -\boldsymbol{R}_{qp}$ 和 $\boldsymbol{R}_{pq} = 0$ 条件的影响。可以用以下形式表示：

$$\sum_{p=1}^{n} \boldsymbol{R}_{pq} = \sum_{p=1}^{n} K_{pq}\left(\boldsymbol{v}_p - \boldsymbol{v}_q\right) \tag{2-225}$$

式中，$K_{pq}(=K_{qp})$为相间动量交换系数，而$\boldsymbol{v}_p$和$\boldsymbol{v}_q$为相速度。注意，平均相间动量交换不包括湍流引起的任何影响。湍流相间动量交换是用湍流弥散力项$\boldsymbol{F}_{\mathrm{td},q}$建模的。

3) 能量守恒

为了描述欧拉多相应用中的能量守恒，可以为每相列出一个单独的焓方程

$$\frac{\partial}{\partial t}\left(\alpha_q \rho_q h_q\right) + \nabla \cdot \left(\alpha_q \rho_q \boldsymbol{u}_q h_q\right) = \alpha_q \frac{\mathrm{d}p_q}{\mathrm{d}t} + \nabla \cdot \overline{\overline{\tau}}_q : \nabla \boldsymbol{u}_q - \nabla \cdot \boldsymbol{q}_q + S_q + \sum_{p=1}^{n}\left(Q_{pq} + \dot{m}_{pq} h_{pq} - \dot{m}_{qp} h_{qp}\right) \tag{2-226}$$

式中，h_q为q相的比焓；$\boldsymbol{q}_q$为热通量；S_q为包括焓源(如由于化学反应或辐射引起的)的源项；Q_{pq}为p相和q相之间的热交换强度；h_{pq}为相间的焓(如蒸发情况下在液滴温度下蒸汽的焓)。相之间的热交换必须符合平衡条件$Q_{pq} = -Q_{qp}$和$Q_{qq} = 0$。

以下是针对一般情况下的n相的流体及含固体颗粒的多相流方程。

4) 连续性方程

每个相的体积分数是根据连续性方程计算的：

$$\frac{1}{\rho_{rq}}\left[\frac{\partial}{\partial t}\left(\alpha_q \rho_q\right) + \nabla \cdot \left(\alpha_q \rho_q \boldsymbol{v}_q\right)\right] = \sum_{p=1}^{n}\left(\dot{m}_{pq} - \dot{m}_{qp}\right) \tag{2-227}$$

式中，ρ_{rq}为q相参考密度，或为溶液域中相的体积平均密度。

由每个分散相该方程式的解及体积分数之和为一的条件可以计算主相的体积分数。这种处理方法经常出现在流体和颗粒流的处理中。

5) 流体动量方程

流动相q的动量守恒为

$$\begin{aligned}\frac{\partial}{\partial t}\left(\alpha_q \rho_q \boldsymbol{v}_q\right) + \nabla \cdot \left(\alpha_q \rho_q \boldsymbol{v}_q \boldsymbol{v}_q\right) = &-\alpha_q \nabla p_s + \nabla \cdot \overline{\overline{\tau}}_q + \alpha_q \rho_q \boldsymbol{g} + \sum_{p=1}^{N}\left[K_{pq}\left(\boldsymbol{v}_p - \boldsymbol{v}_q\right) + \dot{m}_{pq}\boldsymbol{v}_{pq} - \dot{m}_{qp}\boldsymbol{v}_{qp}\right] \\ &+ \left(\boldsymbol{F}_q + \boldsymbol{F}_{\mathrm{lift},q} + \boldsymbol{F}_{\mathrm{wl},q} + \boldsymbol{F}_{\mathrm{vm},q} + \boldsymbol{F}_{\mathrm{td},q}\right)\end{aligned} \tag{2-228}$$

式中，$\boldsymbol{g}$为重力加速度，而$\overline{\overline{\tau}}_q$、$\boldsymbol{F}_q$、$\boldsymbol{F}_{\mathrm{lift},q}$、$\boldsymbol{F}_{\mathrm{wl},q}$、$\boldsymbol{F}_{\mathrm{vm},q}$、$\boldsymbol{F}_{\mathrm{td},q}$如式(2-223)所定义。

6) 流固动量方程

可以使用多流体颗粒模型描述流体与固体的混合物流动行为。固相应力是通过考虑颗粒相的非弹性，并由颗粒间碰撞产生的随机颗粒运动与气体中分子的热运动进行类比得出的。像气体一样，粒子速度波动的强度决定了固相的应力、黏度和压力。与颗粒速度波动相关的动能由拟热(pseudothermal)或颗粒温度表示，该温度与颗粒随机运动的均方成正比。固相s的动量守恒方程为

$$\frac{\partial}{\partial t}(\alpha_s\rho_s\boldsymbol{v}_s)+\nabla\cdot(\alpha_s\rho_s\boldsymbol{v}_s\boldsymbol{v}_s)=-\alpha_s\nabla p-\nabla p_s+\nabla\cdot\bar{\bar{\tau}}_s+\alpha_s\rho_s\boldsymbol{g}+\sum_{l=1}^{N}\left[K_{ls}(\boldsymbol{v}_l-\boldsymbol{v}_s)+\dot{m}_{sl}\boldsymbol{v}_{sl}\right]$$
$$+\left(\boldsymbol{F}_s+\boldsymbol{F}_{\text{lift},s}+\boldsymbol{F}_{\text{vm},s}+\boldsymbol{F}_{\text{td},s}\right) \tag{2-229}$$

式中，p_s为 s 相的固体压力；$K_{ls}=K_{sl}$，为流体相或固相 l 与固相 s 之间的动量交换系数；N为相的总数；$\boldsymbol{F}_s$、$\boldsymbol{F}_{\text{lift},s}$、$\boldsymbol{F}_{\text{vm},s}$ 和 $\boldsymbol{F}_{\text{td},s}$ 以与式(2-223)中的类似项相同的方式定义。

4. 模型比较与选择

通常一旦确定了最能代表多相系统的流态，就可以根据以下建议选择合适的模型。

(1) 对于分散相的体积分数超过 10% 的气泡状、液滴状和颗粒状流动，应使用混合模型或欧拉模型。

(2) 对于团状流，应使用 VOF 模型。

(3) 对于分层/自由表面流动，应使用 VOF 模型。

(4) 对于气动输送，应使用均质流的混合模型。

(5) 对于流化床，应使用欧拉模型进行颗粒流动建模。

(6) 对于泥浆流和水力输送，应使用混合模型或欧拉模型。

(7) 对于沉淀，应使用欧拉模型。

(8) 对于涉及多个流态的复杂多相流，应当先考虑最值得关注的角度，然后选择最适合该角度的模型。应当注意的是，对这种多相流的计算结果的准确性不如仅涉及一种流态的流动。如本节所述，VOF 模型适用于分层流或自由表面流，而混合物模型和欧拉模型适用于分散相的体积分数超过 10% 的流动。对于分散相体积分数小于或等于 10% 的流动，可以使用离散相模型进行建模。

在混合模型和欧拉模型之间进行选择时，应考虑以下准则：

(1) 如果分散相分布较广(如果粒子大小不同且最大粒子未与主流场分开)，则最好使用混合模型(其计算成本较低)。如果分散相仅集中在部分区域中，则应改用欧拉模型。

(2) 如果可以使用适用于系统的相间阻力定律，则欧拉模型通常可以提供比混合模型更准确的结果。既可以对混合模型应用某种阻力定律，也可以对非颗粒欧拉模拟应用相同的阻力定律，但如果相间阻力定律或对系统的适用性未知，那么混合模型可能是一个更好的选择。对于大多数带有球形颗粒的情况，席勒-诺曼(Schiller-Naumann)模型已经可以满足要求。

(3) 如果需要解决的问题比较简单，需要的计算工作较少，那么混合模型可能是一个更好的选择，因为与欧拉模型相比，它需要求解的方程式更少。如果精度比计算工作更重要，则欧拉模型是更好的选择。但是，欧拉模型的复杂性使其比混合模型的计算稳定性差。

5. 其他相关模型

所有两种不同物态的物质之间界面上的张力称为表面张力，表面张力是物质界面的固有特性。在气液多相流过程中，某些流动过程气液界面曲率半径比较小，会产生比较大的表面张力，这会对液膜产生作用，因此，处理微观尺度上的流动问题时不能忽略表面张力的影响。

在控制方程中，表面张力在动量方程中是以动量源项形式被考虑进体系的，但是很多数值方法都面临模拟具有复杂拓扑结构的界面表面张力的困难。Brackbill 等提出一种能降低界面拓扑结构限制的模拟表面张力的数值方法，并称其为连续表面力(continuum surface force，CSF)模型。该模型不是给表面张力一个数值作为界面上的边界条件，而是将其解释为掠过界面的一种连续的、具有三维效应的力。

气相以气泡群的形式穿过液层时，气泡在液层中的受力主要包括曳力、虚拟质量力和升力等。对于曳力，只要气泡存在它就存在，如果没有曳力，气泡将会无限制地加速，这在现实中是不可能的。虚拟质量力的存在也是无可争议的，但是 Sokolichin 等的模拟实践证明：它的加入与否对模拟结果没有影响。很多情况下，曳力对气泡运动的影响十分重要，因此作为源项考虑最多的是曳力。需要采用曳力模型对双欧拉控制方程进行封闭。

2.4.3.3　其他多相流模型

1. 多孔介质模型

多孔介质是含有固相的多相系，其他相可以是气相或液相，固相部分成为固体骨架，其内含有孔隙。多孔介质主要有两大特点：①部分空间充满多相物质，其中至少有一相为非固体相；②至少有一部分孔隙相互连通，流体可以在孔隙中流动。多孔介质可以分为颗粒型多孔介质、骨架型多孔介质和纤维型多孔介质三大类。由于直接对多孔介质进行建模计算十分困难，因此多孔介质模型采用经验公式定义多孔介质上的流动阻力。从本质上讲，多孔介质模型就是在动量方程中增加了一个代表动量消耗的源项。多孔介质模型应用时具有以下限制条件：

(1) 由于多孔介质的体积在模型中没有体现，因此在多孔介质内部使用基于体积流量的名义速度来保证速度矢量在通过多孔介质时的连续性。如果希望更精确地进行计算，则要在多孔介质内部使用真实速度。

(2) 多孔介质对湍流的影响仅是近似。

(3) 在移动坐标系中使用多孔介质模型时，应该使用相对坐标系，而不是绝对坐标系，以保证获得正确的源项解。

1) 多孔介质的动量方程

在动量方程中增加一个动量源项可以模拟多孔介质的作用。源项由黏性损失项[方程式(2-230)右端第一项]和惯性损失项[方程式(2-230)右端第二项]组成

$$S_i = -\left(\sum_{j=1}^{3} D_{ij}\mu v_j + \sum_{j=1}^{3} C_{ij}\frac{1}{2}\rho|v|v_j\right) \tag{2-230}$$

式中，S_i 为第 i 个(x、y 或 z 方向)动量方程中的源项；μ 为分子间的黏度；$|v|$ 为速度大小；v_j 为在三维空间的速度分量；D 和 C 为给定矩阵。负的源项又称为耗项(sink)，动量汇对多孔介质单元动量梯度的贡献是，在单元上产生一个正比于流体速度(或速度平方)的压力。

在简单、均匀的多孔介质上，还可以使用下面的数学模型：

$$S_i=-\left(\frac{\mu}{\alpha}v_i+C_2\frac{1}{2}\rho v_{\text{mag}}v_i\right) \tag{2-231}$$

式中，α 为多孔介质的渗透率；C_2 为惯性阻力因子，将 D 和 C 分别定义为由 $1/\alpha$ 和 C_2 为对角单元的对角矩阵。

若多孔介质中的流型为层流，则压力正比于速度，常数 C_2 可以设为零。忽略对流加速和扩散项，多孔介质源项就可简化为达西(Darcy)定律：

$$\nabla P=-\frac{\mu}{\alpha}\boldsymbol{v} \tag{2-232}$$

式中，$1/\alpha$ 就是式(2-230)中的矩阵 D。

当流速很高时，方程式(2-231)中的常数 C_2 可以对惯性损失做出修正。C_2 可以看作流动方向上单位长度的损失系数，这样就可以将压力降定义为动压头的函数。如果计算的是多孔板或管道阵列，在一些情况下可以略去渗透项，而只保留惯性损失项，得到下面简化形式的多孔介质方程：

$$\nabla P=-\sum_{j=1}^{3}C_{2ij}\left(\frac{1}{2}\rho v_j v_{\text{mag}}\right) \tag{2-233}$$

2) 多孔介质能量方程的处理

多孔介质对能量方程的影响体现在对流项和时间导数项的修正上。在对流项的计算中采用了有效对流函数，在时间导数项中则计入了固体区域对多孔介质的热惯性效应，表达式为

$$\frac{\partial}{\partial t}\left[\gamma\rho_{\text{f}}E_{\text{f}}+(1-\gamma)\rho_{\text{s}}E_{\text{s}}\right]+\nabla\left[\boldsymbol{v}\left(\rho_{\text{f}}E_{\text{f}}+p\right)\right]=\nabla\left[k_{\text{eff}}\nabla T-\left(\sum_i h_iJ_i\right)+\left(\bar{\tau}\boldsymbol{v}\right)\right]+S_{\text{f}}^{\text{h}} \tag{2-234}$$

式中，E_{f} 为流体总能；E_{s} 为固体介质总能；γ 为介质的孔隙率；k_{eff} 为介质的有效热导率；S_{f}^{h} 为流体焓的源项。

3) 多孔介质模型对湍流的处理

在默认设置情况下，FLUENT 在多孔介质计算中通过求解标准守恒型方程计算湍流变量。在计算过程中，通常假设固体介质对湍流的生成和耗散没有影响。在多孔介质的渗透率很大，因而介质的几何尺度对湍流涡结构没有影响时，这个假设是合理的。在其他一些情况中，可能不需要考虑流动中的湍流，即假定流动为层流。如果计算中使用的湍流模型是 k-ε、k-ω 或 Spalart-Allmaras 模型中的一种，则可以通过将湍流黏度 μ_{t} 设为零的方式忽略湍流的影响。如果湍流黏度 μ_{t} 被设置为零，则在计算过程中仍然会将湍流变量输运到介质的另一面，但是湍流对动量输运过程的影响则完全被消除。在 Fluid 面板中将多孔介质区设为 Laminar Zone(层流区)选项就可以将湍流黏度 μ_{t} 设为零。

4) 多孔介质对瞬态标量方程的影响

对于多孔介质的瞬态计算，多孔介质对时间导数项的影响体现在对所有变量的输运方程和连续性方程求解中。在考虑多孔介质的影响时，时间导数项变为 $\frac{\partial}{\partial t}(\gamma\rho\phi)$，式中 ϕ 为任意流动变量，γ 为孔隙率。在瞬态流动计算中，多孔介质的影响是被自动加入计算

过程的，其孔隙在默认设置中等于 1。

2. 粒数平衡模型

颗粒存在于很多化工过程中，如结晶、气液反应、鼓泡床、喷雾、流化床及造粒等。粒径的变化过程主要有成核、增长、聚并及破碎等，这些过程受到多相体系流体力学行为的影响而变化，并反过来改变系统内的传质、传热过程。因此，在需要考虑粒径分布的多相体系中，除了动量、质量及能量守恒，需要添加一个平衡方程来描述粒子的平衡，这个平衡方程的框架通常称为粒数平衡模型(population balance model，PBM)。

在化工过程中通常引入数密度函数(number density function，NDF)的概念表示粒子群。通过粒子的性质(如尺寸、成分)，可以分辨出 PBM 中的不同粒子，进而可以描述它们的行为，NDF 的传输方程其实就是粒数平衡方程(population balance equation，PBE)。颗粒系统中，粒径分布不仅与空间位置有关，还与颗粒本身的属性有关，而粒数平衡方程兼有内部属性坐标和外部空间时间坐标两种特性。多相流中的粒数平衡方程由 Randolph 于 1988 年提出，具体方程为

$$\begin{aligned}\frac{\partial n(L;x,t)}{\partial t}+\nabla\cdot\left[\boldsymbol{u}n(L;x,t)\right]=&-\frac{\partial}{\partial L}\left[G(L)n(L;x,t)\right]+B_{\mathrm{ag}}(L;x,t)-D_{\mathrm{ag}}(L;x,t)\\&+B_{\mathrm{br}}(L;x,t)-D_{\mathrm{br}}(L;x,t)\end{aligned}\tag{2-235}$$

式中，$\boldsymbol{u}$ 为颗粒的平均速度；$n(L;x,t)$为以颗粒直径 L 为内坐标的数密度函数；$G(L)n(L;x,t)$为分子增长贡献的颗粒流量；$B_{\mathrm{ag}}(L;x,t)$和 $D_{\mathrm{ag}}(L;x,t)$分别为直径为 L 的颗粒由于聚并而产生和消失的速率，$B_{\mathrm{br}}(L;x,t)$和 $D_{\mathrm{br}}(L;x,t)$分别为直径为 L 的颗粒由于破碎而产生和消失的速率。方程式(2-235)从左至右依次是瞬时相、对流相、描述颗粒增长的量、颗粒由于聚并产生的量、颗粒由于聚并消失的量、颗粒由于破碎产生的量、颗粒由于破碎消失的量。$B_{\mathrm{ag}}(L;x,t)$、$D_{\mathrm{ag}}(L;x,t)$、$B_{\mathrm{br}}(L;x,t)$和 $D_{\mathrm{br}}(L;x,t)$的表达式为

$$B_{\mathrm{ag}}(L;x,t)=\frac{L^2}{2}\int_0^L\frac{\beta\left[\left(L^3-\lambda^3\right)^{\frac{1}{3}},\lambda\right]}{\left(L^3-\lambda^3\right)^{\frac{2}{3}}}n\left[\left(L^3-\lambda^3\right)^{\frac{1}{3}};x,t\right]n(\lambda;x,t)\mathrm{d}\lambda\tag{2-236}$$

$$D_{\mathrm{ag}}(L;x,t)=n(L;x,t)\int_0^\infty\beta(L,\lambda)n(\lambda;x,t)\mathrm{d}\lambda\tag{2-237}$$

$$B_{\mathrm{br}}(L;x,t)=\int_L^\infty a(\lambda)b(L|\lambda)n(\lambda;x,t)\mathrm{d}\lambda\tag{2-238}$$

$$D_{\mathrm{br}}(L;x,t)=a(L)n(L;x,t)\tag{2-239}$$

式中，$\beta(L,\lambda)$为聚并内核；$a(\lambda)$为破碎频率；$b(L|\lambda)$为碎片分布函数。

粒数平衡方程是一个很复杂的非线性偏微分方程，很难得到它的解析解，目前主要采用数值方法求解，如矩法、离散法、蒙特卡罗法和最大熵法等。

1) 矩法

矩法是最早用于求解 PBE 的方法，并且是与 CFD 耦合求解应用最多的方法。使用矩法求解 PBE 方程，并不是跟踪数密度函数，而是通过在内部坐标上积分的矩跟踪。经过多年的发展，矩法发展出多种不同的形式，如正交矩法、直接正交矩法、可调正交矩

法、可调直接正交矩法、固定轴正交矩法、运动粒子集合法、截面正交矩法、局部固定轴正交矩法等。

一般的矩法虽然可以高精度地跟踪矩，但是在求解过程中会丢失粒度分布的信息。运动粒子集合法则可以获得沿粒度分布的矩，但是此法只适用于粒子的生长，无法直接应用于粒子的聚集和破损。局部固定轴正交矩法对粒子聚集和破损过程的计算精度很高，与正交矩法相当，其粒度分布与实际情况非常吻合，但是局部固定轴正交矩法的计算成本较高。虽然运动粒子集合法和局部固定轴正交矩法能分别获得生成和聚集、破损过程的矩和粒度分布，但是它们是基于不同的框架(运动粒子集合法基于拉格朗日观点，局部固定轴正交矩法基于欧拉观点)，因此这些方法的结合还有待解决。

i. 正交矩法

McGraw 等通过一种高斯近似的粒度分布推导出了正交矩法(quadrature method of moments，QMOM)，QMOM 与其他方法比起来有很多优点，其应用广泛，并被拓展到多变量应用中。但是当分散相的速度很大程度上取决于内部坐标时，此方法难以使用，并且该方法对多变量应用时计算需求很高。

ii. 直接正交矩法

为克服 QMOM 的两个缺点，Marchision 和 Fox 等提出了直接正交矩法(direct quadrature method of moments，DQMOM)，该方法对计算资源的要求较少并且适用于多变量应用。

iii. 可调正交矩法

矩的相对大小对于 QMOM 和 DQMOM 的计算精度有着很大影响。当不同力矩之间差异较大时，PBE 求解难度就会变得很大。为了避免出现这种问题，Su 等在 QMOM 中引入了一个可调因子，通过该因子可以调整矩的相对大小以提高计算精度，得到可调正交矩法(adjustable quadrature method of moments，AQMOM)。通过矩变换，可以引入高斯求积近似以描述晶粒的生成、破碎和聚集。

iv. 可调直接正交矩法

可调因子为 1/3 时，一般计算的精度最高，但是实际情况很复杂，很难选择最佳可调因子，因此又将可调因子与 DQMOM 相结合，提出了可调直接正交矩法(adjustable direct quadrature method of moments，ADQMOM)。ADQMOM 的误差主要来源于微分方程和线性方程的解，其中微分方程所造成的误差可以采用高度离散化或者缩小时间步长控制，线性方程的误差可以通过改变矩阵的条件数控制。Su 等根据系统的粒度分布开发了一种最佳可调因子的搜索程序，使得该方法的计算精度大大提高。

v. 固定轴正交矩法

通过在 QMOM 和 DQMOM 中使用可调因子，可以在一定程度上减少这些算法在病态矩阵中的求解难度，但是在极端情况下仍然存在很多问题。例如，初始分布为零或者单分散系统中，当矩的数量特别大时会产生很大的误差。因此 Gu 等提出固定轴正交矩法(fixed pivot quadrature method of moments，FPQMOM)，此法在理论上允许跟踪任意数量的矩，也不需要构造系数矩阵，从而避免了病态矩阵对数值精度的影响。

vi. 运动粒子集合法

矩法虽然可以高精度地跟踪矩，但是在求解过程中会丢失粒度分布的信息。要根据矩法重新求出粒度分布，必须做出新的假设，这就是逆问题。直接离散法虽然能够预测粒度分布，但是在直接离散法中无限域由有限域表示，并且算法本身还会影响物理模型，因此很难利用其获得对力矩的准确预测。为了解决这一问题，Su 等引入了短时傅里叶变换的概念，利用生长过程的物理特征在初始时刻建立粒子集合，推导出了运动粒子集合法(moving particle ensemble method，MPEM)，可以获得沿粒度分布的矩。此法主要包括五个步骤：粒子集合的构造、运动粒子集合、搜索粒子集合、重建矩、重建粒子分布。粒子生长过程可以看作粒子沿坐标方向的移动，其生长速度和生长速率相对应，并以拉格朗日方式跟踪每个粒子的集合。

vii. 局部固定轴正交矩法

尽管 MPEM 能够准确求解矩和粒度分布，但是此法只适用于粒子的生长，无法直接应用于粒子的团聚和破碎。Attarakih 等提出了一种可用于粒子团聚和破碎的数值方法，即截面正交矩法(sectional quadrature method of moments，SQMOM)来获得矩和粒度分布。但是 SQMOM 存在很多问题：①SQMOM 的解域是有限的，而不是传统矩法的半有限域，因此不能高精度地获得矩；②其有限域和 DDM 非常相似，可能最终影响物理模型本身；③PD 算法用于将矩转换为局部截面中的坐标，但可能会使坐标丢失，因此 SQMOM 很难跟踪大量的时刻。为了解决这一问题，Su 提出了局部固定轴正交矩法(local fixed pivots quadrature method of moments，LFPQMOM)。经过实验验证，LFPQMOM 在粒子团聚和破碎过程中的计算精度很高，与 QMOM 方法相当，其粒度分布与实际情况非常吻合，但是 LFPQMOM 的计算成本较高。

2) 离散法

离散法概念简单、容易理解，是一种非常直观的方法。其基本思想是把连续的颗粒尺寸范围划分为若干相邻的子区间，每个小区间内的颗粒群用一个代表节点表示，在每个子区间内分别进行积分，从而将 PBE 转化为一系列离散方程。该方法能够直接获得颗粒的粒度分布，而且对聚集、破碎和颗粒生长线性无关过程的描述更加简单。Kumar 等提出的固定节点法(fixed pivot discretization method，FPDM)第一次实现了在颗粒再分配到节点时可以同时保证两个积分性质守恒。该方法可以使用任意的网格类型，更加灵活，是目前使用最广泛的离散方法。

首先将颗粒尺寸范围 v_1 至 v_{N+1} 划分为 N 个小区间，v_1 和 v_{i+1} 之间的范围称为第 i 个小区间，认为其内部所有颗粒大小相等且均用节点值 x_i 代表，$v_i < x_i < v_{i+1}$。当由聚并或破碎产生的新颗粒 v 与任何一个节点都不匹配时，按一定的比例 $a(v, x_i)$和 $b(v, x_{i+1})$将其分别分配到邻近的两个节点 x_i 和 x_{i+1} 处，从而保证颗粒的两个性质守恒(通常为颗粒的总个数和总质量守恒)。该方法对低阶矩的数值计算结果比较精确，但是和解析解的对比结果显示其对于大颗粒数密度和高阶矩的预测经常偏高。因此，Kumar 和 Ramkrishna 随后提出移动节点法解决这个问题，然而新方法更加复杂而且给求解常微分方程组带来了困难，与 CFD 的耦合求解也难以实现。

Kumar 等基于固定节点法提出了单元平均法(cell average method，CAM)。与固定节点法不同，该方法并不直接对每个新产生的颗粒进行再分配，而是首先计算得到每个小区间内所有新产生颗粒的平均体积,然后根据平均体积将其再分配至相邻的两个节点处。单元平均法在很大程度上缓解了固定节点法预测偏高的问题，同时保留了固定节点法的优点。单元平均法的计算时间可以与固定节点法相媲美，有些情况下甚至比固定节点法所需要的时间还短。

3) 蒙特卡罗法

蒙特卡罗法(Monte Carlo method，MCM)的基本思想是通过“实验”的方法，以“事件”出现的频率估计随机事件的概率，得到所求随机变量的数字特征，并将其作为问题的解。MCM 用虚拟的粒子代替流场内真实的颗粒，将粒子近似均匀地分布在整个流场内，根据颗粒运动方程计算颗粒群小时间间隔之后的状态，之后统计并更新每个流场单元内的颗粒场量，与连续相流场反复迭代直至两相湍流场收敛。

Fichthorn 等提出，必须满足以下条件时，才可以使用 MCM 求解 PBE：

(1) 系统中动态行为的概率遵循系统细节的平衡原则。

(2) 每个成功事件的时间步长都可以准确计算。

(3) 系统中发生的所有事件都是相互独立的。

使用 MCM 可以获得整个系统参数随时间演变的情况，虽然其并不是真实的过程，但是总体上的过程与实际过程相近。除此之外，还可以获得粒子群的详细信息，但并不能获得单个粒子的具体信息，因此 MCM 比较适合用于多组分或者多分散颗粒的系统。

MCM 用于求解 PBE 时，可以分为事件驱动算法和时间驱动算法。在时间驱动算法中，预设的时间步长应尽可能小，但是在此时间步长中会发生所有可能的微事件，如颗粒的聚集、破损和生成等。Liffman 等提出了一种基于时间驱动的 MCM 聚合方法。该方法主要有三步：①根据粒子的最小静止时间(粒子两次聚合的时间间隔)指定时间步长；②基于所得时间步长，生成每个粒子彼此聚集的可能性；③如果发生了粒子的聚集，则将聚集体确定并加入系统中。在此方法中，如果粒子的数量减少为初始的一半，则需要将粒子数量加倍，以避免总数太小而导致的统计误差。这样做并不会影响结果的期望值和标准差，但会增加相对误差。

在事件驱动算法中，首先要根据所有可能事件的平均发生率确定事件的模式，然后对成功事件进行处理，最后根据成功事件的时间尺度进行时间处理。该方法的难点在于难以确定两个不同事件之间的时间间隔和对成功事件的处理(因为很难找到粒子的聚合体)。Garcia 等构造了一个处理聚集的 Markov 过程，提出了两种方法：逆方法和接受-拒绝方法。逆方法需要对所有可能的粒子聚集进行计算，因此计算要求更高，但是接受-拒绝方法会产生较大的误差。

根据系统中粒子的状态，MCM 也可以分为定体积法和定量法。定体积法中，颗粒群的体积保持不变，对于聚集过程，随着颗粒数量的减少，该方法的误差会随时间增加；而对于破碎过程，由于颗粒数量的增加，其计算费用随时间增加。因此该方法必须要平衡数值精度和计算费用，为了克服这一困难，Matsoukas 等提出了一种事件驱动的定量法，该方法随时间调整粒子数以使其保持恒定，从而可以在整个模拟过程确保相同的统计精度。Irizarry 开发了一种粒子集合的蒙特卡罗法，该方法会在局部区域内构造若干粒子集合，并将每个粒子集合视为反应物，再利用化学反应中的直接蒙特卡罗法构造 Markov 过程以逼近 PBE，这种方法可以在不牺牲数值精度的情况下减少计算量。

MCM 易于编程，并且可以应用于粒子的多种属性，因此能够获得粒子行为的更多细节。但是为了减少统计误差，需要更多的粒子样本，因此会导致更多的计算成本。除此之外，从 MCM 获得的数值结果通常包含“噪声”，由于此法的离散特性和高计算量，目前在 CFD 中的应用较少。

4) 最大熵法

最大熵法(MaxEnt)是指在满足一定条件约束的情况下，偏差最小(最有可能)的概率分布是熵最大的那个。因此，最大化约束熵函数是解决约束性非线性优化问题的一种新颖的方法，将这种方法应用于结晶时其最大优点是可以重构使用矩法丢失的粒度分布信息。

2.5 其他应用模型

2.5.1 移动区域模型

移动或者旋转常在许多工程问题的流体流域中涉及。如果域在移动时没有形状上的改变(刚性运动)，则可以在运动坐标下解算流体流动方程，域随着坐标系转动；如果域在移动的同时还会有形状的改变(变形)，则可以用动网格技术解算方程，域的形状是时间函数。

对于整体区域运动的情况，可使整个计算区域都置于一个运动坐标系下，即单参考系(single reference frame，SRF)模型，它一般针对单流域，只能绕着某个特定的坐标点以恒定的速度进行旋转。然而，许多旋转机械问题都有固定部分，不能使用表面旋转描述，即单参考系模型无效，这样的系统可以分为多重流动域，即需要分解为多个计算区域，各区域间采用定义好的一个或多个分界面进行关联，此时，对于多重域模型中的分界面的处理方法有多重参考系(multiple reference frame，MRF)模型、混合面模型(mixing plane model，MPM)和滑移网格模型(sliding mesh model，SMM)。其中，多重参考系模型和混合面模型都是采用稳态近似值，主要区别在于界面条件的处理方式不同，此外，若静态部分与运动部分间的交互非常重要，则采用滑移网格模型捕捉流动的瞬态行为。处理外部静止槽体与内部旋转桨叶之间的相对运动时，最常用的方法是多重参考系模型和滑移网格模型。对于流场形状由于边界运动而随时间改变的问题，则可以使用动网格模型模拟。

2.5.1.1 单参考系模型

单参考系模型的出现是由于许多问题允许整个计算域只涉及一个旋转系。在单参考系模型下规定适当的边界条件可以采用稳态求解。在特定情况下，壁面边界存在以下要求：随着流域运动的壁面可以是任意形状，壁面边界为无滑移条件，因此移动壁面上相对速度为零，如泵叶轮上的叶片表面；固定的壁面(在静止坐标系下无运动)必须是旋转表面，壁面条件为滑移壁面，因此壁面上绝对速度为零，如带有旋转叶片的圆柱形风道内表面。

旋转周期边界也可能被使用，但是表面必须关于旋转轴为周期，选择旋转周期性边界条件可以提高效率(减少网格数量)。例如，通常模拟的透平机械中的叶片，假定流动为周期旋转，并定义其中一个叶片建立周期计算域，与计算所有叶片所需的计算量相比，其计算量大大降低，且能够很好地求解叶片表面的流动。

2.5.1.2　多重参考系模型

多重参考系模型是一种拟稳态的处理方法，可用于定常流动的计算，对分界面进行简化，不考虑不同坐标间的转动相互作用，是一种应用最广、最简单且最经济的模型。其计算方法是将计算域划分为内外两个区域，且划分的区域没有重叠，内部区域采用旋转坐标系，外部区域采用静止坐标系。流动参数的匹配直接依靠界面参数的转换实现，从而完成整个流场的计算。虽然多重参考系模型能够较准确地得到稳定流场信息，但其对于如搅拌桨与挡板之间的瞬时特性仍无法准确把握。

2.5.1.3　滑移网格模型

滑移网格模型是一种非稳态的计算方法，能够准确地描述瞬态流场特性。其处理方法是将计算域划分为互不重叠的两个子域，但与多重参考系模型不同，在两个区域的交界面处，内部的旋转区域相对于外部的静止区域真实地滑动，界面上的流动参数利用插值法进行转换，因此能够更加准确地预测出实际的流场特性。虽然这种方法计算量大、耗时长，但随着计算机技术的发展，已经有大量研究人员应用该方法进行仿真模拟，将其得到的模拟结果与实验结果对比时，取得了较为满意的结果。

2.5.1.4　动网格模型

动网格模型可以用来模拟流场形状因边界运动而随时间改变的问题。其边界的运动形式可以是预先定义的运动，即可以在计算前指定其速度或角速度；也可以是预先未做定义的运动，即边界的运动需由前一步的计算结果决定。网格的更新过程由 FLUENT 根据每个迭代步中边界的变化情况自动完成。在使用动网格模型时，必须先定义初始网格、边界的运动方式，并指定参与运动的区域。可以用边界型函数或者用户自定义函数(user-defined function，UDF)定义边界的运动方式。FLUENT 要求将运动的描述定义在网格面或网格区域上。如果流场中包含运动与不运动两种区域，则需要将它们组合在初始网格中以对它们进行识别。由于周围区域运动而发生变形的区域必须被组合到各自的初始网格区域中。不同区域之间的网格不必是正则的，可以在模型设置中用 FLUENT 软件提供的非正则或者滑动界面功能将各区域连接起来。

动网格模型中网格的动态变化过程可以用三种模型进行计算，即弹簧近似光滑

(spring-based smoothing)模型、动态层(dynamic layering)模型和局部重划(local remeshing)模型。

1. 弹簧近似光滑模型

在弹簧近似光滑模型中，网格的边被理想化为节点间相互连接的弹簧。移动前的网格间距相当于边界移动前由弹簧组成的系统处于平衡状态。在网格边界节点发生位移后，会产生与位移成比例的力，力量的大小根据胡克定律计算。边界节点位移形成的力虽然破坏了弹簧系统原有的平衡，但是在外力作用下，弹簧系统经过调整将达到新的平衡，也就是说，由弹簧连接在一起的节点将在新的位置上重新获得力的平衡。从网格划分的角度看，从边界节点的位移出发，采用胡克定律，经过迭代计算，最终可以得到使各节点上的合力等于零的新的网格节点位置。

原则上弹簧近似光滑模型可以用于任何一种网格体系，但是在非四面体网格区域中(二维非三角形)，最好在满足移动为单方向且移动方向垂直于边界这两个条件时使用。

如果两个条件不满足，可能使网格畸变率增大。另外，在系统默认设置中，只有四面体网格(三维)和三角形网格(二维)可以使用该模型，如果想在其他网格类型中激活该模型，需要在 dynamic-mesh-menu 下使用文字命令 spring-on-all-shapes 激活该选项。

2. 动态层模型

对于棱柱型网格区域(六面体或者楔形)，可以应用动态层模型。动态层模型的中心思想是根据紧邻动边界网格层高度的变化，添加或者减少动态层，即在边界发生运动时：如果紧邻边界的网格层高度增大到一定程度，就将其划分为两个网格层；如果网格层高度降低到一定程度，就将紧邻边界的两个网格层合并为一个层。

如果网格层 j 扩大，单元高度的变化有临界值：

$$h_{\min} > (1+\alpha_s)\ h_0 \tag{2-240}$$

式中，$h_{\min}$ 为单元的最小高度；h_0 为理想单元高度；α_s 为层的分割因子。在满足上述条件的情况下，可以对网格单元进行分割，分割网格层可以用常值高度法或常值比例法。使用常值高度法时，单元分割的结果是产生相同高度的网格。采用常值比例法时，网格单元分割的结果是产生比例为 α_s 的网格。

若对第 j 层进行压缩，压缩极限为

$$h_{\min} < \alpha_c h_0 \tag{2-241}$$

式中，α_c 为层的合并因子。在紧邻动边界的网格层高度满足式(2-241)时，则将 j 层网格与外面一层网格相合并。

动态层模型的应用有如下限制：

(1) 与运动边界相邻的网格必须为楔形或者六面体(二维四边形)网格。

(2) 在滑动网格交界面以外的区域，网格必须被单面网格区域包围。

(3) 如果网格周围区域中有双侧壁面区域，则必须首先将壁面和阴影区分割开，再用滑动交界面将二者耦合起来。

(4) 如果动态网格附近包含周期性区域，则只能用 FLUENT 的串行版求解；如果周期性区域被设置为周期性非正则交界面，则可以用 FLUENT 的并行版求解。

如果移动边界为内部边界，则边界两侧的网格都将作为动态层参与计算。如果在壁面上只有一部分是运动边界，其他部分保持静止，则只需在运动边界上应用动网格技术，但是动网格区与静止网格区之间应该用滑动网格交界面进行连接。

3. 局部重划模型

对于使用非结构网格的区域，一般采用弹簧近似光滑模型进行动网格划分，但是如果运动边界的位移远远大于网格尺寸，采用弹簧近似光滑模型可能导致网格质量下降，甚至出现体积为负值的网格，或因网格畸变过大导致计算不收敛。为解决这个问题，FLUENT 在计算过程中将畸变率过大或尺寸变化过于剧烈的网格集中在一起进行局部网格的重新划分。如果重新划分后的网格可以满足畸变率要求和尺寸要求，则用新的网格代替原来的网格；如果新的网格仍然无法满足要求，则放弃重新划分的结果。

在重新划分局部网格之前，首先要将需要重新划分的网格识别出来。FLUENT 中识别不合乎要求网格的判据有两个：一是网格畸变率；二是网格尺寸。其中网格尺寸又分最大尺寸和最小尺寸。在计算过程中，如果一个网格的尺寸大于最大尺寸，或者小于最小尺寸，或者网格畸变率大于系统畸变率标准，则这个网格就被标志为需要重新划分的网格。在遍历所有动网格之后，再开始重新划分的过程。局部重划模型不仅可以调整体网格，也可以调整动边界上的表面网格。

需要注意的是，局部重划模型仅能用于四面体网格和三角形网格。在定义动边界面以后，如果在动边界面附近同时定义了局部重划模型，则动边界上的表面网格必须满足下列条件：

(1) 需要进行局部调整的表面网格是三角形(三维)或直线(二维)。

(2) 将被重新划分的面网格单元必须紧邻动网格节点。

(3) 表面网格单元必须处于同一个面上并构成一个循环。

(4) 被调整单元不能是对称面(线)或正则周期性边界的一部分。

动网格的实现在 FLUENT 中是由系统自动完成的。如果在计算中设置了动边界，则 FLUENT 会根据动边界附近的网格类型自动选择动网格计算模型。如果动边界附近采用的是四面体网格(三维)或三角形网格(二维)，则 FLUENT 会自动选择弹簧近似光滑模型和局部重划模型对网格进行调整。如果是棱柱形网格，则会自动选择动态层模型进行网格调整。在静止网格区域则不进行网格调整。

动网格问题中对于固体运动的描述是以固体相对于重心的线速度和角速度为基本参数加以定义的。既可以用型函数定义固体的线速度和角速度，也可以用 UDF 定义这两个参数，且需要定义固体在初始时刻的位置。

2.5.2 非牛顿流体模型

非牛顿流体(non-Newtonian fluid)与牛顿流体相对，它的应力与速度梯度的关系不服从牛顿黏性定律，也就是说其剪应力与剪应变呈非线性关系。常见的非牛顿流体包括：高分子聚合物溶液、固含量非常高的溶液、血液等。描述非牛顿流体是一项具有挑战性的工作，目前还没有一个可靠的通用模型。这里介绍常用的四种模型：Power-Law 模型、卡罗(Carreau)模型、Cross 模型和赫歇尔-伯克利(Herschel-Bulkley)模型。需要注意的是，在对湍流进行建模时，上面列出的模型皆不可用。

2.5.2.1　Power-Law 模型

Power-Law 模型为

$$\eta = k\dot{\gamma}^{n-1}H(T) \tag{2-242}$$

式中，k 和 n 为输入参数，k 为流体平均黏度(稠度指数)的度量，n 为幂律指数，n 的值决定流体的类别。当 $n=1$ 时为牛顿流体，$n>1$ 时为膨胀流体，$n<1$ 时为假塑性流体。

2.5.2.2　卡罗模型

Power-Law 模型导致流体黏度随剪切速率而变化。当 $\dot{\gamma}\to 0$ 时，$\eta\to\eta_0$；当 $\dot{\gamma}\to\infty$ 时，$\eta\to\eta_\infty$，其中 η_0 和 η_∞ 分别是流体黏度的上限值和下限值。

卡罗模型试图通过建立一条曲线来描述牛顿定律和剪切变稀($n<1$)非牛顿定律的函数。在卡罗模型中，黏度为

$$\eta = H(T)\left[\eta_\infty + (\eta_0-\eta_\infty)\left(1+\gamma^2\lambda^2\right)^{(n-1)/2}\right] \tag{2-243}$$

式中，λ 为时间常数；n 为幂律指数(如上所述为非牛顿幂律)；η_0 和 η_∞ 分别为零剪切黏度和无限剪切黏度。参数 n、λ、η_0 和 η_∞ 均与流体有关。图 2-15 是根据卡罗模型黏度随剪切速率的变化图，描述了黏度如何受到低剪切速率和高剪切速率的限制。

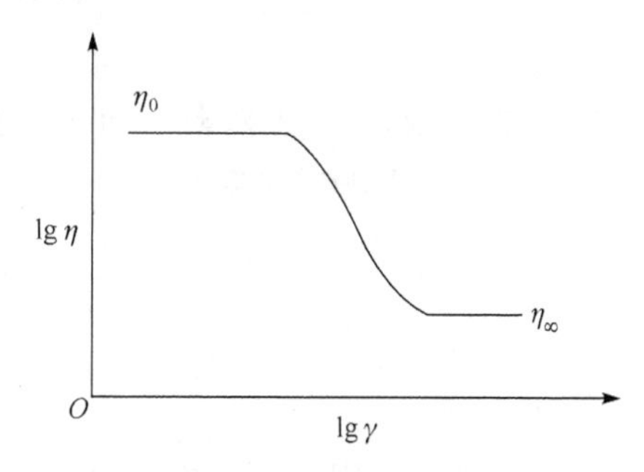

图 2-15　根据卡罗模型的黏度随剪切速率的变化

2.5.2.3　Cross 模型

Cross 模型通常用于描述黏度的低剪切速率行为，模型如下：

$$\eta = H(T)\frac{\eta_0}{1+(\lambda\dot{\gamma})^{1-n}} \tag{2-244}$$

式中，η_0 为零剪切速率黏度；λ 为自然时间(流体从牛顿行为变为幂律行为时的剪切速率的倒数)；n 为幂律指数。

2.5.2.4　赫歇尔-伯克利模型

当幂率为零时，上述幂律模型对剪切应力为零的流体有效。当应变率为零时，宾汉塑性流体的特性由非零剪切应力决定。

宾汉塑性流体的赫歇尔-伯克利模型结合了宾汉效应和流体中的幂律行为。对于低应变率($\gamma<\tau_0/\mu_0$)，“刚性”材料的作用类似于黏度为 μ_0 的非常黏稠的流体。随着应变率的增加，超过屈服应力阈值 τ_0，流体行为由 Power-Law 定律描述。

当 $\dot{\gamma} > \dot{\gamma}_c$ 时

$$\eta = \frac{\tau_0}{\dot{\gamma}} + k\dot{\gamma}^{n-1} \tag{2-245}$$

当 $\dot{\gamma} < \dot{\gamma}_c$ 时

$$\eta = \frac{\tau_0\left(2-\dfrac{\dot{\gamma}}{\dot{\gamma}_c}\right)}{\dot{\gamma}} + k\dot{\gamma}^{n-1}\left[(2-n)+\frac{\dot{\gamma}}{\dot{\gamma}_c}\right] \tag{2-246}$$

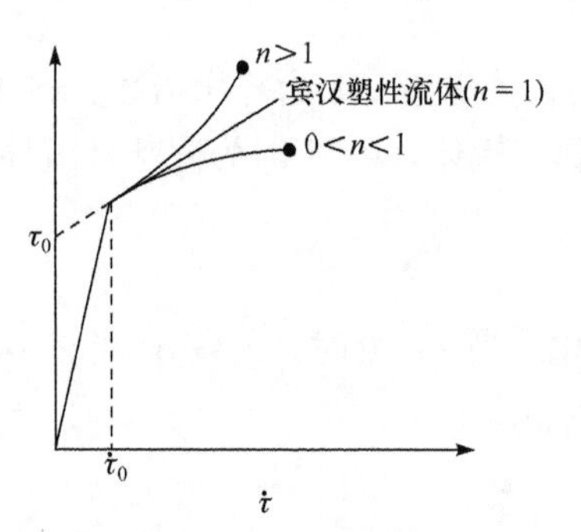

图 2-16 赫歇尔-伯克利模型的剪切应力随剪切速率的变化

式中，k 为一致性指标；n 为 Power-Law 指标。

图 2-16 为赫歇尔-伯克利模型的剪切应力随剪切速率的变化情况。若选择赫歇尔-伯克利模型，则需确定流体黏度。赫歇尔-伯克利模型通常用于描述如混凝土、泥浆、面团和牙膏等材料，对于这些材料，在临界剪切应力后保持恒定的黏度是合理的假设。除了在流动和无流动状态之间的过渡行为外，该模型还可以显示剪切变稀或剪切增稠的行为，具体取决于 n 值。

符 号 说 明

英文

A	面积，m^2；指前因子，s^{-1}
C	量纲为一的比例常数
C_ω	旋转阻力系数
C_{ij}	交叉应力张量
C_k	科尔莫戈罗夫常数
C_s	司马格林斯基常数
c	反应进程变量
c_p	恒压热容，J/(kg · K)
Da	达姆科勒数
D_{ij}	扩散项
d	直径、粒径
E	总能、活化能，J 或 kJ；发射功率
E_k	表面发射功率
$E(\kappa)$	能量谱
e_{ijk}	交替符号
$\boldsymbol{F}$	外力，N
F_D	阻力，N
f	混合分数
f_{v1}, f_{v2}, f_w	壁面阻尼函数
G	入射辐射强度
G_λ	光谱入射辐射
$G(x,\xi)$	滤波器函数
g	重力加速度，m/s^2
I	辐射强度
$I_{b\lambda}$	普朗克函数给出的黑体强度
I_p	惯性矩
J	质量流量、扩散通量，$kg/(m^2 \cdot s)$；光能传递矢量
K	平衡常数；亚网格规模的湍动能
k	单位质量动能，J/kg；反应速率常数；热导率，W/(m · K)
k_B	玻尔兹曼常量[1.38×10^{-23}J/(mol · K)]
L	长度，m；平均流动长度，m
L_{ij}	伦纳德应力张量

l	湍流长度；涡流长度
l_m	混合长度
M_w	分子量，kg/kmol
m	质量，g 或 kg
$\dot{m}$	质量传递量，kg/s
n	折射率；幂律指数
Pr	普朗特数
p	压力，Pa 或 atm；相数
Q	焓流量，W
q	热通量，W/m^2
$q_i^{(H)}$	湍流通量
$q_i^{(T)}$	湍流扩散
$q_i^{(v)}$	湍流黏性扩散
R	反应速率；摩尔气体常量
Re	雷诺数；相对雷诺数
R_{ij}	亚网格尺度雷诺应力张量
r	半径，m
S	总熵，J/K；源项
Sc	施密特数
S_{ij}	应变率张量
T	温度，K 或℃；时间尺度
T_i	湍流强度
t	时间，s
u	湍流速度，m/s
u, v, w	速度量级，m/s
V	体积，m^3
$\boldsymbol{v}$	速度矢量，m/s
We	韦伯数
X	摩尔分数
Y	质量分数
希文	
α	渗透率；热扩散系数，m^2/s 体积分数
Γ_t	湍流扩散系数
γ	孔隙率
Δ_t	过滤器宽度，m
Δ	网格过滤器宽度，m
ε	湍流耗散率，m^2/s^3；孔隙率；能量耗散率
η	科尔莫戈罗夫微观标度
ι	能量承载长度标度
κ	波数
κy	长度尺度
λ	分子平均自由程，m 或 nm；波长，m
μ	动态黏度，cP 或 Pa · s
μ_t	动态湍流黏度
ν	运动黏度，m^2/s
ν_t	运动涡流黏度，m^2/s
$\tilde{\nu}$	运动涡流黏度参数
Π_{ij}	压力-应变相关项
ρ	密度，kg/m^3
σ	表面张力，kg/m；斯蒂芬-玻尔兹曼常量[5.67×10^{-8}W/(m^2 · K^4)]
σ_k	普朗特-施密特数
$\sigma_{s\lambda}$	光谱散射系数
σ_t	湍流施密特数
τ	剪切应力，Pa；雷诺应力
τ_{xy}, τ_{yx}	湍流雷诺应力
ϕ	湍流尺度
Ψ	变形率
Ω; $\boldsymbol{\Omega}$	涡度参数；角速度
Ω_{ij}	旋转项
ω	比耗散
ω_k	旋转矢量

参 考 文 献

陈超. 2017. 甲醇合成反应器 CFD 模拟研究. 北京：中国石油大学(北京).
段晓霞. 2017. 搅拌槽微观混合的数值模拟研究. 北京：中国科学院大学(中国科学院过程工程研究所).

胡坤，胡婷婷，马海峰，等. 2019. ANSYS CFD 入门指南：计算流体力学基础及应用. 北京：机械工业出版社.

黄毅. 2016. 混合澄清槽中混合性能的计算流体力学研究. 上海：华东理工大学.

李倩. 2018. 气液(浆态)反应器流动及结晶过程的模型与数值模拟. 北京：中国科学院大学.

李希. 1992. 微观混和问题的理论与实验研究. 杭州：浙江大学.

王凯莉. 2018. 柱状催化剂颗粒随机堆积固定床反应器甲烷化过程模拟及床层结构优化. 乌鲁木齐：新疆大学.

张磊. 2016. 折流杆列管式反应器壳程流动沸腾过程的 CFD 模拟研究. 天津：天津大学.

Andersson B, Andersson R, Håkansson L, et al. 2012. Computational Fluid Dynamics for Engineer. Cambridge: Cambridge University Press.

Angst W, Bourne J R, Sharma R N. 1982. Mixing and fast chemical reaction—Ⅳ. The dimensions of the reaction zone. Chemical Engineering Science, 37(4): 585-590.

Attarakih M, Bart H J. 2014. Solution of the population balance equation using the differential maximum entropy method (DMaxEntM): An application to liquid extraction columns. Chemical Engineering Science, 108: 123-133.

Bakker R A, van den Akker H E A. 1996. A Lagrangian description of micromixing in a stirred tank reactor using 1D-micromixing model in a CFD flow field. Chemical Engineering Science, 51(11): 2643-2648.

Baldyga J, Bourne J R. 1984a. A fluid mechanical approach to turbulent mixing and chemical reaction part Ⅰ inadequacies of available methods. Chemical Engineering Communications, 28(4-6): 231-241.

Baldyga J, Bourne J R. 1984b. A fluid mechanical approach to turbulent mixing and chemical reaction part Ⅱ micromixing in the light of turbulence theory. Chemical Engineering Communications, 28: 243-258.

Baldyga J, Bourne J R. 1984c. A fluid mechanical approach to turbulent mixing and chemical reaction part Ⅲ computational and experimental results for the new micromixing mode. Chemical Engineering Communications, 28(4-6): 259-281.

Baldyga J, Bourne J R. 1984d. Mixing and fast chemical reaction-Ⅷ: Initial deformation of material elements in isotropic, homogeneous turbulence. Chemical Engineering Science, 39(2): 329-334.

Baldyga J, Bourne J R. 1986. Principles of micromixing. Encyclopedia of Fluid Mechanics, 1:148-201.

Baldyga J, Bourne J R. 1989. Simplification of micromixing calculations. Ⅰ. Derivation and application of new model. The Chemical Engineering Journal, 42(2): 83-92.

Baldyga J, Rohani S. 1987. Micromixing described in terms of inertial-convective disintegration of large eddies and viscous-convective interactions among small eddies—Ⅰ. General development and batch systems. Chemical Engineering Science, 42(11): 2597-2610.

Bart H J, Jildeh H, Attarakih M. 2020. Population balances for extraction column simulations: An overview. Solvent Extraction and Ion Exchange, 38(1): 14-65.

Batchelor G K. 1952. The effect of homogeneous turbulence on material lines and surfaces. Proceedings of the Royal Society, 349: 213A.

Brackbill J U, Kothe D B, Zemach C. 1992. A continuum method for modeling surface tension. Journal of Computational Physics, 100(2): 335-354.

Chung T J. 2002. Computational fluid dynamics. Cambridge: Cambridge University Press.

Costa C B B, Maciel M R W, Maciel Filho R. 2007. Considerations on the crystallization modeling: Population balance solution. Computers & Chemical Engineering, 31(3): 206-218.

David R, Villermaux J. 1987. Interpretation of micromixing effects on fast consecutive-competing reactions in semi-batch stirred tanks by a simple interaction model. Chemical Engineering Communications, 54(1-6): 333-352.

Erlebacher G, Hussaini M Y, Speziale C G, et al. 1992. Towards the large eddy simulation of compressible turbulent flows. Journal of Fluid Mechanics, 238: 155-185.

Fichthorn K A, Weinberg W H. 1991. Theoretical foundations of dynamical Monte Carlo simulations. The Journal of Chemical Physics, 95(2): 1090-1096.

Fluent A. 2011. Fluent 14.0 user's guide. ANSYS FLUENT Inc.

Fluent A. 2011. Ansys fluent theory guide. ANSYS Inc.

Fournier M C, Falk L, Villermaux J. 1996. A new parallel competing reaction system for assessing micromixing efficiency—experimental approach. Chemical Engineering Science, 51(22): 5053-5064.

Frisch U, Sulem P L, Nelkin M. 1978. A simple dynamical model of intermittent fully developed turbulence. Journal of Fluid Mechanics, 87: 719-736.

Garcia A L, Van Den Broeck C, et al. 1987. A Monte Carlo simulation of coagulation. Physica A: Statistical Mechanics and its Applications, 143(3): 535-546.

Germano M. 1992. Turbulence: the filtering approach. Journal of Fluid Mechanics, 238: 325-336.

Irizarry R. 2008. Fast Monte Carlo methodology for multivariate particulate systems-Ⅱ: τ-PEMC. Chemical Engineering Science, 63(1): 111-121.

Kajishima. 2017. Computational fluid dynamics. New York: Springer.

Knight D, Zhou G, Okong'o N, et al. 1998. Compressible large eddy simulation using unstructured grids. 36th AIAA Aerospace Sciences Meeting and Exhibit, 98-0535.

Kolmogorov A N. 1962. A refinement of previous hypotheses concerning the local structure of turbulence in a viscous incompressible fluid at high Reynolds number. Journal of Fluid Mechanics, 13: 82-85.

Kumar J, Peglow M, Warnecke G, et al. 2006. Improved accuracy and convergence of discretized population balance for aggregation: The cell average technique. Chemical Engineering Science, 61(10): 3327-3342.

Kumar S, Ramkrishna D. 1996. On the solution of population balance equations by discretization—Ⅱ. A moving pivot technique. Chemical Engineering Science, 51(8): 1333-1342.

Kurul N. 1991. On the modeling of multidimensional effects in boiling channels. ANS Proceedings of the 27th National Heat Transfer Conference.

Liffman K. 1992. A direct simulation Monte-Carlo method for cluster coagulation. Journal of Computational Physics, 100(1): 116-127.

Marchisio D L, Fox R O. 2005. Solution of population balance equations using the direct quadrature method of moment. Journal of Aerosd Science, 36(1):43-73.

Mao K W, Toor H L. 1970. A diffusion model for reactions with turbulent mixing. AIChE Journal, 16(1): 49-52.

McGraw R. 1997. Description of aerosol dynamics by the quadrature method of moments. Aerosol Science and Technology, 27(2): 255-265.

Meneveau C, Lund T S. 1997. The dynamic Smagorinsky model and scale-dependent coefficients in the viscous range of turbulence. Physics of Fluids, 9: 3932-3934.

Metais O, Lesieur M. 1992. Spectral large eddy simulations of isotropic and stably stratified turbulence. Journal of Fluid Mechanics, 239: 157-194.

Moin P, Squires K, Cabot W, et al. 1991. A dynamic subgrid-scale model for compressible turbulence and scalar transport. Physics of Fluids A: Fluid Dynamics, 3: 2746-2757.

Nauman E B. 1975. The droplet diffusion model for micromixing. Chemical Engineering Science, 30(9): 1135-1140.

Novikov E A, Stewart R W. 1964. The intermittency of turbulence and the structure of turbulent flow. Isvestia Akademii Nauk USSR, Series Geophysics, 3: 408-413.

Oboukhov A M. 1962. Some specific features of atmospheric turbulence. Journal of Fluid Mechanics, 13(1):

77-81.

Ottino J M. 1981. Efficiency of mixing from data on fast reactions in multi-jet reactors and stirred tanks. AIChE Journal, 27(2): 184-192.

Ottino J M. 1982. Description of mixing with diffusion and reaction in terms of the concept of material surfaces. Journal of Fluid Mechanics, 114: 83-103.

Pohorecki R, Baldyga J. 1983. New model of micromixing in chemical reactors. 1. General development and application to a tubular reactor. Industrial Engineering Chemistry Fundam, 22: 392-397.

Ranade V V, Bourne J R. 1991. Reactive mixing in agitated tanks. Chemical Engineering Communications, 99(1): 33-53.

Ranodolph A, Larson M A. 1988. Theory of Particulate Processes. 2nd ed. London: ACADEMIC PRESS INC.

Smith M, Matsoukas T. 1998. Constant-number Monte Carlo simulation of population balances. Chemical Engineering Science, 53(9): 1777-1786.

Sokolichin A, Eigenberger G, Lapin A, et al. 1997. Dynamic numerical simulation of gas-liquid two-phase flows Euler/Euler versus Euler/Lagrange. Chemical Engineering Science, 52(4): 611-626.

Speziale C G, Erlebacher G, Zang T A, et al. 1988. The subgrid-scale modeling of compressible turbulence. The Physics of Fluids, 31: 940-942.

Su J W, Gu Z L, Xu X Y. 2009. Advances in numerical methods for the solution of population balance equations for disperse phase systems. Science in China Series B: Chemistry, 52(8): 1063-1079.

Townsend A A. 1951. On the fine-scale structure of turbulence. Proceedings of the Royal Society, 418: 209A.

Versteeg H K, Malalasekera W. 2007. An introduction to computational fluid dynamics. Harlow: Pearson Education Limited.

Vreman B, Geurts B, Kuerten H. 1995. Subgrid-modelling in LES of compressible flow. Applied Scientific Research, 54: 191-203.

第3章

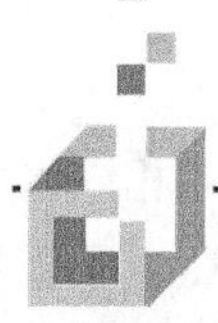

CFD在单相流和非相间传质流过程中的应用

流体是具有流动性的物质，包括气体和液体。化工生产中所涉及的物料大多为流体，为满足生产工艺的要求，常需将流体物料从一个设备运输至另一个设备，从上一个工序输送至下一个工序，因此流体输送及非相间传质流已逐渐成为化工生产中的重要内容。本章主要介绍CFD在单相流及非相间传质流过程中的相关应用，包括流体输送、搅拌混合、沉降、过滤及流态化。首先对这些单元操作进行简要介绍，然后介绍这些单元操作中常用的CFD模型及特殊模型，并介绍CFD在各单元操作中的相关应用研究成果。此外，各小节均对典型的模拟仿真案例进行介绍，并分析总结CFD在各单元操作中具体的应用，以增加读者对相关内容的了解。

3.1 流体输送

3.1.1 流体输送简介

化工生产过程中常需将流体从低能位输送至高能位，此时必须使用流体输送机械，通过向流体做功，提高流体机械能。化工生产涉及的流体种类繁多、性质各异，对输送机械的要求也各不相同。为满足输送不同流体的需求，出现了多种形式的输送机械。通常用于输送液体的机械统称为泵，而输送气体的机械则根据出口压力不同，从低到高分为真空泵、通风机、鼓风机及压缩机。

3.1.1.1 液体输送机械

输送液体的化工用泵依据其不同的作用原理，可概括为动力式泵、容积式泵和液体作用式泵三大类型。动力式泵即叶轮式泵或离心式泵，是利用叶片和液体的相互作用而给液体以离心力或轴向力来输送液体的，常见的如离心泵、转子泵等。容积式泵又称正位移式泵，根据泵内工作室容积的周期性变化将液体时而吸入、时而压出，其特点是在一定工况下能保持被输送流体排出量恒定，常见的容积式泵如往复泵、回转泵。液体作用式泵依靠一种“工作流体”作动力输送液体，如喷射泵。

离心泵是化工生产中最常用的液体输送机械，主要有叶轮、泵壳和轴封装置三个部件。离心泵的工作原理是依靠离心力的作用吸入和排出液体。表征离心泵性能的主要参数有流量、压头、轴功率和效率，这些参数是评价其性能和正确选用离心泵的主要依据。

3.1.1.2 气体输送机械

气体输送机械的基本结构和工作原理与液体输送机械基本相同，均是对流体做功，从而提高流体的能量。由于气体具有可压缩性及密度小的特点，气体输送机械又有某些不同之处。同液体输送机械一样，按照工作原理，气体输送机械可分为动力式、容积式和液体作用式三种类型。

3.1.2 流体输送应用模型

3.1.2.1 常用模型

在流体输送过程中最常用的模型包括湍流模型和转动模型。其中，湍流模型包括标准 k-ε 模型、RNG k-ε 模型等，转动模型主要有 MRF 模型和滑移网格模型。除上述常用模型外，有时还会用到空化模型。

3.1.2.2 空化模型

空化模型主要指预测空泡产生、增长和溃灭的模型，包含湍流、多相流、热力学平衡等方面的知识。空化是一种包含汽液相间质量传输的非定常可压缩多相湍流流动现象，它对很多装置的性能有重要影响，如泵、导流片、螺旋桨和注射器。目前，CFD 已开始应用于预测这些装置在空化工况下的流动。

预测空化一般需要应用空化模型，而空化模型的建立和应用是研究空化问题的重点和难点。预测空化现象时通常需要采用多相流模型，而目前大多数 CFD 空化模型中均采用正压状态方程表达混合密度与当地压强之间的关系。这种建模方法的优势在于它能被一个具备 CFD 基本功能的程序所实现。然而，必须认识到这些方法对平衡态热力学的假定过于简化，也就是说，在流动环境改变后假定两相流能够迅速达到其热力学平衡状态，而实际过程中热力学平衡状态是基于复杂的机理且通过有限速率达到的，对这一过程过度简化会影响对空化的预测。

目前，大多数空化模型是基于 Rayleigh-Plesset 方程，即式(3-1)，它描述了单个空泡在遭遇远场压力干扰后的增长和溃灭

$$\frac{P_{\mathrm{B}}(t)-P_{\infty}(t)}{\rho_{\mathrm{L}}}=R\frac{\mathrm{d}^2R}{\mathrm{d}t^2}+\frac{3}{2}\left(\frac{\mathrm{d}R}{\mathrm{d}t}\right)^2+\frac{4\nu_{\mathrm{L}}}{R}\frac{\mathrm{d}R}{\mathrm{d}t}+\frac{2S}{\rho_{\mathrm{L}}R} \tag{3-1}$$

式中，$P_{\mathrm{B}}(t)$为空泡内的压力；$P_{\infty}(t)$为离开空泡无穷远处的压力；ρ_{L}为周围液体的密度；R 为空泡半径；ν_{L}为周围液体的黏度；S 为空泡的表面张力。

此外，随着时间的推移，很多学者在 Rayleigh-Plesset 方程的基础上改善 CFD 空化模型，以对水利装置中的空化形成和发展做更加合理的预测，对相变、湍流等复杂特性的非定常空穴脱落研究取得了一定进展。最常用的三种空化模型依次是 Singhal 模型、

Schnerr-Sauer 模型和以 Kubota 模型为雏形发展起来的 Zwart 空化模型，这三种模型的特点是将流场中微小空泡的密度变化与其运动特征相关联，该运动规律通过求解 Rayleigh-Plesset 方程得到。其中，Singhal 模型考虑了湍动能引起的压力脉动和非凝聚气体的影响；Schnerr-Sauer 模型将水与气的混合物看作包含大量球形蒸气泡的混合物，并直接从汽液净质量传输率的表达式入手，对其中的体积分数项进行计算；Zwart 模型在 Kubota 模型和 Gerber 模型的基础上提出，在汽化过程中，由于蒸气体积分数的增加伴随着蒸气核位置密度的相应减小，Zwart 模型对质量空化率方程中蒸气体积分数项进行了修正。

3.1.3　CFD 在流体输送中的应用

目前，CFD 在流体输送领域的应用十分广泛。本节主要从 CFD 在不同流体输送机械中的应用进行介绍。

Mihali 等对旋涡泵进行了研究，使用 DES 湍流模型，模拟了旋涡泵中流体流动的情况，研究了位于涡旋转子外围区域涡流和湍流的相关结构，得到以下结论：带有非定常求解器和 DES 湍流模型的数控体积方法是用于泵流量分析的有效工具；在更高的流量下，旋涡泵消耗了旋转涡流轮缘上的驱动能量，在较低流量下，涡旋转子对压头的贡献很大，而不会消耗额外的驱动能量，这表明离心泵中原本会损失的一部分能量是通过相关结构回收的。

黎义斌等对转子泵进行了研究，使用 RNG k-ε 湍流模型，模拟了凸轮转子泵两转子相互啮合的特性，研究了压力角对转子型线方程和几何参数的影响，得出以下结论：转子泵在正常运行时，出口处的流量脉动以及进口处的压力脉动具有周期性，并且当转子的压力角变大时，流量脉动和压力脉动会随之减小；另外，出口处的流量脉动以及进口处的压力脉动与转子泵的转速也有很大关系，当转速增大时，出口处的流量脉动以及进口处的压力脉动也会随之增大。

Zhu 等对往复泵进行了研究，建立了考虑往复泵吸程流体与结构相互作用的三维动态仿真模型，模拟了往复泵内的流体流动，对新型阀门与传统阀门的性能、最大升力的模拟结果与实验结果进行了研究比较，得到以下结论：在吸入冲程过程中，柱塞和阀瓣表面均出现空化现象，柱塞表面的气穴现象发生在吸入冲程的初始阶段，阀瓣表面的空化现象大多发生在吸入冲程期间；与常规阀相比，新型阀有利于减少冲蚀破坏，为提高往复泵的性能提供了新的研究方向。该案例中的仿真方法可为阀门的设计、结构优化和使用寿命的提高提供一定指导。

李亚等对离心风机进行了研究，使用了湍流模型及滑移网格模型，模拟了离心风机流场多个时刻的压力分布，研究了离心风机的振动噪声预测，得到以下结论：叶轮辐射声与蜗壳脉动压力辐射噪声相比，在低频时前者明显低于后者，在高频时前者又会高于后者，这分别与蜗壳辐射声面积较大以及叶片较强的涡发放有关；与噪声实验结果相比，噪声数值计算结果在低频时偏低，在高频时偏高，两者整体趋势基本一致，能够满足工程分析需要。此外，在此研究中，数值计算结果与实验结果较吻合，验证了叶轮辐射声和蜗壳压力脉动辐射噪声预测方法的有效性，也从侧面反映出两者是管中噪声主要的噪声源。

Roknaldin 等对鼓风机进行了研究，建立了一种简化的风机模型，提出了一种系统化的风机宏观设计方法，得到以下结论：CFD 模拟中考察叶轮细节的模型需要大量的网格点，在工程设计循环中尚不可行，因此采用简化或“宏”方法，对风机进行风机曲线修正建模，并可以得到准确的结果。在大多数功率密度比较高的系统中，鼓风机是其重要组成部分，利用 CFD 工具可大大减少原型和实验的前期设计工作。在此研究中所采用的设计方法可使热分析人员及时正确地模拟电子系统的冷却模式。

韩宝坤等对压缩机进行了研究，使用了标准 k-ε 湍流模型，模拟了旋转式压缩机的内部流场，研究了旋转式压缩机在安装油分离器后性能的变化，得到以下结论：安装油分离器在很大程度上降低了油循环率，同时提升了能效百分比；试验结果很好地与仿真结果拟合，为今后在仿真模拟和试验结合分析优化方面提供参考依据。

张博等对喷射泵进行了研究，建立了喷射泵内二维可压缩性流体流动的数学模型，模拟了通道内回流现象和喷射泵“恒能力”现象，研究了静压力在轴线上的分布情况及工作压力对喷射泵性能的影响，得到以下结论：持续降低出口压力会在混合室内形成激波，喷射系数保持不变；工作压力过高会在混合室内产生壅塞，反而降低喷射因数，且吸入压力过低会在喷射泵吸入通道内产生回流现象。陆宏圻、倪福生等也对液体喷射泵进行了研究，他们运用 CFD 方法及湍流射流理论，导出了液体射流泵基本方程、最优参数方程、汽蚀方程及装置性能方程，并通过计算数学方法，利用计算机求出了上述方程的数值解，且由国内外的试验资料得到验证。

邓文宇等对真空泵进行了研究，建立了双侧涡旋干式真空泵内瞬态流动的仿真模型，模拟了泵腔内的工作过程、流动现象，研究了泵的流动特征以及热场分布情况，得到以下结论：三涡旋结构有助于提高抽速，腔体内流体分布呈周期性变化；涡旋吸气腔压力梯度沿径向指向外圆周侧，涡旋吸气腔开始排气时，外侧高压气体返流进入吸气腔中，导致吸气腔内气压迅速升高；对于涡旋吸气腔，泵腔内温度变化不大，吸气腔开始排气时，携带腔内局部压力升高，这主要是由高压气体返流、动能转变为机械能造成的。

3.1.4 离心泵模拟案例分析

3.1.4.1 问题描述

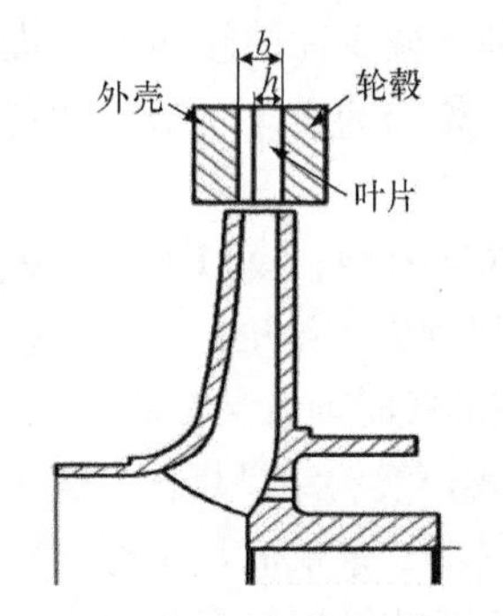

图 3-1 带叶片导流器的离心泵示意图

本案例(Fu et al.，2017)对离心泵中的流体输送进行 CFD 模拟，研究离心泵的作用机制及降低叶片高度对离心泵运行性能的影响机理。本案例所用离心泵由一个带有 6 个转子叶片的叶轮、一个蜗壳和一个带有 5 个叶片的导流器组成。泵的设计速度为 2900r/min，设计体积流量和设计压头分别为 40m^3/h 和 60m。带叶片导流器的离心泵示意图如图 3-1 所示。在数值模拟中，导流器叶片高度根据不同情况而变化。在本研究中，h/b 的值取 0、0.3、0.4、0.5、0.6、0.8 和 1.0。叶片高度 h/b 为 0 的导流器是无叶片导流器，h/b 为 1.0 的导流器是叶片式导流器。

3.1.4.2　问题分析

离心泵中的流体流动较为紊乱，因此本例选用湍流模型。此外，本体系涉及旋转，常用的方法有两种，即多重参考系模型(MRF)和滑移网格模型。

3.1.4.3　解决方案

1. 几何建模与网格划分

本案例中，为考虑流动泄漏的影响，泵腔也包含在计算域内，其包括入口部分、叶轮间距、前泵腔、后泵腔、导流器间距和出口部分的蜗壳。入口部分和出口部分在三维模型中拥有足够长度，以确保内部流场在模拟中相对稳定。本案例利用商业软件 ICEM-CFD 将流域划分为结构网格，计算域的网格视图如图 3-2 所示，其中叶轮和导流器的网格为单间距网格。

图 3-2　离心泵计算域的网格视图

对于轴对称的叶轮和导流器，仅需要一个叶片间距用于限定某叶片的两侧面之间的周期性连接，然后通过围绕泵旋转轴线的旋转直接获得用于其他叶片间距的网格。在隔室和壁附近区域细化网格，以在这些区域获得更准确的流动细节。为了设置对数近壁节点，使壁面函数对边界层有更好的分辨率，第一节点和无量纲壁面距离 y^+ 的比值应小于 60。具有不同导流器的计算域的网格总数不小于 4.82×10^6，并且网格独立性已得到验证。

2. 模拟过程

离心泵中流体流动紊乱、高速，由于壁面及黏性作用，近壁区域的流动处于低雷诺数状态，湍流运动表现出很强的不均匀性和各向异性。为了提高近壁区域的仿真精度，采用自动近壁处理的剪应力输运湍流模型(SST k-ω 模型)模拟湍流。在两方程涡黏性湍流模型中，k-ε 模型能够较好地模拟远离壁面充分发展的湍流流动，而 k-ω 模型则更为广泛地应用于各种压力梯度下的边界层问题。为了集合两种模型的特点，Menter 在标准 k-ω 模型基础上进行修正，提出 SST k-ω 模型。该模型在远离壁面的区域等价于标准 k-ε 模型，在近壁区域等价于标准 k-ω 模型。该模型为低雷诺数模型，综合了 k-ε 模型在远场计算中能较好地模拟充分发展的湍流流动的优点和 k-ω 模型在近壁区计算中能较好地适用于各种压力梯度下边界层问题的优点。

对于稳定和不稳定的模拟边界条件，均在入口处给出总压力条件，并在出口处指定质量流量条件。整个计算域边界的壁面条件指定为无滑移壁面条件。转子和定子之间的接口指定为“瞬态转子-定子”，转子和定子之间的相对位置可以在每个时间步长更新，且稳态模拟的结果作为非稳态模拟的初始流场。对于 2900r/min 的转速，时间步长设定为 1.7241×10^{-4}s，在此期间叶轮在每个时间步长中旋转 3°，叶轮的旋转周期为 0.0206s，模拟的总时长为 2.482s，与 12 个叶轮循环时长相对应。本案例中选择最后一次计算的结果用于内部流场分析。为将所有最大残差降低至 10^{-4} 以下，每个时间步长的最大迭代次数设置为 10。

3.1.4.4　结果与讨论

本案例主要讨论半叶片导流器($0<h/b<1$ 的区域)对泵整体性能的影响。半叶片导流器对水力性能的影响最为直接，因此，本案例首先分析水力性能的变化，然后讨论水力性能变化的原因(压力恢复和压力损失)。

1. 数值方法验证

本案例通过数值模拟和实验获得的压头特征之间的比较验证数值方法的准确性(图 3-3)。在数值模拟过程中，由于压头随叶轮旋转具有波动，因此通过一个叶轮旋转期间对压头进行平均来获得输出压头。

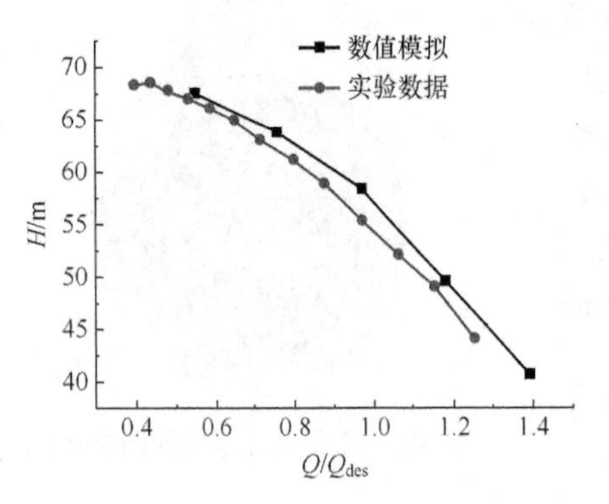

图 3-3　通过数值模拟和实验获得的压头特征

考虑到叶轮材料(有机玻璃)强度的限制，为了确保泵的安全运行，实验以 1450r/min 的速度进行，并通过类似的实验数据以 1450r/min 的速度进行转换以获得速度为 2900r/min 的流动参数。如图 3-3 所示，虽然数值模拟得到的结果略高于整个流量范围的实验数据，但实验与数值模拟之间的最大相对差值小于 5%。显然，它们之间的一致性很好，这说明数值方法适用于配备导流器的离心泵的模拟。

2. 水力性能

对于具有不同高度导流器叶片的离心泵，其性能特征比较如图 3-4 所示。本案例在 0.6 倍设计流量到 1.6 倍设计流量的流量范围内进行数值研究。在该范围内，所有导流器的压头数值均随流速增加而下降，其中叶片式导流器($h/b=1$)压头的下降速率尤其明显。对于叶片 h/b 值不同的离心泵，其压头的相对差异随流速的变化很小。但叶片式导流器和半叶片导流器压头值的相对差异随流速的增加而逐渐增加。h/b 为 0.3 和 0.5 的导流器压头曲线和效率曲线几乎一致，说明叶片高度比为 0.3 和 0.5 的导流器对操作性能的影响相似，在较低流速下，效率达到最大值，然后随着流速的增加而降低。叶片式导流器的最佳效率点在 $0.8Q_{des}$ 处，而叶片高度低的导流器的最佳效率点在 $1.0Q_{des}$ 处。

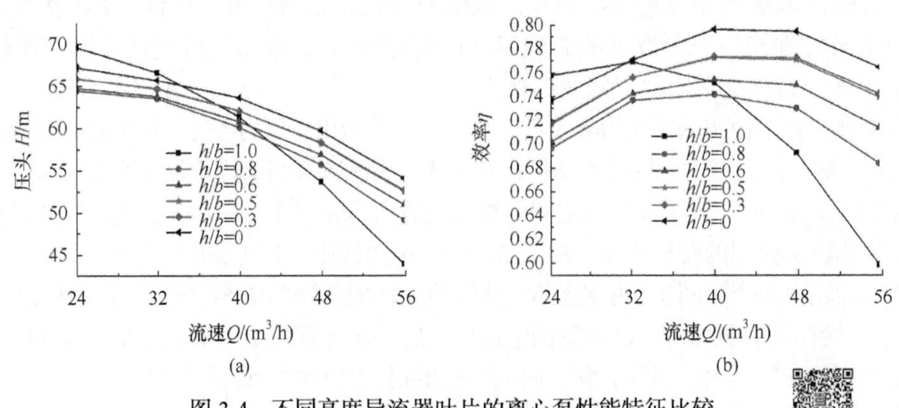

图 3-4　不同高度导流器叶片的离心泵性能特征比较

随着流过工作点的流率增加，叶片式导流器与半叶片导流器效率值的相对差异迅速增加。从图 3-4 可以获得减小导流器叶片高度显著扩大泵的操作效率的区间。一般来说，随着流速增大，压头和效率明显提升。

3. 叶轮的输出功

图 3-5 给出了一个叶轮旋转周期内，在三个操作流动点处，不同高度导流器叶片叶轮的输出功。对于各个导流器，随其流速增加，叶轮输出功减少。不同半叶片导流器的峰谷值几乎相等。叶片式导流器叶轮的输出功比其他导流器叶轮输出功振荡更加严重；半叶片导流器会削弱转子与定子间的相互作用对叶轮输出功的影响。

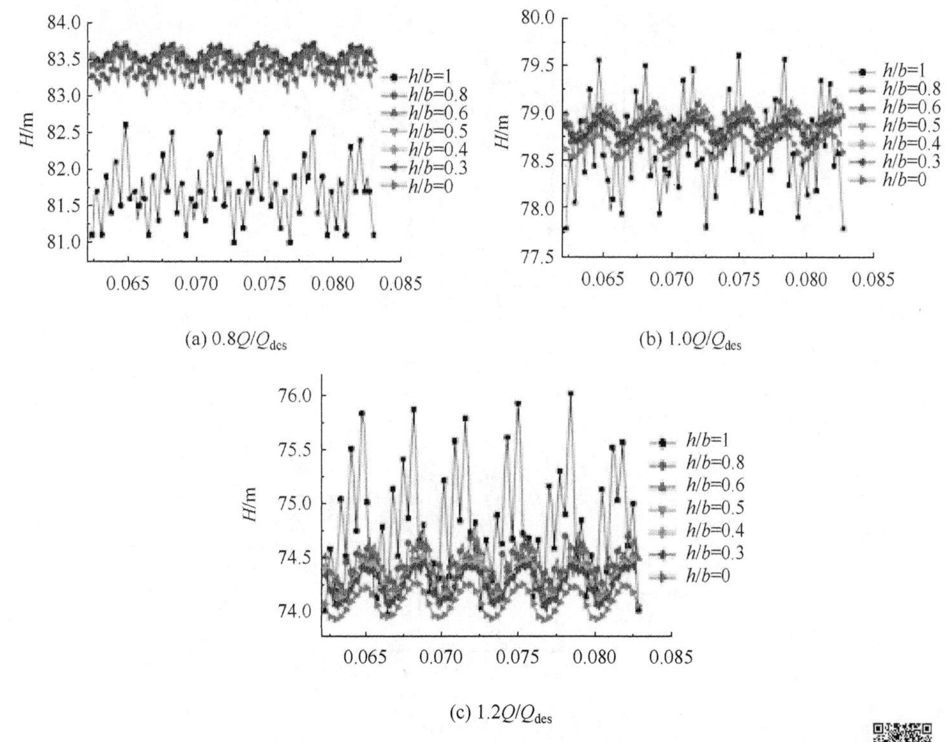

图 3-5　不同高度导流器叶片的叶轮在不同流量点的输出功

不同导流器叶轮输出功的差异可归因于转子与定子间的相互作用对叶轮流场的不同影响。由图 3-3 可知，压头最大值处，叶轮与叶片导流器的输出功最小，并且在流量过大时会出现同样的情况。其原因是导流器叶片高度不同导致压力恢复能力与导流器中能量损失不同，以及蜗壳内流场的不同。

4. 压力恢复和压力损失

对于具有叶片式导流器(h/b=1)的泵，相比于几乎没有压力恢复功能的蜗壳，叶片式导流器中可以观察到明显的压力恢复。随着叶片高度的降低，逐渐观察到蜗壳内的压力恢复。随着流速增加，导流器和蜗壳的压力恢复功能逐渐减弱。在设计流量点和部分流量点处，叶片式导流器的压力恢复功能优于半叶片导流器。在超流量点，半叶片导流器的压力恢复功能远优于叶片式导流器。

叶片式导流器的总压力损失最大值出现在设计流量点处，此时半叶片导流器的总压力损失达到最小值。在操作流量范围内，随着叶片高度增加，总压力损失波动的程度减弱，这意味着转子与定子间相互作用的影响减弱。在部分流速下，叶片式导流器中的总压力损失小于其他压力损失，而在设计流动点处情况则相反。随着流速的增大，每个导流器蜗壳中的总压力损失发生周期性增加。在整个工作流量范围内，叶片导流器蜗壳中的总压力损失大于半叶片导流器的总压力损失。

图 3-6 显示了在三个工作点处，不同叶片高度叶轮出口处的静压分布。由于转子与定子间的相互作用，导流器有相似的静压分布。其表面压力低于叶轮叶片截面处的压力，

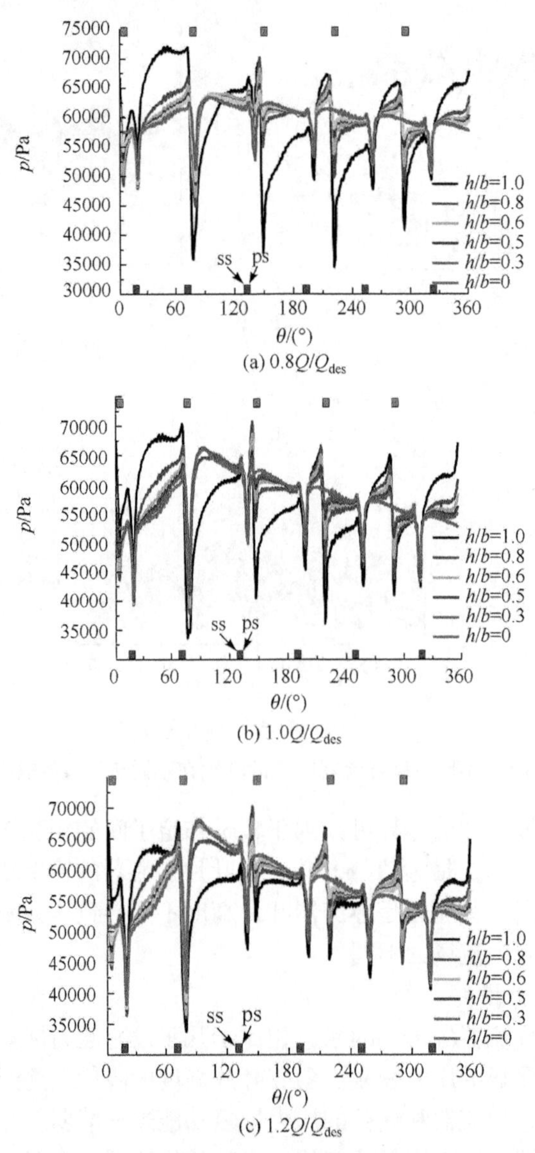

图 3-6 不同叶片高度叶轮出口处的静压分布

■导流器叶片位置；□ 叶轮叶片位置

与导流器叶片压力情况则相反。可以看出：曲线在导流器叶片和叶轮叶片位置处发生了突变，不同导流器的压力变化程度又是有区别的。当叶片高度降低时，三个工作点处的伸展性降低，归其原因也是导流器叶片高度变化减弱了叶轮与导流器间转子与定子的相互作用。对于部分流率及特定的叶片间距，压力分布的对称性随着导流器流量增加而变得更好，意味着叶轮中的流场对称性增强且局部损失更小。

对于半叶片导流器，从图 3-7 可以明显看出，泵中静压及流线在操作流点处的分布

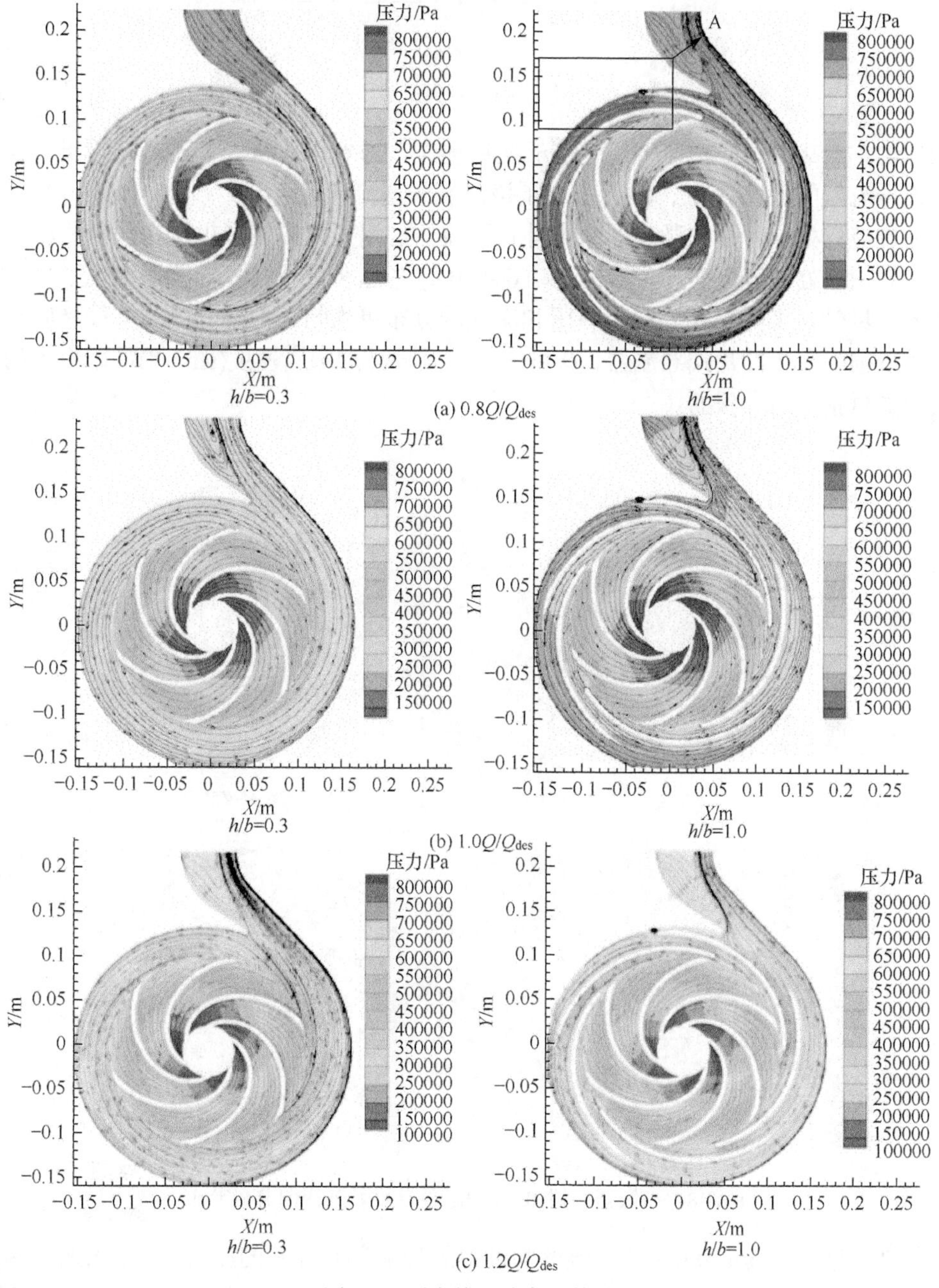

图 3-7　泵内静压分布及管路

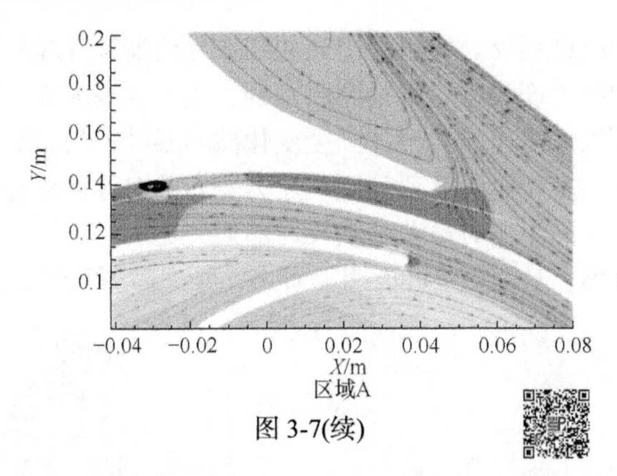

图 3-7(续)

更加均匀，意味着蜗壳中产生了更多的能量损失。另外，从图 3-7 还可以看出，在带有叶片式导流器的区域 A 处，涡流引起了该区域的逆流现象。

在过流点处，叶片式导流器和无叶片导流器的蜗壳出口区域也存在涡流，叶片式导流器蜗壳出口处涡流更强。在部分流动点如 $0.8Q/Q_{des}$ 处，无叶片导流器出现了涡流消失的现象。尽管在半叶片导流器中静压和流线的分布更均匀，但部分流动点处半叶片导流器的能量损失高于叶片式导流器，这可能是由其较高的圆周速度(图 3-8)带来更大的摩擦损失及能量损失所导致的。

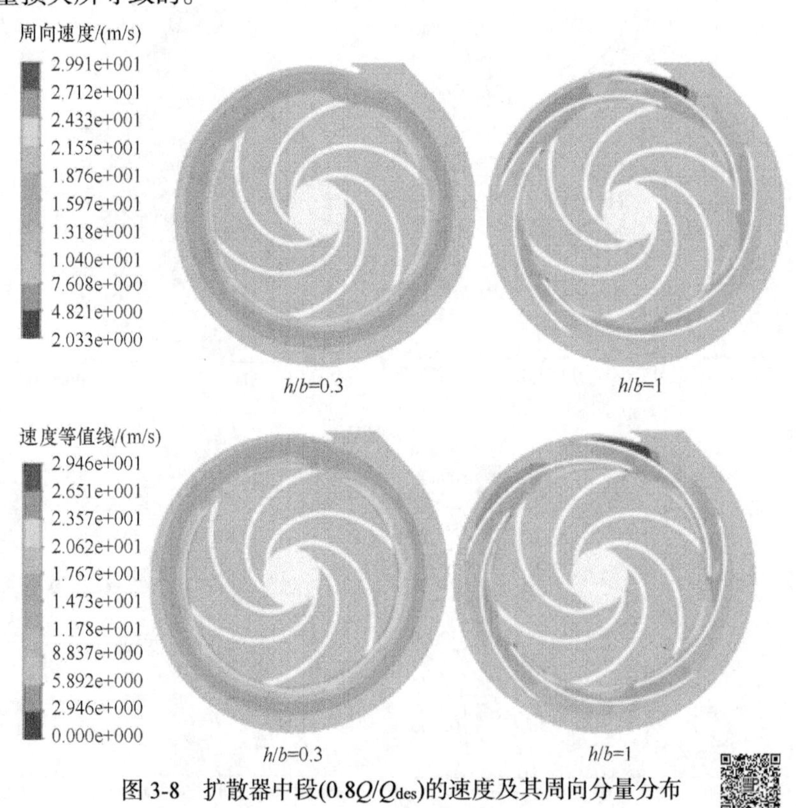

图 3-8　扩散器中段($0.8Q/Q_{des}$)的速度及其周向分量分布

图 3-9 显示了 h/b 为 0.3 的导流器与叶片式导流器叶片间的压力分布。显然，在具有半叶片导流器的操作流动点处，叶轮出口处的总压力分布更加均匀。由于叶轮和舌片间

的转子-定子相互作用，靠近区域 A(区域 A 参见图 3-7)的叶轮通道中的总压明显高于其他通道，这也可以从图 3-6 显示出来。在部分流速下，半叶片导流器的总压力分布比叶片式导流器更均匀。均匀的总压力分布意味着能量梯度小，也意味着能量损失少。对于半叶片导流器来说，其流速增加则与叶片式导流器情况相反，其总压力分布的均匀性并不好，因此出现了图 3-4 中半叶片导流器叶轮的输出功在部分流速下高于叶片式导流器，而在过流速情况下又较低的现象。

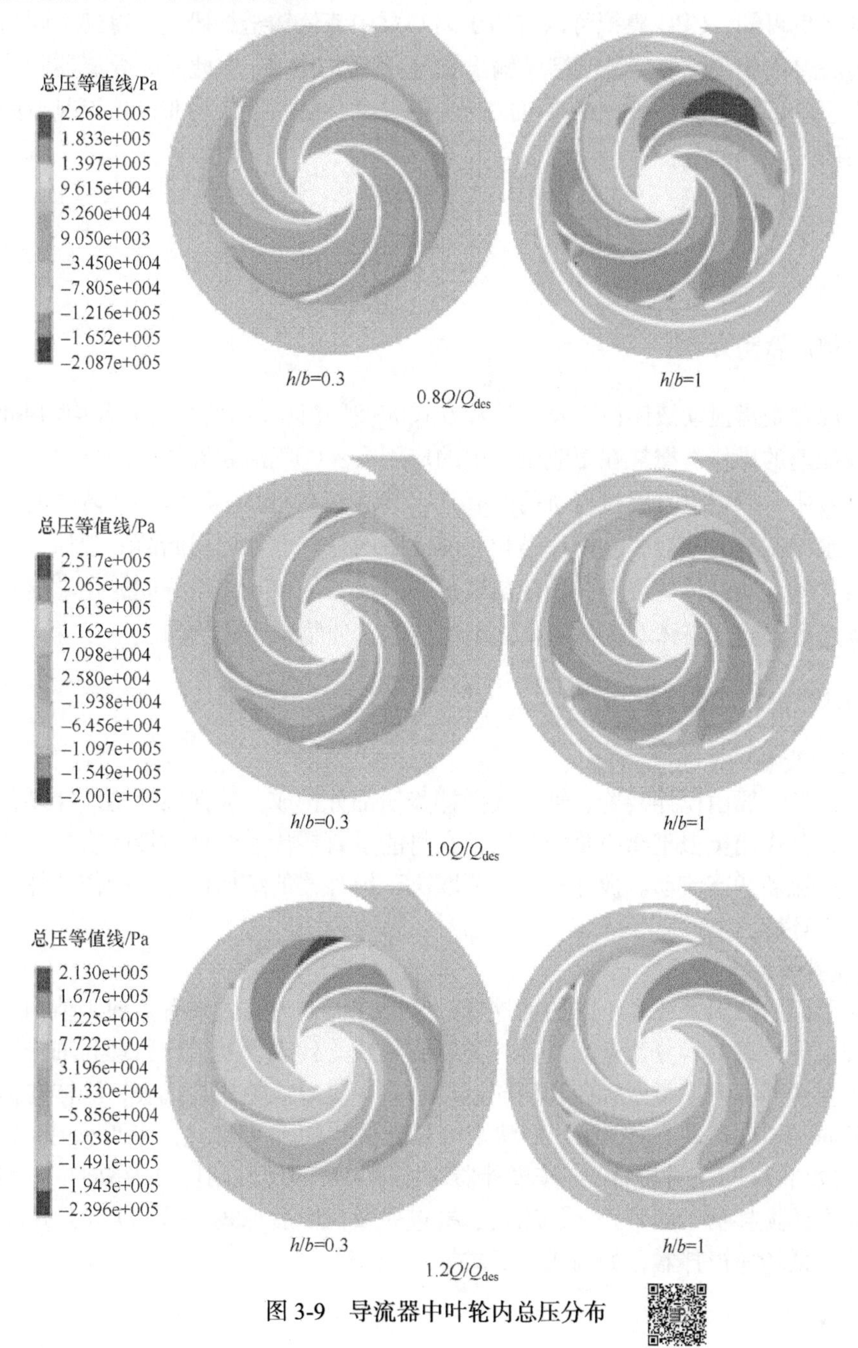

图 3-9　导流器中叶轮内总压分布

3.1.4.5 总结

本案例是对离心泵中流体输送过程的CFD模拟。在流体输送中，由于实际流体的流动较为紊乱，常采用湍流模型，本案例中采取的是剪应力输运湍流模型，体系还涉及旋转，因此需要用到转动模型。当需要对泵的气蚀现象进行研究时，不仅需要考虑流体动力学方程、湍流模型等，还需要引入相关的气蚀模型，即空化模型。

由本案例可知，CFD模拟可以应用于离心泵中流体输送的研究，得到不同高度叶片导流器离心泵的相关性能特征(压头、输出功等)及压力分布，由此研究导流器叶片高度对单级离心泵的影响。相关研究结果可广泛应用于离心泵的设计与非设计工况下的性能预测、参数研究和气蚀分析等。

3.2 搅拌混合

3.2.1 搅拌混合简介

搅拌混合是指搅动液体使之发生某种方式的循环流动，以使物料混合均匀或使物理、化学过程加速的操作。搅拌在工业生产中的应用有：①气泡在液体中的分散，如空气分散于发酵液中，以提供发酵过程所需的氧气；②液滴在与其不互溶的液体中的分散，如油分散于水中制成乳浊液；③固体颗粒在液体中的悬浮，如向树脂溶液中加入颜料，以调制涂料；④互溶液体的混合，如使溶液稀释，或为加速互溶组分间的化学反应等。此外，搅拌还可以强化液体与固体壁面之间的传热，使物料受热均匀。

3.2.1.1 搅拌设备

1. 搅拌设备的基本结构

搅拌设备一般由搅拌装置、轴封及搅拌釜三部分构成。搅拌桨叶是搅拌设备的核心组成部分，其作用类似于离心泵的叶轮，它将能量直接传递给被搅拌的物料，并迫使流体按一定的流动状态流动。搅拌效果主要取决于搅拌器的结构尺寸、操作条件、物料性质及其工作环境。

2. 搅拌器的类型

针对不同的物料系统和不同的搅拌目的，搅拌器的分类方式有多种，结构型式也有多种。按工作原理其可分为两大类：一类以旋桨式为代表，其工作原理与轴流泵叶轮相同，液体在搅拌釜内主要做轴向和切向运动；另一类以涡轮式为代表，液体在搅拌釜内主要做径向和切向运动。根据叶片形状则可分为平叶(如平叶桨式)、折叶(如折叶桨式)和螺旋面叶(如推进式)三种搅拌器。按搅拌器对液体黏度适应性则可分为两类：一类是适用于低中黏度的搅拌器，如桨式、涡轮式、推进式及三叶后掠式，另一类是适用于高黏度的大叶片、低转速搅拌器，如锚式、框式等。

3.2.1.2　搅拌功率

为达到特定搅拌目的，搅拌器需要做功，所消耗的功率大小是衡量其性能好坏的依据之一。液体受搅拌所需功率取决于所期望的液流速度及湍动大小，所需功率与叶轮形状、大小和转速，液体黏度和密度，搅拌釜大小、内部构件，以及叶轮在液体中的位置有关。由于所涉及的变量较多，进行实验时可借助于量纲分析，将功率消耗和其他参数联系起来。

3.2.1.3　搅拌器的放大

一般来说，搅拌问题非常复杂，很难建立搅拌效果与搅拌器几何尺寸及转速之间的定量关系，因此，只能通过模型试验，经历小试、中试以解决放大问题。搅拌器的类型及搅拌釜形状是通过实验确定的，方法是：在若干不同类型的小型搅拌装置中，加入与实际生产相同的物料并改变搅拌器的转速进行实验，从中确定能满足混合效果的搅拌器类型，然后将选定的小型搅拌装置按一定准则放大为几何相似的生产装置，即确定其尺寸、转速和功率。所用放大准则应能保证放大时混合效果保持不变。对于不同的搅拌过程和搅拌目的，有以下一些放大准则可供选择：①保持搅拌雷诺数不变；②保持单位体积能耗不变；③保持叶片端部切向速度不变。针对具体的搅拌过程究竟哪一个放大准则比较适用，需通过逐级放大试验确定。当出现以上几个放大准则皆不适用的情况时，可根据实际情况另外确定放大准则。

3.2.2　搅拌混合 CFD 模拟概述

CFD 在搅拌混合中的应用比较广泛，最常用的模型是多重参考系模型与滑移网格模型，本节将从搅拌混合在不同设备中的应用进行介绍。

张国娟对翼形 CBY 桨(变截面螺旋弧叶桨)搅拌釜进行了研究，其使用多重参考系模型及标准 k-ε 模型，对单层和双层六直叶涡轮及翼形 CBY 桨搅拌釜内的混合过程进行了数值模拟，包括不同示踪剂加料点、监测点位置及操作条件对混合时间的影响，得到以下结论：对于单层桨体系，无论是六直叶涡轮还是翼形 CBY 桨，混合时间的模拟值与实验值吻合良好，而对于双层桨体系，双层 CBY 桨混合时间的模拟值与实验值相吻合；搅拌釜内物料的混合过程主要由釜内流体的主体流动所控制；混合时间的长短与加料点位置及监测点位置密切相关。

Kasat 等对固液混合搅拌式反应器进行了研究，建立了搅拌式反应器内固相悬浮质量与液相混合过程的相互作用模型，模拟了其中的固液两相流动，研究了悬浮液质量对反应器中液相混合过程的影响，得出的主要结论如下：搅拌时间随搅拌速度的增加而增加，达到最大值后随搅拌速度的进一步增加而逐渐下降，直到满足离底悬浮条件；顶部清液中的混合延缓是导致混合时间增加的原因；顶部清液层中极低的液体速度是混合延缓的原因。该研究工作对于理解固液体系搅拌式反应器中复杂的流动过程有重要贡献。

Khopkar 等对多层 PBT 搅拌桨(斜叶片涡轮搅拌桨)气液反应釜进行了研究，使用标准 k-ε 湍流模型和双流体模型(欧拉-欧拉模型)，对同一轴上安装的多层搅拌器在三种不同流型和工况下产生的气液两相湍流进行了数值模拟，研究了三层 PBT 搅拌桨产生的整体流场及反应器内循环时间分布，得到以下结论：在有气体存在的情况下，叶轮的功率耗散变化规律和总气含率变化规律是合理的；其预测的循环时间与实验数据相吻合，计算模型较为理想。该研究提出的模型有助于推广 CFD 模型在大型多相搅拌反应器模拟中的应用。

程园畅等对三桨叶搅拌釜进行了研究，使用 k-ε 湍流模型，模拟了 4 个几何相似的三桨叶搅拌釜内的湍流场，以完全混合所需时间 T_{90} 为放大基准，研究了搅拌转速、单位容积消耗功率等随搅拌釜几何放大后的变化规律，得到的主要结论如下：以完全混合时间 T_{90} 为放大标准时，几何相近的搅拌釜，转速恒定的放大原理仅当放大倍数小于 2～3 倍时才适用，当放大倍数再大时，则较难实现完全混合时间相同的要求；而以 CFD 模拟结果为放大标准时，同传统的放大方法相比，结果更为准确，且具有更强的实用性。

3.2.3　搅拌混合模拟案例分析

3.2.3.1　问题描述

本案例(Ding et al.，2010)是对搅拌混合的 CFD 模拟，对生物制氢实验室规模的连续搅拌釜反应器(CSTR)中的三维气液流动进行研究。此 CSTR 总容量为 17L，釜内含有微生物以连续流模式运行以生产生物氢。生物制氢系统的原理见图 3-10(a)。常规的搅拌桨

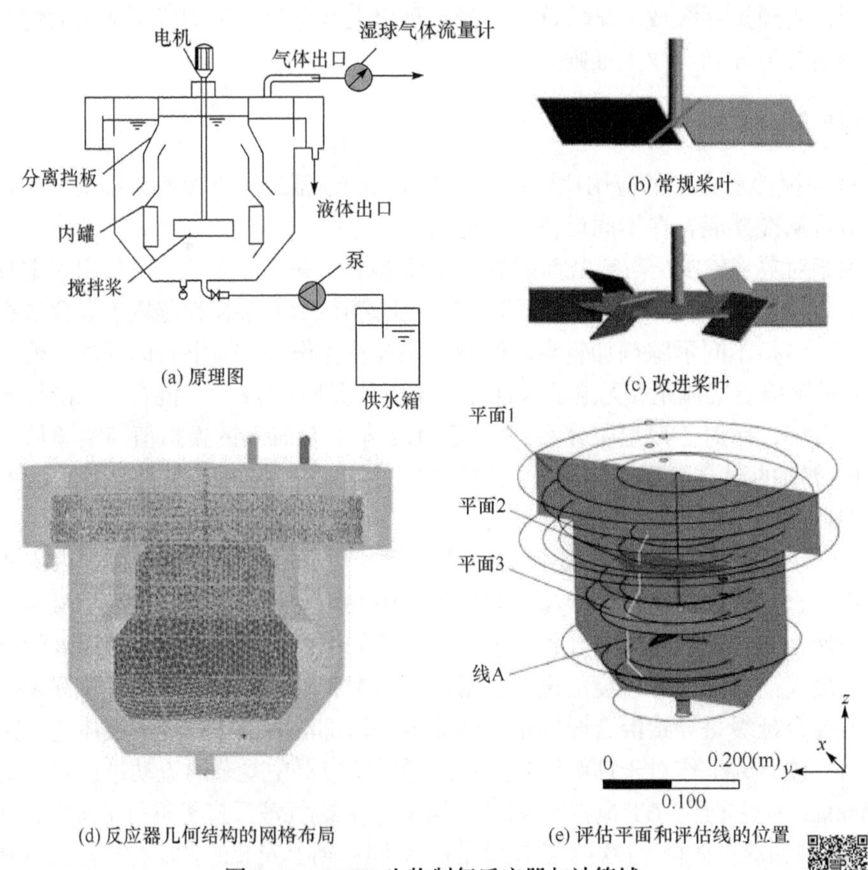

图 3-10　CSTR 生物制氢反应器与计算域

设计具有 45°角的三桨叶和 100mm 的外径[图 3-10(b)]，其以不同的转速运行以得到不同的流场。经过改进的搅拌桨为 45°六角桨叶，外径为 120mm[图 3-10(c)]。四个挡板均匀地安装在内罐周围，每个挡板的宽度为 20mm。温度保持在 35℃±1℃的水平。本案例研究不同搅拌桨设计(桨叶形状、转速)对生物制氢的流体动力学影响。

3.2.3.2　问题分析

在 CSTR 中的流体流动为湍流，故本案例选用湍流模型，本案例还涉及旋转，因此需要采用多重参考系模型或滑移网格模型。

3.2.3.3　解决方案

1. 几何建模与网格划分

本案例所采用的几何模型如图 3-10 所示，由 ANSYS ICEM 生成非结构化网格，其具有用户可指定网格的特征，从而可以根据网格的梯度，在每个坐标方向上设置最细和最粗的网格，在实体边界附近进行细划分[图 3-10(d)]。使用四网格算法将四面体网格填充到体积中，并在对象表面生成表面网格。此外，本案例进行了网格独立性分析，以消除与网格粗糙度有关的误差。选择压力进行网格测试。当使用最佳网格数时，压降差低于 5%，仿真结果随网格密度的变化很小，因此可忽略数值仿真中的截断误差。该反应器的优化网格数为 9433203，共含 1618028 节点。

2. 模拟过程

标准 k-ε 模型是最常用的湍流闭合模型，其具有简单、计算要求较低以及对复杂湍流有良好收敛性的特点。多重参考系模型是对搅拌反应器进行建模的最常用的数值方法之一。这种方法可以模拟搅拌桨产生的流动和混合，并且总计算时间较短。将反应器分为旋转区域和固定区域。旋转区域边界包括搅拌桨叶和搅拌轴的一部分，位于 $z = 60$mm 至 $z = 80$mm($r = 70$mm)的位置。在仿真中使用具有“定转子”相互作用方案的多重参考系绑定固定区域和旋转区域。将混合物和沼气用作区域流体，并根据测量结果指定流体属性和其他关键参数，如密度和动态黏度等。多相流通过密度差模型实现，通过考虑相之间密度的差异计算附加浮力，且将浮力参考密度设置为密度较小的流体(沼气)的密度。重力矢量与旋转轴对齐。此外，本案例中生物气以平均直径 1mm 气泡的形式分布于混合物中，因此，反应器内存在两相，一相是气相(生物气)，另一相是液相(混合物)。本案例采用欧拉-欧拉多相流模型模拟每相的流动行为。

混合物在通过出口管离开反应釜之前，其连续不断地通过反应器顶部的挡板溢流，在挡板顶部形成自由表面。该表面的高度用于计算体积分数和静压力的初始值。通过低湍流强度(1%)给出了入口处的湍流边界条件。混合物的出口设置为指定大气压的静压出口边界条件，而将反应器顶部的沼气出口设置为开口边界条件。所有其他固体表面(包括桨叶片、轴、挡板和反应器壁面)均由壁面边界条件定义，沼气自由滑移，混合物无滑移，并假设温度分布均匀。使用 ANSYS CFX 模拟反应器的流体动力学行为。采用了一个高分辨率稳态算法，该算法有很高的精确度和约束条件，并自动实现时间尺度控制。在稳态仿真阶段，10^{-4}均方根(RMS)残差目标的收敛准则在400次迭代内达到。对于5min时间步的瞬态模拟，10^{-4}RMS残差目标的收敛标准在600次迭代内达到。

3.2.3.4 结果与讨论

1. 验证

流场的实验测量对于校准和验证仿真模型是必需的。根据实验结果，可进一步完善模型，以提高仿真结果与实验值的一致性。本案例中比较了停留时间分布(residence time distribution，RTD)的实验结果与模拟结果。尽管仅通过RTD进行实验验证不足以深入研究流场，但RTD是反应器设计中的基本参数，它可以提供有关底物在反应器中进行厌氧发酵的时间信息。使用两点检测方法，可以测量反应器入口和出口处的氧气浓度变化。将少量的LiCl用作示踪剂，并通过注射器注射到入口管中，以模拟对反应器内部流干扰最小的脉冲。在RTD实验中，比较获得的入口曲线和出口曲线可以估算平均停留时间。实验和模拟的结果以量纲为一的形式和规范化形式解释。θ是量纲为一的时间，τ是平均停留时间，$E(\theta)$是标准的RTD函数。

$$\theta=\frac{t}{\tau} \tag{3-2}$$

$$\tau=\frac{\sum t_i C_i}{\sum C_i} \tag{3-3}$$

$$E(\theta)=\frac{Q}{m}C(\theta) \tag{3-4}$$

从图3-11(a)和(b)可以看出RTD实验测量值和预测值之间具有良好的一致性。图3-11(a)和(b)将仿真与实验结果进行了比较，可以看出实测数据与仿真数据之间的相对误差在20%以内，表明该模型可以对反应器内的流体力学行为提供较准确的描述。

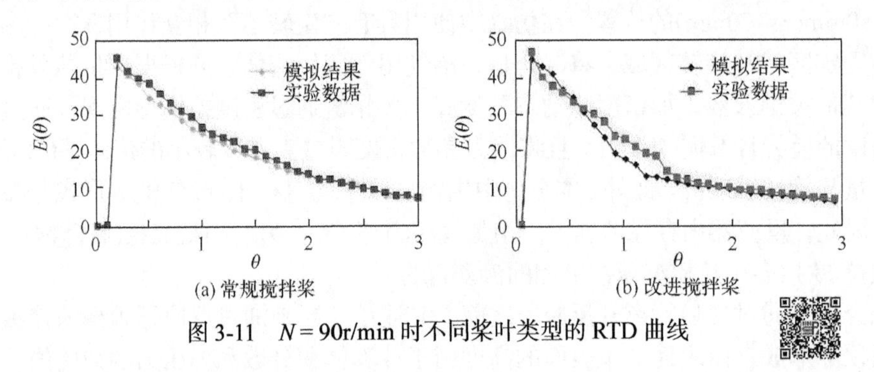

图3-11 $N=90$r/min时不同桨叶类型的RTD曲线

2. 流体场分析

本案例对两种搅拌桨进行了五种稳态模拟，搅拌速度从50r/min到130r/min，间隔为20r/min。在通过反应器的某些线和平面中评估了沼气的体积分数、速度场、湍动能和剪切应变率。这些线和平面的位置如图3-10(e)所示。

图3-12(a)～(d)显示了在不同搅拌桨在不同转速下生成的混合流体的速度场。由搅拌桨叶搅动的混合流体沿径向喷射出来，然后在釜壁附近分成两股。一股在搅拌桨叶上方

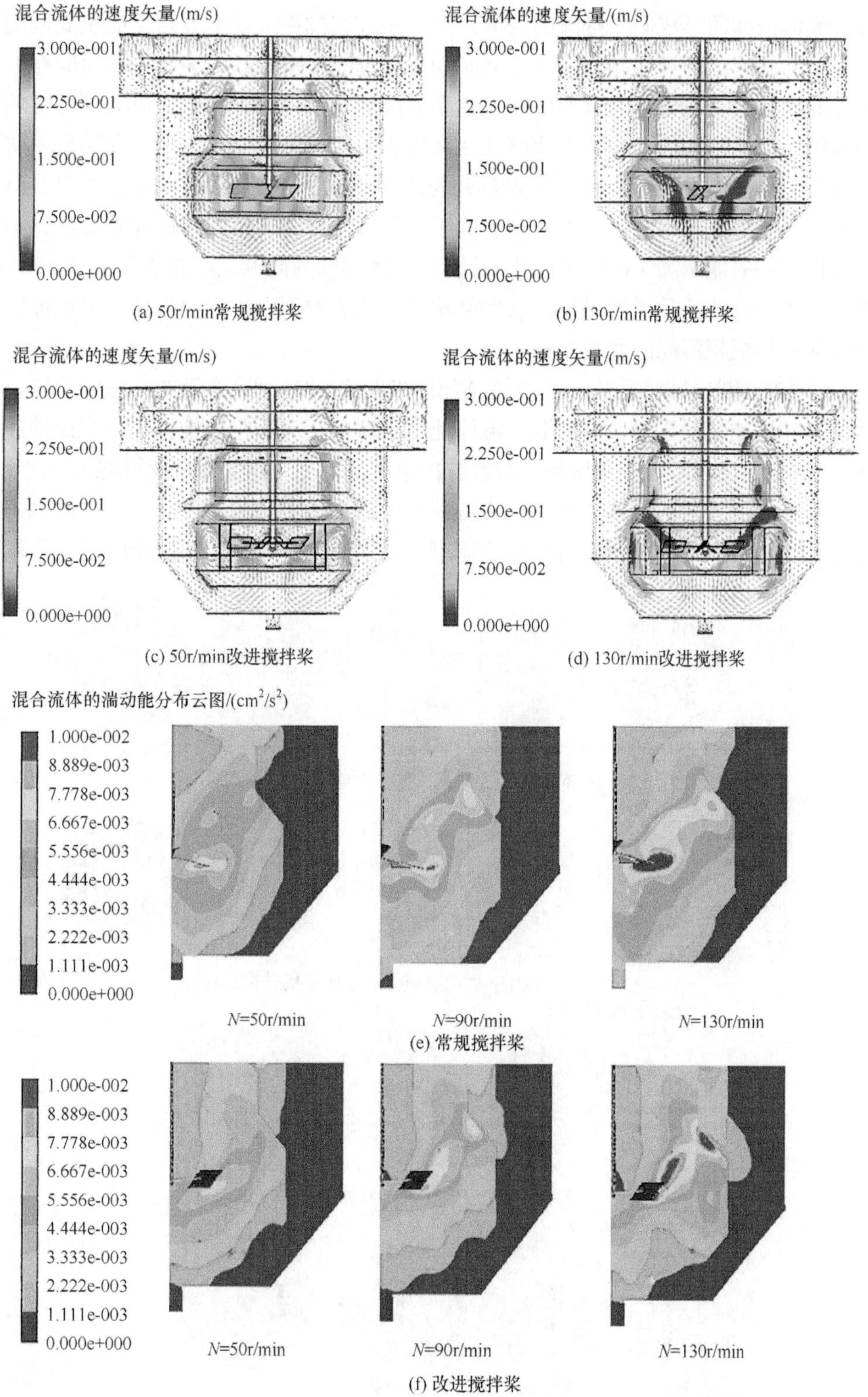

混合流体的速度矢量/(m/s)

3.000e-001
2.250e-001
1.500e-001
7.500e-002
0.000e+000

(a) 50r/min常规搅拌桨

混合流体的速度矢量/(m/s)

3.000e-001
2.250e-001
1.500e-001
7.500e-002
0.000e+000

(b) 130r/min常规搅拌桨

混合流体的速度矢量/(m/s)

3.000e-001
2.250e-001
1.500e-001
7.500e-002
0.000e+000

(c) 50r/min改进搅拌桨

混合流体的速度矢量/(m/s)

3.000e-001
2.250e-001
1.500e-001
7.500e-002
0.000e+000

(d) 130r/min改进搅拌桨

混合流体的湍动能分布云图/(cm^2/s^2)

1.000e-002
8.889e-003
7.778e-003
6.667e-003
5.556e-003
4.444e-003
3.333e-003
2.222e-003
1.111e-003
0.000e+000

N=50r/min　N=90r/min　N=130r/min

(e) 常规搅拌桨

1.000e-002
8.889e-003
7.778e-003
6.667e-003
5.556e-003
4.444e-003
3.333e-003
2.222e-003
1.111e-003
0.000e+000

N=50r/min　N=90r/min　N=130r/min

(f) 改进搅拌桨

图 3-12　速度矢量场和湍动能分布云图(平面 1)

与混合流体液面间形成向上翻滚的涡流，另外一股在搅拌桨叶下方与反应釜底部间形成向下翻滚的涡流。常规桨叶[图 3-12(a)和(b)]比改进桨叶[图 3-12(c)和(d)]在反应器上方产生更强的涡流，并在底部附近产生更大的涡流区域，该涡流有利于反应器顶部区域发酵底物和厌氧活性污泥的混合，因此该区域悬浮着更多的沉淀活性污泥。漩涡也表明停留时间较长。由反应器底部区域的湍动能(k)的预测分布[图 3-12(e)和(f)]可以看出，由于较大的空间速度梯度，桨叶区域中的 k 值高于整体区域中的 k 值。在反应器底部，与常规桨叶流量相关的能量高于改进桨叶流量，因此常规桨叶的湍流强度在该区域也相对较高。此外，改进桨叶转速的增加对反应器底部湍动能的影响不大。这一模拟结果也证实了反应器底部容易沉积污泥的实验观察。

图 3-13(a)和(b)显示了平面 3(内罐顶部的横截面)的速度分布云图。可以看出，随着搅拌转速的增加，反应器顶部的混合流体速度也增加。对于常规搅拌桨，当搅拌速度低于 70r/min 时，出现明显停滞区域。随着搅拌速度的增加，速度分布变得均匀。相反，改进搅拌桨可以以较低的搅拌速度在反应器顶部区域产生更好的速度分布。流体水力学作用力的大小通常表示为剪切应力或剪切速率，是生物反应器设计和操作的另一个重要参

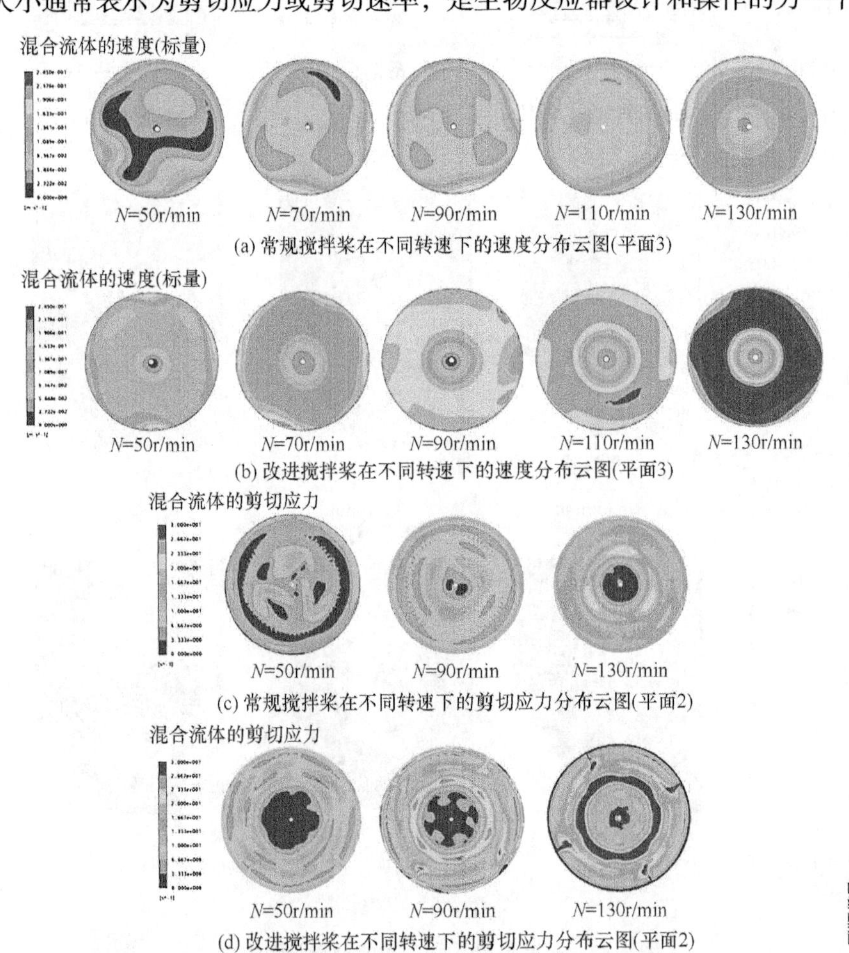

图 3-13　两种搅拌桨在不同转速下的速度分布云图(平面 3)和剪切应力分布云图(平面 2)

数。高剪切应力的区域通常也是混合程度较高的区域，但是高剪切应力会损坏微生物细胞和污泥絮凝物，应避免使用。因此，对流体动剪切应力的正确理解对于成功设计生物制氢反应器至关重要。图 3-13(c)和(d)显示了平面 2 上的剪切应力的分布云图，该云图所在面是搅拌桨正上方的横截面。从图 3-13(c)可以看出，对常规搅拌桨而言，其剪切应力随搅拌速度的变化而平滑变化。在图 3-13(d)中可以清楚地观察到优化搅拌桨的剪切应力分布情况。

3. 转速对生物制氢的影响

图 3-14 显示了常规搅拌桨和改进搅拌桨在不同转速下的平均生物气产量和产氢量。从图中可以看出，桨叶的类型和速度会影响生物氢的生产过程。常规搅拌桨在 90～110r/min 的速度范围内的流体动力学特性更适合于生物氢的生产。与之前的模拟结果相结合，可以获得流体动力学与生物氢产量之间的定性关系。剪切应力和沼气体积分数随着搅拌速度的增加而增加，抵消了生物氢的产生，在较高搅拌速度下，氢气的平均产量会降低。改进搅拌桨带来的剪切应力随着搅拌速度的增加而大幅增加，导致生物氢产量降低。对于高速制氢过程，改进的搅拌桨不如常规搅拌经济实惠。生物制氢反应器的流体动力学行为会影响内部发生的化学-生物反应，并证实了 CFD 是预测反应器中流动状态的有力工具。

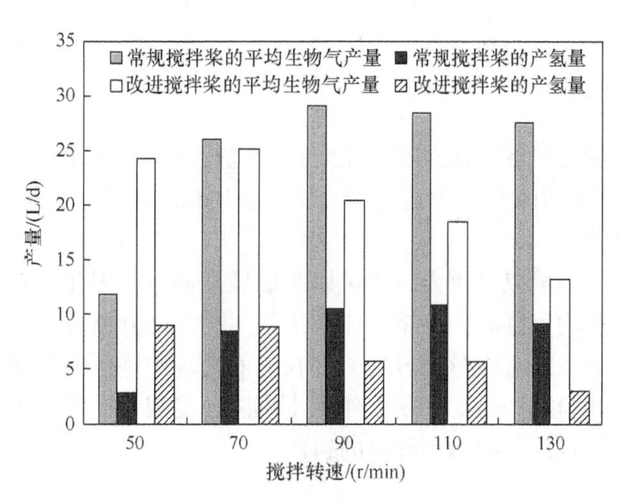

图 3-14　不同转速下常规搅拌桨和改进搅拌桨的平均生物气产量和产氢量

3.2.3.5　总结

本案例是对连续搅拌釜式反应器的混合模拟。在搅拌混合中流体的流动为湍流，因此需要使用湍流模型，体系会涉及搅拌桨的旋转，常用的方法是多重参考系模型和滑移网格模型。气液两相是搅拌反应釜中常见的流体相态，为能够更准确地模拟气液两相，需要考虑气液相间面积及气泡的相应参数，可使用粒数平衡模型，它是模拟局部气液特性的有效工具。

由本案例可知，使用 CFD 模拟 CSTR 中的三维气液流动，可以得到气体体积分数、速度场、湍动能、剪切应力及不同条件下的气体产生量。从本案例可以看出，改进搅拌桨在较低搅拌速度情况下，在反应器中可以产生更好的速度分布，与常规搅拌桨相比，它需要更高的平均氢产率和更少的启动时间，速度可控制在50～70r/min。这些模拟结果可用于连续搅拌釜式反应器的设计，为生物制氢提供更好的选择。

3.3 沉　降

自然界中大多数物质是混合物，可以分为均相混合物和非均相混合物。均相混合物内部处处均匀，不存在相界面，如混合气体、溶液等；非均相混合物在内部存在两种及以上的相态，如悬浮液、含尘气体和乳浊液等。

非均相混合物中的分散相和连续相具有不同的物理性质，如固液混合物因密度不同可以采用机械的方法将其分离。要实现这种分离，必须使分散相与连续相之间发生相对运动，因此，非均相混合物的分离操作遵循流体力学基本规律。根据两相相对运动方式的不同，机械分离可以分为沉降和过滤两种操作方式。

3.3.1 沉降简介

3.3.1.1 沉降原理

沉降分离是一种用机械方法对非均相混合物进行分离的单元操作。在某种外力作用下，利用分散相和连续相之间的密度差异，使之发生相对运动，即颗粒相对于流体运动，实现分离的操作过程。

沉降操作的作用力可以是重力，也可以是惯性离心力，因此沉降过程又可分为重力沉降和离心沉降。重力沉降是指在重力作用下发生的沉降分离过程。离心沉降是指在惯性离心力的作用下发生的沉降分离过程，即在离心力场中进行的沉降分离。分散相与连续相密度差较小或颗粒细小时，在重力作用下沉降速度很慢，但利用离心机的作用可以加快固体颗粒的沉降速度，以达到分离的目的。

3.3.1.2 沉降设备

重力沉降设备根据分离目的的不同可以分为沉降室、沉降槽和分级器；离心沉降设备根据分离物料的要求分为旋风分离器和旋液分离器。

沉降室主要用于分离气相中的固体颗粒，其结构简单、流动阻力小，但设备庞大、分离效率低，通常只适用于分离粗颗粒或作为预除尘设备；沉降槽主要用于分离悬浮液中的固体颗粒，并且根据所分离悬浮液的浓度差异可以分为澄清器和增稠器；分级器是利用固体颗粒的大小与相对密度的不同，因而在液体中沉降速度不同的原理，用于对悬浮液中不同粒度的颗粒进行粗略分离，或者是将两种不同密度的颗粒进行分类，从而实现分级操作；旋风分离器是分离气固混合物的常用设备，其主体的上部为圆柱形筒体，下部为圆锥形；旋液分离器(又称水力旋流器)主要用于从悬浮液中分离固体颗粒，其基本结构与操作原理和旋风分离器大致相同。

3.3.2　沉降 CFD 模拟概述

沉降模拟常用模型主要有湍流模型和多相流模型。CFD 在沉降中的应用非常广泛，本节从沉降室、沉降槽、分级器、旋风分离器、旋液分离器等设备的角度进行介绍。

张海茹等对沉降室进行了研究，建立了重力沉降室三维稳态模型，模拟了烟气颗粒的沉降过程，研究了沉降室各方案的系统变量分布情况，得到以下结论：系统速度的最大值始终位于出口附近，沉降室的结构尺寸影响系统速度大小，继而影响烟气颗粒的沉降效果；由于烟气中的颗粒在运行中受到多种作用力的影响及入口边界条件的周期性波动，部分颗粒会在边界条件最低点附近沉降至底部；实际工程中可根据输灰方式、沉降室建设费用等因素综合考虑具体方案。Jungseok 等也对沉降室进行了研究，使用拉格朗日耦合模型和欧拉模型，模拟雨水所夹杂固体的沉降过程，研究了不同模式预测不同类型的雨水所夹杂的固体物在沉降室中的行为，得到以下结论：耦合模型比非耦合模型提供了更准确的模拟结果，但计算时间较长；虽然欧拉模型非常适合模拟高密度细颗粒的沉降并可提供可靠的预测，但拉格朗日耦合模型仍是一个有效的替代方案，因为其可以大幅减少计算时间。

Xanthos 等对沉降槽进行了研究，使用了絮凝模型，模拟了固体颗粒在沉降槽中的沉降过程，研究了不同进口和罐内挡板结构对 Gould-Ⅱ型沉降槽流体力学性能的影响，得出以下结论：4H7V 工况保证了挡板后的旋塞流型，提高了沉降槽的出水质量；池内挡板使再循环减少，避免已澄清液体再次进入入口区，从而提高整体流速并提供进一步絮凝区，提高了其整体的沉降效率。周天等也对沉降槽进行了研究，建立沉降槽中心桶的三维 CFD 模型，模拟了颗粒的沉降过程，研究了赤泥分离沉降槽中心桶内的流场流型，得到以下结论：在中心桶内存在复杂的流型，进料流量和中心桶的径高比对中心桶内流场流型有重要影响；通过优化实验，中心桶内死区的体积分数可减少，混合区的体积分数可提升。

许芳芳等对分级器进行了研究，使用 k-ω 湍流模型和 VOF 模型模拟分级器内水的流场，研究预测了颗粒的分级情况以及水流量和分级器的直筒高度对颗粒分级情况的影响，得到以下结论：对于结构参数一定的分级器，综合分级效率随着水流量的增加先增大后减小；在处理量及筒径一定的情况下，分级器的效率随着直筒部分高度的增加也呈现先增大后减小的趋势，细粒回收率随着直筒部分高度的增加而减小。

Chu 等对旋风分离器进行了研究，使用离散单元法，模拟旋风分离器内的气固两相流动，并从气固两相流结构和颗粒-气、颗粒-颗粒、颗粒-壁面相互作用力等方面研究和分析了固体负载率的影响，主要得到以下结论：旋风分离器内固体的总质量不随固体负载率线性增加，当固体负载率较低时，更多的固体倾向于在旋风分离器中积聚；当加载固体后，气体压降先增大后减小，达到稳定值。赵新学等也对旋风分离器进行了研究，使用相间耦合的随机轨道模型，模拟颗粒与气相之间的相互作用和颗粒的湍流扩散，并研究了旋风分离器在工业应用中存在的磨损问题，得到如下结论：旋风分离器壁面磨损呈不均匀分布，主要的磨损部位有分离器顶板、环形空间上部以及锥体的端部附近；随着入口速度的增加，各部分的磨损量都有不同程度的增大，但总体趋势一致。

全洪兵等对水力旋流器进行了研究，使用拉格朗日多相流模型，模拟了水力旋流器的流场和颗粒轨迹，研究了在不同流速下，旋流器腔内液体流动压力分布和不同密度颗粒的运动轨迹及分离情况，得到如下结论：旋流器中流速的变化并不能影响其压力分布形式，却影响其内部正负压力的最大值；旋流器流速影响颗粒分离率，大部分颗粒随着流速的增加分离率逐渐增大；在较低流速时，旋流器对密度较大的颗粒具有更好的分离效果，在较高流速时，颗粒密度增加而分离率有降低的趋势。

3.3.3 重力空气分级器模拟案例分析

3.3.3.1 问题描述

本案例(Johansson et al.，2012)对沉降进行 CFD 模拟，研究重力空气分级器设计对分级效率的影响机理。图 3-15 为本案例研究的重力空气分级器结构。其工作原理为颗粒和空气从顶部进入分级器并混合。随着空气在分离区处旋转流动，质量较小的细颗粒能够跟随气流离开分离区，质量较大的粗颗粒将继续向下移动。然而，湍流与颗粒之间的相互作用可能阻碍一些细颗粒随气流离开，因此重力分级器具有二次空气入口，可以对粗颗粒和细颗粒进行第二次分级。来自次级入口的气流使细颗粒循环回分离区。因此，理论上细颗粒的再循环有助于改进分级效率。本案例使用 CFD 研究重力空气分级器的设计和几何参数对流场和空气分级性能的影响。

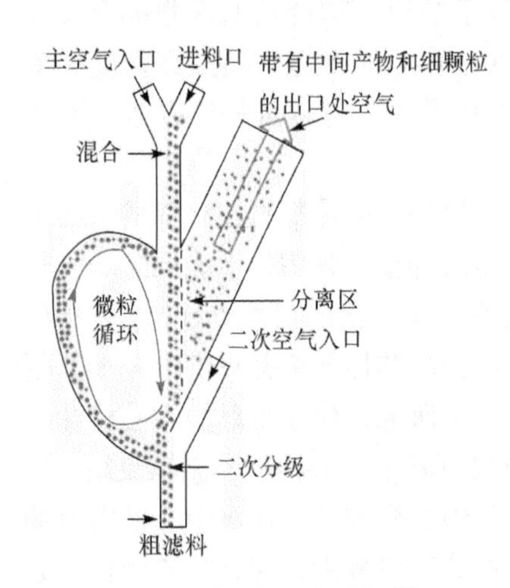

图 3-15 重力空气分级器

3.3.3.2 问题分析

重力空气分级器内的流体流动为湍流，因此本案例选取湍流模型。本案例进行了单相和多相模拟以研究二次空气入口对分级效率的影响。研究打开和关闭二次空气入口对分级效率的影响时，为了更好地模拟颗粒间的相互作用，采用多相流模型；研究不同二次空气入口设计对分级效率的影响时，主要考虑气相的流动，因此采用单相流模型。

3.3.3.3 解决方案

1. 几何建模与网格划分

本案例几何模型如图 3-15 所示。多相模拟时，计算域中大约有 100 万网格，网格划分如图 3-16 所示。单相模拟则使用四种不同的方案研究再循环室的设计对分级器内气流的影响，每个方案大约有 60 万网格。

2. 模拟过程

在本案例中，由于 RSM 模型计算量太大，进行瞬态多相模拟时往往采用 k-ε 模型，而单相模拟可以使用完整 RSM 模型在稳态下进行运算。在重力空气分级器中，分散相的局部浓度可超过 10%，因此选择欧拉-欧拉方法。使用完全耦合的欧拉模型。通过使用 Syamlal-O'Brien 模型模拟动量交换系数以模拟阶段之间的相互作用。

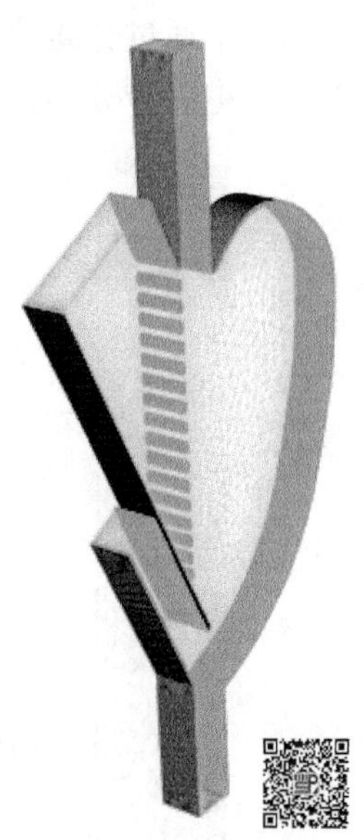

图 3-16　模型计算域及网格

为减少计算时间，仅对现有重力-惯性分类器的一部分进行模拟。侧壁上的边界条件设定为对称边界条件，引入壁面效应以防影响流动。在多相模拟中对两种情况进行了比较。两种情况之间的区别是二次空气入口的边界条件：在第一种情况下，边界条件设定为具有大气压的压力入口，而在另一种情况下，它们设定为标准壁面。因此，在第一种情况下，空气可以自由地流入分级器，而在第二种情况下，主空气入口是唯一的入口。颗粒和空气混合物通过主空气入口进入，压力设定为大气压。颗粒相的体积分数设定为 0.3，单个颗粒尺寸为 125μm。颗粒的形状是球形。模拟以 1μs 的时间步进行瞬时运行。使用单一尺寸分布来减少计算时间。实际进入设备的标准进料具有更广泛的粒度分布，范围为 0～2mm。单一尺寸分布应足以显示二次空气入口的影响。本案例采用花岗岩作为模拟用颗粒。为了提高计算稳定性，将空气分级器中颗粒体积分数的起始值设定为 0.1。所有模拟案例的边界条件都相同。主空气入口和二次空气入口设定为大气压。重力常数设定为 9.81m/s。离开分级器的空气速度设定为 13m/s，这是根据从风扇后的气流中获得的测量数据计算的。

3.3.3.4　结果与讨论

本案例对重力空气分级器进行研究，以探讨在有无再循环情况下分级效率的差异。分级效率由下列方程式计算：

$$E = \frac{Cc_i}{Ff_i} \tag{3-5}$$

式中，F 为进料速率；C 为粗产物的产量；f_i 为进料中尺寸 i 的百分数；c_i 为粗产品中尺寸 i 的百分数。切割尺寸定义为分级效率为 50%的颗粒的尺寸。分级效率高意味着更多给定尺寸的颗粒最终位于粗颗粒中。模拟结果分为两个部分，分别讨论多相与单相模拟的结果。

1. 多相模拟

图 3-17 显示了二次空气入口打开时颗粒的体积分数，图中显示的是位于分级器中心的 Y-Z 平面。颗粒最初由于重力而向下移动，随着系统中气流的积聚，更多颗粒被吸入分离叶片并随气流一起运动到出口处，但同时一些颗粒未能通过分离叶片。若不再进行

分类，未通过分离叶片的颗粒将继续向下运动，到达粗产物区，二次空气入口的空气流能进行进一步分类，颗粒向上运动返回到分离叶片，是另一种离开设备的途径。

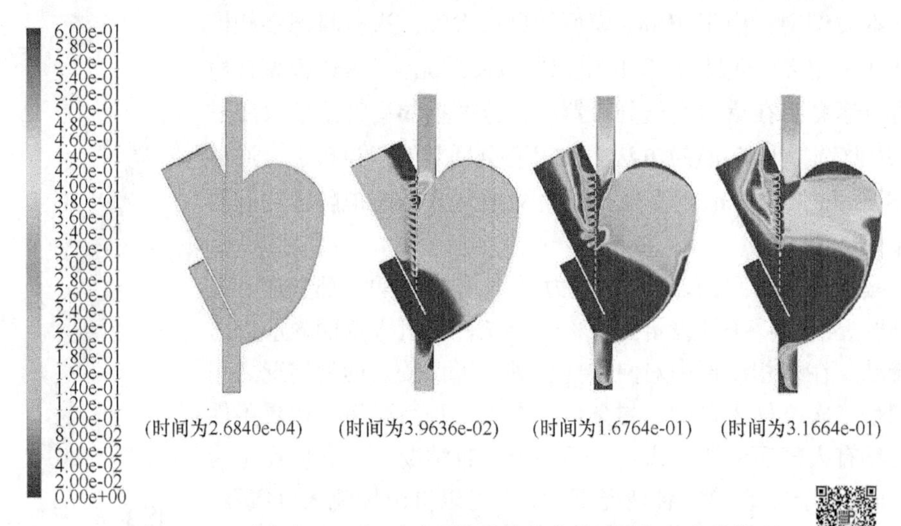

图 3-17　二次空气入口打开时颗粒的体积分数随时间的变化情况

对于第二种情况，二次空气入口关闭，改变了空气流场。图 3-18 表示，如与二次空气入口打开时的情况一样，颗粒从主空气入口进入，当到达分离叶片时，一些颗粒被叶片吸入，但大部分颗粒继续向下移动且不能通过分离叶片。在采石场中，这意味着细颗粒会与粗颗粒一起离开。应注意，模拟仅为单个尺寸分布。具有粗颗粒的更复杂的系统很可能会对分级效率产生负面影响，更多的粗颗粒将致使粗产品的最终产生。

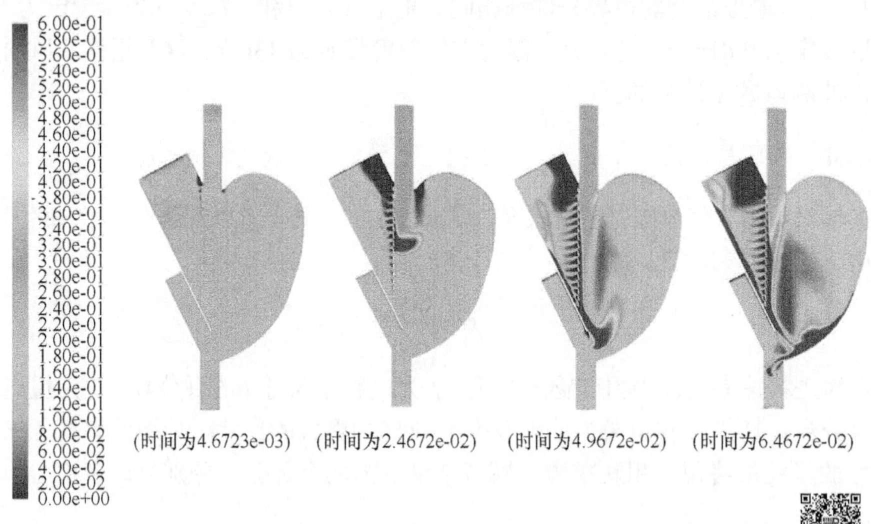

图 3-18　二次空气入口关闭时颗粒的体积分数随时间的变化情况

两种情况下分级效率的差异显然与细颗粒再循环的效率有关。

2. 单相模拟

多相模拟说明分级效率与材料到分离区的再循环有关。这意味着再循环区的设计会影响分级效率。因此，本案例进行了单相模拟以研究再循环区设计的变化如何影响流场，具体模拟了不同的二次空气入口和再循环室顶部设计的影响。

1) 入口设计

本案例选择三种不同的入口设计用于研究，如图 3-19 所示。前两种设计之间的差异是入口管的角度不同：第一种情况为参考设计，用于多相计算；在第二种设计中，入口是水平的，允许空气从入口直接流到再循环室。最后一种情况用来模拟具有上升气流的入口，允许阻力与下落颗粒的方向相反。

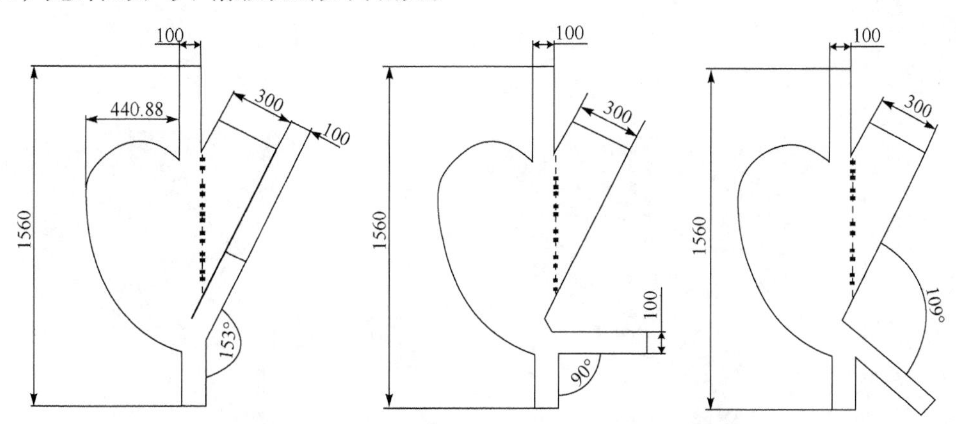

图 3-19　三种不同的二次空气入口设计(mm)

图 3-20 显示了中心平面图中三种情况的速度大小，前两种再循环情况良好，但第三种情况显示没有发生再循环，来自二次空气入口的空气流直接流向分离区并离开分级器。在第三种情况下，来自二次空气入口的空气流非常靠近分离区，使得空气的自然路径可能通过分离叶片。对于第三种情况，空气分级器更像是串联空气分级器而非再循环重力空气分级器。

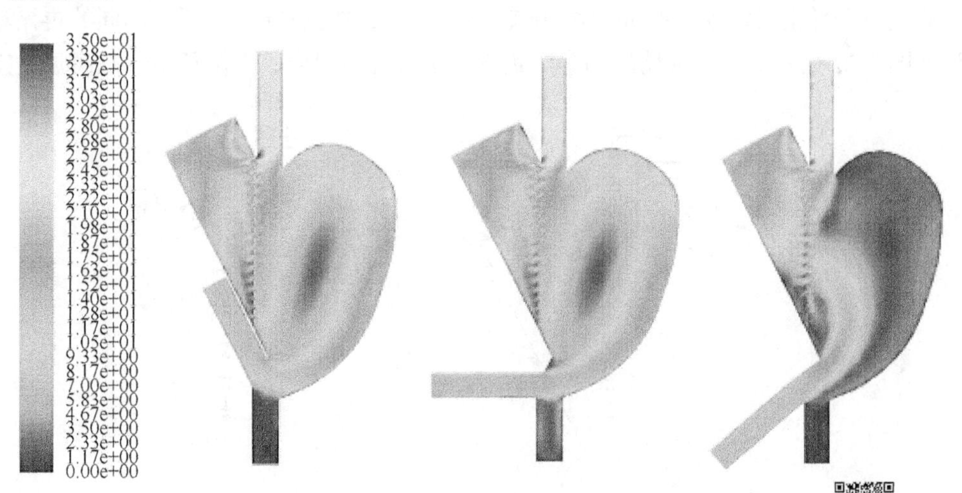

图 3-20　三种入口设计下中心平面上的速度场云图(m/s)

图 3-21 显示了二次空气入口周围特定区域的速度分布。第二种情况表明，与参考情

况相比，第二分离区的再循环速度明显增加。第二种情况的空气流也更顺畅地流入再循环室。因此，理论上细颗粒向主分离区的再循环应该有所增强。但由于第二种情况的空气流场垂直于颗粒流方向并且速度很快，即使最大的颗粒也可能会进入再循环，这将导致分离区中颗粒更多。颗粒的积累量将会增大，分级器内气流受到的干扰强度会更大。参考设计的气流有一部分与空气颗粒流共同作用，阻力的作用促进颗粒再循环并将其向下推动。

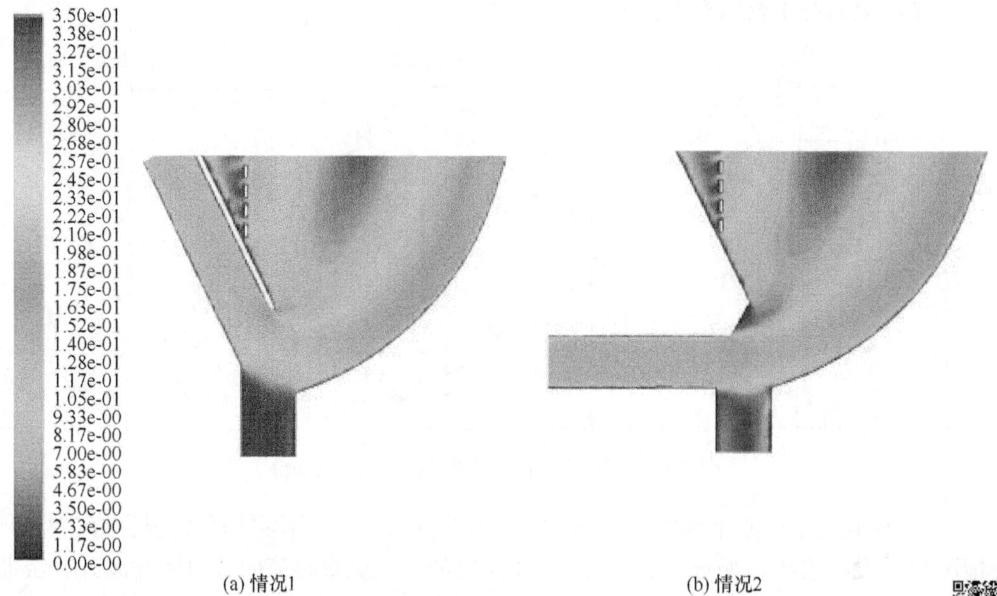

图 3-21　情况 1 和情况 2 的中心平面上二次空气入口附近的速度场云图(m/s)

2) 再循环室

研究再循环空气流返回时如何影响来自主空气入口的空气流，两种不同的再循环室设计如图 3-22 所示。第一种情况为参考情况，第二种情况中，再循环空气垂直于主空气

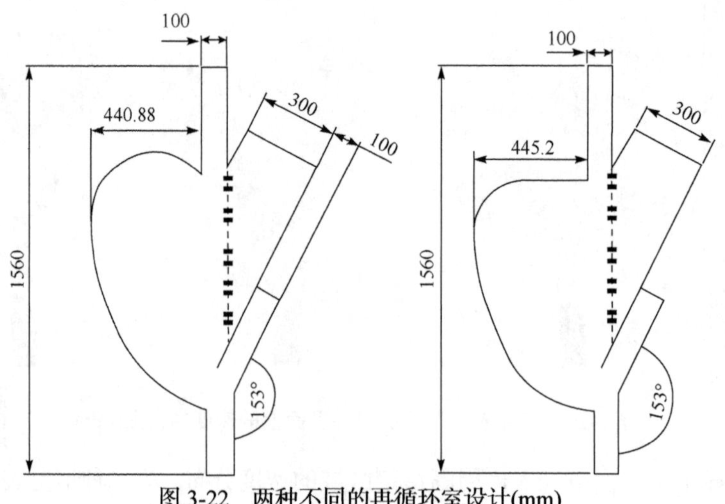

图 3-22　两种不同的再循环室设计(mm)

入口返回，而与第一种情况空气流返回的角度不同。分级器的中心 *Y-Z* 平面的速度分布如图 3-23 所示。总体来看，与标准设计相比，重新设计的再循环室提高了再循环速度。与标准设计相比，重新设计的情况中，二次空气入口的空气流速增加，这种变化表明再循环颗粒的尺寸增加。另外，重新设计的情况中，主空气入口的空气流量略微减小。图 3-24 显示了分离区周围的速度分布。正如不同的入口设计所显示的那样，来自二次空气入口的空气流量增加是以牺牲分离空气流量为代价的。

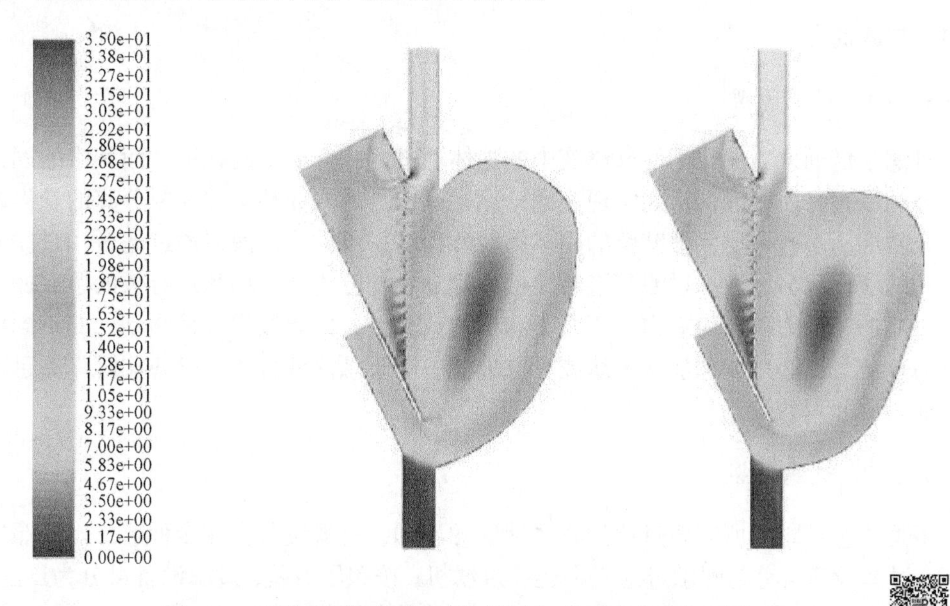

图 3-23　两种不同设计的再循环室中心截面速度分布云图(m/s)

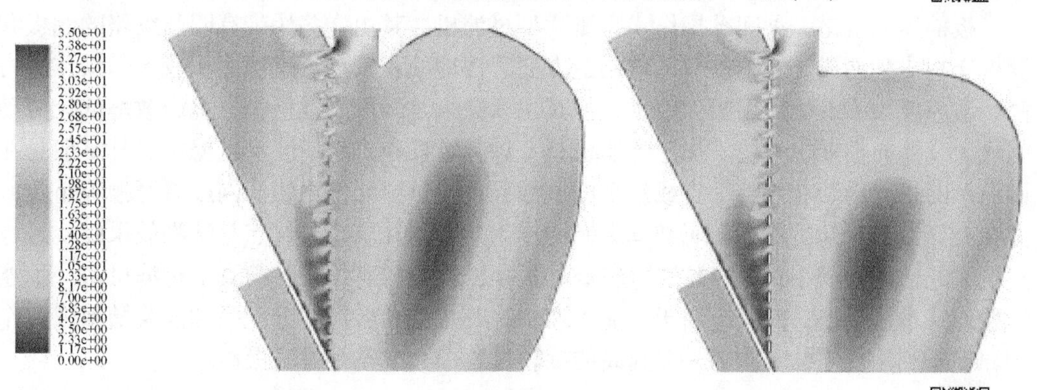

图 3-24　两种不同设计的再循环室中心截面局部放大速度分布云图(m/s)

3.3.3.5　总结

本案例是对重力空气分级器中沉降的 CFD 模拟。在沉降中，由于主要涉及的是颗粒和流体，因此常用的模型主要是湍流模型和多相流模型。在特殊情况下，主要考虑其中某一相的影响时，也会采用单相流模型。在一些情况下，为了能够更好地研究颗粒的运动，在建模时会根据颗粒动力学和相似放大准则对相关的几何模型进行缩放。由本案例可知，CFD模拟可以用于对重力空气分级器中沉降过程的研究，得到分离效率以及分离区附近的速度量级等信息，也可研究其设计对整体分级效率的影响。所得的研究结果可以用于改善分离器的设计。

3.4 过 滤

3.4.1 过滤简介

3.4.1.1 过滤原理

过滤是借助外力的作用使悬浮液中的液体通过多孔介质中的孔道，而其中的固体颗粒则被截留在介质表面，从而实现液固分离。其中，滤浆或料浆即为要分离的悬浮液，过滤介质即为多孔介质，被截留的固体颗粒称为滤饼或滤渣，滤浆通过滤饼和过滤介质后得到的液体称为滤液。过滤是将悬浮液中固液两相分离最常用和最有效的单元操作之一。过滤的驱动力可以为重力、离心力和压力或真空，因此按照过程驱动力的不同可分为重力过滤、离心过滤和加压过滤或真空抽滤。对于悬浮液分离，过滤比沉降更迅速、更彻底。

3.4.1.2 过滤设备

根据工艺要求及所需要过滤的物系性质的不同，过滤设备存在多种形式。按照操作方式，过滤设备可分为间歇过滤机和连续过滤机；按照压力差，过滤设备可分为压滤式、抽滤式和离心式过滤机。以下对常见的三种过滤设备进行介绍。

板框压滤机是一种间歇操作式、压滤型过滤机，其由许多块带有凹凸纹路的滤板和滤框交替排列而成，它结构简单、制造方便、占地面积较小、过滤面积较大、操作压力高、适应能力强，故应用颇为广泛，但其主要缺点是采取间歇操作，生产效率低、劳动强度大、滤布损耗也较快。加压叶滤机是一种间歇操作式、压滤型过滤机，其一般是在圆筒形的机壳内装有一组垂直或水平的过滤元件，过滤元件由粗滤网或者开槽板组成，并在上面铺设有纺织物或金属细丝编制网作为其过滤介质，其优点是洗涤效果好、过滤速度大、占地面积小，缺点是造价较高、更换滤面比较麻烦。转筒真空过滤机是一种连续操作式过滤设备，广泛应用于工业生产中，其主要由转筒、分配头和滤浆槽组成，作用原理是利用真空抽吸作用，在圆筒的旋转过程中完成整个过滤操作。

3.4.2 过滤应用模型

3.4.2.1 常用模型

过滤过程是由滤布和滤饼共同作用的，因此一般采用多相流模型进行模拟，常用的多相流模型主要是欧拉-欧拉方法。另外，过滤过程中根据具体情况的不同，其流动可能为层流，也可能出现湍流，常用的湍流模型如标准 k-ε 湍流模型在过滤过程中均可以应用。此外，由于过滤过程中存在颗粒间的相互作用，为获得更精确的模拟结果，有时还会用到离散单元法。在研究稠密多相流动时，为避免或降低固相黏性系数及压力经验值对试验结果造成的误差，进而降低固相数值解的伪扩散，还需要用到颗粒轨道模型。

3.4.2.2　离散单元法

传统的 CFD 方法在研究过滤中的颗粒沉积问题时，一般需要用户编写自定义程序，并且无法考虑颗粒之间的相互影响，因此模拟结果与真实情况偏差较大。为解决这一问题，研究人员提出了离散单元法(discrete element method，DEM)，将系统视为由离散个体组成的整体，个体间的影响通过力学特性相关联，从而克服传统 CFD 方法的不足。如此，可以利用 DEM 求解颗粒相，而 CFD 求解流体相，将二者结合起来就可得到 CFD-DEM 方法。

虽然常用的 CFD 软件无法求解 DEM，但可以使用专门的离散元软件求解，其中 EDEM 就是一款较为成熟的离散元软件，其可模拟细小颗粒间的相互影响，同时该软件采用网格单元法描述颗粒，正好可以与流体边界的网格实现点对点耦合。EDEM 软件划分网格的原则是每个网格中只有一个颗粒中心，因此网格尺寸和数量对计算效率的影响很大：如果网格尺寸过大，网格内的颗粒相对较多，会降低计算的准确性；相反，则会出现很多空网格，导致计算时间的增加。一般根据下式计算合适的网格尺寸：

$$C \leqslant \sqrt{2}R_{\min} \tag{3-6}$$

式中，C 为网格尺寸；$R_{\min}$ 为最小颗粒半径。

除此之外，在 CFD-DEM 耦合计算中，为了方便获取颗粒间相互作用的信息，EDEM 软件的时间步长要与 FLUENT 软件中的时间步长相匹配，FLUENT 的时间步长一般是 EDEM 时间步长的 10 倍或者 100 倍。

采用 CFD-DEM 方法对过滤进行模拟时，可以获取单个颗粒的瞬态信息，因此比较适合模拟大颗粒体系。当颗粒数量增加时，CFD-DEM 方法的计算成本呈指数级增长，尤其在工业规模的模拟计算中，系统所包含的颗粒数量通常是惊人的，因此无法再利用 CFD-DEM 方法进行模拟。为了解决这个问题，研究人员开发了 MP-PIC 方法，此方法提出数值粒子的概念来表示大量具有相同属性的颗粒，这极大地减少了需要计算的颗粒数量。除了 MP-PIC 方法，研究人员还开发了 DDPM-DEM 方法，此方法也对 DEM 进行了简化，但是并没有包含颗粒间相互作用的方程，而是利用概率描述颗粒间的作用，因此该方法并不适合分析颗粒间力占主导的体系，而适合于分析相间曳力占主导的流态化体系。除此之外，DDPM-DEM 方法将大量颗粒简化为颗粒包，这与 MP-PIC 方法提出的数值粒子概念类似。

综上，借助 CFD-DEM、MP-PIC 和 DDPM-DEM 方法对过滤进行模拟，能得到比传统 CFD 方法更为精确的模拟结果。

3.4.2.3　颗粒轨道模型

随着研究的深入以及工业要求的提高，许多研究者提出了在拉格朗日坐标体系下分析颗粒运动的颗粒轨道模型(particle trajectory model，PTM)，该模型在研究稠密多相流动时避免或降低了固相黏性系数及压力经验值对试验结果造成的误差，进而降低了固相数值解的伪扩散。同时，PTM 仍将流体视为连续相，并通过欧拉坐标体系下的 CFD 方法研究其相关流动特性等。不同于多流体模型(multi-fluid model，MFM)，PTM将颗粒看作离散相，并在拉格朗日坐标体系中采用离散单元法计算颗粒场。根据对颗粒碰撞时处理方式的不同，PTM又分为硬球模型和软球模型两种类型。

1. 硬球模型

当颗粒的浓度较为稀疏时，颗粒之间的接触碰撞可能是瞬时或碰撞持续时间远远小于颗粒再次碰撞间的时间间隔，此时不需要考虑颗粒的变形和接触力，颗粒的速度可以通过理论进行计算，此类模型即可视为硬球模型，其基于以下几点假设：颗粒为刚性球体且不发生碰撞形变；碰撞颗粒个数有一定限制，仅为二元碰撞且只受到冲量作用影响；滑动摩擦需遵守库仑定律。基于以上假设，许多学者提出了多种形式的硬球模型。但是，由于稠密颗粒多相流的碰撞不满足以上假设，故当前硬球模型主要应用于颗粒运动剧烈、快速的稀相颗粒流动模拟，不适合循环式生物絮团系统等稠密颗粒多相流模拟。

2. 软球模型

不同于硬球模型，软球模型考虑颗粒的碰撞过程，其可以实现硬球模型无法实现的多个颗粒碰撞的处理。不同于实际碰撞过程中颗粒会发生变形的情况，软球模型是通过互相叠加替代颗粒变形的。颗粒间的作用力简化为弹簧和阻尼器元件，滑动阻力和滚动阻力均被简化为弹簧、阻尼器和摩擦片元件。另外，软球模型中颗粒的牛顿运动方程是以微分形式进行描述的，能够描述颗粒从接触到分离中间存在的主要作用情况。由于软球模型对于颗粒碰撞涉及的作用力考虑比较全面，故其计算量很大，对于中试规模的再循环生物絮凝技术(recirculating biofloc technology，RBFT)，在考虑结果保留一定精度的前提下软球模型并非最佳选择。

在运动的过程中，颗粒之间、颗粒与纤维之间会产生碰撞，而纤维又可近似看成颗粒。如图3-25所示，硬球模型和软球模型是描述颗粒碰撞的两种基本模型，在硬球模型中将颗粒之间的碰撞看成是瞬时的刚体二元碰撞，而软球模型则是考虑了弹簧阻尼系数的动态碰撞过程。

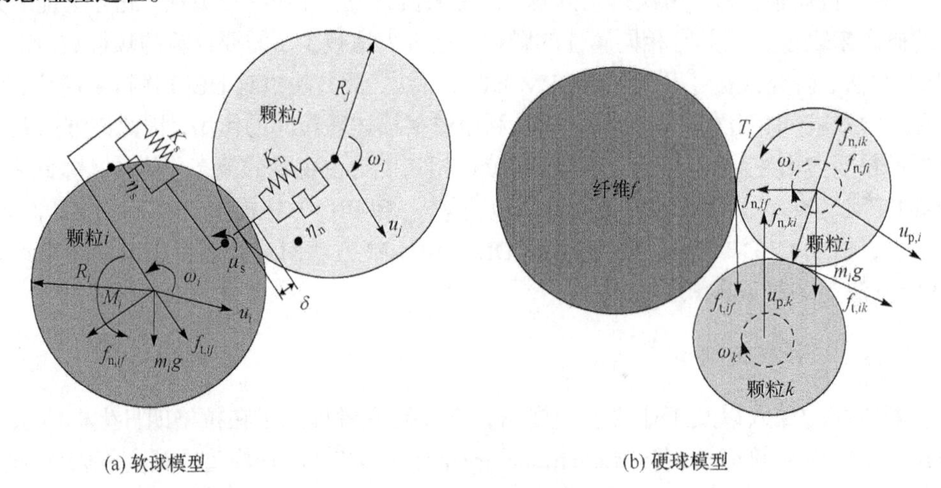

(a) 软球模型　　(b) 硬球模型

图3-25　颗粒碰撞模型

图3-25中，δ为接触变形量；R_i、R_j分别为颗粒i、j的接触半径，μm；u_i、u_j分别为

颗粒 i、j 的运动速度，m/s；$u_{p,i}$、$u_{p,k}$ 分别为颗粒 i、k 的运动速度；K_n 和 K_s 分别为接触模型中的法向和切向弹性系数；μ_s 为颗粒的摩擦系数；ω_i、ω_j、ω_k 分别为颗粒 i、j、k 的角速度，rad/s；m_i 为颗粒 i 质量，g；g 为重力加速度；M_i 为颗粒 i 所受的碰撞力矩，N · m；η_n 和 η_s 分别为法向和切向黏性耗散系数；f_n 为法向碰撞力，N；f_t 为切向碰撞力，N；T_i 为颗粒 i 所受的碰撞力矩，N · m。

3.4.3 CFD 在过滤中的应用

双流体模型作为一种常见的多相流模型，在过滤中应用广泛。林进等使用 VOF 双流体模型，对具有 19 通道的气升式陶瓷膜过滤装置进行气液两相流的流体动力学模拟，研究了曝气孔直径和曝气量对气升式陶瓷膜过滤装置的气含率、环流液速、膜面剪切力及膜管内湍流强度的影响，所得结论如下：气升管与降液管的气含率都随曝气量增加而增大，随着时间的变化，气含率呈先增大、后减小、最后稳定的趋势；气含率随曝气孔直径减小而略微增大，下部连接管回流的液体对上升气泡产生横向的冲击，并在膜管下端产生强烈湍流，使气泡发生强烈的破碎与聚并；膜管内流体流速较快，而且速度分布均匀，不存在偏流与局部回流的现象。

李水清教授是最早运用 DEM 对纤维过滤介质进行数值模拟的研究者之一，他建立了一种细颗粒碰撞和聚集过程的多尺度动力学模拟方法，针对周期性和流进-流出两种边界条件实现了纤维上颗粒沉积和聚集的模拟，在颗粒碰撞与团聚中考虑了黏附作用，分析研究了纤维排列方式、颗粒粒径、雷诺数等对颗粒沉积和过滤效率的影响，得出以下结论：微米颗粒的范德华力量纲是曳力的 2～10 倍；中心流线附近颗粒更易在纤维上沉积；初始沉积的颗粒会在纤维上形成“遮挡”效应。此外，黄乃金等也基于 DEM 方法，模拟了微细颗粒物在纤维过滤介质中的气固两相流动特性，研究了纤维过滤中颗粒群的运动特性和微细颗粒的沉积形式，所得结论如下：采用 DEM 模拟是可行的，模拟结果与前人的实验结果基本吻合；在过滤过程中，表面过滤的贡献较大，大部分颗粒在介质表面即被捕集，进入介质内部的部分粒径较小的颗粒经深层过滤作用而被捕集；大量的颗粒捕集是由颗粒-颗粒捕集机制实现的，不同颗粒体系的颗粒群其过滤效果也有所差别。

在过滤中，还有不少学者应用了多孔介质模型。李小虎等使用多孔介质模型对纤维过滤器内部流场进行数值模拟，研究了过滤效率、过滤压降及过滤速度的关系，所得结论如下：过滤器压降随速度的增大而增大，随孔隙率的增大而减小；侧出口模型具有死区，且颗粒分布不均，降低了膜使用率，将出口置于容器底部可有效减缓这种缺点；下出口模型较侧出口模型更能发挥纤维多孔介质的优势。除此之外，还有学者在过滤中应用了颗粒轨道模型。刘静静使用颗粒轨道模型对刚性陶瓷过滤技术在高温高压下的气体除尘进行了模拟，研究了其除尘特性和流动阻力特性，得到的主要结论为：在通入不含粉尘的洁净气体时，压降随过滤速度线性变化，符合达西定律；通入含尘气体，滤管外壁则会形成滤饼，管段压降的大小受进气方式、过滤时间、灰负荷和过滤速度影响；当气体压力增加，气流流过多孔陶瓷管的渗透率下降，因而不利于除尘过程的进行。模拟结果对陶瓷过滤器实际工业应用提供了重要的参考依据。

3.4.4 陶瓷过滤器模拟案例分析

3.4.4.1 问题描述

本案例(Liu et al., 2019)对过滤进行 CFD 模拟，对陶瓷过滤器的实时压降和滤饼分布进行研究。所采用的陶瓷滤芯系统包括 4 个长度为 1.52m 的陶瓷滤烛。陶瓷滤烛上方为圆柱形，中部为圆锥形，底部为沉积室。其过滤介质厚度为 10mm，过滤介质孔隙率为 0.38，比渗透率为 6.3×10^{-12}。本案例研究了不同模拟条件对过滤过程的压降、滤饼分布及滤饼厚度的影响。

3.4.4.2 问题分析

由于过滤过程中的流体流动为湍流，因此本案例使用湍流模型。此外，过滤过程涉及固液两相，因此使用多相流模型。

3.4.4.3 解决方案

1. 几何建模与网格划分

仿真几何体被薄板分为两部分，上部高度为 500mm、直径为 500mm，下部高度为 2100mm。圆柱形结构位于过滤器的底部，高度为 300mm，顶部直径为 300mm，底部直径为 500mm。

通过 ICEM 软件生成具有 1172774 个网格单元的高质量六面体网格，以用于模拟、求解过滤过程中的压降变化。如图 3-26 和图 3-27 所示，网格划分为三个不同的区域：多孔陶瓷区域、滤饼区域和流体区域。

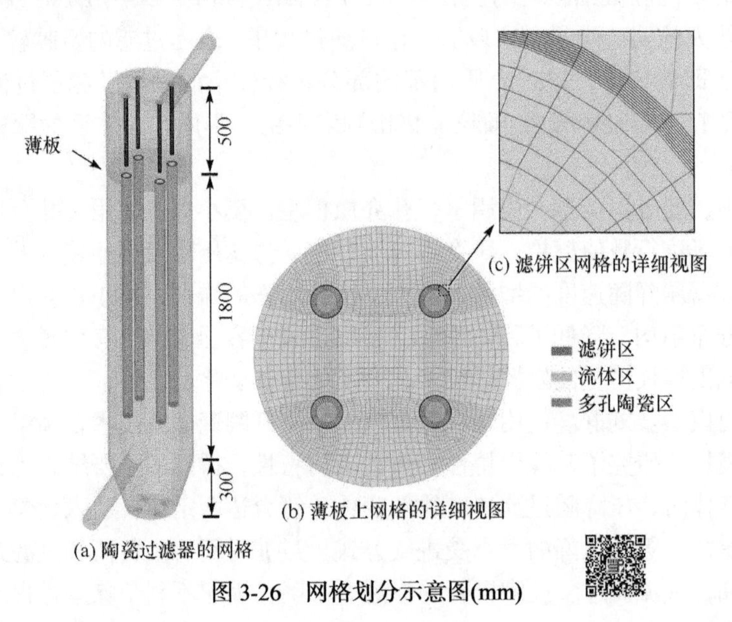

图 3-26 网格划分示意图(mm)

多孔陶瓷区域的厚度方向有 5 个网格子部，轴向有 102 个网格子部，圆周方向有 40 个子部，每个圆柱环有 20400 个网格单元，共有 81600 个网格单元。滤饼区域的网格平均高约 14.71mm，宽 4.79mm，厚 0.2mm，与单个簇群在沉积方向上的投影面积相比，这样具有相对较大的表面积，有利于减少由流体湍流波动或其他原因引起的沉积位置错位。其他部分都属于流体区域。

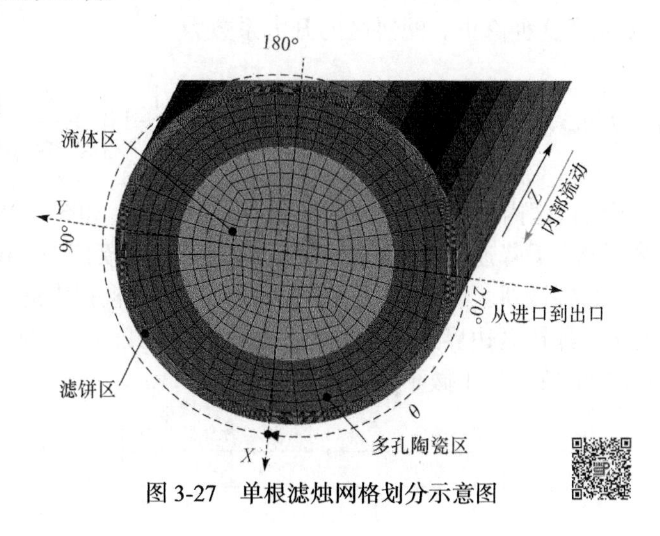

图 3-27　单根滤烛网格划分示意图

2. 模拟过程

1) 模型

为了能更精确地模拟流动分离，本案例采用 Realizable k - ε 模型模拟湍流流动，同时应用了相关的阻力模型、升力模型和压降模型。

a. 阻力模型

阻力是流体和固相之间的耦合力，已经得到 CFD-DEM 研究人员的广泛研究。阻力模型的选择会极大地影响颗粒的分布和沉积位置。本案例使用 Morsi 等提出的标准阻力模型计算流体区域。流体区域的曳力系数 C_{D} 为

$$C_{\mathrm{D}} = c_1 + \frac{c_2}{Re_{\mathrm{p}}} + \frac{c_3}{Re_{\mathrm{p}}^2} \tag{3-7}$$

式中，c_1、c_2、c_3 为由 Re_{p} 确定的已知常数。

在滤饼区域中，当颗粒接近壁表面时，颗粒阻力将显著增加，从而影响沉积位置。因此，本案例基于 Zeng 等的工作修正了阻力，将其应用于滤饼区域以提高模拟精度。滤饼区的曳力修正系数 C_{Dc} 为

$$C_{\mathrm{Dc}} = \left\{1 + 0.15\left[1 - \exp\left(-\sqrt{\delta}\right)\right] Re_{\mathrm{p}}^{\left[0.687 + 0.313\exp\left(-2\sqrt{\delta}\right)\right]}\right\} C_{\mathrm{D0}} \tag{3-8}$$

$$C_{\mathrm{D0}} = \left[1.028 - \frac{0.07}{1 + 4\delta^2} - \frac{8}{15}\ln\left(\frac{270\delta}{135 + 256\delta}\right)\right]\frac{24}{Re_{\mathrm{p}}} \tag{3-9}$$

$$\delta = \frac{L_{\mathrm{pf}}}{d_{\mathrm{p}}} - 0.5 \tag{3-10}$$

式中，L_{pf}为簇群中心到附近的陶瓷滤烛面或滤饼表面的距离。

b. 升力模型

当颗粒在陶瓷滤烛或滤饼表面附近平行输运时，将受到升力。剪切力源自颗粒周围黏性流的惯性效应。由于整个模拟过程中滤饼区域的轴向速度小于 0.25m/s，Re_p小于 0.5，因此 Zeng 等提出了近壁升力修正模型，该模型是从粒子在静态流体中平行于壁面平移得出的，本模拟使用了这种修正。滤饼区的升力系数为

$$C_L = f\left(L_{pf}, Re_p\right) + \left|C_{L,\omega} - f\left(L_{pf} = \frac{1}{2}, Re_p\right)\right| \exp\left\{-11\left[\frac{\delta}{g\left(Re_p\right)}\right]^{1.2}\right\} \tag{3-11}$$

图 3-28 显示了滤饼区内部和外部的升力系数 C_L 的比较。如图 3-28 所示，升力系数随 L_{pf}增加而显著下降，下降速率随 Re_p的增加而增加。在此模拟中，仅当粒子进入滤饼区时才对其施加升力，在滤饼区之外的升力系数为零。由于该模拟中的最大 Re_p约为 0.46，因此如图 3-28 所示，滤饼区边界处的升力系数差值小于 0.1，仅当粒子在滤饼区的边界上移动时，才对粒子的轨迹产生微不足道的影响。

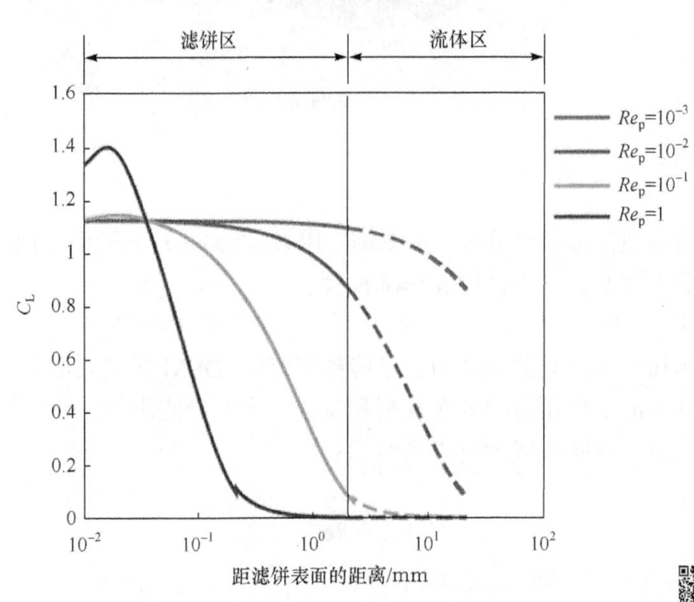

图 3-28 不同雷诺数的氯离子修正值比较(Zeng et al.，2009)

c. 压降模型

预测滤饼层压降的公式可写为

$$\Delta P_c = k_c \mu_g v_f W \tag{3-12}$$

式中，μ_g为气体黏度；v_f为滤饼层过滤面速度；W 为单位面积的粒子沉积质量。本案例使用 Choi 提出的系数 k_c

$$k_c = \frac{2970\kappa_a\left(1-\varepsilon\right)}{\varepsilon^4}\left[\rho_p d_{gp}^2 \exp\left(4\ln^2\sigma_{gp}\right)\right]^{-1} \tag{3-13}$$

式中，κ_a为调整动态形状因子(adjusted dynamic shape factor)；d_{gp}为颗粒的几何平均直径；σ_{gp}为几何标准偏差；ε为滤饼的总孔隙率。在模拟中，d_{gp}被设置为 2.2μm，σ_{gp}被设置为 1.6，κ_a被设置为 1.28。

2) 其他

在此模拟中，使用双精度非稳态 PISO 求解器 ANSYS FLUENT，使用二阶隐式方法进行时间离散化，使用 QUICK 方案进行空间离散化，使用 PRESTO 作为压力插值方案。在本案例的仿真中使用了 20 多种 ANSYS FLUENT 用户自定义函数(UDF)以求得单元区域滤饼层的最终压降。每个流体时间步长为 0.02s，总模拟时间约为 100s，完成 125s 的模拟需将近一周的时间。

3.4.4.4　结果与讨论

本案例考察了陶瓷滤烛过滤过程的压降、滤饼分布及滤饼厚度等状况，并与实验结果比较，以评估模拟的可靠性。

1. 模型验证

为评估 CFD 模拟的准确性，本案例分别进行了稳态流动模拟和瞬态流动模拟，用来比较模拟和实验的结果。其中稳态流动实验的速度为 0.19～0.30m/s。

稳态实验与模拟的压降比较结果如图 3-29 所示。在图 3-29 中，模拟与实验结果之间的最大差异小于 3.6%，表明该 CFD 方法收敛、可靠、网格划分及仿真设置有效。

瞬态实验与模拟的压降比较结果如图 3-30 所示。图 3-30 中，开始时瞬态仿真与实验一致性较好，在瞬态仿真结束时偏差增大。原因主要是一部分颗粒黏附在容器壁的表面，且黏附量随时间增加，导致模拟的预期颗粒沉积质量大于实际实验中的量。尽管在瞬态模拟结束时，模拟压降约为 1167Pa，实验结果约为 1101Pa，相差接近 6%，但两种方法的压降变化趋势一致。

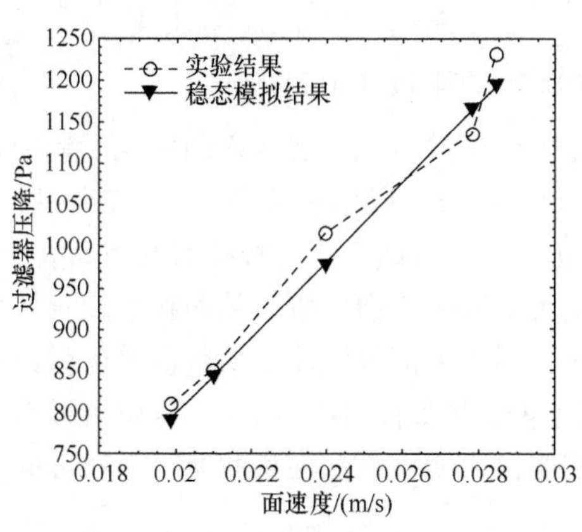

图 3-29　取样点 B 处陶瓷过滤器压降实验与稳态流动模拟结果比较

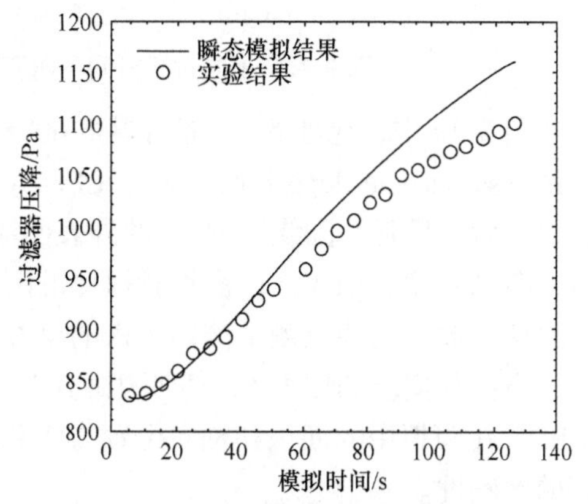

图 3-30　取样点 B 处陶瓷过滤器压降实验与瞬态流动模拟结果比较

2. 压降预测

瞬态模拟预测的压降变化可分为三个阶段。在第一阶段(5～8s)中，最初的 1s 处发现了负压降变化率，因为颗粒只是被注入流域中，颗粒引起的阻力使入口流速稍微降低。在第一阶段的最后 2s 中，压降在 831～832Pa 间保持相对稳定，这主要是由于颗粒仍处于传输过程中，并不黏附在陶瓷滤烛表面。在第二阶段(8～60s)中，压降迅速增加。这种快速增加是由在较少颗粒装载区域中流动阻力较低导致该区域的陶瓷过滤器表面径向速度增高，造成沉积颗粒的增加。在第三阶段(60～125s)，压降的增长率开始逐渐降低。这种下降是由于径向速度和颗粒沉积速度都降低，因此压降的增长速度开始下降。

3. 滤饼分布

图 3-31 中显示了不同过滤时间下陶瓷滤烛外表面的滤饼分布。从图 3-31 中可以发现，颗粒首先沉积在滤烛的底部和中部，在滤烛上部的沉积量较小。当过滤时间达到 40s 时，滤烛底部的沉积质量达到 0.05kg/m^2。经过 60s 的过滤时间后，滤烛中间逐渐形成了相对均匀的颗粒层。当过滤时间达到 120s 时，滤烛下部和中部的沉积质量超过 0.05kg/m^2，滤烛顶部较少颗粒沉积区的长度也从 160mm 缩小到 80mm。滤烛外表面上滤饼分布的放大图可参见图 3-32 和图 3-34。

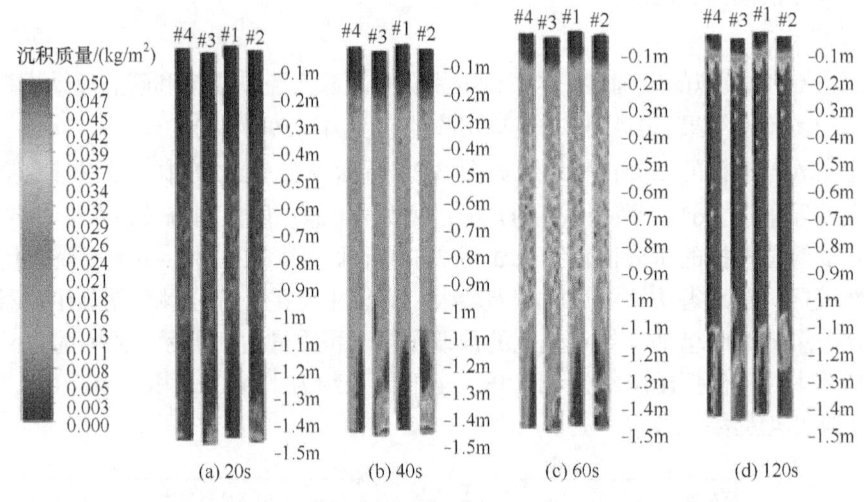

图 3-31 不同过滤时间下陶瓷滤烛表面颗粒沉积质量的研究

在图 3-32 中，滤烛 #1 下部圆周角 60°～150°、轴向 1.1～1.5m 之间形成了较少颗粒沉积区(less particle deposition zone，LPDZ)。它的形成可以用收敛半径 R_c 解释。颗粒撞击容器壁后，反弹并围绕滤烛 #1 的外表面流动。如果滤烛中心与颗粒间的距离大于 R_c，颗粒不会黏附到滤烛表面，滤烛背风侧的沉积密度远小于迎风侧，从而在滤烛背风侧形成 LPDZ。此处的迎风侧是流体进入的反方向，因为大部分流体会从容器壁反弹回来。另外，模拟与实验的滤烛 #1 底部滤饼分布的比较结果如图 3-33 所示。从中可以看出，该 LPDZ 在模拟中的面积和轴向位置与实验相似，表明该方法在预测滤饼分布方面具有良好的准确性。

图 3-34 中，在滤芯 #3 的中下部还发现了一些 LPDZ，它们在模拟中位于 0°和 180°左右，但在重复实验中其形状和位置有所不同。实验中这些 LPDZ 的变化主要有两个原因：首先，在经历涡流和多重撞击之后，实验中真实粒子的分布比模拟中的簇群分散得

多，这导致粒子更随机地分布在滤烛表面上；其次，当使用雷诺平均方法对流动行为进行建模分析时，相比实际流动条件，简化和调整了湍流，从而导致随机沉积结果变少。

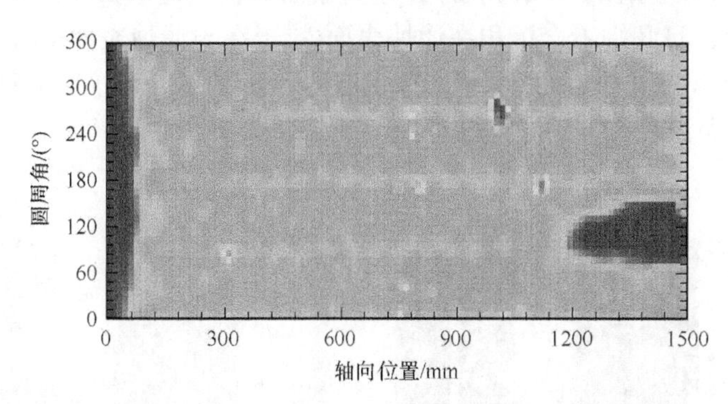

图 3-32　过滤时间 120 s 时陶瓷滤烛表面扩展视图上的滤饼厚度分布

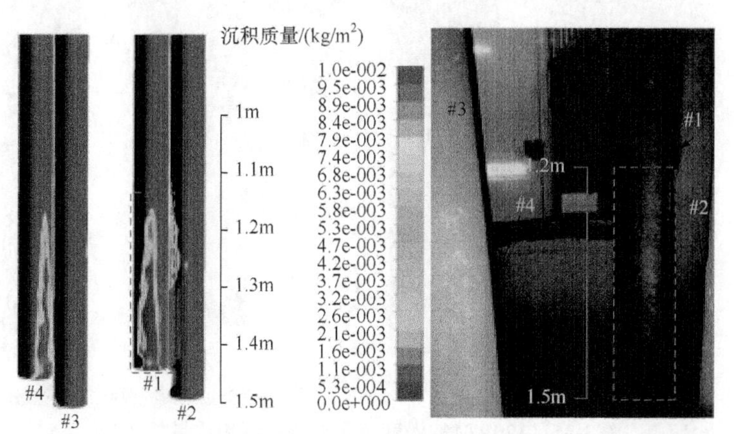

图 3-33　滤烛底部滤饼厚度分布的瞬态流动模拟与实验结果比较

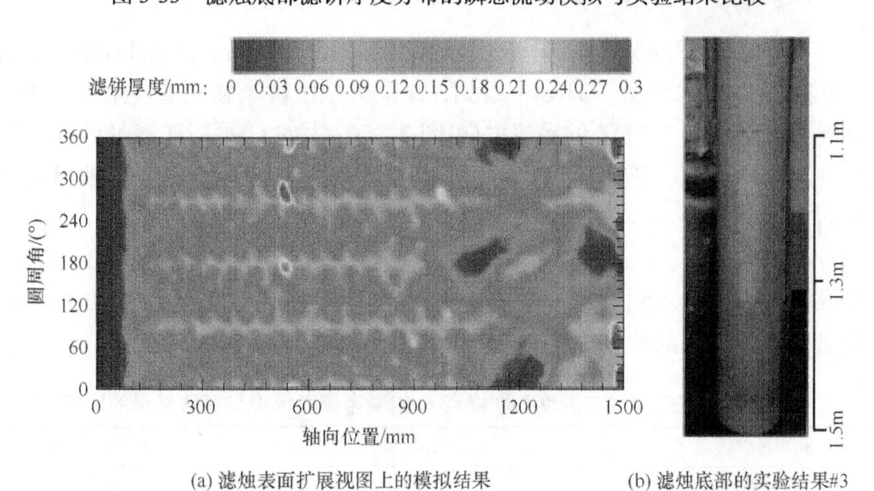

(a) 滤烛表面扩展视图上的模拟结果　　(b) 滤烛底部的实验结果#3

图 3-34　模拟时间 120 s 时滤烛 #3 陶瓷滤烛表面上的滤饼厚度分布

这些 LPDZ 在滤烛 #2 和 #3 上的形成原因比较复杂。主要原因可能是这些 LPDZ 周围形成了一个强有力的涡场，如图 3-35(a)所示。在滤饼区域边界滤烛 #2 的中部和下部形成了一些强涡流区域，同时滤烛表面出现大小、位置相似的 LPDZ，如图 3-35(b)所示。因为这些涡旋带的方向[图 3-35(b)中的 B]垂直于滤烛轴，这些 LPDZ 周围的沉积粒子将被吸入涡流场中，且几乎不会沉积在滤烛表面(粒子在与滤烛表面平行的平面上四处移动，因此不容易沉积在滤烛表面上)。该缘由也有助于在滤烛 #1 和 #4 的背风侧形成 LPDZ，其具有更复杂的涡流及更多的涡流方向。

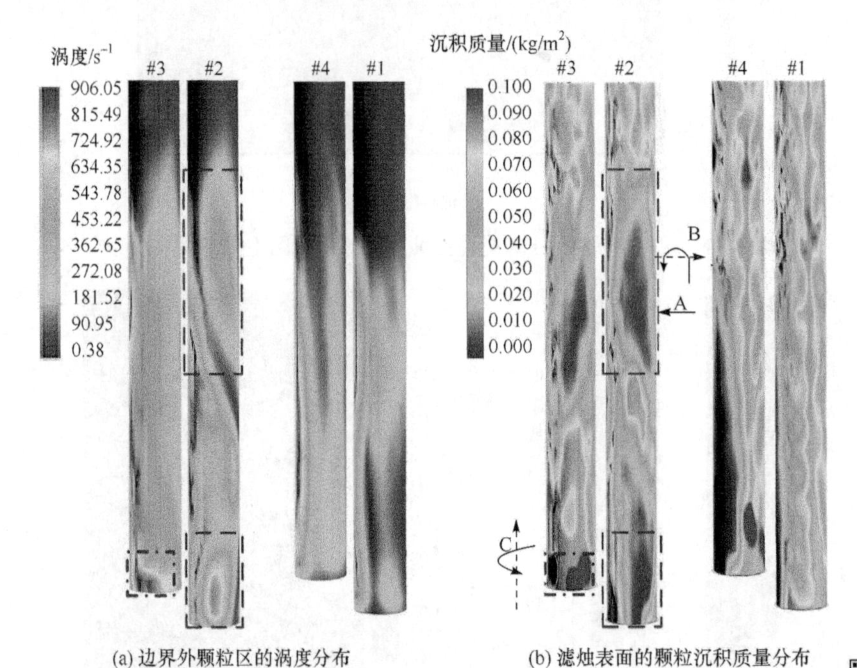

(a) 边界外颗粒区的涡度分布　　(b) 滤烛表面的颗粒沉积质量分布

图 3-35　120 s 时的涡度分布与颗粒沉积质量的比较

A. 滤烛#2 中部的颗粒沉积方向；B. 滤烛#2 中部的涡度方向；C. 滤烛#3 底部的涡度方向

然而，在滤烛 #2 和 #3 的底部有一个更多颗粒沉积区(more particle deposition zone，MPDZ)，可在图 3-35(b)和图 3-31(c)中看到，这个沉积区位于强涡流段附近。MPDZ 的形成可能是因为围绕这些 MPDZ 的涡流方向[图 3-35(b)中的 C]平行于滤烛的轴，所以这些区域周围的颗粒易堆积，在滤烛表面发生碰撞的可能性增加(颗粒可能会被涡流带回并撞击滤烛表面)。

4. 滤饼厚度

测量取样点的三个不同圆周角下陶瓷滤烛的径向厚度，其结果如表 3-1 所示。从表中可以看出，模拟得到的滤饼厚度略小于实验值，偏差为 3.9%～12.9%。

表 3-1　陶瓷滤烛径向厚度在取样点 G 的瞬态流动模拟与实验结果的比较

圆周角/(°)	实验结果/mm	模拟结果/mm
18～22	60.368	60.326
33～37	60.404	60.389
48～52	60.412	60.368

3.4.4.5　总结

本案例是对陶瓷过滤器中过滤过程的 CFD 模拟。由于过滤体系是由滤布和滤饼共同作用的，因此一般采用多相流模型进行模拟。另外，在过滤中常出现湍流，因此湍流模型也常被应用于过滤过程中。在过滤过程中，有时还会用到离散单元法，该方法考虑了颗粒间的相互作用，模拟结果更为精确。在研究稠密多相流动时为避免或降低固相黏性系数及压力经验值对试验结果造成的误差，进而降低固相数值解的伪扩散，还需要用到颗粒轨道模型。由本例可知，CFD 可以对陶瓷过滤器的过滤过程进行模拟，得到过滤器内的实时压降、滤饼分布及滤饼厚度等。所得研究结果可用于过滤器的设计。

3.5　流　态　化

流态化是指固体颗粒层在流体的带动下，使颗粒具有流体某些表观特性的过程。流态化颗粒的表面能全部暴露于周围剧烈湍动的流体中，从而强化传热传质，提高化学反应速率。近年来，流态化技术得到了长足发展，许多工业部门在处理粉粒状物料的输送、混合或冷却、干燥、吸附和气固反应等过程中，都广泛地应用了流态化技术。尽管如此，目前的流态化技术仍存在着动力消耗大、设备易磨损和颗粒易碎等缺点。

3.5.1　流态化概述

3.5.1.1　基本概念

1. 流态化现象

如果流体自下而上地流过颗粒层，根据流速的大小，会出现固定床阶段、流化床阶段和颗粒输送阶段三种不同情况。

当流体通过颗粒床层的表观速度(空床速度)u 较低时，颗粒孔隙中流体的真实速度 u_1 小于颗粒的沉降速度 u_0，颗粒将保持静止状态，此时的颗粒层称为固定床；当流体的表观速度 u 增大到某一数值时，真实速度 u_1 比颗粒的沉降速度 u_0 稍大，此时床层内较小的颗粒将松动或“浮起”，在某一表观速度下，颗粒床层只会膨胀到一定程度，此时颗粒悬浮于流体中，床层有一个明显的上界面，这种床层称为流化床；如果继续提高流体的表观速度 u，使真实速度 u_1 大于颗粒的沉降速度 u_0，则颗粒将被流体所带走，此时床层上界面消失，到达颗粒输送阶段，可以实现固体颗粒的气力输送或液力输送。

2. 两种不同的流化形式

流化床内颗粒与流体的密度差不同，颗粒尺寸及床层尺寸的不同，会使流化床内颗粒与流体的相对运动呈现不同的形式，包括散式流化和聚式流化两种形式。散式流化也称均匀流化，其特点是固体颗粒均匀地分散在流化介质中。聚式流化的床层内分为两相：一相是由孔隙小而固体浓度大的气固均匀混合物构成的连续相，称为乳化相；另一相则是夹带有少量固体颗粒而以气泡形式通过床层的非连续相，称为气泡相。

3.5.1.2　流化床的构成与分类

形成流化床的四个基本条件为：①有合适的容器作为床体，床体底部有流体分布器；②存在大小适中的充足数量的颗粒形成床层；③有连续供应的流体(气体或液体)充当流化介质；④流体的流速大于起始流化速度，但不超过颗粒的带出速度。

流化床的重要部件包括：流体分布器、挡板、加排料装置、流体和固体颗粒的分离及回收装置、颗粒循环系统等。流化床主要可以分为气密固相流化床、循环流化床、顺重力场流化床等。其中有气泡的气密固相流化床是工业应用中最常见的床型。循环流化床可以进行快速流态化，因此具有极大的工业使用价值。顺重力场流化床气固相间传递特性好、轴向返混少且接触时间短，具有独特的应用价值。

3.5.2　流化床 CFD 模拟概述

在流化床研究中，应用数值模拟是发展流化态技术的重要手段之一，而多孔介质模型是其中应用最为广泛的模型。本节主要从不同种类的流化床这一角度介绍其相关应用。

Cornelissen 等对液固流化床进行了模拟研究，使用由颗粒流扩展的多流体欧拉模型，模拟了流化床内的液固流化状况，并研究了网格大小、时间步长对其的影响，所得结论如下：改变恢复系数(restitution coefficient)并没有显著改变结果；Gidaspow 曳力定律预测的孔隙率高于 Wen 和 Yu 的阻力定律；分布器板几何形状对模拟结果影响不大；温度对液体黏度有显著影响；CFD 模型预测值与稳态实验数据误差在 5%以内，且黏度随温度的变化趋势也保持一致。韩祺祺也对液固流化床进行了研究，使用 DEM 模型模拟了液固两相系统及气液固三相系统内流体及颗粒的运动情况，研究了液固循环流化床内起始循环流化速度的影响因素，得到如下结论：起始循环流化速度与颗粒数、装置大小等无关，与颗粒的物理性质有关；在液固系统中，颗粒的团聚及流化床上升管内液速的非均匀分布都会导致颗粒的返混；在气液固三相系统中，表观气速较低时，实验值与模拟值较接近，气速高时则相反；在三相流中，颗粒返混严重，并且颗粒存在明显的聚团，三相系统中的气含率比气液两相中的气含率分布更为均匀。

王玉彬等对带内部构件的气固流化床进行了研究，模拟了流化床内的气固流化状况，研究了挡板构件的型式、安装高度、叶片角度及挡板厚度对床层流化状况的影响，得出以下结论：Gidaspow 曳力模型是描述床层内气固流动状况较为合理的模型；挡板构件能够显著改善甚至避免床层中出现的腾涌等异常现象；多种型式的挡板构件都能改善床层流化质量，其中多旋型式的挡板对床层流化的改善作用更为显著；挡板的安装高度对床层流化具有很大的影响，合适的安装高度能够显著改善床层内气固流化的各个参数；挡板的结构规格也是影响挡板作用的重要参数，进而影响床层内的气固流化。

Cooper 等对二元流化床进行了研究，建立了欧拉内渗透流体三相模型，模拟了二元流化床中的流化状况，研究了二元流化床的重要流体动力学特性，主要研究结果如下：通过观察垂直固体通量的轮廓可以看出气泡尾迹，而且在任何情况下，气泡的正下方都会出现气泡尾迹；气泡循环机制在很大程度上导致了与鼓泡流化床相关的快速颗粒混合；预测的浓度分布与实验室测量结果吻合良好。

Hartge 等对循环流化床(circulating fluidized bed，CFB)进行了研究，建立了循环流化床提升管内流体力学模型，模拟了其中的流化状况，研究了相关的公式及中试规模的冷循环流化床装置的相关特性，所得结论如下：通常使用的阻力关联式的误差随着固体浓度的增加而增加，无法预测 CFB 提升管中的稠密底部区域，若考虑水流的子网格非均质性，则可预测稠密的底部区域；中试规模的冷循环流化床装置的模拟结果与实验结果相吻合。

Ku 等对生物质流化床进行了研究，建立了生物质流化床 CFD-DEM 综合数值模型，模拟了其中的汽化过程，研究了该集成模型对三种不同操作参数(反应器温度、蒸气/生物量质量比和生物量注入位置)变化的响应，所得结论如下：较高的温度有利于产物的吸热反应；随着注入点高度的增加，碳转化率降低，这主要是由于固体夹带量的增加、颗粒停留时间和温度的降低。该研究提出的模型和数值模拟对生物质流化床汽化或燃烧的多尺度模拟具有重要意义。

3.5.3　流化床模拟案例分析

3.5.3.1　问题描述

本案例(Zimmermann et al.，2005)对固体流态化进行 CFD 模拟，对含有流化催化裂化(fluid catalytic cracking，FCC)颗粒的气固流化床中的流体动力学及臭氧分解动力学进行模拟研究。实验数据来自包含具有相似性质的 FCC 颗粒且具有相似尺寸的两个流化床反应器：对于流体动力学评估，使用由 Ellis 等获得的实验数据；对于动力学评价，使用由 Sun 等获得的实验数据。表 3-2 总结了这些床层的柱和颗粒特性(用于 CFD 建模设置)。本案例研究了阻力定律对 FCC 颗粒建模的适用性及恢复系数对现有 FCC 颗粒流化的影响。

表 3-2　流化床技术条件

特性	Ellis	Sun
表观气速/(m/s)	0.3，0.4，0.5	0.3
索特平均直径/μm	57.4	60
颗粒密度/(kg/m^3)	1560	1586
堆密度/(kg/m^3)	860	823
静态床层高度/m	0.51	0.164，0.409，0.743
最小流化速度/(m/s)	0.0027	0.0028
反应系数 k_r/s^{-1}	—	2.12，2.17，2.32
孔隙率	0.45	0.45

3.5.3.2　问题分析

本案例采用的流化床涉及气固两相，故需采用多相流模型。

3.5.3.3　解决方案

1. 几何建模与网格划分

计算域有 55000～65000 个矩形网格，由于靠近壁面的单元边界层中速度梯度增加，需要更精细的网格划分。离散流化床的最大网格尺寸为 0.002μm。在 Syamlal 和 O'Brien 进行的类似研究中发现，这个维度的网格足以通过网格独立性检验。

2. 模拟过程

1) 模型

使用 FLUENT 的欧拉-粒度模型进行流化床的模拟，其由一组通过压力和相间交换系数关联各相的动量和连续性方程组成。通过应用颗粒流动力学理论获得固相的性质。

该系统的控制方程包括质量守恒、动量守恒和能量守恒方程。无相间传质的第 q 相(气体或固体)的连续性方程可写为

$$\frac{\partial}{\partial t}\left(\alpha_q \rho_q\right)+\nabla\cdot\left(\alpha_q \rho_q \boldsymbol{v}_q\right)=0 \tag{3-14}$$

式中，ρ_q 和 $\boldsymbol{v}_q$ 分别为 q 相的密度和速度。气相 g 的动量守恒表示为

$$\frac{\partial}{\partial t}\left(\alpha_{\mathrm{g}} \rho_{\mathrm{g}} \boldsymbol{v}_{\mathrm{g}}\right)+\nabla\cdot\left(\alpha_{\mathrm{g}} \rho_{\mathrm{g}} \boldsymbol{v}_{\mathrm{g}}\cdot\boldsymbol{v}_{\mathrm{g}}\right)=-\alpha_{\mathrm{g}}\nabla p+\nabla\cdot\overline{\overline{\tau}}_{\mathrm{g}}+\alpha_{\mathrm{g}}\rho_{\mathrm{g}}\boldsymbol{g}+K_{\mathrm{gs}}\left(\boldsymbol{v}_{\mathrm{g}}-\boldsymbol{v}_{\mathrm{s}}\right) \tag{3-15}$$

固相 s 的动量守恒表示为

$$\frac{\partial}{\partial t}\left(\alpha_{\mathrm{s}} \rho_{\mathrm{s}} \boldsymbol{v}_{\mathrm{s}}\right)+\nabla\cdot\left(\alpha_{\mathrm{s}} \rho_{\mathrm{s}} \boldsymbol{v}_{\mathrm{s}}\cdot\boldsymbol{v}_{\mathrm{s}}\right)=-\alpha_{\mathrm{s}}\nabla p-\nabla p_{\mathrm{s}}+\nabla\cdot\overline{\overline{\tau}}_{\mathrm{g}}+\alpha_{\mathrm{s}}\rho_{\mathrm{s}}\boldsymbol{g}+K_{\mathrm{gs}}\left(\boldsymbol{v}_{\mathrm{g}}-\boldsymbol{v}_{\mathrm{s}}\right) \tag{3-16}$$

动态粒子的动能守恒定义如下，颗粒温度 Θ_{s} 从粒子流动力学理论导出：

$$\frac{3}{2}\left[\frac{\partial}{\partial t}\left(\rho_{\mathrm{s}}\alpha_{\mathrm{s}}\Theta_{\mathrm{s}}\right)+\nabla\cdot\left(\rho_{\mathrm{s}}\alpha_{\mathrm{s}}\boldsymbol{v}_{\mathrm{s}}\Theta_{\mathrm{s}}\right)\right]=\left(-p_{\mathrm{s}}\overline{\overline{I}}+\overline{\overline{\tau}}_{\mathrm{s}}\right):\nabla\cdot\boldsymbol{v}_{\mathrm{s}}+\nabla\cdot\left(k_{\Theta_{\mathrm{s}}}\nabla\Theta_{\mathrm{s}}\right)-\gamma_{\Theta_{\mathrm{s}}}+\phi_{\mathrm{gs}} \tag{3-17}$$

固相和气相之间的动量交换由曳力表示，在本案例中由相间交换系数表示。气固相间交换系数 K_{gs} 存在几种曳力模型，包括 Syamlal-O'Brien 和 Gidaspow 曳力定律。前者的曳力定律基于流化床或沉降床中颗粒末端速度的测量。相间交换系数表示为

$$K_{\mathrm{gs}}=\frac{3}{4}\frac{\alpha_{\mathrm{s}}\alpha_{\mathrm{g}}\rho_{\mathrm{g}}}{v_{\mathrm{r,s}}^{2}d_{\mathrm{s}}}C_{\mathrm{D}}\left(\frac{Re_{\mathrm{s}}}{v_{\mathrm{r,s}}}\right)\left|\boldsymbol{v}_{\mathrm{s}}-\boldsymbol{v}_{\mathrm{g}}\right| \tag{3-18}$$

曳力系数 C_{D} 由下式给出

$$C_{\mathrm{D}}=\left(0.63+\frac{4.8}{\sqrt{\dfrac{Re_{\mathrm{s}}}{v_{\mathrm{r,s}}}}}\right)^{2} \tag{3-19}$$

终端速度相关性 $v_{\mathrm{r,s}}$ 表示为

$$v_{\mathrm{r,s}}=0.5\left[A-0.06Re_{\mathrm{s}}+\sqrt{\left(0.06Re_{\mathrm{s}}\right)^{2}+0.12Re_{\mathrm{s}}\left(2B-A\right)+A^{2}}\right] \tag{3-20}$$

式中，$A=\alpha_{g}^{4.14}$，当 $\alpha_{g}\leqslant 0.85$ 时，$B=P\alpha_{g}^{1.28}$。

固体雷诺数 Re_{s} 计算如下

$$Re_{s}=\frac{\rho_{g}d_{s}\left|\boldsymbol{v}_{s}-\boldsymbol{v}_{g}\right|}{\mu_{g}} \tag{3-21}$$

Gidaspow 曳力定律是 Wen 与 Yu 模型的稀释流量及 Ergun 方程密集流动的组合。对于 $\alpha_{g}>0.8$ 的情况，用 Wen 与 Yu 模型中的方程式计算 K_{gs}

$$K_{gs}=\frac{3}{4}C_{D}\frac{\alpha_{s}\alpha_{g}\rho_{g}\left|\boldsymbol{v}_{s}-\boldsymbol{v}_{g}\right|}{d_{s}}\alpha_{g}^{-2.65} \tag{3-22}$$

其中，曳力系数 C_{D} 表示为

$$C_{D}=\frac{24}{\alpha_{g}Re_{s}}\left[1+0.15\left(\alpha_{g}Re_{s}\right)^{0.687}\right] \tag{3-23}$$

并且用式(3-21)计算固体雷诺数。对于 $\alpha_{g}\leqslant 0.8$ 的情况，可以用 Ergun 方程计算 K_{gs}

$$K_{gs}=150\frac{\alpha_{s}^{2}\mu_{g}}{\alpha_{g}d_{s}^{2}}+1.75\frac{\alpha_{s}\rho_{g}\left|\boldsymbol{v}_{s}-\boldsymbol{v}_{g}\right|}{d_{s}} \tag{3-24}$$

气相和颗粒之间的阻力是流化床中的主要相互作用力之一。用于模拟动量交换的阻力定律通常是经验方法。若不能包括关于粒度和形状分布的准确信息，则此方法通常不能精确地预测阻力。Syamlal 和 O'Brien 引入了一种修改其原始阻力定律的方法，用于正确模拟最小流化条件。该阻力定律的修改是基于最小流化条件，该条件是特定材料的常用实验信息。参数 P 与孔隙速度相关的最小流化速度和末端雷诺数 Re_{t} 相关。P 会不断调整，直到由式(3-25)表示的 v_{g} 等于通过实验确定的最小流化速度

$$v_{g}=Re_{t}\frac{\alpha_{g}\eta_{g}}{d_{p}\rho_{g}} \tag{3-25}$$

式中，Re_{t} 为多粒子系统终端沉降条件下的雷诺数，由式(3-26)给出

$$Re_{t}=v_{r,s}Re_{ts} \tag{3-26}$$

终端速度相关性 $v_{r,s}$ 由式(3-27)给出

$$v_{r,s}=\frac{A+0.06BRe_{ts}}{1+0.06Re_{ts}} \tag{3-27}$$

式中，Re_{ts} 为单个粒子在终端沉降条件下的雷诺数，由式(3-28)给出

$$Re_{ts}=\left(\frac{\sqrt{4.8^{2}+2.52\sqrt{\frac{4Ar}{3}}}-4.8}{1.26}\right)^{2} \tag{3-28}$$

阿基米德数 Ar 由式(3-29)给出

$$Ar=\frac{\left(\rho_{s}-\rho_{g}\right)d_{s}^{3}\rho_{g}g}{\eta_{g}} \tag{3-29}$$

必须根据式(3-30)修改参数 Q，以确保速度-孔隙相关性的连续性

$$Q = 1.28 + \frac{\lg P}{\lg 0.85} \tag{3-30}$$

臭氧分解的反应动力学被包括在 CFD 模型中，用以评估流化床反应器动力学的预测。臭氧分解遵循一级反应动力学，且动力学速率中包含固体体积分数。

$$O_3 \xrightarrow[\text{催化剂}]{k_r} 1.5O_2 \quad \Delta H_r = 143\text{kJ/kmol}$$

$$R_{O_3} = -k_r \alpha_s C_{O_3} \tag{3-31}$$

模型中包含了以下臭氧传输方程，右侧的源项表示臭氧分解的质量反应速率。

$$\frac{\partial \alpha_g \rho_g X_{O_3}}{\partial t} + \nabla \cdot \alpha_g \rho_g \boldsymbol{v}_g X_{O_3} = R_{O_3}^m = -k_r \alpha_s \rho_g X_{O_3} \tag{3-32}$$

2) 其他

由于不稳定性和收敛性是多相流模拟的主要问题，因此本案例选用较小的时间步长(0.0005～0.001s)，每个时间步长进行 20～40 次迭代，直至达到收敛。为两个连续迭代之间的相对误差指定了 10^{-4} 的收敛标准。采用有限体积法求解控制方程，其采用层流黏性模型求解气体湍流流动。相耦合 SIMPLE 算法是 SIMPLE 算法对多相流的扩展，用于压力-速度耦合。使用对流项的二阶迎风离散化计算方案。

3.5.3.4　结果与讨论

本案例主要对流化床中的流体动力学及臭氧分解动力学进行模拟研究。

1. 流体动力学

研究模型参数对流化的影响十分必要。阻力方程通常是经验性的，可能不适用于本研究中的 FCC 颗粒。为了研究阻力定律对含有 FCC 颗粒建模的适用性，本案例研究了 Gidaspow 和 Syamlal-O'Brien 曳力定律。Gidaspow 曳力定律用于模拟稠密流化床，而 Syamlal-O'Brien 曳力定律则具有更广泛的应用。使用 Gidaspow 曳力定律固体体积分数的模拟结果如图 3-36 所示。根据观测可得，表观气体速度为 0.3m/s，实验结果显示床膨胀率约为 20%时会发生鼓泡流化，但模拟结果显示 3s 后床层膨胀率约为 100%，这表明对阻力的预测过高，其没有气泡形成，8s 后快速流化的特征更加明显。图 3-37 显示了未校准到实验最小流化速度时，在相同操作条件下使用 Syamlal-O'Brien 曳力定律得到的结果。其流动模式类似于使用 Gidaspow 曳力定律获得的流动模式，同样过高估计了流化。这些相似的结果表明，这些模型都不能以其原始形式应用于含有直径 60μm FCC 颗粒的流化床。

建模和实验结果之间的差异可能是由于范德华力引起的黏性粒子间力导致的粒子聚集，并且 FCC 粒子的阻力减小。不考虑内聚力和附聚的影响可导致更高的阻力和更高的床膨胀。一般比例因子可能减少阻力，因此，用具有类似尺寸床层中类似 FCC 颗粒的最小流化速度测量平均值 0.0027m/s 来修改 Syamlal-O'Brien 曳力定律，对于方程式中的 P 和 Q，结果分别为 0.920 和 1.795。图 3-38 中显示了运行时间为 0～15s 的流动模式。其流动模式对应具有气泡聚结和分裂的高度鼓泡流化床，预计表观气体速度为 0.3m/s。模

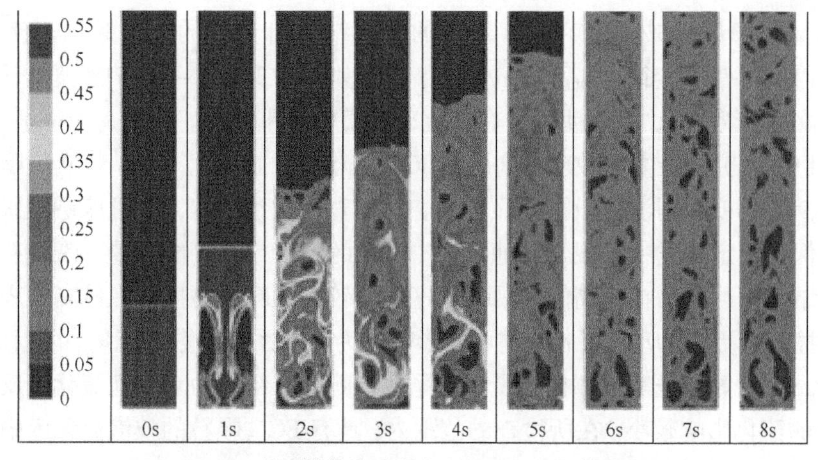

图 3-36　固体体积分数与 Gidaspow 曳力定律

刻度表示固体体积分数的值，范围从 0(无颗粒)到 0.55(初始填充极限)

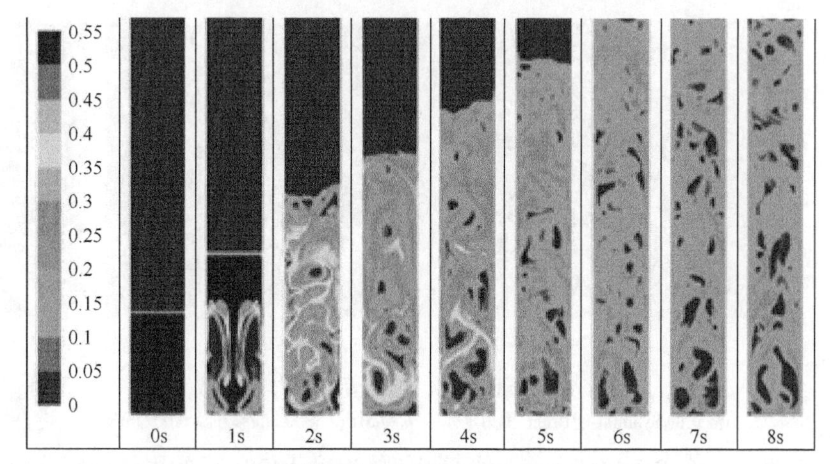

图 3-37　固体体积分数与 Syamlal-O'Brien 曳力定律

H_0=0.51m，v_g=0.3m/s，e=0.9

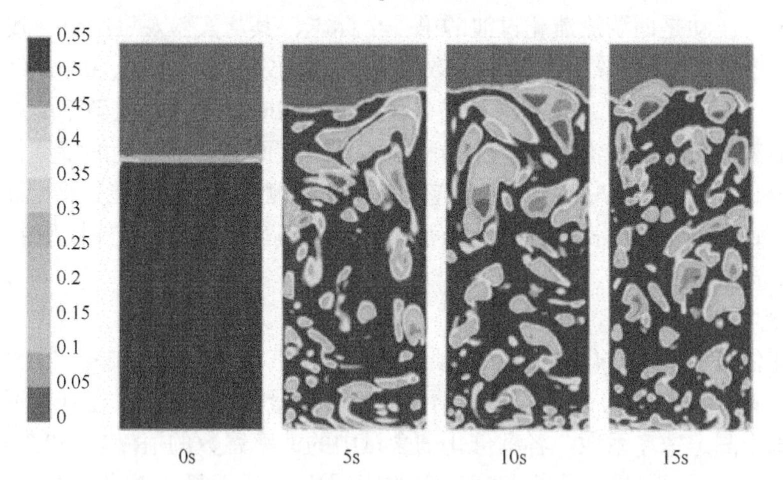

图 3-38　固体体积分数与修正的 Syamlal-O'Brien 曳力定律

H_0=0.51m，v_g=0.3m/s，v_{mf}=0.0027m/s，e=0.9

拟获得的床层膨胀 25% 与膨胀为 20% 的实验结果有很好的对应关系。使用改进的 Syamlal-O'Brien 曳力定律，v_{mf}=0.3m/s(P 和 Q 分别为 1.390 和–0.745)来模拟反应器，预测的床层膨胀约为 5%，这表明曳力在流化床建模中的重要性。

本案例还研究了恢复系数对现有的 FCC 颗粒流化的影响。如图 3-39 所示，恢复系数 0.6～0.975 的变化对流化没有明显影响。气泡直径大致相等，并且床层膨胀在各种恢复系数下保持恒定。这一发现与其他报道中更大的粒径或更高的流速下恢复系数对流化有影响的结果相冲突。在较高的表观气体速度下较大颗粒的碰撞或在较高的表观气体速度下的碰撞导致更大的动能耗散，这可能影响作为恢复系数函数的流化。可以得出结论，如 van Wachem 等所证实的那样，受恢复系数影响的颗粒应力对鼓泡流化床反应器中小 FCC 颗粒的流化影响较小。在所检查的范围内，具有 FCC 颗粒的鼓泡流化床中更主要的作用力是重力和阻力。所有后续的模拟中，恢复系数都取 0.9。

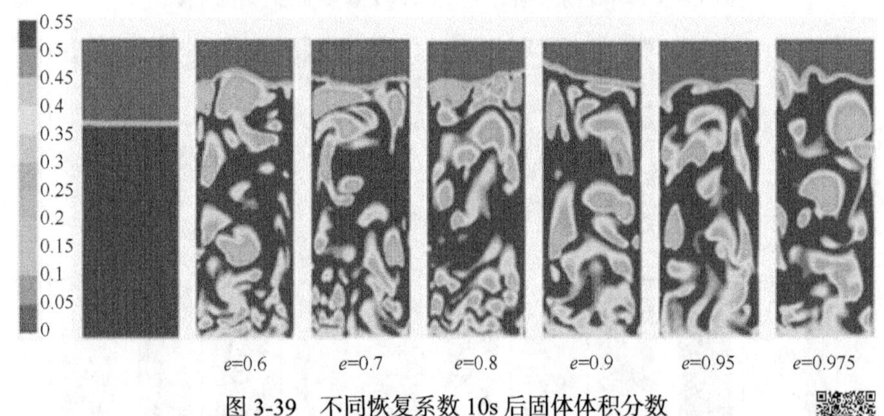

图 3-39 不同恢复系数 10s 后固体体积分数

修正的 Syamlal-O'Brien 曳力定律，H_0=0.51m，v_g=0.3m/s，v_{mf}=0.0027m/s

图 3-40 显示了在 0.3～0.5m/s 三种不同气体速度下 20s 后的固体体积分数。在更高的速度下，气泡变大，因此床层膨胀显著增加。在 0.5m/s 的表观气体速度下，床表面波动很大。这些波动是向湍流流化过渡的第一个标志，其与实验观察结果一致。

本案例还对模拟的孔隙剖面和实验数据进行了比较。在 0.3m/s、0.4m/s 和 0.5m/s 三种不同的表层气体速度下，分布器上方 0.273m 和 0.4m 的高度，空隙率的总体趋势被正确地模拟出来。而由于气泡的向上流动和固体靠近壁面的向下流动的特点，流化床核心的空隙率较高。在所有情况下，靠近墙壁的孔隙率预测不足。这可能是将壁面粒子碰撞视为完全弹性而没有动能耗散的结果。壁面和颗粒之间静电力的出现(在模型中未考虑)也可能是造成差异的原因。

2. 臭氧分解动力学

为了评估床层反应转化率的 CFD 预测，将使用三种不同量(1.1kg、2.75kg 和 5kg)催化剂进行臭氧分解的 FCC 流化床模拟结果与实验测量值进行比较。在具有不同催化剂含量的流化床中测定速率系数。各种催化剂含量中的速率系数的值(2.12～2.32s^{-1})很接近，表明结果的可重复性。在通过实验确定的床层中，基于最小流化速度 0.0028m/s 对 Syamlal-O'Brien 曳力定律进行修改。在所有催化剂含量下，CFD 模拟预测的臭氧分解程

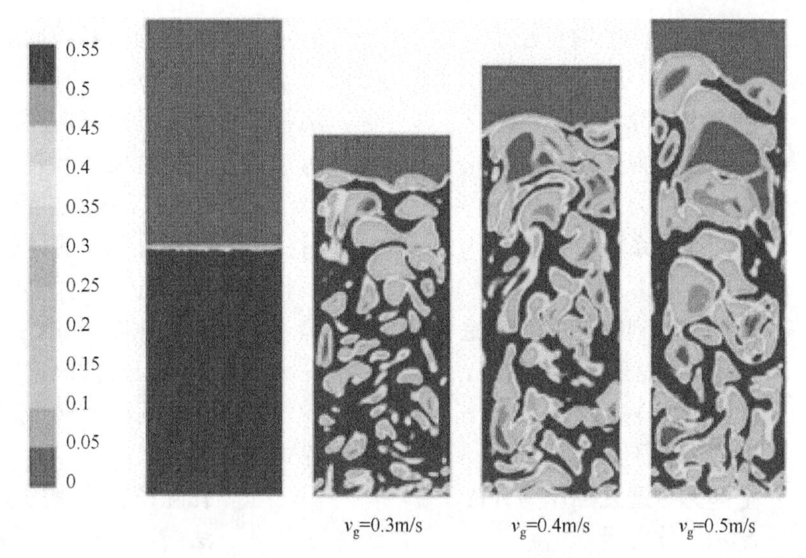

图 3-40　不同气速下 20s 后的固体体积分数

修正的 Syamlal-O'Brien 曳力定律，H_0=0.51m，v_{mf}=0.0027m/s，e=0.9

度的结果高于实验数据。这种偏差可能是由不考虑气体分布和催化剂循环系统的模拟简化导致的。流化床反应器中的分布器由小孔组成，这些小孔导致更高的流速及射流，其中部分反应气体绕过催化剂床层的下层。由于对分布器划分网格难度较大，CFD 模型中未考虑分布器。CFD 模型中缺乏细化分布器影响，导致模拟得到的模型下部的转换率偏高。大多数分解反应发生在分布器之后。在床的较低高度处具有较高的分解速率，这与 Syamlal 和 O'Brien 的模拟结果一致。Sun 的研究结果称，如果进入 FCC 催化剂床时流动更加均匀(使用具有更多孔的分布器)，反应器中臭氧分解的转化率会显著增加。此外，在实验期间，有 5%～20% 的总催化剂在固体循环系统中，在 CFD 模拟中未考虑这一现象而造成催化剂质量缺乏也可能导致更高的模拟转化率。

3.5.3.5　总结

本案例对气固流化床的流体动力学和反应动力学进行了 CFD 模拟。对于流化床而言，流态化系统涉及气固系统、液固系统和气液固三相系统，因此常采用多相流模型。当流化床中介质颗粒粒度较细、数目较多时，需采用粗粒化模型来减少计算量，以提高计算效率。由本案例可知，CFD 可对 FCC 颗粒气固流化床流体动力学和反应动力学进行模拟，而本案例提出的修正曳力定律可以提供更好的模型预测，包括流化床中的流体动力学及臭氧分解动力学，从而对流化床的设计提供指导。

符 号 说 明

英文

Ar	阿基米德数	C_D	曳力系数
C	粗产物的产量；网格尺寸，mm	C_{Dc}	滤饼区的曳力修正系数
		C_L、C_{Lt}	升力系数
		c_i	粗产品中尺寸 i 的百分数

d_{gp} 颗粒的几何平均直径
F 进料速率，kg/m^3
f_i 进料中尺寸 i 的百分数
$f_{n,i}$ 法向碰撞力，N
$f_{t,i}$ 切向碰撞力，N
K_{gs} 相间交换系数
k_r 反应系数，s^{-1}
L_{pf} 簇群中心到附近的陶瓷滤烛面或滤饼表面的距离，m
M_i 颗粒 i 的碰撞力矩，N·m
$P_B(t)$ 空泡内的压力，Pa
$P_\infty(t)$ 空泡无穷远处的压力，Pa
R 摩尔气体常量
Re 雷诺数
Re_t 多粒子系统终端沉降条件下的雷诺数
Re_{ts} 单个粒子在终端沉降条件下的雷诺数
R_i、R_j 颗粒 i、j 的接触半径，μm
R_{min} 最小颗粒半径，mm
R_{st} 等效半径，m
$R(t)$ 空泡半径，m
S 空泡的表面张力
T_i 颗粒 i 的碰撞力矩，N·m
u 流体通过颗粒床层的表观速度，m/s
u_0 颗粒的沉降速度，m/s
u_g 气相速度，m/s
u_j 颗粒 j 的运动速度，m/s
u_1 颗粒孔隙中流体的真实速度，m/s
u_p 颗粒速度，m/s
v_f 滤饼层过滤面速度，m/s
W 单位面积的粒子沉积质量，kg

希文

ε 孔隙率；滤饼的总孔隙率
η_n 法向黏性耗散系数
η_s 切向黏性耗散系数
Θ_s 颗粒温度，K
θ 量纲为一的时间
κ_a 调整动态形状因子
μ_g 气体黏度，Pa·s
ρ_f 流体密度，kg/m^3；气体密度，kg/m^3
ρ_L 周围液体的密度，kg/m^3
σ_{gp} 几何标准偏差
τ 平均停留时间，s
ω 颗粒的角速度，rad/s

参考文献

程园畅, 叶旭初. 2007. 三桨叶搅拌釜相同混合时间条件下的 CFD 模拟及放大研究. 南京工业大学学报(自然科学版), (4): 58-62.

邓文宇, 孙宝玉, 段永利, 等. 2019. 双侧串联涡旋干式真空泵内气体流动的 CFD 模拟. 沈阳: 第十四届国际真空科学与工程应用学术会议论文(摘要)集: 117-130.

韩宝坤, 常胜, 宋云茂, 等. 2019. 基于 CFD 方法的油分离器对压缩机性能影响的分析. 流体机械, 47(11): 40-45.

韩祺祺. 2014. 循环流化床液固两相及气液固三相的 CFD-DEM 模拟. 天津：天津大学.

黄乃金, 钱付平, 朱小洁, 等. 2013. 空气过滤器结构参数对过滤特性影响的 CFD-DEM 模拟. 宁波: 全国建筑环境与设备技术交流大会.

黎义斌, 李仁年, 贾琨, 等. 2014. 凸轮泵内部瞬态流场的动网格数值解析. 江苏大学学报(自然科学版), (35): 518-524.

李水清, Marshall J S, Ratner A, 等. 2007. 气固稀相流中颗粒沉积和聚集的分子动力学模拟. 工程热物理学报, 28(6): 1035-1038.

李小虎, 张有忱, 李好义, 等. 2015. 多孔介质模型的纤维过滤器优化模拟. 膜科学与技术, 35(1): 23-27.

李亚, 刘忠族, 许影博, 等. 2019. 离心风机流场大涡模拟与管中噪声数值预报. 中国舰船研究, 14(4): 91-97,154.
林进, 沈浩, 景文珩. 2016. 气升式陶瓷膜过滤过程的气液两相流模拟. 化工学报, 67(6): 2246-2254.
刘静静. 2014. 高温陶瓷过滤除尘器的实验与数值模拟研究. 北京：华北电力大学.
陆宏圻, 曾祥金. 1981. 液体射流泵理论的研究. 中国科学, (1): 117-128.
倪福生, 郭新贵, 胡沛成. 1998. 射流泵内不可压流动 N-S 耦合方程有限元分析. 水动力学研究与进展, 13(4): 491-498.
全洪兵, 张勇, 张光毅, 等. 2018. 基于 CFD 的水力旋流器流场与旋分效率分析. 内燃机与配件, (2): 208-211.
史明明. 2018. 循环式生物絮团系统内部多相流的 CFD 模拟与优化. 杭州：浙江大学.
王玉彬. 2013. 带内部构件的三维气固流化床 CFD 模拟及分析. 青岛：中国海洋大学.
徐瑾睿. 2017. 褶型空气过滤介质三维动态建模及其性能的 CFD-DEM 模拟. 马鞍山：安徽工业大学.
许芳芳, 胡仰栋, 伍联营. 2011. 水力溢流分级机的 CFD 模拟. 化学反应工程与工艺, 27(3): 224-229.
薛瑞, 张森, 许战军, 等. 2014. 对不同空化模型的比较研究. 西北水电, 2: 85-89.
张博, 沈胜强, 李海军. 2003. 二维流动模型的喷射器性能分析研究. 热科学与技术, 2(2): 149-153.
张国娟. 2014. 搅拌槽内混合过程的数值模拟. 北京：北京化工大学.
张海茹, 杨宏旻. 2014. 余热回收沉降室的 CFD 数值模拟优化及沉降效果分析. 环境工程, 32(8): 64-67.
赵新学, 金有海. 2010. 基于 CFD 的旋风分离器壁面磨损数值预测. 石油机械, (12): 49-52.
周天, 李茂, 李秋龙, 等. 2014. 赤泥分离沉降槽中心桶内停留时间分布的数值模拟. 中国有色金属学报:英文版, (4): 1117-1124.
Andrews M J, O'Rourke P J. 1996. The multiphase particle-in-cell (MP-PIC) method for dense particulate flows. International Journal of Multiphase Flow, 22(2): 379-402.
Brennen C E. 1995. Cavitation and Bubble Dynamics. Oxford: Oxford University Press.
Cerutti S, Knio O M, Ktaz J, et al. 2000. Numerical study of cavitation inception in the near field of an axisymme-tricjet at high Reynolds number. Physics of Fluids, 12(10): 2444-2460.
Choi J H, Ha S J, Jang H J. 2004. Compression properties of dust cake of fine fly ashes from a fluidized bed coal combustor on a ceramic filter. Powder Technology, 140(1-2): 106-115.
Chu K W, Wang B, Xu D L, et al. 2011. CFD-DEM simulation of the gas-solid flow in a cyclone separator. Chemical Engineering Science, 66(5): 834-847.
Cooper S, Coronella C J. 2005. CFD simulations of particle mixing in a binary fluidized bed. Powder Technology, 151(1-3): 27-36.
Cornelissen J T, Taghipour F, Escudié R, et al. 2007. CFD modelling of a liquid-solid fluidized bed. Chemical Engineering Science, 62(22): 6334-6348.
Ding J, Wang X, Zhou X F, et al. 2010. CFD optimization of continuous stirred-tank (CSTR) reactor for biohydrogen production. Bioresource Technology, 101(18): 7005-7013.
Ellis N. 2003. Hydrodynamics of gas-solid turbulent fluidized beds. British Columbia: University of British Columbia.
Farrelk J. 2003. Eulerian/Lagrangian analysis for the prediction of cavitation inception. Journal of Fluids Engineering, 125(1): 46-52.
Feng Y, Kleinstreuer C. 2014. Micron-particle transport, interactions and deposition in triple lung-airway bifurcations using a novel modeling approach. Journal of Aerosol Science, 71: 1-15.
Fu L, Zhu X Y, Jiang W, et al. 2017. Numerical investigation on influence of diffuser vane height of centrifugal pump. International Communications in Heat and Mass Transfer, 82: 114-124.
Gerber A G. 2002. A CFD Model for Devices Operating Under Extensive Cavitation Conditions. ASME International Mechanical Engineering Congress & Exposition.

Gidaspow D. 1994. Multiphase flow and fluidization: continuum and kinetic theory descriptions. London: Academic Press Limited.

Hartge E U, Ratschow L, Wischnewski R, et al. 2009. CFD-simulation of a circulating fluidized bed riser. Particuology, (4): 283-296.

Johansson R, Evertsson M. 2012. CFD simulation of a gravitational air classifier. Minerals Engineering, 33: 20-26.

Jungseok H. 2011. Multiphase modeling study for storm water solids treatment in experimental storm water settling chamber. Water Science & Technology, 63(12): 3020-3026.

Kasat G R, Khopkar A R, Ranade V V, et al. 2008. CFD simulation of liquid-phase mixing in solid-liquid stirred reactor. Chemical Engineering Science, 63(15): 3877-3885.

Khopkar A R, Kasat G R, Pandit A B, et al. 2006. CFD simulation of mixing in tall gas-liquid stirred vessel: Role of local flow patterns. Chemical Engineering Science, 61(9): 2921-2929.

Ku X K, Li T, Løvås T. 2015. CFD-DEM simulation of biomass gasification with steam in a fluidized bed reactor. Chemical Engineering Science, 122: 270-283.

Kubota A, Kato H, Yamaguchi H, et al. 1992. A new modelling of cavitation flows: A numerical study of unsteady cavitation on a hydrofoil section. Journal of Fluid Mechanics, 240(1): 59-96.

Liu K, Zhao Y, Jia L Y, et al. 2019. A novel CFD-based method for predicting pressure drop and dust cake distribution of ceramic filter during filtration process at macro-scale. Powder Technology, 353: 27-40.

Menter F R, Kuntz M, Langtry R. 2003. Ten years of industrial experience with the SST turbulence model. Turbulence Heat and Mass Transfer, 4: 625-632.

Mihali T, Guzovi Z, Predin A. 2014. CFD flow analysis in the centrifugal vortex pump. International Journal of Numerical Methods for Heat & Fluid Flow, 24(3): 545-562.

Morsi S A, Alexander A J. 1972. An investigation of particle trajectories in two-phase flow systems. Journal of Fluid Mechnaicss, 55: 193-208.

Roknaldin F, Sahan R A, Sun X H. 2002. A simplified CFD model for the radial blower. San Diego: Conference on Thermal & Thermomechanical Phenomena in Electronic Systems.

Schnerr G H, Sauer J. 2001. Physical and Numerical Modeling of Unsteady Cavitation Dynamics. New Orleans: Proceedings of 4th international Conference on Multi-Phase Flow.

Singhal A K, Athavale M M, Li H, et al. 2002. Mathematical basis and validation of the full cavitation model. Journal of Fluids Engineering, 124(3): 617-624.

Sun G. 1991. Influence of particle size distribution on the performance of fluidized bed reactors. British Columbia: University of British Columbia.

Syamlal M, O'Brien T J. 2003. Fluid dynamic simulation of O_3 decomposition in a bubbling fluidized bed. AIChE Journal, 49(11): 2793-2801.

van Wachem B G M, Schouten J C, van den Bleek C M, et al. 2001. Comparative analysis of CFD models of dense gas-solid systems. AICHE Journal, 47(5): 1035-1051.

Wehinger G D, Eppinger T, Kraume M. 2015. Detailed numerical simulations of catalytic fixed-bed reactors: heterogeneous dry reforming of methane. Chemical Engineering Science, 122: 197-209.

Xanthos S, Gong M, Ramalingam K, et al. 2011. Performance assessment of secondary settling tanks using CFD modeling. Water Resources Management, 25(4): 1169-1182.

Xing T, Frankel S H. 2002. Effect of cavitation on vortex dynamics in a submerged laminar jet. AIAA Journal, 40(11): 2266-2276.

Yu X K, Qian F P, Lu J L. 2012. CFD-DEM simulation to study the filtration characteristic of the fine particle in the filter media. Journal of Civil, Architectural & Environmental Engineering, 34: 145-149.

Zeng L, Najjar F, Balachandar S, et al. 2009. Forces on a finite-sized particle located close to a wall in a linear shear flow. Physics of Fluids, 21(3): 033302.

Zhu G, Dong S M. 2020. Analysis on the performance improvement of reciprocating pump with variable stiffness valve using CFD. Journal of Applied Fluid Mechanics, 13(2): 387-400.

Zimmermann S, Taghipour F. 2005. CFD modeling of the hydrodynamics and reaction kinetics of FCC fluidized-bed reactors. Industrial & Engineering Chemistry Research, 44(26): 9818-9827.

Zwart P J, Gerber A G. 2004. A two-phase flow model for predicting cavitation dynamics. Yokohama: Proceedings of International Conference on Multiphase Flow.

第4章

CFD在传热过程中的应用

传热是化工生产中一个非常重要的过程，合理的传热过程能够节省成本、提升效率，而 CFD 可以为传热设备的设计和改良节约大量的时间成本和实验成本。本章首先介绍CFD在换热器、蒸发和干燥过程中的应用。每节中首先对该节对应的化工过程做简要介绍。另外，对于CFD在换热器、蒸发、物料干燥过程中的一些具体应用简要进行案例分析。除此之外，在换热器方面，描述其常用的相关模型，并详述具有管内件的管式换热器模拟案例。对于蒸发过程，主要按照发展的时间顺序介绍 d^2 模型、快速混合模型、有限导热模型和非平衡模型等，对盐水液滴的蒸发案例进行分析。对于物料干燥，主要介绍了相关的特殊模型，并分析了喷雾干燥的案例。

4.1 传热过程

4.1.1 传热过程简介

4.1.1.1 传热过程基础

化学工业与传热关系密切，大部分化工过程都涉及传热，传热是化工原理的重要研究内容之一。化学反应的稳定进行需要确保一定的温度，为满足这些温度要求，需要向反应器输入或移出一定的热量。此外，传热问题还涉及化工设备的保温、生产过程中热能的合理利用及废热的回收等。

根据传热机理的不同，传热的基本方式可分为三种，即热传导、对流传热和辐射传热。热传导又称导热，是从物体的高温部分向同一物体的低温部分，或者从一个高温物体向与其直接接触的低温物体传递热量的过程。一般使用傅里叶定律描述热传导现象，其表达式为

$$\frac{\mathrm{d}Q}{\mathrm{d}S}=-k\frac{\partial t}{\partial n} \tag{4-1}$$

式中，dQ 为微分热传导速率，W；dS 为与热传导方向垂直的微分传热面(等温面)面积，m^2；k 为物质的热导率，W/(m · ℃)；$\partial t/\partial n$ 为温度梯度，℃/m。式中负号表示热通量 dQ/dS 的方向与温度梯度$\partial t/\partial n$ 的方向相反。

对流传热依靠流体的宏观位移将热量由一处带到另一处。对流传热速率可由牛顿冷却定律表述，即

$$\frac{\mathrm{d}Q}{\mathrm{d}S}=\alpha\Delta t \tag{4-2}$$

式中，$\mathrm{d}Q$ 为微分对流传热速率，W；$\mathrm{d}S$ 为与传热方向垂直的微分传热面面积，m^2；Δt 为固体壁面与流体主体之间的温度差，℃；α 为对流传热系数或称膜系数，$W/(m^2\cdot ℃)$。

辐射传热又称热辐射，是指因热而产生的电磁波在空间中的传递。描述热辐射的基本定律是 Stefan-Boltzmann 定律，表达式为

$$\frac{Q}{S}=\sigma_0 T^4 \tag{4-3}$$

式中，σ_0 为比例系数，称为 Stefan-Boltzmann 常量，其值为 $5.7\times10^{-8}W/(m^2\cdot K^4)$。

4.1.1.2 换热器类型简介

换热器又称热交换器，是冷、热流体间进行换热的设备，一般由换热元件(如带有传热面的芯部或单元)和流体分布装置(如管箱、集管、筒体、进出口管或密封装置)组成。

换热器在化工过程中所起到的作用主要有冷却、加热、再沸和分凝等。因此，换热器按用途可分为加热器、预热器、过热器、冷却器、冷凝器、蒸发器和再沸器等。除此之外，还可以根据冷、热流体热量交换的原理和方式的不同，将换热器分为间壁式换热器、直接接触式换热器、蓄热式换热器和中间载热体式换热器四类。

(1) 间壁式换热器又称表面式换热器或间接式换热器。在此类换热器中，冷、热流体被固体壁面隔开，互不接触，热量通过壁面由热流体传给冷流体。该类型换热器适用于不允许冷、热流体混合的情况。间壁式换热器按照传热面的形态与结构又可分为夹套式、管式和拓展表面式等几种类型。

(2) 直接接触式换热器又称混合式换热器。在此类换热器中，冷、热流体直接接触，相互混合而传递热量。该类型换热器结构简单，传热效率高，适用于冷、热流体允许混合的情况。

(3) 蓄热式换热器又称回流式换热器或蓄热器。此类换热器借助于热容量较大的固体蓄热体将热量由热流体传递给冷流体。此类换热器结构简单，可耐高温，常用于高温气体的热量回收或冷却。其缺点是设备体积庞大，且不能完全避免两种流体发生混合。

(4) 中间载热体式换热器又称热媒式换热器。此类换热器将两个间壁式换热器通过在其中循环的载热体连接起来，载热体在高、低温流体换热器内循环，从高温流体换热器中吸收热量后，带至低温流体换热器中以传递热量给低温流体。该类换热器多用于核能工程、化工过程、冷冻技术及余热利用。热管式换热器、液体或气体偶联的间壁式换热器均属此类。

换热器在化学工程中应用广泛，为化工生产实践提供了便利。要确保换热器应用合理性、正确性，以充分发挥其在化工产业中的作用。

4.1.2 换热过程应用模型

换热器中主要存在流体流动、多相流及导热现象，因此其常用模型包括湍流模型、多相流模型及传热模型。

在换热器模拟中常用的湍流模型主要有标准 $k\text{-}\varepsilon$ 模型和 RNG $k\text{-}\varepsilon$ 模型等。

对于换热器中的多相流问题，研究者提出了较为简单的均相流模型、分相流模型、漂移流模型及较为复杂的 VOF 模型、混合物模型和欧拉模型等，既简化了对气液两相流的研究，又有一定的准确性。此外，换热器中存在大量的换热管道和阻碍片，因此多孔介质模型也可用于模拟换热器中的流动。

与一般的流体流动不同的是，换热器模拟更注重能量控制方程。换热过程中，由于具体情况的不同，需要在能量方程中应用不同的边界条件。例如，若换热器隔热较好，与外界热量交换很少，则可以按照绝热边界条件进行处理，即

$$-\lambda \frac{\partial T}{\partial r}\Big|_{r=r_\infty} = 0 \tag{4-4}$$

式中，λ 为传热系数；T 为温度；r 为沿管径方向的距离。

一般而言，在热量损失不太严重的情况下，为简化计算，可以忽略换热过程的热量损失。此外，很多模拟过程会假定为壁温不变的恒温边界条件，即 $T_{r_0} = T_1$，其中 T_{r_0} 为壁面温度，T_1 为设定温度。除此之外，在一些模拟中会对同一设备的不同壁面采用不同的边界条件。例如，对有热源的壁面采用恒温边界条件，对其他壁面采用绝热边界条件。另外，对于采用辐射方式进行传热的换热器，较为简单的辐射传热可以通过玻尔兹曼定律进行计算，即 $j^*=\varepsilon\sigma T^4$。对于较为复杂的包括有或没有参与介质的辐射传热，可以应用 DTRM 模型、P-1 辐射模型及 S2S 模型等。在模型中包括由辐射引起的表面加热或冷却、由液相内的辐射引起的热源或热阱。

需要注意的是，在换热器的模拟中，由于热传导主要发生在壁面，因此壁面附近的流动与传热对整个换热器数值计算结果的准确性有很大影响。换热器中，壁面附近的流体流动情况变化较大，而湍流模型主要是针对充分发展的湍流，尤其在黏性底层，湍流应力几乎不起作用，因此需要选用合适的壁面函数对近壁部分进行处理。

4.1.3　CFD 在换热器中的应用

CFD 在换热器领域有较多应用，本小节从管式换热器和板式换热器两方面进行介绍。

马良栋等采用 $k\text{-}\varepsilon$ 模型和壁面函数法对内环肋管道的湍流流动和换热进行数值模拟，全面分析流动特性对换热的影响，包括阻力因子和换热系数随雷诺数、肋高比和肋距比的变化关系，结果表明努塞特数随雷诺数的增大近似线性增大。另外，找到了最优肋高管径比和雷诺数范围，得到了确定内环肋管道换热规律的重要依据。

板式换热器常见于海水淡化系统，但因海水蒸发过程涉及复杂的两相流，通过数值模拟研究仍存在一些难题。苏国萍等对板式蒸发器内相邻两互相倒置的人字形波纹板间的流道建立三维物理数学模型，使用 CFD 方法研究海水在人字形波纹板间流道内的流动、蒸发传热情况，分析人字形波纹板倾斜角和波纹板高度对海水在板式蒸发器内流动、蒸发传热性能的影响。Zhang 等也采用标准 $k\text{-}\varepsilon$ 模型模拟预测板翅式换热器中的流体流量分布，提出并模拟了两个具有两阶段分布结构的改进方案，对其入口当量直径的影响进行了研究，并与实验测量结果进行了比较。

4.1.4　管式换热器模拟案例分析

4.1.4.1　问题描述

本案例(Skullong et al., 2016)对管式换热器进行模拟，主要模拟管内流动和传热性能，在换热管中插入带有一对双面三角翼的直带(称为三角翼，DWT)并将其作为纵向涡流产生单元，从而改善管式换热器的热性能，如图 4-1 所示。插入管中的 DWT 由铝板制成，厚为 1.0mm，长为 1200mm，宽为 50.2mm。在制造一对三角翼时，在防止突出和挤压的前提下，对 DWT 进行部分切割，在两侧形成长 20mm、宽 10.04mm 的翼。三角翼属于前掠翼形排布，具有三种翼面夹角(α=30°、45°和 60°)，具有五种翼面间距与管径之比(P/D=PR=0.5、1.0、1.5、2.0 和 2.5)。在均匀壁热通量条件下，使用空气作为工作流体进行实验，雷诺数在 4200～25500 范围内。对于三维模拟，为了理解传热和流体流动机理，在 PR=1.0 和 α=30°、45°和 60°的条件下执行 DWT 周期流动模拟。本案例主要研究 DWT 插入件对强制对流传热和均匀热通量热流动摩擦特性的影响。

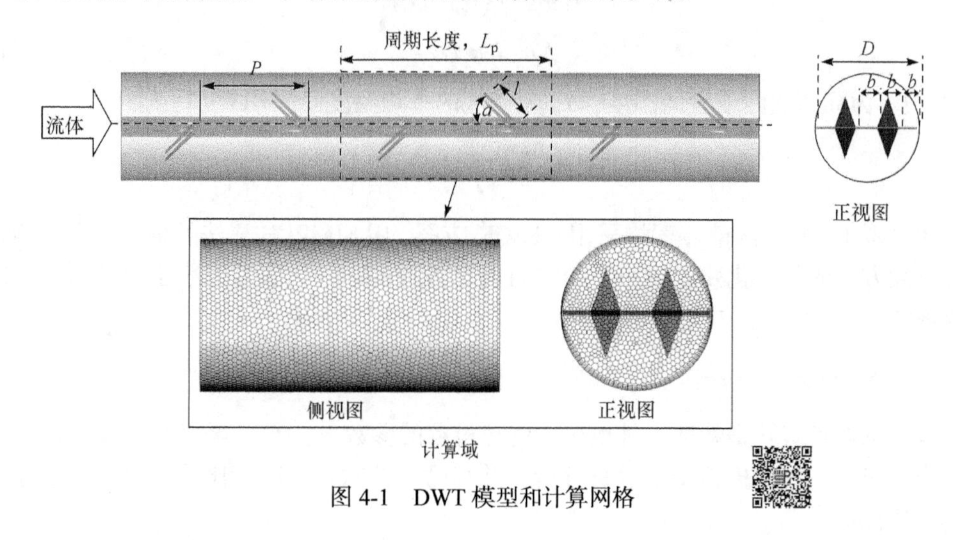

图 4-1　DWT 模型和计算网格

4.1.4.2　问题分析

本案例主要模拟流体在换热器中的流动和传热。由于雷诺数范围为 4200～25500，因此采用湍流模型进行计算。又由于本案例中空气物理性质变化不大，可设为恒定，在壁面处采用无滑移边界条件。流动假设为稳定的完全发展的周期性流动，忽略辐射热传递和其他热损失，且由于空气的物理性质，可以忽略黏性耗散和体积力。基于这些条件，本案例的流动模型采用 RNG k-ε 湍流模型和 RANS 方程。另外，由于本案例是对换热过程的模拟，因此需要引入能量方程。

4.1.4.3　网格划分

DWT 计算域和计算网格如图 4-1 所示，网格为多面体离散网格，且进行了网格独立性检验，在 PR=1.0 和 Re=6500 的情况下，采用三种不同数量的网格：114496、197187 和

415805。结果表明提高网格数量，平均 Nu 和 f 的相对变化却很小。因此，增加网格数量并不能提高模拟精度，故本案例采用中间数目 197187 的网格数量。

4.1.4.4　模拟过程

本案例所模拟的过程由 RANS 方程、RNG k-ε 湍流模型和能量方程控制。主要关注的两个参数是：摩擦系数 f 和努塞特数 Nu。f 通过压降计算，Δp 通过周期流模型的长度 L_p 计算

$$f = \frac{(\Delta p / L_{\mathrm{p}})D}{\frac{1}{2}\rho u_0^2} \tag{4-5}$$

式中，u_0 为流动模型的平均速度。局部传热系数(h_x)和努塞特数(Nu_x)由式(4-6)和式(4-7)计算

$$h_x = q'' / \left(T_{\mathrm{s},x} - T_{\mathrm{m}}\right) \tag{4-6}$$

$$Nu_x = h_x D / k \tag{4-7}$$

式中，$T_{s,x}$ 为局部壁面或表面温度；T_m 为空气的平均温度。平均 Nu 写为

$$Nu = \frac{1}{A}\int Nu_x \mathrm{d}A \tag{4-8}$$

在模拟中，所有离散方程均采用 QUICK 方案，用 SIMPLE 算法处理压力-速度耦合。当连续性方程的归一化残差值小于 10^{-5} 且能量方程的归一化残差值小于 10^{-9} 时，认为解是收敛的。

4.1.4.5　结果与讨论

本案例对具有新型管插入件换热器传热过程的参数 α、PR、努塞特数及经验相关性进行模拟研究，针对模拟结果进行分析，并与已有管插入件进行比较，以确定改进插入件的独特优势。

1. Nu 和 f 的影响因素

均匀热通量管中的传热和摩擦损失分别用 Nu 和 f 表示。数据显示，α=60°、45°和 30°及 PR=0.5 时获得的 Nu 值分别是普通管的 591%～605%、523%～538%和 505%～519%。α=60°的热传递速率分别是 α=45°和 30°的 113%～122%和 117%～125%。α 对 f 的压降影响为：在类似的操作条件下，α=60°的 f 高于较低 α 的 f 或普通管的 f。在 PR=0.5 时，α=60°的 f 分别约是 α=45°和 30°的 45 倍和 54 倍。主要损失来自较高的倾斜角带来的较高的流动阻塞和较大的表面积，导致较高的压降。因此，α 的上升导致 f 的增加，而 PR 的趋势则相反。

PR 对 Nu 和 f 的影响：Nu 随着 Re 的增加而增加，随 PR 增加而减小。PR=0.5 时的 f 远大于较大 PR 处的 f。随 PR 的增加，f 显示下降趋势，DWT 在平管上的 f 显著增加。PR=0.5 的 f 值分别是 PR=1.0、1.5、2.0 和 2.5 的 121%～126%、139%～148%、150%～163%和 165%～173%。在这种情况下，Nu 和 f 的影响抵消了 PR 增加带来的压降减小。

2. 经验相关

将雷诺数 Re、普朗特数 Pr、翼面倾角 α 和翼面俯仰比 PR 相关联得出 DWT 的经验相关性，将其与实验数据进行比较，误差在±10%以内，结果如图 4-2 所示。

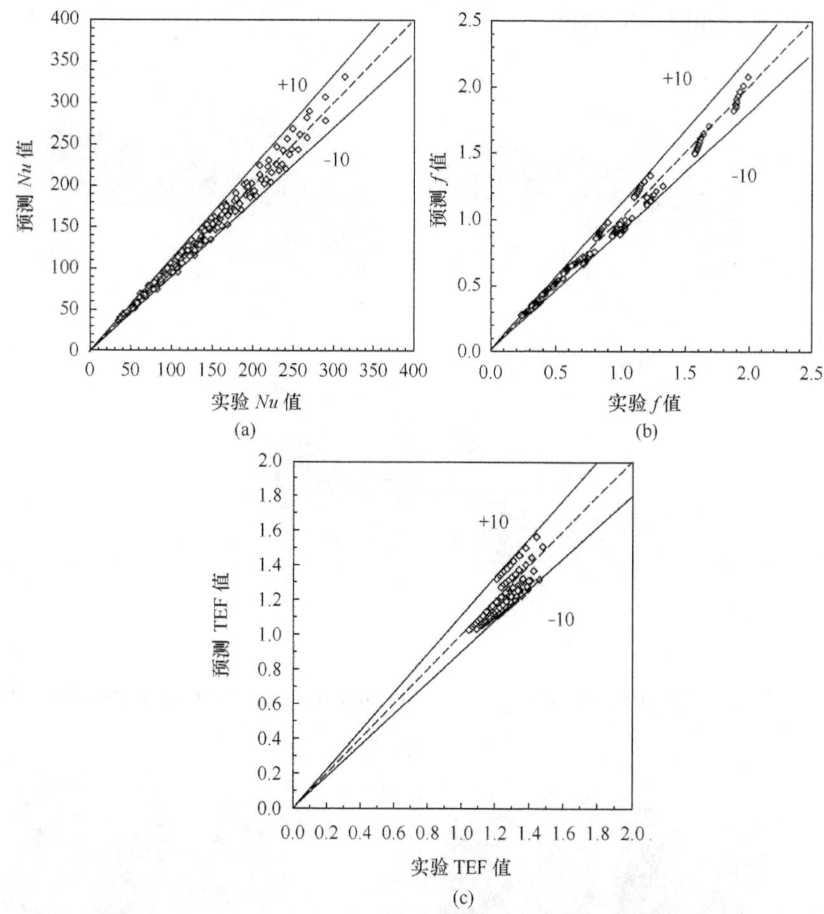

图 4-2　Nu(a)、f(b)和 TEF(c)的预测值和测定值的对比

$Nu=0.122Re^{0.777}Pr^{0.4}(1+\tan\alpha)^{0.427}(\mathrm{PR}+1)^{-0.6}$; $f=1.546Re^{-0.0726}(1+\tan\alpha)^{1.605}(\mathrm{PR}+1)^{-1.39}$;

$\mathrm{TEF}=3.608Re^{-0.094}(1+\tan\alpha)^{-0.108}(\mathrm{PR}+1)^{-0.131}$

3. 数值结果

PR=1.0，α=30°、45°和 60°，Re = 6500 时 DWT 流向平面上的流线分别如图 4-3(a)、(b)和(c)所示。鉴于对称性，只显示了左半部分管的情况。60°DWT 的流体附着低于 45°或 30°的情况。管下部的流体从第一翼对的冲孔向上流动，成为二次流，随后再流向第二翼对。该流动模式增强了湍动强度。

图 4-4(a)～(c)中分别描绘了 PR=1.0 DWT，α=30°、45°和 60°，Re=6500 时流动模型中的流动与传热状况，左半部分为流线图，右半部分为温度云图。左半平面中，由于 DWT 的存在，产生两对反向涡旋，分别在下部和上部出现。第一翼对后面出现了具有两个涡流对的二次流，其中上/下部分的两对二次流产生朝向带表面的向下共流涡。只有带边缘附近的涡流产生了共同流向管壁的向下涡流，这大大增强了沿着 DWT 边缘的流体在壁面上的热传递。在右半部分的平面上，由于向下涡流的影响，可以在带边缘附近观察到

更高的温度梯度。PR=1.0，α=30°、45°和 60°，Re=6500 时的局部壁温和努塞特数(Nu_x)，如图 4-5(a)～(c)所示。翼面位置上方壁区域的温度较高，沿着 DWT 边缘的壁区域上温度较低。60°DWT 壁区域上温度最低。考虑 Nu_x 时，沿着 DWT 边缘的区域 Nu_x 较高。60°DWT 产生的 Nu_x 最大，如图 4-5 所示。

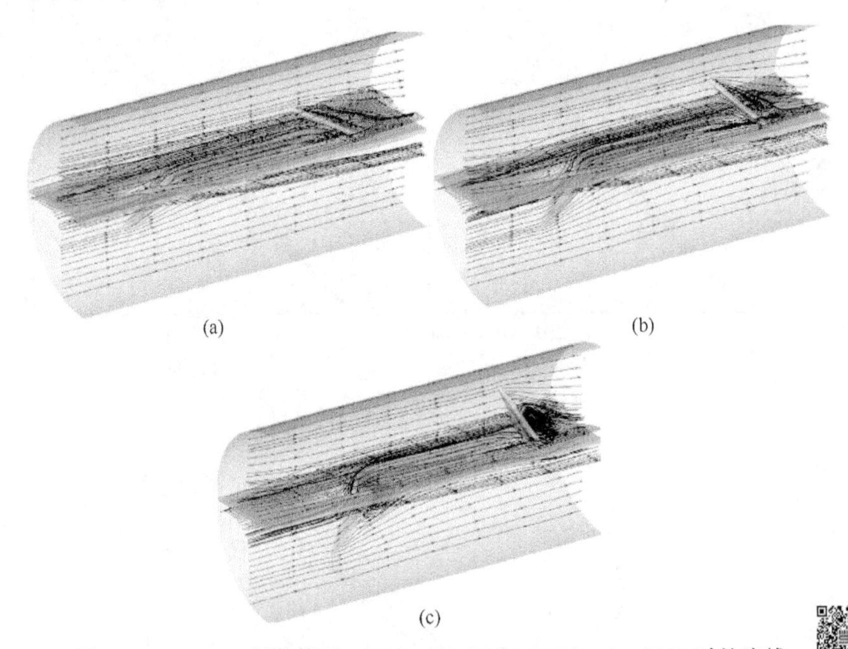

图 4-3　PR=1.0，倾角等于 30°(a)、45°(b)和 60°(c)，Re=6500 时的流线

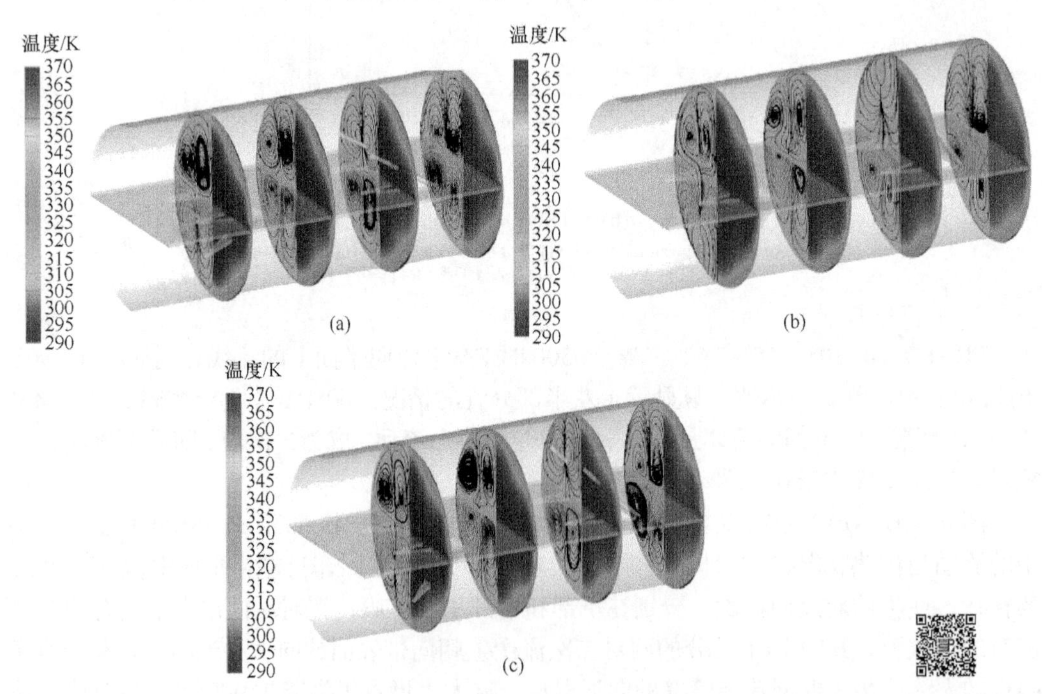

图 4-4　PR=1.0，倾角等于 30°(a)、45°(b)和 60°(c)，Re=6500 时的流线和温度分布云图

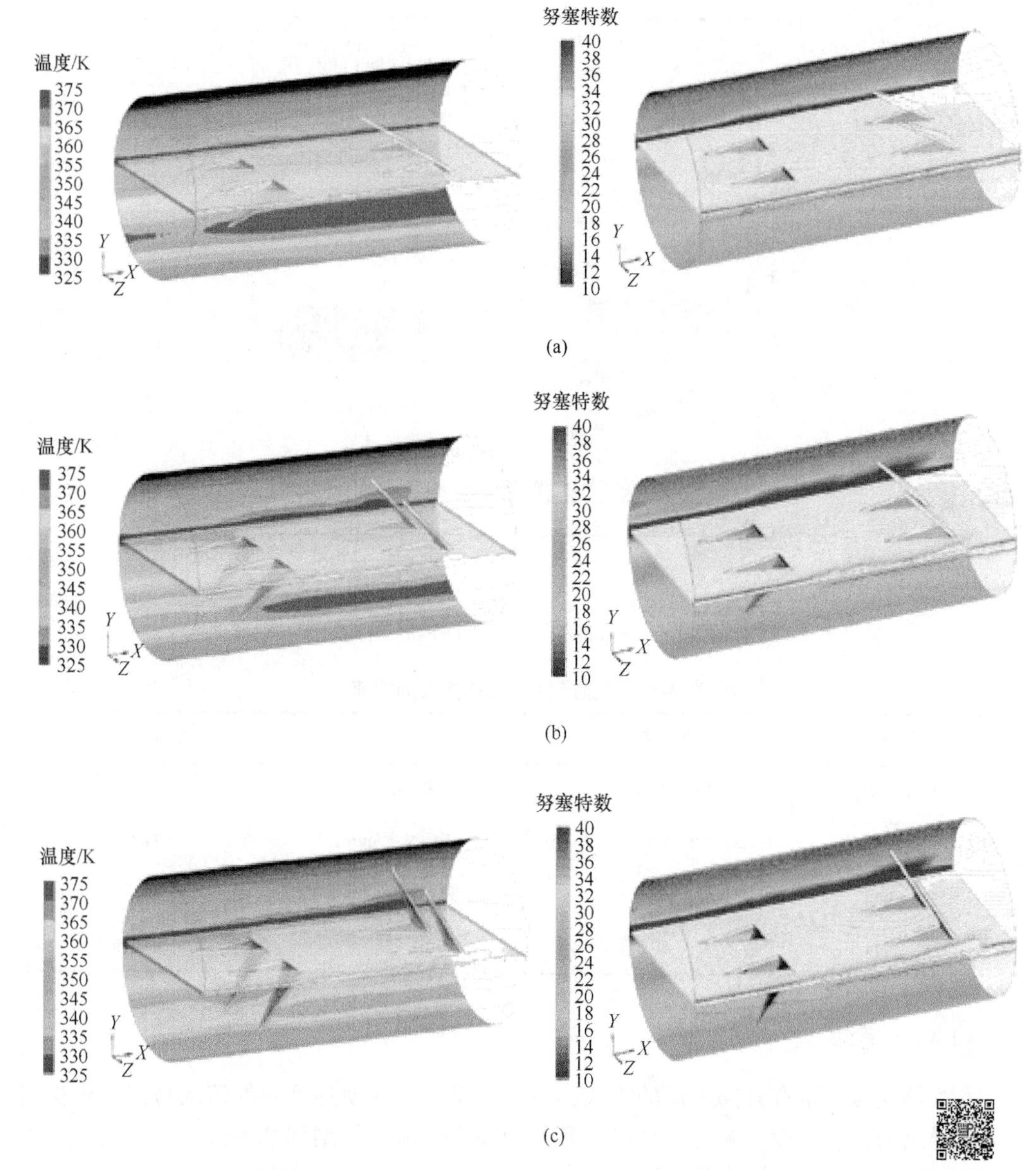

图 4-5　PR=1.0，倾角等于 30°(a)、45°(b)和 60°(c)，*Re*=6500 时各位置的壁面温度和 *Nu* 值云图

4. 与已有管插入件的比较

将 DWT 插入件的热性能与其他插入件进行比较。在图 4-6 中，所有插入件中的热增强因子(thermal enhancement factor，TEF)均随着 *Re* 的增加而下降。TEF 在 *Re* 最低处出现最大值。相比之下，在 PR=1.0 时，30°DWT 的最大 TEF 为 1.49，相比螺旋纽带，蜗式入口盘绕线和纽带分别高出约 12%、22%和 28%。这意味着目前的 DWT 优于所提到的其他管内插件(表 4-1)。

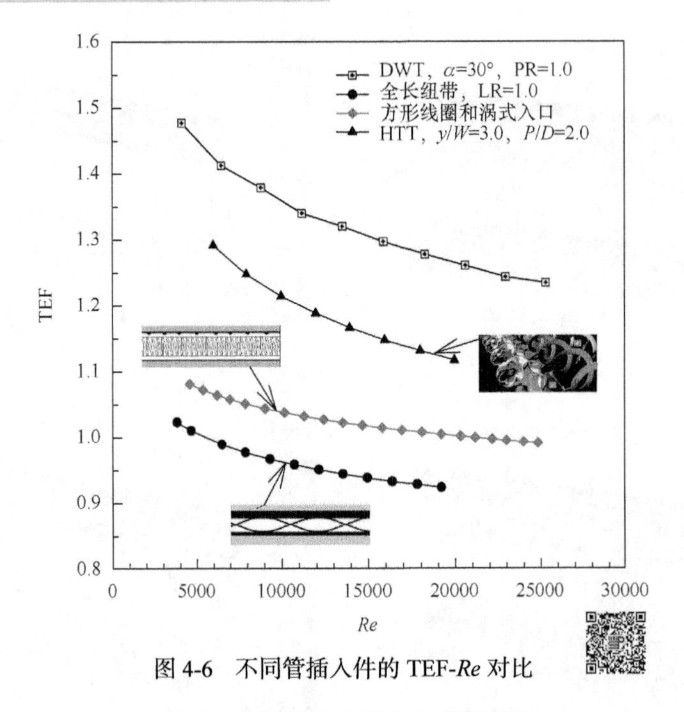

图 4-6 不同管插入件的 TEF-*Re* 对比

表 4-1 涡流产生单元各参数的取值

参数	取值范围	参数	取值范围
翼面角度	30°、45°和 60°	带厚/mm	1.0
P/D = PR	0.5、1.0、1.5、2.0 和 2.5	翼面宽度/mm	10.04
带长/mm	120	翼面长度/mm	20
带宽/mm	50.2	雷诺数	4200～25500

4.1.4.6 总结

本案例模拟了带有管插入件的管式换热器。基于管式换热器内的流动特点及根据实际情况做出的合理假设，采用 RANS 方程及 RNG k-ε 湍流模型和能量方程进行模拟。主要关注的两个参数是摩擦系数 f 和努塞特数 Nu。

与 α=45°和 30°相比，α=60°的努塞特数比 Nu/Nu_0 最大。α=60°时，最大 Nu/Nu_0 处于 PR=0.5 处。PR 较大、涡流强度较低的情况下，Nu/Nu_0 从开始到 PR=2.5 快速减少。f/f_0 随 α 和 Re 的增加而显著增加，同时随着 PR 增加而减小。TEF 随着 Re 的增加而降低，随着 α 的降低而增加。由此可知，该管插入件对摩擦系数 f 和努塞特数 Nu 都产生了积极的影响，可以很好地提升换热器的热性能。数值研究表明，在 DWT 边缘附近出现的共同流动的涡流是管插入件内部传热增强的原因。除了本案例提到的模型外，多孔介质模型、辐射传热模型及宏观换热器模型等也是换热器模拟中经常使用的模型。

本节介绍了换热器的基础知识、常用模型、应用实例及案例分析。研究结果表明，

CFD 模型可以很好地模拟各因素对换热器性能的影响，因此利用 CFD 可以在开发新型换热器过程中节约大量的实验成本和时间，对换热器性能的提升提供帮助。

4.2 蒸 发

4.2.1 蒸发简介

蒸发是将溶液加热沸腾，将溶剂汽化从而将溶液浓缩的过程。蒸发过程实质上是一种换热过程。

化工生产中蒸发操作的主要目的是：增加化工产品的浓度，如蔗糖水溶液的蒸发浓缩、电解制得的烧碱液的蒸发浓缩、果汁等饮品的蒸发浓缩等；制取纯净溶剂，如海水蒸发淡化制取淡水；同时制取浓缩溶剂和纯净溶剂，如酒精浸出液蒸发制取中药。蒸发过程有多种分类方法，分别可分为：常压蒸发、加压蒸发和减压蒸发，单效蒸发与多效蒸发，间歇蒸发与连续蒸发。其中，不同类别的蒸发分别拥有不同的特点和应用情形。

蒸发器是特殊传热设备，其与一般换热器的区别是需要不断除去蒸发所产生的二次蒸气，而二次蒸气大多夹杂了一些溶液。因此，蒸发器除了加热室之外，还有蒸发室进行气液分离。蒸发器尽管有多种结构形式，但均由加热室、流动通道和蒸发室组成。工业中常用的蒸发器主要有以下几种：

(1) 循环型蒸发器，特点是溶液在蒸发器内进行循环流动。循环型蒸发器又分为中央循环管式蒸发器、悬筐式蒸发器、外加热式蒸发器、列文蒸发器和强制循环蒸发器。

(2) 单程蒸发器，特点主要是溶液沿加热管壁呈膜状流动，通过一次加热壁面即可完成浓缩需求，离开加热管的溶液及时加以冷却，受热时间大为缩短。与循环型蒸发器相比，不会出现大量料液在高温下滞留在蒸发器内的情况，因此对热敏性物料特别适宜。单程蒸发器主要包括升膜式蒸发器、降膜式蒸发器和升-降膜式蒸发器。

近年来还有很多其他蒸发设备问世，如刮板薄膜蒸发器和直接接触蒸发器。刮板薄膜蒸发器的主要特点是有一个带加热夹套的壳体，里面装有旋转刮板，旋转刮板分为固定的和活动的两种，前者和壳体内壁的间隙为 0.75～1.5mm，后者与器壁的间隙随旋转速度而改变。溶液在蒸发器上部切向进入，利用旋转刮板的刮带和重力作用，使液体在壳体内壁上形成旋转下降的液膜，并不断被蒸发浓缩，在底部得到完成液。直接接触蒸发器如浸没燃烧蒸发器，是将燃料与空气混合后燃烧产生的高温烟气直接通入被蒸发的溶液中，高温烟气与溶液直接接触，将溶液快速汽化。蒸发后的水分与烟气由蒸发器顶部排出。

蒸发器拥有多种结构形式，在选择蒸发器的形式或者设计蒸发器时，应当以满足生产任务要求、保证产品质量为前提，尽量使蒸发器结构简单、易于制造、操作维修方便、传热效果好，除此之外，其还需要对被蒸发物料的特性有良好的适应性，包括物料的热敏性、黏性、腐蚀性及是否结晶或结垢等因素。

4.2.2　蒸发应用模型

蒸发广泛应用于化工生产中，其最大的特点是动量、传质和传热的耦合。蒸发过程模拟常用模型有湍流模型(如标准 k-ε 模型和 RNG k-ε 模型等)和多相流模型(如 VOF 模型)。此外，国内外学者对蒸发过程也提出其他模型，主要有 d^2 模型、快速混合模型、有限导热模型等。这些模型的主要区别是对液滴内部热传导的假定。例如，d^2 模型假定液滴温度恒定且等于其湿球温度，而非平衡模型则认为液滴内部在空间上存在温度梯度。

4.2.2.1　d^2 模型

当液滴温度与环境温度基本相同且低于沸点时，蒸发速率主要由扩散过程决定。在这种情况下，主要参数是液体蒸气压。此时的蒸发速率由式(4-9)确定：

$$\frac{\mathrm{d}m}{\mathrm{d}t}=\frac{4\pi r_1 DM}{RT}(p_1-p_\infty)\cdot(1+0.276Sc^{\frac{1}{3}}Re^{\frac{1}{2}}) \tag{4-9}$$

假定蒸气从液滴内部向外部发生径向流动。氧气从气相主体向液滴表面扩散，形成具有单个燃烧液滴特征的扩散火焰系统。可以通过包含热分布的热源在运动介质中的广义热传导方程解释相关因素，将其写成线性坐标：

$$c\rho\left\{\frac{\partial T}{\partial t}+\frac{\mathrm{d}x}{\mathrm{d}t}\frac{\partial T}{\partial x}+\frac{\mathrm{d}y}{\mathrm{d}t}\frac{\partial T}{\partial y}+\frac{\mathrm{d}z}{\mathrm{d}t}\frac{\partial T}{\partial z}\right\}=\left\{\frac{\partial}{\partial x}\left(K\frac{\partial T}{\partial x}\right)+\frac{\partial}{\partial y}\left(K\frac{\partial T}{\partial y}\right)+\frac{\partial}{\partial z}\left(K\frac{\partial T}{\partial z}\right)\right\} \tag{4-10}$$

球坐标系下的表达式为

$$\begin{aligned}&c\rho\left\{\frac{\partial T}{\partial t}+\frac{\mathrm{d}r}{\mathrm{d}t}\frac{\partial T}{\partial r}+\frac{\mathrm{d}\theta}{\mathrm{d}t}\frac{\partial T}{\partial \theta}+\frac{\mathrm{d}\phi}{\mathrm{d}t}\frac{\partial T}{\partial \phi}\right\}\\&=\left\{\frac{1}{r^2}\frac{\partial}{\partial r}\left(r^2K\frac{\partial T}{\partial r}\right)+\frac{1}{r^2\sin\theta}\frac{\partial}{\partial \theta}\left(\sin\theta K\frac{\partial T}{\partial \theta}\right)+\frac{1}{r^2\sin^2\theta}\frac{\partial}{\partial \phi}\left(K\frac{\partial T}{\partial \phi}\right)\right\}+F\end{aligned} \tag{4-11}$$

为了简化处理，使用导热系数 K 的平均值。对于具有稳定温度分布的一维系统，公式为

$$k\frac{\mathrm{d}^2T}{\mathrm{d}x^2}-\frac{\mathrm{d}x}{\mathrm{d}t}\frac{\mathrm{d}T}{\mathrm{d}x}+\frac{1}{c\rho}F=0 \tag{4-12}$$

对于具有稳定温度分布的球形系统，其中流量和温度分布都是球形对称的，式(4-12)可以写为

$$k\frac{\mathrm{d}^2T}{\mathrm{d}r^2}+\left(\frac{2k}{r}-\frac{\mathrm{d}r}{\mathrm{d}t}\right)\frac{\mathrm{d}T}{\mathrm{d}r}+\frac{1}{c\rho}F=0 \tag{4-13}$$

式(4-13)主要用来确定单个燃烧液滴附近的温度分布。在引入了相关的边界条件之后，再加上对于项 F 的相关假设，可求解得

$$T=\frac{T_2-T_1}{\mathrm{e}^{-E/r_2}-\mathrm{e}^{-E/r_1}}\mathrm{e}^{-E/r}+\frac{T_1\mathrm{e}^{-E/r_2}-T_2\mathrm{e}^{-E/r_1}}{\mathrm{e}^{-E/r_2}-\mathrm{e}^{-E/r_1}} \tag{4-14}$$

式中，$E=(\mathrm{d}m/\mathrm{d}t)c/4\pi K$。

如式(4-14)所示，温度分布是质量蒸发速率的函数，由参数 E 给出。随着质量蒸发速率的增大，液滴表面热梯度逐渐减小，热量传递逐渐减小。

通过微分可以获得热梯度：

$$\frac{\mathrm{d}T}{\mathrm{d}r}=\frac{E\Delta T}{\mathrm{e}^{-E/r_2}-\mathrm{e}^{-E/r_1}}\frac{\mathrm{e}^{-E/r}}{r^2} \tag{4-15}$$

式中，$\Delta T=T_2-T_1$。令 $r=r_1$，可以获得存在蒸气蒸发流的情况下液滴表面的热梯度表达式。

为了与其他已知结果进行比较，可以方便地用努塞特数表示传给液滴的热量，如式(4-16)所示。

$$Nu=\frac{hd}{K} \tag{4-16}$$

考虑半径为 r_1 的液滴，可以得到

$$Nu=(2r_1)\frac{h}{K}=(2r_1)\frac{1}{\Delta T}\left(\frac{\mathrm{d}T}{\mathrm{d}r}\right)_{r=r_1}=\frac{2E}{r_1}\frac{1}{\mathrm{e}^{E(1/r_1-1/r_2)}-1} \tag{4-17}$$

式(4-17)给出了液滴的努塞特数与质量蒸发速率参数 E 的函数关系。在 $\mathrm{d}m/\mathrm{d}t$ 趋于零，即 E 趋于零的情况下，所考虑的系统简化为在两个同心球形表面封闭的固定介质上通过传导进行热传递的情况。

因此，式(4-17)中的指数项展开时，将 E 取极限为 0，可得

$$Nu_0=\frac{2r_2}{r_2-r_1} \tag{4-18}$$

式(4-18)为液滴努塞特数的一般形式，该球被半径为 r_2 的同心曲面包围。当外球面半径 r_2 趋于无穷大时，努塞特数趋于 2。这是停滞无限介质中实心球的努塞特数的极限值。现在参考单个液滴在被火焰前沿对称包围的静止空气中燃烧的情况，当单个液滴燃烧时，可以得出液滴表面热平衡的结论。表达式为

$$\frac{\mathrm{d}m}{\mathrm{d}t}\Delta H=4\pi r_1^2K(\frac{\mathrm{d}T}{\mathrm{d}r})_{r=r_1}+R_\mathrm{a}=(4\pi K)\frac{E\Delta T}{\mathrm{e}^{E(1/r_1-1/r_2)}-1}+R_\mathrm{a} \tag{4-19}$$

式中，R_a 为液滴吸收辐射的速率。将 E 代入式(4-19)后，可得

$$\frac{\mathrm{d}m}{\mathrm{d}t}=\frac{\lg\left(1+\dfrac{c\Delta T}{\Delta H-a}\right)}{0.4343\dfrac{c}{4\pi K}\left(\dfrac{1}{r_1}-\dfrac{1}{r_2}\right)} \tag{4-20}$$

式中

$$a=R_\mathrm{a}/(\mathrm{d}m/\mathrm{d}t) \tag{4-21}$$

d^2 模型在液相和气相中都运用了准稳态的球对称假设，同时假定液滴温度恒定，并且等于液滴的湿球温度，该模型主要适用于高温静止环境中单组分液滴的蒸发。

4.2.2.2 快速混合模型

在 d^2 模型的基础上，研究者认为液滴内部温度可以快速传导，液滴内部的快速循环流动导致液滴内部温度在空间上趋于一致，仅随时间变化，因此提出快速混合模型(rapid mixing model)。除液滴的内部状态外，快速混合模型分析的问题与 d^2 模型相同。

在时间 $t=0$ 时，半径为 $r_s=r_0$ 且温度为 $T(r,t)=T_0(r)$ 的单组分液滴在恒定、停滞、无边界的气氛中点燃。假定燃烧过程为等压过程(通常为几个大气压)，并且液滴形状保持球对称，向外扩散的燃料蒸气 F 在理论上能够与位于 r_f 处的稀薄火焰前沿的向内扩散的氧化剂完全反应。r 是径向距离，T 是温度，Y 是质量分数，下标 s、f、∞和 0 分别表示液滴的表面、火焰、周围环境和初始状态。假设比热 C_g 和 C_l 及热导率系数 λ_g 和 λ_l 是常数，并且气相 Lewis 数是 1，下标 g 和 l 分别表示气相和液相。

传导是液滴内唯一的传热模式，此外在假定的压力范围内，气相过程的发生速度比所有液相过程快得多，因此可以视为准稳态。之前的研究者所做的模拟充分证实了这一假设，因此得到下式：

$$\widehat{m}=\ln[1+(\widehat{T}_\infty-\widehat{T}_s+vY_{0\infty}\widehat{Q})/\widehat{H}] \tag{4-22}$$

$$\widehat{r}_f=\widehat{m}/\ln(1+vY_{0\infty}) \tag{4-23}$$

$$\widehat{T}_f=[\widehat{T}_\infty+vY_{0\infty}(\widehat{T}_s-\widehat{H}+\widehat{Q})]/[1+vY_{0\infty}] \tag{4-24}$$

$$\widehat{H}=\frac{(1-Y_{Fs})\left(\widehat{T}_\infty-\widehat{T}_s+vY_{0\infty}\widehat{Q}\right)}{Y_{Fs}+vY_{0\infty}-Y_{Ff}(1+vY_{0\infty})} \tag{4-25}$$

公式中的各值由式(4-26)给出：

$$\widehat{m}=m/(4\pi r_s\lambda_g C_g),\ \widehat{r}=r/r_s,\ \widehat{T}=C_gT/L,\ \widehat{Q}=Q/L,\ \widehat{H}=H/L \tag{4-26}$$

式中，m 为质量蒸发速率；v 为化学计量的燃料、氧化剂质量比；Q 为单位质量燃料的反应热；L 为汽化比潜热；H 为有效汽化潜热，其中包括 L 及转移到液相的加热量。

燃料表面蒸气浓度 Y_{Fs} 由克劳修斯-克拉珀龙(Clausius-Clapeyron)关系式给出：

$$Y_{Fs}=\left[1+(W_A/W_F)\{p_\infty\exp[(C_g/k_F)\times(\widehat{T}_s^{-1}-\widehat{T}_b^{-1})]-1\}\right]^{-1} \tag{4-27}$$

式中，k_F 为气体常数；W 为分子量；下标 b 和 A 分别表示表面上除燃料外的所有气相物质的正常沸腾状态和平均性质；p_∞ 为大气压。

液相温度变化由热传导方程式(4-28)给出：

$$\frac{\partial T}{\partial t}=\frac{\alpha_l}{r^2}\frac{\partial}{\partial r}(r^2\frac{\partial T}{\partial r}) \tag{4-28}$$

初始边界条件为

$$T(r,0)=T_0(r) \tag{4-29}$$

$$(\partial T / \partial r)_{r=0} = 0 \tag{4-30}$$

$$mH = mL + (4\pi r^2 \lambda_l \partial T / \partial r)_{r_s} \tag{4-31}$$

式(4-31)表示界面处的能量传递。由式(4-22)和式(4-25)给定 $m(T_s)$和 $H(T)$以及温度分布 $T(r, t)$，因此表面温度 $T_s(t) = T[r_s(t), t]$ 随时间的变化可以通过式(4-28)～式(4-31)求解。得到 $T_s(t)$，就可以确定所有的气相燃烧特性，从而彻底解决这个问题。

对于以下推导，将液滴表面固定在一个统一的位置，并通过 $r = r/r_s(t)$的变换将时间有限值及时移至无限值。

$$\hat{t} = \alpha_1 \int_0^t [r_s(t')]^{-2} \mathrm{d}t' \tag{4-32}$$

式(4-28)～式(4-31)变为

$$\frac{\partial \hat{T}}{\partial \hat{t}} = \frac{1}{\hat{r}^2} \frac{\partial}{\partial \hat{r}} (\hat{r}^2 \frac{\partial \hat{T}}{\partial \hat{r}}) - \hat{m} K \hat{r} \frac{\partial \hat{T}}{\partial \hat{r}} \tag{4-33}$$

$$\hat{T}(\hat{r}, 0) = \hat{T}_0(\hat{r}) \tag{4-34}$$

$$(\partial \hat{T} / \partial \hat{r})_{\hat{r}=0} = 0 \tag{4-35}$$

$$(\partial \hat{T} / \partial \hat{r})_{\hat{r}=1} = \hat{m} K' (\hat{H} - 1) \tag{4-36}$$

其中部分值由下式给出：

$$K' = \lambda_g / \lambda_1, K = (\lambda_g / \lambda_1) / (C_g / C_1) \tag{4-37}$$

$$\hat{m} = -(\rho_1 C_g / 2\lambda_g) \mathrm{d}r_s^2 / \mathrm{d}t \tag{4-38}$$

液滴大小的变化为 $R = r_s/r_{s0}$，得

$$[R(\hat{t})]^2 = \exp\left\{-2K \int_0^{\hat{t}} \hat{m}(t') \mathrm{d}t'\right\} \tag{4-39}$$

最后，将已在变换时间 a' 中确定的所有量与量纲为一的物理时间 $t = (\alpha_1 / r_{s0}^2)t$ 相关联，得到

$$\tilde{t} = \int_0^{\hat{t}} [R(\hat{t})]^2 \mathrm{d}t' \tag{4-40}$$

式中，$[R(\hat{t})]^2$ 由式(4-39)给出。

4.2.2.3　有限导热模型

在静止条件下，液滴内部循环不太显著，液滴内部主要传热方式为热传递。为此，Prakash 和 Sirignano 提出了有限导热模型，开发气相边界分析并将其与先前的液相分析结合，对液相分析进行了修正，以解决由于汽化引起的液滴尺寸变化的问题。对于气相，采用积分法求解黏性边界层、热边界层和浓度边界层。对于三种烃类燃料，即正已烷、

正癸烷和正十六烷，可以通过气液耦合解决液滴的汽化问题，它们具有很大的挥发性。研究给出并讨论了显示汽化速率和液滴内温度分布随时间变化的结果。将某些结果与对流场中液滴蒸发的现有相关性进行比较。

对于气相，采用准稳态气相假设，使用气相流的边界层近似值代替气相雷诺数。采用一种更简单的积分方法解决气相流。所使用的积分方法是 Karman-Pohlhausen 方法的扩展，其中假设四阶多项式(针对此处考虑的纯汽化问题)的速度、温度和浓度在沿该方向的任何位置均被假定。

对于液相，将正交流线坐标应用于能量方程。然而，对于半径减小的汽化液滴，封闭的流体表面不能保持其形状和大小，必须变形以及时适应减小的半径。因此，将假定在涡旋中心附近的液体温度保持最低，仅在边缘蒸发。

得出的结论为在液滴汽化的大部分时间内，液滴汽化的不稳定性持续存在，特别是对于挥发性较低的燃料而言。液滴的温度分布在整个生命周期的大部分时间内都是不均匀的。对于较重且挥发性较小的燃料，表面温度与内部温度之间的差异较大。

4.2.2.4 非平衡模型

Bellan 和 Harstad 认为液滴内部温度并不是均匀一致的，在空间上存在着温度梯度，因此提出了非平衡模型。

该模型假定簇中的所有液滴均以相同的速度 u_0 移动。另外假设：气相相对于液相是稳定的(在低压条件下这一假设是合理的)；液滴温度是液滴半径和时间的函数(适用于高黏度液体，如重质燃料油)，液滴内部流动的回流最小，温度是液滴表面的连续函数；所有影响变量在影响范围之间的空间中取平均；气相的 Lewis 数为 1；ρ_D 是恒定的；C_{pg}、C_{pl}、λ_g 和 λ_l 是平均值且为常数；ρ_g 与时间相关，ρ_l 是常数；气相的马赫数远小于整数；辐射和其他热损失机制被忽略。

物质在表面上的蒸发是离开表面的物质通量与回到表面的相同物质通量之差，表示为

$$\dot{m} = \alpha R^2 (p_{sat,s} - p_{p,s})\left(\frac{W_F}{2\pi \hat{R}_u T_{gs}}\right)^{1/2} \tag{4-41}$$

$$p_{sat,s} = \exp\left[\frac{L_{bn}W_F}{R_u}\left(\frac{1}{T_{bn}} - \frac{1}{T_{gs}}\right) + \frac{\Delta C_p W_F}{R_u}\left(1 - \frac{T_{bn}}{T_{gs}} + \ln\frac{T_{bn}}{T_{gs}}\right)\right] \tag{4-42}$$

$$p_{p,s} = \frac{Y_{Fvs}}{W_F}\frac{1}{\sum Y_i / W_i} p_s \tag{4-43}$$

式(4-42)中，假设气体是理想的，远离临界点，并且 ΔC_p 是常数。量纲为一的动力学蒸发速率方程变为

$$C=-\alpha R_1^2\frac{R^{\circ}}{4\pi\rho_g D}\left\{\begin{array}{l}\exp\left[\begin{array}{l}\dfrac{C_{pg}W_F}{R_u}\left(\dfrac{1}{\theta_{bn}}-\dfrac{1}{\theta_{gs}}\right)\\+\dfrac{\Delta C_p W_F}{R_u}\left(1-\dfrac{\theta_{bn}}{\theta_{gs}}+\ln\theta_{gs}\right)\end{array}\right]\\-\dfrac{Y_{Fvs}}{W_F}p_s\bigg/\left[Y_{Fvs}\left(\dfrac{1}{W_F}-\dfrac{1}{W_{ag}}\right)\right]\end{array}\right\}\times\left(\frac{C_{pg}W_F}{2\pi\hat{R}_u L_{bn}\theta_{gs}}\right)^{1/2} \tag{4-44}$$

式(4-44)是蒸发定律的修正形式，通常可以简化为 Clausius-Clapeyron 关系。尽管事实表明这一简化会导致误差较大，但这种简化仍被广泛使用。另外，由于存在对流，蒸发率 C 会有所不同。若液滴内部的压力等于流体环境中的压力，且满足式(4-45)，则不会出现渗透

$$\rho_{ga}^{\circ}u_r^2<\rho_{g,c}u_c^2 \tag{4-45}$$

但

$$ue=\dot{M}/\rho_{g,c} \tag{4-46}$$

$$\dot{M}=\dot{m}n\upsilon/\varphi=\dot{m}n\widetilde{R}/3 \tag{4-47}$$

因此这一标准变为

$$\dot{m}>3\frac{u_r}{n\widetilde{R}}\sqrt{\rho_{ga}^{\circ}\rho_{g,c}} \tag{4-48}$$

改为量纲为一的形式为

$$C^*=\frac{3}{4\pi}\frac{1}{\widetilde{R}R^{\circ}}\frac{u_r\rho_{ga}^{\circ}}{n(\rho_g D)}\sqrt{\hat{\rho}_{ga}} \tag{4-49}$$

规定当$|C|>C^*$时不会发生渗透。

由于 C^*与 u 成正比，因此需要计算 u 随 t 变化的函数。通过求解球体在流体中运动的动量方程完成

$$m_c\frac{du_c}{dt}=-\frac{\pi}{8}d_c^2\rho_g C_D|u_c-u_\infty|(u_c-u_\infty) \tag{4-50}$$

如果发生完全渗透，则球体是每个单独的液滴；如果外部流体没有渗透，则球体就是整个簇。除了这两种极端情形之外，还考虑了部分渗透的情况。将球体的有效半径定义为

$$R^*=R+\left(\widetilde{R}-R\right)\min(1,\sqrt{x}) \tag{4-51}$$

其中

$$x=\frac{|C|}{C^*}=\frac{u_c}{u_\infty-u_c} \tag{4-52}$$

对于以上各式，如果$|C|>C^*$，则没有渗透，并且$R^*=\widetilde{R}$。如果$|C|<C^*$，则存在渗透，并且$R^*=R_{st}$，其中R_{st}是球形不可压缩势流解的停滞点表面的等效半径。当$|C|\ll C^*$时，则是完全渗透，并且$R^*=R$。在式(4-50)中

$$d_c=2R^* \tag{4-53}$$

$$m_c=\frac{4\pi}{3}\rho_c R^{*3} \tag{4-54}$$

$$\rho_c=\frac{m_d+m_g}{V_T}=\rho_l\varepsilon_v+\rho_g(1-\varepsilon_v) \tag{4-55}$$

当团簇没有被周围的水流渗透时，必须对内部水滴和外部水滴进行区分，外部水滴的蒸发受水流影响而内部水滴则不受影响。因此，团簇的平均蒸发率定义为

$$C=C_{Re}\left(\frac{R^*}{\widetilde{R}}\right)^3+C_{Re}\left[\left(\frac{R^*}{\widetilde{R}}\right)^3-\left(\frac{R^*-a}{\widetilde{R}}\right)^3\right]+C_{Re}\left(1-\frac{R^*}{\widetilde{R}}\right)^3 \tag{4-56}$$

C_{Re_i}由式(4-57)给出

$$C_{Re_i}=C_{(Re-0)}\left[1+\frac{0.278Re_i^{0.5}}{(1+1.237/Re_i)^{0.5}}\right] \tag{4-57}$$

式中

$$Re_1=0$$
$$Re_2=Re$$
$$Re_3=\frac{2Ru_r}{v_{ag}}$$

在式(4-56)中，第一项说明团簇核心中液滴的蒸发，第二项表示半径为R^*的球体的最外层中液滴的蒸发，而第三项表示球形壳中的液滴在半径R^*和$\widetilde{R}$之间的蒸发。C_{Re}的关联式得到了广泛使用，并在极限情况下简化为Ranz-Marshall表达式。

4.2.2.5　厚交换层模型

厚交换层理论是针对强迫气流环境中液滴的蒸发和燃烧情况，认为强烈蒸发的液滴在强迫对流中不具备边界层的特点而提出的。将自然对流的浮升力因素与厚交换层理论相结合，就得到了这一模型。

考虑自然对流的厚交换层模型的前提假设为：①流动是轴对称的；②忽略辐射的影响，考虑自然对流；③液滴内部没有流体循环；④液滴附近的流场没有边界层，换热和换质层的厚度大于或者远大于液滴半径；⑤径向扩散流和热流比周向大得多，因此可得基于球坐标系的液滴蒸发二维轴对称层流流动方程组。

连续性方程为

$$\frac{\partial}{\partial r}\left(\rho r^2 v_r \sin\theta\right)+\frac{\partial}{\partial\theta}\left(\rho r v_\theta \sin\theta\right) \tag{4-58}$$

自然对流的动量方程中应增加浮力项，温差所产生的浮力项为 $F_b=\rho_\infty\Delta V$。式中，ρ_∞ 为温度 T_∞ 时的流体密度；ΔV 为质量为 m 的流体在温差 ΔT 下的体积差，即

$$\Delta V = V_\infty\beta(T-T_\infty)=V_\infty\beta\Delta T \tag{4-59}$$

式中，β 为膨胀系数。因此，作用在单位质量的流体上的浮力为

$$\frac{F_b}{m}=\frac{\rho_\infty g V_\infty \beta\Delta T}{\rho_\infty V_\infty}=g\beta\Delta T \tag{4-60}$$

动量方程为

$$\rho\frac{\mathrm{d}v}{\mathrm{d}t}=-g\beta\Delta T \tag{4-61}$$

扩散方程为

$$\rho v_r\frac{\partial Y}{\partial r}+\rho\frac{v_\theta}{r}\frac{\partial Y}{\partial\theta}=\frac{2}{r^2}\frac{\partial}{\partial r}\left(r^2 D\rho\beta g\Delta T\frac{\partial Y}{\partial r}\right) \tag{4-62}$$

能量方程为

$$\rho v_r c_p\frac{\partial T}{\partial r}+\rho\frac{v_\theta}{r}c_p\frac{\partial T}{\partial\theta}=\frac{2}{r^2}\frac{\partial}{\partial r}\left(r^2 \lambda\beta g\Delta T\frac{\partial T}{\partial r}\right) \tag{4-63}$$

边界条件为

$r=\infty$ 处

$$v=u_\infty,\quad T=T_\infty,\quad Y=0 \tag{4-64}$$

$r=r_{rw}$ 处

$$v_\theta=0,\quad v_r=v_{rw} \tag{4-65}$$

$$g_w=-D_w\rho_w\beta g\Delta T\left(\frac{\partial Y}{\partial r}\right)_w+Y_w\rho_w v_{rw}=\rho_w v_{rw} \tag{4-66}$$

$$-\lambda_w\left(\frac{\partial T}{\partial r}\right)=g_w q_e \tag{4-67}$$

饱和条件为

$$Y_w=Y_w(T_w) \tag{4-68}$$

式中，$q_e=\hat{u}+c_{pl}(T_w-\overline{T}_1)$，为蒸发潜热。

利用有限厚度概念，采用下列量纲为一的量：

$$u_r=\frac{v_r}{U},\quad u_\theta=\frac{v_\theta}{U}(\text{式中}U\text{为特征速度，定义为}U=\frac{\mu}{\rho d})$$

$$\vartheta = \frac{c_p(T_\infty - T)}{q_e}, \quad F = \frac{Y}{1-Y_w}, \quad \zeta = \frac{r}{r_w}, \quad \tilde{\rho} = \frac{\rho}{\rho_w}$$

$$Ra_D = g\beta\Delta T\frac{(2r_w)^3}{D}, \quad Ra_T = g\beta\Delta T\frac{(2r_w)^3}{\lambda / c_p\rho}, \quad \overline{h_D} = \frac{h_D}{r_w}, \quad \overline{h_T} = \frac{h_T}{r_w}$$

则连续性方程、扩散方程和能量方程可转化为

$$\frac{\partial}{\partial\zeta}(\tilde{\rho}\zeta^2 u_r \sin\theta) + \frac{\partial}{\partial\theta}(\tilde{\rho}\zeta u_\theta \sin\theta) = 0 \tag{4-69}$$

$$\tilde{\rho}u_r\frac{\partial F}{\partial\zeta} + \tilde{\rho}\frac{u_\theta}{\zeta}\frac{\partial F}{\partial\theta} = \frac{2}{\zeta^2}\frac{\partial}{\partial\zeta}\left(\zeta^2\frac{\tilde{\rho}}{Ra_D}\frac{\partial F}{\partial\zeta}\right) \tag{4-70}$$

$$\tilde{\rho}u_r\frac{\partial\vartheta}{\partial\zeta} + \tilde{\rho}\frac{u_\theta}{\zeta}\frac{\partial\vartheta}{\partial\theta} = \frac{2}{\zeta^2}\frac{\partial}{\partial\zeta}\left(\zeta^2\frac{\tilde{\rho}}{Ra_T}\frac{\partial\vartheta}{\partial\zeta}\right) \tag{4-71}$$

边界条件转化为

$\zeta = 1$处

$$u_{rw} = -\frac{8}{Ra_w}\left(\frac{\partial F}{\partial\zeta}\right)_{\zeta=1} = -\frac{8}{Ra_w}\left(\frac{\partial\vartheta}{\partial\zeta}\right)_{\zeta=1} \tag{4-72}$$

饱和条件为

$$F_w = F_w(\vartheta_w) \tag{4-73}$$

$\zeta = 1 + \overline{h_D}$ 处

$$F = 0, \quad \left(\frac{\partial F}{\partial\zeta}\right)_\infty = 0 \tag{4-74}$$

$\zeta = 1 + \overline{h_T}$ 处

$$\vartheta = 0, \quad \left(\frac{\partial\vartheta}{\partial\zeta}\right)_\infty = 0 \tag{4-75}$$

根据广义雷诺比拟理论，空间内没有化学反应，并且在 Le=1 时 F_w=v_w，即 $\frac{c_p(T_\infty - T_w)}{q_e} = \frac{Y_{F_w}}{1-Y_{F_w}}$。利用连续性方程和边界条件，可以把扩散方程和能量方程改写成

$$\frac{dG}{d\theta} = 2\pi(1+F_w)u_{rw}\sin\theta \tag{4-76}$$

$$\frac{dQ}{d\theta} = 2\pi(1+\vartheta_w)u_{rw}\sin\theta \tag{4-77}$$

$$G = \int_{\psi_w}^{\psi_D} 2\pi F d\overline{\psi} \tag{4-78}$$

$$Q=\int_{\psi_{\mathrm{w}}}^{\psi_T}2\pi\vartheta\mathrm{d}\overline{\psi} \tag{4-79}$$

式中，ψ 为量纲为一的质量流函数，定义为

$$\left.\begin{aligned}&\overline{\psi}=\frac{\psi}{u_{\infty}\rho r_{\mathrm{w}}^{2}\beta g\Delta T}=\overline{\psi}(\theta,\zeta)\\&\rho\beta g\Delta T_{v_r}=-\frac{1}{r^{2}\sin\theta}\frac{\partial\psi}{\partial\theta}\\&\rho\beta g\Delta T_{v_\theta}=-\frac{1}{r\sin\theta}\frac{\partial\psi}{\partial\theta}\end{aligned}\right\} \tag{4-80}$$

模仿 Karman-Pohlhausen 求解有压力梯度边界层流动近似解的思路，假设绕油滴的流动是介于斯托克斯流动和无黏性位流流动之间，并有浮升力推动，给出设想的非球对称蒸发源的球体自然对流下的流函数一般表达式：

$$\overline{\psi}=P(\zeta)\varphi(\theta) \tag{4-81}$$

$$\left\{\begin{aligned}&P(\zeta)=\left[A_0Ra_{D_{\mathrm{w}}}^{m}+\frac{1}{2}\zeta^{2}\left(\sum_{n=1}^{k}\frac{A_n}{\zeta^{n}}\right)\right]\\&\sum_{n=1}^{k}A_n=0\end{aligned}\right\} \tag{4-82}$$

解得

$$F=B_0+B_1\left(\frac{\zeta-1}{\overline{\overline{h_D}}}\right)+B_2\left(\frac{\zeta-1}{\overline{\overline{h_D}}}\right)^{2} \tag{4-83}$$

$$\vartheta=C_0+C_1\left(\frac{\zeta-1}{\overline{\overline{h_T}}}\right)+C_2\left(\frac{\zeta-1}{\overline{\overline{h_T}}}\right)^{2} \tag{4-84}$$

利用边界条件可得

$$F=F_{\mathrm{w}}\left[1-2\left(\frac{\zeta-1}{\overline{\overline{h_D}}}\right)+\left(\frac{\zeta-1}{\overline{\overline{h_D}}}\right)^{2}\right] \tag{4-85}$$

$$\vartheta=\vartheta_{\mathrm{w}}\left[1-2\left(\frac{\zeta-1}{\overline{\overline{h_T}}}\right)+\left(\frac{\zeta-1}{\overline{\overline{h_T}}}\right)^{2}\right] \tag{4-86}$$

$$u_{r\mathrm{w}}=\frac{4F_{\mathrm{w}}}{Ra_{D_{\mathrm{w}}}}\frac{1}{\overline{\overline{h_D}}}=\frac{4\vartheta_{\mathrm{w}}}{Ra_{T_{\mathrm{w}}}}\frac{1}{\overline{\overline{h_T}}} \tag{4-87}$$

计算定积分

$$\int_{\psi_{\mathrm{w}}}^{\psi_D}F\mathrm{d}\overline{\psi}=\int_{1}^{1+\overline{h_D}}Fp(\zeta)\varphi(\theta)\mathrm{d}\zeta=R\varphi \tag{4-88}$$

其中

$$R=\int_1^{1+\overline{h_D}}Fp(\zeta)\mathrm{d}\zeta=-F_{\mathrm{w}}\int_1^{1+\overline{h_D}}\left[1-2\left(\frac{\zeta-1}{\overline{h_D}}\right)+\left(\frac{\zeta-1}{\overline{h_D}}\right)^2\right]\mathrm{d}\zeta \tag{4-89}$$

因为$\overline{h_D}\gg 1$，近似得到$R=-\frac{F_{\mathrm{w}}}{12}\overline{h_D}^{-2}$，由于$u_{r\mathrm{w}}=\left(\frac{1}{\zeta^2\sin\theta}\frac{\partial\overline{\psi}}{\partial\theta}\right)_{\zeta=1}=\frac{A_0 Ra_{D_{\mathrm{w}}}^m\varphi(\theta)}{\sin\theta}$，可以把式(4-76)改写为

$$\frac{\mathrm{d}}{\mathrm{d}\theta}\left[\varphi(\theta)\frac{F_{\mathrm{w}}}{12}\overline{h_D}^{-2}\right]=A_0 Ra_{D_{\mathrm{w}}}^m\varphi(\theta) \tag{4-90}$$

还可以写为

$$\frac{\mathrm{d}}{\mathrm{d}\theta}\left[\varphi(\theta)\frac{F_{\mathrm{w}}}{12}\overline{h_D}^{-2}\right]=\frac{4A_0(1+F_{\mathrm{w}})}{Ra_{D_{\mathrm{w}}}}\frac{\sin\theta}{\overline{h_D}} \tag{4-91}$$

因此可知$\left(\overline{h_D}^3\right)\sim Ra_{D_{\mathrm{w}}}^{-1}$，代入得$u_{r\mathrm{w}}$~$(Ra_{D_{\mathrm{w}}})^{-2/3}$，则式(4-90)可以写成$\varphi\frac{F_{\mathrm{w}}}{12}\overline{h_D}^{-2}=A_0(Ra_{D_{\mathrm{w}}})^{-2/3}(1+F_{\mathrm{w}})(\varphi+c)$。可得$\frac{4}{3}\frac{F_{\mathrm{w}}^3}{1+F_{\mathrm{w}}}\frac{\sin\theta}{\varphi^2}=A_0\left(1+\frac{C}{\varphi}\right)$在强烈非对称情况下，有$\sqrt{\frac{4}{3}\frac{F_{\mathrm{w}}^3}{1+F_{\mathrm{w}}}}(1+\cos\theta)\approx\int\sqrt{\frac{A_0 c}{\varphi}}\mathrm{d}\varphi=2\sqrt{\delta\varphi}$，式中$\delta=A_0 c$，为试验确定常数。由上可得$\varphi(\theta)=\frac{2}{3\delta}\frac{F_{\mathrm{w}}^3}{1+F_{\mathrm{w}}}(1+\cos\theta)(-\sin\theta)$，量纲为一的扩散层厚度为

$$\overline{h_D}=6\delta\frac{1+F_{\mathrm{w}}}{F_{\mathrm{w}}^2}Ra_{D_{\mathrm{w}}}^{-\frac{1}{3}}\frac{1}{1+\cos\theta} \tag{4-92}$$

同理，得到量纲为一的换热层厚度为

$$\overline{h_T}=6\delta\frac{1+\vartheta_{\mathrm{w}}}{\vartheta_{\mathrm{w}}^2}Ra_{T_{\mathrm{w}}}^{-\frac{1}{3}}\frac{1}{1+\cos\theta} \tag{4-93}$$

于是得到

$$Nu_T=\frac{4}{\overline{h_T}} \tag{4-94}$$

$$Nu_D=\frac{4F_{\mathrm{w}}}{Y_{\mathrm{w}}-Y_\infty}\frac{1}{\overline{h_D}} \tag{4-95}$$

因此，整个液滴表面平均传质传热公式为

$$\overline{Nu_D}=2\frac{\ln(1+F_{\mathrm{w}})}{F_{\mathrm{w}}/(1+F_{\mathrm{w}})}\left(\frac{T_\infty+T_{\mathrm{w}}}{2T_{\mathrm{w}}}\right)+\frac{2}{3\delta}F_{\mathrm{w}}^2 Ra^{\frac{1}{3}}Sc^{\frac{1}{3}} \tag{4-96}$$

$$\overline{Nu_T}=2\frac{\ln(1+\vartheta_{\mathrm{w}})}{\vartheta_{\mathrm{w}}}\left(\frac{T_\infty+T_{\mathrm{w}}}{2T_{\mathrm{w}}}\right)+\frac{2}{3\delta}\frac{\vartheta_{\mathrm{w}}^2}{1+\vartheta_{\mathrm{w}}}Ra^{\frac{1}{3}}Pr^{\frac{1}{3}} \tag{4-97}$$

蒸发常数 K 与 $\overline{Nu_T}$ 的关系为

$$K=\frac{\mathrm{d}\left(d_{\mathrm{w}}^{2}\right)}{\mathrm{d}t}=\frac{4\overline{Nu_T}(T_{\infty}-T_{\mathrm{w}})\lambda_{\mathrm{w}}}{q_{\mathrm{e}}\rho_{1}}=\frac{4\overline{Nu_T}\vartheta_{\mathrm{w}}\lambda_{\mathrm{w}}}{c_p\rho_{1}} \tag{4-98}$$

4.2.3　CFD 在蒸发中的应用

目前，CFD 在蒸发中的应用仍然相当有限，不过越来越多的研究者在尝试使用这一方法对蒸发过程进行研究。本节将从不同算法进行介绍。

赵振生对板式间接蒸发冷却换热器的传热传质情况进行 CFD 模拟。通过模拟对换热器干湿工况的换热与流动的内部机理进行研究，得出的结论主要有：二次空气与一次空气的流量比是影响换热器效率的重要因素，两流体的热容量之比对换热有着重要影响。夏永放等也对间接蒸发冷却器内流体流动与热质交换过程进行简化和假设，建立了换热器内三维层流流动与传热的数学物理模型。采用交错网格离散化非线性控制方程组，编制了三维 SIMPLE 算法程序。模拟了间接蒸发冷却器内的速度场、温度场及浓度场，分析内部流动状态和热力分布。所得结论如下：换热器通道间距改变时，计算所得压力梯度与实验测得的数据吻合得较好。其为更加清楚地认识蒸发冷却换热器内复杂的换热机理做出了贡献，对这类换热器的优化设计提供了必要的理论依据。朱冬生运用 FLUENT 软件对板式蒸发式冷凝器板束中气液两相的逆流、并流两种操作进行了模拟，建立了气液两相流二维 CFD 模型。直观地表征了板束中喷淋水流量、风速及风向对水膜流动的影响，并用水蒸气对两种操作进行传热实验研究。结果表明空气与水并流比逆流更有利于利用液体薄膜强化传热的特性。

蒋翔等对立式蒸发式冷凝器气液两相顺流传热传质进行了研究。基于 VOF 算法建立了计算模型。计算了在不同气、液相进口条件下，管壁温度的分布、气液相界面处潜热和显热换热量的关系，模拟得到的管壁温度分布与实验数据吻合很好。所得结论如下：降低进口空气的相对湿度、增大气相流速或者液相流量，都可增强气液相间热质交换的剧烈程度；气液相界面处的换热主要形式是水蒸发引起的潜热换热，占 80%以上，它远远大于由温度梯度而引起的显热换热量；气液相界面处的蒸发潜热主要受空气的相对湿度影响，其次是气相流速和液相流量。

Abianeh 等研究了浅水中油滴蒸发的传质动力学。首先将传质模型与普林斯顿海洋环流模型(POM)耦合，用于模拟海洋环境中的油滴扩散。计算了液液平衡和气液平衡方程，以评估液滴的寿命。由于与液滴寿命相比，内部质量扩散时间尺度更短，因此使用了快速混合模型。在这项研究中考虑了四种不同的液滴尺寸：1.5mm、1mm、0.5mm 和 0.1mm。得出的结论为：挥发性较高组分的蒸发和溶解速率大于挥发性较低组分的蒸发和溶解速率。与其他尺寸的液滴相比，直径为 1mm 的液滴寿命较短，较小的液滴寿命不一定短，研究表明，直径为 0.1mm 的最小液滴寿命更长。当周围流体是空气时，质量扩散时间可能是液滴寿命的 14%；当周围流体是水时，该比例为 7%；浮力作用显著改变了液滴的上升速度。因此，液滴可以更快地到达水面表层。

4.2.4 盐水液滴蒸发模拟案例分析

4.2.4.1 问题描述

本案例(Fei et al., 2015)利用 FLUENT 软件对高温气流中盐水液滴的蒸发扩散过程进行模拟。采用一套抛物线型槽并与太阳能集热器组合的喷雾蒸发系统对卤水进行处理，主要用于处理浓度 100g/L 以上的卤水。盐水箱中的盐水和空压机中的空气到达雾化器，充分混合后从塔顶喷出。它们从塔顶被喷射成直径 100μm 以内的具有大比表面积的液滴。同时，由抛物线型槽集热器加热的空气从塔底释放到塔内，与雾滴混合。通过这个过程，水滴中的水从加热的空气中吸收热能并蒸发成蒸气。然后将盐水浓缩成高浓度溶液，流入盐水槽中。蒸发过程结束后，蒸气通过气流从塔内输送出去，凝结成淡水，再流入淡水罐内。本案例模拟了热风速度、空气压力、进料速率对蒸发过程的影响。

4.2.4.2 问题分析

本案例的系统中流量较大，流动较为复杂，需采用湍流模型。为了得到可视化的温度场分布，需采用混合网格法和基于密度的耦合隐式求解动量、能量和湍流方程，并且因为液滴蒸发过程中质量、能量和动量耦合程度较大，需要修改控制方程中对应的项。

4.2.4.3 网格划分

针对复杂的计算域和众多的连接面，将喷淋塔分为多个部分进行网格划分，再将各个部分的网格连接起来。为了获得更精确的仿真结果，将塔体形状的突变部分划分为细小网格。为了避免方程求解过程中遇到的伪扩散问题，降低计算误差，采用 FLUENT 开发的结构化网格对网格划分进行优化。为了减少压力场对速度场的影响，采用非交错网格。整个计算域被分割成 550 万个网格。整个塔从上到下分为五个部分，第一、第三、第五部分为结构化网格，其余部分为非结构化网格。塔的网格划分、边界条件、塔的尺寸及截面网格划分(距塔底 $z = 1.5\text{m}$)如图 4-7 所示。

4.2.4.4 模拟过程

由于本案例中的流体是不可压缩的，连续性方程可以用式(4-99)代替：

$$\operatorname{div}(\rho U) = 0 \tag{4-99}$$

动量守恒定律依据牛顿第二定律导出；能量方程依据能量守恒原理导出。

湍动能方程采用 RNG k-ε 模型：

$$\frac{\partial(\rho k)}{\partial t} + \frac{\partial(\rho k u_i)}{\partial x_i} = \frac{\partial k}{\partial x_j}\left(\alpha_k \mu_{\text{eff}} \frac{\partial k}{\partial x_j}\right) + G_k - \rho\varepsilon \tag{4-100}$$

紊流扩散方程为

$$\frac{\partial(\rho\varepsilon)}{\partial t} + \frac{\partial(\rho\varepsilon u_i)}{\partial x_i} = \frac{\partial}{\partial x_j}\left(\alpha_\varepsilon \mu_{\text{eff}} \frac{\partial \varepsilon}{\partial x_j}\right) + C_{1\varepsilon}\frac{\varepsilon}{k}G_k - C_{2\varepsilon}^{*}\rho\frac{\varepsilon^2}{k} \tag{4-101}$$

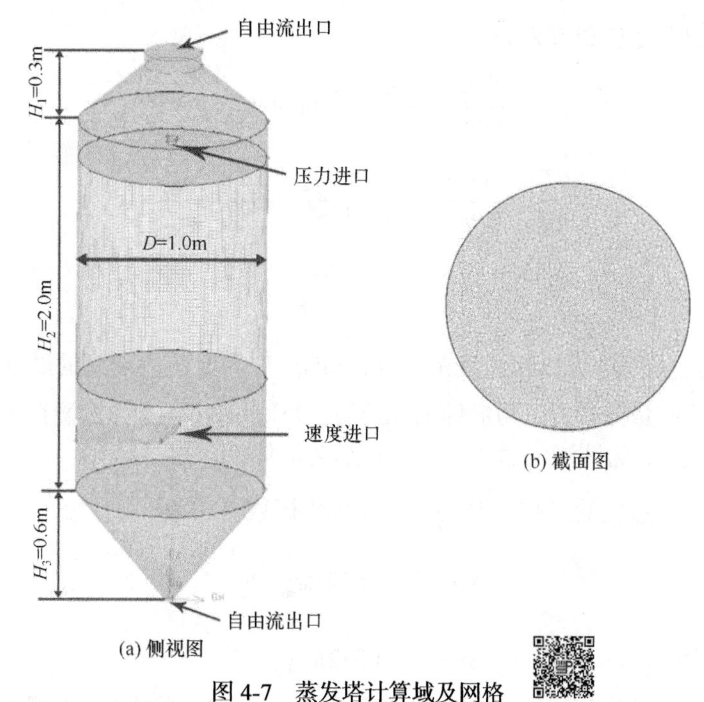

图 4-7　蒸发塔计算域及网格

在式(4-100)、式(4-101)中：

$$\mu_{\text{eff}} = \mu + \mu_{\text{t}},\ C_{2\varepsilon} = C_{2\varepsilon}^{*} - \frac{\eta \cdot (1-\eta/\eta_0)}{1+\beta \cdot \eta^3},\ \eta = \left(2E_{ij} \cdot E_{ij}\right)^{1/2} \cdot \frac{k}{\varepsilon},\ E_{ij} = \frac{1}{2}\left(\frac{\partial u_i}{\partial x_j} + \frac{\partial u_j}{\partial x_i}\right)$$

式(4-100)、式(4-101)中的常数如表 4-2 所示。

表 4-2　湍流模型常数

$C_{1\varepsilon}$	$C_{2\varepsilon}$	α_k	α_ε	η_0	β
1.42	1.68	1.39	1.39	4.377	0.012

单滴运动方程是由著名的巴塞特-布西内斯克-奥森(Basset-Boussinesq-Oseen)方程推导而来的。由于空气密度小($\rho_{\text{p}}/\rho_{\text{g}} \approx 1000$)，Basset 力、虚拟质量力和其他非稳定态阻力可以忽略。仅考虑 Stokes 阻力，单滴运动控制方程为

$$\frac{\mathrm{d}u_{\text{p},i}}{\mathrm{d}t} = u_{\text{p},i} \tag{4-102}$$

$$\frac{\mathrm{d}u_{\text{p},i}}{\mathrm{d}t} = \frac{f_1}{\tau_p}\left(u_i - u_{\text{p},i}\right) \tag{4-103}$$

考虑到模型的复杂性和准确性，采用基于无限导热假设的模型。可以用传质方程描述液滴蒸发过程：

$$B_M = \frac{Y_{\text{F}}^{\text{surf}} - Y_{\text{F}}}{1 - Y_{\text{F}}^{\text{surf}}} \tag{4-104}$$

液滴质量和温度控制方程为

$$\frac{\mathrm{d}m_\mathrm{p}}{\mathrm{d}t}=-\frac{Sh}{3Sc}\frac{m_\mathrm{p}}{\tau_\mathrm{p}}\ln(1+B_M) \tag{4-105}$$

$$\frac{\mathrm{d}T_\mathrm{p}}{\mathrm{d}t}=\frac{Nu}{3Pr}\frac{c_{\mathrm{p},m}}{c_\mathrm{L}}\frac{f_2}{\tau_\mathrm{p}}\left(T_\mathrm{g}-T_\mathrm{p}\right)+\frac{\mathrm{d}m_\mathrm{p}}{\mathrm{d}t}\frac{L_v}{m_\mathrm{d}c_\mathrm{L}} \tag{4-106}$$

$$f_2=\frac{\beta}{\mathrm{e}^{\beta}-1} \tag{4-107}$$

式中，$u_{\mathrm{p},i}$ 为特定位置的第 i 个液滴的速度，m/s；Y_F 为某位置液滴的质量分数；$Y_\mathrm{F}^{\mathrm{surf}}$ 为液滴表面液体的质量分数；c_L 为液体的比热容，J/(kg·K)；$c_{\mathrm{p},m}$ 为液滴在恒定压力下的比热容，J/(kg·K)；m_d 为液滴的总质量，kg；L_v 为液体汽化热，J/kg。

考虑到对流对蒸发的影响，努塞特数和舍伍德数可改为

$$Nu=2+0.552Re_{\mathrm{slip}}^{\frac{1}{2}}Pr^{\frac{1}{3}} \tag{4-108}$$

$$Sh=2+0.552Re_{\mathrm{slip}}^{\frac{1}{2}}Sc^{\frac{1}{3}} \tag{4-109}$$

液滴运动和蒸发过程中存在着较强的质量、动量和能量耦合。根据液滴假设，可以用上述控制方程中的质量、动量和能量项代替：

$$S_m=-\frac{1}{V}\sum_n\frac{\mathrm{d}}{\mathrm{d}t}\left(m_\mathrm{p}^n\right) \tag{4-110}$$

$$S_i=-\frac{1}{V}\sum_n\frac{\mathrm{d}}{\mathrm{d}t}\left(m_\mathrm{p}^n u_{\mathrm{p},i}^n\right) \tag{4-111}$$

$$S_T=-\frac{1}{V}\sum_n\left[\frac{\mathrm{d}}{\mathrm{d}t}\left(m_\mathrm{p}^n c_\mathrm{L}^n T_\mathrm{d}^n\right)-h_\mathrm{F}^0\frac{\mathrm{d}}{\mathrm{d}t}\left(m_\mathrm{p}^n\right)\right] \tag{4-112}$$

此外，时间步长为 1s，每个时间步长最大迭代次数为 20 次，总迭代次数为 4550 次。

4.2.4.5　结果与讨论

本案例首先对全塔模拟结果进行验证，之后讨论热风温度、空气压力及进料速率对系统的影响。

1. 模型验证

对整塔进行模拟，边界条件分别为盐水进料流量 11L/h、13L/h、15L/h，空气流量为 66m^3/h，温度为 280℃，压缩机提供的空气压力为 0.2MPa，通过 Rosin Rammler 分布计算喷雾液滴直径范围为 50～100μm。使用 FLUENT 计算不同进料速度下全塔的温度场分布。图 4-8 为盐水进料量为 13L/h 时，喷雾蒸发塔内的温度分布情况。图 4-9 为距底部 $z=1.5$m 处水平截面的温度分布。

为了验证模型的正确性，在相同条件下，当塔内温度稳定后用电阻温度计对塔中的五个随机点的温度进行测量，并与模拟结果进行比较。可以看出，CFD 模拟数据与实测值基本吻合，相对误差在 5%以内。因此，该模型可用于研究空气温度、空气压力、盐水进料量

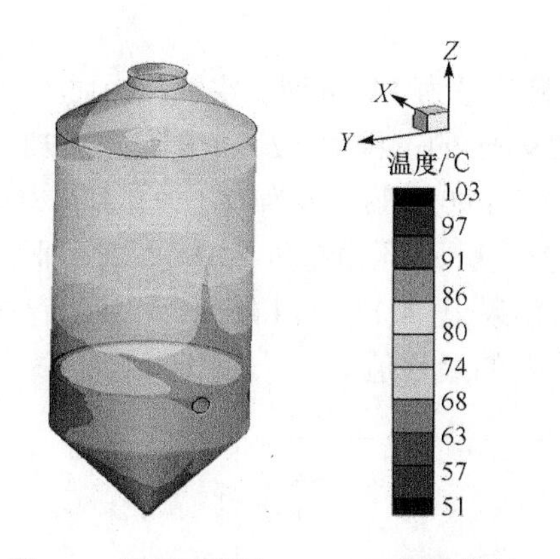

图 4-8 进料流量为 13L/h 下蒸发塔的温度分布

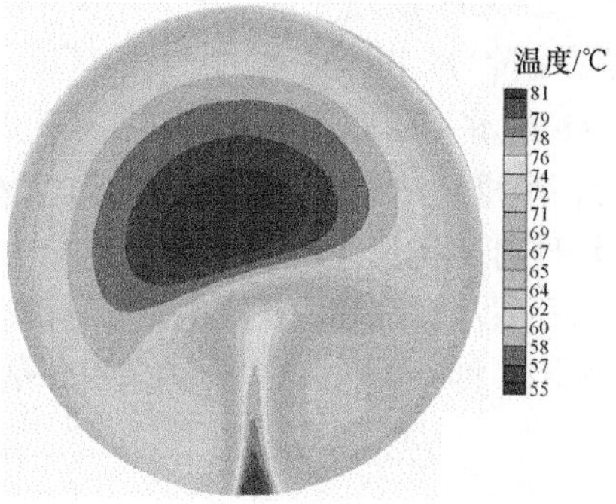

图 4-9 距底部 $z = 1.5\text{m}$ 处水平截面温度分布

对盐水蒸发量(E)和喷雾系统蒸发速率(R)的影响。盐水蒸发量 E 为盐水进料量与浓缩盐水出料量的体积差；喷雾系统蒸发速率定义为盐水蒸发量与盐水进料量的体积比。图 4-10 为模拟温度和实验温度的对比。

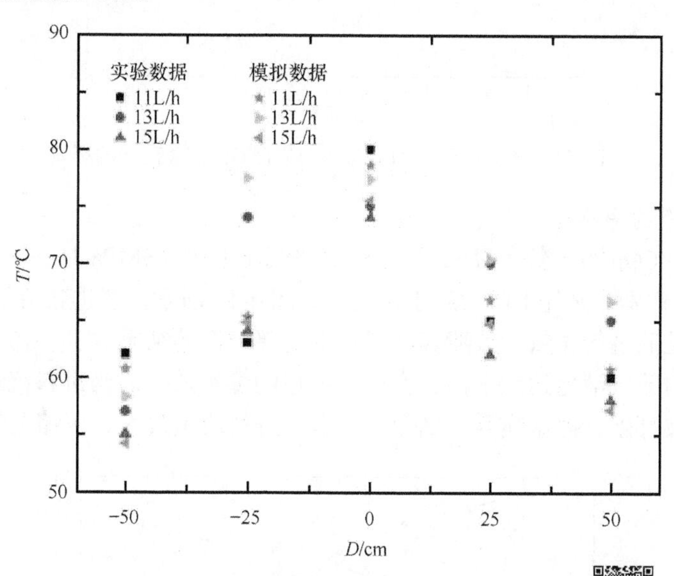

图 4-10 模拟温度和实验温度的对比

2. 热风温度的影响

太阳能集热器的集热效率和出口温度受空气流量的影响。当空气流量较低时，空气不能吸收足够的太阳能来加热盐水水滴。如果空气流量过高，会导致两个不良后果：一是风量过大，会将盐水液滴中分离出来的盐粒吹入冷凝系统；二是空气所占比例增大，会增大传热阻力。经过一系列实验，本案例将空气流量设置为 $64\text{m}^3/\text{h}$。忽略实验过程中的温差，当热风流量为 $64\text{m}^3/\text{h}$，进料流量为 14L/h，压缩空气压力为 0.4MPa 时，热风温度的变化对蒸发有显著的影响。随着热空气温度的增加，E 和 R 增加。高温的蒸发效果好，同时考虑到经济因素，最佳温度定为 330℃。

3. 空气压力的影响

当热风流量为64m³/h，温度为330℃，进料流量为14L/h时，空气压力对E和R的影响如图4-11所示：压力从0.1MPa上升到0.2MPa的过程中，E和R迅速增加，压力为0.3MPa时，E和R达到的最大值分别为12.66L和90.41%。因为当压力达到0.3MPa时，上升气体液体雾化比已经达到平衡，蒸发性能较好。当压力超过0.3MPa时，平衡破坏，平均液滴直径最小，E和R开始减小。从模拟结果(图4-11)可以看出，压缩机存在一个合适的工作范围，即0.2～0.4MPa，0.3MPa是蒸发的最佳值。

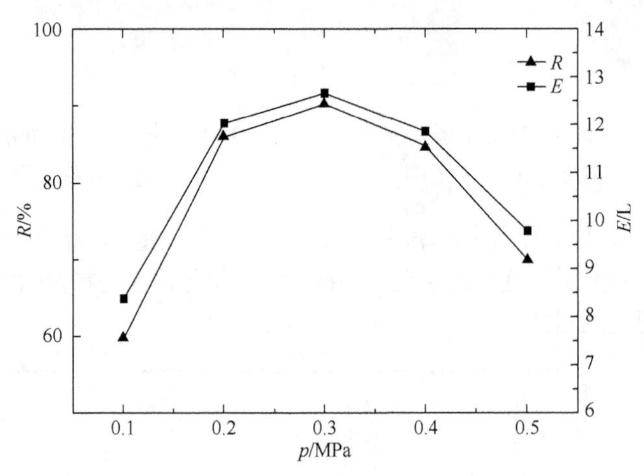

图4-11 压缩空气压力对盐水蒸发(E)和蒸发率(R)的影响

4. 进料速率的影响

热风流量为64m³/h，温度为330℃，压缩空气压力为0.3MPa时，随盐水进料流量的增加，E呈上升趋势，R先下降后趋于稳定，如图4-12所示。当进料流量为11L/h时，R接近100%,这是低进料流量导致喷雾液滴几乎全部蒸发的结果。当进料流量增加到14L/h时，雾化喷嘴内的气液比达到平衡，实现了理想的蒸发效果。当进料流量继续增大时，由于气液平衡被打破，盐水喷雾液滴变大。由于进料流量过大，压缩空气不能将进料盐

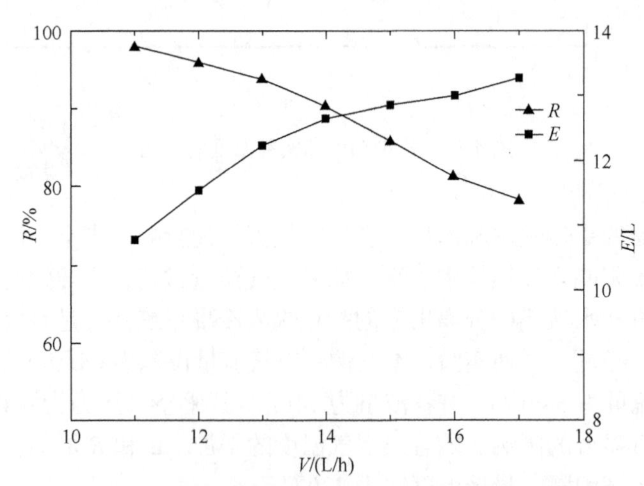

图4-12 进料速率对盐水蒸发(E)和蒸发率(R)的影响

水完全喷射成雾滴。随着比表面积的减小，较大的液滴无法从热空气中吸收足够的热量进行蒸发，导致蒸发效果不理想。综合考虑 R 与 E，最佳进料流量为 14L/h。

4.2.4.6　总结

本案例设计了一种集太阳能抛物线型槽集热器为一体的喷雾蒸发系统，该系统可处理浓度超过 100g/L 的卤水。使用 CFD 对热空气中盐水液滴的蒸发扩散过程进行数值模拟。通过对不同进料流量下仿真结果与实验结果的比较，验证了该模拟的正确性，并通过对盐水蒸发过程传热传质的模拟确定了优化的操作条件。在此基础上，对盐水喷雾蒸发过程中的传热传质进行了深入分析，确定了关键参数的影响。该系统将为实现海水淡化工艺提供更好的途径。从本案例可以看出，CFD 能够较好地揭示蒸发过程中温度分布的细节，将 CFD 技术应用于蒸发过程的建模与分析，可以为操作条件的选择提供有力的依据。

4.3　物 料 干 燥

4.3.1　物料干燥简介

4.3.1.1　干燥分类

生产生活中的某些原料、半成品及成品在加工、使用、储存和运输时需要去除其中的水分或者溶剂，从物料中除去湿分的操作称为去湿。工业上去湿主要有三种方式：机械除湿、化学除湿和加热(或冷冻)除湿，其中最常用的是加热除湿，即通常所说的干燥。

物料干燥时，湿分汽化需要热量，按照热能供给的方式，干燥可以分为传导干燥、对流干燥、辐射干燥和冷冻干燥四种。

传导干燥是将湿物料贴附于高温壁面上，通过热传导的方式获取热量，此法热能利用率较高，但与壁面接触的物料易被高温破坏。对流干燥是通过干燥介质与湿物料直接接触，将热能以热对流的方式传给物料，干燥介质的温度和湿含量调节方便，物料不易过热，因此对流干燥生产能力较强，是应用最广泛的一种干燥方式。辐射干燥以辐射方式将热辐射波段(红外、远红外波段或微波)能量投射到湿物料表面，其被物料吸收后转化为热能，使水分汽化并由外加气流或抽气装置排出。辐射干燥特别适用于物料表面薄层的干燥，其生产强度大，干燥均匀且时间短，但电能消耗过大。冷冻干燥是将物料冷冻后置于真空状态中，湿分结冰后直接升华，利用冷冻干燥可以较好地保持物料的品质，一般用于食品、制药和生物工程行业。

4.3.1.2　干燥机理

在干燥过程中，湿分由物料内部移动到表面，然后在物料表面汽化，因此干燥速率不仅与干燥介质的性质有关，也取决于物料所含水分的性质，而物料所含水分的性质又与物料的结构及物理化学状态密切相关。

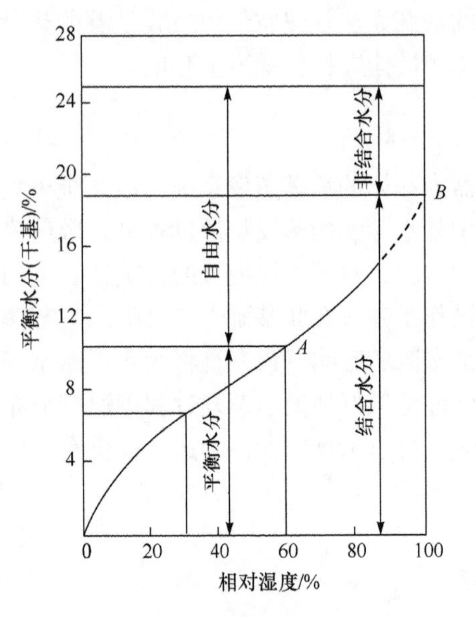

图 4-13 物料水分示意图

1. 物料中水分的性质

物料中借助化学力或物理化学力相结合的水称为结合水，如晶体结构中的水分、多孔物料通过毛细作用或者吸附结合的水等。当物料含水较多时，除了结合水外，其余的水机械附着于固体表面，这些水称为非结合水。总的来说，物料中的总水分=结合水+非结合水。非结合水的汽化与纯水表面的汽化相同，故非常容易用干燥方法除去。结合水的结合力较强，并且蒸气压低于同温度下纯水的饱和蒸气压，故较难用干燥方法除去。

由图 4-13 的曲线可知，在一定干燥条件下，物料中不能除去的那部分水分称为平衡水分，而可以被除去的水分则称为自由水分，因此，物料中的总水分=平衡水分+自由水分。显然，这种水分的分类不仅与物料本身的性质有关，还取决于空气的状态。应该指出的是，结合水分与非结合水分，其区别仅仅在于物料本身的性质；而平衡水分和自由水分，其区别还取决于干燥介质的状况。

2. 干燥曲线与干燥速率曲线

为了分析物料的干燥机理，要在恒定的干燥条件(用大量空气干燥少量湿物料)下测定物料的干燥速率。这种测定可以了解物料中所含水分的性质以及其对干燥条件的影响，为干燥器设计和生产能力计算提供必要的依据。

干燥速率定义为单位时间内、单位干燥面积上汽化的水分质量，可用微分式表示为

$$u=\frac{\mathrm{d}W}{A\mathrm{d}t} \tag{4-113}$$

式中，u 为干燥速率，$\mathrm{kg/(m^2 \cdot h)}$；$W$ 为汽化的水分量，kg；A 为物料的干燥表面积，$\mathrm{m^2}$；t 为干燥所需时间，h。

测定的干燥速率曲线如图 4-14 所示，由图可知，物料干燥过程主要分为三个阶段：预热阶段(AB 段)、恒速干燥阶段(BC 段)和降速干燥阶段(CE 段)，其中点 C 作为转折点，其对应的物料湿含量称为临界湿含量。物料的预热阶段一般非常短，所以在干燥计算中可以忽略不计。在恒速干燥阶段中，汽化的水分全部为非结合水分，物料表面的温度等于空气的湿球温度，干燥速率由物料表面水分汽化速率所控制且为定值。当湿物料中的含水量降到临界含水量以后，便转入降速干燥阶段。此时水分自物料内部向表面迁移的速率小于物料表面水分汽化速率，物料表面不能维持充分润湿，使得空气传给物料的热量一部分用于加热物料，因此干燥速率逐渐减小，物料温度升高。降速干燥阶段的速率主要取决于物料本身的性质，与干燥介质的状态关系不大，故降速干燥阶段又称为物料内部迁移控制阶段。

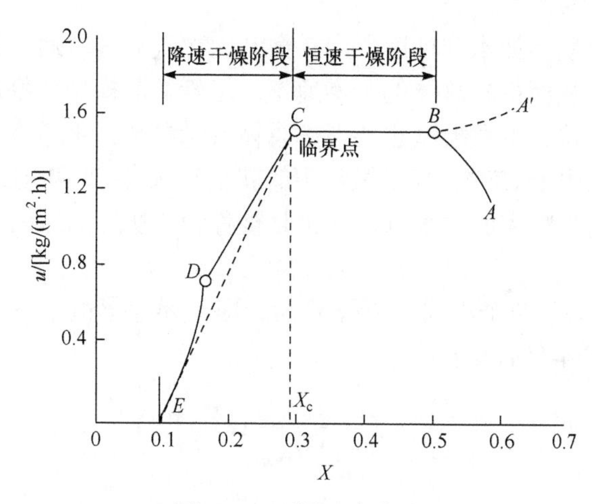

图 4-14　干燥速率曲线

工业上主要使用干燥器进行物料除湿，干燥器在化工、食品、造纸和医药等许多行业都有广泛应用。由于干燥物料的形状、性质、生产规模差异很大，对产品的要求也不尽相同，因此，所采用的干燥方法和干燥器的形式多种多样。工业上常用的干燥器有厢式干燥器、洞道干燥器、气流干燥器及流化床干燥器等。

4.3.2　物料干燥应用模型

物料干燥是涉及气固、气液甚至气液固多相的生产过程，研究人员根据干燥过程的特点开发了很多新的数学模型。其中为了模拟干燥时的水分蒸发过程，开发了 REA(reaction engineering approach)模型和 CDC(characteristic drying curve)模型，其将水分的蒸发过程视为一种活化过程，并且将干燥特性曲线耦合进去，使得该模型对水分蒸发的干燥过程模拟精度较高。干燥也被广泛应用于食品干燥过程，在食品干燥过程中，食物往往会因为水分流失而干瘪，其比表面积等参数也会相应变化，针对此种情况开发了粒径收缩模型。有些研究人员还开发了对流干燥模型模拟对流干燥过程。除此之外，还有部分物质需要进行低温干燥，为提高模拟的精度，研究人员开发了冷冻干燥模型。

4.3.2.1　常用模型

由于干燥过程复杂，对其进行 CFD 模拟时需要使用合适的模型才能得到精确的模拟结果，其中最常用的模型有湍流模型、多相流模型和多孔介质模型等。此外，根据干燥过程的特点，还需一些其他的模型。

4.3.2.2　CDC 模型与 REA 模型

喷雾干燥的关键是雾化液滴的干燥，因此预测单个液滴的干燥过程非常重要。单液滴干燥对模拟结果的三个方面有很大影响：首先，它决定最终产品的水分，进而影响产品质量的许多方面，如颗粒密度、降解和易碎性等；其次，在干燥过程中，随着液滴质量的变化，颗粒的运动轨迹也会发生变化；最后，干燥过程受到干燥颗粒条件的影响。

单液滴干燥模型有很多，一般可以分为两类：扩散模型和块状参数模型。前者主要考虑干燥颗粒内的性质，如水分梯度、内扩散和内部气泡等。通过模型结合内部参数，得到内部水分梯度，从而得到总体的干燥速率。尽管扩散模型从物理角度更加合理，但是计算成本非常大。块状参数模型主要考虑总体液滴参数，不考虑扩散梯度，而且该模型的求解简单，可以用于 CFD，其中最常用的就是 CDC 模型和 REA 模型。块状参数模型的缺点是无法描述颗粒表面的水分，这也是被称为“块”的原因。

1. CDC 模型

CDC 模型主要基于两个不同的干燥阶段，即干燥速率恒定阶段和干燥速率下降阶段。干燥速率可由式(4-114)表示：

$$\frac{\mathrm{d}X}{\mathrm{d}t}=f\frac{Ah}{m_{\mathrm{s}}\Delta H_{\mathrm{evap}}}(T_{\mathrm{a}}-T_{\mathrm{wb}}) \tag{4-114}$$

$$f=\frac{X-X_{\mathrm{eq}}}{X_{\mathrm{cr}}-X_{\mathrm{eq}}},\quad X\leqslant X_{\mathrm{cr}} \tag{4-115}$$

$$f=1,\quad X>X_{\mathrm{cr}} \tag{4-116}$$

在干燥速率恒定阶段，颗粒的含水量高于临界含水量，达到临界含水量时，颗粒内部的水分开始扩散。另外，在干燥速率恒定阶段，液滴的干燥可以认为是无阻力的，可以近似视为蒸发。然而，一旦液滴达到临界湿度，颗粒内部需要进行水分扩散，干燥速率就会下降，从式 (4-115)中可知，干燥速率与水分下降成正比。从式(4-114)中还可以知道，对于相同的外部条件，临界湿度越低，恒速干燥的时间越长。

CDC 是一个块状参数模型，假设 X_{eq} 和 X_{cr} 呈线性关系，且只与材料性质有关，借此简化内部质量扩散对于干燥速率的阻碍。X_{eq} 可以从物料的等温线中获得，并且是空气湿度和温度的函数，但 X_{cr} 为常数，与干燥条件无关。

2. REA 模型

REA 模型是一个相对比较成熟的干燥模型，用于研究一些食品的干燥过程中的水分传递。该模型假设干燥过程中液滴的蒸发是一个活化过程，需要克服能量的壁垒，然而凝结和吸附则不需要。液滴蒸发的速率是由液滴表面和热空气主体的水蒸气的气相浓度差决定的。其数学表达式为

$$-m_{\mathrm{s}}\frac{\mathrm{d}X}{\mathrm{d}t}=h_{\mathrm{m}}A_{\mathrm{p}}(\rho_{v,\mathrm{s}}-\rho_{v,\mathrm{b}}) \tag{4-117}$$

$$\frac{\mathrm{d}m_{\mathrm{air}}}{\mathrm{d}t}=nh_{\mathrm{m}}A_{\mathrm{p}}(\rho_{v,\mathrm{s}}-\rho_{v,\mathrm{b}}) \tag{4-118}$$

式中，总传质系数 h_{m} 可以通过修正过的 Ranz-Marshall 方程计算，m/s；$\rho_{v,\mathrm{b}}$ 为气相主体蒸气浓度，kg/m^3；$\rho_{v,\mathrm{s}}$ 为液滴表面蒸气浓度，kg/m^3；A_{p} 为液滴的蒸发表面积，m^2；n 为计算单元内的颗粒数。REA 模型最重要的是计算 $\rho_{v,\mathrm{s}}$，计算表达式为

$$\rho_{v,\mathrm{s}}=\exp(-\frac{\Delta E_v}{RT_{\mathrm{p}}})\rho_{v,\mathrm{sat}}(T_{\mathrm{p}}) \tag{4-119}$$

式中，$\rho_{v,\mathrm{sat}}(T_{\mathrm{p}})$为液滴表面温度为 T_{p} 时的饱和蒸气浓度；R 为摩尔气体常量。

为了求解该方程，其中活化能ΔE_v(J/mol)必须被确定。通过与平衡活化能 $\Delta E_{v,e}$(J/mol)和颗粒含水率进行关联：

$$\frac{\Delta E_v}{\Delta E_{v,e}} = a\exp[-b(X - X_c)^c] \tag{4-120}$$

式中，系数 a、b、c 为与材料属性相关的常数；X_c 为干基平衡含水率，它可以通过吸附等温线模型求得。平衡活化能 $\Delta E_{v,e}$ 可以通过相对湿度和热空气的温度联立求得

$$\Delta E_{v,e} = -RT_b(RH_b) = -RT(\rho_{v,b}/\rho_{v,sat}) \tag{4-121}$$

液滴干燥速率逐步降低时，REA 模型比 CDC 模型精度更好。REA 模型的优点是对于干燥曲线的假设较少，但是需要相对较多的实验数据。与传统的线性下降率模型相比，Huang 等提出的采用凸下降率修正的 CDC 模型具有更好的一致性，但是应用此模型需要拟合一个附加的常数。除此之外，REA 模型可以进行拓展，从而可以计算颗粒的表面湿度，并得到表面湿度曲线。

4.3.2.3　粒径收缩模型

氧化铁颗粒是钢铁行业高炉或直接还原工艺的主要原料之一，而制粒是生产这些颗粒的第一步。它主要包括将细磨的铁矿石精矿、几种添加剂和水在造粒盘或鼓中混合，直到获得特定大小的生球。在运输到钢铁厂之前，需要对生球团进行焙烧，以提高其机械强度。颗粒硬化通常在移动的炉排中进行，通过与不同流速和温度的热气体直接接触，依次干燥、烧制和冷却颗粒。颗粒的机械强度在很大程度上取决于它们在烧成区内的停留时间和温度曲线，以及在颗粒到达烧成区时残留的水分含量。因此，颗粒干燥是提高生产率和颗粒质量的重要过程，也是主要的能源消耗过程。对干燥过程进行模拟，进而对其进行优化可以节省大量资金和运营成本，为了提高模拟的精度，需要开发一种合适的模型。

最初的干燥模型分两阶段进行模拟，即表面蒸发和内部干燥，但后续的研究表明表面蒸发和内部干燥往往一起进行。基于此，Tsukerman 等开发了粒径收缩模型，主要用于描述单个颗粒的干燥行为，此模型模拟所得干燥数据与实验数据具有很好的一致性，比以前的单粒干燥模型结果更加准确。粒径收缩模型的基本假设为：①干燥发生在颗粒表面，直到表面水分达到临界水分，低于临界水分之前，蒸发前沿开始在颗粒内部移动(收缩核心)，留下干燥外壳；②在到达临界水分之前，收缩芯的含水率是恒定的。

4.3.2.4　冷冻干燥模型

冷冻干燥是将物料冻结到共晶点温度以下，在低压或真空状态下，通过升华除去物料中水分的一种干燥方法。冷冻干燥后的物质，其物化指标和生物性状基本不变，因此在医药、生物工程及食品等方面得到了广泛应用，是较适宜、较优良的干燥方法。但干燥过程是在较低温度下进行的，能耗较大，合理控制冻干时间能够大大降低生产成本。目前在工业应用过程中，基本上还是采用模拟试验的方法确定冻干曲线和过程时间，因此，利用 CFD 模拟有效地预测冻干时间具有重要意义。但是，现有的模型对预测冻干时

间或者过于简单、误差较大，或者模型过于烦琐，限制了其应用。因此有学者通过研究冷冻干燥过程机理，得出了描述冻干过程中传热传质的数学模型——冰界面均匀退却模型(uniformly retreating ice front model)，即 URIF 模型。Li 等又在 URIF 模型的基础上开发出了膜升华模型。

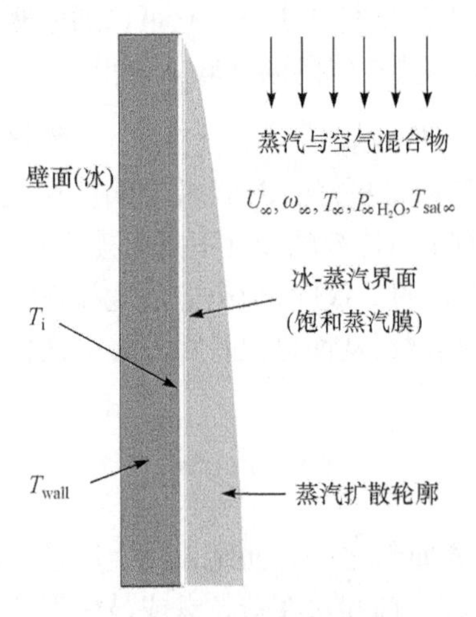

图 4-15　冷冻干燥模型示意图

在冷冻干燥过程中，物料中存在干燥层和冷冻层，两层之间有一个升华界面。热量通过干燥层和冷冻层传递到升华界面，使冰的升华得以进行。干燥过程中升华界面均匀地向冷冻层退却，直至最后消失，如图 4-15 所示。

模型的基本假设为：①气相是空气和水蒸气的二元混合物；②蒸汽的扩散速率控制升华的速率；③冰层的几何形状(厚度和形状)变换可忽略，即 $T_i=T_{wall}$；④冰-蒸汽界面处存在局部热力学平衡，薄膜的热阻可被忽略，$T_{平衡}=T_{wall}$，对流传递的热量仅用于升华的潜热；⑤冰-蒸汽界面处蒸汽及升华薄膜的层流或湍流速度等于零。

膜升华模型也可以与多孔介质模型进行耦合得到表面升华模型，此模型可以用来模拟真实多孔材料的冷冻干燥过程。蒸汽扩散过程可以看作相变引起的通过薄膜升华产生的蒸汽和在多孔干燥材料中的蒸汽扩散的组合。Li 等用此模型对 10mm 的立方体的冷冻干燥过程进行了实验和模拟，结果表明表面升华模型可以用于冷冻干燥，其中物料的形状和内阻系数的真实值是过程模拟的关键。

4.3.2.5　对流干燥模型

对流干燥是一种重要的干燥手段，干燥过程共分为四个阶段：①颗粒表面的液体水分蒸发；②表面局部干燥后，与内部蒸发并存的表面蒸发；③表面完全干燥后的内部蒸发；④沸腾温度下的内部蒸发。单个颗粒的水分传输主要分为三个阶段：第一阶段为恒速干燥阶段，此阶段会持续进行，直到颗粒内部的水分不能以与蒸发相同的速率传输到表面；第二阶段为降速干燥阶段，水分主要通过扩散而运动，并且水分前沿向颗粒的核心移动；第三阶段，吸湿和化学结合的水被蒸发。因此，对对流干燥进行 CFD 模拟，必须构建一个合适的模型。对流干燥模型是考虑了液体水分和内部蒸气流的毛细管流动的数值模型。

4.3.2.6　GAB 模型

在 CFD 模拟中，颗粒最终平衡含水率对模型的预测值影响很大，而且相对活化能的关系式中需要与平衡含水率关联。不同温度、湿度的条件下，通过实验测量和数据拟合，可以得到 GAB(Guggenheim-Anderson-de Boer)模型以及模型的具体参数。通过 GAB 模型预测不同温度下液滴的平衡干基含水率，方程为

$$X_C = \frac{CKm_0 a_w}{(1-Ka_w)(1-Ka_w+CKa_w)} \tag{4-122}$$

式中，a_w 为水分活度，等于空气的相对湿度；m_0、C、K 都是模型参数，m_0 为单分子层含水量，C、K 为温度的函数：

$$C = C_0 \exp(\frac{\Delta H_1}{RT_b}) \tag{4-123}$$

$$K = K_0 \exp(\frac{\Delta H_2}{RT_b}) \tag{4-124}$$

GAB 模型主要有三个具有物理意义的常数，其中两个常数与温度有关，采用线性回归分析的 GAB 模型难以应用于水分含量高的物料。对于模型中的参数，实验是在 90℃条件下测得，同时实验周期很长。但是对于喷雾干燥而言，颗粒经历的温度一般高于 100℃，同时在几秒内实现水分的传递。关于将这些参数应用于高温、快速的喷雾干燥是否适合，目前文献罕有报道。为此，杨兴富在高温下通过对模型中参数进行修正，解决了高温下模型预测含水率偏低的问题。

4.3.3　CFD 在物料干燥中的应用

CFD 越来越广泛地应用于干燥过程，本节从干燥过程模拟和干燥设备模拟两方面进行介绍。

4.3.3.1　干燥过程模拟

CFD 作为一种模拟工具，具有强大的计算能力，能够模拟预测干燥中气固两相的变化过程，解决能量平衡问题，得到物料的湿度、温度分布等，了解干燥过程的参数对于优化干燥过程具有重要的意义。Wang 等基于电极电容层析成像传感器对不同操作条件下的流化床干燥过程进行了研究，并分析了过程中固体浓度、颗粒水分和电容信号等关键工艺参数对干燥过程的影响。Paláncz 等提出了一种模拟连续干燥过程的数学模型，描述了气固相间的传热和传质，研究了入口气体的性质对干燥过程的影响。吴中华等采用多相流模型，模拟了干燥设备中的气液两相，得到了气相的温、湿度分布。王振国等利用 CFD 方法对喷雾干燥过程进行了模拟，结合试验所得的边界条件，研究了气液喷注压降对于喷雾干燥过程和流场分布的影响规律。Straatsma 等利用 CFD 对喷雾干燥进行了模拟，计算了雾化颗粒的运动轨迹和干燥过程，利用湍流模型对气相流场进行了模拟，根据模拟结果对干燥器结垢问题进行了优化，得到了更好的产品质量。

4.3.3.2　干燥设备模拟

CFD 还可以对不同的干燥设备进行模拟，将干燥设备的结构、几何尺寸和操作方式等因素耦合到一起，得到的模拟结果可以用于干燥设备的结构优化。Lai 等开发了一种用于连续化流化床干燥机的模型，表明了气固相之间的动态相互作用，并对干燥机进行了 CFD 模拟，研究了表观气速、入口温度、物料停留时间和壁面温度等操作参数对于干燥机性能的影响。Huang 等采用四种不同的湍流模型，即标准 k-ε 模型、RNG k-ε 模型、可实现 k-ε 模型和雷诺应力模型，对转盘式喷雾干燥器进行了 CFD 模拟，对结果进行比较，得出了最适合干燥的湍流模型为 RNG k-ε 模型，研究了气相参数、物料分布对干燥过程的影响。Huang 等还利用 CFD 对四种不同腔室的干燥设备进行了模拟，比较干燥过程的温度分布、物料干燥质量和停留时间，提出可以通过改变干燥设备几何形状提高干燥效率。

4.3.4　喷雾干燥模拟案例分析

4.3.4.1　问题描述

本案例(Jin et al.，2009)主要研究物料干燥，使用 FLUENT 对工业规模喷雾干燥器中的多组分流动进行模拟。干燥器的结构如图 4-16 所示，含颗粒液滴入口由八个高压喷嘴组成，喷嘴周围有热空气入口。干燥机的结构具有对称性，因此采用二维轴对称对其进行模拟，为保证总面积与实际入口相同，给定液滴入口的等效尺寸。喷雾干燥器在颗粒出口处与内部流化床相连，大多数颗粒从此离开干燥器进入流化床，还有一些颗粒从排气口离开干燥器，故将流化床与干燥器视为整体进行模拟。图 4-16(c)显示了从流化床入口释放的路径线。研究集中在喷雾干燥器部分，对流化床进行模拟的目的是获得颗粒出口处的速度及温度分布。排气口位于喷雾干燥器的顶部。预期该结构会在下流线和上流线之间[图 4-16(a)中的虚线]产生大的再循环区域，模拟结果也证实了这样的预测。上流线和壁面间的相互作用会产生小漩涡(虚线)。这些流动结构使得颗粒的停留时间难以预测，而一维模拟通常需要确认停留时间。入口处液滴喷雾的初始速度有一个角度，即所谓的喷雾锥角，如图 4-16(b)所示。使用 Rosin-Rammler 分布函数将初始液滴尺寸范围设定为 100～500μm。平均液滴尺寸为 200μm，假设初始液滴具有 50m/s 的均匀速度。本案例分析了粒径和粒度分布、停留时间、动能及最高温度的影响。

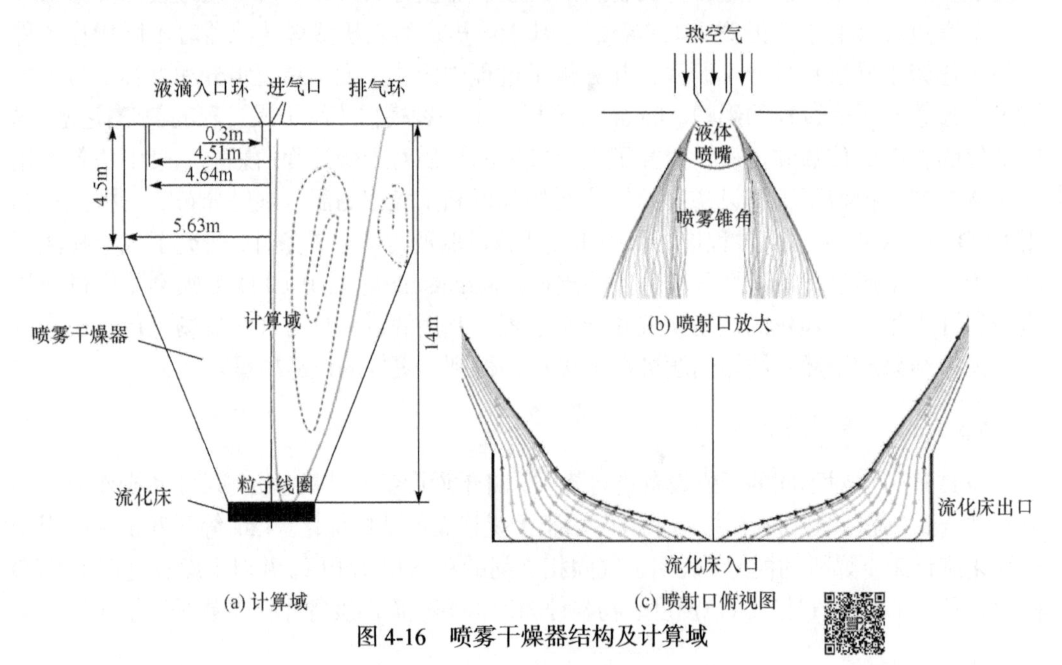

(a) 计算域　　(c) 喷射口俯视图

图 4-16　喷雾干燥器结构及计算域

4.3.4.2　问题分析

由于本案例采用的干燥设备内流动剧烈，因此采用湍流模型；同时系统又涉及颗粒流动，模拟中将使用拉格朗日模型。

4.3.4.3　解决方案

1. 几何建模和网格划分

本案例几何模型如图 4-16 所示，且进行了网格独立性检验，采用了 85 × 124、85 × 182 和 127 × 124 三种分辨率进行网格划分，结果表明轴向和径向上的较高网格分辨率对数值结果几乎没有影响。

2. 模拟过程

由于喷雾干燥器内颗粒(除狭窄雾化区外)的体积分数均小于 10%，因此采用欧拉-拉格朗日方法对分散的多相流进行数值模拟。其中气相被视为可压缩的理想气体，气相的控制方程为可压缩的 Navier-Stokes 方程；使用双向耦合方法考虑气相和离散相之间的质量、动量和热量传递；使用 k-ε 模型预测气相的湍流流动；通过随机跟踪模型模拟湍流对离散相的影响；用双时间步长法模拟非定常流场。除此之外，还在 FLUENT 中引入 REA 模型，用以研究牛奶液滴的干燥过程，REA 模型通常比 CDC 模型更准确。虽然 REA 模型比 CDC 模型更复杂，但与综合传递现象方法相比，它的计算成本并不高，因此本案例采用 REA 模型作为干燥模型。

从参考文献中可以看出，到目前为止进行的大多数研究都假设颗粒与壁面碰撞时从壁面上逸出(本质上壁面是可泄漏的)。这种边界条件假设所有颗粒一旦接触到壁面就会沉积，这显然过于简单化。计算方面，这种过度简化的优点是收敛更容易，因为靠近壁面的计算值更容易保存，然而事实是大多数颗粒被壁面反射。两种不同边界条件的粒子轨迹分布如图 4-17 所示。结果表明，逃逸边界条件预测的路径长度较短。由于逃逸壁假设条件，干燥器中剩余的颗粒更少，因此数值更小。假设颗粒温度在反射后不会改变，为了理解主要的流动特性和沉积现象，比较两种边界条件(逃逸壁和反射壁)是非常有意义的。本案例模拟了四种情况，情况 1 和情况 4 基本具有相同的边界条件，但情况 1 采用反射壁边界条件，情况 4 采用逃逸壁边界条件。同时，液滴喷雾锥角对干燥过程有重要影响，因此情况 1、2、3 分别采用 60°、30°、0°三种喷雾锥角进行干燥。此外，时间

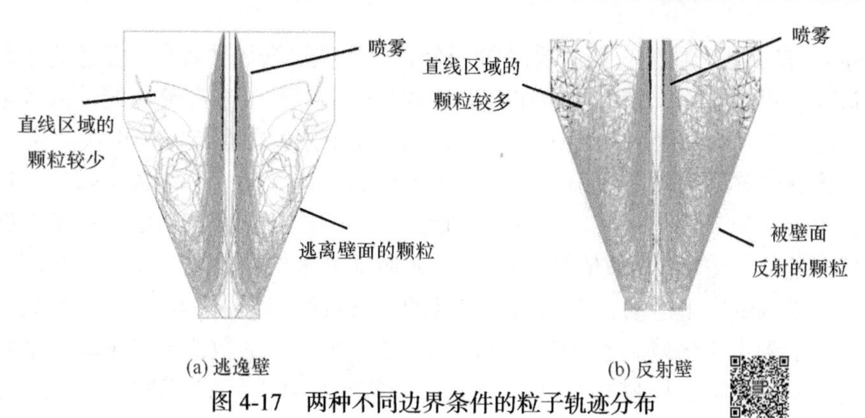

(a) 逃逸壁　　(b) 反射壁

图 4-17　两种不同边界条件的粒子轨迹分布

步长为 0.02s。每个时间步使用 20 个子项；流场需要 100s 才能完全发展。另外，继续计算 600s 以获得统计结果。

4.3.4.4　结果与讨论

湍流效应导致颗粒随时间变化的不确定性，因此本案例采用统计值的概念进行研究。统计值使用式(4-125)计算：

$$\tilde{V}=\frac{\sum N_i V_i}{\sum N_i} \tag{4-125}$$

式中，V_i 为第 i 组粒子的变量(如水分含量和动能)；N_i 为第 i 组粒子的数量；$\tilde{V}$ 为统计值。收集 600s 内通过颗粒出口、排气口和流化床出口离开干燥器的颗粒以计算统计值。

表 4-3 显示了数值模拟的统计结果，与实验数据比较，其结果较好。在情况 4 中，约 70% 的颗粒通过逃逸壁离开干燥器。根据实验观察，这不会发生在正常运行的干燥器里。在所有四种情况下，流化床出口处颗粒含水量的预测值是合理的，因为干燥主要发生在前几秒。然而，用反射壁预测的颗粒停留时间比逃逸壁长得多。出口处的预测空气温度略高于实验数据，差异原因可能是本案例中认为壁面是绝热的，忽略了干燥机的热量释放。如果喷雾锥角较小并直接指向下方，颗粒将更容易到达流化床。因此，颗粒停留时间随喷雾锥角增大而增加。随着喷雾锥角从 30°增加到 60°，颗粒停留时间仅略微增加；当喷雾锥角从 0°增加到 30°时，停留时间增加了一倍多。相应地，如果喷雾锥角较小，则流化床出口处的水分含量较大。排气口的质量平均温度也随喷雾锥角的减小而升高，因为这种情况下干燥颗粒消耗的热量较少。

表 4-3　数值模拟结果

参数	反射壁，60°	反射壁，30°	反射壁，0°	逃逸壁，60°	实验数据
水含量(流化床出口)/%	3.86	4.03	4.96	4.59	4
温度(排气口)/℃	66.4	68	73	71	65
温度(颗粒出口)/℃	90	84	86	88	
停留时间(颗粒出口)/s	35.2	34.1	14.6	2.43	

图 4-18 表示基于粒子直径的瞬时粒子分布。颗粒根据尺寸着色，蓝色为小颗粒，红色为大颗粒。可以看出，较大的颗粒由于其较高的动量而分布在喷雾的外部区域中。较小的颗粒停留在喷射路径的内部区域，它们在空气中比大颗粒传输得更快。约 2s 时，小颗粒已经到达喷雾干燥器的底部，并且由于大漩涡结构，其中一些颗粒随后经过旋转回到干燥器中心区域。约 13s 时，在侧壁附近产生了一些粒子云，其中的粒子浓度远高于其他区域中的粒子浓度。从数值结果生成的动画(此处未给出)可见，粒子云起源于锥形侧壁的下部，沿墙壁向上运动，直到到达墙壁的垂直直线部分[图 4-18(d)]，然后云层从壁面分离并分散到主室区域。本案例也利用逃逸壁边界条件的数值结果生成了动画，但没有观察到粒子云。预计这些粒子云对工业规模喷雾干燥器中的壁沉积具有非常大的影响。

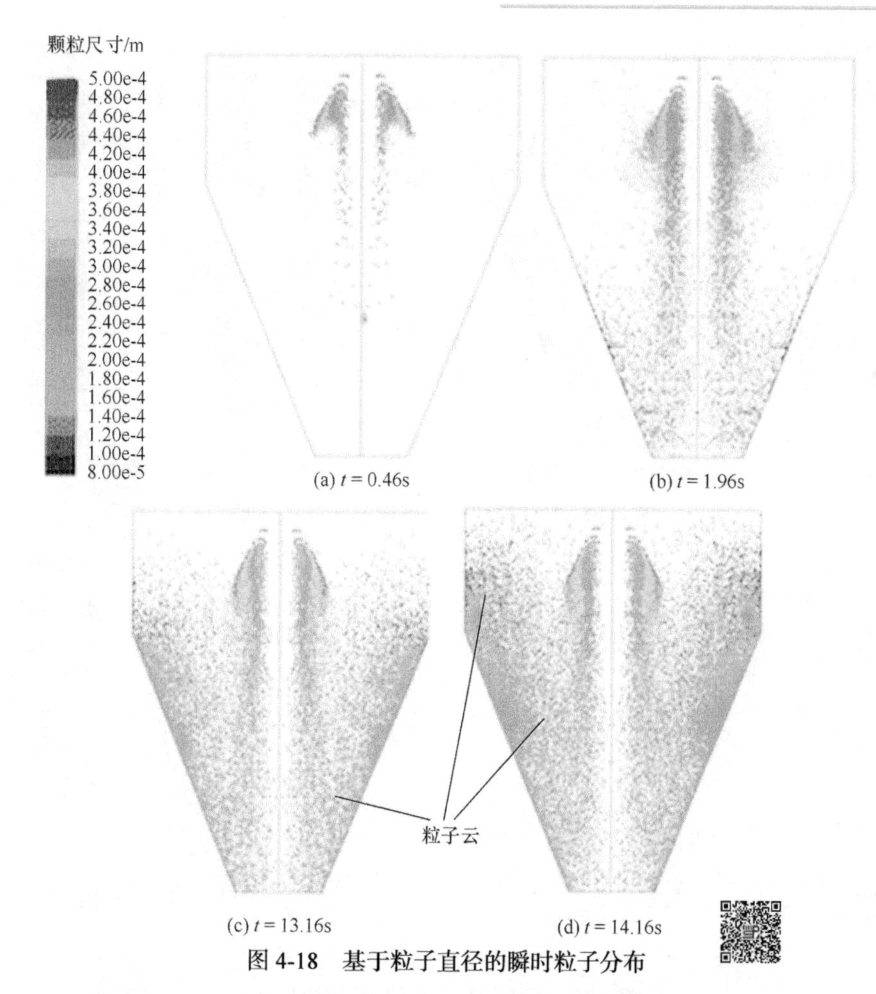

图 4-18 基于粒子直径的瞬时粒子分布

图 4-19 显示完全发展(t >600s)时的瞬时流线和相应的瞬时粒子分布。可以看出，在下流线和上流线之间存在大的漩涡结构，在向下流线和侧壁之间存在较小的涡流。从动画中可以看出，这些涡旋周期性地上下移动，这与实验观察到的结果一致。它们似乎与侧壁附近的粒子云的行为密切相关。在视频中观察到粒子云产生 0.5～1.0Hz 的频率。图 4-19 表明涡流和粒子云的位置几乎在同一位置。粒子云主要有 40～50s 的停留时间，并且从中可以看出靠近壁的颗粒质量浓度沿轴向增加。

从图 4-18(d)可以看出，粒子云主要由 224～285μm 的颗粒组成。可以预期粒径会对其分布产生非常重要的影响。图 4-20 比较了喷雾干燥器中 100μm 和 500μm 颗粒的分布。可以看出，100μm 的颗粒在干燥器中分布得更均匀，除了在垂直侧壁附近浓度稍高。该直线段中 100μm 的颗粒停留时间高于其在喷雾干燥器锥形部分的停留时间。500μm 的颗粒主要位于喷雾干燥器的锥形部分，它们较高的质量可防止其旋转到直线部分，另外，它们在侧壁附近的停留时间通常为 20～25s。图 4-20(b)中几乎没有颗粒的停留时间长于 40s。

图 4-21 显示初始粒径对相应粒子停留时间的影响。记录所有在 600s 内从颗粒出口和空气出口离开干燥器的颗粒，用以计算颗粒统计停留时间。从图中可以看出，颗粒在排气处的停留时间比在颗粒出口处的停留时间长约 30s。从排气口排出的所有颗粒的初

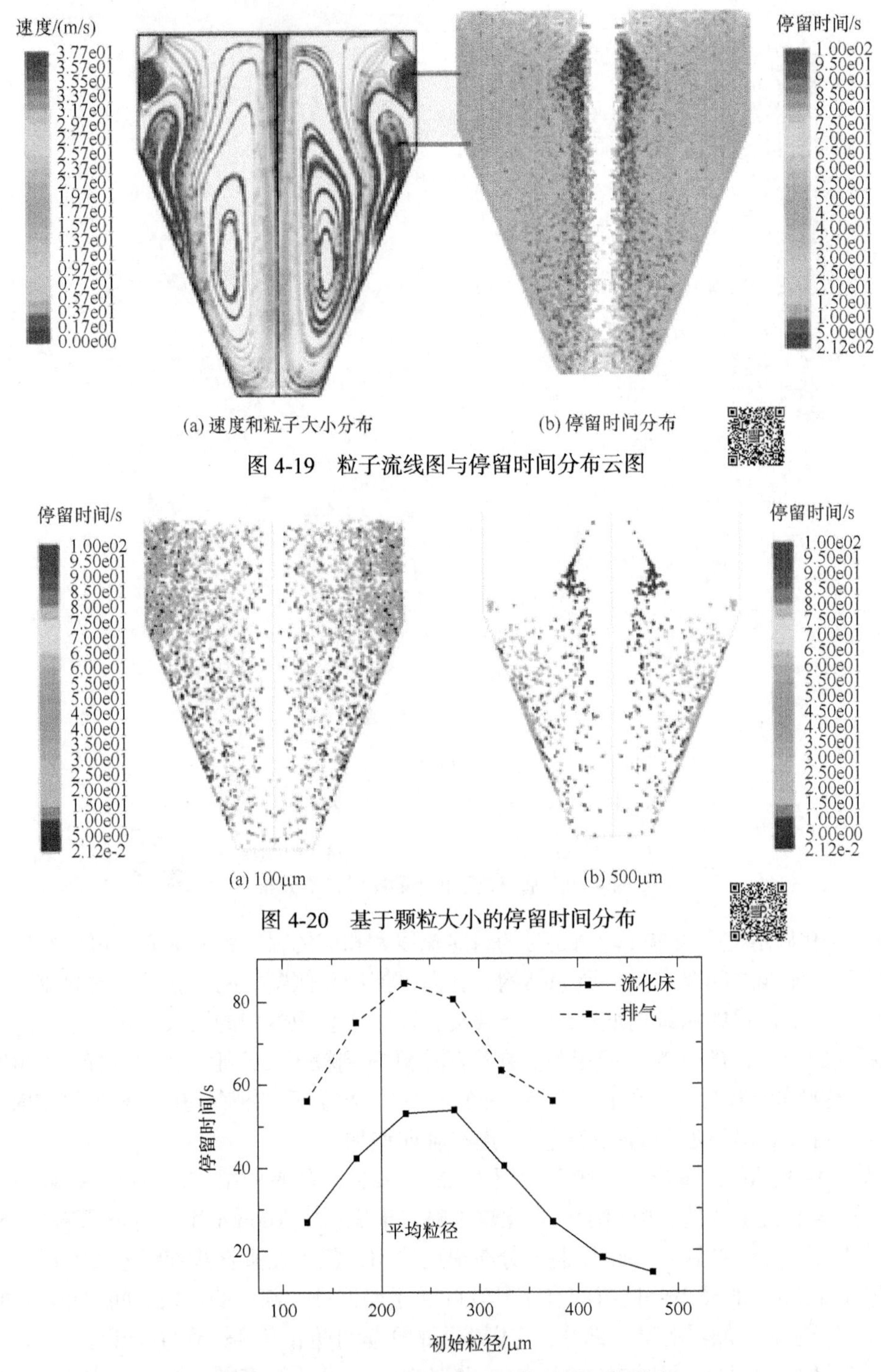

图 4-19　粒子流线图与停留时间分布云图

图 4-20　基于颗粒大小的停留时间分布

图 4-21　初始粒径对相应粒子停留时间的影响

始直径(从喷嘴释放的液滴的直径)小于 425μm。因为空气对运动的影响较小，大颗粒具有较小的停留时间，所以较少颗粒旋转回到再循环区。小颗粒也具有较短的停留时间，因为这些颗粒具有更接近气流的速度分量，所以许多小颗粒与空气一起流出区域。中型颗粒在喷雾干燥器中停留的时间更长。可以看出具有最长停留时间的颗粒粒径在 225～275μm。

图 4-22 显示三个直径带(100μm、200μm、500μm)颗粒在不同停留时间下的含水量分布。当多相流完全发展时，本案例从 600s 的瞬时流场获得数据。从图中可以看出，大颗粒(500μm)的水分含量在短时间(约 3.5s)从 0.8kg/kg 降至 0.1kg/kg(以干基计量)。3.5s 后，颗粒的水分含量在 0.0～0.1 之间略有变化。尽管较小颗粒(100μm、200μm)的水分含量变化范围较大，但它们也在短时间内降至较小的值(干基从 0.0 到 0.1kg/kg)。该时间比干燥器中颗粒的停留时间短得多，但大部分干燥发生在这段时间里。

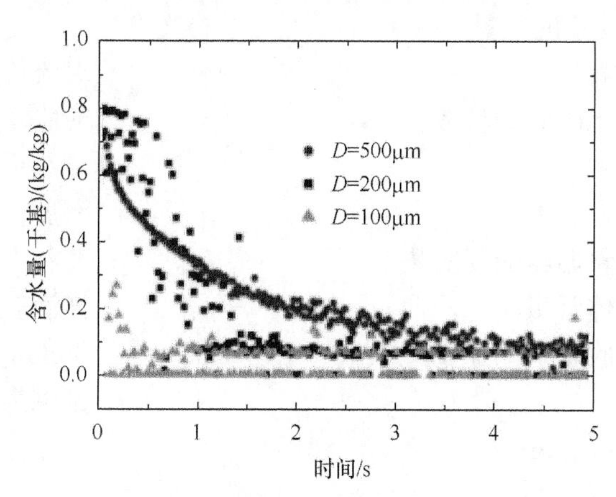

图 4-22 不同初始尺寸颗粒在不同停留时间下的水分含量

4.3.4.5 总结

本案例对干燥进行 CFD 模拟，利用 FLUENT 软件研究了喷雾干燥器中的多相流问题。模拟过程采用了湍流模型、多相流拉格朗日模型和 REA 模型，模拟结果和实际生产数据非常吻合。研究表明，反射壁边界条件比逃逸壁边界条件更加精确，除此之外，还分析了颗粒大小、粒径分布、停留时间和温度等各种因素的影响。

CFD 对物料干燥进行模拟时，常用模型有多相流模型、湍流模型和多孔介质模型。但由于物料干燥过程十分复杂，加之不同干燥方式还具有各自的特点，常用模型无法满足需求，因此开发了特殊模型。为了提高干燥时水分蒸发过程的模拟精度，提出了 REA 和 CDC 模型，使模拟结果更为精确；对于食品干燥过程的模拟，提出了粒径收缩模型；对流干燥模型的开发，大大提高了对对流干燥的模拟精度；为了解决低温干燥的 CFD 模拟，针对性地提出了冷冻干燥模型。这些特殊模型的提出大大提高了 CFD 模拟的准确度，为优化操作参数、提高生产效率提供了依据。

符 号 说 明

英文

A 物料的干燥表面积，m^2

A_p 液滴的蒸发表面积，m^2

a_w 水分活度

H	有效汽化潜热	r	半径；沿管径方向的距离，m
h_m	总传质系数，m/s	S	传热面积，m^2
K	导热系数；蒸发常数	T	温度，℃
k	热导率，W/(m · ℃)；湍动能	t	温度，℃；时间，s(h)
k_F	气体常数	u_0	速度，m/s
L	汽化比潜热	V_i	第 i 组粒子的变量
L_p	长度，m	v	燃料、氧化剂质量比
m	质量，kg；质量蒸发速率	W	分子量；汽化的水分量，kg
m_0	单分子层含水量	Y_{Fs}	燃料蒸气浓度
N_i	第 i 组粒子的数量	希文	
Nu	努塞特数	α	对流传热系数；夹角
n	计算单元内的颗粒数	β	膨胀系数
Pr	普朗特数	λ	传热系数
Q	传导速率，W；单位质量燃料的反应热	ρ	密度，kg/m^3
		$\rho_{v,b}$	气相主体蒸气浓度，kg/m^3
R	摩尔气体常量	$\rho_{v,s}$	液滴表面蒸气浓度，kg/m^3
R_a	液滴吸收辐射的速率	σ_0	Stefan-Boltzmann 常量
Re	雷诺数	ψ	量纲为一的质量流函数
R_{st}	等效半径，m		

参考文献

段二亚. 2014. 粮食干燥过程的数值模拟及实验研究. 郑州：河南工业大学.

弓志青, 祝清俊, 王文亮, 等. 2012. 计算流体动力学在喷雾干燥中的应用研究进展. 粮油食品科技, 20(1): 19-21.

古新. 2006. 管壳式换热器数值模拟与斜向流换热器研究. 郑州：郑州大学.

胡晶晶. 2013. 煤灰颗粒对圆管磨损及传热耦合的直接数值模拟. 杭州：浙江大学.

胡岩. 2007. 管壳式换热器数值模拟研究. 哈尔滨：哈尔滨工程大学.

黄毅. 2016. 混合澄清槽中混合性能的计算流体力学研究. 上海：华东理工大学.

蒋翔, 朱冬生, 吴治将, 等. 2009. 立式蒸发式冷凝器传热传质的 CFD 模拟. 高校化学工程学报, 23(4): 566-571.

刘相东, 吴中华. 2002. 喷雾干燥过程的 CFD 模型. 中国农业大学学报, 7(2): 41-46.

吕金丽, 戈锐, 李想, 等. 2012. 管壳式换热器壳侧气液两相流动和传热的数值模拟研究. 汽轮机技术, 54(5): 345-347,400.

马良栋, 孙德兴, 张吉礼. 2004. 内环肋管道中湍流流动与换热的数值模拟. 哈尔滨工业大学学报, (4): 437-439,512.

苏国萍, 王志国, 周洪光, 等. 2017. 人字形波纹板间海水蒸发传热特性模拟. 热力发电, 46(9): 83-91.

王博, 李成华, 赵青松, 等. 2006. 基于 URIF 模型的冷冻干燥过程二维描述. 农机化研究, (3): 71-72,75.

王方, 杨少锋, 张学智, 等. 2017. 考虑自然对流的厚交换层液滴蒸发模型及其检验. 推进技术, 38(3): 620-629.

王振国. 1996. 气液同轴离心式喷嘴喷雾流场数值模拟. 推进技术, 17(3): 43-49.

吴中华, 刘相东. 2002. 喷雾干燥过程的 CFD 模型. 中国农业大学学报, (2): 41-46.
夏永放, 张浩, 吕洁, 等. 2006. 用 CFD 对间接蒸发冷却换热器的三维数值模拟. 沈阳工业大学学报, 28(4): 466-470.
谢国山, 王立业. 2002. 真空冷冻干燥时间的计算. 冷饮与速冻食品工业, 8(4): 1-3.
杨树俊. 2018. 均一粒径液滴喷雾干燥塔数值模拟研究. 苏州：苏州大学.
杨兴富. 2014. 单粒径喷雾干燥过程 CFD 模拟计算. 厦门：厦门大学.
原野. 2016. 甘草干燥设备的研究与研制. 兰州：兰州理工大学.
赵振生. 2010. 间接蒸发冷却器的改进实验与 CFD 模型研究. 长沙：湖南大学.
朱冬生, 张景卫, 吴治将, 等. 2008. 板式蒸发式冷凝器两相降膜流动 CFD 模拟及传热研究. 华南理工大学学报: 自然科学版, (7): 10-14.
邹伟龙. 2015. 油页岩流化床流化特性及传热传质的研究. 大连：大连理工大学.
Abianeh S O, Chen C P. 2012. Modelling of evaporation and dissolution of multicomponent oil droplet in shallow water. Advanced Computational Methods & Experiments in Heat Transfer Ⅻ, 75: 231-242.
AIAA. 1980. Theory of convective droplet vaporization with unsteady heat transfer in the circulating liquid phase. International Journal of Heat & Mass Transfer, 23(3): 253-268.
Barati M. 2008. Dynamic simulation of pellet induration process in straight-grate system. International Journal of Mineral Processing, 89(1-4): 30-39.
Bellan J, Harstad K. 1987. Analysis of the convective evaporation of nondilute clusters of drops. International Journal of Heat & Mass Transfer, 30(1): 125-136.
Chen X D, Lin S X Q. 2005. Air drying of milk droplet under constant and time - dependent conditions. AIChE Journal, 51(6): 1790-1799.
Fei X, Chen L, Dai Y, et al. 2015. CFD modeling and analysis of brine spray evaporation system integrated with solar collector. Desalination, 366: 139-145.
Godsave G A E. 1953. Studies of the combustion of drops in a fuel spray-the burning of single drops of fuel. Symposium (International) on Combustion, 4(1): 818-830.
Huang L, Kumar K, Mujumdar A S. 2003. Use of computational fluid dynamics to evaluate alternative spray dryer chamber configurations. Drying Technology, 21(3): 385-412.
Huang L, Kumar K, Mujumdar A S. 2004. Simulation of a spray dryer fitted with a rotary disk atomizer using a three-dimensional computional fluid dynamic model. Drying Technology, 22(6): 1489-1515.
Jin Y, Chen X D. 2009. Numerical study of the drying process of different sized particles in an industrial-scale spray dryer. Drying Technology, 27(3): 371-381.
Lai F S, Chen Y, Fan L T. 1986. Modelling and simulation of a continuous fluidized-bed dryer. Chemical Engineering Science, 41(9): 2419-2430.
Lamnatou C, Papanicolaou E, Belessiotis V. 2010. Finite-volume modelling of heat and mass transfer during convective drying of porous bodies—non-conjugate and conjugate formulations involving the aerodynamic effects. Renewable Energy, 35(7): 1391-1402.
Langrish T A G, Kockel T K. 2001. The assessment of a characteristic drying curve for milk powder for use in computational fluid dynamics modelling. Chemical Engineering Journal, 84(1): 69-74.
Law C K, Sirignano W A. 1997. Unsteady droplet combustion with droplet heating. Combustion & Flame, 28: 175-186.
Li S, Stawczyk J, Zbicinski I. 2007. CFD model of apple atmospheric freeze drying at low temperature. Drying Technology, 25(7-8): 1331-1339.
Lin S X Q, Chen X D, Pearce D L. 2005. Desorption isotherm of milk powders at elevated temperatures and over a wide range of relative humidity. Journal of Food Engineering, 68(2): 257-264.

Lin S X Q, Chen X D. 2004. Changes in milk droplet diameter during drying under constant drying conditions investigated using the glass-filament method. Food and Bioproducts Processing, 82(3): 213-218.

Ljung A L, Lundström T S, Marjavaara B D, et al. 2011. Convective drying of an individual iron ore pellet-analysis with CFD. International Journal of Heat & Mass Transfer, 54(17-18): 3882-3890.

Maroulis Z B, Tsami E, Marinos-Kouris D, et al. 1988. Application of the GAB model to the moisture sorption isotherms for dried fruits. Journal of Food Engineering, 7(1): 63-78.

Paláncz B. 1983. A mathematical model for continuous fluidized bed drying. Chemical Engineering Science, 38(7): 1045-1059.

Prakash S, Sirignano W A. 1980. Theory of convective droplet vaporization with unsteady heat transfer in the circulating liquid phase. International Journal of Heat and Mass Transfer, 23 (3): 253-268.

Sadrnezhaad S K, Ferdowsi A, Payab H. 2008. Mathematical model for a straight grate iron ore pellet induration process of industrial scale. Computational Materials Science, 44(2): 296-302.

Skullong S, Promvonge P, Jayranaiwachira N, et al. 2016. Experimental and numerical heat transfer investigation in a tubular heat exchanger with delta-wing tape inserts. Chemical Engineering and Processing-Process Intensification, 109: 164-177.

Straatsma J, Houwelingen G V, Steenbergen A E, et al. 1999. Spray drying of food products: 1. Simulation model. Journal of Food Engineering, 42(2): 67-72.

Syamlal M, O'Brien T J. 2003. Fluid dynamic simulation of O_3 decomposition in a bubbling fluidized bed. AIChE Journal, 49(11): 2793-2801.

Tsukerman T, Duchesne C, Hodouin D. 2007. On the drying rates of individual iron oxide pellets. International Journal of Mineral Processing, 83(3-4): 99-115.

Wang H G, Lin Y L, Yang W Q. 2020. Investigation and analysis of a fluidized bed dryer by process tomography sensor. Petroleum Science, 17: 525-536.

Woo M W, Daud W R W, Mujumdar A S, et al. 2008. CFD evaluation of droplet drying models in a spray dryer fitted with a rotary atomizer. Drying Technology, 26: 1180-1198.

Woo M W, Daud W R W, Mujumdar A S, et al. 2008. Comparative study of droplet drying models for CFD modelling. Chemical Engineering Research & Design, 86(9): 1038-1048.

Zhang Z, Li Y Z. 2003. CFD simulation on inlet configuration of plate-fin heat exchangers. Cryogenics, 43(12): 673-678.

第5章

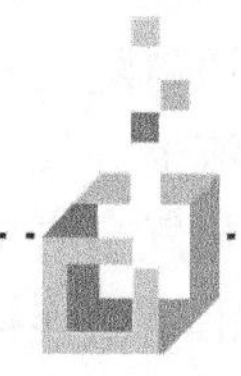

CFD在分离过程中的应用

传质与分离是化工生产过程中的重要环节，几乎所有化工生产过程都有对原料或产物的提纯操作，都离不开对混合物的分离。流体影响着传质分离过程中的所有环节，因此可以使用CFD研究与传质分离相关的单元操作。本章简单介绍气体吸收、蒸馏、萃取、浸取、结晶和膜分离等单元操作，以及进行数值模拟时所采用的应用模型及其优缺点，尤其是一些特殊模型，如蒸馏中的塔板混合模型、膜分离中的离子扩散模型等。本章还将总结CFD在这些单元操作中的应用，并对各个单元操作的典型案例进行详细分析。

5.1 气 体 吸 收

化工生产过程中，为了回收利用有价值的气体或者净化气体中的有毒组分，经常需要将气体混合物的各个组分加以分离。气体吸收是分离均相气体混合物的常规单元操作之一，是利用气体混合物的不同组分在溶剂中溶解能力或反应能力的差异分离均相气体混合物，是一种平衡分离过程。

5.1.1 气体吸收简介

5.1.1.1 气体吸收概述

气体吸收是溶质由气相转移到液相的相际传质过程，为单向传质过程。吸收过程中，溶剂又称为吸收剂，能被溶剂溶解(或反应)的组分称为溶质或吸收质，气体混合物中不能被溶剂溶解(或反应)的组分称为惰性组分，吸收操作后的溶液称为吸收液或完成液。吸收过程中的逆过程称为解吸。

吸收操作通常在吸收塔中进行，分为吸收过程和解吸过程。原料气由吸收塔底部进入，吸收剂由吸收塔顶部进入，气液两相逆流流动接触，原料气中的溶质进入吸收剂中。剩余气体从吸收塔顶部排出，吸收液由吸收塔底排出。吸收效果与溶剂的溶解度、蒸气压、化学稳定性、黏度等因素有关。

5.1.1.2 填料塔

1. 概述

填料塔与板式塔是两种竞相发展的气液传质设备。填料塔内装有大量的填料作为相间接触构件，与板式塔相比，具有生产能力大、分离效率高、压降小、持液量小、操作弹性大等优点。填料塔的塔身为直立圆筒，底部装有填料支承板，填料以散装或规整的方式放置在支承板上。在填料的上方安装填料压板，以限制填料随上升气流的运动。液体从塔顶加入，经液体分布器喷淋到填料上，并沿填料表面流下。气体从塔底进入，通过填料的孔隙上升，在润湿的填料表面不断被溶解吸收，净化气自塔顶排出，吸收液从塔底排出。填料塔属于连续接触式气液传质设备，两相组成沿塔高连续变化，在正常操作状态下，气相为连续相，液相为分散相。

2. 常见填料

填料塔的核心是填料，填料负责提供塔内气液两相的接触面，在很大程度上决定了塔的性能，填料的性能主要与比表面积、孔隙率和填料因子等因素有关。好的填料应当具有较好的稳定性，足够的机械强度，价廉易得，从而提升设备的稳定性，降低设备投资。根据装填方式的不同，其可分为散装填料和规整填料两类。

散装填料是具有一定几何形状和尺寸的颗粒体，以散装方式堆积在塔内，又称为颗粒填料。散装填料根据结构特点可分为环形填料、鞍形填料、环鞍形填料及球形填料等。比较典型的散装填料有拉西环填料、鲍尔环填料、阶梯环填料、弧鞍填料、矩鞍填料、金属环矩鞍填料、球形填料等。

规整填料是在塔内按均匀几何图形排列、整齐堆砌的填料，根据几何结构其可分为格栅填料、波纹填料、脉冲填料等。其优点是规定了气液流径，改善了填料层内气液分布状况，在较低的压降下可以提供更大的比表面积，从而提高处理能力和传质性能。

3. 流体力学性能

填料塔的流体力学性能主要包括填料层的持液量和填料层的压降。

填料层的持液量是指在一定操作条件下，单位体积填料层内，在填料表面和填料孔隙中所积存的液体的体积。在一般填料塔的操作气速范围内，由于气体上升对液膜向下流时所造成的阻力可以忽略，气体流量对液膜厚度及持液量的影响不大。

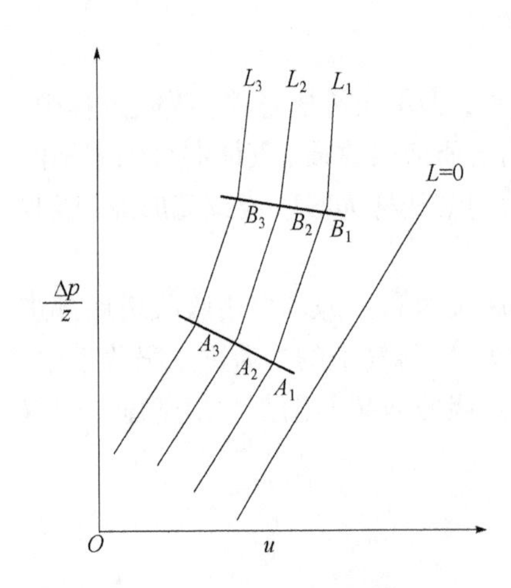

图 5-1　压降与空塔气速的关系(双对数坐标)

填料层压降与液体喷淋量及气速有关，在一定的气速下，液体喷淋量越大，压降越大；在一定的液体喷淋量下，气速越大，压降也越大。将不同液体喷淋量下的单位填料层的压降与空塔气速的关系绘于对数坐标纸上，可以得到如图 5-1 所示的曲线。

从图 5-1 中可以看出，在 A 点以上斜率明显增加，表明气液两相的交互影响开始变得比较显著，该点称为载点。当气速低于载点时，气体流动对液膜的曳力较小，液体流动不受气流的影响，填料表面上的液膜厚度基本不变，填料层的持液量不变，因此该区域称为恒持液量区。在恒持液量区中，单位填料层压降和气速的关系为一条直线。当气速超过载点时，气液两相的交互作用越来越强烈，气体对液膜流动的阻滞开始增强，液膜开始增厚，填料层的持液量随气速的增加而增大。当气速继续增大且达到一定值时，两相的交互作用恶性发展，液体将不能顺利向下流，填料层的持液量不断增大，填料层内充满液体，很小的气速增加就会引起压降的剧增，此现象称为液泛。发生液泛现象时的气速称为泛点气速，曲线上的转折点称为泛点(*B* 点)，泛点以上的区域称为液泛区。对于不同的填料，其曲线不同，但基本形状是相近的。发生液泛时，填料塔中的传质效果极差。因此，为了达到较好的传质效果，需要控制填料塔的气液流动在一定的操作范围之内。

5.1.2 气体吸收应用模型

目前，对吸收操作的数值模拟主要集中于吸收塔设备。规整填料内部流动的主要特征是气液两相的相互作用，因此在填料计算中需采用两相流模型，最常用的是欧拉-欧拉模型和 VOF 模型。除此之外，还有一些针对填料和气液相互作用的模型以及一些特殊模型。

5.1.2.1 常用模型

在气体吸收数值模拟中，常用模型有湍流模型和多相流模型。其中，气体吸收所涉及的湍流模型主要有标准 k-ε 模型和 RNG k-ε 模型。涉及的多相流模型及相关模型主要有：①VOF 模型，其可以更好地处理填料塔交叉流情况，并且和同类型的方法相比，计算成本更低；②连续表面张力(continuum surface force，CSF)模型，在模拟规整填料表面的液膜流动过程时，必须考虑表面张力所引起的附加压力，此时则可以应用表面张力模型进行计算；③多孔介质模型，可以对填料塔中的流固相互作用进行模拟；④曳力模型，气相是以气泡群的形式穿过液层的，气泡在液层中的受力主要包括曳力、虚拟质量力和升力等，其中曳力的影响最为重要，因此可以采用曳力模型进行模拟。在气体吸收模拟中，除上述常用模型外，还需要用到规整填料应用模型。

5.1.2.2 规整填料应用模型

填料塔内的流体分布状态对填料塔的传质效率有重要影响。因此，研究人员对填料塔内气液两相的宏观流动进行了广泛研究，建立了不同的模型，如扩散模型、静态混合器模型、结点网络模型、单元网格模型、电子渗流器模型及孔隙率流动模型等。近年来，CFD 理论和计算机软硬件的迅速发展，为填料塔内的气液两相流模拟提供了有力支持。根据建模对象不同，规整填料应用模型可以分为整体平均模型、单元综合模型和真实结构模型。

1. 整体平均模型

整体平均模型是将填料层内流体的物性和流动进行宏观平均，不考虑填料的各种微观结构对流体的作用，把整块填料看作具有一定孔隙率的多孔介质，并假定流体在该介质中连续流动，填料结构对流体产生的形体阻力通过在 Navier-Stokes 方程中引入包含阻抗系数的源项来体现。

2. 单元综合模型

单元综合模型是在充分考虑填料结构特性的基础上，将填料视为大量结构单元构成的综合体，从单个结构单元入手研究流体在整块填料内的流动状况。计算网格的划分只在结构单元内，因此网格划分可以很密，能更真实地反映流体在填料孔隙内的流动情况。

3. 真实结构模型

由于填料结构和流场的复杂性，前两种处理填料的方法要么不考虑填料的微观结构对流体的作用，而将填料当作多孔介质来处理，要么将填料看成是由大量结构单元构成的整体。随着计算机硬件设备的不断升级，计算能力大大提高，对填料真实结构进行模拟已经成为可能。

5.1.3 CFD 在气体吸收中的应用

CFD在气体吸收中应用广泛，本节将从不同方法以及不同设备的角度分别进行介绍。

Raynal 等对填料塔进行了研究，提出一种用于模拟复杂几何结构下的两相流多尺度方法。其首先利用 VOF 模型，通过两相流计算研究了小尺度下的液壁和液气相互作用。其次，将液气相互作用的结果用于在微观尺度上进行三维计算，该微观尺度对应于代表真实填料几何最小周期单元的尺度。最后将结果在三维计算中进一步大规模使用。从持液量、压降和单元操作等方面将实验数据与 CFD 模拟结果进行了比较，并提出了进一步研究的建议。

Sun 等对波纹规整填料塔进行了研究，采用 CFD 小尺度和宏观计算相结合的多尺度方法，对波纹规整填料塔的流体力学行为进行预测，得到以下结论：①通过对 VOF 模拟结果的总结，可以建立宏观模型，即单元网络模型，预测整个塔的液相分布和持液率；②模型预测的液相分布和持液率与实验数据吻合较好，表明模型具有较高的可靠性；③对整塔的三维计算进行扩展，分析了整塔水动力特性，采用均匀进料和单点进料，给出了液含率分布结果。

周建军对规整填料塔进行了研究，对格栅规整填料和金属丝网规整填料进行数值模拟，分析流场分布以及随填料结构而变化的压力分布，得到以下结论：①利用三维流动模型分析了五种填料结构在不同气速下的流场分布和压降情况，得出填料塔中流场的分布随填料结构变化的规律以及压降与填料结构的关系；②采用三维建模可以充分考虑两相间的相互影响，比采用单相模拟更能准确反映流场形态；③建立了丝网规整填料的三维物理模型，分析了不同结构丝网填料下的压降规律，发现丝网规整填料的单相压降与填料的波齿角之间存在 V 字形关系，并且在某一点上有最小压降值。

陈丽椿等模拟了规整填料单元内乙醇胺(monoethanolamine，MEA)吸收烟气二氧化碳的过程。考虑含有反应的气液传质过程，建立了伴有二级化学反应的气液两相流动模型。研究结果如下：①模拟了中尺度下吸收塔规整填料单元内乙醇胺吸收 CO_2 的传质与吸收过程，并通过壁面与出口处的平均摩尔分数值近似计算得到 CO_2 的吸收率；②模拟分析了不同操作条件下规整填料单元内 MEA 吸收 CO_2 的化学反应，并得到不同操作条件对 CO_2 吸收率的影响；③对因素影响大小进行定量分析，MEA 摩尔分数对吸收效率影响最突出。在实际碳捕集过程中，电厂燃烧烟气中 CO_2 初始浓度是确定的，需要根据操作条件确定合理的气液流量、乙醇胺浓度，从而保证 CO_2 具有最大脱除率。

Pawel 等对吸收塔吸收二氧化碳过程进行了研究。建立了对应的数学模型，该模型将散装填料塔内气液两相流动的复杂流体力学与吸附化学、热力学相结合，采用欧拉-欧拉双流体模型，模拟烟气和乙醇胺水溶液的逆流吸收过程。主要结论如下：烟气中二氧化碳含量的变化对吸收塔的性能影响很小，表明该塔可以在非平稳工作条件下有效运行，而不会显著降低吸收率。尽管与常用的一维模型相比，二维 CFD 模型对计算能力要求更高，但是其模拟结果更加准确。

5.1.4　吸收塔模拟案例分析

5.1.4.1　问题描述

本案例(郝琳等，2011)对 K_2CO_3 溶液吸收 H_2S 的吸收塔进行了研究，CFD 模拟了塔内复杂的两相流动情况，并对空塔喷淋进行冷态试验研究，依据模拟结果优化吸收塔设计。气体自下段管进料口进入，经过填料段从上方出料口离开吸收塔。将全塔划分为上下两段，分别划分网格，各自独立计算，求解其单相及多相流场。由于上下两段塔仅气相连通，因此分开计算可避免上下两层在计算过程中互相影响，从而有效提高收敛速度。吸收塔原塔模型如图 5-2(a)所示，简化后的模型如图 5-2(b)所示，上下两段计算模型的俯视简图分别如图 5-3(a)、(b)所示。为了提高收敛性和计算效率，在上述简化的基础上对吸收塔模型计算做进一步的简化：忽略塔底进气管与 x-z 平面的交角，改为平行进入，在不影响全塔流场性能的前提下尽可能地简化模型。

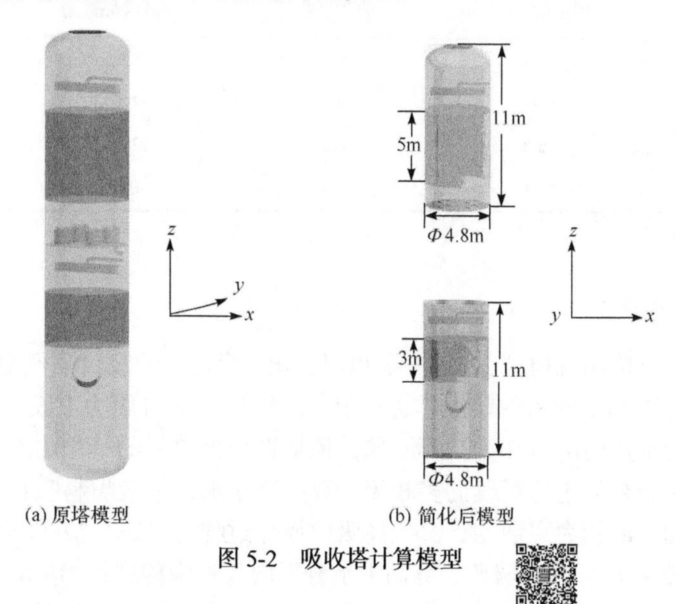

(a) 原塔模型　(b) 简化后模型

图 5-2　吸收塔计算模型

5.1.4.2　问题分析

在三维体系中展开计算，主要的模拟对象是单相含填料流场和两相流场。由于吸收塔中流动较为复杂，雷诺数较大，因此需要使用湍流模型。标准 k-ε 模型和欧拉-欧拉多相流模型可以模拟脱硫吸收塔内的复杂流场。多孔介质模型则可以较好地完成对散装填料的模拟。

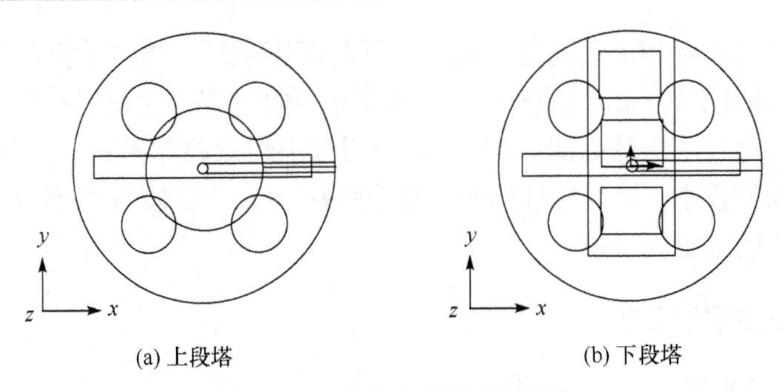

(a) 上段塔　　(b) 下段塔

图 5-3　吸收塔计算模型俯视图

5.1.4.3　网格划分

本案例在计算域进行网格划分，并进行网格独立性分析，网格划分及试算情况如表 5-1 所示。全塔的网格总数应在 1.5×10^5 以上，可认为任一层塔的网格数应大于 7.5×10^4。通过对塔内不同位置的节点间距作相应的减小以提高总网格数，在兼顾工作站计算性能的同时，共进行了四次试算，计算参数及网格数等列于表中，各次试算的收敛标准均设定为迭代残差小于 10^{-6}。

表 5-1　网格划分及试算情况

序号	网格数/$\times10^4$	收敛步数	总耗时/min	平均千步耗时/min
1	7.35	346	7.5	21.7
2	9.96	406	11.5	28.3
3	15.8	472	21.5	45.6
4	19.1	488	30.6	62.5

5.1.4.4　模拟过程

本案例先进行单相流模拟，由图 5-3 可以看出，简化后的吸收塔模型关于 y-z 平面对称(相对于整塔的尺寸，暂可忽略液体进口上方的细管)，并且因为上段结构更为简单，所以选择上段塔的轴正向部分作为试算对象，流场选用无填料的单相湍流场。获得单相流场后则以该结果为初值进行后续的多相流计算。基于随机散装填料吸收塔作如下假定：①气相为连续相，液相为离散相；②气体吸收操作过程为稳态，液体不可压缩；③仅气相中 H_2S 组分被 K_2CO_3 溶液吸收，溶剂中水分不向气相中传递；④溶解热和反应热产生的同时被液相吸收，忽略填料对热传导的影响；⑤忽略气相与液相间热量传递，气体吸收过程是绝热的。

标准 k-ε 模型适用范围广、计算成本低、精度合理，并且只有 k-ε 模型适于后续计算中的多相流模型，所以本案例选择标准 k-ε 模型进行湍流计算，模型中的常量采用默认值。另外，引入欧拉-欧拉多相模型和多孔介质模型，对两相流场进行计算。边界条件则设定为液相速度进口、速度出口，气相速度进口、压力出口。

5.1.4.5 结果与讨论

1. 单相流(气相)湍动场

多相流计算中通常先进行单相流场的模型，然后以单相流计算结果为初始值再进行多相流模拟，这样有利于多相流数值计算的收敛。根据填料特性，已知渗透性因子α=198.845，惯性阻力因子C_2=4.352055，由此在单相流场的基础上引入多孔介质项进行有填料状态的计算。边界条件设定为：速度进口、压力出口，计算收敛标准设定相对残差为10^{-3}。使用多孔介质项模拟填料段，理论上填料段的速度会较无填料时下降多，而非填料段的速度变化不大，并且会出现边界层现象，计算结果如图5-4所示。图5-5为上、下段塔y=0m、1m、2m三个平面上的气速分布图。

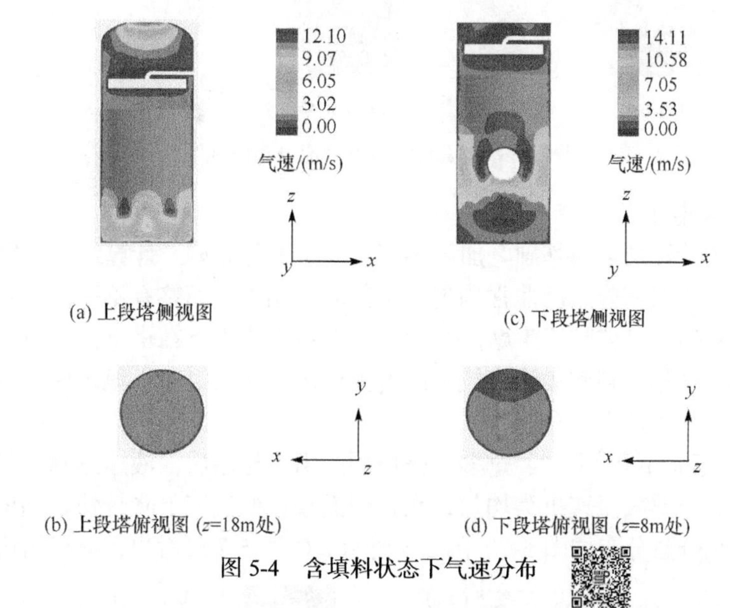

图5-4 含填料状态下气速分布

从图5-4中可看出，引入多孔介质项后，气相在填料部分(图中阴影部分)的分布比较均匀。填料的作用已经得到实现，即整体气速有所降低，减小与逆流相的速度差，同时使气速在水平方向上更为平均，有利于两相充分地接触和传质。由图5-5可看出，在y=0m、1m、2m的各个截面上，填料区分布均较为均匀。由于上段塔的气体进口位于塔底，而下段塔气体进口位于塔的中下部，因此上段塔几乎不存在下半段塔中出现的死角问题。

由图5-5中y=2m的侧视图可看出，上段塔的整体气速分布均匀度高于下段塔，这是进气管的结构所造成的。由下段塔图5-6～图5-8可看出，气体进入填料后经过较长的阻力拖曳后才达到速度均一化，需要进一步观察液相引入后的结果才能预测其混合及传质效果。

以上各计算相对残差均已降到10^{-3}以下，并且至少在若干步迭代中各项值保持基本不变，由此判定计算结果已收敛。由上述气速分析结果来看，网格的划分及边界条件的设定都已符合后续计算的要求，可以在此基础上加入液相进行多相流模型的计算。

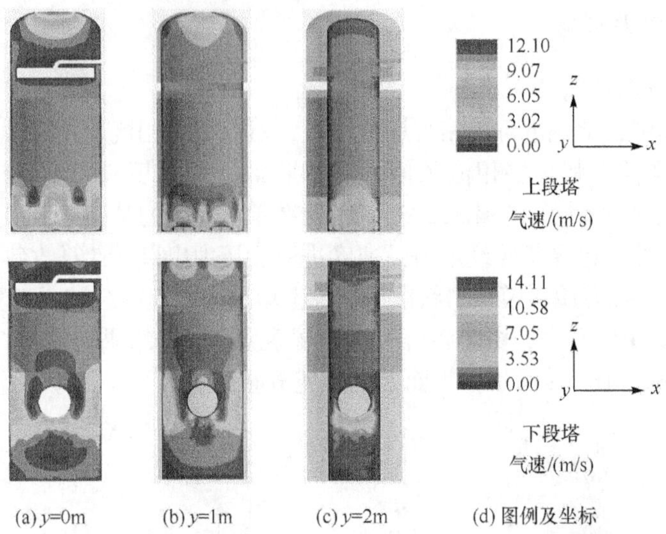

图 5-5　含填料状态下气速分布侧视图

2. 多相流湍动场

在单相流场计算结果的基础上加入多相流模型进行计算。计算结果如图 5-6 所示，可明显看出各段的两相分布已非常均匀，下段的气相等速面略有不平滑，这可能是由于液相加入后，液体与气体间产生摩擦，而液体在重力作用下在塔下段会有一定的累积，速度往往较大，气相受到密集液滴较强的曳力作用，从而引起下段塔底部液体产生不规则的涡流，影响气体速度分布。

由图 5-6(a)和(c)可看出，经过多孔介质项的阻力作用后，液速达到了气速的一半左右，并且其分布情况较气速更为均匀，在距壁面较近处气速下降较快，而液速变化不明显。各相的体积分数分布如图 5-7、图 5-8 所示。由图 5-7 可看出，上段塔内气相分布较

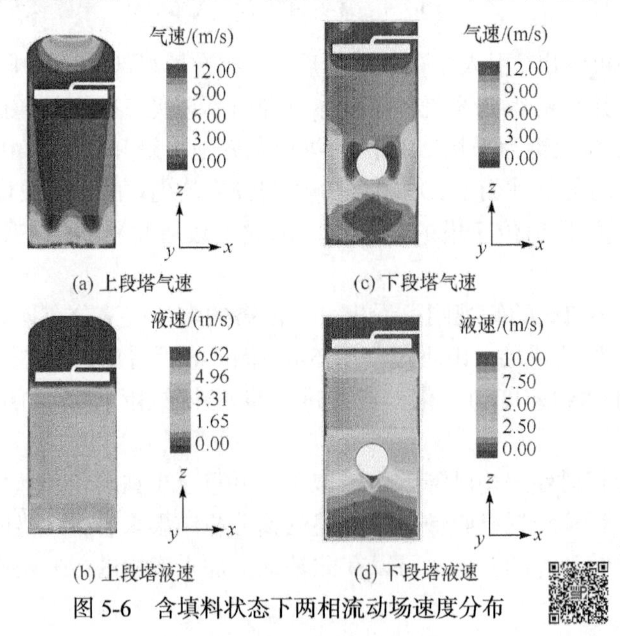

图 5-6　含填料状态下两相流动场速度分布

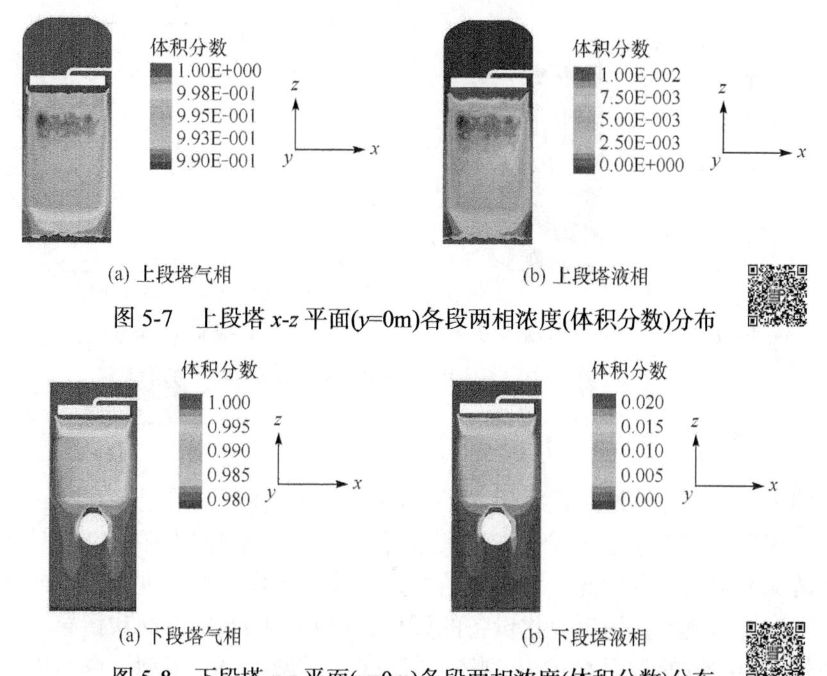

(a) 上段塔气相 (b) 上段塔液相

图 5-7 上段塔 x-z 平面(y=0m)各段两相浓度(体积分数)分布

(a) 下段塔气相 (b) 下段塔液相

图 5-8 下段塔 x-z 平面(y=0m)各段两相浓度(体积分数)分布

好，气液相接触充分。填料上部气体浓度有所减少，这是由于液体由液体进口喷淋出后，经过一段重力作用的累积，开始进入填料段，当其在填料内扩散时受到阻力的作用，液速骤减。与此同时气体经过填料层连续的“刹车”作用后，到此处速度降至填料内最低，因此该处表现为液相聚积，而气相浓度则低于填料段的其他位置。

下段塔中各相的分布也较为理想，液体经过重力加速与刚刚鼓入塔内的气体接触，能够产生较充分的湍流，从而得到理想的接触混合。下段塔进料管上方的气体累积是由于液体自填料出口处流出时对气体产生一定的液封作用。两相体积分数具有归一性，所以从中任取一相浓度分析即可，此处取离散相，对上下两段空塔做水平与纵向的液相浓度分析，结果见图 5-9、图 5-10。图 5-9、图 5-10 分别表示上、下段塔的填料处水平液相浓度分布，其中，图 5-9 所示为 z=18m 处，图 5-10 所示为 z=8m 处，均处于各段填料的中上位置。从图中可以看出，水平方向上的液相浓度分布均匀，z=8m 处和 z=18m 处体积分数分别分布于 0.6%和 0.8%左右，即在接触混合的主要位置填料段，多孔介质项对填料的模拟结果令人满意。

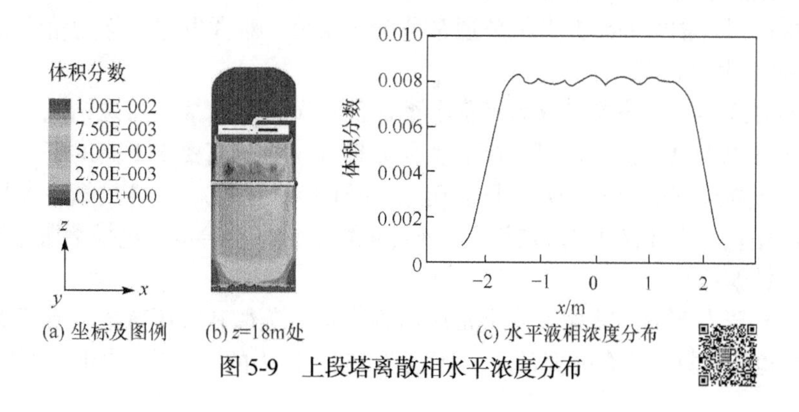

(a) 坐标及图例 (b) z=18m处 (c) 水平液相浓度分布

图 5-9 上段塔离散相水平浓度分布

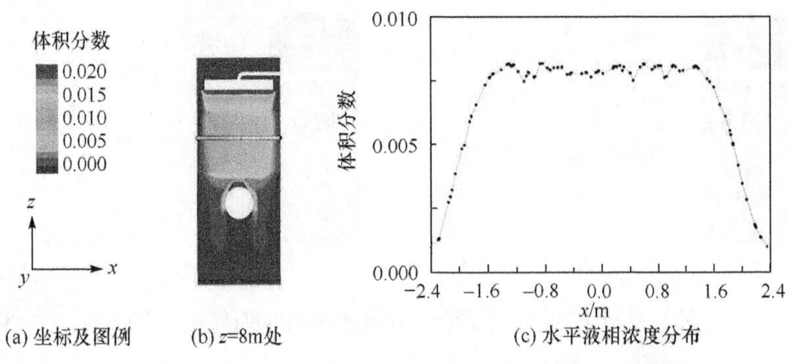

(a) 坐标及图例 (b) z=8m处 (c) 水平液相浓度分布

图 5-10 下段塔离散相水平浓度分布

5.1.4.6 总结

本案例经过合理有效地简化后建立了吸收塔的物理模型，采用标准 k-ε 湍流模型、欧拉-欧拉多相流模型以及多孔介质模型模拟塔内的气液两相流场和气液分布情况，并根据其流动情况及两相混合情况，对塔内结构及气液比等操作参数进行改进或调整，以达到较好的气液传质效果，为工业化设备的设计提供必要的基础数据和指导。除本案例使用的模型外，吸收塔的常用 CFD 模型还包括 VOF 模型、CSF 模型、曳力模型以及规整填料应用模型。由本节案例可以看出，借助 CFD 可以得到直观的两相速度分布、浓度分布，有利于加深对气液两相流动的理解，对吸收塔的设计和改进提供指导。

5.2 蒸 馏

化工生产过程中，液体混合物的分离是常见的单元操作。液体混合物主要利用液体之间某种性质的差异进行分离，如溶剂中溶解度的差异、某些物质反应活性的差异和挥发度的差异等。其中，利用各组分挥发度差异进行的分离操作称为蒸馏。

5.2.1 蒸馏简介

5.2.1.1 蒸馏概述

蒸馏的主要依据是不同液体挥发性的差异。蒸馏所得的气相组分含量需要大于其液相组分含量，混合物中的易挥发组分通常称为轻组分，难挥发组分称为重组分。

1. 蒸馏操作的分类

按蒸馏方式不同，蒸馏可分为平衡蒸馏、简单蒸馏、精馏和特殊精馏。平衡蒸馏和简单蒸馏通常用于混合物中各组分挥发度相差较大，对分离要求不高的场合；精馏主要借助回流实现高纯度的液液分离，是应用最广泛的蒸馏方式；特殊精馏主要用于分离各组分挥发度相差很小(相对挥发度接近 1)或形成恒沸液的混合物，包括萃取精馏、恒沸精馏、盐效应精馏等。

按照操作压力不同，蒸馏可分为常压蒸馏、加压蒸馏和减压蒸馏。常压蒸馏操作最简单，控制也较容易，适合分离常压下沸点在 150℃以内的混合物；加压蒸馏适合分离常压下为气态或常压下沸点为室温的混合物；减压蒸馏适合分离热敏物质及高沸点混合液。

2. 蒸馏操作的特点

蒸馏和其他分离方法相比有以下特点：①可以直接从混合液中获得所需要的产品；②适用范围广泛，不仅可以分离液体混合物，而且可以通过改变操作压力使常温常压下呈气态或固态的混合物在液化后得以分离，蒸馏所适用的混合物的浓度范围也十分广泛；③过程涉及能量传递，加热介质、冷却介质和维持系统压力都需要消耗大量的能量。蒸馏设备包括填料塔和板式塔，填料塔的特性与上一节吸收过程中用的填料塔基本一致，此处不再赘述。下面将对板式塔进行介绍。

5.2.1.2 板式塔

板式塔是化工生产中较为常见的单元操作设备，主要应用于精馏、吸收以及气体洗涤等，其具有生产能力大、压降小、防堵塞、控制简便、操作弹性大、性能稳定且检修、清洗均较方便等优点，在化学工业中应用较广。板式塔正常工作时，液体在重力作用下自上而下通过各层塔板后由塔底排出；气体在压差推动下，经均布在塔板上的开孔由下而上穿过各层塔板后由塔顶排出，在每块塔板存有一定的液体，气体穿过板上液层时，两相接触进行传质。

1. 塔板类型

塔板是板式塔主要的组成部分，可分为有降液管式塔板和无降液管式塔板两类。

有降液管式塔板主要由圆柱形塔板、溢流堰、降液管及受液盘等部件组成。操作时，塔内液体依靠重力作用，由上层塔板的降液管流到下层塔板的凹形受液盘，然后横向流过塔板、跨过溢流堰，从另一侧的降液管进入下层塔板。气体则在压力差的推动下，自下而上穿过塔板上的气体通道，分散成小股气流通过塔板液层，气液两相在塔板上呈错流流动。这种塔板效率较高，且具有较大的操作弹性，使用较为广泛。有降液管式塔板主要包括泡罩塔板、筛孔塔板、浮阀塔板和喷射型塔板等。

无降液管式塔板之间不设降液管，气液两相同时由板上孔道逆向穿流而过。栅板、淋降筛板等都属于这类塔板。这类塔板的板面利用率高，生产能力大，结构简单，但其效率较低，需要较高的气速才能维持板上液层，操作弹性小，工业应用较少。

2. 板式塔的流体力学性能

板式塔是气液两相进行传热和传质的场所。板式塔能否正常操作与气液两相在塔板上的流动状况密切相关。塔内气液两相流动的情况就是板式塔的流体力学性能。板式塔的流体力学性能主要与两相接触状态、压降和塔板液面落差有关。

随着气体通过筛孔的速度增加，两相在塔板上可能出现四种接触状态：鼓泡接触状态、蜂窝状接触状态、泡沫接触状态和喷射接触状态。其中泡沫接触状态和喷射接触状态的传质效果较好。

气体通过板上液层时需要克服一定的阻力，气流通过塔板时会出现压降。单板压降可以分为干板压降、液层压降和鼓泡压降。压降对板式塔操作性能有两方面的影响：一方面，压降增大，气液两相的接触充分，有利于传质；另一方面，较大的压降也会使气体流动阻力增大，导致异常操作现象，增大塔釜压力和塔釜温度，导致能耗增加。

液体横向流过塔板时，为了克服板上的局部阻力，需要一定的液位差。液面落差过大可能会导致气流分布不均匀，造成漏液现象，使塔板效率下降。因此，在塔板设计中应当尽量减小液面落差。

3. 板式塔的操作特性

板式塔在操作过程中，随着气相和液相负荷的变化，可能会出现以下几种异常操作状况。

(1) 漏液：当气速较小时，气体通过升气孔道的动压不足以阻止液体经孔道流下，会发生漏液现象，导致气液两相接触时间减少，塔板效率下降。

(2) 液沫夹带：如果上升气速过快，会发生液沫夹带现象。过量的液沫夹带会导致液相返混，使塔板效率严重下降。

(3) 液泛：如果塔板间充满液体，破坏了塔的正常操作，这种现象就是液泛。出现液泛的主要原因有塔板上升气速过快，导致大量液体被夹带至上一层塔板；降液管内液体不能顺利向下流，导致管内液体的积累。

5.2.2　蒸馏应用模型

CFD在蒸馏领域中的应用主要为相关塔器设备的模拟。蒸馏常用的塔设备为板式塔，塔板为气液两相传质的场所，具有极其复杂的两相流动，还存在滞留区或回流区。按照模拟流体的不同，应用模型可分为单相流模型、混合模型和双流体模型。

5.2.2.1　常用模型

1. 改进的湍流模型

除了常用的 k-ε 模型、雷诺应力模型等，研究者针对板式塔对湍流模型进行了改进。

1) 改进的 k-ε 模型

一般的湍流模型如 k-ε 模型、雷诺应力模型等，均针对单相湍流流动。然而，当气体沿垂直方向穿过液层时，不只对液体的流动产生阻力作用，同时气泡的作用还增强了液体的湍动程度，因此使用一般单相流模型会造成较大的误差。刘春江等建立了同时考虑气体阻力和鼓泡两种作用的塔板流体力学模型，计算结果和实验值更为接近。

采用 k-ε 模型描述单相流体水平运动的动量输运方程，如式(5-1)和式(5-2)所示。

x 方向：

$$u_x\frac{\partial u_x}{\partial x}+u_y\frac{\partial u_x}{\partial y}=-\frac{1}{\rho}\frac{\partial p}{\partial x}+\frac{\partial}{\partial x}\left(\nu_\mathrm{e}\frac{\partial u_x}{\partial x}\right)+\frac{\partial}{\partial y}\left(\nu_\mathrm{e}\frac{\partial u_x}{\partial y}\right)+\frac{\partial}{\partial x}\left(\nu_\mathrm{e}\frac{\partial u_x}{\partial x}\right)+\frac{\partial}{\partial y}\left(\nu_\mathrm{e}\frac{\partial u_y}{\partial x}\right)+f_x \tag{5-1}$$

y 方向：

$$u_x\frac{\partial u_y}{\partial x}+u_y\frac{\partial u_y}{\partial y}=-\frac{1}{\rho}\frac{\partial p}{\partial y}+\frac{\partial}{\partial x}\left(\nu_\mathrm{e}\frac{\partial u_y}{\partial x}\right)+\frac{\partial}{\partial y}\left(\nu_\mathrm{e}\frac{\partial u_x}{\partial y}\right)+\frac{\partial}{\partial x}\left(\nu_\mathrm{e}\frac{\partial u_x}{\partial x}\right)+\frac{\partial}{\partial y}\left(\nu_\mathrm{e}\frac{\partial u_y}{\partial y}\right)+f_y \tag{5-2}$$

式中，x 为液体流动的主流方向，即从进口堰到出口堰流动方向的塔板横向坐标；y 为在水平面上与 x 坐标垂直的塔板纵向坐标。

式(5-1)和式(5-2)中的有效黏性系数由式(5-3)给出

$$\nu_{\mathrm{e}}=\nu_{\mathrm{t}}+\frac{\mu}{\rho} \tag{5-3}$$

湍流黏性系数由式(5-4)给出

$$\nu_{\mathrm{t}}=\frac{C_{\mu}k^{2}}{\varepsilon} \tag{5-4}$$

k和ε满足各自的输运方程，对于二维流动，模型化的k方程和ε方程分别为

$$u_x\frac{\partial k}{\partial x}+u_y\frac{\partial k}{\partial y}=\frac{\partial}{\partial x}\left(\frac{\nu_{\mathrm{e}}}{\sigma_k}x\frac{\partial k}{\partial x}\right)+\frac{\partial}{\partial y}\left(\frac{\nu_{\mathrm{e}}}{\sigma_k}\frac{\partial k}{\partial y}\right)+G-\varepsilon \tag{5-5}$$

$$u_x\frac{\partial \varepsilon}{\partial x}+u_y\frac{\partial \varepsilon}{\partial y}=\frac{\partial}{\partial x}\left(\frac{\nu_{\mathrm{e}}}{\sigma_\varepsilon}\frac{\partial \varepsilon}{\partial x}\right)+\frac{\partial}{\partial y}\left(\frac{\nu_{\mathrm{e}}}{\sigma_\varepsilon}\frac{\partial \varepsilon}{\partial y}\right)+\left(C_1G-C_2\varepsilon\right)\frac{\varepsilon}{k} \tag{5-6}$$

其中，湍流脉动动能生成项为

$$G=\nu_{\mathrm{t}}\left(\frac{\partial u_i}{\partial x_j}+\frac{\partial u_j}{\partial x_i}\right)\frac{\partial u_i}{\partial x_j} \tag{5-7}$$

式(5-7)加上连续性方程可得

$$\frac{\partial u_x}{\partial x}+\frac{\partial u_y}{\partial y}=0 \tag{5-8}$$

式(5-1)～式(5-8)构成了描述单相流体二维水平流动的k-ε模型，此模型适用于描述盲板塔板(不带筛孔等气体通道)上流动的情况。气相沿垂直方向穿过液层后，会获得沿液相流动方向上的速度，气相获得的动量是气相穿过液层时由液相给予的，因此气相会对液相产生阻力。假设气体离开液层时获得与液体流动方向相同的水平方向速度分量，在二维微元体内，单位时间内气体所带走的动量为

x方向

$$\rho_{\mathrm{g}}u_{\mathrm{s}}\left(u_{\mathrm{g}x}-u_{\mathrm{g}0x}\right)\mathrm{d}x\mathrm{d}y \tag{5-9}$$

y方向

$$\rho_{\mathrm{g}}u_{\mathrm{s}}\left(u_{\mathrm{g}y}-u_{\mathrm{g}0y}\right)\mathrm{d}x\mathrm{d}y \tag{5-10}$$

式中，$u_{\mathrm{g}0x}$、$u_{\mathrm{g}0y}$分别为气体进入液层之前在x和y方向上的速度分量。

由于气体主要沿垂直方向穿过塔板进入液层，因此可以假设气体进入液层之前水平方向上的速度为0，即$u_{\mathrm{g}0x}=u_{\mathrm{g}0y}=0$，$u_{\mathrm{g}x}$与$u_{\mathrm{g}y}$分别为气相经过液层后在$x$、$y$方向上所获得的速度。若设$u_{\mathrm{g}x}=C_{\mathrm{h}}u_x$，$u_{\mathrm{g}y}=C_{\mathrm{h}}u_y$，则可以得到单位体积的液体所受的气体作用力，即式(5-1)、式(5-2)中的体积力f_x和f_y由式(5-11)、式(5-12)给出

$$f_x=-C_{\mathrm{h}}\frac{\rho_{\mathrm{g}}u_{\mathrm{s}}}{\rho h_{\mathrm{w}}}u_x \tag{5-11}$$

$$f_y = -C_h \frac{\rho_g u_s}{\rho h_w} u_y \tag{5-12}$$

式中，$0 < C_h \leqslant 1$，C_h的大小与液层高度、空塔气速及流体物理性质等因素有关。当液层较厚且气速较低时，C_h应接近于1；当液层较薄且气速较高时，C_h应接近于0。C_h的计算影响因素较为复杂，但是在鼓泡条件下正常操作的塔板C_h应接近于1。

在塔板上，由于气相沿垂直方向穿过液层时对液相产生鼓泡作用，增强了液相的湍动，所以气相对液相的脉动能有直接贡献，其值与气体通过液层时的能量损失ΔE有关。气体穿过液层时的压头损失通常表示为

$$\Delta E = \rho h_w u_s + \frac{4\sigma}{d_0} \tag{5-13}$$

式(5-13)右边第二项与第一项相比很小，可忽略。气体的这部分能量损失一部分在穿过液层的过程中直接转化为热能，另一部分则转化为液体脉动能。假设转化为液体脉动能的部分为$C_e\Delta E$，其中C_e为气动动能转化系数，$0 < C_e < 1$，则气相穿过液层时对单位体积液体脉动能的贡献应为$C_e\Delta E/\rho h_w$。脉动动能的增加使得在有气相作用下的湍流的湍动能不同于一般单相湍流的湍动能。因此，对于有气体鼓泡作用的塔板液体流动，湍动能生成项应表示为

$$G = \nu_t \left(\frac{\partial u_i}{\partial x_j} + \frac{\partial u_j}{\partial x_i} \right) \frac{\partial u_i}{\partial x_j} + \frac{C_e \Delta E}{\rho h_w} \tag{5-14}$$

式(5-14)右边第一项为由主体流动造成的脉动能生成项，第二项为由气体穿过液层造成的脉动能生成项，称为气相作用生成项。

计算发现，在工况条件及其他模型参数不变的情况下，若气动动能转化系数不同，则模型计算所得流场分布也不同，如图5-11(a)、(b)所示。由图可以看出，C_e=0.1时计算所得流场中的回流区面积比C_e=0.0001时小得多，表明气相作用生成项对流速场有较大的影响。而C_e比较大时，计算所得流场中回流区面积较小，与实验所测得的气速较大时回流区面积较小这种情况一致。当实验值和计算值相符时，C_e一般为0.002～0.005。通过比较，初步确定C_e取0.003。

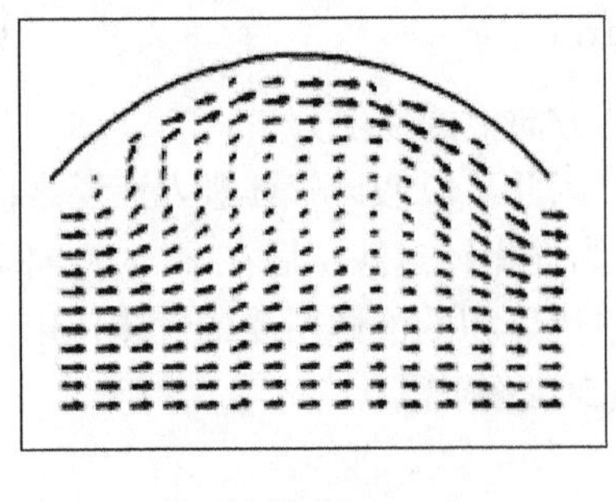

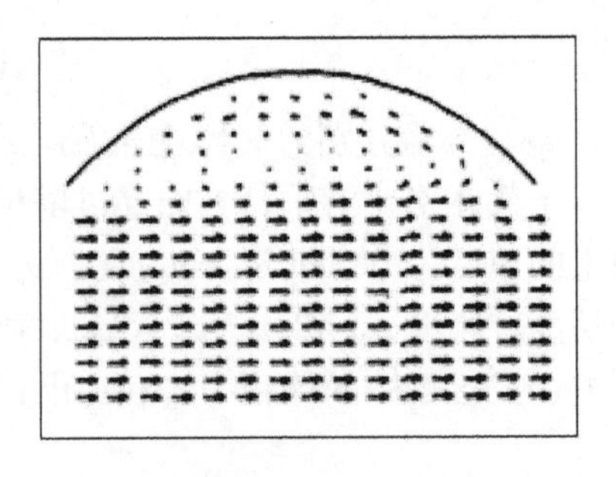

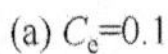

(a) C_e=0.1　　(b) C_e=0.0001

图5-11　C_e=0.1和C_e=0.0001时的速度场

2) 考虑垂直气相流阻力作用的 k-ε 湍流模型

张敏卿提出考虑垂直气相流阻力作用的 k-ε 湍流模型，计算了筛板上的液相流速分布，在直径较大的塔板上算出了弓形区存在返流现象，但在有些工况下未能算出返流区，与实际情况有差别。该模型与工程中常见的 k-ε 湍流模型的区别是在动量方程中加入了上升气泡阻力项，其控制方程为

连续性方程：

$$\frac{\partial u_x}{\partial x}+\frac{\partial u_y}{\partial y}=0 \tag{5-15}$$

运动方程：

$$u_x\frac{\partial u_x}{\partial x}+u_y\frac{\partial u_x}{\partial y}=-\frac{1}{\rho_{\mathrm{L}}}\frac{\partial P}{\partial x}+\frac{\partial}{\partial x}\left(\nu_{\mathrm{e}}\frac{\partial u_x}{\partial x}\right)+\frac{\partial}{\partial y}\left(\nu_{\mathrm{e}}\frac{\partial u_x}{\partial y}\right)-\frac{\rho_{\mathrm{G}}u_{\mathrm{s}}}{\rho_{\mathrm{L}}h_{\mathrm{L}}}u_x \tag{5-16}$$

$$u_x\frac{\partial u_y}{\partial x}+u_y\frac{\partial u_y}{\partial y}=-\frac{1}{\rho_{\mathrm{L}}}\frac{\partial P}{\partial x}+\frac{\partial}{\partial x}\left(\nu_{\mathrm{e}}\frac{\partial u_y}{\partial x}\right)+\frac{\partial}{\partial y}\left(\nu_{\mathrm{e}}\frac{\partial u_y}{\partial y}\right)-\frac{\rho_{\mathrm{G}}u_{\mathrm{s}}}{\rho_{\mathrm{L}}h_{\mathrm{L}}}u_y \tag{5-17}$$

k 方程：

$$u_x\frac{\partial k}{\partial x}+u_y\frac{\partial k}{\partial y}=\frac{\partial}{\partial x}\left(\frac{\nu_{\mathrm{e}}}{\sigma_k}\frac{\partial k}{\partial x}\right)+\frac{\partial}{\partial y}\left(\frac{\nu_{\mathrm{e}}}{\sigma_k}\frac{\partial k}{\partial y}\right)+G-\varepsilon \tag{5-18}$$

ε 方程：

$$u_x\frac{\partial \varepsilon}{\partial x}+u_y\frac{\partial \varepsilon}{\partial y}=\frac{\partial}{\partial x}\left(\frac{\nu_{\mathrm{e}}}{\sigma_\varepsilon}\frac{\partial \varepsilon}{\partial x}\right)+\frac{\partial}{\partial y}\left(\frac{\nu_{\mathrm{e}}}{\sigma_\varepsilon}\frac{\partial \varepsilon}{\partial y}\right)+\left(C_1G-C_2\varepsilon\right)\frac{\varepsilon}{k} \tag{5-19}$$

$$\nu_{\mathrm{e}}=\frac{C_\mu k^2}{\varepsilon} \tag{5-20}$$

式中，$C_\mu=0.09, C_1=1.44, C_2=1.92, \sigma_k=1.0, \sigma_\varepsilon=1.3$。

3) 离散涡模型

离散涡方法是通过跟踪流场中涡的产生及发展了解流场特性的一种方法。在物体周围布置一系列新生涡元，通过涡元的对流扩散等变化过程，模拟漩涡的生成和脱落等物理现象。

二维不可压缩性流动的连续性方程和 Navier-Stokes 方程为

$$\nabla V=0 \tag{5-21}$$

$$\frac{\partial V}{\partial t}+\nu\nabla V=-\frac{1}{\rho}\nabla P+\nu\nabla^2 V \tag{5-22}$$

式中，V 为来流速度；ν 为黏性系数；P 为压力；ρ 为流体密度。

在离散涡模型中，以涡量和速度作为变量以表征流场特征。根据涡量定义，$\omega=\nabla V$，对 Navier-Stokes 方程两边取旋度得

$$\frac{\partial \omega}{\partial t}+V\nabla\omega=\nu\nabla^2\omega+\omega\nabla V \tag{5-23}$$

因此实际问题变成了求解涡量方程的问题，对于二维流动，有 $\omega\nabla V=0$ ，同时引入流函数 ψ，而涡量、流函数、流向速度和垂直速度之间满足

$$\omega=\frac{\partial v}{\partial x}-\frac{\partial u}{\partial y} \tag{5-24}$$

$$u=\frac{\partial \psi}{\partial y} \tag{5-25}$$

$$v=-\frac{\partial \psi}{\partial x} \tag{5-26}$$

从而可以得到

$$\omega=\frac{\partial v}{\partial x}-\frac{\partial u}{\partial y}=\frac{\partial}{\partial x}\left(-\frac{\partial \psi}{\partial x}\right)-\frac{\partial}{\partial y}\left(\frac{\partial \psi}{\partial y}\right)=-\frac{\partial^2\psi}{\partial x^2}--\frac{\partial^2\psi}{\partial y^2}=-\nabla^2\psi \tag{5-27}$$

式(5-27)是由涡量和流函数组成的涡量-流函数方程。早期的涡方法不考虑黏性，属于无黏性涡方法，是黏性涡方法的基础。由于无黏性涡方法不考虑黏性项，即认为黏性为 0，则式(5-27)简化为

$$\frac{\partial \omega}{\partial t}+V\cdot\nabla\omega=0 \tag{5-28}$$

$$\omega=-\nabla^2\psi \tag{5-29}$$

传统的无黏性涡方法是在拉格朗日框架下跟踪每个粒子的运动状态，通过求解粒子运动的常微分方程，可以得到粒子运动的轨迹，粒子的运动方程为

$$\frac{\partial x(a,t)}{\partial t}=V[x(a,t),t] \tag{5-30}$$

$$x(a,t)=a \tag{5-31}$$

式中，$x(a,t)$为粒子运动轨迹，$V[x(a,t),t]$为粒子运动速度，其可以通过式(5-32)求解

$$V(\boldsymbol{r},t)=\int K(\boldsymbol{r}-\boldsymbol{r}')\omega(\boldsymbol{r}-\boldsymbol{r}')\mathrm{d}V+V_\infty \tag{5-32}$$

式(5-32)是毕奥-萨伐尔(Biot-Savart)定理，$\boldsymbol{r}'$ 和 $\boldsymbol{r}$ 是矢径；V_∞为来流速度；V 代表积分面积。

$$K(\boldsymbol{r},t)=\frac{-(y-y')(x-x')}{2\pi|r-r'|^2} \tag{5-33}$$

$$\omega(\boldsymbol{r},t)=\sum_{i=1}^{N}\Gamma_i\delta\left[\boldsymbol{r}-x_i(t)\right] \tag{5-34}$$

式中，$\delta(r)$为狄利克雷(Dirichlet)函数；N 为整个流场中的所有涡元数量；$\omega(\boldsymbol{r},t)$为 r 处在 t 时刻的涡量。流场中无黏的离散方程可以表示为

$$\frac{\partial x\left(a_j,t\right)}{\partial t}=\sum_{\substack{j=1\\j\neq 1}}\Gamma_j K\left(x_i-x_j\right)+V_\infty \tag{5-35}$$

$$\frac{\partial \Gamma_i}{\partial t}=0 \tag{5-36}$$

式(5-35)为传统二维无黏性涡方法的离散形式的控制方程。当计算控制点与涡元距离极小时，有很大的诱导速度，使点涡运动的计算失去准确性，这就是 K 的奇异性(singularity)。为了解决奇异性问题，1973 年 Chorin 首次提出了涡团法，指出用具有一定半径的涡团来替代传统意义的涡。设 $f(r)$满足归一化条件，且为轴对称函数，即满足式(5-37)

$$\int f(r)\mathrm{d}s=1 \tag{5-37}$$

式中，ds 为积分面积；r 为积分边界到涡团中心的距离。

定义 $f(r)$代替 Dirichlet 函数，则有

$$\omega(r,t)=\sum_{i=1}^{N}\Gamma_i f_\sigma\left[r-x_i(t)\right] \tag{5-38}$$

其中 Dirichlet 函数定义为

$$f_\sigma(r)=\frac{1}{\sigma^2}f\left(\frac{r}{\sigma}\right) \tag{5-39}$$

式中，r 为涡核半径，涡量的大小主要由函数 $f_\sigma(r)$和 σ 决定。$f(r)$也称为形函数，常见的形函数包括倒数分布、兰金涡分布、二阶高斯核和四阶高斯核等。

(1) 倒数分布

$$f(r)=\begin{cases}\dfrac{1}{2\pi r} & r<1\\ 0 & r>1\end{cases} \tag{5-40}$$

(2) 兰金(Rankine)涡分布

$$f(r)=\begin{cases}\dfrac{1}{\pi\sigma^2} & r<\sigma\\ 0 & r>\sigma\end{cases} \tag{5-41}$$

(3) 二阶高斯核

$$f(r)=\frac{1}{\pi}\mathrm{e}^{-r^2} \tag{5-42}$$

(4) 四阶高斯核

$$f(r)=\frac{1}{2\pi}\left[4\mathrm{e}^{-r^2}-\mathrm{e}^{-\frac{r^2}{2}}\right] \tag{5-43}$$

考虑黏性的二维流动，其控制方程中 $\nu\neq 0$，控制方程为

$$\frac{\partial \omega}{\partial t}+V\cdot\nabla\omega=\nu\nabla^2\omega,\quad \omega=-\nabla^2\psi \tag{5-44}$$

Chorin 提出将方程分拆成对流项和黏性扩散项，分别进行求解，即

对流项：

$$\frac{\partial \omega}{\partial t}+V\nabla\omega=0 \tag{5-45}$$

黏性扩散项：

$$\frac{\partial \omega}{\partial t}=\nu\nabla^2\omega \tag{5-46}$$

对流项在拉格朗日框架下，着眼于跟踪每个粒子运动的时间历程，解即为上述无黏性涡方法的解。而黏性扩散项属于典型的一维传导方程，基本解为格林函数，采用随机走步法(random walk method)进行求解，解的基本形式为

$$G(x,t)=\frac{1}{\sqrt{4\pi\nu t}}\exp\left(\frac{-x^2}{4\nu t}\right) \tag{5-47}$$

式(5-47)实际是一个正态分布的概率密度函数：

$$P\left(\eta_x,t\right)=\frac{1}{\sqrt{2\pi\sigma^2}}\exp\left(-\frac{\eta_x^2}{2\sigma^2}\right) \tag{5-48}$$

由式(5-48)可知，P 为概率密度函数，η_x 为随机变量，σ_x 为标准差。对于二维随机变量，如果两个变量相互独立，则概率密度函数可以写为

$$P\left(\eta_x,\eta_y,t\right)=P\left(\eta_x,t\right)P\left(\eta_y,t\right) \tag{5-49}$$

在 x、y 方向布置大量涡元，使这些涡元做均方差为 0、标准差为 $\sigma=\sqrt{2\nu t}$ 的随机运动，即可得到黏性扩散方程的解，这就是随机走步法的核心，表达式为

$$\Delta x_i=\frac{4\nu\Delta t}{\ln\left(\frac{1}{P_i}\right)^{\frac{1}{2}}}\cdot\cos Q_i \tag{5-50}$$

$$\Delta y_i=\frac{4\nu\Delta t}{\ln\left(\frac{1}{P_i}\right)^{\frac{1}{2}}}\cdot\sin Q_i \tag{5-51}$$

式中，Δx_i 和Δy_i 分别表示涡元在流场中由于扩散而发生的位移，假如 t 时刻涡元的位置坐标为(x_i^n, y_i^n)，则在 $t+\Delta t$ 时刻的位置坐标为(x_i^{n+1}, y_i^{n+1})，P 和 Q 分别为$[0,1]$和$[0,2\pi]$范围内的随机数，则有

$$x_i^{n+1}=x_i^n+u_i\Delta t+\Delta x_i \tag{5-52}$$

$$y_i^{n+1}=y_i^n+v_i\Delta t+\Delta y_i \tag{5-53}$$

式中，u_i、v_i 分别为流向和垂向速度。上述方法核心是生成随机数来求解黏性项，但求解过程中可能会产生干扰。

扩散速度法(diffusion velocity method)则不需考虑随机数的干扰，对二维不可压缩性流动 Navier-Stokes 方程进行变换得到

$$\frac{\partial \omega}{\partial t}+u\frac{\partial \omega}{\partial x}+v\frac{\partial \omega}{\partial y}=v\left(\frac{\partial^2 \omega}{\partial x^2}+\frac{\partial^2 \omega}{\partial y^2}\right) \tag{5-54}$$

进一步变换得到

$$\frac{\partial \omega}{\partial t}+\frac{\partial}{\partial x}(u\omega)+\frac{\partial \omega}{\partial y}(v\omega)=\frac{\partial}{\partial x}\left[\left(-\frac{v}{\omega}\cdot\frac{\partial \omega}{\partial x}\right)\omega\right]+\frac{\partial}{\partial y}\left[\left(-\frac{v}{\omega}\cdot\frac{\partial \omega}{\partial y}\right)\omega\right] \tag{5-55}$$

$$\frac{\partial \omega}{\partial t}+\frac{\partial}{\partial x}\left[\left(u-\frac{v}{\omega}\cdot\frac{\partial \omega}{\partial x}\right)\omega\right]+\frac{\partial}{\partial y}\left[\left(u-\frac{v}{\omega}\cdot\frac{\partial \omega}{\partial y}\right)\omega\right]=0 \tag{5-56}$$

可以看作流体在 x 方向以速度 $u-\frac{v}{\omega}\cdot\frac{\partial \omega}{\partial x}$，在 y 方向以速度 $v-\frac{v}{\omega}\frac{\partial \omega}{\partial y}$ 运动。其中(u,v)称为对流速度(convection velocity)，后面部分称为扩散速度(diffusion velocity)

$$u_{\mathrm{d}}=-\frac{v}{\omega}\cdot\frac{\partial \omega}{\partial x} \tag{5-57}$$

$$v_{\mathrm{d}}=-\frac{v}{\omega}\cdot\frac{\partial \omega}{\partial y} \tag{5-58}$$

加上随机走步法中计算的对流速度，三部分构成了涡元完整的速度体系，对速度进行时间积分，得到涡元每个时间步运动距离为

$$\frac{\mathrm{d}x_i}{\mathrm{d}t}=u_i+u_{\mathrm{c}i}+u_{\mathrm{d}i} \tag{5-59}$$

$$\frac{\mathrm{d}y_i}{\mathrm{d}t}=v_i+v_{\mathrm{c}i}+v_{\mathrm{d}i} \tag{5-60}$$

式中，u_i、v_i 为来流速度；$u_{\mathrm{c}i}$、$v_{\mathrm{c}i}$ 为对流速度；$u_{\mathrm{d}i}$、$v_{\mathrm{d}i}$ 为扩散速度。

$$\omega_i=\frac{1}{\pi\sigma^2}\sum_j \exp\left[-\frac{\left(x_j-x_i\right)^2+\left(y_j-y_i\right)^2}{\sigma^2}\right]\Gamma_j \tag{5-61}$$

$$u_{\mathrm{d}i}=\frac{2v}{\pi\sigma^4\omega_i}\sum_j \exp\left[-\frac{\left(x_j-x_i\right)^2+\left(y_j-y_i\right)^2}{\sigma^2}\right] \tag{5-62}$$

2. 多相流模型

在蒸馏领域最常用的多相流模型是双流体模型。双流体模型针对两种流体动量、能量及质量的相互作用的模拟比单相流模型能更好地预测塔板上流体的流动。

在蒸馏模拟中，除了上述常用模型外，还会用到的特殊模型有塔板混合模型、筛板塔鼓泡流动模型等。

5.2.2.2　塔板混合模型

混合模型把两相混合物作为一个整体，其与拟单相流模型的区别在于，混合模型是由两相各自的局部瞬时方程及界面条件经欧拉时间平均得到，考虑了两相间作用的影响；其次是动量方程多了动量源项 M，考虑了两相间表面张力的影响，包括靠近交界面处的

动量、热量和质量输运的速率，特别是在小尺度系统如气液接触过程中的影响则更明显。在这一过程中，所产生的压强梯度将阻止流体的正常流动，增大塔板压降。此外，混合模型比单相流模型多了一个气相扩散方程。经过欧拉时间平均后，考察的是控制体的“宏观状态”，认为气液相占据空间同一体积，考虑的微元是一个控制体。两相间速度差的存在使得通过控制体的气泡含量不同，产生浓度扩散，体现在气相扩散方程及混合动量方程中由浓度差引起的扩散应力项上。虽然混合模型比双流体模型简单(如方程数目)，然而正是混合模型的简单性，使它在许多工程中很有用。再者，工程中需要的结果常常是混合物的特性而不是两相流中的单项特性。王晓玲运用筛板混合模型计算了塔板的流场分布，但是在考虑两相间作用时也只考虑了气液间表面张力对混合物的影响，即动量源项在 x、y 方向上的分量，其计算结果未能再现塔板返流区，并且其计算模型也停留在两维。由于混合模型在处理塔板问题上相对于拟单相流模型没有明显的改进，应用起来也不是很方便，因此，近年来很少有人应用此模型进行塔板的模拟。

5.2.2.3 筛板塔鼓泡流动模型

该模型包括气相流和相间相互作用，基于连续介质预测筛盘上的液相流动，使用时间、体积平均动量和连续性方程预测泡沫状态流的稳态液体速度。在稳态且没有相间传质条件下，液相连续性方程可简化为

$$\nabla\cdot\left(\alpha_{\mathrm{L}}\rho_{\mathrm{L}}v_{\mathrm{L}}\right)=0 \tag{5-63}$$

当与黏性和湍流应力模型结合使用时，液相动量平衡方程为

$$\nabla\cdot\left(\alpha_{\mathrm{L}}\rho_{\mathrm{L}}v_{\mathrm{L}}v_{\mathrm{L}}\right)=-\nabla\left(\alpha_{\mathrm{L}}p_{\mathrm{L}}\right)+\nabla\cdot\left\{\alpha_{\mathrm{L}}\mu_{\mathrm{e,L}}\left[\nabla v_{\mathrm{L}}+\left(\nabla v_{\mathrm{L}}\right)^{\mathrm{tr}}\right]\right\}+\alpha_{\mathrm{L}}\rho_{\mathrm{L}}g+M_{\mathrm{L}} \tag{5-64}$$

式中

$$\mu_{\mathrm{e,L}}=\mu_{\mathrm{L}}+\mu_{\mathrm{T,L}} \tag{5-65}$$

液相体积分数 α_{L} 的定义与单相模型的概念并不矛盾。该模型被定义为单相，因为质量和动量守恒方程式仅适用于液相。为了说明气相和液相的存在，必须定义体积分数。

相间动量传递(M_{L})、液相体积分数(α_{L})和湍流黏度($\mu_{\mathrm{T,L}}$)需要闭合模型。作用于液相上的力有两种，一种是作用在垂直方向(y)上且与重力方向相反的力，另一种是在平行于筛板的水平方向(x 和 z)上作用的力。向量 M_{L} 形式如下：

$$M_{\mathrm{L}}=\begin{bmatrix}M_{\mathrm{L},x}\\M_{\mathrm{L},y}\\M_{\mathrm{L},z}\end{bmatrix} \tag{5-66}$$

$M_{\mathrm{L},y}$ 是垂直分力，其考虑了液相与上升气体之间的相互作用，根据泡沫周围的平均动量平衡来计算。

$$M_{\mathrm{L},y}=\frac{\rho_{\mathrm{G}}v_{\mathrm{G}}\left(v_{\mathrm{G,hole}}-v_{\mathrm{G}}\right)}{h_{\mathrm{f}}} \tag{5-67}$$

使用式(5-68)和式(5-69)估计水平方向上的力 $M_{L,x}$ 和 $M_{L,z}$：

$$M_{L,x} = -\rho_G \nu_G \left(\frac{\partial u_L}{\partial y}\right) \tag{5-68}$$

$$M_{L,z} = -\rho_G \nu_G \left(\frac{\partial W_L}{\partial y}\right) \tag{5-69}$$

这些力是基于上升气体在泡沫所有点处沿 x 和 z 方向加速液体速度的假设。假设泡沫高度 h_f 可以确定流动域的上边界。可以使用 Colwell 相关性计算其高度、预测泡沫高度的常用相关性、确定液相体积分数 $\bar{\alpha}_L$。透明液体的高度可以用式(5-70)和(5-71)预测：

$$h_{cl} = \bar{\alpha}_L \left[h_w + 0.527 \left(\frac{Q_L}{C_d \bar{\alpha}_L} \right)^{0.67} \right] \tag{5-70}$$

$$C_d = \begin{cases} 0.61 + 0.08 \dfrac{h_{fow}}{h_w} & \dfrac{h_{fow}}{h_w} < 8.315 \\ 1.06 \left(1 + \dfrac{h_w}{h_{fow}} \right)^{1.5} & \dfrac{h_{fow}}{h_w} \geqslant 8.315 \end{cases} \tag{5-71}$$

式中，h_{fow} 用 $h_f - h_w$ 表示。

式(5-72)～式(5-74)用于预测液相体积分数：

$$\bar{\alpha}_L = \frac{1}{12.6 Fr'^{0.4} \left(\dfrac{A_B}{A_h} \right)^{0.25} + 1} \tag{5-72}$$

$$Fr' = Fr \left(\frac{\rho_G}{\rho_L - \rho_G} \right) \tag{5-73}$$

$$Fr = \frac{u_s}{g h_{cl}} \tag{5-74}$$

假定液相体积分数($\bar{\alpha}_L$)不会随位置而变化。因为缺少与模型参数相关的经验数据，所以针对该问题选择湍流模型非常困难。即使是最简单的有限湍流模型如 Prandtl 混合长度模型，仍需要拟合一个参数，所以为了预测与位置无关的黏度，就不能使用传统的湍流模型，必须开发一种更为有限的模型。在这个模型中，湍流施密特数用式(5-75)定义

$$Sc_T = \frac{\mu_{T,L}}{\rho_L De} \tag{5-75}$$

Zuiderweg 提出了预测喷雾泡沫流的涡流扩散率的模型：

$$De = \frac{8.3 \rho_G u_s^2 h_{cl}^2}{\rho_L \left(\dfrac{Q_L}{L_w} \right)} \tag{5-76}$$

如果各蒸馏流股高度混合，则可以假定湍流的施密特数等于 1，湍流黏度等于密度和涡流扩散率的乘积。

5.2.3 CFD 在蒸馏中的应用

蒸馏单元操作的 CFD 模拟主要集中在板式塔的模拟上，本节将按照不同蒸馏方式进行介绍。

Rahimi 等对筛板塔进行了研究。在欧拉-欧拉框架下建立了三维双流体 CFD 模型，用于预测筛板的流体力学、传热传质，所获得的效率与实验数据非常接近。结果发现由于速度、温度、浓度梯度、界面面积等影响因素的变化，点效率随塔板位置的变化而变化。模拟结果表明，CFD 可以作为塔板设计和分析的有力工具，亦可以作为塔板效率计算的新方法和测试多相混合模型的新工具。

Shakaib 等对膜蒸馏进行了研究，模拟了膜蒸馏通道内的瞬态流动和温度分布。结果发现，在低雷诺数和 2 mm 膜间距下，可得平均剪切应力和传热系数的最大值，且较大的间距如 3 mm 或 4 mm 更适合用于膜蒸馏通道。卢帅涛也利用 FLUENT 对膜蒸馏过程进行模拟，分析了单一膜蒸馏模组的传质传热特性，并给出了高浓条件下膜蒸馏的适宜操作条件，最后利用 ASPEN 流程模拟软件对多子系统阵列结构的复合膜蒸馏系统进行模拟优化，在直接接触式膜蒸馏的传质传热基础上建立了一个二维 CFD 模型，采用 FLUENT 对直接接触式膜蒸馏过程进行数值模拟。得到以下结论：①将文献中膜蒸馏实验的渗透通量及料液侧、渗透侧温度数据与模拟数据进行对比，相对平均偏差为 6.0%，证明了模型的准确性。②通过模拟研究了操作条件的影响，分析了传质及传热特性。③通过对不同条件下料液侧过饱和度的分析，确定了膜蒸馏过程的适宜操作条件：对于较低浓度原料可采用低流速操作条件；而较高浓度料液浓缩时，应采取料液侧高流速操作。④多子系统阵列设计中，各子系统的连接方式(并联或串联)对膜蒸馏复合系统的整体产能没有影响。优化循环流量操作条件能减少膜蒸馏系统一半的生产成本；在优化条件下采用等膜长的阵列设计方案对总生产成本影响不大，而采用等膜丝数的阵列设计方案能降低 25%的系统生产成本。

王军武对短程蒸馏技术进行了研究。利用 CFD 方法对具有气液自由表面的湍流状态下的液膜流动进行数值模拟，利用 Rezlizable k-ε 双方程模型封闭雷诺时均方程，利用两层区域模型模拟近壁区，并利用 VOF 追踪气液相界面的形状和位置。主要结论如下：随着刮膜器转速的增加，刮膜器后的液膜出现波动现象；在液膜内，刮膜器前的液膜速度最大；在刮膜器的作用下，液膜发生了分离现象，液膜的分离造成了旋涡的形成和内层液体与外层液体的快速交换，这将大大促进液膜内的传热和传质；湍流能量主要集中在刮膜器前的弓形波和液膜的表面，在蒸发面附近湍流能量很小；湍流能量主要耗散在刮膜器壁上和湍流波之后的液膜内，刮膜器后与湍流波之间，湍流能量耗散率非常小。

5.2.4 板式塔模拟案例分析

5.2.4.1 问题描述

本案例(Zhang et al.，2016)是对蒸馏过程的模拟，主要研究了一种新型的具有正交波纹和侧孔的双流正交波纹(orthogonal wave type，OWT)板气液流体动力学和传质性能，如

图 5-12 所示。OWT 塔板的特殊配置有助于提高液体分布，降低压降，提高运行稳定性，且塔板由等边三角形孔阵塔穿孔的金属板制成，其几何尺寸关系由式(5-77)决定。

$$Y = \frac{H}{4}\left[\sin\left(\frac{2\pi}{L}X\right) + \sin\left(\frac{2\pi}{L}Z\right)\right] \tag{5-77}$$

模拟质量传递塔的模型几何参数和边界条件如表 5-2 和图 5-13 所示。

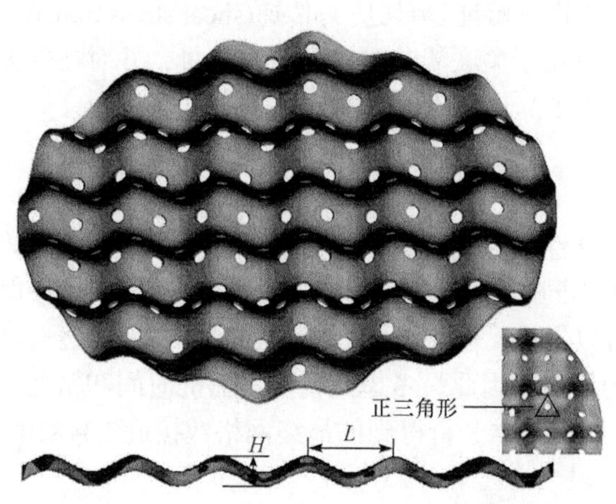

图 5-12　OWT 模型

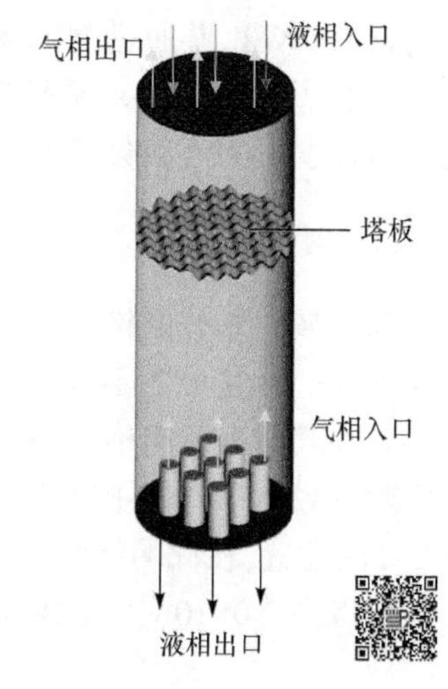

图 5-13　质量传递塔的计算域几何模型和各相进出口边界

表 5-2　模型几何参数

参数	数值	参数	数值
塔直径/mm	308	塔板数	1
塔高/mm	900	进液管直径/mm	40
进液孔直径/mm	10	进液管高度/mm	100
进液孔数量	999	进液管数量	9

本案例用试验塔研究 OWT 塔的压降、操作范围和塔效率。另外，还研究蒸气/液体负荷(F_s因子)对默弗里效率的影响。实验塔板参数如表 5-3 所示。

表 5-3　实验塔板参数

参数	OWT1	OWT2	OWT3	OWT4
波纹长度/mm	50	50	50	—
波纹深度/mm	25	25	25	—
孔直径/mm	8	6	8	8
孔间距/mm	24	18	20	24
自由区域比例/%	10.0	10.0	14.51	10.0
坡度(1.414H/L)	0.71	0.71	0.71	0

5.2.4.2　问题分析

本案例的目的是研究OWT的两相流动和质量传递行为，涉及气液两相，因此采用多相流模型；由于塔内流动剧烈而采用湍流模型；由于建模范围主要集中在OWT的泡沫区域，气相在液相中连续分布，气相的体积分数相对较高，因此多相流模型采用欧拉模型。

该塔含有OWT，并通过测试板中的数据进行验证。剪切应力传递(shear stress transfer，SST)模型结合了 k-ω 和 k-ε 模型的优点，可用于关联湍流黏度和平均流量，并对在较为不利的压力梯度下的流动分离及其流量给出了高度准确的预测。

5.2.4.3　网格划分

在几何区域内划分网格，进行网格独立性研究以确定网格大小对计算结果的影响，如表5-4所示。计算域的不同位置应用了不同的网格大小。由于底部板在蒸气液体接触中很重要，在其附近对网格进行细分。可以发现，使用网格2计算得到的压降和蒸气环己烷的摩尔分数几乎与使用网格3获得的相同。因此，考虑到计算所需的时间和精度，选择网格2的配置。在此网格配置中，通过网格独立分析得到的最终网格数接近 2.34×10^6。网格尺寸范围为 2.0×10^{-11}～$1.1\times10^{-5}\text{m}^3$。

表5-4　网格独立性研究

参数	网格1	网格2	网格3
单元数目	1.8×10^6	2.34×10^6	3.01×10^6
y_2	0.589	0.592	0.592
ΔP/Pa	356.05	360.00	360.10

5.2.4.4　模拟过程

本案例采用欧拉模型和SST模型进行计算。液体和蒸气入口流量设定为质量流量和均匀蒸气速度，蒸气出口选择开放边界条件，流场中的所有壁面均设为无滑移壁面。利用有限体积法求解具有高分辨率平流方案的模型方程，并选择迎风格式进行计算。按照CFX-15.0中的推荐，默认目标均方根残差值为 1.0×10^{-4}，时间步长为0.3s。在模拟过程中，对清液高度进行检测，并且假设每当清液高度值达到一个值而连续时间步骤没有明显变化时，模拟就会收敛。

5.2.4.5　结果与讨论

本案例对波纹板塔进行模拟，利用模拟的出口处的压降、蒸气环己烷的摩尔分数以及 F_S 因子增量与实验结果进行比较，对模型进行验证，在此基础上模拟了压降、容量、整体塔效、蒸气与液体的流动情况、传质情况和默弗里效率，探讨了波纹对塔的影响。

1. 模型验证

计算出口处的压降、蒸气环已烷的摩尔分数以及 F_s 因子的增量，并与实验数据进行比较，从而验证波纹板模型。表 5-5 和表 5-6 分别为实验和模拟的数据，验证的平均绝对误差均小于 15%，在可接受范围内。

表 5-5　测试塔板的实验数据

F_s	y_2	y_3	x_2	EMV	ΔP/Pa	T/℃
0.431	0.512	0.474	0.470	0.301	28	88.6
0.695	0.538	0.467	0.461	0.570	160	87.9
1.145	0.600	0.513	0.510	0.702	500	87.1
1.475	0.482	0.375	0.365	0.910	1000	91.0

表 5-6　OWT 的模拟数据

F_s	y_2	y_3	x_2	EMV	ΔP/Pa	T/℃
0.431	0.508	0.474	0.478	0.253	34	88.7
0.695	0.542	0.467	0.463	0.593	200	88.5
1.145	0.599	0.513	0.514	0.664	418	87.6
1.475	0.478	0.375	0.379	0.783	850	89.9

2. 压降和负荷性能

不同表面气体速度下，随着表观气速的增加，OWT 塔板的压降显著增加。此外，具有相同自由面积比的 OWT 塔板的曲线非常接近，自由面积比较高的曲线明显低于自由面积比较低的曲线。塔板负荷性能图是塔设计中的一种重要工具，它描述了在 OWT 塔板上的液体区域的高度限制。图 5-14 为三种不同 OWT 塔板的负荷性能图。两条曲线由不同气/液负载下的载点和泛点组成。可以看出，随着液体流速的增加，操作上限点和操作下限点降低。具有相同自由面积比的 OWT 具有相似的操作上限点，同时具有较大自由面积比的 OWT 具有较高的操作上限点。实验结果证明，流体动力学主要受自由面积比影响而不是孔径的影响。

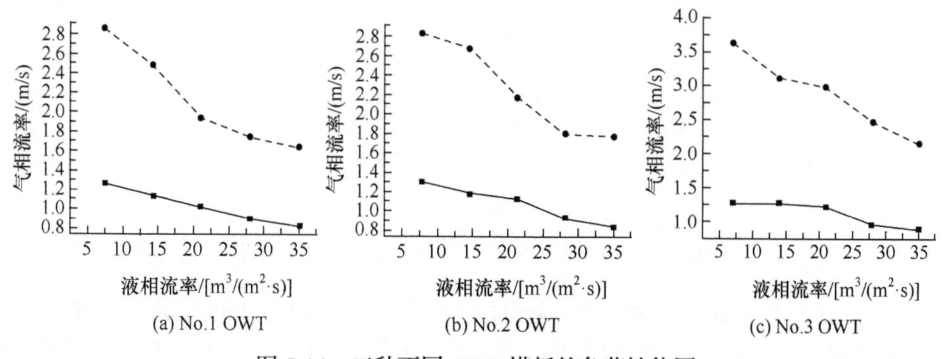

图 5-14　三种不同 OWT 塔板的负荷性能图

—■— 操作下限；- -●- - 操作上限

3. 整体塔效率

在传质分析中使用的塔效率是理论塔板数与实际塔板数之比。再沸器相当于一个理论板，在下式中减去

$$E_{OC} = \frac{N_{tc}}{N_{rc}} \tag{5-78}$$

$$N_{rc} = \frac{\lg\left[\left(\frac{x_D}{1-x_D}\right)\left(\frac{1-x_w}{x_w}\right)\right]}{\lg\alpha} - 1 \tag{5-79}$$

式中，x_D和x_w分别为塔顶部和底部的环己烷液相摩尔分数；α为相对挥发性。

本案例计算了四种板的塔效率。实验结果表明，具有相同自由面积比的 OWT 板和双流筛板几乎具有相同的最大塔效率，但 OWT 板的运行负荷明显高于双流筛板。另外，双流筛板在峰值点附近的整体塔效率变化很大，而 OWT 板可以在更宽的范围内保持相对高的效率。较低自由面积比塔板达到峰值效率时 F_s因子低于较高自由面积比塔板，意味着具有较高自由面积比的 OWT 板更适合于较高的 F_s因子条件。此外，具有相同自由面积比的 OWT 板的总塔效率曲线非常接近，可以推断出塔效率主要受自由面积比而非孔直径的影响。

4. 蒸气/液体流动

塔板蒸气/液体流动对于预测质量传递和分离效率非常重要。图 5-15 为不同 F_s因子下的清液高度和泡沫高度。图 5-16 则为 Z=0 时，不同 F_s因子下 X-Y 平面上的液体体积分数轮廓。结合图 5-15 和图 5-16，则可以在 OWT 板的操作范围中分为三种主要情况：起泡状态 B-C 中，液体高度逐渐增加，泡沫高度急剧增加；均匀泡沫状态 C-D 中，液相和气相充分接触，具有很高的质量传递效率，是 OWT 板最重要的操作范围；流体状态 D-E 中，在板周围流体湍动程度很大。

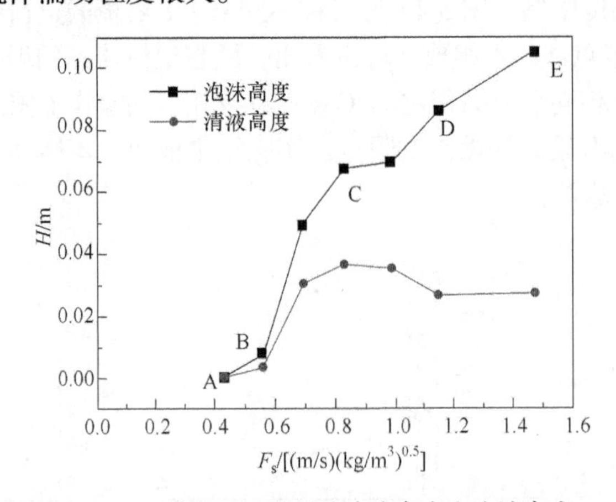

图 5-15 不同 F_s因子下的清液高度和泡沫高度

图 5-17 为 Y=0.01m 和 Z=0 时液体速度分量值与板 X 的直径的关系。随着 F_s因子的增加，随机流动中液相水平速度增加，加剧了气液接触和传质速率。板上出现部分高速区，液相和气相接触状态发生显著变化，随之产生了波动状态。

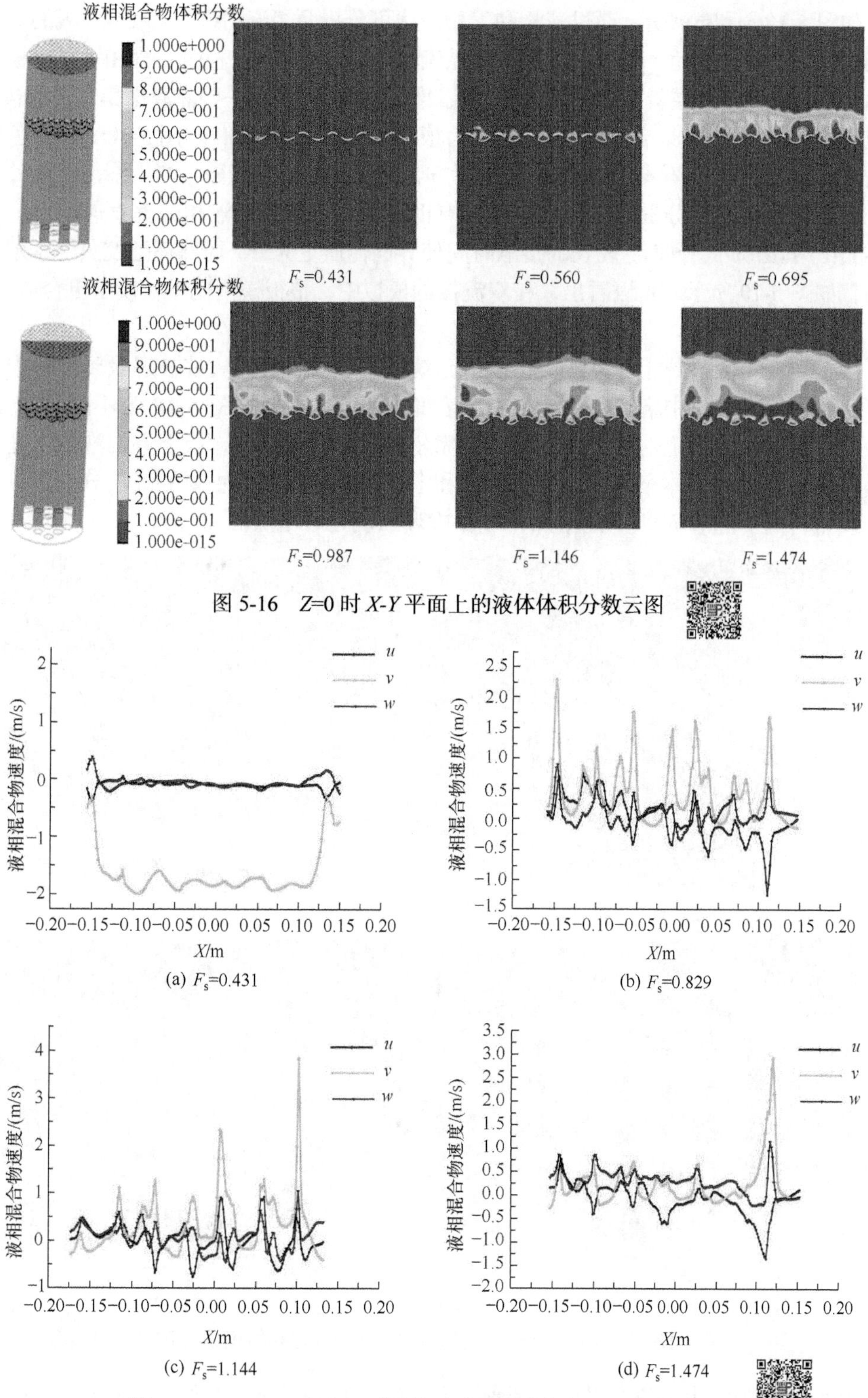

图 5-16　Z=0 时 X-Y 平面上的液体体积分数云图

图 5-17　Y=0.01m 和 Z=0 时液体速度分量值与板 X 的直径的关系

如图 5-18(a)和(b)所示，通过液相和气相流线可分析两相流动行为。来自上板的液相在气相的作用下发生扰动，然后沿着摆动路径流动。当通过 OWT 板时，气相垂直于板表面喷出，然后碰撞到上层板。由于来自相邻孔蒸气的强烈碰撞，一些液滴聚集在板的边缘，形成高压区，如图 5-18(c)和(d)所示。又因为板下方的压力为 350Pa，图 5-18(c)中红色区域(扫描图下方二维码查看彩图)的压力高于下方，因此预计红色区域会产生漏液。此外，预计到壁面的水平速度分量会产生高压区，有助于扩大塔壁附近液相的垂直速度分量，如图 5-17(c)和(d)所示。同时，较长的接触时间使界面传质更充分，局部环己烷蒸气摩尔分数更高，如图 5-19 所示。可以看出，在双流板的模拟中，整板模型比半板模型更合适。

5. 传质

当蒸气向上流过液相时，液相中的环己烷被气相吸收，正庚烷被解吸到液相中，导致环己烷浓度在气相中增加，在液相中的浓度则相应地降低。图 5-18 为不同的 F_S 因子下，Z=0 时 X-Y 平面上的气相中的环己烷摩尔分数，可以看出，板上方的泡沫区是主要的传质区，蒸气与液体充分接触。泡沫区和上板之间的空间是主要的气液分离区，几乎没有质量传递。随着 F_S 因子的增加，气相中环己烷显著增加。

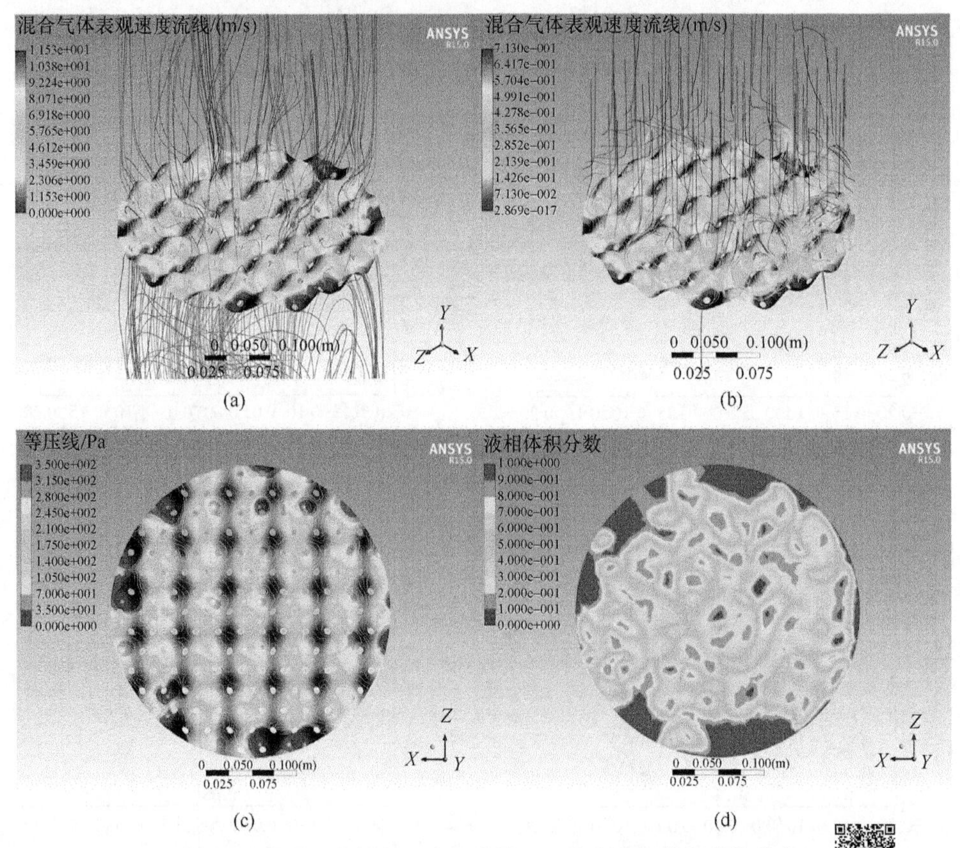

图 5-18 塔板上的气相、液相流线，压力和液相体积分数分布

相间接触现象也反映在界面区域密度上。在高 F_S 因子下，由于“巨大蒸气量”，气液接触条件变差，因此气相中环己烷的浓度变化很小。X-Y 平面上的面间密度分布如图 5-20

所示，高界面面积密度区域(红色区域，可扫描二维码查看彩图)集中在板附近。图 5-21 表明在喷射区域中可以在板下方观察到明显的界面区域。在较低 F_s 因子下，由于缺乏均匀泡沫层，OWT 板上方的界面面积很小，几乎等于喷射区域的界面面积。随着 F_s 因子的增加，泡沫区的界面面积显著增加，喷射区的质量传递可忽略不计。在靠近板的区域，沿着曲线的界面区域密度的最高点对应于波峰高度，下降区域对应泡沫高度。当泡沫高度不断增加时，由于“巨大蒸气量”效应的影响，界面面积密度在高 F_s 因子下，在 OWT 板附近逐渐下降。

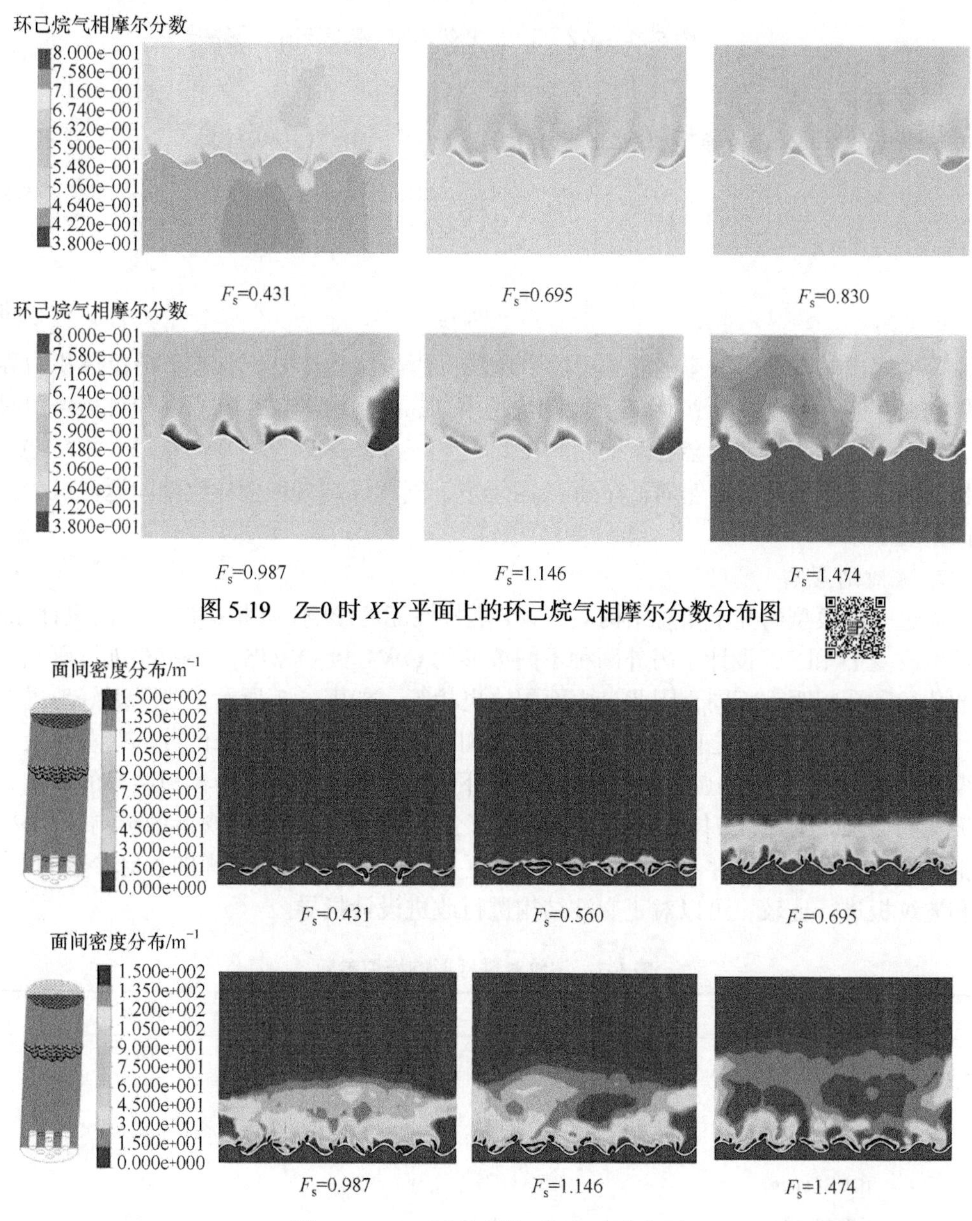

图 5-19　Z=0 时 X-Y 平面上的环己烷气相摩尔分数分布图

图 5-20　X-Y 平面上的面间密度分布图

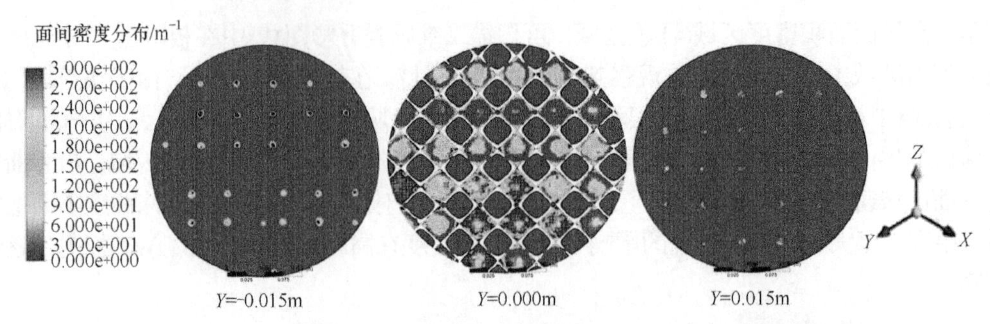

图 5-21 *X-Z* 平面上气液交界区密度云图

6. 默弗里效率

默弗里效率(E_{MV})是塔板研究中最常用的板效率，由式(5-80)计算

$$E_{MV} = \frac{y_n - y_{n+1}}{y_n^* - y_{n+1}} \tag{5-80}$$

其中

$$y_n^* = m_n x_n \tag{5-81}$$

模拟得出的默弗里效率随着 F_s 因子的增加而增加。由于鼓泡状态下单位体积内界面面积增大，传质系数在低 F_s 因子下可能快速增加，然后由于较高喷洒率和较长停留时间的综合作用，默弗里效率会逐渐提高。在低 F_s 因子下，默弗里效率与全塔效率(E_{oc})之间的相似性是显而易见的；然而，在高 F_s 因子下，气相强制夹带会导致轴向返混减少，并降低全塔效率。

7. 波纹的影响

通过验证模型研究了宏观结构对 OWT 塔板性能的影响，并根据波纹板的设计原则，合理地改变 H 和 L，设计了另外两种不同波形的 OWT 板(OWT5，OWT6)进行研究，它们的孔径和孔间距都相同，因此自由面积比也相等，如表 5-7 所示。为了更好地进行表征，用相邻波峰和波谷之间的高度差除以它们的水平距离的斜率来区分这些双流板。在预期的泡沫区中，于 F_s=0.987(m/s)(kg/m^3)$^{0.5}$ 下进行模拟。表 5-8 为模拟结果的对比，随着坡度的增加，压降、液体高度和泡沫高度都会增加，斜率对液体含量的影响显而易见，模拟结果中，斜率增加时，泡沫高度和压降更大。对表 5-9 中具有详细几何参数的 OWT 板和波纹板进行比较，可以对正交波结构进行改进设计指导。

表 5-7 波纹对塔板影响模拟参数

参数	OWT5	OWT6
波纹长度 L/mm	35	60
波纹深度 H/mm	25	20
孔直径 d/mm	8	8
孔间距 t/mm	24	24
自由区域比例/%	10.00	10.00
坡度(1.414H/L)	1.01	0.47

表 5-8　不同波纹 OWT 板的模拟结果

参数	OWT1	OWT5	OWT6
压降 ΔP/Pa	354.441	386.797	288.564
清液层高度 H_L/m	0.0364	0.0383	0.0241
泡沫高度 H_F/m	0.0701	0.0778	0.0605
默弗里效率 E_{MV}	0.802	0.815	0.744

表 5-9　OWT 板和波纹板的几何参数

参数	OWT1	波纹板
波纹长度 L/mm	50	50
波纹深度 H/mm	25	25
孔直径 d/mm	8	8
孔间距 t/mm	24	24
自由区域比例/%	10.0	10.00

5.2.4.6　总结

本案例采用欧拉模型和 SST 模型对正交波纹塔气液流动进行了模拟。研究了 OWT 塔的气液流动及传质、塔效率、默弗里效率及波纹的影响。塔板上的液相组分分布表明 OWT 板在泡沫层分布和稳定性方面比普通波纹塔板有更好的性能，模拟计算结果为进一步优化 OWT 塔设计提供有价值的指导。在蒸馏过程的模拟中，根据具体情况还可使用塔板混合模型和筛板塔鼓泡流动模型等。

由本节相关内容可以看出，CFD 在蒸馏领域的理论正在逐步发展，应用也越来越广泛，对蒸馏塔的设计和改进发挥着越来越重要的作用。

5.3　萃　　取

5.3.1　萃取简介

5.3.1.1　概述

液体混合物的分离除蒸馏外，还可以效仿“吸收”中利用气体各组分在溶剂中溶解度的差异进行分离，即在液体混合物中加入一种液体作为溶剂，利用各组分在溶剂中溶解度的差异分离液体混合物，称为液液萃取，也称溶剂萃取，工业中也称为抽提。萃取过程可根据原料液中可溶组分的数目分为单组分萃取和多组分萃取，或根据溶剂与原料液中相关组分是否发生化学反应而分为物理萃取和化学萃取。

萃取操作的基本过程如下：原料液为 A、B 两组分混合液，溶剂称为萃取剂 S，易溶于 S 的组分为溶质 A，难溶于 S 的组分为原溶剂 B。将一定量萃取剂和原料液同时加入萃取器中，搅拌使二者混合均匀，溶质将通过相界面由原料液向萃取剂中扩散。搅拌停止后，两液相因密度不同而分为以萃取剂 S 为主并含有较多溶质 A 的萃取相 E 和以原溶剂 B 为主且含有未被萃取完的少量溶质 A 的萃余相 R 两层。若萃取剂 S 和原溶剂 B 部分互溶，则萃取相中还含有 B，萃余相中也含有 S。

上述的萃取操作并未将原料液完全分离，而是将原来的液体混合物分成具有不同溶质组成的萃取相 E 和萃余相 R。为了得到产品 A 并回收溶剂以供循环使用，还需采用蒸馏、蒸发、结晶或其他化学方法对这两相分别进行分离。脱除溶剂后的萃取相和萃余相分别称为萃取液 E′ 和萃余液 R′。

5.3.1.2 应用情形

1. 液液萃取的特点及适用场合

相比于其他的分离方式，液液萃取有以下特点：

(1) 加入萃取剂建立两相体系，萃取剂与原料液只能部分互溶，甚至完全不互溶。

(2) 萃取是过渡性操作，E 相和 R 相脱溶剂后才能得到富集 A 或 B 组分的产品。

(3) 常温下操作，适合于热敏性物系分离，并具有节能优点。

(4) 三元甚至多元物系的相平衡关系非常复杂，根据组分的互溶度采用多种方法描述相平衡关系，其中三角形相图在萃取中的应用较为普遍。

2. 萃取剂的选择

萃取剂的性能主要由以下几方面决定。

(1) 萃取剂的选择性和选择性系数。萃取剂的选择性指萃取剂 S 对原料液中两个组分溶解能力的差异，若 S 对溶质 A 的溶解能力比对溶剂 B 的溶解能力大得多，即萃取相中 y_A 比 y_B 大得多，萃余相中 x_B 比 x_A 大得多，这种萃取剂的选择性较好。

萃取剂的选择性可以用选择性系数表示，即

$$\beta=\frac{\text{A在萃取相中的质量分数}}{\text{B在萃取相中的质量分数}}\Bigg/\frac{\text{A在萃余相中的质量分数}}{\text{B在萃余相中的质量分数}}=\frac{y_A}{y_B}\Bigg/\frac{x_A}{x_B} \tag{5-82}$$

式中，β 为选择性系数，量纲为一；y 为组分在萃取相中的质量分数；x 为组分在萃余相中的质量分数。

(2) 萃取剂 S 与原溶液的互溶度。组分 B 与 S 的互溶度影响溶解度曲线的形状和分层区面积。实验已表明，B、S 互溶度小，分层区面积大，可能得到的萃取液的最高组成 y_{max} 较高，因此，B、S 互溶度越小，越有利于萃取分离。

(3) 萃取剂回收的难易程度和经济适用性。萃取剂回收的难易程度会直接影响萃取操作的费用，并且在很大程度上决定萃取过程的经济性。

(4) 萃取剂的密度及液面张力。为了使 E 相和 R 相能快速分层以尽快分离，通常要求萃取剂与被分离混合物有较大的密度差。

(5) 其他物性因素。选择萃取剂时，除考虑上述因素外，还应使其具有凝固点和黏度低、对设备腐蚀性小、化学稳定性和热稳定性高等特点。

5.3.1.3 萃取设备

1. 萃取设备的传质特性

萃取过程的传质主要可以从传质面积、传质推动力和传质系数三个方面分析。在液液传质设备中，需将一相 d(分散相)分散在另一相 c(连续相)中，以增大两相的接触面积。分散相球形液滴的比表面积 a 为

$$a = \frac{6\phi_{\rm d}}{d_{\rm p}} \tag{5-83}$$

式中，a 为分散相比表面积，$m^2{}_{(d)}/m^3{}_{(c+d)}$；$\phi_d$ 为分散相持液率，$m^2{}_{(d)}/m^3{}_{(c+d)}$；$d_p$ 为分散相液滴的平均直径，m。

通常连续萃取都采用逆流操作，目的是增大整体传质推动力。然而，逆流操作容易引起返混。

2. 常见的萃取设备

混合澄清槽也称混合澄清器，是一种典型的逐级接触式萃取设备，主要包括混合槽和澄清器两个部分。在混合槽中，原料液和萃取剂借助搅拌装置的作用使其中一相破碎成液滴而分散于另一相中，以此增大相际接触面积并提高传质速率。在澄清器中，轻、重两相依靠密度差进行重力沉降(或升浮)，并在界面张力的作用下积聚并分层，形成萃取相和萃余相。

塔式萃取设备一般指高径比很大的萃取装置，其具有分散装置，以提供两相间较好的混合条件，从而获得满意的萃取效果。同时，塔顶、塔底均应有足够的分离段，使两相能够很好地分层。由于使两相混合和分离所采用的措施不同，便出现了不同结构形式的萃取塔。工业上常见的萃取塔主要有喷洒塔、填料萃取塔、筛板萃取塔和往复筛板萃取塔等。

离心萃取器是利用离心力的作用使两相快速混合、快速分离的萃取装置，广泛应用于制药、香料、废水处理、核燃料处理等领域。按两相接触方式其可分为逐级接触式和微分接触式两类：在逐级接触式萃取器中，两相的作用过程与混合澄清器类似；在微分接触式萃取器中，两相的接触方式则与连续逆流萃取塔类似。目前常用的离心萃取器主要有波德(Podebielniak)式离心萃取器、卢威(Luwesta)式离心萃取器和转筒式离心萃取器等。

5.3.2 萃取 CFD 模拟概述

萃取过程是利用系统中组分在溶剂中溶解度的不同来分离混合物的单元操作。现代科学技术的发展对萃取分离过程要求更高，但由于液液两相流涉及复杂的界面行为，其理论研究一直是化工学科的一大难点，相关研究还不成熟。影响内部流体混合和分离的因素和工况仍是基于经验的判断，缺少系统的理论研究，而 CFD 可以揭示流体内部的流动、混合等规律，提供两相流动、浓度分布等信息，从而作为实验研究的补充手段。

对萃取塔内的液液两相流，所用模拟方法一般是欧拉-欧拉方法，即两相流体都采用

欧拉法进行描述。目前两相流模拟研究主要可分为关注液液两相界面形状与形变的“真实”模拟和忽略界面形状信息的简化模拟两大类。“真实”模拟主要有 VOF 模型和水平集函数法，简化模拟中最常用、最主要的方法则是 PBM(详见第 2 章 2.4.3.3，欧拉-欧拉方法可以认为是零元 PBM)。在萃取塔内，分散相以液滴群形式存在，需要追踪成千上万液滴的碰撞、聚并、形变、破碎等过程，因此真实模拟方法虽然准确，却要占用很大的计算空间，在当前的计算能力下，主要用于计算较简单的体系，如单液滴的生成、形变、破碎过程和双液滴的聚并等。对于像萃取塔内两相流这样的高度复杂体系，“真实”模拟很难进行，更多采用简化模拟，忽略一些高复杂度的信息，只关注液滴尺寸、数密度分布等关键信息。

目前，CFD 在萃取模拟研究中的应用还有很大的发展空间，主要需要解决如下几个问题：液滴的形变问题、传质对界面张力的影响问题、带传质的液滴分散体系的破碎与聚并问题及传质与液滴分散流的耦合问题。

在萃取操作的模拟中，存在层流和湍流现象。层流模型的控制方程是非稳态 Navier-Stokes 方程，它适用于雷诺数较小的情况。当雷诺数超过某一临界值时，层流因为受到扰动而开始向湍流过渡，运动阻力开始急剧增大，k-ε 模型、改进的 k-ε 模型及 RSM 模型等湍流模型均可用于模拟萃取设备中的流场。

SSG 雷诺应力模型用于计算旋涡流体特别精确。在对雷诺应力输运方程未知项建模过程中，难免会涉及湍流尺度，因此需要额外引入湍动能耗散率方程或比耗散率方程等湍流尺度方程使模型封闭。

PBM 是对液滴群问题进行简化处理从而实现液液两相流模拟的主要方法之一，相对于界面跟踪的模拟方法，它具有更强的实用意义，研究手段较成熟，多用于气液分散体系和固液分散体系，但是在液液体系特别是萃取塔中的应用相对较少。根据模拟信息的复杂程度，PBM 可从零元到 n 元无限扩展，目前最多只进行了二元。零元粒数平衡模型求解简单，是萃取模拟中使用最多的方法；一元模型可进一步得到液滴尺寸分布，求解比零元复杂得多，在萃取塔的研究中应用相对还较少；二元模型还可进一步得到溶质浓度分布，但其复杂度大大提高，研究较少。

Drumm 等研究了转盘萃取塔。采用欧拉-欧拉模型对两相流进行了 CFD 模拟，受计算机能力限制而采用二维计算网格，以及 k-ε 模型和雷诺应力模型这两种湍流模型，其中 k-ε 模型计算得到的最大速度过低。对于两阶段仿真，使用可实现的 k-ε 模型更好。结果表明，在萃取塔中，用 PIV 实验测量技术所观察到的单相或两相流现象都可以利用 CFD 预测到。Angelov 等致力于模拟转盘和环状萃取脉冲塔中单个液滴的运动。为了在轴向分散传输模型参数(平均停留时间和轴向分散系数)下提取活塞流的值，在工业规模(D=300mm)的中试工厂中进行了实验。结果证明，关于附加质量力，回弹模型和湍流弥散模型表达式的敏感性测试与湍流弥散的计算结果不完全相符，这种计算取决于连续流湍流的模拟和模型本身两个方面。在大多数情况下，分散相的滞留率大于 15%，会影响连续相的流动，因此可以使用考虑到分散相对连续相影响的“双向耦合”方法对流体进行仿真。

Jaradat 等模拟了填料萃取塔和脉冲筛板萃取塔。采用 GFP(generalized fixed pivot)、

QMOM(quadrature method of moment)两种模拟方法用于脉冲填料萃取塔和脉冲筛板萃取塔的模拟，研究了具有固定盘和环内部的萃取塔中单相脉冲流的湍流能参数，考察了脉冲强度、平均液滴尺寸和溶质浓度剖面的影响。将 Reynolds 方程与 k-ε 湍流模型相结合获得了一系列仿真结果。该方法可以在此类型设备的研究中应用，以便获得基于能级的液滴尺寸计算关系，对于确定相间接触表面非常有效。

Bardin 等研究了圆盘和圆环脉冲萃取塔，利用数值实验处理了两阶段的非稳态模拟，以表示圆盘和圆环脉冲萃取塔中单个液滴的流体动力学行为。对于湍流问题采用了 k-ε 模型，并考虑了阻力、附加质量、压力梯度和浮力，求解了轨迹方程。结果表明，随着各相流量的增加，滞留量增加，但是分散相流量的影响大于连续相流量的影响。

国内研究者如矫彩山等也对脉冲萃取塔进行了模拟。采用标准 k-ε 湍流模型和欧拉-欧拉多相流模型，对塔中分散相的存留分数进行了二维数值模拟。同时借助 FLUENT 软件建立了脉冲萃取塔的简化模型，并将模拟结果与实验结果相比较，发现二维数值模拟在一定程度上能比较好地得到不同操作条件下脉冲萃取塔中分散相的存留分数值。

5.3.3　萃取塔模拟案例分析

5.3.3.1　问题描述

本案例(Drumm et al.，2010)对具有 50 个旋转盘接触器(rotating disc contactor，RDC)隔室、内径为 150mm 的中试装置 RDC 萃取塔进行模拟，主要模拟流场中液滴的分布，如图 5-22 所示。萃取塔的总长度超过 2m，轴直径为 54mm，隔室高度为 30mm，搅拌器直径和高度分别为 1mm 和 90mm，搅拌器速度为 250r/min 和 300r/min，定子内径为 105mm，使用水-甲苯体系，甲苯作为分散相在塔底引入，水作为连续相从顶部逆流流动。该系统在不同流量和搅拌速度下的液滴尺寸分布和持液率数据可从文献中获得，且根据液滴尺寸分布计算入口处的液滴尺寸($d_{30,\mathrm{in}}$)。对于水相和有机相，RDC 塔分别在 100L/h 和 112L/h 的通量下操作。

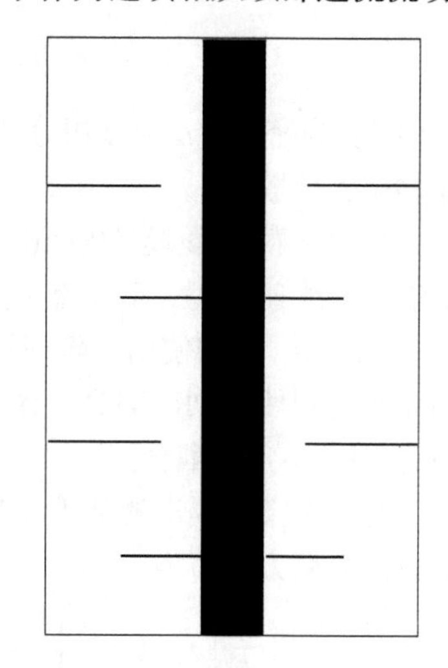

图 5-22　旋转盘接触器隔室简图

5.3.3.2　问题分析

萃取涉及多相平衡过程，萃取塔中存在大量液滴的生成、破碎和聚并。PBM 考虑了颗粒的生长、聚并、破碎和成核，适应速度和传质对颗粒尺寸的依赖性。PBM 和 CFD 的耦合会增加计算成本，采用基于 OPOSPM(one primary and one secondary particle method)的单衰减相平衡模型可以减少计算成本。由于搅拌过程中流动情况较为复杂，采用标准 k-ε 模型进行计算。

5.3.3.3　网格划分

计算模型为二维轴对称几何体，含有 85000 个四边形网格，网格尺寸为 1mm。使用速度入口和压力出口边界条件计算网格的顶部和底部，如图 5-23 所示。

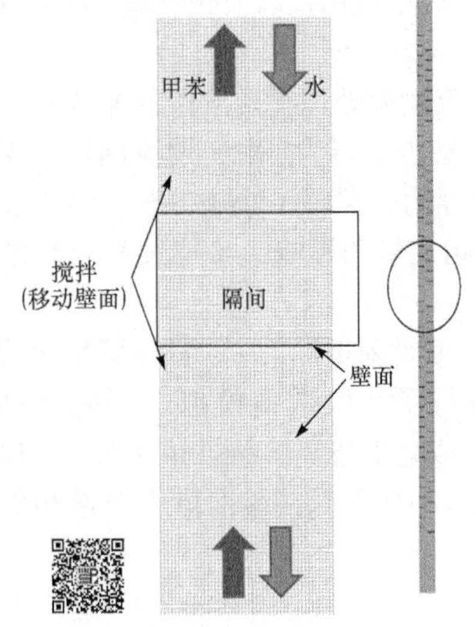

图 5-23　计算域网格

5.3.3.4　模拟过程

本案例中，基于矩量分段求积法(sectional quadrature method of moment，SQMOM)的思想，提出了衰减 CFD-相平衡模型。这里将介绍耦合的 CFD 框架，OPOSPM 是 SQMOM 的一个特例，两种技术及 Svendsen 的破损和聚结思想共同构建数学模型。

使用基于欧拉方法的双流体模型进行耦合，认为所有相在数学上都被视为相互贯通的连续体，对各相求解守恒方程。相 i 的连续性方程为

$$\frac{\partial(\alpha_i\rho_i)}{\partial t}+\nabla\cdot(\alpha_i\rho_i u_i)=0 \tag{5-84}$$

其约束为

$$\alpha_1+\alpha_2=1 \tag{5-85}$$

相 i 的动量守恒表示为

$$\frac{\partial(\alpha_i\rho_i u_i)}{\partial t}+\nabla\cdot(\alpha_i\rho_i u_i u_i)-\nabla\cdot\tau_i=-\alpha_i\nabla p+\alpha_i\rho_i g+F_i \tag{5-86}$$

曳力是连续相和分散相之间的相间力 F_i，其表示为

$$F_{\mathrm{c,d}}=\frac{3\rho_{\mathrm{c}}\alpha_{\mathrm{c}}\alpha_{\mathrm{d}}C_{\mathrm{D}}\,|u_{\mathrm{d}}-u_{\mathrm{c}}|(u_{\mathrm{d}}-u_{\mathrm{c}})}{4d_{\mathrm{d}}} \tag{5-87}$$

式中，ρ 为密度；α 为体积分数；u 为速度；d 为液滴直径，其中，下标 c 和 d 分别表示连续相和分散相。

利用席勒-诺曼模型(Schiller-Naumann model)确定阻力系数，该模型可描述液液系统中液滴最终速度。对于湍流模型，采用标准 k-ε 湍流模型、标准壁面函数和 FLUENT 混合湍流模型。最初使用一阶迎风差分格式离散对流项，用 QUICK 格式计算最终解。压力的离散化则使用 PRESTO 方法。一阶隐式方案用于时间推进，用 SIMPLE 算法在两相流中完成压力-速度耦合。

对于本案例提出的基于 OPOSPM 的单衰减相平衡模型，基于数量浓度函数 n 的一般总体平衡方程写为

$$\frac{\partial}{\partial t}[\rho_{\mathrm{d}}n(V,t)]+\nabla_{\mathrm{e}}\cdot[u\rho_{\mathrm{d}}n(V,t)]+\nabla_{\mathrm{i}}\cdot[G\rho_{\mathrm{d}}n(V,t)]=\rho_{\mathrm{d}}S(V,t) \tag{5-88}$$

式中，V 为下降体积；$S(V,\ t)$表示由生成率 B 及破裂率分别引起的破裂和融合产生的净

滴数(每单位体积)的源项；符号 ∇_{e} 和 ∇_{i} 分别为相对外部和内部坐标的梯度；G 为液滴生长速率(如由相间质量转移造成)。

液滴破裂和聚结产生的原因是液滴与液滴之间或液滴与连续相之间发生相互作用。破裂和聚结产生液滴，同时伴随着液滴的消失，因此源项可进一步扩展为

$$S(V,t)=B^{\mathrm{C}}(V,t)-D^{\mathrm{C}}(V,t)+B^{\mathrm{B}}(V,t)-D^{\mathrm{B}}(V,t) \tag{5-89}$$

破裂和聚结的频率通常是液滴尺寸、系统物理性质(其中最重要的是黏度和表面张力)和湍流能量耗散的函数。这些源项包括线性(断裂)和非线性(聚结)积分，式(5-89)是积分-偏微分方程，它的一般解析解不存在，因此需要数值近似求解。在离散化的 SQMOM 框架中，粒度(V)被分成 N_{pp}(初级粒子的数量)的连续段。这些初级粒子负责分配重建。如果分布本身的形状不具有工程意义，则可使用单个初级粒子。由于每个初级粒子与 N_{sp} 二次粒子相关联，这些粒子可用于估计低阶矩量基础分布的数量。当初级粒子的数量等于 1 时，次级粒子恰好代表积分节点。另一方面，经典分段方法需要大量初级粒子，不仅要重建分布的形状，而且要估计与分布相关的积分量，这通常导致预测精度降低。SQMOM 能够通过在每个部分中使用 N_{sp} 二次粒子来克服分段方法的此问题，可以再现 $2N_{\mathrm{sp}}$ 个低阶矩。

基于 OPOSPM 的单组衰减相平衡模型仅使用一个初级粒子和一个二次粒子，是 SQMOM 中最简单的形式，可以保留两个低阶矩，其中二次粒子可被认为是拉格朗日流体粒子。在 OPOSPM 中，二次粒子与初级粒子完全一致。由于总数和体积浓度守恒，相密度由单个粒子(假设为球形)表示，其位置由式(5-90)给出

$$d_{30}=\sqrt[3]{\frac{\pi\alpha_{\mathrm{d}}}{6N_{\mathrm{d}}}}=\sqrt[3]{\frac{m_3}{m_0}} \tag{5-90}$$

式中，N 和 α 分别为总数和体积浓度，与第三矩量、零矩量的分布有关；d_{30} 表示颗粒平均质量直径，是唯一的自适应(相对于空间和时间)积分正交节点，权重不超过 N_{d}，广泛应用在颗粒固体和气泡流动过程中。

α 的输运方程由总体平衡方程式(5-88)和式(5-89)导出，平衡方程在数学上表示数密度函数，是 $v(d_{30})$为核心的单个狄拉克 δ 函数，即 $n=N\delta[v-v(d_{30})]$，将方程式(5-88)和式 (5-89)乘以 v，并从两侧相对 v 从 0 到∞积分，获得下式：

$$\frac{\partial(\alpha_{\mathrm{d}}\rho_{\mathrm{d}})}{\partial t}+\nabla\cdot\left[\alpha_{\mathrm{d}}\rho_{\mathrm{d}}u_{\mathrm{d}}(d_{30})\right]=\rho_{\mathrm{d}}G(d_{30})N_{\mathrm{d}} \tag{5-91}$$

式中，G 为相间传质的液滴生长速率(假设在这项工作中可以忽略不计)。

另一方面，数量浓度传输方程可以通过式(5-92)设定

$$n=N\delta\left[v-v(d_{30})\right] \tag{5-92}$$

同时，对 v 从 0 到∞积分方程式(5-88)和式(5-89)的两侧，获得下式：

$$\frac{\partial}{\partial t}(\rho_{\mathrm{d}}N_{\mathrm{d}})+\nabla\cdot\left[\rho_{\mathrm{d}}u_{\mathrm{d}}(d_{30})N_{\mathrm{d}}\right]=\rho_{\mathrm{d}}S \tag{5-93}$$

式(5-93)出现的源项说明了液滴的破裂和聚结

$$S=\left[n_{\mathrm{d}}\left(d_{30}\right)-1\right]g\left(d_{30}\right)N_{\mathrm{d}}-\frac{1}{2}a\left(d_{30},d_{30}\right)N_{\mathrm{d}}^{2} \tag{5-94}$$

式中，n_d为由破损导致的子颗粒的平均数量；g 和 a 分别为破损和聚结的内核(频率)。

与常见的解决方法如 QMOM 和 SQMOM 相比，OPOSPM 的源项非常简单。CM(the classes methods)和 QMOM 的源项通常由积分、求和或向量和矩阵乘法求解。由于只对液滴总数感兴趣，因此子液滴的分布函数隐式表示，由 n_d 反映，通常 n_d 为母液滴尺寸的函数。聚合核心也是如此，只有相等大小液滴的碰撞满足 $a(d_{30}, d_{30})$。相平衡方程由两个传递方程表示，包含整体液滴的数量和体积。通过增加此部分初级粒子的数量或次级粒子(正交节点)的数量，可以提高方法的准确性。

对于不考虑相间质量传递的液液问题，式(5-91)与双流体模型中的方程相同。因此，对于 CFD 中的 PBE 的解，仅需一个总数浓度方程[式(5-92)]的附加传递方程。为了与流体动力学进行双向耦合，在每个时间步长中计算 d_{32}(表面平均直径)并将其带回阻力[式(5-88)]中。由于第二矩量(液滴表面积)不可用，可根据可用的 d_{30} 进行不同耦合。在数学上这比使用 d_{32} 可能更合乎逻辑，因为 d_{30} 是自然正交节点，而 d_{32} 不是。当第三矩量为 1 时，d_{30} 简化为

$$d_{30}=\sqrt[3]{\frac{1}{m_0}} \tag{5-95}$$

FLUENT 中用户定义的标量包含零矩量。从 FLUENT 求解器返回每个网格的聚结和断裂源项中的控制值(如湍流能量耗散 ε 或体积分数 α)。式(5-91)和式(5-93)中的速度 u_d 通过 Navier-Stokes 方程求解，因此，确保了 CFD 和 PBM 之间的完全双向耦合。

Luo 和 Svendsen 的模型描述了液滴破裂和聚结，Drumm 等也使用了此模型。本案例在中试塔中研究该模型。当引入取值为 0.1 的聚结恒定比例因子时，该模型的液滴尺寸分布和 Sauter 平均直径 d_{32} 结果良好，具体如下：

$$a(d_{30},d_{30})=0.1a_{\text{L-S}}(d_{30},d_{30}) \tag{5-96}$$

式中，$a_{\text{L-S}}$ 为 Luo & Svendsen 模型常数因子。

5.3.3.5　结果与讨论

1. 测试案例：五室 RDC 段

作为测试案例，本案例模拟了中试柱的五室段，目的是确定基于 OPOSPM 的单衰减相平衡模型的可用性，探究不同液滴直径(d_{32} 和 d_{30})对双向耦合的影响。将单方程模型的预测结果与一般的 QMOM 的结果进行比较，发现两种模型得到的 d_{30} 值大致相等，所有差异都可归因于目前的单节点积分正交和多节 QMOM 正交的准确性差异。其次，研究了使用 d_{30} 而非 Sauter 平均直径 d_{32} 与式(5-87)耦合产生的差异，用式(5-94)模拟甲苯-水体系和断裂-聚结的恒定源项，对在分散相入口处的单峰液滴尺寸分布进行假设。直径 d_{30} 和 d_{32} 的截面底部相等(d_{30}=d_{32}=2.66)。采用层流分析验证现有新模型。

图 5-24 为恒定断裂核(g=0.2)的平均直径预测结果。结果表明，两种方法中直径 d_{30}

的值大致相等。此外，Sauter 平均直径 d_{32} 在 QMOM 中不同，因此，与新模型流体动力学的耦合也不同。

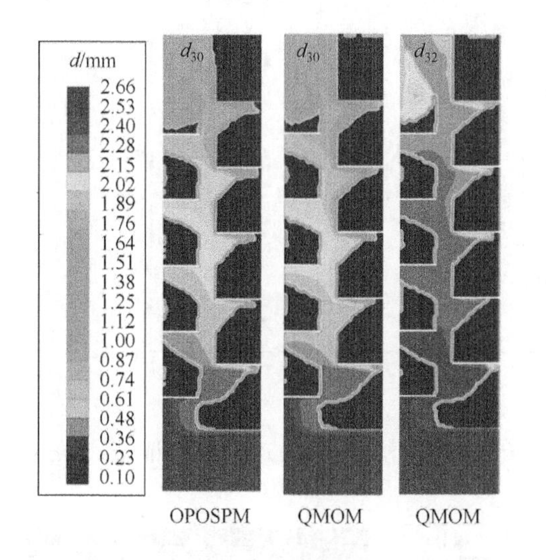

图 5-24 OPOSPM(d_{30})和 QMOM(d_{30} 和 d_{32})的比较

图 5-25 d_{30} 和 d_{32} 对流动仿真结果的影响

图 5-25 描绘了式(5-87)的不同耦合对流体动力学的影响。d_{30} 小于 d_{32}，故单衰减相平衡模型(d_{30})的分散相体积分数略高。由式(5-87)可知，曳力与平均液滴直径近似成反比，因此选择 d_{30} 会带来大曳力，且分散相持续时间增加。

2. 全面中试柱模拟

使用 FLUENT 6.3 作为 CFD 求解器，用单衰减相平衡模型作为相平衡模型，模拟 RDC 类型的完整中试萃取塔。使用标准 k-ε 湍流模型结合欧拉双流体方程模拟液液流动。为求解 PBM，在 FLUENT 中引入单衰减相平衡模型以及 Luo & Svendsen 的修正模型。以甲苯-水作为研究体系，并将其模拟结果和实验数据进行比较。

图 5-26 显示在搅拌速度为 250r/min 条件下入口和出口液滴尺寸分布的实验数据以及模拟所得到的 d_{30} 和 d_{32} 的计算值。由于甲苯-水体系具有较高表面张力，聚结受到阻碍，因此在 250r/min 下主要发生液滴破裂，出口处的平均液滴直径 d_{30} 小于入口处的平均液滴直径 d_{30}。将入口处的实验平均液滴直径 $d_{30,\text{in}}$ 视为入口边界条件，并将出口平均液滴直径的预测值与出口处的实验值进行比较。平均液滴直径从 $d_{30,\text{in}}$=4.28mm 减小到 $d_{30,\text{out}}$=3.03mm，与实验出口平均液滴直径 $d_{30,\text{out}}$=2.95mm 非常接近。由式(5-94)给出的 PBM 源项在计算 50 个隔室的容积时使用，但在计算相入口和出口附近的顶部和底部体积区域时未使用。在使用源项区域中，聚结剧烈导致液滴尺寸增加，隔室内平均液滴直径 d_{30} 的分布云图见图 5-27，显然液滴在搅拌器尖端附近破裂，导致平均液滴直径约为 2mm。

液滴体积分数的变化如图 5-28 所示。很明显，液滴积聚在定子下面，主要通过隔室中间移动。该模型再现了 RDC 隔室内的液滴运动，其中液滴在定子下积聚并在搅拌桨叶尖端处破碎。

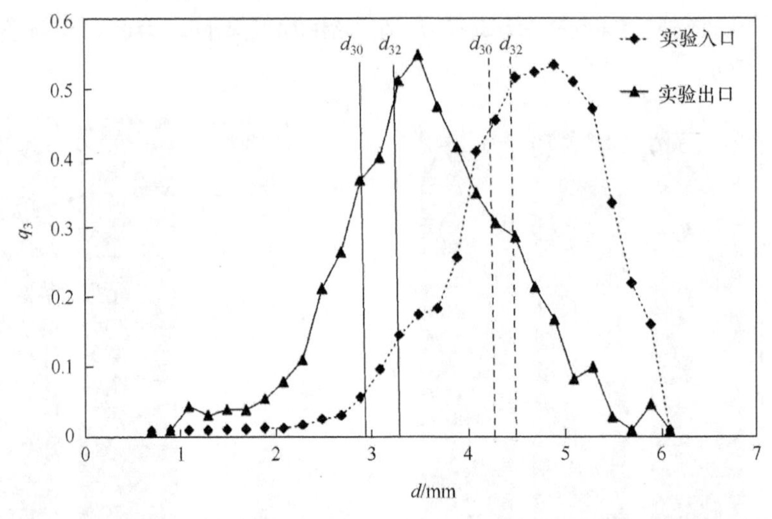

图 5-26　搅拌速度为 250r/min 的条件下实验入口和出口的液滴尺寸分布及计算得到的 d_{30} 和 d_{32}

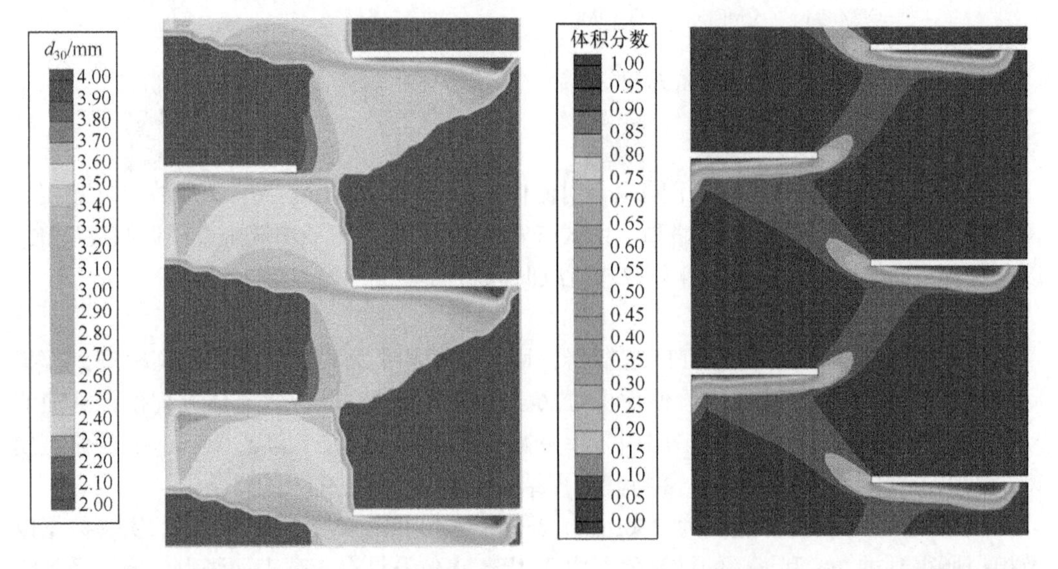

图 5-27　搅拌速度为 250r/min 条件下隔室内平均液滴直径 d_{30} 分布云图

图 5-28　搅拌速度为 250r/min 条件下液滴体积分数分布云图

本案例还比较了在 300r/min 下预测的和实验所得的平均液滴直径 d_{30}。平均液滴直径实验值与预测值的总偏差变得更高，但仍然低于 20%。出口处预测的平均液滴直径 d_{30} 约为 2.7mm，而实验值为 2.32mm。表 5-10 中给出了在 250r/min 和 300r/min 的搅拌速度下模拟和实验所得的平均液滴直径和液滴体积分数的数据。实验数据和模拟数据的对比如图 5-29 所示。

表 5-10　RDC 塔顶部和底部模拟和实验所得的平均液滴直径及液滴体积分数

参数	搅拌速度/(r/min)	
	250	300
$d_{30,in}$/mm	4.28	4.11
$d_{30,out,exp}$/mm	2.95	2.32
$d_{30,out,sim}$/mm	3.03	2.70
液滴体积分数实验值	8%	10.7%
液滴体积分数模拟值	7.4%	8.6%

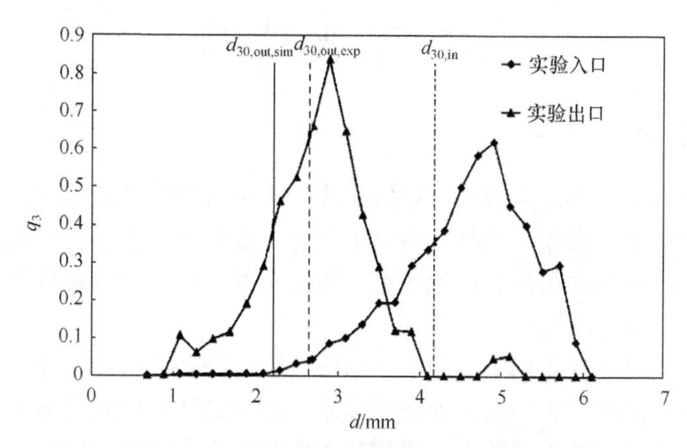

图 5-29　300r/min 下模拟和实验所得的平均液滴直径 d_{30}

衰减相平衡模型的显著作用是明显减少计算时间。表 5-11 比较了使用单个 CPU 执行单个任务(时间步长为 0.05s，4000 个时间步，实际进程时间为 200s)的 OPOSPM、QMOM(6 个矩方程)和 CM(30 个尺度段)所需的计算时间。很明显，使用单衰减相平衡模型的 PBE 计算时间略长于无 PBM 的计算。原因是除用户定义的破损和聚结核心函数外，FLUENT 中只定义了一个传输方程。6 个矩方程的 QMOM 模型的计算时间加倍，含 30 个尺度段的 CM 模型耗费的 CPU 时间则增加了 5 倍。

表 5-11　执行单个任务的 OPOSPM、QMOM(6 个矩方程)和 CM(30 个尺度段)的计算时间比较

	搅拌速度/(r/min)	
	1 个时间步长，25 次迭代	4000 个时间步，时间步长为 0.05s
QMOM，6 个矩方程	64s	71h
CM，30 个尺度段	160s	178h
OPOSPM	34s	38h
无 PBM	32s	36h

5.3.3.6　总结

本案例对萃取塔进行了模拟。在此问题中，由于PBM模型和CFD耦合计算成本高，因此采取了一种基于OPOSPM方法的单衰减相平衡模型。作为双向耦合的手段，单衰减相平衡模型为基于平均液滴直径 d_{30} 的CFD中PBM的解提供了单方程模型求解的可能性。单衰减相平衡模型建立了多相流体模型的基础，与连续相平衡方程具有内部一致性，展示了由不同平均液滴直径(d_{30} 或 d_{32})引起的耦合差异，并且CFD与单衰减相平衡模型的耦合可以对其进行快速有效的模拟。对萃取塔的模拟，除本案例使用的单衰减相平衡模型外，还可以使用VOF模型和PBM模型等。CFD模拟技术将在萃取过程的研究与设计中发挥越来越多的作用。

5.4　工业结晶

5.4.1　工业结晶简介

结晶是物质以晶体形态从溶液、熔融物或气相中析出的相变过程，是获得固态纯净物质的一种基本的单元操作。结晶具有以下特点：能够从含有多种杂质的溶液或者熔融物中分离出高纯或超纯的晶体，可用于难分离物系的分离，操作条件温和，能耗低，生产规模可大可小，且对环境污染小。

尽管工业结晶被广泛应用于大化工、精细化工、制药与食品工业、现代生物技术领域等生产过程中，但其过程中所涉及的固液多相流复杂体系的理论基础还有待完善，结晶工艺、设备的设计与放大传统上主要依赖于实验工作和经验，因此，为结晶过程提供可靠的放大依据仍是研究工业结晶过程中长久挑战之一。

5.4.1.1　主要的结晶方法

1. 溶液结晶

溶液结晶是指物质在溶液中达到过饱和状态，析出得到晶体的过程。根据获得过饱和溶液方法的不同，其可分为冷却结晶法、蒸发结晶法、真空结晶法、盐析结晶法和反应结晶法。冷却结晶法是对溶液进行降温，使其达到过饱和状态而析出晶体，溶剂基本无损失，也称为冷析结晶法，主要用于溶解度随温度降低而显著降低的物系。蒸发结晶法是在常压、加压或减压下加热蒸发脱除溶液中的部分溶剂，使溶液浓缩达到过饱和状态析出晶体的方法，适用于溶解度随温度降低而变化不大或具有逆溶解度特性的物系，如利用太阳能晒盐就是一种典型的蒸发结晶过程。但蒸发结晶法耗能较多，加热面容易结垢，因此为了节省能源，常采用多效蒸发。真空结晶法是使溶液在真空状态下绝热蒸发，脱除部分溶剂，溶剂以汽化热的形式带走一部分热量，使溶液温度降低以达到过饱和状态而析出晶体。该方法实质上是将冷却和蒸发两种方法结合起来同时进行，适用于随温度的升高溶解度以中等速度增大的物质，如硫酸铵、氯化钾等。

2. 熔融结晶

熔融结晶是根据待分离物质之间凝固点的不同而实现物质分离的过程。表5-12为溶液结晶和熔融结晶的对比。

表5-12 溶液结晶与熔融结晶过程的比较

比较项目	溶液结晶	熔融结晶
原理	冷却或除去部分溶剂，使溶质从溶液中结晶	利用待分离物质凝固点的不同，使其得以结晶分离
操作温度	取决于物系的溶解度特性	在结晶组分的熔点附近
推动力	过饱和度	过冷度
主要控制因素	传质及结晶速率	传热、传质及结晶速率
目的	分离、纯化、产品晶粒化	分离、纯化
产品形态	呈一定分布的晶体颗粒	液体或固体
结晶器形式	釜式为主	釜式、塔式或箱式

近年来，化工产品市场的竞争日益激烈，对化工产品的质量要求不断地提高，尤其一些精细化工、电子行业、航天业需要高纯甚至超纯的化学品，同时要求成本不断降低，给分离技术提出了更大的挑战，促进了熔融结晶的发展。

熔融结晶不仅具有结晶分离所共有的优点，相比于其他结晶方法，还具有操作温度低、设备投资成本低、无需外加溶剂等特点。

3. 升华结晶

升华是指物质不经过液态而直接从固态变成气态的过程，反升华则是气态物质直接凝结为固态的过程。升华结晶过程通过物质升华后再反升华，最终把易升华组分从其他不升华组分的混合物中分离出来，如碘、萘、樟脑等物质的分离提纯过程。

4. 沉淀结晶

沉淀结晶主要包括反应结晶、盐析结晶和反溶剂结晶三种工艺。反应结晶是指伴随着化学反应进行，反应产物在液相中的浓度逐渐变大，达到过饱和状态，最终产生晶核并迅速成长为纳米或微米级晶体颗粒的结晶方法。反应结晶主要适用于物质间可以发生反应，且生成的产物溶解度小的体系，广泛应用于医药工业和精细化工中。例如，盐酸普鲁卡因与青霉素G钾盐反应结晶生产普鲁卡因青霉素，青霉素G钾盐与二苄基乙二胺二乙酸反应结晶生产苄星青霉素等。反应结晶过程一般存在反应速率过快而生成过多晶核，从而导致产物晶粒较小的问题。

盐析结晶或反溶剂结晶则是通过向溶液中加入盐析剂或反溶剂，降低溶质在原溶剂中的溶解度，从而使溶液达到过饱和状态而析出晶体。盐析结晶在工业生产中的应用十分广泛，最著名的例子是联碱法中以NaCl作为盐析剂生产NH_4Cl。

5. 其他结晶方法

除上述四类结晶方法外，化工生产中还会采用一些其他的特殊结晶方法，如喷射结晶、冰析结晶等。喷射结晶类似于喷雾干燥过程，是将浓溶液中的溶质或熔融物固化的方式。冰析结晶一般采用冷却的方法，使得溶剂结晶而不是溶质结晶，如海水脱盐制取淡水、果汁的浓缩等都用到冰析结晶。

5.4.1.2 结晶器

结晶器是结晶过程中的常用设备，按照溶液达到过饱和状态的方式，其可以分为蒸发结晶器、冷却结晶器和真空结晶器；按照流动流体类型，则可以分为母液循环型结晶器和晶浆循环型结晶器。现代工业中常用的结晶器有奥斯陆(Oslo)结晶器、Messo 湍流结晶器、强制循环(forced circulation，FC)结晶器、DTB(draft-tube and baffle)结晶器及 DP 型结晶器等。

5.4.2 工业结晶应用模型

在结晶过程中会有固相的生成，出现固液两相，因此可以使用多相流模型对其进行模拟。但是晶核的形成又会对流体形成影响，为了将这种影响耦合到结晶模拟中，开发出了离散相模型，应用最多的就是 PBM 模型，其中矩法是求解 PBM 模型最主要的方法。

5.4.2.1 多相流模型

结晶过程是涉及固液两相甚至气液固三相的复杂过程，仅使用湍流模型来对结晶进行 CFD 模拟的精度不能满足需求，因此为了更直观地考察结晶过程中的晶体运动，并得到比较准确的粒度分布等结晶参数，有必要开发适用于结晶过程的多相流模型。

结晶中涉及两相流的研究主要分为两种：一种是将流体作为连续相而颗粒群作为离散相，另一种是将颗粒群也视为连续相或者拟流体。由此引入拉格朗日坐标和欧拉坐标两种坐标系：拉格朗日坐标是以变形前的初始坐标为自变量，也称为物质坐标；欧拉坐标则是以变形后的瞬时坐标为自变量，也称为空间坐标。结晶中采用的多相流模型主要有拉格朗日离散相模型、VOF 模型、混合模型和欧拉模型。

1. 拉格朗日离散相模型

拉格朗日离散相模型是第一类模型，可以求解连续相的输运方程，还可以在拉格朗日坐标系下求解离散相。利用该模型模拟结晶过程，可以得到晶粒的运动轨迹和颗粒间的热量、质量传递、相间耦合对连续相和离散相的影响。离散相模型规定离散相的体积分数一般小于 12%，但是质量分数可以超过 12%，即离散相的质量流率可以大于连续相。另外，该模型未考虑颗粒之间的相互作用，以及晶体体积分数对连续相的影响。

2. VOF 模型

VOF 模型是通过求解穿过区域的每一流体的体积分数以及单独的动量方程来模拟两相流。利用体积率函数表示流体自由面的位置和该相流体所占的体积。例如，某相的体积率为 0，则表示该区域无此相，若为 1 则表示全部为此相，如果介于二者之间，则表示该区域有两相交界面。VOF 模型的假设简单，计算成本低，但很显然在结晶中的精度也会很低，因此并不常用。

3. 混合模型

混合模型是一种简化的多相流模型，可以用于模拟具有不同速度的多相流，同时规定在空间微元上可以达到局部平衡。因此，该模型体现了相间的耦合作用，可以用于相间作用强烈或者相同速度运动的多相流。但是混合模型中相界面特性体现得少，扩散和脉动难以处理，因此更多的是在特定情况下视为欧拉模型的替代模型，当求解变量的个数较少时，混合模型计算成本低、精度良好。

4. 欧拉模型

欧拉模型是第二类模型，它将离散相也视为一种拟流体，因此可以模拟多相分离流以及相间的相互作用。欧拉模型中的两相均具有各自的速度、温度、密度和体积分数，同时存在相互渗透和滑移。混合模型和欧拉模型都适用于离散相体积分数超过12%的情况，并且欧拉模型在区域内存在相间曳力时能得到更为精确的结果。

5.4.2.2　矩法

利用矩法求解结晶过程粒度衡算方程(PBE)是目前与CFD耦合求解应用最多的方法。使用矩法求解PBE方程，并不是跟踪数密度函数，而是通过在内部坐标上积分的矩来跟踪。对矩法的详细介绍可参考2.4.3.3节中的内容，这里不再赘述。

5.4.2.3　隔室模型

现有的结晶过程模拟以输入-输出型为主，模拟的重点在结晶过程本身，并将结晶器视为理想的混合容器。但实际上，结晶器的尺度、形状都会对结晶造成很大的影响，结晶器内无法达到理想的完全混合，存在温度、过饱和度和颗粒浓度的分布，导致结晶器不同部位的过饱和度水平存在较大差异，针对结晶器的这一特点，可以采用隔室模型对其进行模拟。

隔室模型是将结晶器按照不饱和度、温度、粒度等性质进行分区，将其体积划分为有限个分区，将每个分区视为一个均质单元，每个均质单元内部的流体性质相近，模型的参数可以根据每个单元的性质进行调整。此外，还可以选择更加灵活的投入产出结构。隔室分区的数量、体积和位置由工艺条件和结晶器的几何结构决定，在结晶器的设计过程中应该尽量减少各隔室内的函数或方程。图5-30为隔室模型的一般形式，该模型除了对结晶器进行合理的区域划分，还必须处理好不同隔室之间的连接流，并考虑与辅助设备之间的流动。

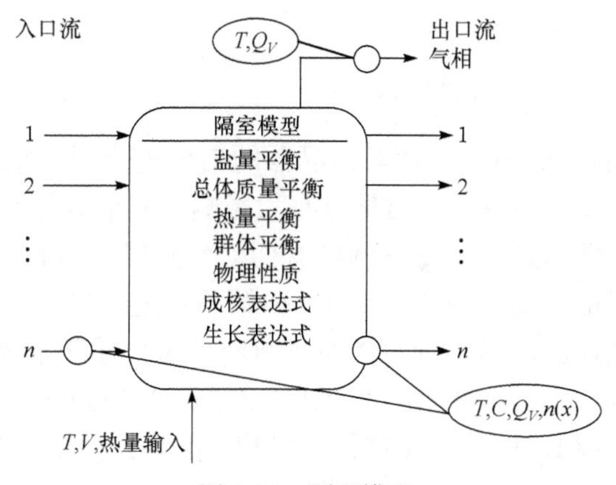

图5-30　隔室模型

采用隔室模型并不只是因为结晶器结构复杂，另一原因是直接对结晶器进行模拟的计算成本很高，再加上 PBE 方程求解难度的限制，对于结晶器整体建模就显得非常困难，因此可以引入分区解决。使用隔室模型的最大优势在于，CFD 可以与结晶动力学方程、粒度平衡方程等相结合，得到一种在结晶器放大时可以比较准确地预测结晶行为的有效方法。

5.4.3 CFD 在工业结晶中的应用

目前，CFD 方法已经在结晶中得到了广泛应用，本节主要从不同结晶方法的模拟和不同类型结晶器的模拟两方面进行介绍。

5.4.3.1 对不同结晶方法的模拟

结晶过程中采取不同的操作条件对于最后晶体质量的影响很大。Kougoulos 等开发了隔室模型，与结晶动力学、粒数平衡方程以及质量、热量传递方程相结合，模拟了间歇冷却结晶过程，并为两种间歇式结晶器构建了详细的隔室模型，结果表明隔室模型在冷却结晶过程中的模拟精确度很高。将结晶器分成有限的区域，每个区域中的溶液过饱和度、晶粒等均匀分布，基于这些原则所获得的动力学模型参数可以用于工业尺寸结晶器的放大过程。为了模拟非完全混合悬浮的连续结晶过程，Sha 等采用 PBM 对结晶过程进行了模拟，假设不同尺寸的晶体分布不同，研究了结晶器结构、搅拌强度和产品出口位置对连续结晶过程的影响。

在工业结晶过程中，反应沉淀结晶占有重要地位，因此大部分的 CFD 模拟集中在反应结晶过程。Wei 等在 1997 年首次将粒数衡算方程和结晶成核与生长动力学集成到 CFD 之中，借此对反应结晶进行了模拟，得到了结晶器内溶液过饱和度和晶体的分布，并且模拟了不同的操作条件如进料流量对于产品质量的影响。此后，Jaworski 等利用 PBM 和多重参考系模拟了连续沉淀结晶过程，得出了平均停留时间和形状因数对晶体尺寸影响很大的结论；Wei 等模拟了半连续的反应结晶过程，研究了搅拌速度和进料位置对于结晶器的影响，以及过饱和度分布对晶体尺寸的影响，优化了半连续结晶器的设计。Vicum 等模拟了半间歇结晶器的反应时间，得出了反应结晶的反应时间往往小于混合时间的结论。

5.4.3.2 对不同类型结晶器的模拟

CFD 在结晶中的模拟很多是针对结晶器的结构进行的，结晶器的几何形状、配置、操作条件及放大效应都对产品质量有很大影响。工业结晶器的设计因缺乏合理的放大规则以及流体力学信息和动力学的结合而受到阻碍，因此利用 CFD 研究结晶器是十分有用的。Wantha 等使用 CFD 对 DTB 结晶器进行建模，研究结果表明可以通过改变流体流速、搅拌速度等得到窄的粒度分布，可以用于预测结晶器的真实情况，从而改进结晶器的设计。朱振兴等利用 CFD 方法，采取拉格朗日离散相模型，对于工业尺寸的硫酸铵连续 DTB 结晶器进行了模拟，获得了一种合理的结晶器放大方法。

5.4.4 反应结晶模拟案例分析

5.4.4.1 问题描述

本案例(Wei et al.，2001)利用 CFD 模拟半间歇反应釜中硫酸钡反应沉淀结晶过程。该半间歇反应结晶器为实验室规模并带有四个垂直挡板的搅拌釜，桨叶为一组六叶涡轮桨。结晶器主要尺寸如图 5-31 所示。沉淀反应体系为 $BaCl_2 + NaSO_4 \longrightarrow 2NaCl + BaSO_4\downarrow$。初始时釜中存有 2.46L 初始浓度为 0.01626mol/L 的硫酸钠(B)反应液，在给定的批次反应时间 180s 内，以特定流速将 40mL 浓度为 1.0mol/L 的氯化钡溶液(A)连续加入结晶器中，三种不同的搅拌速度为 150r/min、300r/min 和 600r/min，其对应的叶轮雷诺数($\rho ND^2/\mu$)分别为 6250、12500 和 25000。本案例旨在探索三维半间歇反应结晶器中流动特性对晶体性能的影响。

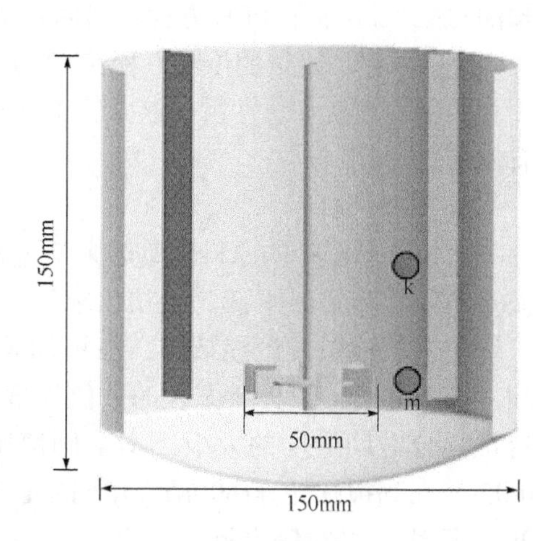

图 5-31　结晶器计算域几何尺寸

5.4.4.2 问题分析

由于该体系的流动为强旋流，本案例选取湍流模型；模拟搅拌釜中的搅拌常用方法有两种，即 MRF 模型和滑移网格模型；结晶是典型的固液两相体系，应采用多相流模型，但是在大多数反应沉淀结晶过程中颗粒粒径非常小(通常小于 10μm)，固体对流场的影响可以忽略不计，因此可使用单相流模型，认为颗粒随着流体一起流动。

5.4.4.3 解决方案

1. 几何建模和网格划分

根据条件建立几何模型，三维计算域由非结构化六面体单元离散化，因为六面体单元引入的数值扩散误差小于四面体单元。计算域划分为 201626 个六面体网格单元，利用这种网格尺寸，可以定量精确预测这种规模大小的反应结晶器的速度场。为减少计算量，进料管没有进行网格划分，在进料位置引入动量源和标量源以模拟进料。由于网格密度的限制，CFD 模拟中使用的等效进料管直径是实验中的 4 倍。

2. 模拟过程

1) 模型

本案例采用滑移网格模型对旋转搅拌桨驱动的流场进行时间精确求解，因为传统的稳态方法如动量源模型或“快照”方法无法解决这一问题，借助滑移网格模拟搅拌桨和挡板之间的相互作用，不再需要描述叶轮搅拌桨叶边界条件。在滑移网格模型中，使用两个单元区域，在计算期间，两个单元区域沿着网格界面相对于彼此移动。

为了准确模拟强旋流的湍流流场，选取 RNG k-ε 模型描述湍流，因此本案例涉及的输运方程是雷诺平均的。建模过程中忽略微观混合、团聚等影响，但在实际运用中，尤其是高过饱和度时，这些影响可能是某些特定系统中的重要动力学效应。

晶体粒度分布(crystal size distribution，CSD)是表征产品质量的重要参数之一，为了预测 CSD 需要求解 PBE 方程，然而直接求解 PBE 非常复杂，因此本案例中采用矩变换方法进行求解。矩量的传输方程在 FLUENT 中作为标量传输方程求解，分布的矩代表了固相的平均性质和总性质，该方法求解了这些矩的输运方程，对工程和设计与放大提供有用信息。

2) 其他条件

初始结晶器中的原料质量远大于进料量(小于总质量的 2%)，因此忽略进料位置处的质量源以保持质量平衡。最初仅求解流动方程即可获得准稳态流场，然后在进料点加入氯化钡溶液引发沉淀结晶，在添加源之后同时求解流动方程和标量方程，较大的时间步长可能会导致标量方程的数值发散，因此必须谨慎选择时间步长。考虑到结晶器中特征混合时间尺度的大小，本案例使用的时间步长在低搅拌转速(150r/min)下固定为 0.05s，在高搅拌转速(600r/min)下固定为 0.02s。此外，求解器允许每个时间步长进行 20 次迭代，以确保收敛。

5.4.4.4　结果与讨论

本案例研究了配有 Rushton 搅拌桨的结晶器内的流场特征，对过饱和度与 CSD 的瞬态行为进行模拟与分析，考察了搅拌转速及进料位置对晶体尺寸分布的影响。

1. 流场特征

众所周知，Rushton 搅拌桨使流体沿径向喷射流动，在搅拌桨下方和上方形成两个循环回路。图 5-32 显示了上述反应沉淀结晶器在搅拌速度为 150r/min 时的流场。

本案例分析了 m 和 k 两个进料位置(图 5-31)的情况，m 靠近 Rushton 搅拌桨叶尖附近并且处于高混合强度的径向喷射流区域中，k 位于预期混合不良的结晶器上部循环回路内。

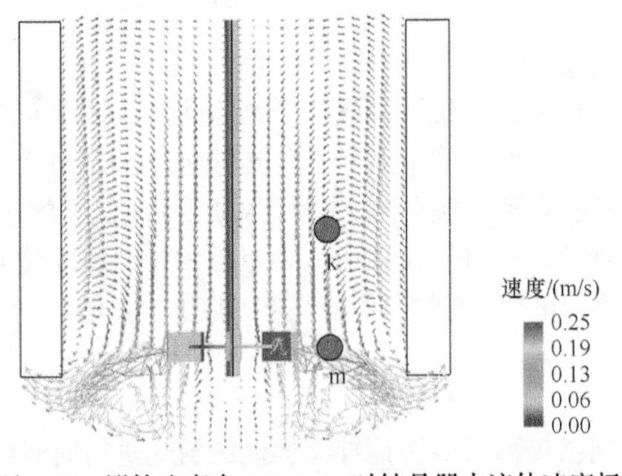

图 5-32　搅拌速度在 150r/min 时结晶器内流体速度场

2. 过饱和度与 CSD 的瞬态行为

半间歇反应结晶过程是一种与时间相关的操作。对于涉及快速反应的沉淀结果过程，反应之间的相互作用、结晶动力学和混合都随时间、空间的变化而变化，并且直接影响过饱和度和 CSD 的瞬态行为。图 5-33 显示搅拌速度为 150r/min 时结晶器内不同时刻的过饱和度分布情况。进料管附近的高过饱和区在形状和体积上在间歇加料过程中始终保持相似。有效反应区与高过饱和区一致，高过饱和区占整个结晶器体积的比例非常小。其中微观和亚微观混合效应是显著的。这些结果提示未来可以将微观混合和亚微观混合模型只应用于这个局部区域而不是整个计算域，以节省计算时间。

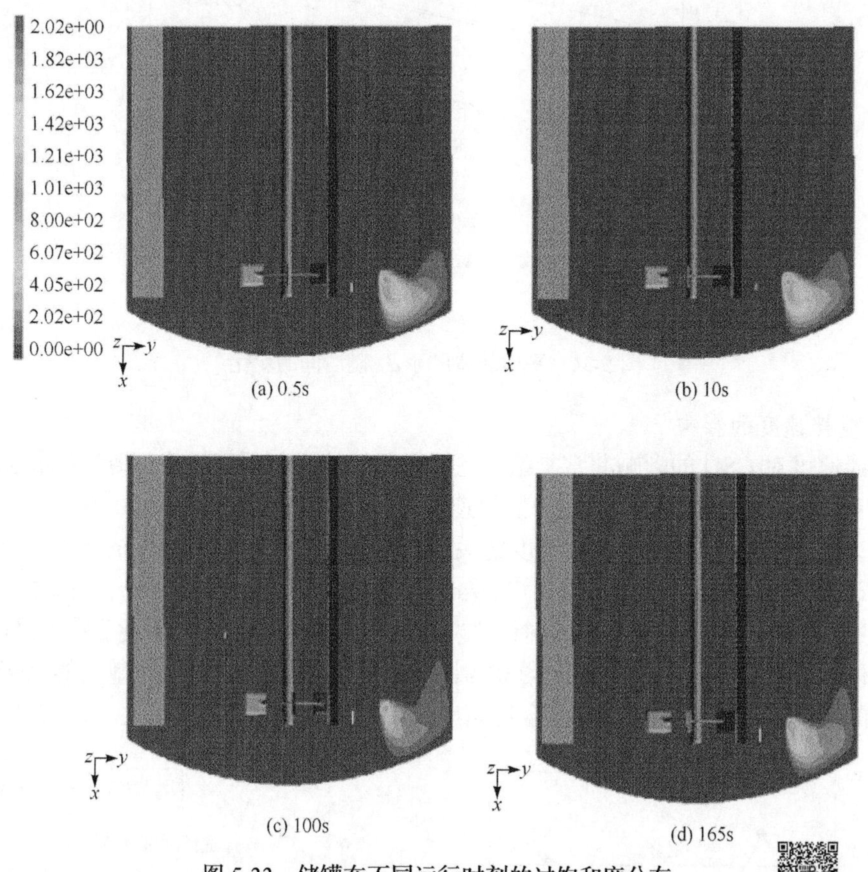

图 5-33　储罐在不同运行时刻的过饱和度分布

即使在有效反应区，过饱和的空间分布仍然非常不均匀。局部流体力学条件对于确定过饱和度分布及 CSD 至关重要。CFD 模拟计算结果比理想混合模型预测有更多晶体生产，理想混合模型假设进入结晶器内的各个组分立即被完全均匀混合，在此假设下，整个结晶器的过饱和度水平都非常低，成核都是在异相成核机制下低速率成核。然而，在 CFD 模拟中，局部过饱和水平可能高达 2000(图 5-33)，混合极其不均匀，因此会引起均相成核($BaSO_4$ 均相成核的临界过饱和度约为 1000)。成核速率随过饱和度呈指数增加，因此会生成更多的晶体颗粒数。

在该案例研究中，预测的平均晶体尺寸 d_{32} 也随着初始阶段的操作时间线性增加，如图 5-34 所示。线性函数的形式为 $d_{32}=C_1+C_2t(t>50s)$，其中常数 C_1 随搅拌速度而变化且由混合强度确定，常数 C_2 与搅拌速度无关。搅拌速度为 600 r/min 的罐中的平均晶体尺寸与完美混合模型预测的尺寸几乎以相同的方式增加，所以可以通过改变搅拌速度来改善混合过程。因此，在具有高搅拌速度(>600r/min)的结晶器中预测的产品质量和由完美混合模型预测的产品质量近似。

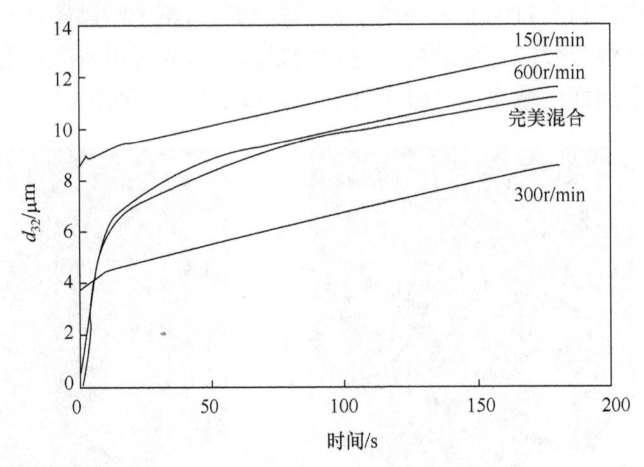

图 5-34　平均晶体尺寸 d_{32} 随时间的变化

3. 搅拌速度的影响

搅拌速度对 CSD 的影响非常复杂。这种复杂的效应归因于反应、结晶和混合三方之间的相互作用。本案例中研究了三种搅拌速度(150r/min、300r/min 和 600r/min)。图 5-35(a)为 180s 时的平均晶体尺寸与搅拌速度的关系，平均晶体尺寸从 150r/min 下的 13μm 减小至 300 r/min 下的约 8.5μm，然后在 600r/min 下增加至 11.2μm。CFD 模拟低估了进料管周围的过饱和度，使用较大直径的虚拟进料口可以均衡过饱和度，因此，在 CFD 模拟中平均晶体尺寸被过度预测[对比图 5-35(b)中的实验数据]。完美混合模型不能用于考察搅拌速度的影响，因为该模型假定混合均匀度为 100%，与搅拌转速无关。

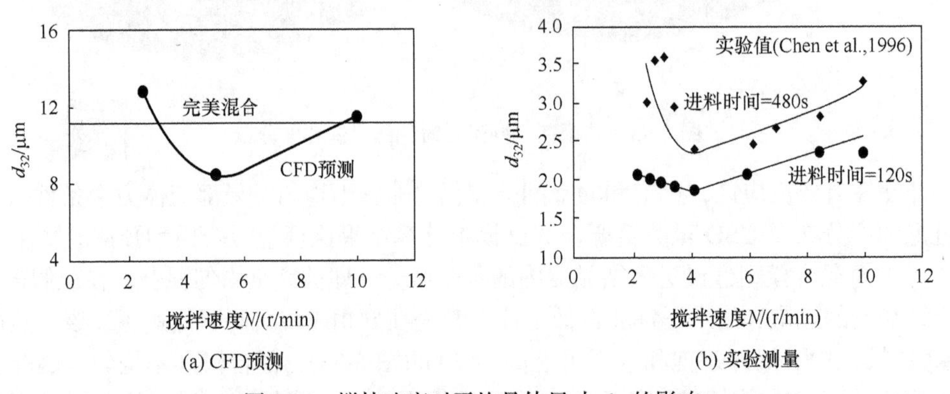

图 5-35　搅拌速度对平均晶体尺寸 d_{32} 的影响

在实验和 CFD 模拟中，在 d_{32} 和搅拌速度之间的关系中观察到搅拌速度的临界值 Ncrit。对于 Ncrit，平均晶体尺寸是最小的。这种现象可以通过混合与晶体成核和生长动力学之间的相互作用解释。平均晶体尺寸由成核和生长之间的竞争决定，这两者都取决于过饱和度。非常高的过饱和度更有利于成核而非生长，其将产生大量较小的晶体。在过饱和临界值之上尤其如此，均相成核开始比异相成核占优势。另一方面，对于半间歇沉淀反应结晶器，微小晶核或细晶在过饱和区域中的停留时间也具有影响。如图 5-36 所示，搅拌速度会影响过饱和的峰值水平和过饱和区域的大小，从而影响晶核和晶体经过高过饱和区域的停留时间，并进一步以一种复杂的方式影响晶体的粒度分布。

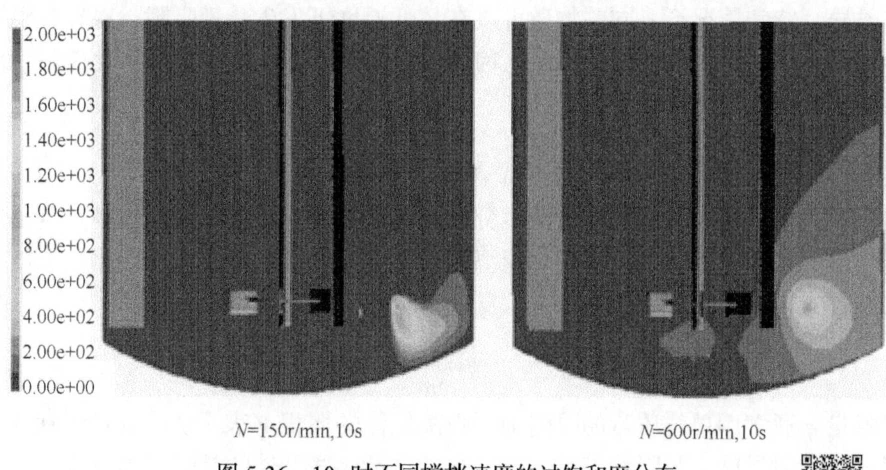

图 5-36　10s 时不同搅拌速度的过饱和度分布

5.4.4.5　总结

本案例成功开发了利用 CFD 技术的半间歇沉淀反应结晶器的模型。详细讨论了 CSD 的瞬态行为和过饱和度分布，以及结晶动力学和混合之间的相互作用，展示了 CFD 建模如何成为指导半间隙反应结晶器优化操作和设计的有效工具。此外，研究了搅拌式反应器中流体动力学(以搅拌速度和进料位置为代表)对过饱和度分布以及晶体粒度分布的影响。在对结晶的 CFD 模拟中，最常用的模型为多相流模型和 PBM 模型。结晶作为液固两相体系，使用多相流模型可以对其进行一定程度的模拟，但由于结晶过程中固相是从无到有且为离散相，多相流模型无法满足高精度模拟固相颗粒粒度分布的需求，因此需要使用 PBM 模型对其进行更精确的模拟。通过 CFD 仿真可以揭示反应、结晶、混合之间的相互作用，以便更好地理解沉淀反应结晶过程中的复杂现象。

5.5　吸　　附

5.5.1　吸附简介

5.5.1.1　吸附概述

吸附作用是指各种气体、蒸气和溶液里的溶质被吸着在固体或液体物质表面上的作用。吸附可以使反应物在吸附剂表面富集，提高反应速率。同时由于吸附作用，反应物分子内部的化学键被减弱，反应的活化能降低，化学反应速率加快。除此之外，还常利用吸附和解吸作用干燥某种气体或分离、提纯物质。

根据分子在固体表面吸附时的结合力不同，吸附可以分为物理吸附和化学吸附。物理吸附是靠分子间作用力，即范德华力实现，作用较弱，对分子结构影响不大，所以可把物理吸附看成凝聚现象。化学吸附是吸附质与吸附剂之间发生反应，包括实质的电子共享或电子转移，而不是简单的极化作用。物理吸附和化学吸附的作用力本质不同，在吸附热、吸附速率、吸附活化能、吸附温度、选择性、吸附层数和吸附光谱等方面表现出一定差异。特殊情况下，同一物质可以在较低温度下发生物理吸附，在较高温度下发生化学吸附，即物理吸附在化学吸附之前，当吸附剂逐渐具备足够的活化能后，就发生化学吸附，两种吸附可能同时发生。

5.5.1.2　吸附平衡与等温方程

吸附等温线是指在一定温度下溶质分子在两相界面上进行的吸附过程达到平衡时其在两相中浓度之间的关系曲线。在一定温度下，分离物质在液相和固相中的浓度关系可用吸附方程式表示：

$$q=\frac{V}{m} \tag{5-97}$$

吸附量 q 通常用单位质量的吸附剂所吸附气体的体积 V 表示。作为吸附现象的特性有吸附量、吸附强度、吸附状态等，而宏观地总括这些特性的是吸附等温线。

1940 年，在前人大量的研究和报道以及从实验测得的很多吸附体系的吸附等温线基础上，S. Brunauer、L. S. Deming、W. E. Deming 和 E.Teller 等对各种吸附等温线进行了分类，称为 BDDT 分类，也常简称为 Brunauer 吸附等温线分类。图 5-37 给出了由国际纯粹与应用化学联合会提出的物理吸附等温线分类，也称为 BDDT 分类。

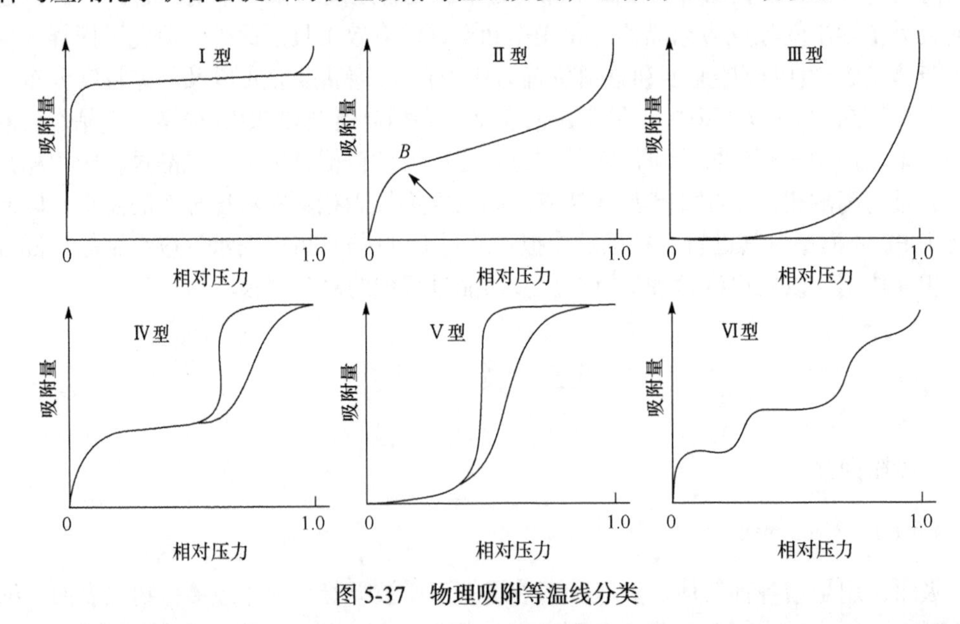

图 5-37　物理吸附等温线分类

等温线的形状差别反映了催化剂与吸附分子间作用的差别，可以通过吸附等温线的类型了解一些吸附剂表面性能、孔的分布性质以及吸附质和吸附剂间相互作用的有关信息。

1. Langmuir 吸附等温式

朗缪尔(Langmuir)从动力学观点出发提出了一种吸附等温式，总结出了 Langmuir 等温式单分子层吸附理论。Langmuir 吸附等温式所依据的模型是：①吸附剂表面是均匀的；②被吸附分子之间无相互作用；③吸附是单分子层吸附；④一定条件下，吸附与脱附间可以建立动态平衡。满足上述条件的吸附就是 Langmuir 吸附。

如果以 θ 代表表面被覆盖的分数，则 $1-\theta$ 表示尚未被覆盖的分数。气体的吸附速率与气体的压力成正比，只有当气体碰撞到表面空白部分时才可能被吸附，即与 $1-\theta$ 成正比，所以吸附速率公式为

$$r_{\mathrm{a}} = k_1 P(1-\theta) \tag{5-98}$$

被吸附的分子脱离表面重新回到气相中的解吸速率(解吸有时也称为脱附)与θ成正比，即解吸速率公式为

$$r_{\mathrm{a}} = k_{-1}\theta \tag{5-99}$$

式中，k_1、k_{-1} 都是比例常数。

在等温下平衡时，吸附速率等于解吸速率，所以得

$$k_1 P(1-\theta)=k_{-1}\theta \tag{5-100}$$

令 $\dfrac{k_1}{k_{-1}} = a$，则得 $\theta = \dfrac{aP}{1+aP}$，这就是 Langmuir 吸附等温式。式中，$a$ 为吸附作用的平衡常数，也称为吸附系数。a 值的大小代表了固体表面吸附气体能力的强弱。

Langmuir 吸附等温式定性地指出表面覆盖率 θ 与平衡压力 P 之间的关系。从 Langmuir 吸附等温式可以看到：①当压力足够低或吸附很弱时，$aP \ll 1$，则 $\theta \approx aP$，即 θ 与 P 呈直线关系；②当压力足够高或吸附很强时，$aP \gg 1$，则 $\theta \approx 1$，即 θ 与 P 无关；③当压力适中时，$\theta = \dfrac{aP}{1+aP}$。

2. BET 吸附等温式

当吸附质的温度接近正常沸点时，往往发生多分子层吸附。多分子层吸附是指除了吸附剂表面接触的第一层外，还有相继各层的吸附，在实际应用中遇到的吸附很多都是多分子层吸附。布隆瑙尔(Brunauer)-埃梅特(Emmett)-特勒(Teller)三人提出的多分子层吸附理论公式简称为 BET 公式，该理论是在 Langmuir 吸附理论基础上发展得到的，吸收了 Langmuir 吸附理论中关于吸附作用是吸附和解吸(或凝聚与逃逸)两个相反过程达到平衡的概念，以及固体表面均匀、吸附分子的解吸不受周围其他分子影响的观点。多分子层吸附理论的改进之处是认为表面已经吸附了一层分子之后，由于被吸附气体本身的范德华力，还可以继续发生多分子层的吸附。当然第一层吸附与以后各层的吸附有本质的区别：第一层吸附是气体分子与固体表面直接发生联系，而第二层以后各层是相同分子之间的相互作用；第一层的吸附热也与以后各层不尽相同，而第二层以后各层的吸附热都相同且接近于气体的凝聚热。当吸附达到平衡后，气体的吸附量等于各层吸附量的总和，等温下的关系如下：

$$V = V_{\mathrm{m}} \frac{c_p}{(P_{\mathrm{s}} - P)[1 + (C-1)\frac{P}{P_{\mathrm{s}}}]} \tag{5-101}$$

式(5-101)称为 BET 吸附公式，由于包含两个常数 C 和 V_{m}，又称为 BET 二常数公式。式中，V 为在平衡压力 P 时的吸附量；V_{m} 为在固体表面上铺满单分子层时所需气体的体积；P_{s} 为实验温度下气体的饱和蒸气压；C 为与吸附热有关的常数。BET 公式主要应用于测定固体的比表面积。为了使用方便，可以把 BET 吸附公式改写为

$$\frac{P}{V(P_{\mathrm{s}} - P)} = \frac{1}{V_{\mathrm{m}}C} + \frac{C-1}{V_{\mathrm{m}}C} \cdot \frac{P}{P_{\mathrm{s}}} \tag{5-102}$$

在推导 BET 公式时假定是多层的物理吸附，因此 BET 公式通常只适用于比压 P/P_0 在 0.05～0.35 的情况。当比压小于 0.05 时，压力太小，建立不起多层物理吸附平衡，甚至连单分子层吸附也远未达到。在比压大于 0.35 时，毛细凝聚增强，因而破坏了多层物理吸附平衡。当比压值在 0.35～0.60 时，需要用包含三常数的 BET 公式。在更高的比压下，BET 三常数公式也不能定量地表达实验真实情况。产生偏差的原因主要是该理论没有考虑到表面的不均匀性。

5.5.2　吸附应用模型

吸附涉及传质阻力，气固两相最终达到平衡，故吸附模型主要包括传质速率模型和两相平衡模型两个部分。其中，变压吸附和低温吸附是目前主要的吸附应用形式，因此对应的变压吸附模型和低温吸附模型相继被开发。本节详细介绍吸附的传质速率模型和两相平衡模型，以及变压吸附和低温吸附两种应用模型。

5.5.2.1　常用模型

固体吸附剂一般为多孔介质，故模拟气体在吸附剂中的吸附时，最常用的模型为多孔介质模型。除此之外，还会用到其他特殊模型，如传质速率模型、两相平衡模型、变压吸附模型和低温吸附储氢模型等。

5.5.2.2　传质速率模型

根据气固两相传质速率方程的不同，传质速率模型可分为三种：平衡模型、孔扩散模型和线性推动力(linear driving force，LDF)模型。

平衡模型忽略了传质阻力的存在，两相间传质速率极快，吸附瞬时平衡，所以平衡模型是一种理想化的基础理论模型，只适用于平衡控制的体系，并且该模型在实际应用中受到很大限制。

孔扩散模型认为球形吸附颗粒具有微孔晶体结构，流体首先在固相颗粒的外表面层积聚，然后在浓度差的驱使下扩散到固相内部，该模型考虑到了固相颗粒径向及填充床轴向的吸附传质速率和组分扩散作用。但是该模型计算精度受初始条件设定和原始参数选用的影响很大，计算过程复杂且计算量大。在以前的研究计算中，为了方便计算和处理，一般不考虑吸附床轴向压降，认为吸附和解吸过程中吸附床的压力恒定。但在实际

吸附过程中，流体由于流动受阻必然会产生压降，且吸附剂颗粒直径越小，压降越大，从而导致模拟结果和实际情况出现较大的偏差。此外，从模拟气固两相吸附传质速率的方程可以看出，虽然吸附速率方程非常精确，但存在无穷级数，计算量加大。另一方面，实际工业使用的吸附剂颗粒不仅存在微孔，而且存在大孔，内部微观结构十分复杂，但孔扩散模型只对全微孔有效，因此很难在变压吸附计算过程中完整地使用孔扩散模型。正是由于上述原因，孔扩散模型在实际过程中应用较少。

LDF 模型认为吸附传质速率与气固两相中的组分浓度差值成正比。最初的模型只针对单个颗粒，将传质系数看作常数，但单个颗粒内部结构与实际工业应用分子筛吸附颗粒结构存在差别，因此存在许多缺陷。后期研究者在最初模型的基础上做了很多修正，主要从改变传质系数中的乘积因子、改变颗粒内部吸附质的浓度分布、分析颗粒内部微观结构等方面入手。

对比总结以上三种气固传质速率模型，如表 5-13 所示。

表 5-13　传质速率模型对比

模型类型	基本假设	优缺点分析
平衡模型	瞬间平衡，不考虑传质阻力	理想化，只适合于平衡控制体系
孔扩散模型	考虑传质阻力	计算准确度高，但数学处理复杂，计算量大
LDF 模型	考虑传质阻力	计算量少，分析简单，常用于气体吸附动力学，但扩散系数确定于实验

5.5.2.3　两相平衡模型

固相颗粒的吸附特性常采用吸附等温线描述，研究者们基于大量的实验提出了不同的吸附等温线方程用来描述吸附平衡。气固变压吸附体系中常采用亨利(Henry)方程、Langmuir 方程、扩展的 Langmuir 方程、弗罗因德利希-朗缪尔(Freundlich-Langmuir)方程或理想吸附溶液理论(ideal absorbed solution theory，IAST)。

Henry 方程认为组分气体在固相中的吸附量与组分浓度成正比，吸附平衡时气体在固相中的吸附量与组分浓度之间的关系如下：

$$q^* = K_i c_i\left(i=1,2,\cdots,n\right) \tag{5-103}$$

Henry 方程的线性等温线模型虽然简单，但是只在流体分压很低的情况下才成立，所以线性等温线在实际应用中适应性不强。

Langmuir 方程假设吸附体系处于动态平衡，吸附剂颗粒表面均匀。在等温条件下，吸附质分子仅在固相颗粒表面局部空位发生吸附，吸附分子与吸附空位为一一对应关系，所有的空位具有相同的能量，被吸附的分子之间相互没有影响。单组分吸附方程为

$$q = \frac{q_{\mathrm{m}} bP}{1+bP} \tag{5-104}$$

Langmuir 方程式简单，对于表面不均匀的吸附剂，理论假设和实际存在差别，但对大多数组分浓度范围波动较大的吸附分离等温线能较好地拟合，因此得到广泛应用。

对单组分的 Langmuir 方程进行一定程度的修正，就可得到扩展到多组分的 Langmuir

方程。多组分气体在吸附过程中，其中某一组分的吸附除了与本身的吸附性质有关外，还受到混合气体内其他组分吸附作用的影响，组分气体之间形成竞争吸附。多组分混合气 Langmuir 方程为

$$q_i = \frac{q_{mi} b_i P_i}{1 + \sum_{j=1}^{n} b_j P_j} \tag{5-105}$$

Langmuir 扩展模型计算简单，因此常用于多组分气体的吸附计算。对多组分混合吸附体系，当 Langmuir 扩展模型不适用时，还常采用 Freundlich-Langmuir 方程即负载比关联式(loading ration correlation，LRC)方程来描述吸附平衡关系。该方程假设：吸附剂上的吸附质分子可以自由移动，吸附质分子间相互影响，存在相互作用。气固两相吸附平衡方程如下：

$$\frac{q_A}{q_s} = \frac{b_A P_A^{1/n_A}}{1 + b_A P_A^{1/n_A} + b_B P_B^{1/n_B} + b_B P_B^{1/n_B}} \tag{5-106}$$

理想吸附溶液理论从热力学角度将固相当作理想溶液处理，通过从各单组分物质的吸附等温线推导出多组分气体的吸附平衡关系式。该理论假设：

(1) 在恒温吸附条件下，吸附剂属于热力学惰性物质，吸附剂的热力学特性改变很小，可以忽略不计。

(2) 满足 Gibbs 吸附关系式的假定。

(3) 对不同吸附质，吸附剂的有效面积相同，即一定量吸附剂可以吸附的不同吸附质分子数相同。

由此可以得到：

$$\frac{1}{q} = \sum \frac{x_i}{q_i^0 \lambda} \quad (i = 1, 2, \cdots, n) \tag{5-107}$$

理想吸附溶液理论的优点是计算结果准确，对吸附气体的组分不存在数量上的限制，但计算时需要迭代。

对比总结以上气固两相平衡模型，如表 5-14 所示。

表 5-14　两相平衡模型对比

模型类型	基本假设	优缺点分析
Henry 方程	吸附量与组分浓度成正比	简单，但是适用于组分低分压
Langmuir 方程	动态平衡，吸附分子之间没有相互作用	适用于单组分吸附分离
扩展的 Langmuir 方程	组分气体不是独立吸附的，而是互相竞争吸附	计算简单，用于多组分吸附分离，对很宽浓度范围都适用
LRC 方程	吸附质分子间相互影响	用于补充 Langmuir 方程适用情况，计算量相对较大
IAST	将固相当作理想溶液	计算准确，不限制气体组分种类，但需要迭代，计算量大

5.5.2.4 变压吸附模型

变压吸附(pressure swing adsorption，PSA)是一种物理吸附的气体分离方法，通过改变压力放大多组分流体之间的差异，形成选择性吸附，再改变压力进行解吸，从而达到气体分离的目的。变压吸附与传统分离方式相比，能耗较低且生产效率高，因此在化工领域得到了广泛应用。

对于变压吸附的模型开发，主要有两种建模思路，即动力学控制分离的建模和吸附平衡控制分离的建模，前者更加符合实际，但模拟非常复杂且计算难度比较大，加之平衡模型的仿真结果与实验结果相差不大，因此基于吸附平衡开发模型显然是更好的选择。

变压吸附过程的对象主要是多组分混合气，可能有伴随热效应的多组分吸附，因此对于变压吸附模型做如下假设：

(1) 非等温吸附过程，考虑与周围环境的换热和系统内部的累计热量。

(2) 气固相之间存在瞬间热平衡。

(3) 流体流速基于质量平衡并随吸附床的长度而变。

(4) 质量和能量平衡方程允许轴向扩散项。

(5) 吸附平衡由Langmuir吸附方程表示。

(6) 传质速率由线性驱动力表达式描述。

(7) 设备中的压降可忽略，但是在加压和减压过程中，压力随时间而变。

(8) 气体为理想气体。

5.5.2.5 低温吸附储氢模型

能源是人类社会发展的重要驱动力，伴随着化石能源的枯竭以及人们对于环境保护的日益重视，发展氢能成为能源研究的重点，而氢气的有效储存是氢能大规模应用的技术瓶颈之一。目前主要的储氢技术有压缩储氢、液化储氢、化学储氢和物理吸附储氢等。但由于高压储氢的安全问题、液化储氢的能耗问题及化学储氢的设备过重问题，物理吸附储氢成为一种更加可行的方法。吸附储氢材料主要有活性炭、碳纳米管和金属有机骨架(MOF)等。

物理吸附储氢的主要原理是储氢材料具有极高的比表面积，利用分子间作用力将氢原子吸附到其表面，从而达到储氢的目的。根据储氢环境温度的不同，又分为常温储氢和低温储氢，其中低温条件下可以获得更大的储氢量，但在对其的仿真过程中出现了很多问题，因此开发了低温吸附储氢模型并嵌入CFD框架中进行模拟。多孔材料应用于低温吸附过程中除了要遵守质量、动量和能量守恒之外，还需要考虑多孔介质的影响。

低温吸附模型中的质量守恒方程如下：

$$\frac{\partial(\varepsilon_{\mathrm{h}}\rho_{\mathrm{g}})}{\partial t}+\nabla\cdot(\rho\upsilon)=S_{\mathrm{m}} \tag{5-108}$$

式中，方程左边的第一项表示瞬态项，第二项表示对流项；S_{m}为质量源项，表示在单位时间单位体积内氢气在吸附态和气态之间的变化，吸附时为正值，解吸时为负值。

低温吸附模型中通过增加动量源项表示多孔介质对流体流动的阻碍作用，多孔材料

中的动量守恒方程为

$$\frac{\partial}{\partial t}(\rho_{\mathrm{g}}\boldsymbol{v})+\nabla\cdot(\rho_{\mathrm{g}}\boldsymbol{v}\boldsymbol{v})=-\nabla P+\nabla\cdot\overline{\overline{\tau}}+\rho_{\mathrm{g}}\boldsymbol{g}+\boldsymbol{F} \tag{5-109}$$

式中，方程左边的两项分别表示瞬态项和对流项，方程右边的各项依次为压力、切应力、重力和动量源项。动量源项是在尔格(Erg)方程的基础上建立的，它包括黏性损失项和惯性损失项两部分。

对于多孔材料吸附储氢系统，能量守恒方程表示储氢罐内能量的累积量和能量的变化量之间的平衡。其中，能量的变化由压力做功、热对流、热传导和由吸附而引起的能量变化而组成。能量守恒方程可以如下表示：

$$\frac{\partial}{\partial t}[\varepsilon_{\mathrm{b}}\rho_{\mathrm{g}}E_{\mathrm{g}}+(1-\varepsilon_{\mathrm{b}})\rho_{P}E_{\mathrm{s}}]+\nabla\cdot[\vec{v}(\rho_{\mathrm{g}}E_{\mathrm{g}}+P)]=\nabla\cdot(k_{\mathrm{eff}}\nabla T)+\nabla\cdot(\overline{\overline{\tau}}\cdot\vec{v})+Q \tag{5-110}$$

吸附过程的能量源项为正值，解吸过程为负值。

低温吸附模型中吸附材料多为微孔材料，吸附等温线中修正后的 Dubinin-Astakov(D-A)吸附模型对其描述精度较高，其方程为

$$n=n_0\exp\left[-\left(\frac{RT}{\alpha+\beta T}\right)^2\ln^2\left(\frac{P_0}{P}\right)\right] \tag{5-111}$$

低温吸附时，多孔介质传质阻力的影响比常温吸附要大，需要通过 LDF 公式来考察其影响，其一般形式如式(5-112)：

$$\frac{\mathrm{d}q}{\mathrm{d}t}=k(q^*-q) \tag{5-112}$$

式中，k 为质量传递系数，取值与多孔材料孔隙的直径、比表面积及固体扩散模型中的有效扩散系数有关。

5.5.3 CFD 在吸附中的应用

CFD 在吸附领域有着广泛应用，本节主要从不同吸附方式的模拟和吸附设备的模拟两方面进行介绍。

5.5.3.1 对不同吸附方式的模拟

Momen 等采用 CFD 对活性炭低温吸附储氢过程进行数值模拟，模型考虑了吸附源项和多孔介质，研究了储氢量与过程温度的关系，模拟结果表明由于吸附过程的热反应和气体压缩功的影响，温度急剧上升时，吸附性能下降 25%。根据模拟结果对过程进行了优化，可以通过提高活性炭的热导率减少热效应的影响。

卜令兵等通过 CFD 对变压吸附系统进行模拟，采用一维瞬态流体力学对变压吸附过程进行了建模，研究了管道直径、设备体积和气体组成对吸附过程的影响，对设备内气相流场进行模拟研究，并开发了新型气体分布器，模拟结果表明优化后的吸附过程克服了原过程的弊端。Chihara 等用非等温模型模拟计算空分制氧变压吸附过程，并研究过程

的特征与性能。在模拟计算中，可以根据装置大小、容器材料、环境温度等实际情况，以及吸附热的影响作用，或者壁面传热的影响作用等来考虑模型使用的热条件。

5.5.3.2 对吸附设备的模拟

Delahaye 等使用基于质量和能量平衡的二维模型对储氢罐的吸附储氢过程进行数值模拟，其模拟结果与实验结果相符合，研究指出可以通过增加吸附设备的换热效率、设备本身的热导率及选择合适设备尺寸来减少热效应对于吸附储氢的影响。傅国旗等采用简化的一维非绝热模型对天然气吸附储罐进行 CFD 模拟，优化了工艺条件并减轻了热效应的影响，模拟结果表明降低入口气体温度对提高吸附效率并没有帮助，但是加强外循环换热以及提高气相压力可以提高吸附效率。Xiao 等采用轴对称几何模型模拟钢瓶中的活性炭吸附储氢过程，考虑了多孔介质的黏性阻力和惯性阻力的影响，研究了装有活性炭的圆柱形钢罐中的传热和传质过程、入口流速和吸附因子对装料过程的影响，以及速度分布及其对温度分布的影响。模拟结果表明沿轴向的热量传递比其沿径向的传递更多，且与实验结果具有高度一致性。

5.5.4 吸附模拟案例分析

5.5.4.1 问题描述

本案例(Xiao et al.，2013)主要研究吸附过程，利用 FLUENT 软件对室温条件下活性炭吸附储氢系统的充放气过程进行模拟。模拟对象为装有 671g Maxsorb 的 2.5L 储罐，其浸没在杜瓦瓶中，用沿轴向和径向分布的八个热电偶测量罐内的温度变化，并用流量计计量氢的流入和流出速率。在开始测试之前，将封闭储罐的杜瓦瓶装满室温水，然后以规定的流速向罐中注入氢气，在充气、放气过程及系统空闲时监测系统的动态压力、温度和流速。本案例采用分段热容考虑吸附相氢气的热容量和非恒定的等量吸附热，研究充放气和系统休眠过程中的温度、压力和吸附量变化，以及等量吸附热、热容量和质量流量对储氢性能的影响。

5.5.4.2 问题分析

吸附剂基本是多孔介质，因此需采取多孔介质模型。除此之外，为模拟吸附等温线和吸附热效应，还需采用吸附等温线模型和等量吸附热模型。

5.5.4.3 解决方案

1. 几何建模和网格划分

图 5-38(a)显示了储氢罐的几何模型，灰色区域(管道除外)对应装有活性炭的容器，红点(扫描图中二维码查看彩图)为温度监测点，沿轴向和径向分布。本案例进行网格独立性分析，考察了三种网格：①细网格，19671 个网格和 20564 个节点；②中等网格，4885 个网格和 5377 个节点；③较粗网格，3126 个网格和 3520 个节点。当采用细网格时，准确性几乎没有增加，而运行时间加倍；使用较粗网格时，数值计算的稳定性降低。因此，

本案例采用中等网格进行研究，图 5-38(b)显示了储氢罐的网格。

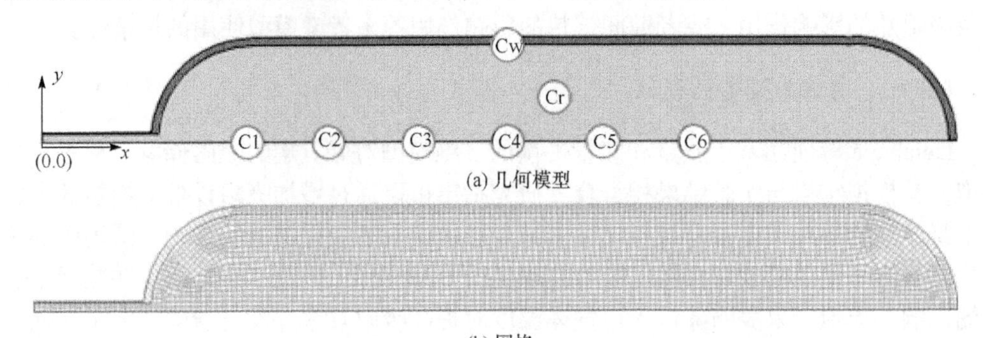

(a) 几何模型

(b) 网格

图 5-38　储氢罐的几何模型和网格

2. 模拟过程

1) 模型

本案例采用多孔介质模型，除此之外使用吸附子模型、吸附等温线模型和等量吸附热模型。使用改进的 Dubinin-Astakov(D-A)吸附模型描述活性炭中的吸附等温线。绝对吸附等温线使用式(5-113)建模：

$$n = n_0 \exp[-(\frac{RT}{\alpha + \beta T})^m \ln^m (\frac{P_0}{P})] \tag{5-113}$$

式中，n_0=71.6mol/kg 为极限吸附量；m 通常为一个接近于小整数的数，对于大多数活性炭而言其等于 2；R 为摩尔气体常量；P 为平衡压力；P_0 为饱和压力；参数 α 和 β 为焓因子和熵因子，分别为 3080J/mol 和 18.9J/(mol · K)。吸附量对吸附等量热有显著影响，吸附时热量减少，解吸时热量增加。基于式(5-113)的标准模型等温线，可以使用式 (5-114)获得吸附热：

$$\Delta H = \alpha\sqrt{\ln(n_0/n_a)} \tag{5-114}$$

式中，n_a 为单位质量吸附剂的绝对吸附量。

2) 其他条件

三种实验的边界条件和初始条件列于表 5-15 和表 5-16。

表 5-15　进口边界条件

实验编号	吸附阶段			解吸阶段		
	时间/s	m /(kg/s)	T_{in}/K	时间/s	m/ (kg/s)	T_{in}/K
18	0～196	9.556×10^{-5}	294.9	2828～3616	-2.171×10^{-5}	297.7
19	0～442	4.355×10^{-5}	296.1	3046～3907	-2.186×10^{-5}	298.0
20	0～953	2.048×10^{-5}	297.6	3822～4694	-2.186×10^{-5}	297.7

表 5-16　初始与环境条件

实验编号	P_i/MPa	T_i/K	T_f/K	h/(W · m^{-2} · K^{-1})
18	0.032	301.5	301.7	36
19	0.049	302	302.5	36
20	0.032	302.4	302.5	36

本案例使用的边界和初始条件基于20号试验，吸附阶段温度为297.6K，质量流率为2.048×10^{-5} kg/s；解吸阶段温度为297.7K，质量流率为2.186×10^{-5} kg/s，压力为0.032MPa。由于压力比质量流量更容易精确测量，因此需要根据测得的压力来校正氢的流量。

5.5.4.4　结果与讨论

本案例利用CFD研究活性炭上吸附储氢的整个充放气循环过程，比较了温度和吸附密度的分布，分析了速度场，考察了有效温度热容量、等温吸附热、质量流量对吸附的影响。

1. 温度和吸附密度的分布

图5-39(a)和(b)分别为953s和4694s时容器中的温度分布。在953s时，储罐中心的温度较高，靠近入口和壁面处的温度较低，而在4694s时情况则正好相反。图5-39(c)和(d)分别为953s和4694s时储罐中的绝对吸附等值云图。953s时，在靠近罐壁的位置观察到最大绝对吸附量，而最小绝对吸附量位于储罐中心；4694s时，情况发生逆转，在储罐中心附近观察到绝对吸附量的最大值，在靠近容器壁的位置观察到绝对吸附量的最小值。原因是绝对吸附量取决于局部压力和温度，整个罐内的压力分布均匀，但温度随位置变化，绝对吸附量在温度最低处最大，在温度最高处最小。

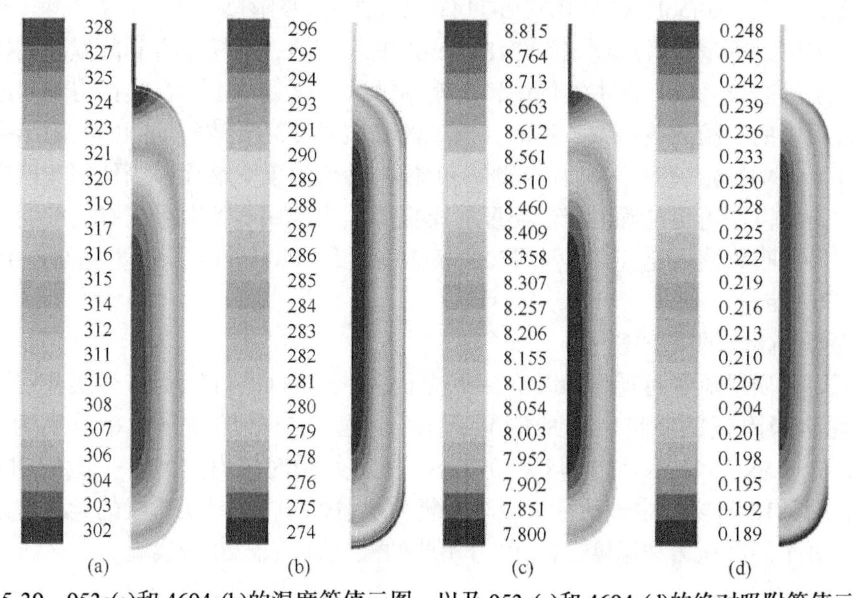

图5-39　953s(a)和4694s(b)的温度等值云图，以及953s(c)和4694s(d)的绝对吸附等值云图

2. 速度场分析

模拟结果给出了充放气期间不同时间轴向速度的大小分布。在充气期间，C1、C2 和 C3 处的最大速度分别为 0.09m/s、0.056m/s 和 0.047m/s。在放气期间，C1、C2 和 C3 处的最大速度分别为 0.089m/s、0.055m/s 和 0.046m/s。充、放气过程中 C1 速度的最大值几乎相同，但方向相反，C2 和 C3 也是如此。

3. 参数研究

本案例使用的参数基于实际实验(魁北克大学氢能研究所所做的第 18、19 和 20 号实验)的操作情况。由于压力相比质量流量更容易被精确测量，因此，根据测量的压力曲线校正输入与输出的氢气流速。

1) 有效温度热容量

为了研究吸附系统的有效热容对温度的影响，分别在考虑和未考虑吸附相中氢热容的情况下模拟该系统。模拟考察了与 18、19 和 20 号实验条件相对应的充气流量(60 L/min、30 L/min 和 15 L/min)的影响，并考察了不同充气流量下吸附氢的热容对 C4 温度的影响。模拟结果表明，相比考虑吸附相氢热容的温度模拟值的情况，不考虑时温度上升速度更快，峰值更高，并且与实验有差异。这些差异相对高充气质量流量更为显著。一般来说，由于考虑了温度变化，考虑吸附相氢热容的情况与实验的一致性更好。

2) 等量吸附热

等量吸附热的值由大量实验确定。由于实验条件不同和活性炭结构不同，不同文献中等量吸附热的值有差异，范围为 3000～10000J/mol。本案例考虑等量吸附热对吸附密度的依赖性。为了验证这种现象，比较了四种情况：①等量吸附热设定为 3185J/mol 的恒定值；②等量吸附热设定为 7500J/mol 的恒定值；③将仿真数据与实验结果进行拟合得到的常数值 5250J/mol；④使用式(5-114)计算的等量吸附热。

在文献中，等量吸附热设定为 3185J/mol 的恒定值，其模拟得到的温度曲线与充气过程中的实验曲线一致。在本案例中，当使用常数 3185J/mol 时，模拟得到的温度曲线与充气过程中的实验曲线一致。然而，模拟的峰值温度高于放气期间的实验结果。当使用 5250J/mol 的恒定值时，可以获得准确的模拟峰值温度。然而，当使用非恒定的等量吸附热时，可以获得更准确的峰值温度的模拟值。当使用与绝对吸附有关的变化等量吸附热时，等量吸附值在充气期间从 9500J/mol 变化为 4500J/mol，放气期间从 4500J/mol 变化为 7500J/mol。

3) 质量流量对吸附的影响

为了研究质量流量对吸附的影响，比较了三种情况(18、19 和 20 号实验)下的 C4 温度和活性炭吸附氢的质量。三种情况下充气过程入口处的质量流率分别为 9.556×10^{-5}kg/s、4.355×10^{-5}kg/s 和 2.048×10^{-5}kg/s，充气结束时压力达到同一值(约 9MPa)。模拟结果表明，18 号实验中被活性炭吸附的氢的质量低于 20 号实验中的量，这是因为绝对吸附取决于局部压力和温度，而 18 号实验的温度远高于 20 号实验。

5.5.4.5　总结

本案例是对吸附进行 CFD 模拟，采用 FLUENT 软件研究了活性炭吸附储氢系统。

模拟还采用了多孔介质模型，吸附过程则采用了拓展到超临界区域的 Dubinin-Astakov 吸附等温线，研究了在室温情况和休眠情况下的充放气过程中温度、压力和吸附量的变化，以及等量吸附热、热容量和质量流量对储氢性能的影响。同时用不同的吸附热代替了恒定的等量吸附热。当使用非恒定的吸附热时，可以得到准确的模拟峰值温度，考虑了吸附相中氢气的热容，以提高整个循环的精确度。

对吸附进行 CFD 模拟时，常用模型为多孔介质模型，利用传质速率模型可以得到吸附速率，利用两相平衡模型可以得到吸附量。除此之外，变压吸附模型可以模拟变压吸附过程，低温吸附储氢模型可以用于低温吸附的模拟。

5.6　膜　分　离

5.6.1　膜分离简介

膜分离是利用膜的选择性实现料液不同组分分离、纯化、浓缩的过程。膜分离过程的推动力是待分离组分在膜两侧的化学势，具体表现为压力差、浓度差及电位差等。其中以压力差为推动力的膜过程是应用最早、应用范围最广的膜过程，包括微滤、超滤、纳滤、反渗透、气体分离等；利用浓度差为推动力的膜过程包括渗析、气体分离、渗透汽化等；利用电位差为推动力的膜过程有电渗析，主要用于溶液中带电粒子的分离。

目前，膜技术主要应用于四大方面：分离(微滤、超滤、反渗透、电渗析、气体分离、渗透汽化、渗析)、控制释放(治疗装置、药物释放装置、农药持续释放、化肥的控制释放)、膜反应器(膜生物反应器、催化膜反应器)和能量转换(电池隔膜、燃料电池隔膜、电解器隔膜、固体聚电解质)等。

5.6.1.1　膜分离的应用

1. 微滤

微滤是以静压差为推动力，利用膜的筛分作用进行分离的压力驱动型膜过程。微滤膜具有比较整齐、均匀的多孔结构，在静压差的作用下，小于膜孔的粒子通过滤膜，大于膜孔的粒子则被膜截留，使大小不同的组分得以分离。由于微滤膜孔隙率很大，故阻力很小，过滤速度很快。微滤主要用来从气相和液相物质中截留微米及亚微米级的细小悬浮物、微生物等物质以达到净化、分离和浓缩的目的。其操作压差一般为 0.01～0.2MPa，被分离粒子直径的范围为 0.08～10μm。微滤过滤时，介质不会脱落，没有杂质溶出，无毒，使用和更换方便，使用寿命较长。同时滤孔分布均匀，可将大于孔径的微粒截留，滤液质量高。因此，微滤已经成为现代大工业尤其是尖端技术工业中确保产品质量的必要手段。

2. 超滤

超滤也是一种以压力差为推动力的膜分离技术，在静压差推动力的作用下，原料液中溶剂和小溶质粒子从高压的料液侧透过膜流到低压侧，大粒子组分被膜所阻拦，能够有效截留蛋白质、酶、病毒、胶体、染料等大分子溶质。其操作压差一般为 0.1～0.5MPa。

超滤膜的膜孔径为5～40nm，截留分子量为1000～300000。超滤具有操作条件温和、能耗低、设备成本低、分离效率高、无副产物等优点，在工业上得到了大规模的应用，如超纯水的制备、自来水净化、中草药的精制和浓缩等。

3. 纳滤

纳滤是指操作压力小于1.50MPa，截留分子量为200～1000的膜过程。例如，可以把对NaCl的截留率小于90%的膜认为是纳滤膜。纳滤膜主要具有以下特点：

(1) 纳米级孔径。纳滤膜分离的对象主要是分子大小为1nm左右的溶解组分，特别适合于分离分子量为数百的有机小分子物质。对于电中性体系，纳滤膜主要通过筛分效应分离体系中粒径大于膜孔径的溶质。

(2) 离子选择性。纳滤膜一般为复合膜，膜表面上常带有电荷基团，通过静电相互作用同溶液中的多价粒子产生唐南(Donnan)效应，实现对多元体系中不同价态离子的分离。纳滤膜对一价离子的截留率不高，仅为10%～80%，但对二价或多价盐的截留率都在90%以上。

(3) 设备压力低。纳滤过程的操作压力一般为0.5～2.0MPa，对系统动力设备要求低，设备投资低，能耗低。

纳滤分离过程中不发生化学变化，无需热量输入，可保持被分离物质的活性，且操作简单、成本低，可实现液体物料的纯化、浓缩、澄清、脱盐、多组分分级等操作，因此可取代传统分离过程的多个分离步骤，使工艺分离过程更为经济、简便。另外，纳滤具有离子选择性的特点，已广泛应用于水处理、食品浓缩、药物的分离精制、石油的开采与提炼、冶金等领域，特别在某些分离过程中极具优势，如水的软化、污水和工业废水的净化，有机低分子的脱除和有机物的除盐等过程。

4. 反渗透

由于物质存在热运动，因此当溶液直接和溶剂接触时，溶液总会自动地稀释，直到整个体系浓度均匀一致，这是溶质分子从高浓度向低浓度的自发扩散过程。如果将溶剂和溶液用半透膜隔开，并且半透膜只允许溶剂分子透过而不允许溶质分子透过，当膜两侧的静压力相等时，溶剂将从稀溶液侧透过半透膜渗透到浓溶液侧，最终达到渗透平衡，此时溶液两侧的静压差就等于两个溶液之间的渗透压。任何溶液都有渗透压，但是如果没有半透膜，渗透压就无法表现，若在一侧加大压力，便可驱使一部分溶剂分子渗透至另一侧，即当膜两侧的压差大于溶液的渗透压差时，溶剂将从高溶质浓度的溶液侧透过膜流向低浓度侧，这就是反渗透现象，也称高滤。

反渗透是利用反渗透膜选择性地透过溶剂(通常是水)，截留离子物质，并以膜两侧静压差为推动力来克服溶剂的渗透压，使溶剂通过反渗透膜从而实现对液体混合物分离的过程。其操作压差一般为1.5～10.5MPa，截留组分为1～10Å的小分子溶质。此外，反渗透还可以从液体混合物中去除悬浮物、溶解物和胶体等，如从水溶液中将水分离出来，从而达到分离和纯化的目的。

5. 渗透汽化

渗透汽化是用于分离液体混合物的一种新型膜分离技术。目前，普遍认为渗透汽化的分离机理是溶解扩散机理，即在蒸气分压差的推动下，利用各组分在致密膜中溶解和扩散速度的差异实现混合物的分离过程。此种膜分离技术不仅能够实现精馏、萃取和吸收等传统方法难以完成的分离任务，而且能耗低，因此具有广泛的应用前景。渗透汽化用来分离蒸馏法难以分离或者不能分离的近沸点、恒沸点有机混合物时效果很好，在有机溶剂和混合溶剂中微量水分的脱除、废水中少量有机污染物的分离以及水溶液中高价值有机组分的回收方面具有明显的技术经济优势，还可以与生物、化学反应相耦合，通过不断脱除生成物来提高反应的转化率。

6. 气体分离

气体在膜内的渗透是指气体分子和膜表面相接触，在两侧压力差的驱动下透过膜的现象。由于各组分在膜表面上的吸附能力以及在膜内的扩散能力存在差异，渗透速率快的气体将在渗透侧富集，渗透速率慢的气体在原料侧富集，进而实现分离混合气体的目的。气体分离膜技术主要应用于在混合气中制取高浓度组分(如从空气中制取富氧、富氮)、去除有害组分(如从天然气中脱除 CO_2、H_2S 等气体)、回收有益成分(如合成氨驰放气中氢的回收)等。

7. 电渗析

电渗析过程中带电离子在直流电场的驱动下定向迁移并选择性地透过离子交换膜，从而实现电解质在溶液中的选择性脱除、浓缩和转化。例如，含盐溶液的脱盐或浓缩，从非离子态物质中分离离子态物质，协助复分解反应的进行以实现盐的转化等过程。

5.6.1.2　膜分离设备

将膜用于工业工程通常需要较大面积的膜，安装膜的最小单元称为膜接触器。膜接触器是膜装置的核心部件。膜接触器主要有板式、管式、螺旋卷式和中空纤维式四种，它们均根据平板构型或管式构型设计而成。其中板式和螺旋卷式使用平板膜，而管式和中空纤维式使用管式膜。

5.6.2　膜分离应用模型

膜过程是非常复杂的，涉及溶液中的离子及离子间的相互作用，因此人们开发了一种离子扩散模型来提高 CFD 对多离子溶液模拟的精确性。在膜的实际应用中存在浓差极化现象，导致膜分离效果下降，为了解并消除浓差极化，开发了浓差极化模型。膜过程类型极多，本节介绍渗透膜模型和 HFMC 模型，其主要用于模拟渗透过程和中空纤维膜接触器。

5.6.2.1　常用模型

膜在微观上是一层多孔物质，膜分离过程中，使部分物质通过膜来达到分离的目的，因此常用多孔介质模型对膜进行模拟。除此之外，还会用到正渗透膜模型、离子扩散模型、浓差极化模型和 HFMC 模型等特殊模型。

5.6.2.2　正渗透膜模型

正渗透是一种以渗透压差为驱动力的膜分离过程，近年来在废水处理、海水淡化和发电领域显现出巨大的应用潜力。相比于常规的微滤、超滤、纳滤和反渗透等压力驱动膜过程，正渗透不需要产生巨大的压差且结垢较少，从而成本更低。

目前，文献报道过的正渗透的通量均小于预期的通量，这是因为当前的膜主要采用不对称设计，并用多孔支撑层提高其机械强度。在常规膜过程中，只有膜进料侧的浓差极化影响比较大，但是在正渗透过程中，膜两侧的浓度极化(根据膜放置方式不同，会产生稀释或浓缩的浓度极化)都有重要影响，从而导致渗透驱动力下降。为了提高 CFD 对膜系统的模拟精度，建立了正渗透膜模型。

膜内的流动由质量守恒方程、动量守恒方程和溶质质量分数的对流扩散输运方程控制。所建立的模型可以求解三维的控制方程，也可以直接用于二维情况。模型中使用的控制方程为

$$\frac{\partial \rho}{\partial t}+\nabla\cdot(\rho U)=0 \tag{5-115}$$

$$\frac{\partial \rho U}{\partial t}+\nabla\cdot(\rho UU)=\nabla\cdot[\mu(\nabla U+\nabla U^{\mathrm{T}})]-\nabla P+\rho g \tag{5-116}$$

$$\frac{\partial \rho m_{\mathrm{A}}}{\partial t}+\nabla\cdot(\rho U m_{\mathrm{A}})-\nabla\cdot(\rho D_{\mathrm{AB}}\nabla m_{\mathrm{A}})=0 \tag{5-117}$$

假定流体是等温的，密度仅是溶质质量分数的函数，即忽略密度对压强的依赖关系，这通常称为控制方程的可压缩公式，曾成功地用于研究压力驱动膜系统。黏度和扩散系数是溶质质量分数的函数。在大多数实际膜系统中将流动假设为层流。

膜被模拟成一个光滑的平面，意味着由表面粗糙度引起的潜在影响被忽略，因此可以认为除了滑移速度以外的粗糙度效应，特别是在微米尺度上，不太可能对观测结果产生显著影响。假设施加在膜上的水压为零，则水通量 J_{w} 可表示为

$$J_{\mathrm{w}}=A(\pi_{\mathrm{d,i}}-\pi_{\mathrm{f,m}})n_{\mathrm{d}} \tag{5-118}$$

式中，A 为纯水渗透系数；$\pi_{\mathrm{d,i}}$ 为多孔支架与膜活性层之间的渗透压；$\pi_{\mathrm{f,m}}$ 为进料侧膜的渗透压；n_{d} 为多孔边界上的单位法向量。描述多孔支撑层对水通量影响的最常用模型是由 Loeb 等建立的，其中假设溶质浓度与渗透压之间存在线性关系：

$$J_{\mathrm{w}}=\frac{1}{K}\ln\frac{B+A\pi_{\mathrm{d,m}}}{B+|J_{\mathrm{w}}|+A\pi_{\mathrm{f,m}}}n_{\mathrm{d}} \tag{5-119}$$

式中，B 为溶质渗透系数；K 为 Lee 等提出的描述溶质扩散到支撑层内难易程度的参数。式(5-119)给出了膜法线方向上的速度边界条件。当 $B\ll A\pi_{\mathrm{d,m}}$，$B\ll|J_{\mathrm{w}}|$，式(5-119)可转换为下式：

$$J_{\mathrm{w}}=A(\pi_{\mathrm{d,m}}\mathrm{e}^{-|J_{\mathrm{w}}|K}-\pi_{\mathrm{f,m}})n_{\mathrm{d}} \tag{5-120}$$

联立式(5-118)和式(5-120)可得内部浓度极化(internal concentration polarization，ICP)模量为

$$\frac{\pi_{\mathrm{d,i}}}{\pi_{\mathrm{d,m}}}=\mathrm{e}^{-|J_{\mathrm{w}}|K} \tag{5-121}$$

ICP 只有在完全膜(100% 排斥溶质)和假设渗透压与溶质浓度呈线性关系时才严格有效。尽管如此，ICP 模量很好地说明了系数 K 如何影响通量方程，解释了多孔支撑层中浓度的变化。

在 CFD 模拟中，常假设在膜边界处存在切向无滑移速度边界条件，但用于具有潜在粗糙性多孔膜时可能并不准确。在无滑移边界不可应用的多孔表面，切向滑移速度 U_{slip} 与边界处的剪切速率 $\partial U / \partial n_{\text{d}}$ 成正比：

$$U_{\text{slip}} = -\frac{\sqrt{\kappa}}{\alpha}\frac{\partial U}{\partial n_{\text{d}}} \tag{5-122}$$

假设溶质只在活性分离层上发生分离，通过膜的溶质通量可以写成

$$J_{\text{S}} = -B(C_{\text{d,i}} - C_{\text{f,m}})n_{\text{d}} \tag{5-123}$$

盐通量为负则表明它与水流方向相反。常数 B 通常由压力驱动反渗透实验中测得的盐分离系数 R 得到，B 与 R 的关系为

$$B = \frac{1-R}{R}\left|J_{\text{w}}\right| \tag{5-124}$$

$$R = 1 - \frac{C_{\text{f,m}}}{C_{\text{d,m}}} \tag{5-125}$$

根据式(5-125)中盐分离系数的定义，R 可以描述溶质是如何在膜上分离的。例如，R 为 0 表示膜是完全可渗透的，而且膜的进料侧与渗透侧的浓度相同，R 为 1 表示膜对给定的溶质完全不透水。利用式(5-125)估计 R，然后利用式(5-124)计算膜常数 B。如果假设浓度和渗透压之间是线性关系，则联立方程式(5-123)和式(5-118)得到溶质通量的表达式为

$$J_{\text{S}} = -\frac{B}{\phi A}J_{\text{w}} \tag{5-126}$$

式(5-126)将溶质通量 J_{S} 表示为可由实验确定的参数 A、B，以及通过求解式(5-119)计算得到的水通量 J_{w} 的函数。由于对流通量和扩散通量必须与溶质通量相平衡，因此了解通过膜的溶质通量，就有可能写出非对称膜两侧溶质质量分数的边界条件：

$$-\rho_{\text{m}} D_{\text{AB}} \frac{\partial m_{\text{A}}}{\partial n_{\text{d}}} n_{\text{d}} + \rho_{\text{m}} m_{\text{A,m}} J_{\text{w}} = J_{\text{S}} \tag{5-127}$$

综上所述，结合膜水通量的式(5-119)和膜上溶质通量平衡的式(5-127)，可以得到膜两侧的速度场和溶质质量分数的边界条件。

5.6.2.3　离子扩散模型

在大多数传质体系中，溶液中存在不止一个扩散组分。在膜操作中使用的溶液只有一种溶解成分的情况非常罕见。溶液组分增加，溶质之间可能的相互作用的数量也增加，从而增加了系统的复杂性，使菲克(Fick)定律不再是描述扩散现象发生的最佳方法。

建立离子扩散模型在膜分离领域有着重要的意义。将单离子扩散模型加入商用 CFD

代码中会导致质量分数输运方程计算结果的不准确，特别是在膜壁附近。因此，多离子组分扩散模型是 CFD 辅助研究膜科学的重要手段。

二元混合物的 Fick 定律的三维形式可以表示为

$$J_{\mathrm{A}} = -\rho D_{\mathrm{AB}} \nabla \omega_{\mathrm{A}} \tag{5-128}$$

采用式(5-128)表达 Fick 定律的缺点是没有提供一个处理多组分系统的明显方法，也不适合在 CFD 中模拟溶质之间的离子相互作用，这是一种处理混合物中多种组分扩散的传统而简单的方法，该方法对稀组分在多组分混合物中的扩散是有效的，并得到以下 Fick 定律的多组分版本：

$$J_i = -\rho D_{\mathrm{im}} \nabla \omega_i \tag{5-129}$$

然而，在膜分离过程中，很多情况下式(5-129)中独立扩散的基本假设是不成立的，如一个组分的扩散速率影响其他组分的扩散速率。Onsager 认识到这一点，并对 Fick 定律进行了重新表述：

$$J_i = -\sum_{j=1}^{n} \rho D_{ij} \nabla \omega_j \tag{5-130}$$

式(5-130)中，D_{ij} 项表示扩散系数矩阵。矩阵中的对角项(D_{ij}, $i=j$)类似于式(5-129)中的扩散系数，它将一个分量的扩散通量与其自身的质量分数梯度联系起来。其余的非对角项(D_{ij}, $i \neq j$)将一个分量的通量与其他分量的浓度梯度联系起来，因此，这些非对角系数的非零值表明通量是耦合的。Onsager 还提出，在式(5-130)中扩散的驱动力是质量分数梯度，它需要以浓度或质量分数的形式出现，但也可以用其他与成分相关的参数如化学势描述。

虽然 Onsager 的扩散模型足够概括地描述了现实生活中遇到的大多数系统，但扩散矩阵系数的确定是一个难题。Felmy 和 Weare 对常见海水成分的这些系数进行了实验计算，并指出这种方法的主要障碍之一是缺乏许多其他系统的实验数据。在他们看来，使用 Onsager 输运系数的精确模型必须依赖于化学势导数的相互抵消。此外，这些系数的理论计算也不是一项简单的工作。

描述扩散现象的另一种方法最初由 Maxwell 和 Stefan 提出，后来由 Spiegler、Lightfoot 扩展到液体和其他介质，Krishna 和 Wesselingh 在一篇综述中对该模型进行了详尽的描述，该模型通常被称为 Maxwell-Stefan(MS)扩散模型。从本质上说，MS 扩散模型认为扩散是单个组成粒子之间施加的各种摩擦力的结果。因此，提出了各组分之间的力平衡，其中驱动力被摩擦力抵消。对其最一般的形式，MS 扩散模型被描述为

$$\frac{d_i}{RT} = \sum_j \frac{X_i X_j (v_i - v_j)}{D_{ij}} \tag{5-131}$$

广义驱动力为

$$d_i \equiv -X_i \nabla \mu_i - \frac{c_i V_i - \omega_i}{c} \nabla P + \frac{1}{c}\left(c_i F_i - \omega_i \sum_j^{N_c} c_j F_j\right) \tag{5-132}$$

Krishna 认为膜应用中的电解质系统可以忽略压力项。电中性条件下，驱动力简化为

$$d_i \equiv -X\ (\nabla \mu_i + Z_i \mathcal{F} \nabla \phi) = -X_i \nabla \mu_i \tag{5-133}$$

通过适当的矩阵操作，可以将 MS 扩散模型的系数与 Onsager 模型的系数联系起来。MS 扩散模型的内在复杂性更高，但是 MS 系数对浓度的依赖性比对应的 Onsager 系数要小，而且与系统中存在的组件无关，因此，一维 MS 扩散模型已经在膜领域中用于模拟膜的传输，特别是在电渗析、电解等过程中。

5.6.2.4　浓差极化模型

膜分离过程中常伴随着浓差极化现象，其根本机制是溶解的组分在本体和膜表面之间的不平衡传输。朝向膜表面的对流通量比向主体的反向扩散更为普遍，这种现象影响过程特性，必须通过模型加以考虑。对浓差极化程度的经验识别需要使用相当烦琐的程序，在这种情况下基于模型的方法是可取的。浓差极化模型基于以下假设：

(1) 在对称平面上不存在质量传递。

(2) 假设膜内表面与轴线之间的距离等于边界层厚度，即内膜半径。

(3) 流动充分展开，沿膜面方向恒定的边界层厚度可作为膜面端轴之间的距离。

(4) 假定流动是不可压缩、连续、等温和稳态的。

圆柱通道中浓差极化程度(其浓度与水力场参数)可与其溶解组分的纵向质量流率建立关联：

$$M_{\mathrm{LONGI}} = \iint_F u(r) \cdot c(r) \cdot \mathrm{d}F \tag{5-134}$$

式中，M_{LONGI} 为溶解组分的纵向质量流率，下标 LONGI 表示纵向；u 为流速；c 为浓度，$\mathrm{d}F = 2\pi r \mathrm{d}r$。

基于上述浓差极化模型的假设，方程右侧可进一步简化为

$$M_{\mathrm{LONGI}} = \int_{r=0}^{r=R} u(r) \cdot c(r) \cdot 2\pi r \cdot \mathrm{d}r \tag{5-135}$$

为进一步简化计算，整个计算区域可分为两部分，即扩散边界层和黏性边界层，黏性边界层在膜表面，厚度为 δ_{c}，整个计算区域厚度为 R，则扩散边界层厚度为 $R-\delta_{\mathrm{c}}$。在扩散边界层中，浓度和流速都存在径向变化，而黏性边界层中只有流速存在径向变化，浓度保持不变，固定为 c_1。因此式(5-135)可进一步简化为式(5-136)，等式右侧第一项为扩散边界层(区域 A)的质量流率分布情况，第二项为黏性边界层(区域 B)的质量流率分布情况

$$M_{\mathrm{LONGI}} = \int_{r=R-\delta_{\mathrm{c}}}^{r=R} u(r) \cdot c(r) \cdot 2\pi r \cdot \mathrm{d}r + \int_{r=0}^{r=R-\delta_{\mathrm{c}}} u(r) \cdot c_1 \cdot 2\pi r \cdot \mathrm{d}r \tag{5-136}$$

即式(5-136)可拆分为式(5-137)和式(5-138)：

$$M_{\mathrm{LONG(A)}} = \int_{r=R-\delta_{\mathrm{c}}}^{r=R} u(r) \cdot c(r) \cdot 2\pi r \cdot \mathrm{d}r \tag{5-137}$$

$$M_{\mathrm{LONG(B)}} = \int_{r=0}^{r=R-\delta_{\mathrm{c}}} u(r) \cdot c_1 \cdot 2\pi r \cdot \mathrm{d}r \tag{5-138}$$

式中 $u(r)$ 和 $c(r)$ 可分别利用式(5-139)和式(5-140)进行计算：

$$u(r)=U_{\mathrm{MAX}}\sin\left[\frac{\pi(R-r)}{2R}\right] \tag{5-139}$$

$$c(r)=c_1\left\langle 1+\alpha\left\{1-\sin\left[\frac{\pi(R-r)}{2Rf}\right]\right\}\right\rangle \tag{5-140}$$

式中，U_{MAX} 为流体区最大流速；α 为反映浓差极化程度的常数；f 为浓度边界层厚度。

通过积分，式(5-137)和式(5-138)可分别转化为矩阵形式

$$M_{\mathrm{LONG(A)}}=c_1U_{\mathrm{MAX}}\pi R^2D_{\mathrm{A}} \tag{5-141}$$

$$M_{\mathrm{LONG(B)}}=c_1U_{\mathrm{MAX}}\pi R^2D_{\mathrm{B}} \tag{5-142}$$

式中，D_{A} 与 D_{B} 分别为矩阵。

5.6.2.5 HFMC 模型

从混合气体中去除酸性气体杂质对化学工业至关重要。天然气中 H_2S 和 CO_2 为主要的气体杂质。使用气液膜接触器作为气体吸收装置的新工艺过程中，膜接触器主要充当两相(气体和液体)之间的物理屏障，对选择性没有明显影响，即膜不会改变分配系数。由于两相被膜分开，相混合和分散现象不会发生。通过气体的扩散系数高于在液体中的扩散系数，意味着膜的传质阻力(扩散率的倒数)较小。

在各种膜接触器中，中空纤维膜接触器(hollow fiber membrane contactor，HFMC)的性能最为优越。这些膜接触器在其他传统的气体吸收装置(如分散塔)中有很多优势，如界面传质面积更大并且可以得到更好的控制。因此，为了更好地利于 CFD 对其进行模拟，建立了 HFMC 模型，模型的建立考虑了以下假设：

(1) 稳态和等温条件。
(2) HFMC 中为完全发展的抛物线形气速剖面。
(3) 理想气体行为。
(4) Henry 定律适用于气液界面。
(5) 气相和液相为层流。
(6) 气体混合物为充满膜孔的非润湿模式。
(7) 管侧没有发生均相反应。

利用 Fick 定律可获得 HFMC 内溶质的非稳态连续性方程，由此估算出扩散通量：

$$\frac{\partial C_{\mathrm{a}}}{\partial t}+D_{\mathrm{a}}\left[\frac{\partial^2 C_{\mathrm{a}}}{\partial r^2}+\frac{1}{r}\frac{\partial C_{\mathrm{a}}}{\partial r}+\frac{\partial^2 C_{\mathrm{a}}}{\partial z^2}\right]=V_{\mathrm{a}}\frac{\partial C_{\mathrm{a}}}{\partial z} \tag{5-143}$$

通过求解动量方程即 Navier-Stokes 方程，确定内腔的速度分布。因此，动量和连续性方程应该耦合并同时求解，以获得内腔溶质的浓度分布。Navier-Stokes 方程通过各组分动量平衡描述黏性流体的流动。连续性方程假设流体密度和黏度恒定，由此产生连续性条件。

5.6.3 CFD 在膜分离中的应用

越来越多的研究人员利用 CFD 对膜过程进行模拟，本节主要从不同膜过程的模拟和不同膜设备的模拟两方面进行介绍。

5.6.3.1 不同膜过程的模拟

微滤又称微孔过滤，是膜分离技术中最早产业化的一种。Pellerin 等对微滤膜组件的内部流场进行 CFD 模拟，将膜表面视为多孔壁，得到了膜分离过程中组分的浓度分布。Rahimi 等对微滤膜的水通量进行 CFD 模拟，模拟结果给出了膜表面的压力分布和局部渗透量，并使用商业化的微滤膜进行实验验证，验证结果表明在较低的跨膜压差情况下 CFD 的模拟精度很高。

正渗透作为一种新型的膜分离技术得到了研究人员的广泛关注，但是与反渗透一样，正渗透也会受到浓差极化的影响，并且在膜的两侧都存在，甚至存在于膜的多孔支撑层内部。因此，在使用 CFD 对正渗透进行研究时，需要建立非对称膜的区域模型。Parka 等使用 CFD 软件对正渗透膜结构参数进行模拟，这些结构参数是确定正渗透膜内部浓差极化程度的固有膜参数，模拟结果揭示了膜结构参数不一致的原因。

渗透汽化膜过程的主要原理是利用液体混合物在致密膜中具有不同的扩散系数，从而实现物质分离。因此，该膜过程分离效率高、设备简单及能耗较低，近些年来也得到了广泛的应用。对于渗透汽化的传质机理，普遍认为气相侧的传质阻力可以忽略，且因会发生相变，基于溶解扩散原理，开发 CFD 应用模型时主要考虑膜液体侧的传质情况。Sean 等利用 CFD 对渗透汽化平板膜接触器进行数值模拟，研究了膜过程的传质情况，采用边界层理论获得控制液相边界层和膜中质量传递的方程，模拟结果得到了膜接触器中的流场分布和溶质浓度分布，考察了不同操作条件下浓差极化程度对渗透通量的影响。

膜蒸馏是一种新型的膜分离技术，其过程推动力是膜两侧的渗透压差，因此是一种热驱动过程。膜蒸馏过程中存在的浓差极化和温差极化现象均导致膜分离效率的下降。膜蒸馏有许多种，但是出于成本、设备等原因，主要集中研究直接接触式膜蒸馏(direct contact membrane distillation，DCMD)。Shirazian 等利用 CFD 对膜蒸馏过程进行了模拟，了解了水蒸气在 DCMD 中的传质过程，考察了不同操作条件下膜分离效率的变化，从模拟结果可知气体流速对膜效率影响较大，但是膜本身的结构对膜效率的影响较小。

5.6.3.2 不同膜设备的模拟

CFD 不仅可以用于研究不同的膜分离过程，还可以用于研究不同的膜设备，如螺旋卷式膜接触器、管式膜接触器、平板膜接触器、中空纤维式膜接触器等。

Schwinge 对螺旋卷式膜组件进行了研究，模拟了螺旋卷式膜的分离过程，研究了垫片对浓差极化和结垢的影响，所得结论为：增加垫片可以促进膜中的涡流混合，从而降低浓差极化和结垢的影响，并且得到了不同组件结构对通道流型的影响，根据模拟结果对几何结构进行了优化，提高了传质系数。

Tarabara 等对平板有机膜进行了研究，模拟了平板膜中的错流过滤过程，得到了膜表面的流场分布和剪切应力数据，并给出了剪切速率和平均入口速度之间的关系，所得结论为：不同的入口速度和方向会影响传质速率。

Rezakazemi 等对中空纤维式膜接触器进行了研究，模拟了 HFMC 中使用 MDEA 吸收二氧化碳和硫化氢的过程，考虑了膜接触器中的轴向和径向扩散影响，所得结论为：模拟结果与实验结果相近，表明模拟精度较高，能够预测吸收性能，模拟并预测了膜内流场和温度场的分布。

5.6.4 膜分离模拟案例分析

5.6.4.1 问题描述

本案例(Rezakazemi et al.，2012)主要对中空纤维膜接触器从水溶液中除去氨的性能进行模拟。膜接触器采用的中空纤维内径为 110μm，纤维孔隙率为 40%，有效膜面积为 1.4m^2，料液温度为 293K。氨水溶液流入膜接触器内腔，将含有硫酸的气提溶液泵入 HFMC 的壳侧，如下图 5-40 所示。由于气液交界面位于邻近壳侧的孔口上，因此进料溶液流经内腔时更有利，它在两相间的接触面积会更大。本案例研究了不同参数包括进料速度、进料浓度和 pH 对氨的去除效果的影响。

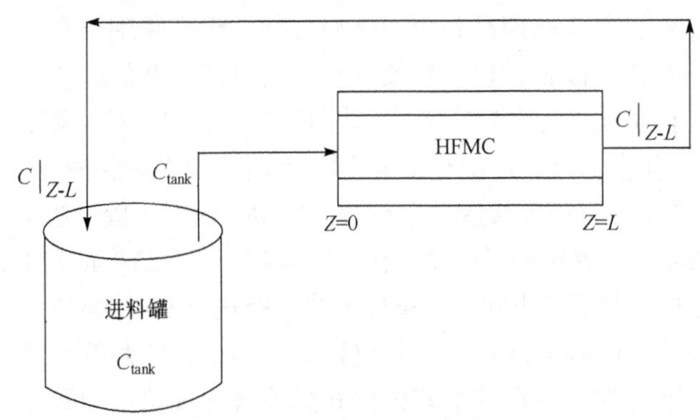

图 5-40　HFMC 膜分离流程示意图

5.6.4.2 问题分析

膜是典型的多孔介质材料，因此需采用多孔介质模型。中空纤维膜接触器传质过程比较特殊，将采用 HFMC 特殊模型。

5.6.4.3 解决方案

1. 几何建模和网格划分

使用 UMFPACK v4.2 数值求解器将有限元分析与划分自适应网格和控制误差相结合，该求解器非常适合求解刚性和非刚性非线性的边值问题，通过不同的研究证明了这种方法对膜接触器的适用性、收敛性和准确性。采用 COMSOL 网格生成器生成各向同性的三角形网格，然后使用缩放创建大量单元。这是由于 r(径向)和 z(轴向)方向之间存在较大差异，z 方向上采用比例因子，网格划分后 COMSOL 会自动缩放几何体，在 3150 个单元周围生成各向异性网格。使用 COMSOL 中的自适应网格细化技术可生成最佳、最少的网格。

2. 模拟过程

本案例针对 HFMC 提出了一个全面的二维数学模型，该模型基于气体填充膜孔的“非湿润”模式，模型的假设和方程已于本节 HFMC 模型处详细介绍，此处不再赘述。气提溶液在壳侧流动，而氨水溶液以层流方式在 HFMC 的管侧流动，氨通过扩散经过液体和膜最终进入气提溶液。管腔侧的速度分布由 Navier-Stokes 方程确定，氨浓度由连续性方程确定。模型方程中考虑了 HFMC 管腔内和膜内的轴向和径向扩散，并假设发生在壳侧的化学反应是瞬时的。模拟中考虑了循环方式，即需要求解两组方程才能模拟整个过程。第一组方程是通过进料箱上的质量平衡得到的，第二组方程是接触器的质量平衡。

传质系数对氨去除工艺的设计和优化至关重要。为进一步检验此传质模型，将传质系数的模拟值与实验值进行比较。氨的总传质系数如下：

$$K=\frac{V}{At}\ln\frac{c_0}{c_t} \tag{5-144}$$

式中，K、V、A、c_0、c_t 分别为整体传质系数、进料溶液的总体积、膜表面积、原进料溶液初始时刻及 t 时刻的氨浓度。

5.6.4.4　结果与讨论

本案例首先通过考察进料氨浓度这一参数验证 CFD 模型的可靠性，随后对克努森(Knudsen)扩散模型进行考察，在使用上述模型的基础上，模拟得到接触器中氨的非稳态浓度变化和径向浓度分布，以及接触器内的速度场，还分析了进料速度对接触器中氨浓度分布的影响。

1. 模型验证

本案例的主要目的是使用 CFD 技术在循环模式下模拟 HFMC 中的氨去除过程。通过循环，氨几乎可以被完全除去。进料罐中氨的浓度变化是一个重要参数，应该进行准确计算。实验结果以及模型对进料罐中不同时刻氨浓度的模拟结果如图 5-41 所示。

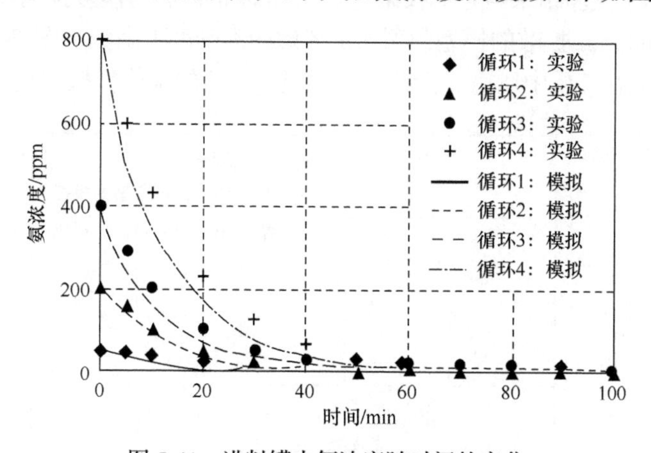

图 5-41　进料罐中氨浓度随时间的变化

氨浓度随时间增加呈指数下降趋势，即氨浓度在初始阶段急剧下降，而在一定时间后缓慢下降。该结果是由于操作开始时跨膜的浓度梯度相对较高，但是当氨转移到壳侧时，进料中的浓度逐渐降低，驱动力也随之降低。图 5-41 给出了进料罐中氨浓度随时间变化的实验数据和模型预测值，其显示模拟和实验结果之间存在良好的一致性。由于模拟使用的纤维长度与实际长度的差异，传质面积的预测值和模拟的传质通量略高于实验值。

2. Knudsen 扩散的影响

本案例认为穿过膜孔的氨扩散主要遵循 Bulk-Knudsen 扩散机制。当氨分子的平均自由程远大于膜孔径，即 $r_p/\lambda \leqslant 0.05$ 时，描述氨通过膜传输的 Knudsen 模型非常重要。在这种情况下，分子与孔壁的碰撞比分子间的碰撞更加频繁。这种通常在大孔和中孔膜中占主导地位的机制被 Knudsen 方程描述为毛细管中的分子扩散流动

$$J_k = -D_k \frac{dc}{dz} \tag{5-145}$$

式中，D_k 为 Knudsen 扩散系数。该系数取决于平均分子速度 u 和孔半径 r_p，由式(5-146)给出：

$$D_k = \frac{2}{3} u r_p \tag{5-146}$$

平均分子速度的表达式可从气体动力学理论中获得：

$$u = \sqrt{\frac{8RT}{\pi M}} \tag{5-147}$$

式中，M 为渗透物分子的摩尔质量(kg/kmol)。使用以下关系校正两种扩散系数(ε=0.4 及弯曲度 τ)对膜孔隙率的影响，关系如下：

$$D_{k,eff} = \frac{\varepsilon D_k}{\tau}, D_{NH_3,eff} = \frac{\varepsilon D_{NH_3}}{\tau} \tag{5-148}$$

有效扩散系数可以通过 Bonsaquet 方程获得：

$$\frac{1}{D_{eff}} = \frac{1}{D_{k,eff}} + \frac{1}{D_{NH_3,eff}} \tag{5-149}$$

图 5-42 显示了实验结果与考虑及未考虑 Knudsen 扩散的模拟预测值之间的比较，可以看出考虑了 Knudsen 扩散的模型预测比未考虑的准确度更高。从图 5-42 也可以看出，尽管 Knudsen 扩散在传质中所占比例并不高，但在膜孔的整体扩散中仍起一定作用。

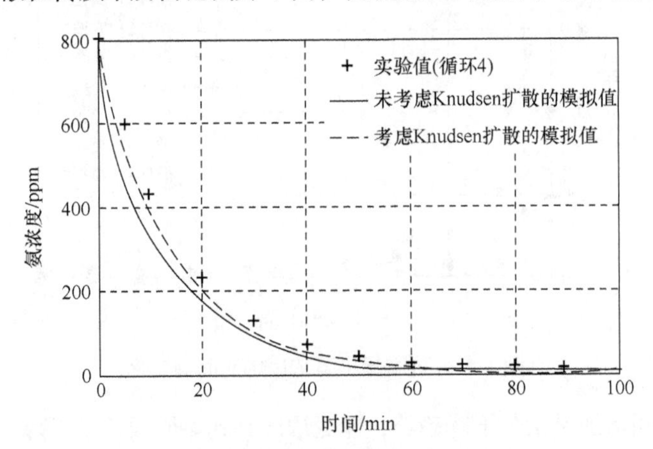

图 5-42 进料罐中氨浓度随时间的变化

3. 接触器中氨的动态浓度分布

图 5-43 给出了膜接触器内腔中不同时间点氨的浓度分布。含氨进料从接触器的一侧(z=0)进入，气提溶液从另一侧进入，当含氨进料通过内腔时，浓度梯度的存在使氨从进料主体向膜表面扩散，在膜表面只有氨挥发到膜孔中并到达壳侧。在膜表面的壳侧，氨和硫酸发生瞬时化学反应。图 5-43 还显示了分离过程中氨浓度随时间的变化。过程开始时，驱动力较高，因此氨进入壳侧的传质速率较高。在该过程结束时，浓度梯度消失，氨的转移率非常低。图 5-44 显示了用于数值模拟的网格节点和氨的相对浓度(各点氨浓度 c/原料罐中的氨浓度 c_{tank})分布，在浓度梯度大的区域，网格更密。图 5-44 表明管腔入

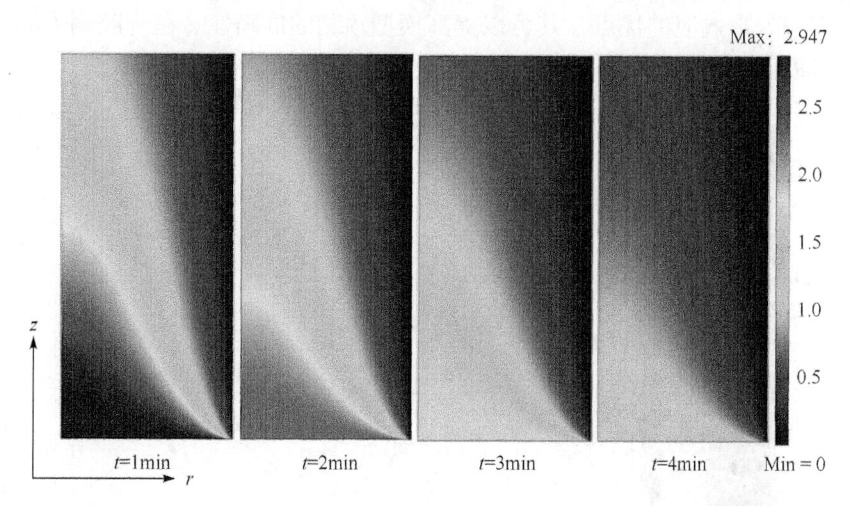

图 5-43　接触器中不同时间点氨浓度分布

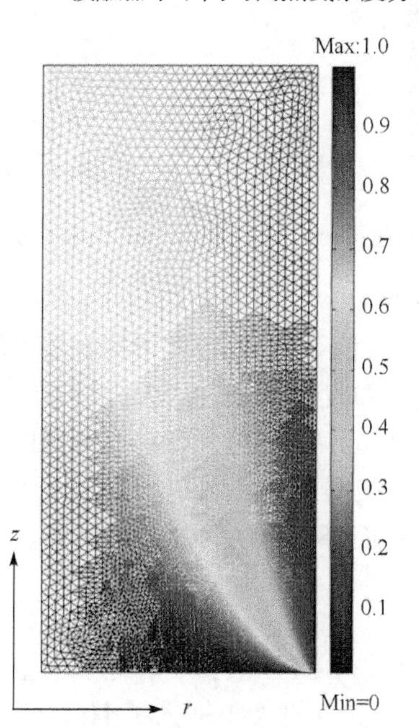

图 5-44　计算域中的网格分布及氨的相对浓度分布(t=1min)

口处的膜表面附近网格很小，在该区域存在氨传质通量的最大值，随着进料在内腔中流动，浓度梯度减小，即分布更均匀，网格更大。

4. 接触器中的速度场

通过求解 Navier-Stokes 方程模拟膜接触器内侧的速度场。图 5-45 显示了内腔侧的速度场云图，含氨进料在其中流动。图 5-46 为速度等值线图，可看出速度分布呈抛物线状，平均速度沿膜长增加。在膜表面附近的区域，由于纤维壁面处的无滑移条件，速度降低，在该区域黏性力起主导作用，膜表面附近形成浓度边界层和速度边界层。此外，图 5-46 揭示了速度沿轴向的变化情况。在靠近管腔入口的区域内，速度并未完全发展，这是模型考虑入口效应的优点，其可以提高模型预测的准确性。在管腔侧中部，流动则趋于完全发展。

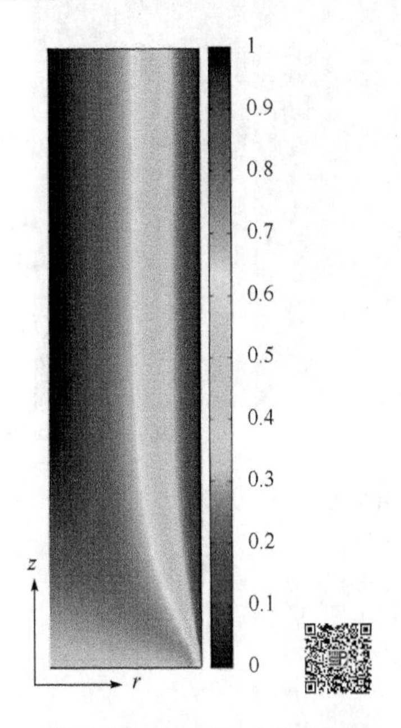

图 5-45　膜接触器内腔侧的速度场云图

图 5-46　膜接触器内腔侧的速度等值线图

5. 进料速度对膜接触器中氨浓度分布的影响

图 5-47 显示了在 t=1min 时不同进料速度膜接触器内的氨浓度分布。显然，进料速度导致膜接触器内腔氨浓度分布发生变化。增大进料速度使 r 方向和 z 方向上的浓度分布更均匀。例如，在 V_f= 0.213m/s 的情况下，沿接触器的氨浓度不会显著降低，即除了膜表面附近的区域外，几乎均匀分布。增大进料速度不利于氨的汽提，因为其减少了物料在接触器中的停留时间，从而降低氨的传质有效时间。

5.6.4.5　总结

本案例对 HFMC 膜分离进行 CFD 模拟，研究了中空纤维膜接触器的分离性能。为了提高 CFD 模拟的精度，在 CFD 框架下嵌入了 HFMC 模型，研究了进料浓度、进料速度等因素对膜分离效果的影响，模拟结果与实验结果基本一致，表明所建立的模型可以用于评价或优化中空纤维膜接触器的分离性能。

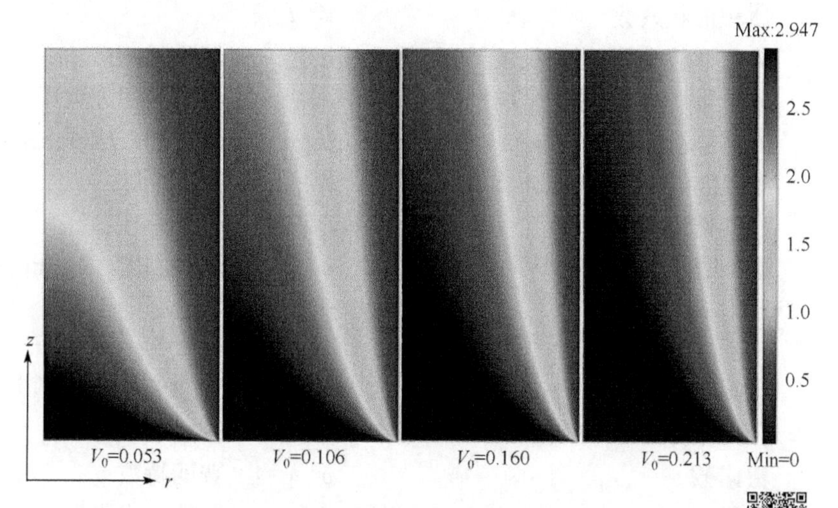

图 5-47　不同的进料速度膜接触器内的氨浓度分布(t=1min)

除 HFMC 模型外，对膜过程进行 CFD 模拟时，最常用的模型就是多孔介质模型。但是膜过程机理复杂，推动力多样，必须开发更多特殊的模型才能获得更可信的模拟结果。例如，为解决正渗透过程中两侧浓差极化问题，人们提出正渗透膜模型，以提高模拟的精度；很多膜过程还涉及多离子情况，为考虑离子间的相互作用，研究人员又开发出离子扩散模型，最终可以得到多离子料液浓度分布信息。膜过程中还普遍存在浓差极化现象，导致膜分离效率下降，研究人员因此开发了浓差极化模型优化膜过程。这些特殊模型的提出大大提高了 CFD 模拟的准确度，其结果对优化操作参数、降低生产成本、提高生产效率具有重要意义。

符 号 说 明

英文

符号	说明
A	面积，m^2
a	比表面积，m^3/m^2
C_2	惯性阻力因子
c	摩尔浓度，mol/m^3
D	扩散系数，m^2/s
D_k	knudsen 扩散系数
D_P	颗粒平均直径，m
d	直径，m
d_{32}	平均晶体尺寸
E	能量，kJ
E_g	氢气能量，J/kg
E_{MV}	默弗里效率
E_s	固体能量，J/kg
F	曳力，N
F_s	气液负荷因子
f	摩擦系数，体积力
G	生长速率，m/s
h	焓，J/kg，传热系数
J	扩散通量，$mol/(m^2 \cdot s)$
K	总传质系数，m/s
K_{sp}	热力学溶度积，$kmol^2/m^6$
k	质量传递系数
k_{eff}	介质的有效热导率，$W/(m \cdot K)$
k_g	生长速率的速率常数

k_s 固体导热系数，W/(m·K)
k_V 体积形状系数
L 体积形状系数，m；长度，m
M 分子量，Morton 数
M_t 晶体总质量浓度，kg/m^3
m 等温线的分布参数，质量，kg
N 搅拌速度，rpm
n_0 极限吸量，mol/kg
P 压力，Pa
P_0 饱和压力，Pa
q 吸附量，m^3/kg
R 径向坐标，m
Re 雷诺数
r 半径，m
Sc 施密特数
S_m 质量源项
U 平均速度，m/s
u 流速，m/s
V 流动速度；m/s；体积，m^3

希文

α 焓因子，J/mol
α_L 液相体积分数
β 熵因子，J/(mol·K)
$\dot{\varepsilon}$ 黏性耗散
ζ 孔隙率
η 运动黏度，kg/(m·s)
θ 覆盖率
μ 黏度
π 渗透压，Pa
ρ 密度，kg/m^3
σ 普朗特数
τ 黏性应力张量
ν 黏度系数
φ_d 分散相持液率

参考文献

岸根卓郎. 1999. 环境论：人类最终的选择. 何鉴，译. 南京：南京大学出版社.
卜令兵，李克兵，郜豫川,等. 2012. 变压吸附流体力学模拟. 天然气化工, 37(1): 58-61,78.
陈丽椿，查晓雄. 2017. 规整填料内乙醇胺吸收 CO_2 的计算流体力学模拟. 哈尔滨工业大学学报, 49(1): 101-107.
陈勇. 2013. 气固两相流变压吸附制氧的 CFD 模拟. 大连：大连理工大学.
程洋洋. 2013. 膜分离传质过程中的流体力学模拟及膜组件优化. 青岛：青岛科技大学.
戴先知，刘应书. 2006. 变压吸附过程数学模型及其应用. 低温与特气, 24(1): 36-42.
傅国旗，周理. 2003. 吸附天然气储罐充气过程的数学模拟. 化工学报, 54(10): 1418-1423.
高国华. 2011. 新型多孔泡沫塔盘和规整填料的多尺度模拟研究. 天津：天津大学.
郝琳，刘睿，党乐平，等. 2011. 焦炉煤气脱硫吸收塔两相流场计算流体力学数值模拟. 现代化工, 31(6): 88-92.
黄雪雷，李育敏. 2010. 板式塔弓形降液管液相流场 CFD 数值模拟. 浙江工业大学学报, 38(005): 518-521.
矫彩山，马海燕，马帅. 2011. 脉冲萃取柱存留分数的实验及 CFD 研究// 中国核科学技术进展报告(第二卷)——中国核学会 2011 年学术年会论文集第 5 册. 北京：原子能出版社.
靳亚斌. 2013. 基于 CFD 的均流填料塔数值模拟. 西安：西安石油大学.
李倩，程景才，杨超，等. 2014. 群体平衡方程在搅拌反应器模拟中的应用. 化工学报, 65(5): 1607-1615.
李倩. 2018. 气液(浆态)反应器流动及结晶过程的模型与数值模拟. 北京：中国科学院大学(中国科学院过程工程研究所).
李少伟，景山，张琦，等. 2012. 萃取柱内液-液两相流 CFD-PBM 模拟研究进展. 过程工程学报, 12(4): 702-711.

刘春江, 袁希钢, 余国琮, 等. 1998. 考虑气相影响的塔板流速场模拟. 化工学报, (4): 483-488.
刘威. 2011. 基于 LevelSet 方法的自由面数值模拟研究. 南京：南京航空航天大学.
卢帅涛. 2016. 膜蒸馏过程的 CFD 模拟及其脱盐系统设计. 广州：华南理工大学.
彭荣. 2012. 多孔材料吸附储氢的 CFD 模拟与优化. 武汉：武汉理工大学.
彭文博, 漆虹, 陈纲领, 等. 2007. 19 通道多孔陶瓷膜渗透过程的 CFD 模拟. 化工学报, 58(8): 2021-2026.
乔小飞. 2008. 旋转带蒸馏 CFD 模拟和塔中液体流动观察. 天津：天津大学.
邵会生. 2012. CFD 在气隙式炭膜膜蒸馏过程中的应用研究. 大连：大连理工大学.
童亮. 2012. 低温吸附储氢的 CFD 模拟与优化. 武汉：武汉理工大学.
万旭辉. 2015. 螺旋导流膜分离器流动特性及其分离性能研究. 上海：华东理工大学.
王丹莉, 刘向军, 刘应书. 2010. 气体吸附动力学模型的研究现状. 化工进展, 29(z2): 5-11.
王健. 2007. F1 型浮阀塔板两相流场的 CFD 模拟. 天津：天津大学.
王军武. 2002. 短程蒸馏技术的 CFD 模拟及其在天然产物中的应用.天津:天津大学.
王立成, 王晓玲, 刘雪艳, 等. 2009. CFD 在精馏分离中的应用. 化工进展, 28(S2): 351-354.
王晓玲. 1994. 精馏塔板上气液两相流流速场的理论研究. 天津:天津大学.
武首香, 沙作良. 2013. 计算流体力学在工业结晶中的应用进展. 盐业与化工, 42(3): 13-6,23.
叶铁林. 2006. 化工结晶过程原理及应用. 北京：北京工业大学出版社.
于洪锋. 2014. 槽式液体分布器孔口流动特性的研究. 天津：天津大学.
曾海乔. 2018. 离散涡方法在圆柱绕流中的应用. 上海：上海交通大学.
张杰. 2015. 环隙式离心萃取机内部全流场 CFD 数值模拟研究. 上海：华东理工大学.
张敏卿. 1990.精馏塔板上液相流速场及温度场的研究. 天津: 天津大学.
张鸣. 1985. 几种工业结晶器简介. 医药工程设计, (6): 3-5, 17.
张雅琴, 张林, 侯立安. 2014. 计算流体力学在水处理膜过程中的应用. 中国工程科学, (7): 47-52.
周建军. 2010. 基于 CFD 的规整填料塔流场分析. 南昌：南昌大学.
朱振兴. 2008. 硫酸铵结晶过程的研究及其固-液多相流的计算流体力学研究. 天津：天津大学.
Agashichev S P. 1998. Modelling concentration polarization phenomena for membrane channel with cylindrical geometry in an ultrafiltration process. Desalination, 119(1-3): 159-168.
Angelov G, Gourdon C. 2009. Turbulent flow in pulsed extraction columns with internals of discs and rings: Turbulent kinetic energy and its dissipation rate during the pulsation. Chemical Engineering and Processing: Process Intensification, 48(2): 592-599.
Attarakih M, Bart H. 2014. Solution of the Population Balance Equation using the Differential Maximum Entropy Method (DMaxEntM): An application to liquid extraction columns. Chemical Engineering Science, 108: 123-133.
Bardin-Monnier N, Guiraud P, Gourdon C. 2003. Residence time distribution of droplets within discs and doughnuts pulsed extraction columns via Lagrangian experiments and simulations. Chemical Engineering Journal, 94(3): 241-254.
Bart H J, Jildeh H, Attarakih M. 2020. Population balances for extraction column simulations—an overview. Solvent Extraction and Ion Exchange, 38(1): 14-65.
Chen J, Zheng C, Chen G. 1996. Interaction of macro and micromixing on particles size distribution in reactive precipitation. Chemical Engineering Science, 51(10): 1957-1966.
Chihara K, Suzuki M. 1983. Simulation of nonisothermal pressure swing adsorption. Journal of Chemical Engineering of Japan, 16(1): 53-61.
Choi Y J, Chung S T, Oh M, et al. 2005. Investigation of crystallization in a jet Y-mixer by a hybrid computational fluid dynamics and process simulation approach. Crystal Growth & Design, 5(3): 959-968.
Chorin A J. 1973. Numerical study of slightly viscous flow. Journal of Fluid Mechanics, 57(4): 785-796.

Costa C B B, Maciel M R W, Maciel Filho R. 2007. Considerations on the crystallization modeling: Population balance solution. Computers & Chemical Engineering, 31(3): 206-218.

Davison W, Zhang H. 1994. In-situ speciation measurements of trace components in natural-waters using thin-film gels. Nature, 367(6463): 546-548.

Delahaye A, Aoufi A, Gicquel A, et al. 2002. Improvement of hydrogen storage by adsorption using 2-D modeling of heat effects. AIChE Journal, 48(9): 2061-2073.

Drumm C, Attarakih M, Hlawitschka M W, et al. 2010. One-group reduced population balance model for CFD simulation of a pilot-plant extraction column. Industrial & Engineering Chemistry Research, 2010, 49(7): 3442-3451.

Drumm C, Bart H J. 2006. Hydrodynamics in a RDC Extractor: Single and two-phase PIV measurements and CFD simulations. Chemical Engineering & Technology, 29(11): 1297-1302.

Fard M H, Zivdar M, Rahimi R, et al. 2007. CFD simulation of mass transfer efficiency and pressure drop in a structured packed distillation column. Chemical Engineering & Technology, 30(7):854-861.

Felmy A R, Weare J H. 1991. Calculation of multicomponent ionic diffusion from zero to high concentration: Ⅰ. The system Na-K-Ca-Mg-Cl-SO_4-H_2O at 25℃. Geochimica et Cosmochimica Acta, 55(1): 113-131.

Fimbres-Weihs G A, Wiley D E. 2010. Review of 3D CFD modeling of flow and mass transfer in narrow spacer-filled channels in membrane modules. Chemical Engineering and Processing: Process Intensification, 49(7): 759-781.

Geraldes V T, Semião V, De Pinho M N. 2001. Flow and mass transfer modelling of nanofiltration. Journal of Membrane Science, 191(1): 109-128.

Goosen M F A, Sablani S S, Al-Hinai H, et al. 2005. Fouling of reverse osmosis and ultrafiltration membranes: A critical review. Separation Science and Technology, 39(10): 2261-2297.

Gruber M F, Johnson C J, Tang C Y, et al. 2011. Computational fluid dynamics simulations of flow and concentration polarization in forward osmosis membrane systems. Journal of Membrane Science, 379(1-2): 488-495.

Gu Z, Su J, Jiao J, et al. 2009. Simulation of micro-behaviors including nucleation, growth, and aggregation in particle system. Science in China Series B: Chemistry, 52(2): 241-248.

Jaradat M, Attarakih M, Bart H J. 2011. Population balance modeling of pulsed (packed and sieve-plate) extraction columns: Coupled hydrodynamic and mass transfer. Industrial & Engineering Chemistry Research, 50(24): 14121-14135.

Jaworski Z, Nienow A W. 2003. CFD modelling of continuous precipitation of barium sulphate in a stirred tank. Chemical Engineering Journal, 91(2): 167-174.

Kougoulos E, Jones A G, Wood-Kaczmar M. 2005. CFD Modelling of Mixing and Heat Transfer in Batch Cooling Crystallizers: Aiding the Development of a Hybrid Predictive Compartmental Model. Chemical Engineering Research and Design, 83(1): 30-39.

Kougoulos E, Jones A G, Wood-Kaczmar M W. 2006. A hybrid CFD compartmentalization modeling framework for the scaleup of batch cooling crystallization processes. Chemical Engineering Communications, 193(8): 1008-1023.

Kramer H J M, Dijkstra J W, Verheijen P J T, et al. 2000. Modeling of industrial crystallizers for control and design purposes. Powder Technology, 108(2-3): 185-191.

Krishna R, Wesselingh J A. 1997. The Maxwell-Stefan approach to mass transfer. Chemical Engineering Science, 52(6): 861-911.

Kulikov V, Briesen H, Marquardt W. 2005. Scale integration for the coupled simulation of crystallization and fluid dynamics. Chemical Engineering Research and Design, 83(6): 706-717.

Kumar J, Peglow M, Warnecke G, et al. 2006. Improved accuracy and convergence of discretized population balance for aggregation: The cell average technique. Chemical Engineering Science, 61(10): 3327-3342.

Li F, Meindersma W, De Haan A B, et al. 2004. Experimental validation of CFD mass transfer simulations in flat channels with non-woven net spacers. Journal of Membrane Science, 232(1): 19-30.

Lightfoot E N, Cussler Jr E L, Rettig R L. 1962. Applicability of the Stefan - Maxwell equations to multicomponent diffusion in liquids. AIChE Journal, 8(5): 708-710.

Luo H, Svendsen H F. 1996. Theoretical model for drop and bubble breakup in turbulent dispersions. AIChE Journal, 42(5): 1225-1233.

Marchisio D L, Fox R O. 2005. Solution of population balance equations using the direct quadrature method of moments. Journal of Aerosol Science, 36(1): 43-73.

Maxwell J C. 1867. Ⅳ. On the dynamical theory of gases. Philosophical transactions of the Royal Society of London, 157: 49-88.

McGraw R. 1997. Description of aerosol dynamics by the quadrature method of moments. Aerosol Science and Technology, 27(2): 255-265.

Mehta B, Chuang K T, Nandakumar K. 1998. Model for liquid phase flow on sieve trays. Chemical Engineering Research and Design, 76(7): 843-848.

Momen G, Jafari R, Hassouni K. 2010. On the effect of process temperature on the performance of activated carbon bed hydrogen storage tank. International Journal of Thermal Sciences, 49(8): 1468-1476.

Niegodajew P, Asendrych D. 2016. Amine based CO_2 capture - CFD simulation of absorber performance. Applied Mathematical Modelling, 40(23-24): 10222-10237.

Nikolic D, Giovanoglou A, Georgiadis M C, et al. 2008. Generic modeling framework for gas separations using multibed pressure swing adsorption processes. Industrial & Engineering Chemistry Research, 47(9): 3156-3169.

Öncül A A, Sundmacher K, Seidel-Morgenstern A, et al. 2006. Numerical and analytical investigation of barium sulphate crystallization. Chemical Engineering Science, 61(2): 652-664.

Onsager L. 1945. Theories and problems of liquid diffusion. Annals of the New York Academy of Sciences, 46(5): 241-265.

Parka M, Lee J J, Lee S, et al. 2011. Determination of a constant membrane structure parameter in forward osmosis processes. Journal of Membrane Science, 375 (1-2): 241-248.

Pawel N, Asendrych D. 2016. Amine based CO_2 capture - CFD simulation of absorber performance. Applied Mathematical Modelling, 40(23-24):10222-10237.

Pellerin E, Michelitsch E, Darcovich K, et al. 1995. Turbulent transport in membrane modules by CFD simulation in two dimensions. Journal of Membrane Science, 100(2): 139-153.

Rahaman M S, Mavinic D S. 2009. Recovering nutrients from wastewater treatment plants through struvite crystallization: CFD modelling of the hydrodynamics of UBC MAP fluidized-bed crystallizer. Water Science and Technology, 59(10): 1887-1892.

Rahimi R, Rahimi M R, Zivdar M. 2006. Efficiencies of sieve tray distillation columns by CFD simulation. Chemical Engineering & Technology, 29(3): 326-335.

Raynal L, Royon-Lebeaud A. 2007. A multi-scale approach for CFD calculations of gas-liquid flow within large size column equipped with structured packing. Chemical Engineering Science, 62(24):7196-7204.

Rezakazemi M, Niazi Z, Mirfendereski M, et al. 2011. CFD simulation of natural gas sweetening in a gas-liquid hollow-fiber membrane contactor. Chemical Engineering Journal, 168(3): 1217-1226.

Rezakazemi M, Shirazian S, Ashrafizadeh S N. 2012. Simulation of ammonia removal from industrial wastewater streams by means of a hollow-fiber membrane contactor. Desalination, 285: 383-392.

Schwinge J, Wiley D E, Fletcher D F. 2002. A CFD study of unsteady flow in narrow spacer-filled channels for spiral-wound membrane modules. Desalination, 146(1): 195-201.

Sean W, Sato T, Yamasaki A, et al. 2007. CFD and experimental study on methane hydrate dissociation Part I. Dissociation under water flow. AIChE Journal, 53(1): 262-274.

Sen N, Singh K K, 2015. Patwardhan A W, et al. 2015. CFD simulations of pulsed sieve plate column: Axial dispersion in single-phase flow. Separation Science and Technology, 50(16): 2485-2495.

Sha Z L, Zheng Q, Wu S. 2009. Study with fluidized bed crystallizer with CFD simulation. Chemical Engineering Transactions(CET Journal), 17.

Sha Z, Oinas P, Louhi-Kultanen M, et al. 2001. Application of CFD simulation to suspension crystallization—factors affecting size-dependent classification. Powder Technology, 121(1): 20-25.

Shakaib M, Hasani S M F, Haque E U, et al. 2013. A CFD study of heat transfer through spacer channels of membrane distillation modules. Desalination & Water Treatment, 51(16-18): 3662-3674.

Shirazian S, Ashrafizadeh S N. 2013. 3D modeling and simulation of mass transfer in vapor transport through porous membranes. Chemical Engineering & Technology, 36(1): 177-185.

Spiegler K S. 1958. Transport processes in ionic membranes. Transactions of the Faraday Society, 54: 1408-1428.

Stefan J. 1871. About equilibrium and movement, especially the diffusion of gas mixtures// Session reports of the Imperial Academy of Sciences Vienna, 2nd department, 63: 63-124.

Su J W, Gu Z L, Xu X Y. 2009. Advances in numerical methods for the solution of population balance equations for disperse phase systems. Science in China Series B: Chemistry, 52(8): 1063-1079.

Su J, Gu Z, Li Y, et al. 2008. An adaptive direct quadrature method of moment for population balance equations. AIChE Journal, 54(11): 2872-2887.

Sun B, He L, Liu B T, et al. 2013. A new multi-scale model based on CFD and macroscopic calculation for corrugated structured packing column. AIChE Journal, 59: 3119-3130.

Tarabara V V, Wiesner M R. 2003.Computational fluid dynamics modeling of the flow in a laboratory membrane filtration cell operated at low recoveries. Chemical Engineering Science, 58(1): 239-246.

Vicum L, Ottiger S, Mazzotti M, et al. 2004. Multi-scale modeling of a reactive mixing process in a semibatch stirred tank. Chemical Engineering Science, 59(8): 1767-1781.

Wantha W, Flood A E. 2008. Numerical Simulation and Analysis of Flow in a DTB Crystallizer. Chemical Engineering Communications, 195(11): 1345-1370.

Warmuziński K, Tańczyk M. 1997. Multicomponent pressure swing adsorption Part Ⅰ. Modelling of large-scale PSA installations. Chemical Engineering and Processing: Process Intensification, 36(2): 89-99.

Wei H, Garside J. 1997. Application of CFD modelling to precipitation systems. Chemical Engineering Research and Design, 75(2): 219-227.

Wei H, Zhou W, Garside J. 2001. Computational fluid dynamics modeling of the precipitation process in a semibatch crystallizer. Industrial & Engineering Chemistry Research, 40(23): 5255-5261.

Wiley D E, Fletcher D F. 2003. Techniques for computational fluid dynamics modelling of flow in membrane channels. Journal of Membrane science, 211(1): 127-137.

Xiao J S, Peng R, Cossement D, et al. 2013. CFD model for charge and discharge cycle of adsorptive hydrogen storage on activated carbon. International Journal of Hydrogen Energy, 38(3): 1450-1459.

Xiao J, Wang J, Cossement D, et al. 2012. Finite element model for charge and discharge cycle of activated carbon hydrogen storage. International Journal of Hydrogen Energy, 37(1): 802-810.

Yang X, Yu H, Wang R, et al. 2012. Optimization of microstructured hollow fiber design for membrane distillation applications using CFD modeling. Journal of Membrane Science, 421-422: 258-270.

Zhang L, Li Z, Yang N, et al. 2016. Hydrodynamics and mass transfer performance of vapor-liquid flow of orthogonal wave tray column. Journal of the Taiwan Institute of Chemical Engineers, 63: 6-16.

Zuiderweg F J. 1982. Sieve trays: A view on the state of the art. Chemical Engineering Science, 37(10): 1441-1464.

第 6 章

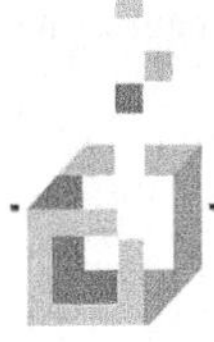

CFD 在化学反应过程中的应用

化学反应是化学工业的重要组成部分。对化学反应工程而言，运用 CFD 模拟能够预测化学反应的进程、描述反应特点等，还可以帮助控制目标产物，包括产物转化率、选择性等。目前在 CFD 的框架中通过集成多种化学反应机理模型来模拟化学反应，如通用有限速率模型、混合组分/PDF 模型等。常用的通用有限速率模型是基于组分质量分数对输运方程进行求解，根据反应动力学机理得到组分的反应速率，然后以反应源项的形式出现在组分守恒方程中。此外，由于化学反应种类多，反应物来源广，除上述模型外，还需结合具体的化学反应情况，采用特定的反应机理对化学反应进行 CFD 模拟。本章对微观混合中的化学反应、催化反应、聚合反应、电化学反应及燃烧进行介绍，包括其相关基础知识、模拟所需的模型及典型的模拟案例。

6.1 微 观 混 合

微观混合是物料从湍流分散后的最小微团(Kolmogorov 尺度的微团)到分子尺度上的均匀化过程，该过程伴随着吞噬、变形的分子扩散过程。化学反应是在分子尺度上进行的过程，无论是简单反应还是复杂反应、快速反应还是瞬间反应，微观混合对其都有着重要影响。微观混合可以主导反应物料的混合过程，也能够改变反应的转化率和选择性。例如，在沉淀反应过程中，沉淀颗粒粒度分布依赖于其微观混合程度，因此微观混合可以改变颗粒产品的性质，进而改变产品的质量。类似地，微观混合还可以控制聚合反应过程中有机分子的质量分布。此外，微观混合对燃烧、喷气推动、化学激光等过程也有重要影响，是这些领域的重要技术课题。

6.1.1 微观混合嵌入 CFD 模拟化学反应

微观混合模拟所用模型主要有经验模型和机理模型。经验模型主要有聚并分散模型(coalescence-dispersion model)、多环境模型(multi-environment model)和 IEM 模型(model of interaction by exchange with the mean)等。机理模型主要包括扩散模型(diffusion model，DM)、变形扩散模型(deformation-diffusion model，DDM)、涡旋吞噬模型(eddy engulfment model，EDD)、片状模型(shrinking slab model，SS 模型)、圆柱形拉伸涡模型(cylindrical stretched vortex model，CSV 模型)、团聚模型(incorporation model)。Baldyga 等又对涡旋吞噬模型进行了简化，形成了 E 模型(E-model)，详细介绍可参见 2.3.3 节的内容。CFD 耦合

微观混合 E-model 主要应用于单相搅拌釜和多相搅拌釜的模拟。

6.1.1.1 CFD 耦合 E-model 应用于单相搅拌釜微观混合

在现有的局部微观混合模型中，E-model 建立在湍流理论的基础上，与概率密度函数等微观混合模型相比，该模型机理性强、方程简单且计算时间短，更适用于模拟工业规模的反应器。然而，E-model 本身没有包含反应器内的局部流动信息，且计算时需要用到反应区的湍动能及湍流能量耗散速率值。多数学者采用 CFD 方法先对流场进行模拟，然后将进料点处的湍动能和耗散值作为反应区的湍动能和耗散值代入 E-model 中进行计算，但这种方法没有考虑流场宏观流动特性对反应的影响。

Akiti 和 Armenante 考虑到反应区在宏观流动和混合下随时间不断移动，使用 VOF 模型追踪进料微元，模拟了反应区湍动能和湍流能量耗散速率随时间的变化情况，研究了搅拌转速和进料位置对酸碱中和/氯乙酸乙酯水解平行竞争反应体系离集指数(segregation index)的影响，实现了 CFD 与 E-model 的耦合，但 VOF 模型的基础是假定相间互不相溶(存在相界面)，而真实反应体系却是均相体系。此外，非稳态 VOF 模型还有计算量大、耗费时间较长等缺点。

Han 等将 E-model 与 FR/ED 模型进行耦合，并对搅拌釜内非牛顿流体的微观混合过程进行模拟，虽然模拟结果与实验值吻合，但 FR/ED 模型中的重要参数需要通过实验测定，且对流体黏度十分敏感，对于不同物性的流体其值差别较大。

6.1.1.2 CFD 耦合 E-model 应用于多相搅拌釜微观混合

对于多相体系，其流动混合十分复杂且缺少相应的微观混合模型，这极大地增加了模拟难度，因此对于多相流中微观混合的数值模拟研究相对较少。而多相搅拌式反应器在工业生产中应用广泛，因此，基于目前已有的单相微观混合模型，将其扩展到多相体系是一个相对可行且有意义的尝试。

Brilman 等使用 E-model 并在考虑多相体系表观黏性和密度的基础上，研究了固液、气液两相搅拌釜内微观混合对偶氮化连串竞争反应体系选择性的影响，预测结果与实验值吻合得相对较好，但其没有考虑流场宏观流动特性的影响。

Malik 和 Baldyga 假定固相分布均匀，考虑固体粒子对湍流的影响，分别采用 E-model 和多时间尺度湍流混合模型，研究固液搅拌釜内微观混合对酸碱中和/氯乙酸乙酯水解平行竞争反应选择性的影响，该模型可以预测离集指数随进料时间的变化趋势，但是会错误预测粒子尺寸对离集指数的影响。研究结果表明仅考虑粒子对湍流的影响并不能将适用于单相的数值模拟方法很好地应用于多相体系的预测。

程荡等为了研究多相体系的微观混合，将用于计算单相微观混合的有限节点概率密度函数模型进行了扩展，考虑到惰性分散相液滴(煤油)的存在会占据一部分网格体积，而反应仅发生在连续相(水)中，因此在有限节点概率密度函数微观混合模型的输运方程中引入了连续相体积分数。其使用扩展的多相微观混合模型，研究了不互溶的液液两相搅拌釜中微观混合对硫酸钡快速沉淀反应的影响，考察了硫酸钡粒度分布及形貌特征随分散相分数、表面活性剂及搅拌转速等因素的变化，模拟结果与实验值吻合良好。此外，他们还指出，对于复杂的快速反应体系，不耦合微观混合进行的数值模拟得到的颗粒平均直径值要比实验数据及添加微观混合模型计算得出的颗粒平均直径大两个数量级，进一步证明在多相体系中微观混合对于快速反应的重要影响。

6.1.2　微观混合模拟案例分析

6.1.2.1　问题描述

本案例(Duan et al.，2016)对搅拌釜中的微观混合进行研究。罐的内径 T=292mm，液体高度为 H=T，如图 6-1 所示，四个挡板垂直等分地安装在罐壁上。该反应器配备一个向下的六叶搅拌桨，叶片斜角为 45°，其直径为 102mm，垂直投影高度为 12mm，位于储罐底部 C=T/3 处。本案例中用来研究混合影响的反应体系是氯乙酸乙酯的水解与氢氧化钠的中和竞争反应，反应方程式分别为

$$NaOH + HCl \xrightarrow{k_1} NaCl + H_2O$$

$$NaOH + CH_2ClCOOC_2H_5 \xrightarrow{k_2} CH_2ClCOONa + C_2H_5OH$$

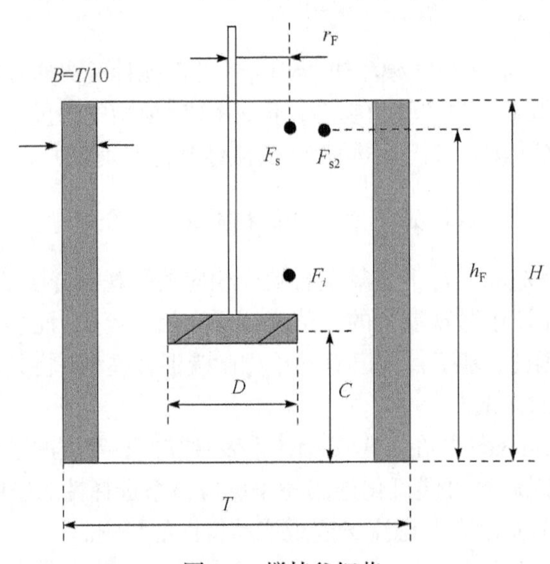

图 6-1　搅拌釜细节

搅拌釜最初含有 HCl 和 $CH_2ClOOC_2H_5$ 的预混合物。NaOH 溶液通过内径为 3mm 的进料管缓慢地加入反应器中。搅拌速度分别为 100r/min、200r/min、300r/min 和 400r/min，进料位置位于两个相邻挡板间的中间平面上。进料点的坐标(表面进料点 F_s 和 F_{s2}，搅拌桨附近区域进料点 F_i)分别在表 6-1 中列出。本案例主要模拟在不同操作条件下微观混合效应对平行竞争反应过程的影响。

表 6-1　进料位置(T = 292mm，H =T，C =T/3)

比值关系	F_s	F_{s2}	F_i
r_F/T	0.172	0.25	0.172
h_F/H	0.9	0.9	0.48

6.1.2.2　问题分析

微观混合是物料从湍流分散后的最小微团到分子尺度上的均匀化过程，故需采用湍流模型。为了模拟转动的搅拌桨，需要使用转动区域模型，如 MRF 模型和 SMM。为求出平均混合分数和混合分数方差，使用商业 CFD 软件时需要利用用户自定义接口模块程序，如 UDF 或 UDS 之类的用户自定义函数或子程序。

6.1.2.3　解决方案

1. 网格划分

本案例以整个反应器内容积为计算域，其由两部分组成，即包围搅拌桨的内部旋转区域和剩余的固定区域，并创建虚拟进料管，进料点坐标与实验条件相同。三维坐标系的原点位于搅拌反应器底部的中心，搅拌桨叶绕着 z 轴逆时针旋转。此外，本案例还进行了网格独立性分析，分别尝试了 80 万、100 万、120 万和 140 万个网格，最终决定使用 120 万的网格数目。

2. 模拟过程

1) 模型

本案例流场模拟采用雷诺应力湍流模型模拟湍流场。所采用的移动区域模型是 MRF 模型。

本案例在 CFD 主解器框架下嵌入 E-model，以预测搅拌釜中的宏观混合和微观混合。该方法通过 CFD 模拟计算宏观流动并求解混合物分数及其方差的运输方程，利用反应离集(segregation)区域内的湍动能和耗散量以混合物分数的加权平均值来描述微观混合的影响。

a. E-model

EDD 反映了微观混合的完整机理，包括吞噬、变形和分子扩散。当吞噬成为微观混合的控制步骤时，可以通过忽略变形和扩散将 EDD 简化为 E-model。对于施密特数 $Sc \leqslant 4000$ 的混合过程，涡流的体积呈指数增长，这是一个连续的过程：

$$\frac{\mathrm{d}V}{\mathrm{d}t} = EV \tag{6-1}$$

$$E = 0.058(\varepsilon / \nu)^{1/2} \tag{6-2}$$

式中，V 为微观混合体积；E 为吞噬率；ε 为能量耗散率。

生长反应区中组分 i 的质量平衡为

$$\frac{\mathrm{d}c_i}{\mathrm{d}t} = E\left(c_{i\mathrm{E}} - c_i\right) + r_i \tag{6-3}$$

式中，c_i 为反应区中组分 i 的浓度；$c_{i\mathrm{E}}$ 为反应区周围环境中组分 i 的平均浓度；r_i 为反应速率。式(6-3)是一般的 E-model 方程。考虑到相同流体的吞噬会减慢反应区的生长，微观混合体积的连续增长率为

$$\frac{\mathrm{d}V}{\mathrm{d}t}=EV\left(1-\frac{V\exp\left(-t/\tau_{\mathrm{s}}\right)}{V_0}\right),\ \tau_{\mathrm{s}}=k/\left(2\varepsilon\right) \tag{6-4}$$

式中，V_0为初始微观混合体积，当t=0 时，V_0等于半间歇反应器任何部位进料的体积；τ_{s}为消散惯性对流子范围中离集的时间；k为湍动能。

b. E-model 与 CFD 耦合

具有二阶动力学的平行竞争反应一般形式为

$$\mathrm{A}+\mathrm{B}\xrightarrow{k_1}\mathrm{R}$$

$$\mathrm{A}+\mathrm{C}\xrightarrow{k_2}\mathrm{S}$$

在大多数用于微观混合测试的模型反应中，第一个反应是瞬时反应，第二个反应是有限速率反应。可引入混合物分数和反应进程变量描述反应体系。

混合物分数(非反应性标量)与反应物 A、B 和 C 的局部浓度有关：

$$\xi=\frac{c_{\mathrm{A}}-c_{\mathrm{B}}-c_{\mathrm{C}}+c_{\mathrm{B0}}+c_{\mathrm{C0}}}{c_{\mathrm{A0}}+c_{\mathrm{B0}}+c_{\mathrm{C0}}} \tag{6-5}$$

式中，c_{A0}、c_{B0}和c_{C0}为反应物 A、B 和 C 的初始浓度。混合比从 0 到 1，反映了不同反应物的湍流混合度。

平行反应通常在半间歇反应器中进行，该反应器最初包含预混合的 B 和 C，然后将 A 添加到反应器中。与流动时间尺度相比，第一个反应非常快。当第二个反应的特征时间尺度与流动时间尺度相同时，添加的反应物 A 就没有足够的时间与含有 B 和 C 的溶液充分混合。因此，产物 R 的产率对湍流混合程度敏感。

在 CFD 仿真中可以获得时空ξ分布，尽管组分微观传质过程可以通过直接数值模拟(DNS)技术来计算，但如此计算量太大，因此该模型仅适用于模拟低雷诺数下简单几何反应器中的湍流。相反，可以使用 RANS 模型描述湍流并通过雷诺平均的混合物分数$\langle\xi\rangle$描述宏观混合。此外，局部混合的程度需要另一变量，即混合分数方差$\left\langle\xi'^2\right\rangle$进行度量。

$\left\langle\xi'^2\right\rangle$是对流体微小区域离集程度的一种度量，表示湍流混合效率。在完美发展的湍流混合区中不存在离集，且$\left\langle\xi'^2\right\rangle$为零。当以半间歇方式将反应物缓慢添加到反应器中时，如果该反应是瞬时反应(或快速反应)，则离集区通常位于进料管附近的区域。因此，通过求解$\langle\xi\rangle$和$\left\langle\xi'^2\right\rangle$，可以得到混合分数变化的分布，可以量化反应物的离集程度并提供反应器中湍流混合的信息。

$\langle\xi\rangle$和$\left\langle\xi'^2\right\rangle$可通过式(6-6)和式(6-7)得出

$$\frac{\partial\langle\xi\rangle}{\partial t}+\left\langle u_j\right\rangle\frac{\partial\langle\xi\rangle}{\partial x_j}-\frac{\partial}{\partial x_j}\left(\Gamma_{\mathrm{T}}\frac{\partial\langle\xi\rangle}{\partial x_j}\right)=0 \tag{6-6}$$

$$\frac{\partial\left\langle\xi'^2\right\rangle}{\partial t}+\left\langle u_j\right\rangle\frac{\partial\left\langle\xi^2\right\rangle}{\partial x_j}-\frac{\partial}{\partial x_j}\left(\Gamma_{\mathrm{T}}\frac{\partial\left\langle\xi'^2\right\rangle}{\partial x_j}\right)=2\Gamma_{\mathrm{T}}\,|\nabla\langle\xi\rangle|^2-2\gamma\left\langle\xi'^2\right\rangle \tag{6-7}$$

式中，Γ_T 为湍流扩散率。

$$\Gamma_T = \frac{C_\mu}{Sc_T}\frac{k^2}{\varepsilon} \tag{6-8}$$

式中，C_μ 为常数，值为 0.09；Sc_T=0.7，为湍流施密特数。

式(6-7)右边的第一项和第二项分别是平均混合分数梯度和微观混合引起的耗散项的乘积项。微量混合率 γ 由式(6-9)计算获得

$$\gamma = \frac{C_\phi}{2}\frac{\varepsilon}{k} \tag{6-9}$$

式中，C_ϕ 称为机械力学时间与标量时间之比，并且是局部雷诺数 Re_l 的函数。由 C_ϕ 的值确定湍流标量耗散率。对于完全湍流，假设 $C_\phi \approx 2$；如果湍流没有完全发展，则假设 C_ϕ 不变对微观混合率估计过高。对于 Sc=1000 和 Re_l>0.2，C_ϕ 可以使用局部雷诺数计算。

通过宏观流场 CFD 模拟预测每个单元中的湍动能和耗散。根据式(6-10)和式(6-11)，通过整个计算域中的混合分数方差计算湍动能和耗散的权重平均值

$$k_{\text{rec}} = \frac{\sum\left\langle \xi'^2 \right\rangle_{\text{cell}} k_{\text{cell}}}{\sum\left\langle \xi'^2 \right\rangle_{\text{cell}}} \tag{6-10}$$

$$\varepsilon_{\text{rec}} = \frac{\sum\left\langle \xi^2 \right\rangle_{\text{cell}} \varepsilon_{\text{cell}}}{\sum\left\langle \xi'^2 \right\rangle_{\text{cell}}} \tag{6-11}$$

式中，k_{cell} 和 $\varepsilon_{\text{cell}}$ 分别为每个单元中的湍动能和耗散；$\langle \xi'^2 \rangle_{\text{cell}}$ 为每个单元中的混合分数方差。

若估计值 k_{cell} 和 $\varepsilon_{\text{cell}}$ 在反应区中，可以被视为式(6-4)中的 k 和 ε，用于计算 E-model。对于用于评估微观混合的平行竞争反应，副反应主要发生在较大的离集区域。

2) 其他

本案例应用FLUENT软件进行模拟，采用SIMPLEC 算法解压力-速度耦合方程，采用二阶迎风方案对质量、动量、湍动能和湍流耗散的输运方程进行空间离散。

6.1.2.4　结果与讨论

1. 不同条件下 NaOH 溶液的消耗

图 6-2 显示不同的进料位置和搅拌速度下反应物 A(NaOH) 浓度随时间的变化，即滴加的 NaOH 被消耗的情况。当搅拌速度增加并且进料位置更靠近叶轮时，混合程度增强，使得反应物 A 的消耗速率变大。特定搅拌条件下的宏观混合时间大于反应时间，由此可得湍流混合条件显著地影响化学反应进程。

在 N=100r/min、200r/min、300r/min 和 400r/min 时，实现反应器宏观混合时间分别预计为 24.6s、12.3s、8.2s、6.2s。如图 6-2 所示，在不同位置滴加 NaOH 溶液时，在 100r/min 到 400r/min 的不同搅拌速度下，反应物 A 最长的消耗时间分别为 2.97s、1.04s、0.75s、0.65s。因此，所有反应时间都比相应的宏观混合时间短很多。

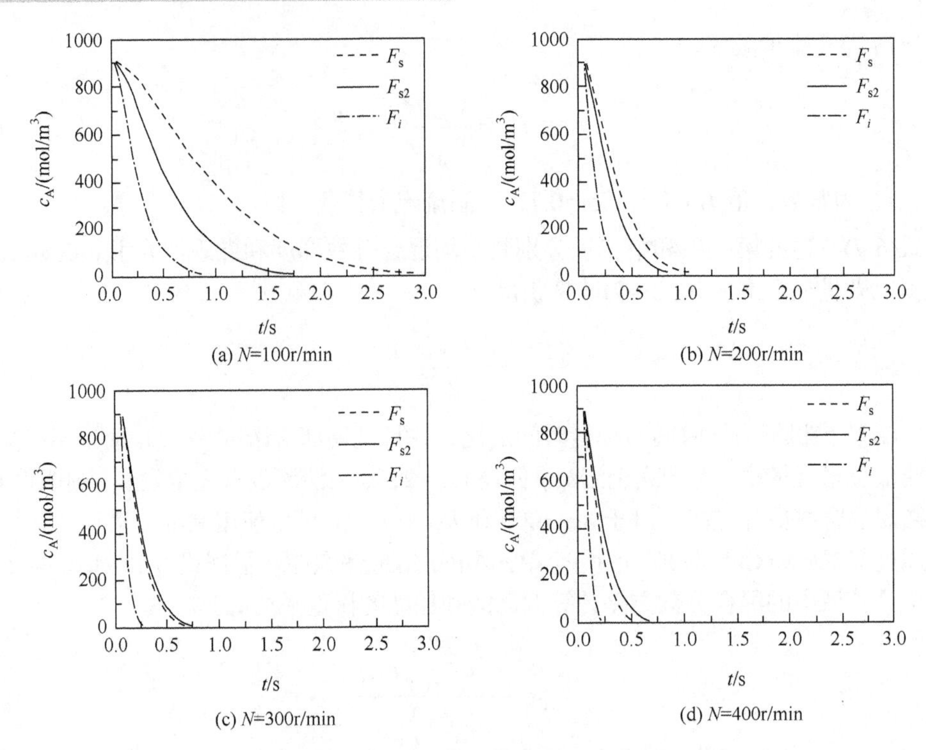

图 6-2　不同的进料位置和搅拌速度下反应物 A 浓度随时间的变化

T=292mm，H=T，C=T/3

2. 搅拌速度对离集指数的影响

离集指数用于量化产品分布，并根据式(6-12)计算：

$$X_S = \frac{\overline{c_S}}{\overline{c_S + c_R}} \tag{6-12}$$

式中，$\overline{c_S}$ 和 $\overline{c_R}$ 分别为反应结束后副产物 S 和产物 R 的平均摩尔浓度。离集指数的范围从 0 到 0.5。在充分混合的罐中，仅发生第一反应，因此 X_S 的值等于零。在完全隔离的情况下，第二反应有机会进行，则得到非零值的 X_S。

图 6-3 表示不同进料位置下搅拌速度对离集指数的影响并与仿真结果与文献中报道的实验数据进行比较。从图 6-3 可以看出，无论进料位置在液面附近还是搅拌桨附近，离集指数都随搅拌速度的增加而降低。

3. 混合分数方差的分布

图 6-4 显示了在 N=100r/min 时，不同进料位置时 y=0 平面中混合物分数分布的变化。$\left\langle \xi'^2 \right\rangle / \left\langle \xi'^2 \right\rangle_{max} \geqslant 0.001$ 的区域在图 6-4 中突出显示。0.001 是任意的，用于定性地比较混合分数等值面分布特征的变化。从图中可以看出，高混合分数变化主要集中在靠近进料点的区域。考虑到搅拌釜中不同的进料位置，混合分数变化的等值面图可以反映宏观流动特性和湍流场的非均质性。

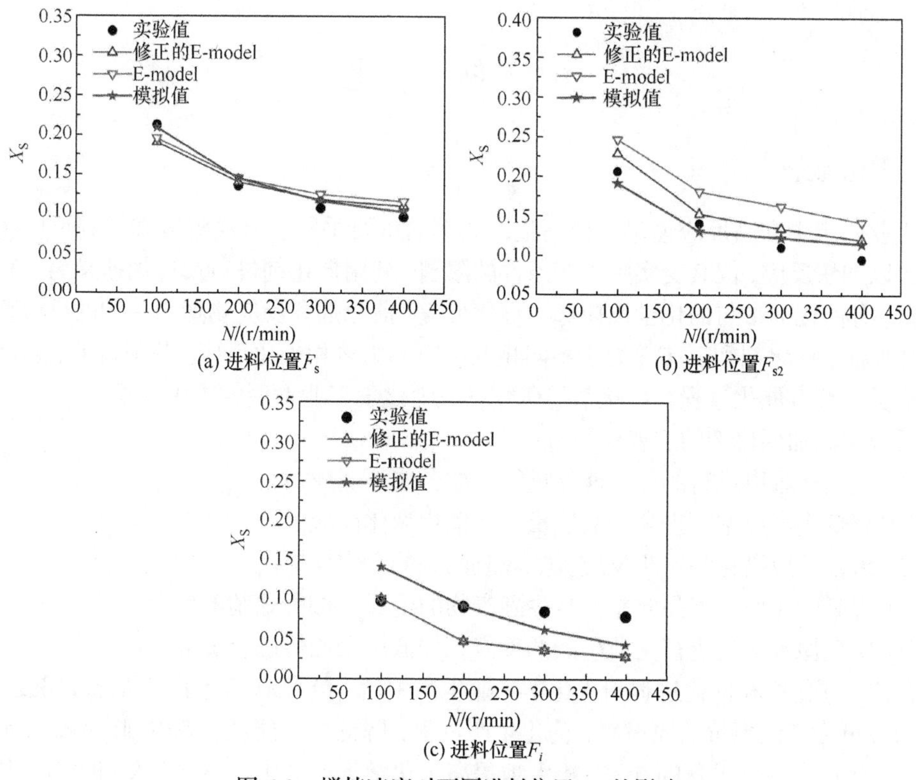

(a) 进料位置F_s　(b) 进料位置F_{s2}　(c) 进料位置F_i

图 6-3　搅拌速度对不同进料位置 X_S 的影响

T=292mm，$H=T$，$C=T/3$

(a) 进料位置F_s　(b) 进料位置F_{s2}　(c) 进料位置F_i

图 6-4　在 y=0 平面不同的进料位置 $\langle\xi'^2\rangle/\langle\xi'^2\rangle_{max}$ 等值面分布

N=100r/min，该区域满足 $\langle\xi'^2\rangle/\langle\xi'^2\rangle_{max}\geqslant 0.001$

6.1.2.5　总结

本案例是将微观混合 E-model 嵌入 CFD 主解框架内对快速并具有平行竞争性反应过程进行的模拟，并考察不同操作条件对平行竞争反应过程中宏观流动和微观混合效应的影响。微观混合会直接影响副产品的产生，从而导致产品品质的差异以及工艺的经济性。这种将微观混合模型嵌入 CFD 主解框架的技术可以在不同尺度上模拟化学反应的行为，是反应器设计、优化以及放大方面非常有效的工具。

6.2 催　　化

6.2.1 催化简介

工业生产中提高反应速率是提高生产效率的重要手段。升高温度和提高反应物浓度虽然可以加快反应，但其受实际生产条件的限制，利用催化剂进行反应加速是另一种有效的方法。有催化剂参与的化学反应称为催化反应，催化剂和反应物融为一相的反应称为均相催化反应，催化剂和反应物处于不同相的反应称为多相催化反应。截至目前，超过 90% 的工业反应都有催化过程，催化剂的研究已成为化学工业发展的重中之重。

反应中添加催化剂的主要作用有：

(1) 使原来难以进行的反应能够进行，如合成氨反应。

(2) 降低生产成本、提高产品质量，如催化裂化反应。

(3) 多步反应简化为单步反应，如环氧乙烷的合成反应。

(4) 提高转化率、产品收率，减少副产物的生成，如丙烯腈的生产。

(5) 实现原本无法进行工业生产的反应，如低压聚乙烯的合成等。

总之，催化剂和催化过程引入化学工业生产中后，极大地丰富了产品合成路线，可以使用来源更为广泛廉价的原材料，简化生产过程，降低生产能耗，减少副产品，从而改善环境。催化剂和催化过程的开发，极大地提高了化学工业的生产力，为人们的衣食住行提供了丰富的产品，大大推动了国家工业、医药、国防等行业的发展。

6.2.1.1 催化原理

参与化学反应的催化剂只能改变反应的速率，不能改变反应的平衡，应用催化剂只能加快反应达到其平衡状态的速度。催化剂在整个反应过程中是不被消耗的，理论上其寿命是无限的，但实际生产中催化剂的结构、形态可能会发生变化，从而失效。相较于未催化的反应，催化剂可以使反应活化能大大降低，从而加快反应的进行。不同催化剂用于同一反应，其降低活化能的幅度也不同，不同催化剂的催化效果也不相同。工业上的许多反应不仅生成一种产物，还会有副产物生成，利用催化剂可促进某一目的产物的生成，这种效应称为催化剂对该反应的选择性。

在已提出的多种气固相催化理论中，活性位理论应用较为广泛。活性位只占催化剂内表面的很小一部分，在组成固体催化剂微晶的棱、角或突起部位上，其由于价键不饱和而具有剩余力场，能吸收周围气相中的分子或原子，即化学吸附作用。一般气固相催化反应由下列串联步骤所组成：

(1) 反应物被分布在催化剂表面上的活性位所吸附，成为活性吸附态。

(2) 活性吸附态组分在催化剂活性表面上进行反应，生成吸附态产物。

(3) 吸附态产物从催化剂活性表面上脱附。

按照上述步骤获得的催化反应化学反应动力学称为本征动力学。气固相催化反应本征动力学的基础是化学吸附。

6.2.1.2　催化反应设备

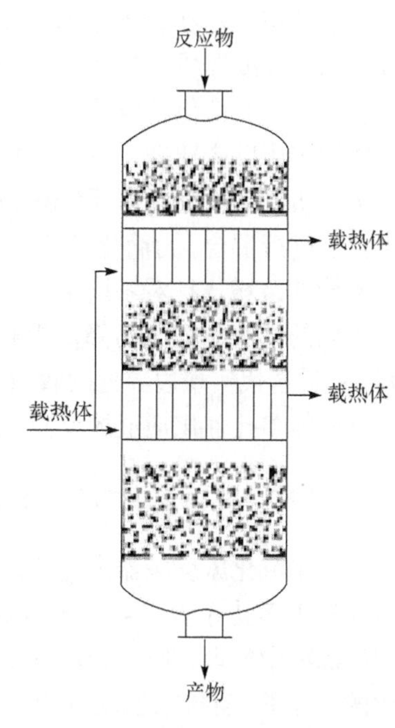

图 6-5　三级绝热式固定床反应器

常用的催化反应设备有径向移动床反应器、循环流化床反应器和固定床反应器。本节仅对常用的固定床反应器进行介绍。固定床反应器又称填充床反应器，是装填有固体催化剂或固体反应物的用以实现多相反应过程的一种反应器。固体物通常呈颗粒状，粒径 2～15mm，堆积成一定高度(或厚度)的床层。床层静止不动，流体通过床层进行反应。固定床反应器有三种基本形式：①轴向绝热式固定床反应器，如图 6-5 所示，流体沿轴向自上而下流经床层，床层同外界无热交换。②径向绝热式固定床反应器，其流体沿径向流过床层，可采用离心流动或向心流动，床层同外界无热交换。径向反应器与轴向反应器相比，流体流动的距离较短，流道截面积较大，流体的压力降较小，但径向反应器的结构较轴向反应器更为复杂。以上两种形式的反应器均属于绝热反应器，适用于反应热效应不大，或反应系统能承受绝热条件下由反应热效应引起温度变化的场合。③列管式固定床反应器，由多根反应管并联构成。管内或管间放置催化剂，载热体流经管间或管内进行加热或冷却，管径通常在 25～50mm，管数可多达上万根。列管式固定床反应器适用于反应热效应较大的反应。

6.2.2　催化过程应用模型

催化反应大多要经历气相扩散、催化剂内扩散、吸附、反应等步骤。催化过程中常用的模型包括湍流模型、多相流模型等。在催化反应器中往往存在不同特点的区域，其整体的流体流动常处于湍流状态，而催化剂多为多孔介质，其内部流体流动不符合湍流状态，为使 CFD 模拟更加精确，可对其采用多区域模型，即将反应器分为不同区域以采取合适的子模型。催化反应中，除涉及物质变化，也存在能量变化，可以将其简化为等温体系，但为了更精确地模拟，将能量方程与单温多孔介质模型进行耦合，可以得到双温度多孔介质模型。此外，对催化反应而言，其整个体系还涉及化学反应，对反应机理较为明确的反应，可利用表面反应模型将反应耦合到 CFD 模型中，以获得更为精确的模拟结果。

6.2.2.1　多区域模型

催化剂能够为反应提供活性位点，从而提高反应速率。在非均相气固催化反应中，这种活性位点一般存在于固相中，固相嵌入反应物的气相中。因此，气相中的反应物必须到达活性位点，此过程涉及几个物理输运过程。由于这些过程均以有限速率进行，必然会出现浓度梯度与温度梯度。因此，传质过程会对反应速率产生很大影响，实际反应速率和本征反应速率会存在较大差别。化学反应过程与流体输运过程这种相互影响的情况是系统固有的多尺度性质，其特征是时间尺度与空间尺度上的差异。

因此，对催化反应进行 CFD 模拟时，为提高模拟精度，可以建立多区域模型以对非均质固定床反应器进行模拟，并将 CFD 与表面反应动力学相结合，从而可以对具有复杂动力学机制的催化反应系统进行模拟。该方法的一个重点是将流体流动与表面反应动力学模型进行耦合，为简化模拟可以忽略多孔介质中的扩散。另一个重点是将整个计算域分为不同的区域，且对不同区域进行耦合。一般而言，不同区域往往具有不同的现象，具有不同的控制方程，为降低求解的复杂性，可以先分别求解计算域内不同区域的控制方程，通过迭代实现边界处的收敛。通过此方法得到的数值框架可以动态求解任意复杂几何形状固体多孔催化剂上的反应流，而其表面反应活性则由详细的微观动力学机制描述。

6.2.2.2　双温度多孔介质模型

由于流化床反应器内的流体流动复杂，一般采用两种方法对其进行模拟：一种是将反应器视为多孔介质或采用准均质反应器的假设，则可以将反应器中的反应加入连续性方程的源项中处理，但其无法获得流体流动的微观信息；另一种方式是在没有对流体流动简化的情况下，直接求解反应器内复杂的流动输运方程，此方法虽然可以得到精确的微观流体流场，但需要复杂的计算网络和边界条件。

为使 CFD 模拟能够满足工程需要，第一种方法常被采用，将床层中的催化剂颗粒假定为连续的多孔介质，床层设为流体区域，并在动量平衡方程中通过设置源项体现流体流动阻力。对于能量方程的求解，在 FLUENT 中，多孔介质能量方程的默认求解是基于单温度模型，只给出了多孔区域的有效导热系数，由于气固两相的局部热平衡，两相温度相等。显然，它不符合实际。因此，需要在多孔介质模型中加入固体能量及传热方程，将原来的单温多孔介质模型改为双温度多孔介质模型。

6.2.2.3　表面反应模型

利用 CFD 对催化反应进行数值模拟时，为得到准确的预测，除利用 CFD 模型对反应器中流体的压力分布与流速分布进行计算外，还需要引入与催化剂反应机理相关的数学模型。其中，表面反应模型是基于详细的三元催化剂催化表面反应机理所得的数学模型，其优点是可以将表面化学求解器与 CFD 主解框架进行耦合，从而可以考察更加复杂的流场及更加精确地模拟催化反应。

化学反应动力学是催化剂性能建模的关键，催化反应动力学模型可分为两类：整体反应步骤较少的朗缪尔-欣谢尔伍德(Langmuir-Hinshelwood)模型和详细的催化表面反应机理模型。Chen 等采用详细的催化表面反应机理对催化转化器进行 CFD 建模，最终开发出一种表面反应模型。

非均相反应的一般形式为

$$\sum_{i=1}^{N_g} g'_{i,r} G_i + \sum_{i=1}^{N_s} s'_{i,r} S_i \longrightarrow \sum_{i=1}^{N_g} g''_{i,r} G_i + \sum_{i=1}^{N_s} s''_{i,r} S_i \tag{6-13}$$

式中，G_i和S_i分别为组分种类与位点种类。

第r个正反应的速率为

$$R_r = k_{\mathrm{f},r} \prod_{i=1}^{N_{\mathrm{g}}} [G_i]_{\mathrm{wall}}^{g'_{i,r}} [S_i]_{\mathrm{wall}}^{s'_{i,r}} \tag{6-14}$$

第r个反应的正向速率常数$k_{\mathrm{f},r}$为

$$k_{\mathrm{f},r} = A_r T^{\beta_r} \exp\left(-\frac{E_r}{RT}\right) \tag{6-15}$$

式中，A_r根据表面覆盖率的变化而变化。

速率常数与覆盖率的关系由式(6-16)可得

$$E_r = E_{r,0} - \sigma\theta_i \tag{6-16}$$

式中，$E_{r,0}$为反应机理中的初始活化能；σ为调整参数；θ_i为表面覆盖率。上述表达式仅适用于少数选定的关键反应步骤。

对于吸附反应，速率常数由式(6-17)得出

$$k_{\mathrm{f},r}^{\mathrm{ads}} = \frac{S_i^0}{\Gamma^\tau} \sqrt{\frac{RT}{2\pi M w_i}} \tag{6-17}$$

式中，S_i^0为初始黏附系数；Γ为表面位点密度；τ为表面位点中被吸附的数量。

表面位点被物质覆盖的覆盖率为

$$[S_i]_{\mathrm{wall}} = \Gamma\theta_i \tag{6-18}$$

由于通过非均相反应而产生或消耗的物质必须通过表面质量通量来平衡，因此可得

$$\rho D_i \frac{\partial Y_{i,\mathrm{wall}}}{\partial n} = \eta F M w_i \hat{R}_{i,\mathrm{gas}} \quad \left(i = 1, 2, 3, \cdots, N_g\right) \tag{6-19}$$

对于没有覆盖的表面，式(6-19)的右边可以表示为$k_{m,i}\rho(Y_i - Y_{i,\mathrm{wall}})$，$k_{m,i}$为传质系数，物质的质量扩散速率$D$为温度的函数，$F$为催化表面与几何表面之比。由于孔隙中的局部浓度梯度不能用数值方法解决，因此系数η被用来表示孔隙扩散速度，其取决于孔隙弯曲度、层厚度、质量扩散系数、该处气相浓度和固有表面反应速率等。

表面覆盖率为

$$\Gamma \frac{\partial \theta_i}{\partial t} = \hat{R}_{i,\mathrm{site}} \quad \left(i = 1, 2, 3, \cdots, N_{\mathrm{s}}\right) \tag{6-20}$$

式中，$\hat{R}_{i,\mathrm{gas}}$和$\hat{R}_{i,\mathrm{site}}$分别为气体组分和位点组分的净反应速率：

$$\hat{R}_{i,\mathrm{gas}} = \sum_{r=1}^{rxn} \left(g''_{i,r} - g''_{i,r}\right) R_r \quad \left(i = 1, 2, 3, \cdots, N_{\mathrm{g}}\right) \tag{6-21}$$

$$\hat{R}_{i,\mathrm{site}} = \sum_{r=1}^{rxn} \left(s''_{i,r} - s''_{i,r}\right) R_r \quad \left(i = 1, 2, 3, \cdots, N_{\mathrm{s}}\right) \tag{6-22}$$

6.2.3 CFD 在催化中的应用

CFD 方法在催化工程中的应用日渐增长，本节分别从 CFD 对不同催化反应及不同催化反应器的模拟两个角度进行介绍。

6.2.3.1 不同催化反应的模拟

Dou 等采用多相流模型对甘油蒸气重置制氢过程进行 CFD 模拟，使用层流有限速率模型对化学反应进行建模，预测了不同进气速度下的床层参数，结果表明气固两相的环空结构会导致回混和内部循环行为，因此速度分布较差。甘油转化率和产量随着进气速度的增加而降低，该模拟证明流体动力学与产氢之间的关系，表明停留时间及蒸气与碳的摩尔比是重要的参数，这些模拟结果可为设计和运行台式催化流化床反应器提供有用指导。

Seyednejadian 等对甲烷催化氧化过程进行数值模拟，开发了以单催化颗粒为研究对象的数学模型，用于模拟在多孔催化剂颗粒内部发生的反应，并耦合了稳态单颗粒模型与动力学模型，得到了颗粒内浓度分布图。其模拟结果如颗粒出口处的选择性和转化率与实验数据非常吻合。因此，为在工艺中获得高收率，研究者建议可将单个颗粒的建模视为催化固定床反应器的核心。

此外，通过对反应过程进行 CFD 模拟，还能够考察不同形式反应动力学模型的适用性，对掌握正确的反应机理具有重要意义。Byron 等利用 CFD 对低温水煤气转换反应器进行数值模拟，使用五种常用的宏观动力学模型研究填充床反应器对不同进料组成的适用性，开发了用户自定义的反应速率函数，以预测反应器中 CO 的转化率，并研究温度和时间因素对 CO 转化率的影响。结果表明，Langmuir-Hinshelwood 反应动力学模型对富氢原料气的模拟有最好的预测，Temkin 模型更适用于富 CO 合成气的模拟。

6.2.3.2 不同催化反应器的模拟

CFD 除了可以对催化反应过程进行模拟，还可以对催化反应器进行模拟，从而根据模拟结果优化反应器结构。张敏华等采用湍流模型对列管式固定床进行数值模拟，研究反应器内换热介质的流动和反应器内的温度分布，模拟结果显示反应器中存在传热不均匀的情况，导致局部飞温或者低温，使得催化剂性能下降，并根据模拟结果对反应器结构进行了优化。Gao 等开发了一种综合的二维非均相反应器模型，模拟固定床反应器中 CO 和草酸二乙酯(DEO)的流动行为和催化偶联反应，并改进了单温度多孔介质模型和一方程湍流模型，得到了双温多孔介质模型，此模拟得到的反应器中温度场及组分浓度的分布与中试装置中的实际数据相吻合。宋素芳等对焦炉煤气制合成气的反应器进行模拟，其湍流模型选用标准 k-ε 模型，热辐射模型选用 P-1 模型，用非预混模型计算化学输运与反应，得到反应器内组分、温度分布，并预测了氧气与焦炉煤气的最佳进气比，且模拟结果与实验结果相吻合，为进一步的工程研究与应用提供理论参考依据。Zhuang 等对固定床反应器甲醇制烯烃过程进行 CFD 模拟，得到了反应期间焦炭沉积和组分分布随进料温度的变化情况。结果表明，甲醇转化率和催化失活关系密切，且受操作条件的影响明显。孙守峰等对催化重整固定床反应器进行 CFD 模拟，得到反应器内轴向和径向速度场、压力场、温度场和组分浓度分布的详细信息，并使用工业装置对模拟进行了验证，结果表明模拟具有很高的精度。此外，Irani 等利用 CFD 对改进的费托合成固定床反应器中合成气制高级烃的过程进行模拟，得到了最佳流量与进料温度，且实验数据与模型之间取得了良好的一致性。

为更深入理解浆态床或流化床反应器内部的流动与传热过程，Wu 等开发了二维非稳态 CFD 模型，用于对流化床反应气中合成气生产甲醇的反应过程的模拟，预测了催化剂的性能，得到了沿反应器高度改变的甲醇产率及气相质量流率随时间的变化趋势，并预测了催化剂颗粒的温度。通过 CFD 模拟，反应器内部的流场与温度场均可以被可视化描述。Gamwo 等对三相流化床反应器进行 CFD 模拟，开发了两种反应机理模型，第一种模型基于颗粒流动的动力学理论，在流化床中测量了碰撞恢复系数，预测了反应器的浆液高度、气相返混与甲醇的生产能力；第二种模型以催化剂浆液黏度为输入，对反应器中的流型和雷诺应力进行模拟，并根据模拟结果重新优化了反应器结构，从而使催化剂在生产过程中保持最佳浓度。

6.2.4 催化模拟案例分析

6.2.4.1 问题描述

本案例(Gao et al.，2011)对 CO-DEO 在固定床反应器中的流动行为和催化偶联反应进行 CFD 模拟研究。CO-DEO 催化偶联反应的反应动力学来自于一个内径为 16mm、催化剂床长为 15mm 的连续流动固定床一体化反应器实验。其中，实验以气态亚硝酸乙酯在负载钯催化剂上进行，CO 偶联反应的最佳条件为：大气压下温度 383～403K，烯摩尔浓度 5%～15%，CO 摩尔浓度 20%～35%。如图 6-6 所示，反应区从 Z=0 延伸到 Z=1.5m，反应物从 Z=−0.75m 处进入，在 Z=2.25m 处离开。

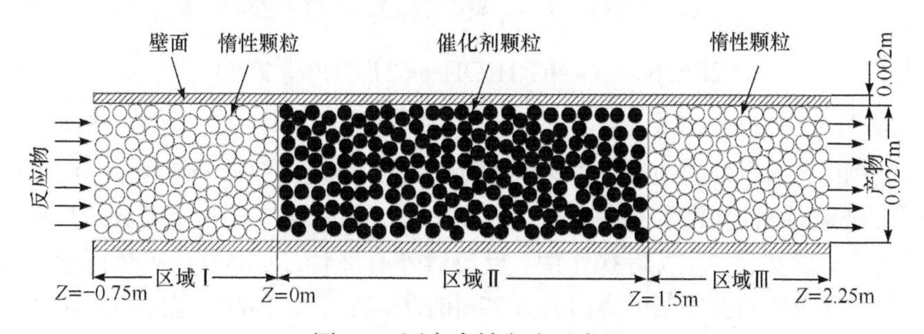

图 6-6 固定床轴向流反应器

6.2.4.2 问题分析

在本案例中，为使模拟满足工程需要，将床层中的催化剂颗粒假设为连续多孔介质，在 CFD 中将其建模为动量平衡方程的附加项中，以考察附加的流动阻力。此外，单温度模型只给出了多孔区域的有效导热系数，而在气固两相之间存在局部热平衡，固相温度与气相温度相等，这与实际不符。因此，在多孔介质模型中加入固体能量和传热方程，将原来的单温度多孔介质模型变为双温度多孔介质模型，即选择双温度多孔介质模型进行研究。另外，多孔介质中流体流动具有复杂性，所以同时采用层流模型和湍流模型分别进行深入讨论。

6.2.4.3　解决方案

1. 几何建模和网格划分

本案例进行了网格独立性验证，在 5×50、10×100、20×200、30×300 和 40×400 网格(径向 x 轴向)下对系统进行模拟，最终结果表明，30×300 的网格尺寸足以提供合理的独立于网格的结果。

2. 模拟过程

1) 模型

本案例采用双温度多孔介质模型和湍流模型进行 CFD 模拟，结合雷诺平均传输方程的解析及简化的湍流模型，可以获得固定床反应器中流体流动和传热机理的信息。在多孔介质中，随着气相雷诺数的增加，流体从层流变为湍流。在本研究中，流体在多孔介质中的平均流速为 0.25～2.0m/s，多孔介质的 Re 为 19～151，管道的 Re 为 47～376，因此，多孔介质中的流体处于过渡流动范围。其输运方程的一般形式为

$$\frac{\partial}{\partial x_i}\left(\rho_{\mathrm{g}}\tilde{v}v_i\right)=G_v+\frac{1}{\sigma_{\tilde{v}}}\left\{\frac{\partial}{\partial x_i}\left[\left(\mu_{\mathrm{g}}+\rho_{\mathrm{g}}\tilde{v}\right)\frac{\partial}{\partial x_j}\right]+C_{b2}\rho_{\mathrm{g}}\left(\frac{\partial\tilde{v}}{\partial x_j}\right)^2\right\}-Y_v \tag{6-23}$$

对于固定床反应器中的流体，耦合反应动力学模型以并入上述 CFD 模型中，主要的反应方程式为

$$2CO+2EtONO \longrightarrow (COOEt)_2+2NO \tag{6-24}$$

$$CO+2EtONO \longrightarrow (C_2H_5O_2)_2CO+2NO \tag{6-25}$$

$$2EtONO \longrightarrow C_2H_5OH+CH_3CHO+2NO \tag{6-26}$$

2) 其他

在本案例中，入口处的边界条件采用指定速度并指定出口压力。此外，对于反应器内壁，假设流体遵循壁面无滑移边界条件。另一方面，偶联反应是一个高放热反应，必须尽快从反应器中去除热量。在实际操作中，反应器外有夹套，大部分反应热可通过换热介质去除。因此，反应器的边界条件遵循式(6-27)和式(6-28)中所示的对流传热方程。

$$q=h_{\mathrm{gc}}\left(T_{\mathrm{g}}-T_{\mathrm{c}}\right) \tag{6-27}$$

$$\frac{1}{h_{\mathrm{gc}}}=\frac{1}{\alpha_{\mathrm{g}}}+\frac{b}{\lambda}\frac{A_i}{A_{\mathrm{m}}}+\frac{1}{\alpha_{\mathrm{c}}}\frac{A_i}{A_0} \tag{6-28}$$

本案例在双精度模型下进行求解，控制方程采用有限体积法在非均匀结构网格中进行离散，扩散流采用中心差分格式离散，对流通量用差分修正方案进行计算，压力和速度通过 SIMPLE 算法进行耦合。为模拟实际情况，首先得到稳态下无反应流场的结果，然后以稳态流场为初始值进一步进行反应过程的模拟，这样可以改善数值计算的收敛性。对于

CFD 数值模拟，采用亚松弛迭代法以保证数值模拟的收敛性。

6.2.4.4　结果与讨论

本案例研究了 CO-DEO 在固定床反应器中的流动行为和催化偶联反应，分析了反应器内的温度分布、组分浓度分布等。

1. 验证

本案例依据实验数据对 CFD 模拟结果进行验证。通过对工厂数据与模拟数据(单温度多孔介质模型、双温度多孔介质模型和 PRO/Ⅱ软件模拟)进行比较，发现采用层流与湍流两种流体闭合模型得到的预测反应结果并没有显著差异。这是因为多孔介质中气相雷诺数较低，湍流对气相行为的影响不明显，因此，层流模型和湍流模型都适用于预测固定床反应器中气固两相流的流体动力学和 CO-DEO 的催化偶联反应。结果表明，CFD 的仿真结果与 PRO/Ⅱ软件的仿真数据以及工厂数据吻合良好。然而，PRO/Ⅱ软件模拟不能得到复杂多相反应系统中氧化参数的轴向和径向分布。

2. 固定床反应器内的流场分布

本案例的偶联反应是高度放热反应，并且产生的热点(包括其温度和位置)强烈影响固定床反应器的产品特性和操作稳定性，因此对温度分布与组分分布进行重点研究。

图 6-7(a)和(b)分别显示反应器中的温度沿轴向和径向的分布。从图 6-7(a)可以看出，热点位于反应器出口附近。在热点之前，由于固相对原料气的预热作用，固相温度高于气相温度；热点之后，由于气相向固相传热，气相温度高于固相温度；在热点附近，气相温度迅速上升，而固相温度变化则相对缓慢。从图 6-7(b)可以看出，由于壁面黏度和热沉降，温度中心高，两侧低，分布呈抛物线状。在热点之前，固相温度显著高于气相温度，而在热点之后，气相温度高于固相温度。另外，从图 6-7(b)也可以看出，气相有明显的温度变化，而在固相中只能观察到微小的温度变化。在实际应用中，上述温度变化的原因是固相的热容和热导性能远高于气相。

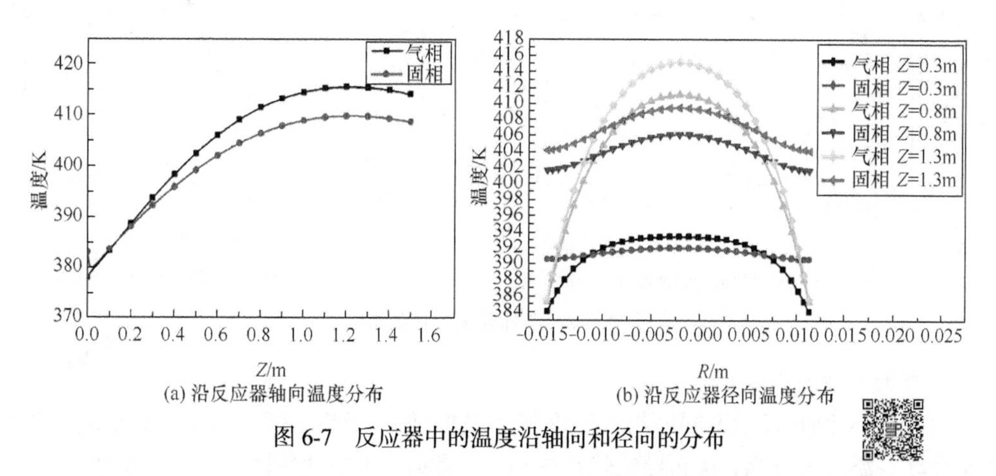

(a) 沿反应器轴向温度分布　(b) 沿反应器径向温度分布

图 6-7　反应器中的温度沿轴向和径向的分布

图 6-8(a)所示为各组分沿轴向的摩尔分数分布曲线。化学反应使 CO 和 EN 持续消耗，同时产生 NO、DEO 和少量 DEC。因为 CO 和 EN 的摩尔比是 3∶1，所以 EN 几乎完全

被消耗。图 6-8(b)为 CO 摩尔分数沿径向分布曲线，其呈抛物线状，表明 CO 摩尔分数分布受不同壁面的影响相似。

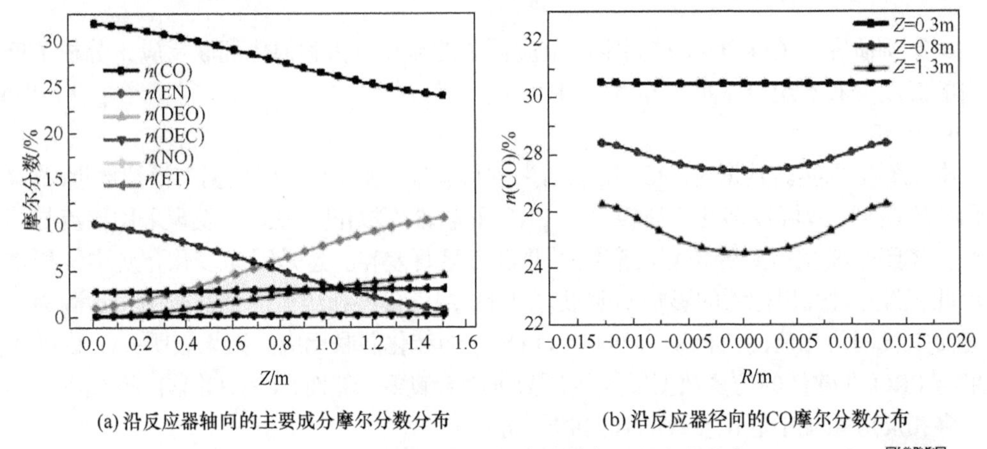

(a) 沿反应器轴向的主要成分摩尔分数分布　　(b) 沿反应器径向的CO摩尔分数分布

图 6-8　反应器中的主要组分沿轴向和径向的分布

3. 传导油温的影响

图 6-9(a)和(b)显示了不同冷却剂温度下的模拟结果。在图 6-9(a)中，由于传热速率降低，热点和出口温度都随着导热油温度的升高而升高，从而导致床层温度、反应速率和产热的增加。图 6-9(b)表明导热油温度对 EN 的转化率有明显的影响，而对 DEO 的选择性没有显著影响。因此，如果热点温度不高于催化剂的限制温度，则可以选择较高的导热油温度。

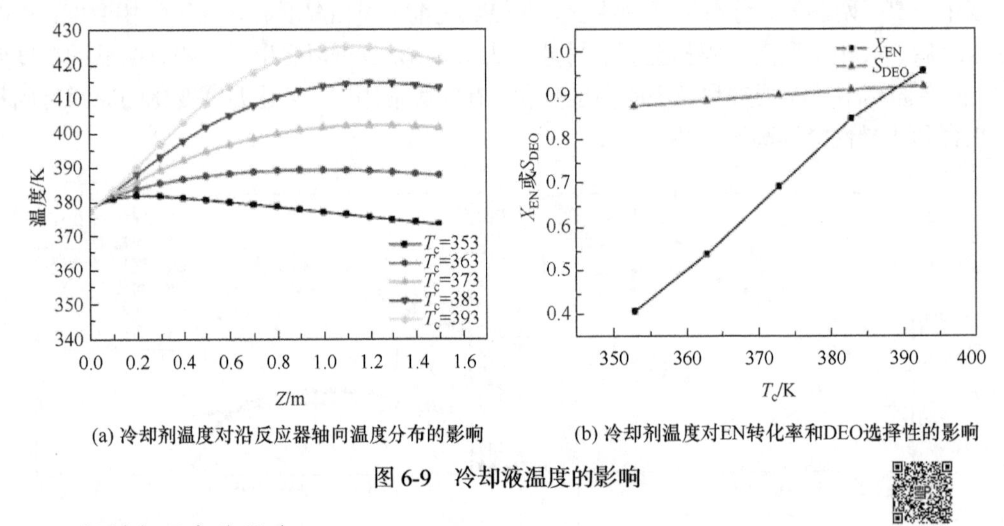

(a) 冷却剂温度对沿反应器轴向温度分布的影响　　(b) 冷却剂温度对EN转化率和DEO选择性的影响

图 6-9　冷却液温度的影响

4. 原料气温度的影响

图 6-10(a)和(b)显示不同原料气温度下的模拟结果。结果表明，混合气入口温度的升高导致热点温度的升高，从而导致热点的产生。此外，反应速率随着原料气温度的升高而增加，从而使反应区提前，在出口处，原料气浓度和放热速率降低，使出口处温度仅略有升高。随着原料气温度的升高，亚硝酸乙酯的转化率迅速增加，而 DEO 的选择性略有增

加。随着原料气温度的升高，即入口段温度的升高，EN 的总转化率增加，但主、副反应的活化能相差不大，不会导致主反应速率的显著增加。根据以上模拟结果，可以在较宽范围内选择原料气温度，如果反应过程允许，可以选择更高的原料气温度。

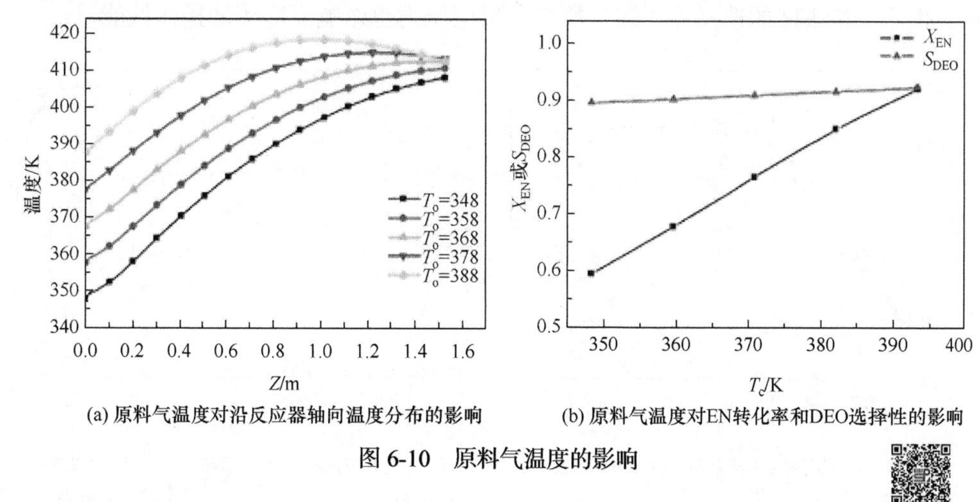

(a) 原料气温度对沿反应器轴向温度分布的影响　(b) 原料气温度对EN转化率和DEO选择性的影响

图 6-10　原料气温度的影响

5. CO 组分的影响

图 6-11(a)和(b)显示不同浓度 CO 下的模拟结果。由于热力学不稳定性，EN 必须保持在一定浓度。原料气中 EN 的浓度一般保持在 10%～30%。在其他条件不变的情况下，随着 CO 浓度的增加，热点温度升高，热点向前移动，如果 EN 浓度保持不变，入口处的反应速率会增加，从而导致热点的出现并提高热点的温度。CO 摩尔浓度的增加有助于提高 EN 的转化率和 DEO 的选择性。这是因为随着 CO/EN 的增加，反应体系中的 EN 逐渐减少，一定程度上抑制 EN 的分解反应。根据模拟结果，较合理的 CO/EN 为 2～3，既能保证其不低于主反应的化学计量比(1∶1)，又将 EN 转化率和 DEO 选择性考虑在内。因此，CO 浓度是一个相对敏感的操作参数。

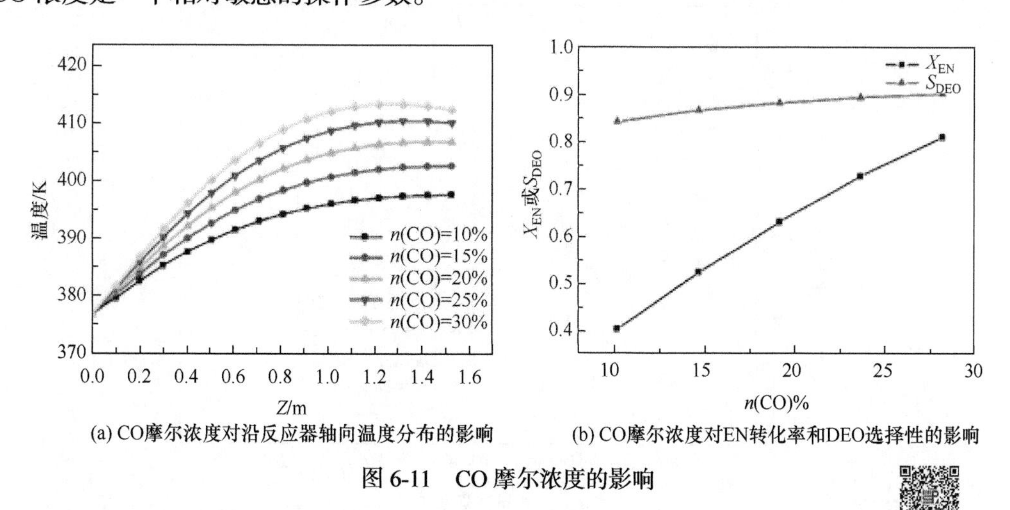

(a) CO摩尔浓度对沿反应器轴向温度分布的影响　(b) CO摩尔浓度对EN转化率和DEO选择性的影响

图 6-11　CO 摩尔浓度的影响

6. 空速的影响

图 6-12(a)和(b)显示不同空速下的模拟结果。随着空速的增加，热点温度升高。出口

温度略有升高，转化率和选择性均下降。事实上，当空速增大时，床层内物料的体积流速和雷诺数增加，导致轴向和径向传热速率均增大，径向温差减小，热点温度降低，位置向后移动。此外，随着空速的增加，混合气相在反应器中的停留时间缩短，导致转化率降低，但不影响 EN 的选择性。综上所述，反应压力也影响反应器的操作性能。

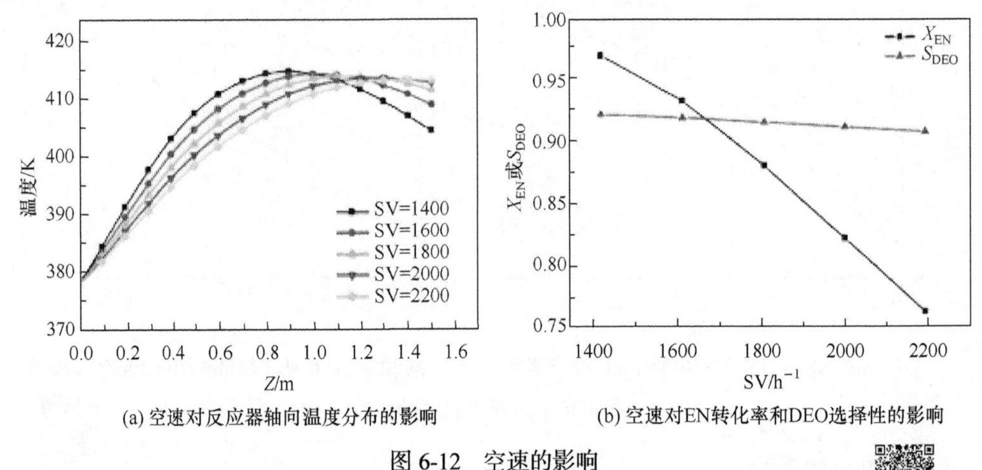

(a) 空速对反应器轴向温度分布的影响　(b) 空速对EN转化率和DEO选择性的影响

图 6-12　空速的影响

7. 热点温度分析

对于放热反应，最关键的问题是热点和失控现象的存在，这在固定床反应器的放大设计和操作中备受关注。因此，找出影响热点温度的关键因素十分重要。影响热点温度的因素有很多，包括氧化反应的流体动力学或动力学、热力学约束等。图 6-13 显示了通过改变单一参数来进行热点温度灵敏度分析。从图中可以得到各参数的灵敏度为：导热油温度>原料气温度>一氧化碳成分>空速。在生产过程中应严格控制灵敏度较大的操作参数。

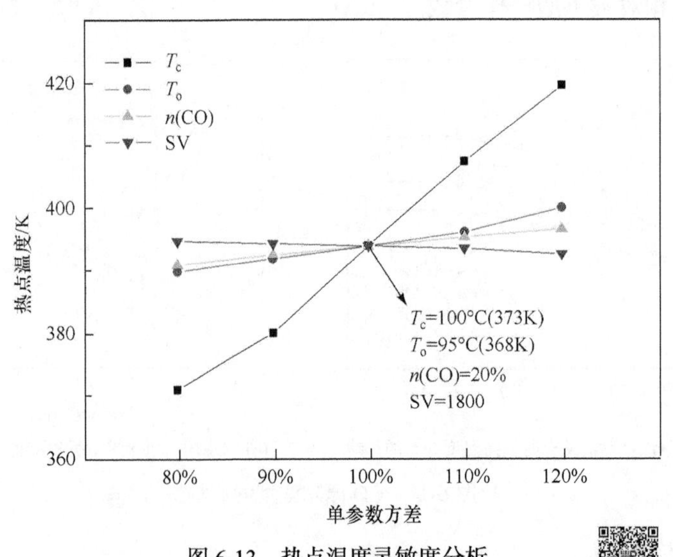

图 6-13　热点温度灵敏度分析

6.2.4.5　总结

本案例是对 CO-DEO 在固定床反应器中流动行为和催化偶联反应的模拟，建立了一个完整的二维非均相反应器模型，在多孔介质模型中加入了固相能量和传热方程，将原来的单温度多孔介质模型改为双温度多孔介质模型。模拟结果表明层流和湍流模型都适用于预测气固两相流的流体力学及 CO-DEO 在固定床反应器中的催化偶联反应。通过对催化反应器的模拟，可以得到反应器内的温度分布、组分分布及浓度分布等相关信息，有助于反应器操作的优化以及放大设计的研究。

6.3　聚合反应

6.3.1　聚合反应简介

6.3.1.1　聚合反应概述

聚合反应是小分子逐渐反应成为大分子的化学反应。通过聚合反应可以制备多种性质优良的高分子材料，这些材料广泛应用于国民经济的各个领域。由聚合反应制得的典型的三大材料为塑料、合成纤维和合成橡胶。

6.3.1.2　聚合反应分类及特点

在高分子化学工业中，聚合方法主要包括本体聚合、悬浮聚合、乳液聚合和溶液聚合等。其中本体聚合是指在单体中加入少量引发剂或仅靠热引发的聚合，其工艺简单，产品纯度高，但是由于聚合体系的黏度较高，混合与传热困难，不易控制聚合过程，聚合物分子量分布较宽。悬浮聚合是指将单体分散成液滴悬浮于水中的聚合，其黏度低，散热容易，产品分子量及其分布比较稳定，但由于聚合物粒子发黏，易于黏壁，不易实现连续化，而且只适用于不与水反应的特殊单体-引发剂体系，其通用性差。乳液聚合是指在乳化剂作用下，单体在水中分散成乳液状的聚合，其反应速率高，聚合热也容易导出，可连续化，但是聚合物产品中的乳化剂难以去除，残留杂质含量较高，只适用于对产品纯度要求不高的场合。溶液聚合是指单体和引发剂溶于溶剂中的聚合，它易于向溶剂发生链转移，聚合物分子量较低，尽管溶剂的使用增加了回收与后处理难度，但溶剂的存在使聚合体系的黏度降低，有利于物料的混合与传热，因此溶液聚合的通用性较大，易于实现大型化、连续化，是目前工业聚合过程中占主导地位的聚合工艺之一。

聚合反应有多种分类方法。根据在聚合反应过程中是否产生低分子物，聚合反应可分为缩聚反应和加聚反应；根据单体和聚合物结构，聚合反应又分为开环聚合、立构有机聚合；根据反应机理，聚合反应分为逐步聚合和链式聚合等。聚合物的质量和分子结构相关，分子结构又对反应条件非常敏感，因此，如何控制反应条件是聚合反应工程的重要研究内容。

(1) 聚合反应中的反应动力学与相行为。随着反应进行，有些聚合反应会有新相产生。例如，在聚丙烯生产过程中，生成的聚合物不溶于单体而成为淤浆状，随着反应的进一步进行，聚合物和气相丙烯接触，由此发生气相聚合，然后产物变成固体粉末。对于一些非均相的催化聚合反应，生成的聚合物从催化剂表面生长到催化剂孔内，聚合物链继续在活性表面生长，越来越多的聚合物聚集在颗粒内部会使催化剂颗粒胀裂，但是单体只有扩散到催化剂表面才有可能连接到聚合物链上，因此随着聚合物反应的进行，其将经历一个逐渐增加的扩散路径，同时催化剂表面会被已生成的聚合物包裹得越来越厚。

(2) 聚合反应中的反应器多态问题。反应过程中存在放热与吸热的过程，黏度增大使传热变得困难，由此全混釜中存在多种稳态现象。相比于溶液聚合，全混釜中的乳液聚合反应热更容易被移除，温度更容易被控制，但反应釜内也会出现多重稳态特点。

(3) 聚合反应中的混合与传热。聚合反应过程中会释放出大量的热，高分子量的聚合物黏度较高。高黏度会使得传热恶化，导致分子量分布改变、飞温等问题。由于工业产量大，聚合反应釜体积很大，控制其反应温度的平稳是整个控制过程中的难题。因此，在反应之前应该把原料温度控制到反应温度范围的最低温度，反应发生后尽快移走反应热，保证反应釜内温度平衡。单体转化为聚合物的转化率依赖于反应物在反应器中的停留时间及反应温度。

6.3.1.3　聚合物反应设备简介

聚合设备一般有釜式聚合装置、塔式聚合装置、管式聚合装置及特殊形式聚合装置。

1. 釜式聚合装置

90%的聚合装置是釜式聚合装置，这种反应装置具有多种优点：①既可用于高黏度的溶液聚合和本体聚合，又可应用于低黏度的悬浮聚合和乳液聚合；②反应釜内的搅拌桨有利于物质与能量的传递，尤其在良好混合条件下，能够有效控制反应速率和产品的分子量分布，并在一定程度上解决传热问题；③釜式反应器的操作条件相比于其他聚合设备要灵活得多，搅拌强度可以在几十瓦每立方米到几十千瓦每立方米之间变化，容积可以从几立方米到几百立方米；④为了达到良好的搅拌效果和传热效果，可以增加搅拌釜的内部构件，如挡板、导流筒、盘管、刮壁装置等。

2. 塔式聚合装置

塔式聚合装置使用较少，一般应用于高黏度并对停留时间分布有一定要求的聚合反应，塔内物料的流动情况近似于平推流，返混较少。

3. 管式聚合装置

管式聚合装置具有传热面积大、产量高、反应单程转化高、物料在反应器内停留时间短等优点，但当物质的黏度上升时，物质会在管壁内堆积从而造成压力损失，因此管式聚合装置应用较少。其经典应用有尼龙 66、乙烯高压聚合等。

4. 特殊形式聚合装置

这类聚合装置主要用于以上三种聚合装置难以适应的高黏度聚合反应，如一些聚合反应的后期黏度可高达 4000～5000Pa·s。特殊形式聚合装置按照结构可以分为：板框式聚合装置、卧式聚合反应釜、捏合机式聚合装置、螺杆挤压机式聚合装置、静态混合器的聚合装置、履带式聚合装置、流化床聚合装置及鼓泡塔式反应器。

6.3.2　聚合反应应用模型

对于聚合反应体系而言，流体流动、传热、反应动力学和产品质量的复杂性使得对其进行 CFD 建模成为难题。首先，聚合反应根据单体特性有多种反应机理、物系组成、聚合产物类别和聚合方法；其次，聚合反应总是多步复杂反应，除单体转化率外还要考虑聚合产物的分子量及分布，以及产物的分子结构与排列等；最后，随着聚合过程的进行，聚合物分子量增加，黏度急剧增加，大多是非牛顿流体或多相流体，导致物料的流动混合、传质传热等均产生一系列的新问题，而这些过程都与聚合反应结果密切相关。

由于聚合反应具有以上特点，通用 CFD 反应流模型并不包含对复杂聚合反应的描述。目前，基于 CFD 的聚合过程模拟大多以研究聚合反应器内流体流动、混合和传热为主，缺乏对分子量及其组分分布等聚合物产品质量指标的定量描述。本节将介绍 CFD 模型与聚合反应动力学相结合的方法和耦合聚合物分子量及分布指数的数学模型。

本节重点关注通用组分输运模型的聚合反应模拟方法。由于典型的聚合反应动力学通常包括链引发、链增长、链转移和链终止等基元反应，其中反应组分还包括成千上万个不同链长的自由基与聚合物，实际聚合反应涉及的反应数量和组分数量巨大，而现有的 CFD 反应流求解模块只针对满足质量守恒定律的有限个反应，因此直接利用反应流模型计算、跟踪每一条链长的自由基及聚合物浓度是难以实现的。

尽管通用 CFD 反应流模型并不包含对复杂聚合反应的描述，但 CFD 软件提供了外部程序用户接口，如 FLUENT 的用户自定义函数(UDF)，用户可通过 UDF 以 CFD 软件为平台进行二次开发与个性化设置，从而解决标准 CFD 软件模块不能解决的问题，如定义边界条件、定义流体物性、定义反应速率、添加源项、通过用户自定义标量引入额外的求解方程等。

1. 聚合反应源项

聚合过程模拟的关键是聚合反应源项的处理，如能量守恒方程中的反应热源项 S_h、组分守恒方程中的反应组分源项 S_i，即聚合反应中的反应热和组分反应速率，这便成为 CFD 与聚合反应相结合的纽带。将 CFD 与聚合反应进行耦合，可通过定义反应速率、定义输运方程中的源项等使 CFD 不同模块之间的数据进行交流，从而实现对聚合反应的求解。根据聚合动力学，聚合反应的热源项和组分源项分别定义为

$$S_h = \Delta H_p R_p \tag{6-29}$$

$$S_i = R_i M_i \tag{6-30}$$

式中，R_p、ΔH_p、R_i、M_i 分别为聚合反应速率、聚合反应焓变、组分 i 的反应速率及组分 i 的摩尔质量。将式(6-29)和式(6-30)分别代入能量守恒方程和组分守恒方程中，则这两个方程可被求解。

若不考虑聚合物的分子量及分布指数，定义源项即可满足模拟需求，若要求描述产品质量指标，还需采用以下矩模型。

2. 矩模型

由于式(6-29)和式(6-30)中聚合反应源项的定义并不涉及聚合物产品质量指标的描述，

因此聚合物分子量及分布指数等还无法求解。根据聚合物分子量及分布指数的定义，有

$$M_{\mathrm{n}} = M_{\mathrm{M}} \frac{\mu_1 + \lambda_1}{\mu_0 + \lambda_0} \tag{6-31}$$

$$M_{\mathrm{w}} = M_{\mathrm{M}} \frac{\mu_2 + \lambda_2}{\mu_1 + \lambda_1} \tag{6-32}$$

$$\mathrm{PDI} = \frac{M_{\mathrm{w}}}{M_{\mathrm{n}}} \tag{6-33}$$

式中，M_{n}、M_{w}、PDI、M_{M}分别为数均分子量、重均分子量、分子量分布指数及单体分子量；λ_0、λ_1、λ_2分别为活聚物的0阶矩、1阶矩和2阶矩；μ_0、μ_1、μ_2分别为死聚物的0阶矩、1阶矩和2阶矩。

其中，分别定义活聚物与死聚物的0阶矩、1阶矩和2阶矩为

$$\lambda_j = \sum_{n=1}^{\infty} n^j \left[R_n \right] \tag{6-34}$$

$$\mu_j = \sum_{n=1}^{\infty} n^j \left[P_n \right] \tag{6-35}$$

式中，n表示链长，从1到∞；j表示阶数，j为0、1或2；$[R_n]$和$[P_n]$分别表示活聚物和死聚物的摩尔浓度。

根据式(6-31)～式(6-35)，要获得分子量及其分布指数等聚合物产品质量信息，只需求解这些活聚物与死聚物的各阶矩信息，此时需计算自定义的6个关于活聚物与死聚物的0阶矩、1阶矩和2阶矩。这6个物理量均可采用FLUENT内置的UDS输运方程进行求解，其方程式为

$$\frac{\partial \left(\rho \phi_k \right)}{\partial t} + \nabla \cdot \left(\rho \boldsymbol{v} \phi_k \right) = \nabla \cdot \left(\Gamma_k \nabla \phi_k \right) + S_{\phi_k} \tag{6-36}$$

式中，每一项依次代表矩的时间项、对流项、扩散项和源项；ϕ_k、Γ_k和S_{ϕ_k}分别表示第k个矩、第k个矩的扩散系数和第k个矩的源项。

6.3.3 CFD在聚合反应中的应用

聚合反应按照相态分类可分为均相聚合与非均相聚合，其中非均相聚合包括气相聚合、乳液聚合和悬浮聚合，CFD在这些方面均有应用。

6.3.3.1 均相聚合

对于均相聚合过程，多位研究者对低密度聚乙烯(LDPE)管式和釜式反应器内的自由基聚合过程进行了CFD模拟研究。

Meszena等考虑组分与温度的不均匀空间分布，分别对等温间歇反应器、稳态连续搅拌釜式反应器、脉冲扰动式进料搅拌釜式反应器中的活性聚合过程分子量分布进行

CFD 模拟，并对管式反应器中活性聚合进行建模，将实验值、CFD 模拟值及理想平推流结果进行对比，发现 CFD 预测的分布指数值比平推流高，但与实验值更吻合，验证了 CFD 在求解分子量及其分布上的可行性。Vliet 等采用大涡模拟与滤波密度函数(filtered density function，FDF)相结合的方法对 LDPE 管式反应器中引发剂注入点附近的湍流反应流进行模拟，预测了湍流流场及各标量场，并研究了喷嘴尺寸及引发剂注入温度对 LDPE 管式反应器内平均聚合物链长及分布指数的影响。Patel 等以苯乙烯热聚合为例，探讨了搅拌转速、进出料位置及停留时间的影响，发现搅拌釜可分为搅拌桨附近的充分混合区及远离搅拌桨的混合不良区，当停留时间较小时，CFD 模型计算的单体转化率与 CSTR 模拟结果较为一致，但当停留时间较大时，二者偏差较大，同时进出料位置对单体转化率和搅拌釜内的混合均匀性均有很大影响。Roudsari 等以甲基丙烯酸甲酯溶液聚合过程为对象，在考虑了热引发和化学引发及凝胶效应后，考察了不同搅拌转速、反应温度、停留时间与进口单体浓度对单体转化率和混合均匀性的影响，但是也只是对搅拌反应器内部的流动混合过程给予了详细描述，而有关聚合物产品的分子量及其分布的计算却没有涉及。Serra 等对不同结构微反应器中的苯乙烯自由基聚合过程进行模拟，考察了单体转化率、分子量及分布等聚合物产品质量指标，从理论上揭示了微反应器对自由基聚合的分子量分布具有良好的调控作用，但是缺乏相应的实验验证。

除自由基聚合外，Kolhapure 等还对多股射流管式反应器中的均相缩聚过程进行 CFD 模拟，利用有限速率模型及涡耗散模型描述单相湍流反应流，发现当不考虑聚合反应时，降低操作流速可提高混合效率，但聚合反应发生后，反应器进料口附近的循环区易于生成聚合物从而堵塞入口，使得低流速下的反应器操作受到限制。该方法为反应器内部构件的优化设计、提高混合敏感型化工过程的操作灵活性提供了思路。

6.3.3.2　非均相聚合

对于非均相聚合过程，CFD 模拟的研究对象则主要是以气固流化床中的气相聚合过程、乳液聚合过程及悬浮聚合过程为主，大部分 CFD 模拟都着重于描述聚合反应器内的多相流动混合传热规律及液滴与颗粒在聚合过程中的粒径分布与增长情况等，只有极少数研究在非均相聚合过程 CFD 建模中关注聚合物产品质量指标。

1. 气相聚合

流化床反应器作为聚烯烃生产过程中最重要的反应器之一，是气相聚合过程的核心，因而在 CFD 模拟方面也受到最多关注。

Che 等同样通过 CFD-PBM 耦合模型考察了乙烯聚合动力学和颗粒增长、聚并、破碎等行为对中试规模工业流化床中气固两相流体力学行为和聚合物颗粒粒径分布的影响，发现乙烯聚合反应会使流化床内环核流动结构发生明显改变，温度分布对两相流体力学行为具有显著影响。而且在免造粒聚乙烯生产工艺中，气体入口区会产生明显的旋涡和大气泡，床层膨胀高度较低，而床层顶部的温度分布并不均匀，需要更高的过渡区才能使温度均一分布。

Zhu 等针对聚丙烯流化床反应器，将 CFD 模型、PBM 模型与矩方程相结合，首次建立了表征气固流场、聚丙烯颗粒形态及分子量的多尺度产品模型，他们将操作条件与聚合物颗粒性质进行定量关联，结果表明该模型可以用来指导不同尺度的工业聚丙烯的生产。

2. 乳液聚合

还有部分研究者尝试将 PBM 与传递方程耦合在 CFD 模拟中，应用于乳液聚合体系中液滴或颗粒的粒径分布研究。

Roudsari 等以乳液聚合过程为研究对象，通过聚合物颗粒成核速率和颗粒增长速率将聚合动力学与 PBM 耦合，探讨了搅拌桨类型、搅拌转速、有无挡板等对甲基丙烯酸甲酯转化率、聚合物颗粒粒径及颗粒数的影响。结果发现，使用 Rushton 桨时聚合物颗粒数密度比斜叶桨高，而斜叶桨生成的聚合物颗粒比 Rushton 桨生成的颗粒更加均匀；在搅拌雷诺数为 5000 时，斜叶桨的强混合与剪切使得乳液失稳；安装挡板后，由于单体液滴容易在挡板后面聚集，造成单体转化率降低，同时主流区的高剪切速率也使得生成的聚合物颗粒粒径比无挡板时大。

3. 悬浮聚合

此外，也有部分研究者利用 CFD-PBM 耦合模型研究悬浮聚合过程中液滴或颗粒的粒径分布，但是其研究重点也依旧是以 PBM 为主。

Vivaldo-Lima 等使用 PBM 与分区混合模型计算了悬浮聚合过程中的颗粒粒径分布，并考察了混合釜中非均匀混合对粒径分布的影响，同时利用 CFD 估算了每个分区的湍流耗散率，但是其 CFD 模型中并未考虑聚合动力学因素。

Maggioris 等根据局部湍动能的空间变化，将搅拌釜分为两个区，即搅拌桨区和循环区，利用 CFD 模拟结果得到两个分区的体积比、湍流耗散率比及质量交换速率，将液滴的聚并和破碎速率描述成局部能量耗散速率与物性参数的函数，预测了高固含量悬浮聚合过程中液滴的粒径分布。同样地，Alexopoulos 等也使用该分区模型方法研究了悬浮聚合过程中液滴直径分布随时间的变化规律，并详细讨论了搅拌速率、连续相黏度、搅拌桨直径、混合釜尺寸对分区模型参数的影响。但是，上述 CFD 模型中也均未考虑聚合动力学因素的影响。

6.3.4 聚合反应模拟案例分析

6.3.4.1 问题描述

本案例(Roudsari et al.，2013)对聚合反应进行 CFD 模拟，对实验室规模的固定连续搅拌釜反应器中甲基丙烯酸甲酯(MMA)溶液聚合反应进行研究。图 6-14 为反应器示意图。该反应器是圆底圆柱形罐，直径为 10.16cm，高度为 13.46cm。该反应器配备六叶片 45°倾斜叶轮，其直径和底部间隙分别为 5.00cm 和 3.69cm。反应体系由甲基丙烯酸甲酯、乙酸乙酯(EAc)和偶氮异丁腈(AIBN)组成，其分别为单体、溶剂和化学引发剂。这些反应物被送入反应器后，停留时间为 30～90min，流速为 0.00242～0.00726m/s，搅拌速度从 50r/min 到 500r/min 不等。AIBN 浓度为 0.0181mol/L。单体入口质量分数为 0.2～0.7，溶剂入口质量分数为 0.297～0.797。将聚合物、未反应单体和溶剂从釜底抽出。本案例利用 CFD 研究搅拌速度、反应温度、停留时间和入口单体(或溶剂)浓度对反应器内反应混合物转化率和均匀性的影响。

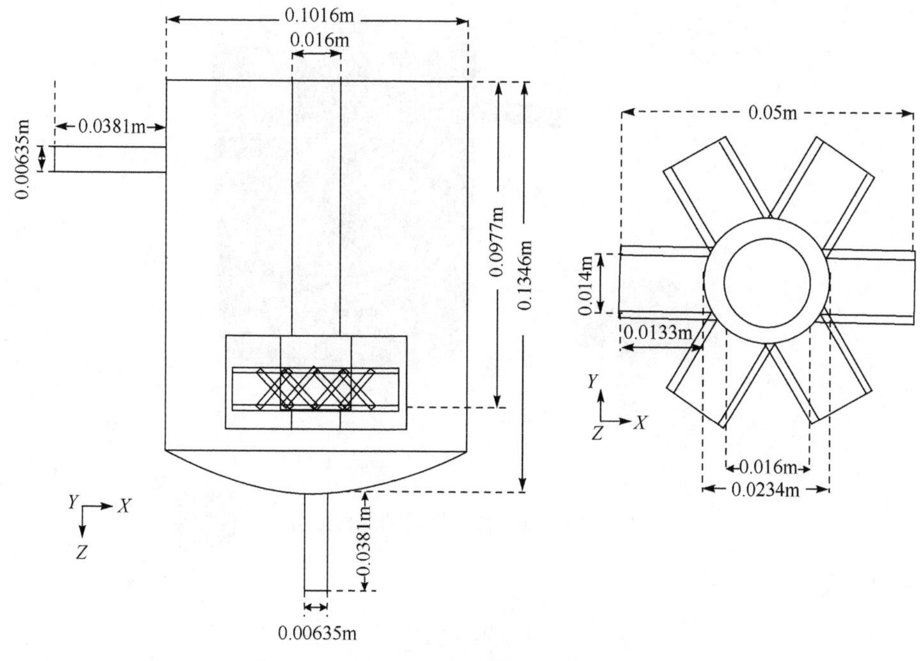

图 6-14　CSTR 示意图

6.3.4.2　问题分析

本案例涉及搅拌浆的旋转，故需要使用旋转(移动)区域模型。由于本案例中所有操作条件下的雷诺数均小于 50，因此在模拟中均使用层流模型。由于聚合反应自身的特点，湍流-化学反应模型不能直接用于模拟聚合反应，应在基本方程中使用 UDF 设置聚合源项，本案例中的源项是热和化学引发，并转移至单体和溶剂及凝胶效应的函数。

6.3.4.3　解决方案

1. 几何建模及网格划分

对反应器进行几何建模，并通过非结构四面体单元对三维计算域进行离散，如图 6-15 所示。为了捕捉流动区域边界附近的流动细节，在旋转叶轮和罐壁附近使用尺寸函数生成非常精细的网格。进行网格独立性检验后，最终确定的三维模型网格数为 315087 个单元。

2. 模拟过程

1) 模型

本案例使用层流模型，并使用 MRF 旋转区域模型模拟搅拌浆的旋转。为模拟聚合反应，输运方程需使用 UDF 设置聚合源项。本案例考虑化学引发与热引发的引发机理，包括引发、传播、链转移(单体、溶剂)、结合终止和歧化的整体动力学机理。

热引发：

$$3\mathrm{M}\xrightarrow{k_{\mathrm{th}}}2\mathrm{R}_1^{\bullet}$$

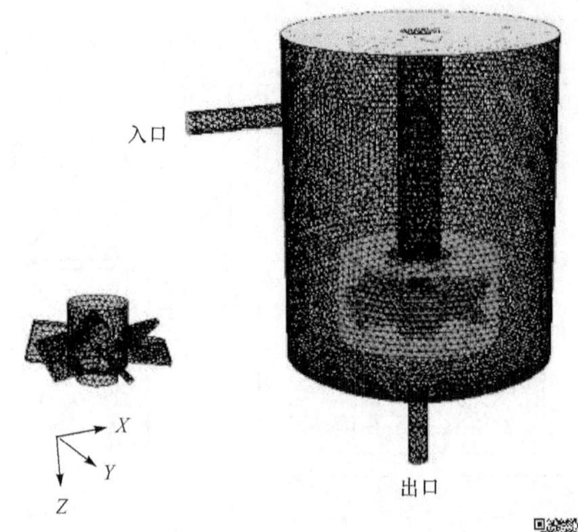

图 6-15　反应器计算域的网格划分

化学引发：

$$\mathrm{I}\xrightarrow{k_\mathrm{d}}2\mathrm{R}_{in}^{\bullet}$$

$$\mathrm{R}_{in}+\mathrm{M}\xrightarrow{k_i}R_i$$

传播：

$$\mathrm{R}_r^{\bullet}+\mathrm{M}\xrightarrow{k_\mathrm{p}}\mathrm{R}_{r+1}^{\bullet}\quad(r\geqslant1)$$

链转移到单体：

$$\mathrm{R}_r^{\bullet}+\mathrm{M}\xrightarrow{k_\mathrm{trfm}}\mathrm{R}_1^{\bullet}+\mathrm{P}_r$$

链转移到溶剂：

$$\mathrm{R}_r^{\bullet}+\mathrm{S}\xrightarrow{k_\mathrm{trfs}}\mathrm{S}^{\bullet}+\mathrm{P}_r$$

终止：

$$\mathrm{R}_r^{\bullet}+\mathrm{R}_s^{\bullet}\xrightarrow{k_\mathrm{tc}}\mathrm{P}_{r+s}\quad(r\geqslant1,s\geqslant1)$$

$$\mathrm{R}_r^{\bullet}+\mathrm{R}_s^{\bullet}\xrightarrow{k_\mathrm{td}}\mathrm{P}_r+\mathrm{P}_s\quad(r\geqslant1,s\geqslant1)$$

式中，M、R 和 P 分别为单体、活性聚合物自由基和死聚合物；下标 r 和 s 为聚合物链长度，k 为反应速率系数。

假设其为稳态，化学起始速率与终止速率相等，则聚合物的总增长浓度由下式给出：

$$\left[\mathrm{R}^{\bullet}\right]=\sqrt{\frac{2k_\mathrm{th}[\mathrm{M}]^3+2fk_\mathrm{d}[\mathrm{I}]}{k_t}}\tag{6-37}$$

式中，f 为引发剂效率，代表已经消耗的引发剂量。

在热聚合中，动力学常数非常低，然而本研究还在聚合源项中加入了热动力学参数和化学引发机理。在 CFD 模型源项中使用式(6-37)作为计算聚合速率所需的自由基浓度。值得注意的是，式(6-37)是使用以下假设得出的：起始速率等于终止速率的稳态；自由基在体系中的浓度达到恒定。通常引发剂和单体开始聚合后，其很快便能达到稳定状态。这是一个合理的假设，没有明显的误差，可以应用于整个聚合过程。

反应速率系数的值列于表6-2中。终止率系数由式(6-38)给出：

$$k_t = g_t k_{t,0} \tag{6-38}$$

式中，g_t为凝胶效应系数；$k_{t,0}$为初始终止率系数

$$k_{t,0} = k_{tc} + k_{td}$$

$$g_t = 0.10575\exp\left[17.15v_{\mathrm{f}} - 0.01715(T - 273.16)\right] \tag{6-39}$$

式中，v_{f}为溶液聚合体系的自由体积。为了解释动力学模型中的自加速现象，考虑分数自由体积理论的方法，其表达式为

$$v_{\mathrm{f}} = v_{\mathrm{f,m}}\phi_{\mathrm{m}} + v_{\mathrm{f,s}}\phi_{\mathrm{s}} + v_{\mathrm{f,p}}\phi_{\mathrm{p}} \tag{6-40}$$

式中，ϕ_{m}、ϕ_{s}及ϕ_{p}为体积分数；$v_{\mathrm{f,m}}$、$v_{\mathrm{f,s}}$及$v_{\mathrm{f,p}}$为单体、溶剂和聚合物的特定自由体积，由式(6-41)给出

$$\begin{aligned} v_{\mathrm{f,m}} &= 0.025 + 0.001\left(T - T_{\mathrm{gm}}\right) \\ v_{\mathrm{f,s}} &= 0.025 + 0.001\left(T - T_{\mathrm{gs}}\right) \\ v_{\mathrm{f,p}} &= 0.025 + 0.00048\left(T - T_{\mathrm{gp}}\right) \end{aligned} \tag{6-41}$$

式中，T为反应温度；T_{gp}为聚合物的玻璃化转变温度；T_{gm}和T_{gs}分别为单体和溶剂的类似温度。

表6-2 MMA自由基聚合的动力学参数值

反应速率系数	表达式
k_{th}	$1480.3\exp(-138/R_{\mathrm{g}}T)^{a}$
K_{d}	$1.33\times10^{15}\exp(-30700/R_{\mathrm{g}}T)^{b}$
k_{p}	$4.41\times10^{5}\exp(-4350/R_{\mathrm{g}}T)^{b}$
k_{trfm}	$4.67\times10^{-2}\exp(-888/R_{\mathrm{g}}T)^{b}$
k_{trfs}	$6.55\times10^{14}\exp(-24000/R_{\mathrm{g}}T)^{b}$
$K_{t,0}$	$6.5\times10^{7}\exp(-700/R_{\mathrm{g}}T)^{b}$
$k_{t,0}$	$k_{\mathrm{tc}}+k_{\mathrm{td}}^{b}$
f	0.4^{b}

在自由体积值较小的情况下，链的移动性大大降低。凝胶效应可能发生在20%～40%的转化率范围内。在本研究中，假设凝胶对转化率的影响大于报道的30%。

引发速率R_{in}和单位体积聚合速率R_{p}分别为

$$R_{\mathrm{in}} = 2fk_{\mathrm{d}}[\mathrm{I}] \tag{6-42}$$

$$R_{\mathrm{p}} = \left(k_{\mathrm{p}} + k_{\mathrm{trfm}} + k_{\mathrm{trfs}}\right)[M]\left[\mathrm{R}^{\bullet}\right] \tag{6-43}$$

通过源项，将由引发速率和传播速率表示的动力学聚合模型与水动力模型联系起来。组分输运源项(单体和引发剂消耗速率)由 Patel 等定义为

$$\overline{S}_{\mathrm{m}} = R_{\mathrm{p}} M_{\mathrm{w,m}} \tag{6-44}$$

$$\overline{S}_{\mathrm{in}} = R_{\mathrm{in}} M_{\mathrm{w,in}} \tag{6-45}$$

式中，$M_{\mathrm{w,m}}$、$M_{\mathrm{w,in}}$ 分别为单体和引发剂的摩尔质量。

值得注意的是，Patel 等在 CFD 建模反应源项中加入了简化的动力学机制。在本案例中，由于溶剂的存在，组分数量增加。此外，在源项中加入凝胶效应、转移到单体和溶剂中，并考虑通过组合和歧化机制实现终止。

2) 其他

本案例应用 FLUENT 软件进行模拟，加于体系的边界条件有：在容器壁和挡板处无液体流动；在自由面无法向速度；根据进料体积流量确定进料速度；容器出口为出口流边界条件。能量方程采用固定温度(55℃、60℃、65℃、70℃)作用于罐壁和进口，搅拌桨叶壁上假设零通量法向边界。

本案例采用代数多重网格法(AMG)和高斯 Seidel 方法以大大减少所需的迭代次数和 CPU 时间。采用二阶迎风离散化方法，确定动量方程和粒子输运方程的面通量。采用 PRESTO 格式进行压力离散化，采用相位耦合简单算法求解速度压力耦合。

6.3.4.4 结果与讨论

首先，验证聚合反应器建立的流体动力学模型计算所得到的预测。图 6-16 为搅拌速度 100r/min、恒温 65℃时，在不同停留时间，MMA 在 CSTR 出口处的转换率随入口处溶剂体积分数和单体体积分数的变化。CFD 预测值与所有的实验数据非常吻合。

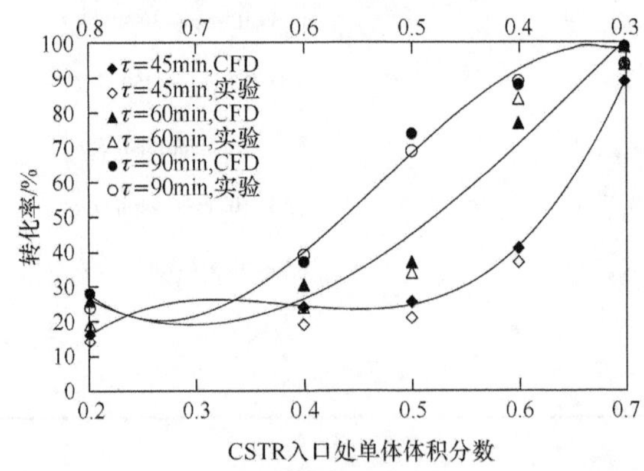

图 6-16 不同停留时间下 CSTR 入口溶剂和单体体积分数对出口 MMA 转化率的影响

图 6-17(a)～(e)为停留时间τ=60min，搅拌速度 100r/min，T=65℃，反应温度不变、入口单体体积分数不同时的 MMA 单体质量分数分布云图。从图中可以清楚地观察到，随着入口单体体积分数的升高，未反应单体的比例降低，因此转化率增大。这种转化率的增加是由于反应混合物的流型得到了更好的发展，反应物之间发生反应的概率也更高。

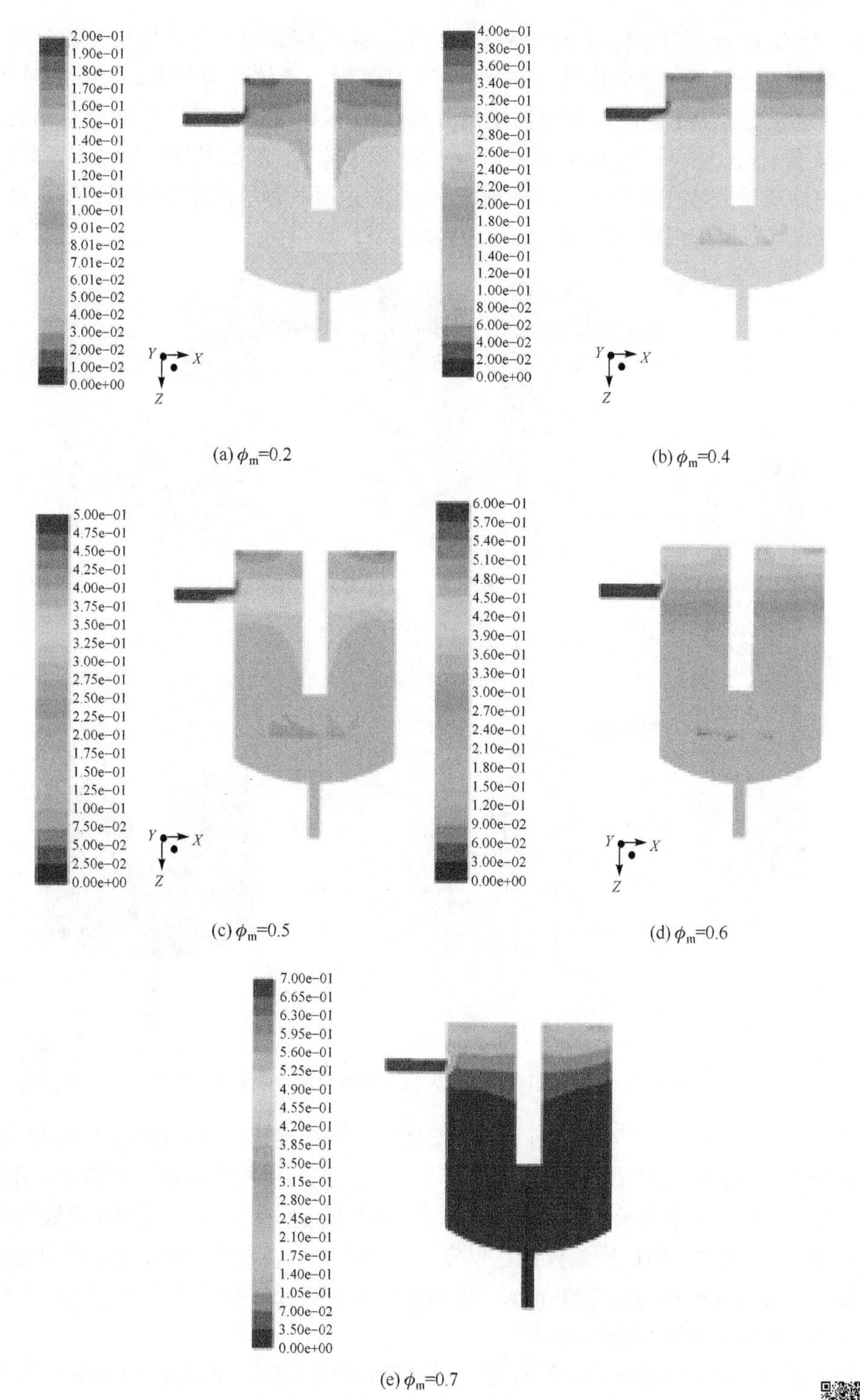

(a) ϕ_m=0.2　(b) ϕ_m=0.4

(c) ϕ_m=0.5　(d) ϕ_m=0.6

(e) ϕ_m=0.7

图 6-17　入口单体体积分数不同时的反应器内 MMA 单体质量分数分布云图

图 6-18 显示了反应器在温度 55℃、60℃、65℃和 70℃下，搅拌速度 100r/min，停

留时间为 45min 及入口单体体积分数 ϕ_m=0.7 时，未反应 MMA 单体质量分数分布云图。结果清楚地显示当反应器温度从 55℃切换到 60℃时，单体在最初升高 5℃的时间内快速消耗，这分别对应于未反应的单体质量分数 0.56 和 0.175。这是一个非常急剧的变化，单体含量损失约 38.5%；从 60℃到 65℃的变化为 10.5%，然后到 70℃为 7%。此时，未反应的单体质量分数在反应器下部区域显示为零，这意味着单体完全转化为聚合物。CFD 模拟结果证实了反应温度对转化率的显著影响。

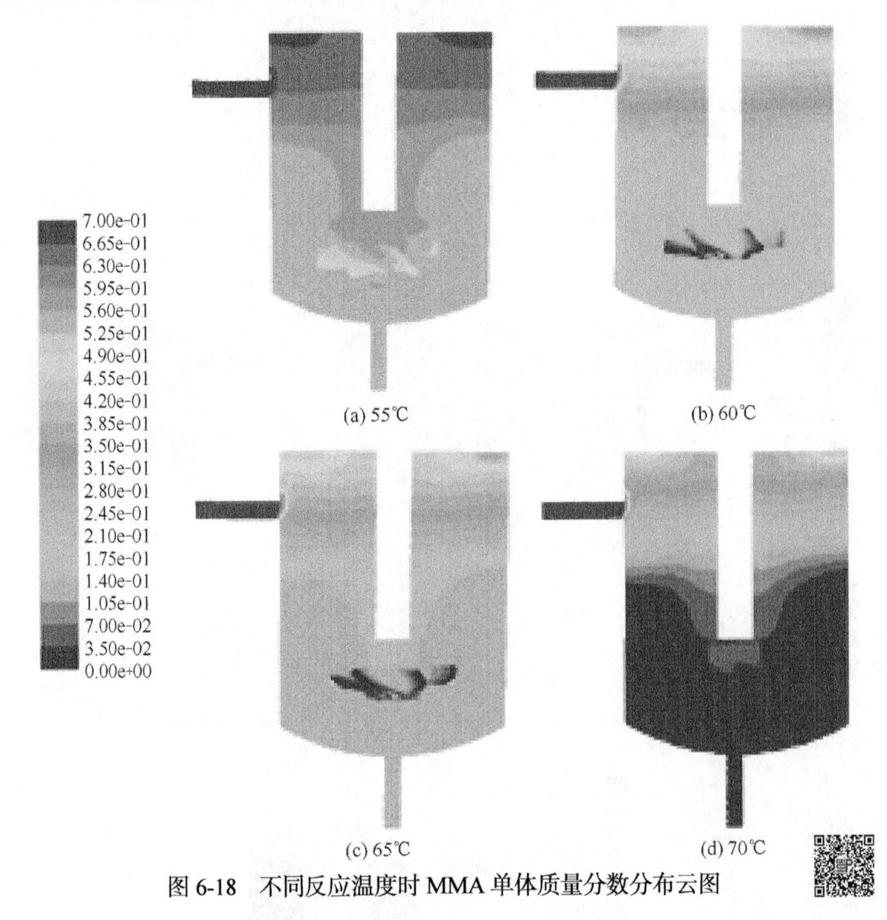

图 6-18　不同反应温度时 MMA 单体质量分数分布云图

图 6-19 为在 ϕ_m=0.6、τ=60min、T=65℃时，不同搅拌速度下未反应的 MMA 单体质量分数分布云图。结果显示，在 50r/min 和 100r/min 的较低搅拌速度下混合效果不明显。因此，反应器的上部富含未反应的 MMA，而 MMA 质量分数在叶轮周围和釜底部附近大约下降至 0.15。此外，单体质量分数在反应混合物的层与层之间急剧变化，特别是在反应器上部。当搅拌速度提高到 200r/min、300r/min 和 500r/min 时，混合物的再循环得到改善，从而使单体含量分布更加均匀。

为比较 50r/min 和 500r/min 搅拌速度下的单体转化情况，通过 CFD 后处理软件在垂直于搅拌轴方向的不同位置构建七个平面以显示单体质量分数分布云图，如图 6-20 所示，其中 τ=60min，ϕ_m=0.6，T=65℃。显然，在 50r/min 时，前四个平面处有一定量的聚合物产物。但在 500r/min 的搅拌速度下，循环增强，导致单体含量急剧下降，特别是在反应

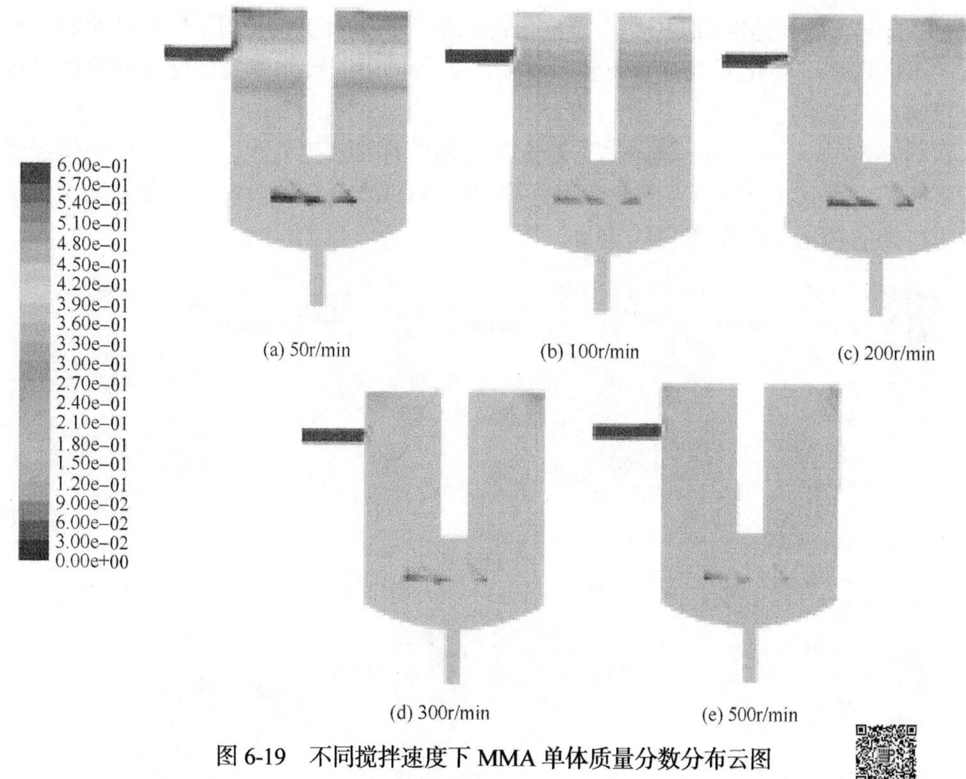

图 6-19　不同搅拌速度下 MMA 单体质量分数分布云图

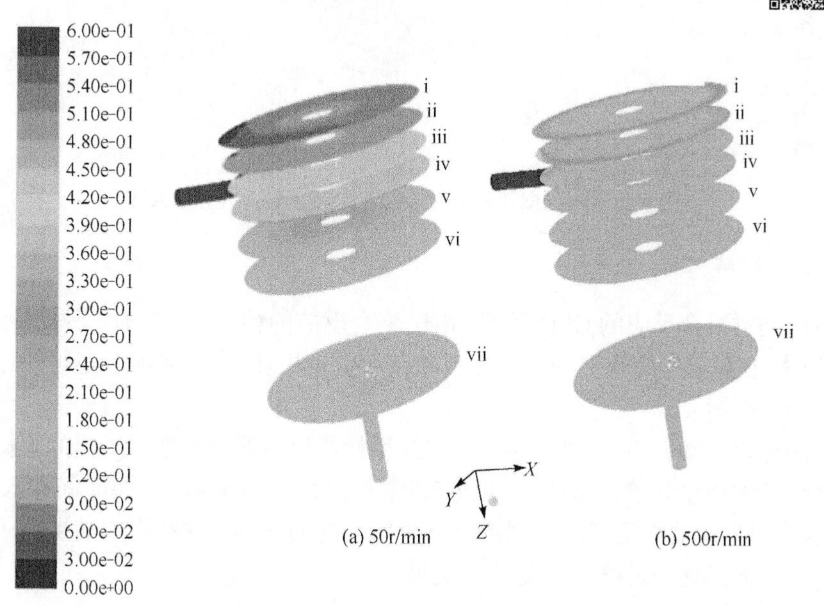

图 6-20　搅拌速度 50r/min 和 500r/min 时 MMA 单体质量分数分布云图

云图所在平面位置与轴垂直方向距离：i 0，ii 0.01m，iii 0.02m，iv 0.03m，v 0.045m，vi 0.06m，vii 0.115m

器上部区域。因此，CFD 模拟能够表现出不同混合层的存在及反应器中的死区。相反，未反应的单体含量在反应器平面(v-vii)中没有显著变化，而搅拌速度从 50r/min 变为 500r/min。换句话说，聚合物分数和转化率没有显示出显著的变化，仅为 5%。在这种情况下，尽管随着搅拌速度的增加，在釜的上部区域中再循环变得更好，但在低速和高速下在罐的下部区域中转化率没有得到显著改变。本案例中的转化率是在反应器的出口位置处获得的。

在图 6-21 中，τ=45min，ϕ_m=0.7，T=65℃，随着搅拌速度变大，未反应的单体经受更快的再循环，因此在反应器空间内产生更均匀的 MMA 分散体。这种改善的均匀性反而导致出口处的转化率降低(降低约 5%)。

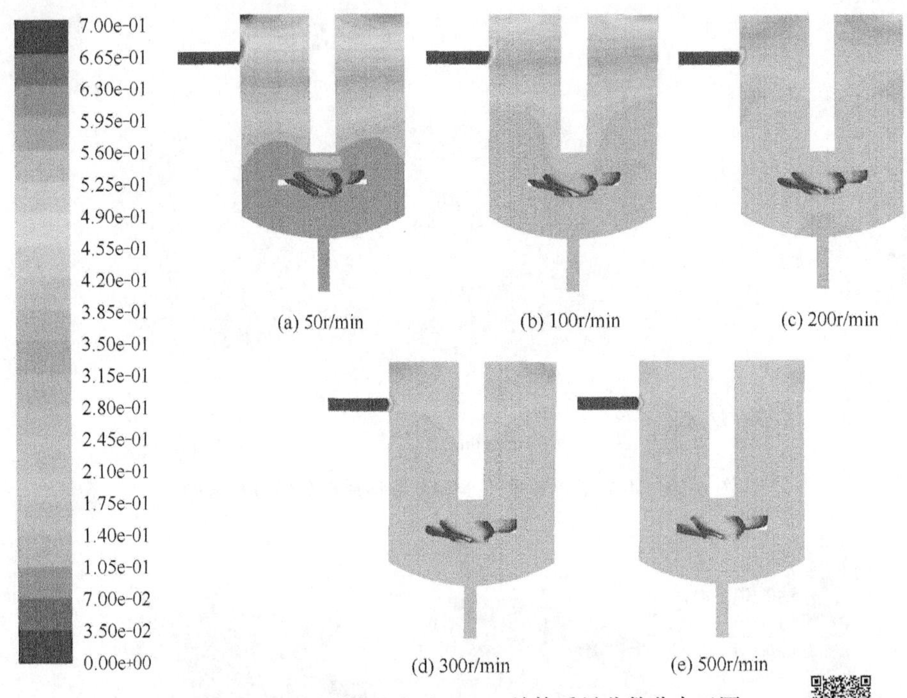

图 6-21　不同搅拌速度时 MMA 单体质量分数分布云图

6.3.4.5　总结

本案例是对聚合反应的 CFD 模拟。由于聚合反应的特点，在基本方程中使用 UDF 定义聚合源项，在源项中考察热动力学参数和化学引发机理。如有必要，还可使用矩模型以描述产品质量指标。

由案例分析可知，CFD 可以应用于连续搅拌釜反应器中的聚合反应的模拟，并能得到所考察组分的质量分数分布情况，以研究搅拌速度、反应温度、停留时间和入口单体(或溶剂)浓度等对反应器内反应混合物转化率与均匀性的影响。这些模拟结果可用于聚合反应器设计、工艺优化与最终产品质量的预测。

6.4　电化学反应

6.4.1　电化学反应简介

电化学主要是研究电能和化学能之间的相互转化及转化过程中相关规律的科学。电化学工业已成为国民经济的重要组成部分。电解是制备多种基本化工产品常采用的方法，如氢氧化钠、氯气、氯酸钾、过氧化氢及一些有机化合物等。此外，电催化和电合成反应在化工生产中也被广泛采用。

化学电源是电化学在工业应用中的另一个重要方面。锌锰干电池、铅酸蓄电池等以其稳定又便于移动等特点已在日常生活和汽车工业等方面起到重要作用。随着尖端科技如火箭、宇宙飞船、半导体、集成电路、大规模集成电路、计算机和移动通信等技术的迅速发展，对化学电源也提出了新的要求，因此能够连续工作的燃料电池，各种体积小、质量轻、既安全又便于存放的新型高能电池、微电池等，不断地被研制与开发出来，它们在照明、宇航、通信、生化、医学等方面得到越来越广泛的应用。

化学能转变成电能必须通过原电池完成，电能转变成化学能则需要借助于电解池完成。无论是原电池还是电解池，在讨论其中单个电极时都把发生氧化作用的电极称为阳极，把发生还原作用的电极称为阴极，这是在电化学中公认的约定。但是在电极上究竟发生什么反应，这与电解质的种类、溶剂的性质、电极材料、外加电源的电压、离子浓度及温度等有关。

6.4.1.1 法拉第电解定律

法拉第(Faraday)归纳了多次实验结果，于 1833 年总结出了一条基本定律，称为 Faraday 电解定律，即：电解质溶液通电之后，在电极上(两相界面上)的物质发生化学变化的物质的量与通入的电荷量成正比；若将几个电解池串联，通入一定的电荷量后，在各个电解池的电极上发生化学变化的物质的量都相等。

6.4.1.2 离子的电迁移

离子在外电场的作用下发生定向运动称为离子的电迁移，当电解质溶液通电之后，溶液中承担导电任务的阴、阳离子分别向阳、阴两极移动，并在相应的两电极界面上发生氧化或还原作用，两极附近溶液的浓度也将随之发生变化。

6.4.1.3 可逆电池和可逆电极

将化学反应转变为一个能够产生电能的电池，首要条件是该化学反应是一个氧化还原反应，或者在整个反应过程中经历了氧化还原反应的过程；其次，必须给予适当的装置，使其分别通过电极上的反应而完成。组成电池必须有两个电极及能与电极建立电化学反应平衡的相应电解质，此外还有其他附属设备。

要构成可逆电池(reversible cell)，其电极必须是可逆的。这里“可逆”两字应按照热力学上可逆的概念理解，因此可逆电池必须满足下面的两个条件，缺一不可。

(1) 电极上的化学反应可向正、反两个方向进行。若将电池与一外加电动势 E_i 并联，当电池的 E 稍大于 E_i 时，电池仍将通过化学反应而放电。当 E_i 稍大于电池的 E 时，电池成为电解池，电池将获得外界电池的电能而被充电。这时电池中的化学反应可以完全逆向进行。

(2) 可逆电池在工作时，无论是充电还是放电，所通过的电流必须十分微小，电池是在接近平衡状态下工作的。若作为电池，它能做出最大的有用功；若作为电解池，它消耗的电能最小。换言之，如果设想能把电池放电时所放出的能量全部储存起来，用这些能量充电，则恰好可以使系统和环境都恢复到原来的状态，即能量的转移也是可逆的。

满足条件(1)、(2)的电池则称为可逆电池。总体来讲，可逆电池一方面要求电池在作为原电池或电解池时总反应必须是可逆的，另一方面要求电极上的反应(无论是正向还是反向)是在平衡情况下进行的，即电流应该是无限小的。

6.4.2　电化学反应应用模型

电化学涉及的方程除基本方程外，还有两个方程，分别是电荷转移反应速率方程和电势方程。由于电化学反应过程中必然涉及电荷转移和电势场的问题，这两个方程必不可少。根据电极反应种类及反应条件的不同，基本方程中的质量源项、动量源项和能量源项会发生变化，需要用户自定义解决。

6.4.2.1　电化学反应模型

电化学电荷转移反应是中性物质、带电离子和电子之间的化学反应。与电化学有关的现象包括电池、燃料电池、腐蚀和电沉积。电荷转移反应发生在电极与电解质之间的相界面上。这个界面称为 Faradaic 表面。电化学反应模型只能在单相流的框架下实现。

电化学反应的一般形式为

$$\sum_{k=1}^{N} \nu'_{k,\mathrm{r}} M_k^{z_k} \rightleftharpoons \sum_{k=1}^{N} \nu''_{k,\mathrm{r}} M_k^{z_k} + \left(\sum_{k=1}^{N} \left(\nu''_{k,\mathrm{r}} - \nu'_{k,\mathrm{r}} \right) z_k \right) \mathrm{e}^- \tag{6-46}$$

式中，M_k表示液体或固体组分 k；N 为组分总数；$\nu'_{k,\mathrm{r}}$ 和 $\nu''_{k,\mathrm{r}}$ 分别为反应物和产物中第 k 个组分的化学计量系数；z_k 为组分的电荷数；e^- 为电子。

在 FLUENT 中，在 Faradaic 界面上电化学反应的电荷转移反应速率由巴特勒-福尔默(Butler-Volmer)方程计算：

$$i_{\mathrm{F,r}} = i_{\mathrm{o,r}} \prod_{k=1}^{N} \left(\frac{Y_{k,\mathrm{r}}}{Y_{k,\mathrm{r}}^{\mathrm{ref}}} \right)^{\gamma_{k\mathrm{r}}} \left[\exp\left(\frac{\alpha_{\mathrm{a,r}} F \eta_{\mathrm{r}}}{RT} \right) - \exp\left(\frac{-\alpha_{\mathrm{c,r}} F \eta_{\mathrm{r}}}{RT} \right) \right] \tag{6-47}$$

或用 Tafel 斜坡的替代形式计算：

$$i_{\mathrm{F,r}} = i_{\mathrm{o,r}} \prod_{k=1}^{N} \left(\frac{Y_{k,\mathrm{r}}}{Y_{k,\mathrm{r}}^{\mathrm{ref}}} \right)^{\gamma_{k\mathrm{r}}} \left[\exp\left(\frac{2.303}{\beta_{\mathrm{a,r}}} \eta_{\mathrm{r}} \right) - \exp\left(-\frac{2.303}{\beta_{\mathrm{c,r}}} \eta_{\mathrm{r}} \right) \right] \tag{6-48}$$

式中，$i_{\mathrm{F,r}}$ 为 Faradaic 电流密度(A/m^2)；$i_{\mathrm{o,r}}$ 为交换流电流密度(A/m^2)；N 为组分总数；$Y_{k,\mathrm{r}}$ 为组分 k 的质量分数，$Y_{k,\mathrm{r}}^{\mathrm{ref}}$ 为参考组分质量分数；$\gamma_{k\mathrm{r}}$ 为组分 k 的量纲为一的功率；$\alpha_{\mathrm{a,r}}$ 为阳极反应的电荷转移系数；$\alpha_{\mathrm{c,r}}$ 为阴极反应的电荷转移系数；$\beta_{\mathrm{a,r}}$ 为塔费尔斜率(V)；F 为法拉第常量；R 为摩尔气体常量；T 为温度；η_{r} 为过电势。

过电势 η_{r} 计算式为

$$\eta_{\mathrm{r}}=\varphi_{\mathrm{ed}}-\varphi_{\mathrm{el}}-E_{\mathrm{eq,r}} \tag{6-49}$$

式中，φ_{ed} 和 φ_{el} 分别为电极电势和电解质电势(V)；$E_{\mathrm{eq,r}}$ 为平衡电势(V)。

式(6-46)所示的一般反应在正向和反向两个方向同时发生。阳极反应发生在电子产生的方向，而阴极反应发生在电子消耗的方向。

式(6-47)中的第一项是阳极方向的速率，而第二项是阴极方向的速率。由这两个速率的差值可以给出反应的净速率。反应的净方向取决于表面过电势的符号。若过电势是正数，则整个反应向阳极反应方向进行；若其是负数，则整个反应向阴极反应方向进行。

一般反应式(6-46)也表明，在电化学反应中，电流与物质的生产或消耗速率成正比。反应中组分间的相互关系可用 Faraday 定律表示：

$$S_{\mathrm{Faradaic},i}^{\mathrm{r}}=\frac{\left(\nu_{i,\mathrm{r}}''-\nu_{i,\mathrm{r}}'\right)M_{W,i}}{n_{\mathrm{r}}F}i_{\mathrm{Fr}} \tag{6-50}$$

式中，$S_{\mathrm{Faradaic},i}^{\mathrm{r}}$ 为组分的产出率或消耗率；$M_{W,i}$ 为组分分子量；n_{r} 为电化学反应产生的电子总数

$$n_{\mathrm{r}}=\sum_{k}\left(\nu_{k,\mathrm{r}}''-\nu_{k,\mathrm{r}}'\right)z_k \tag{6-51}$$

所有电化学反应引起的组分总产出率或消耗率可计算为

$$S_{\mathrm{Faradaic},i}=\sum_{\mathrm{r}}S_{\mathrm{Faradaic},i}^{\mathrm{r}} \tag{6-52}$$

根据式(6-50)，电化学反应的速率可以用电流或物质质量的变化表示，因为这两个量是成正比的。

根据式(6-47)，电化学反应的驱动力是通过电极电解质界面的电势差。介质中的电势可由电荷守恒定律导出：

$$\nabla\cdot\boldsymbol{i}=0 \tag{6-53}$$

式中，$\boldsymbol{i}$ 为电流密度向量。

在固相中，电流密度和电势梯度由欧姆定律决定：

$$i=-\sigma\nabla\varphi \tag{6-54}$$

式中，σ 为电导率；φ 为电势。

因此，势场由拉普拉斯方程决定：

$$\nabla\cdot(\sigma\nabla\varphi)=0 \tag{6-55}$$

在液体(或电解质)相，电流是带电组分的净通量：

$$\boldsymbol{i}=F\sum_{k}z_k\boldsymbol{N}_k=F\left(-\sum_{k}z_kD_k\nabla c_k+\boldsymbol{u}\sum_{k}z_kc_k-\nabla\varphi\sum_{k}z_k^2m_kFc_k\right) \tag{6-56}$$

式中，$\boldsymbol{N}_k$ 为电场中组分(固体或液体)扩散、对流及迁移所产生的组分通量密度；$\boldsymbol{u}$ 为流场速度；c_k 为组分浓度；D_k 为组分扩散系数；m_k 为组分 k 的迁移质量。

由于电化学理论太过复杂而不实用，为简化式(6-56)，通常假定电荷中性：

$$\sum_k z_k c_k = 0 \tag{6-57}$$

这就消除了式(6-56)中的第二项。此外，与最后一项相比，式(6-56)中的第一项通常被认为是微不足道的，这是一个有效的假设，即混合物处于良好混合状态或混合物处于高电解质浓度，因此式(6-56)只剩下最后一项。

将离子电导率定义为

$$\sigma = F^2 \sum_k z_k^2 m_k c_k \tag{6-58}$$

电荷守恒式为

$$\nabla \cdot (\sigma \nabla \varphi) = 0 \tag{6-59}$$

因此，同样的拉普拉斯方程在固体和液体区域都可以求解。

电场可以对电解质中的带电物质施加力，则在组分输运方程中增加一项：

$$S_{\text{migration},i} = \nabla \cdot D_i \frac{Z_i F}{RT} \rho Y_i \nabla \varphi \tag{6-60}$$

电化学可以为能量方程提供两种不同的热源：第一种是在 Faradaic 界面上的电荷转移反应热，其模型为

$$\dot{q}_{\text{Faradaic}} = \sum_r \left| i_{\text{F,r}} \eta_{\text{r}} \right| \tag{6-61}$$

式中，$i_{\text{F,r}}$ 为 Faradaic 电流密度；η_{r} 为过电势。

第二种是由电荷运动而产生的焦耳热：

$$\dot{q}_{\text{Joule}} = \sigma |\nabla \varphi|^2 \tag{6-62}$$

电化学反应在化学物质的输运方程中会产生源项。

电化学反应只发生在电解液和电极接触的壁面上。水和固体都可以参与电化学反应。参与电化学反应的固体物质将被腐蚀或沉积。电化学反应可以是有限的，因此它们可以只发生在一些壁面边界，而另一些壁面边界仍然没有反应。通常，固相反应速率是根据单位表面积定义和计算的，而液相反应速率是根据单位体积计算的。此外，不同的壁面可以指定不同的反应机理，每种反应机理可以有多种电化学反应。

在 FLUENT 软件中，当电化学反应模型被启动时，可以在能量方程中指定两个额外的源：

(1) 在流体和固体区产生的焦耳热。通过在电势对话框中选择包含焦耳热的能量方程选项，可以将焦耳热包括在能量方程的计算中。

(2) 在法拉第界面的电化学反应热。在每个反应壁的边界条件对话框中，选择法拉第热选项，可以将电化学反应热包括在能量方程的计算中。

此外，电化学反应对组分迁移的影响也可以包含在模拟内：启用电化学反应模型后，在离子与组分迁移方程中指定一个额外的源，电场中的组分迁移则可以通过在组分模型对话框中选择组分迁移选项来包含这种影响。

6.4.2.2 电势模型

1. 概述

FLUENT 可以通过求解电势方程模拟涉及电势场的问题，电势方程可以在流体区和固体区求解。除了多相流模型外，电势求解器可以单独使用，也可以与其他 FLUENT 模型联合使用。要计算带电粒子的静电力，必须求解电势方程。

电势求解器与内置的电化学反应模型可以一起使用，用于模拟化学和电化学反应。在 FLUENT 中，当启用电化学时，自动启用电势求解器，若要将电势求解器与其他求解器一起使用，则需手动启用其电势方程。此外，FLUENT 中的电势建模功能允许其模拟与电势场相关的各种现象，如电镀、腐蚀、流动电池等。

2. 电势方程

式(6-63)为电势方程，需要在 CFD 框架内求解：

$$\nabla\cdot(\sigma\nabla\varphi)+S=0 \tag{6-63}$$

式中，φ 为电势；σ 为固体区域的电导率或液体区域的离子电导率；S 为源项，需要在所有外部边界指定电势或电流。

3. 能量方程源项

介质内部产生的焦耳热其源项计算式为

$$S_{\mathrm{h1}}=\sigma\,|\nabla\varphi|^2 \tag{6-64}$$

当接触电阻定义在一个壁面上时，额外的焦耳热源项 S_{h2} 被添加到壁面的相邻单元上

$$S_{\mathrm{h2}}=\frac{I^2Rf}{V} \tag{6-65}$$

式中，I 为穿墙电流($\mathrm{A/m^2}$)；R 为接触电阻($\Omega\cdot\mathrm{m^2}$)；V 为网格体积；f 为壁面面积。

在求解电势方程式(6-63)时，可以将焦耳热加入能量方程中。

6.4.3 CFD在电化学反应中的应用

6.4.3.1 CFD在燃料电池中的应用

燃料电池是当前新能源领域研究的热点，对其进行数值模拟有助于人们对其的理解与开发。作为电化学反应的重要应用之一，燃料电池可以使用电化学反应模型和电势模型，而根据不同种类的电池类型与电极反应条件，需要在基本方程中设定不同的源项。

1. 在固体氧化物燃料电池中的应用

目前，对固体氧化物燃料电池(SOFC)的数值模拟主要有电极模拟、单电池模拟、电堆模拟及对电池系统的模拟。电极的性能包括电动势、物质浓度、温度分布及电流分布。对电极进行数值模拟的目的是根据电极上受限制的电阻(如活化电阻、欧姆电阻及物质迁移过程中的电阻)分析电极的性能。Müller 对以甲醇为燃料气体的燃料电池阳极进行了阻抗分析。Chan 等对 SOFC 阴极建立了微模型，并对电极模型进行了大量的模拟分析。Zhao 等对电极中活化现象对 SOFC 电池堆的影响进行了研究。

SOFC 的结构比较复杂，而电堆的工作条件、支撑形式、电流电压分布等均对电堆热

电性能分布有重要影响，其已成为近几年的研究热点。Ferguson 等最早对不同几何模型的 SOFC 电池堆进行了三维数值模拟，根据以氢气为燃料气的简化模型，得出了电堆内部电压、电流、温度及化学组分的分布情况。Cheng 等在稳压和层流状态下研究了 SOFC 电池堆的硫化现象对电压、电流的影响。

此外，随着制备工艺及数值模拟的发展，SOFC 正朝着实用化的方向迈进。Anita 等对可预测控制器在 SOFC-IC 联合动力系统中的模型发展进行了研究。Chan、Bove 和 Åström 等则对 SOFC 发电系统的数学模型、系统可靠性及初始工作条件进行了研究。

2. 在质子交换膜燃料电池中的应用

CFD 模拟在质子交换膜燃料电池(PEMFC)的相关研究中也具有广泛应用：Um 等对 PEMFC 进行了 CFD 建模，同时考虑了电化学动力学、电流分布、流体动力学和多组分输运等。Dutta 等利用 FLUENT 对 PEMFC 内的直管气体流动通道进行了三维数值模拟。Hontanon 等也使用 FLUENT 建立了三维固定气体流动模型。Cha 等研究了微尺度并联流道内的稳态气体输运现象，讨论了沿单一气体流道的氧气浓度及其他可能影响燃料电池性能的流动模式。类似地，Kulikovsky 对燃料电池流道中稳态流动的气体浓度进行了数值计算。然而，在上述所有研究中，液态水的作用都被忽略了。Yi 等指出，PEMFC 的正极和负极侧均不可避免地会发生水蒸气凝结，因此，他们的研究讨论了一种液态水去除技术，该技术使用水输送板通过压差将多余的液态水引入冷却剂流动通道。Wang 等在 PEMFC 阴极上进行了两相流模拟解决液态水的饱和问题。在 You 和 Liu 的研究中，阴极侧直通道中的液态水饱和度也被考虑在内。

6.4.3.2 CFD 在电解池中的应用

1. 在固体氧化物电解池中的应用

目前 CFD 在电解池中的应用主要集中在固体氧化物电解池(SOEC)。20 世纪 60 年代后期，Spacil 等提出了固体氧化物电解池热力学模型，分析了 SOEC 热力学性质及电池的整体性能。他们将平板电池在 1000℃下恒温运行，通过计算得出了 SOEC 的整体性能取决于开路电压、电池欧姆电阻和电池传质阻力的结论。Spacil 等推导得出开路电压的热力学表达公式，并分析了进气口水蒸气组分及水蒸气转化率对开路电压的影响，增大进气口水蒸气含量、减小水蒸气的转化率有利于减小开路电压。Ni 等采用零维稳定模型对制氢系统进行了能量和㶲分析。Stoots 等通过制氢实验数据的支持建立了高温固体氧化物电堆制氢系统模型，并重点分析了产生合成气的高温共电解。

SOEC 电池模型的重大发展发生在 21 世纪。第一个 SOEC 电池模型来自于 Ni 等，他们讨论了 SOEC/SOFC 模型中的浓差极化建模问题，强调了气体在多孔电极中扩散机制的差异。用 Fick 扩散模型来求解物质在电极-电解质界面的分压。通过将模拟结果与实验中电流密度为 2000A/m 时水蒸气浓度对电池电压影响的对比来验证模型的正确性。此外，他们分析了水蒸气浓度与电极厚度对浓差极化的影响。结果表明，电池性能随着入口处蒸汽浓度的增加与电极厚度的减小而增加。

2. 在铀电解精炼厂中的应用

Kim 等建立了铀电解精炼厂的 CFD 模型。该模型提供了有关电解质胞内浓度、电势和过电势分布等与输运现象相关的信息。实现了电势-电流算法，使得电化学动力学的空间变化更加真实。此外，他们对旋转电极上一次电流与二次电流分布进行了计算，并对电沉积数据进行了实验验证。

6.4.4　电化学反应模拟案例分析

6.4.4.1　问题描述

本案例(Kim et al.，2010)是对电化学反应的模拟，研究了电解精炼过程。电解槽的结构如图 6-22 所示，该电解槽由一个十字形排列的阳极篮和一个浸入熔融 LiCl-KCl 共晶体的钢阴极组成，该共晶体含有质量分数约为 8%的铀。在电精制过程中，熔融盐电解质通过旋转的阴极(顺时针 5r/min)和阳极篮组件(顺时针 50 r/min)进行混合。本案例基于电池构型和电解质湍流建模，重点研究由浓度和表面过电势引起的传质和电流。

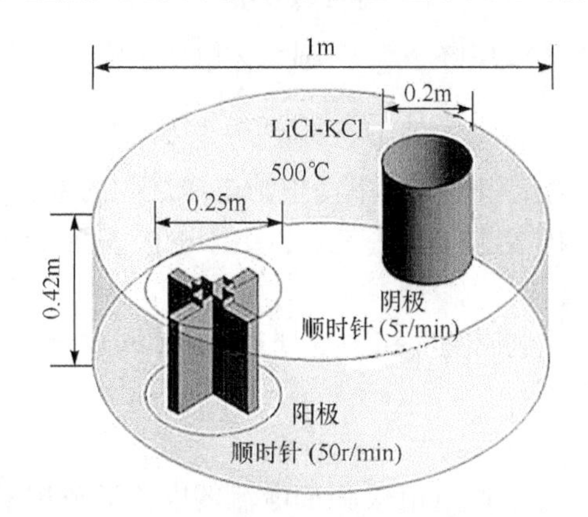

图 6-22　熔盐电解精炼机的计算域模型示意图

6.4.4.2　问题分析

该案例使用了电化学反应模型和电势模型。根据电极反应种类及反应条件的不同，基本方程中的质量源项、动量源项和能量源项会发生变化，需要借助用户自定义功能。

6.4.4.3　解决方案

1. 模型

1) 电化学反应动力学

极化方程表示不同物质浓度和界面电势降对局部电化学反应速率的影响关系。对于金属/离子体系，通常采用 Butler-Volmer 方程描述电极动力学。电极表面上的局部电流密度(i)分布由式(6-66)可得

$$i = i_0\left[\frac{C_{\mathrm{O}}^{\mathrm{s}}}{C_{\mathrm{O}}^{\mathrm{bulk}}}\exp\left(-\frac{\alpha F}{RT}\eta\right)-\frac{C_{\mathrm{R}}^{\mathrm{s}}}{C_{\mathrm{R}}^{\mathrm{bulk}}}\exp\left(\frac{(1-\alpha)F}{RT}\eta\right)\right] \tag{6-66}$$

式中，F 为法拉第常量；R 为摩尔气体常量；η 为过电势；上标 s 和 bulk 表示位置为电极表面和电解质中，下标 O 和 R 表示氧化物和还原物；i_0 为交换电流密度，由式(6-67)

可得

$$i_0 = nk^0 F(C_{\mathrm{O}}^{\mathrm{bulk}})^{1-\alpha}(C_{\mathrm{R}}^{\mathrm{bulk}})^{\alpha} \tag{6-67}$$

式中，α 和 k^0 为动力学参数；n 为电荷数。这个方程是改进的 Butler-Volmer 方程，其包含了常见的浓度超电势项。

2) 电解质中的电场

由于电解槽内部的电解质盐中没有自由电荷，因此浓度边界层上的欧姆压降与电解质主体上的欧姆压降相比可以忽略不计，故电解液上的电势由拉普拉斯方程[式(6-68)]可得

$$\nabla^2 \Phi = 0 \tag{6-68}$$

式中，Φ 为局部电势。可由式(6-69)(其中 k 为电导率)获得电流密度分布

$$i = -k\nabla\Phi \tag{6-69}$$

若在电极上施加特定的电压降(E_{cell})，则总体电压平衡为

$$E_{\mathrm{cell}} = \phi_{\mathrm{ohm}} + \eta_{\mathrm{a}} + \eta_{\mathrm{c}} \tag{6-70}$$

式中，E_{cell} 为施加的电池电压和热力学平衡电池电压之间的差；ϕ_{ohm} 为欧姆压降；η_{a} 和 η_{c} 分别为由于活化极化(动力学效应)和浓差极化(由于电极表面和电解质之间的浓度梯度)造成的压降。

因此，要确定沿电极的电流密度和浓度分布，必须同时求解对流扩散方程、拉普拉斯方程及电化学动力学方程。

2. 其他

本案例中电边界条件等于通过电极施加电流的电流通量规格。电极壁面上对于离子组分源项的边界条件为

$$S_{\mathrm{C}} = \pm\frac{i}{nF} \tag{6-71}$$

在阳极侧施加正流量，而在阴极上施加相同大小的负流量。在电解质流场壁面上，所有实心壁都未施加滑动边界(摩擦)条件，而在顶部自由表面则施加了自由滑动(无摩擦)边界条件。

通过 CFX 求解器中 FORTRAN 语言的用户子程序界面实现计算。用户 FORTRAN 源代码被编译并链接到特定共享库平台中以供共享库在运行时动态加载。电极表面的局部超电势是根据子程序当前运行位置最新溶液中的电场计算得出。然后，CFX 的线性求解器运行系数循环，直至其求解满足方程组残差收敛标准。

6.4.4.4 结果与讨论

1. RCH 电池的仿真和测试

本案例详细研究了 CFD 框架下的多物理电化学模型。为验证该方法的有效性和模型的准确性，在旋转圆筒赫尔(rotating cylinder hull，RCH)电池中对电镀铜系统进行仿真，将其作为对所提建模方法的基准仿真。

RCH 电池的结构见图 6-23。它由旋转圆柱工作电极(316 不锈钢，高度 8.0cm，直径 0.6cm)，固定的同心圆柱网状对电极(铂/钛，厚度 0.1cm，高度 2.5cm，内径 5.2cm)，顶部和底部 PTFE 材质的圆柱形绝缘体(直径 2.3cm，长度 4.5cm 或 2.5cm)，同心聚碳酸酯绝缘体(内径 4.4cm，外径 5.0cm，长度 15.0cm)，固定式底部聚碳酸酯支架和圆柱形玻璃电解质容器(内径 11.0cm，高 20.0cm)组成。工作电极位于容器中央，顶部和底部绝缘体从工作电极处突出 0.85cm，并与之形成 90° 夹角。将电极置于同心聚碳酸酯绝缘体的外部，并通过同心聚碳酸酯绝缘体底部的开口处得到电解质中电流和电势的分布。从底部 PTFE 绝缘体的圆周表面到同心聚碳酸酯绝缘体内表面的距离为 1.05cm。

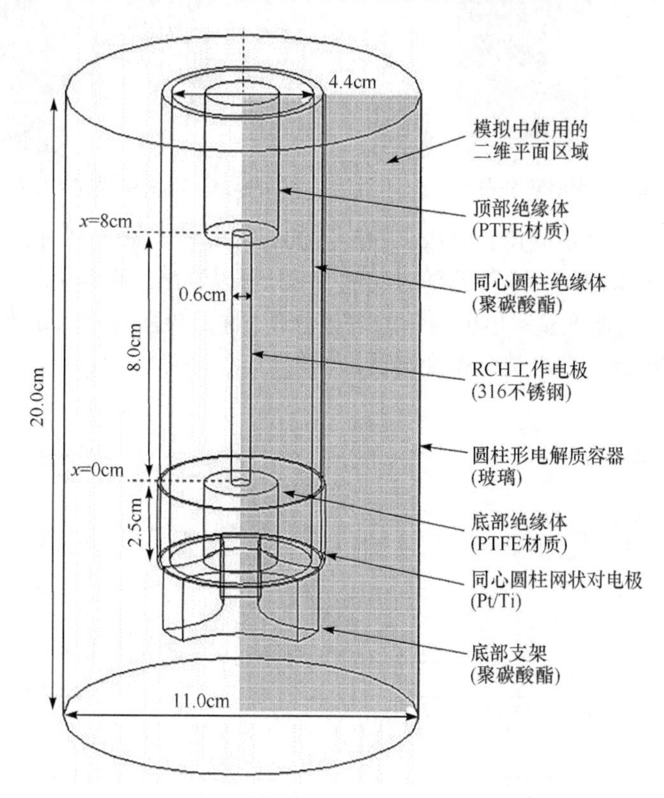

图 6-23　RCH 电池

测试系统是在 pH=2、温度 20℃状态下由 50mmol/L $CuSO_4$ 和 0.5mol/L Na_2SO_4 组成的酸性硫酸盐电解质中进行电镀铜。在该模型中，使用塔菲尔(Tafel)近似代替电化学中的 Butler-Volmer 方程用作电化学动力学方程。

图 6-24 显示了整个电解质区域的一次电势分布，其假设条件为电荷转移条件和传质条件均可被忽略。在这种情况下，影响电流分布的主要因素是 RCH 电池内的欧姆电阻。工作电极上的电化学反应被认为是可逆的，并且其分布仅取决于电解质场的几何形状。当电化学反应取决于电荷转移和浓度梯度时，模拟可得到的电荷转移和浓度耦合的电势分布如图 6-25 所示。

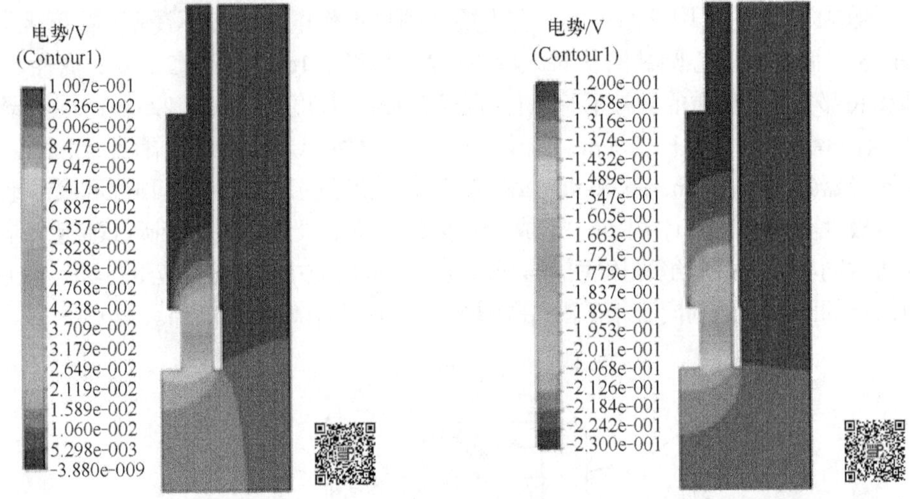

图 6-24　一次电势分布　　　　图 6-25　电荷转移和浓度耦合的电势分布

本案例测量了八个不同位置电极表面附近的局部电势。图 6-26 中示出了在不同旋转速率下一对参考电极之间的电势差随时间的变化。可以看出，局部电势大致沿工作电极向上方向增加。较高转速下显示出更均匀的电势分布。这是较强的湍流导致表面反应物浓度增加，因此工作电极上的电势分布变得更加均匀。

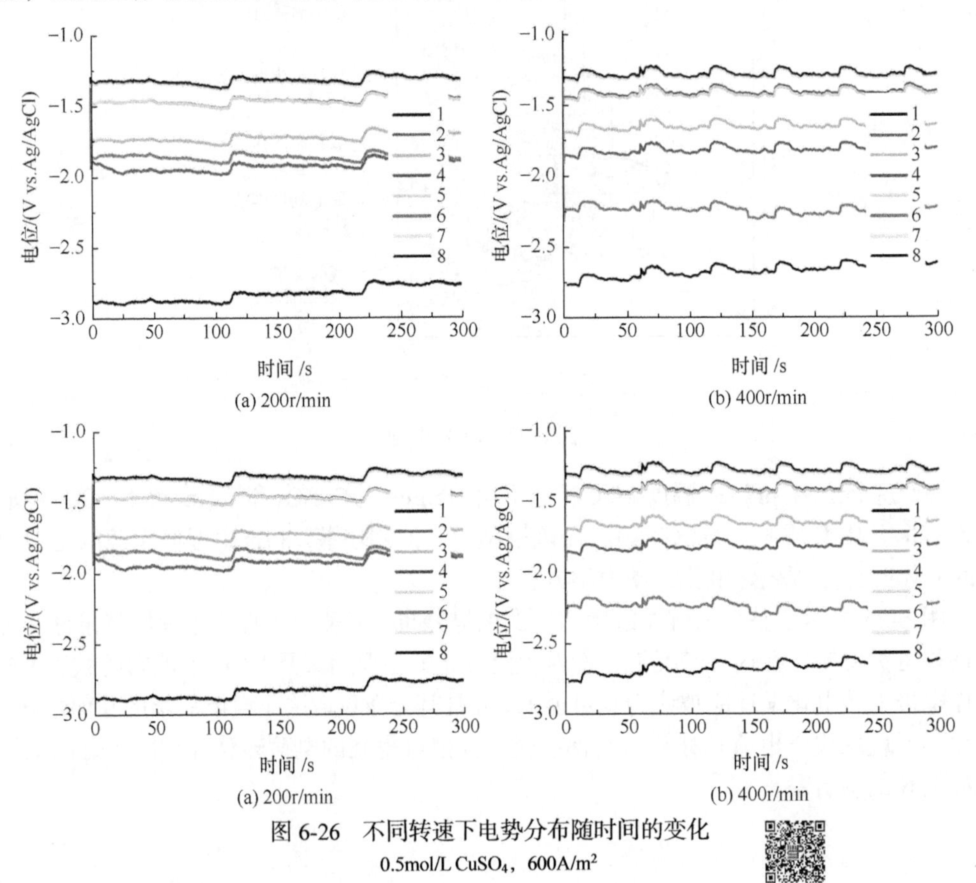

图 6-26　不同转速下电势分布随时间的变化

0.5mol/L $CuSO_4$，600A/m²

2. 铀电精炼槽模拟

图 6-27 显示了两电极间离子铀的浓度分布。在这种对流湍流条件下，阴极表面附近的铀离子损耗和阳极附近的铀离子生成与预期一致，在电解区中铀的浓度分布几乎是均匀的。

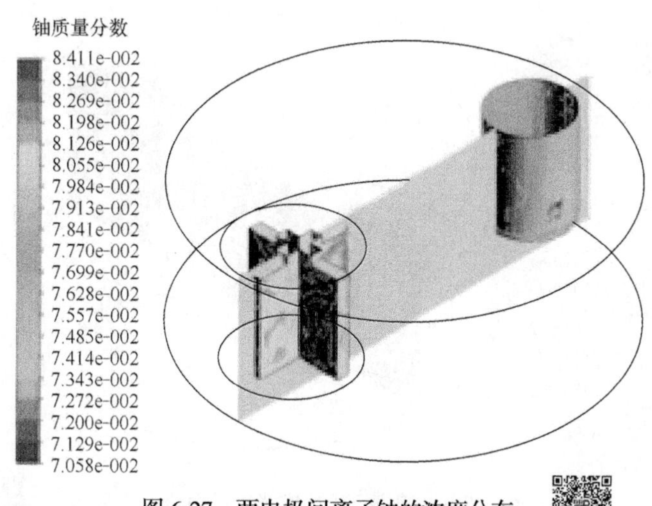

图 6-27　两电极间离子铀的浓度分布

在电精制电池中，电解质溶液中的所有电势都必须介于施加在阳极和阴极上的电势之间。此原理可以用于估算和调节在给定电流密度下以过电势反映的电极电势。图 6-28 显示沿电极间对称平面的电势分布和电极上局部过电势分布的相应值。欧姆过电势是指与电解区电子传输阻力有关的损耗。对于给定的外加电流，过电势的大小取决于电子的路径。

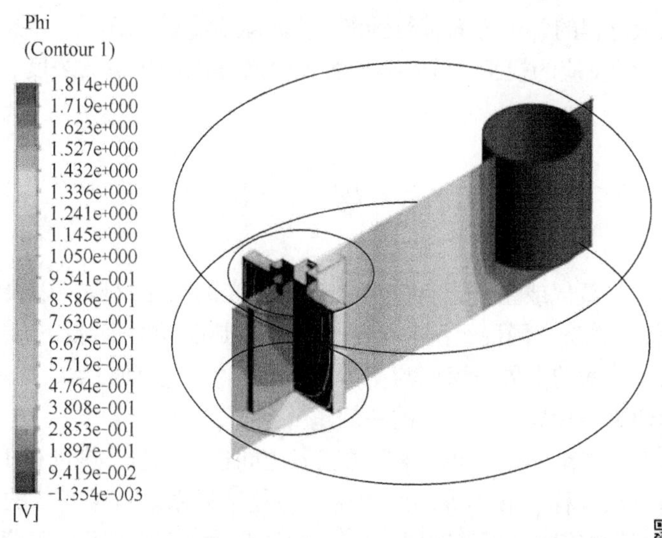

图 6-28　两电极间的电势分布和电极上的局部过电势分布 

扩散超电势与电极附近的浓度梯度有关，电极表面上的浓度梯度在宽电流范围内直至极限电流密度附近均与施加的电流成比例。图 6-29 描绘了在与浓度梯度耦合计算的情况下沿电极表面的局部电流密度分布。考虑到电解质浓度的影响，较高的局部电势是由电极表面上较低的离子浓度引起的。为了维持给定的电流密度，需要较高的超电势来补偿离子反应物的消耗。这种方法是一种解决熔融盐电化学系统的可能配置和操作替代方案。

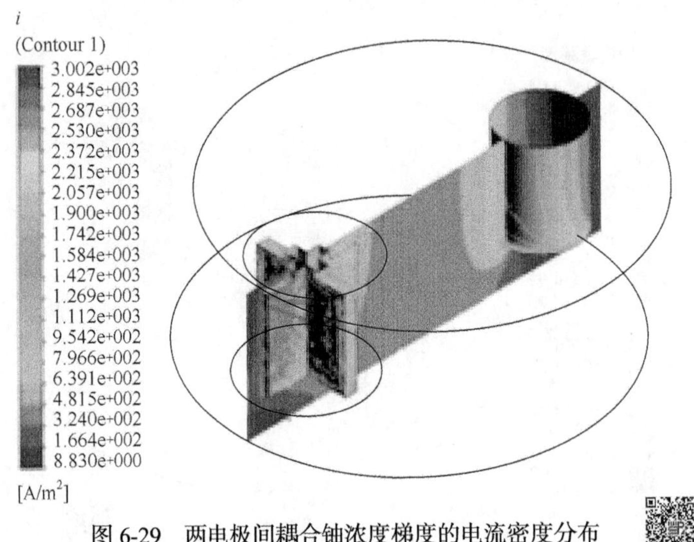

图 6-29 两电极间耦合铀浓度梯度的电流密度分布

6.4.4.5 总结

本案例是对电解池中化学反应的模拟。模拟电化学反应时，需使用到电化学反应模型和电势模型。根据电极反应种类及反应条件的不同，基本方程中的质量源项、动量源项和能量源项会发生变化，需要用户自定义。本案例提出了用于铀电精炼机的 CFD 模型，该模型可以对电沉积过程的各个方面进行预测，从而减少实验工作量，寻找最佳设计或操作条件。通过对电化学反应的模拟，可以得到有关电解池内部传输的浓度、电势和超电势分布等信息。

6.5 燃 烧

燃烧是可燃物与氧气或空气进行快速放热和发光的氧化反应，以火焰的形式出现。煤、石油和天然气的燃烧是国民经济各个部门的主要热能动力来源。随着现代社会对能源需求的激增及相关技术的发展，燃烧与流体力学、化学反应动力学、传热传质学相结合，已成为研究科学理论与指导工业生产的一门重要学科。

在燃烧过程中，燃料、氧气和燃烧产物三者之间进行动量、热量和质量传递，形成的火焰是具有多组分浓度梯度和不等温两相流动的复杂体系。有关燃烧的详细机理介绍参见 2.3 节。火焰内部的传递过程借助层流分子或湍流微团实现转移，工业燃烧装置中则以湍流微团转移为主。探索燃烧室内部的气体速度、浓度与温度分布的规律，以及它们之间的相互影响是从流体力学角度研究燃烧过程的重要内容，从而对燃烧设备内的流场、燃料的着火与燃烧传热过程、火焰稳定性等工程问题进行指导。

6.5.1　燃烧应用模型

6.5.1.1　常用模型

煤粉气流相互混合是一种湍流现象，研究燃烧过程常用的湍流模型有：标准 k-ε 模型、RNG k-ε 模型、Realizable k-ε 模型、k-ω 模型及 LES 模型等。喷入炉内的煤粉颗粒燃烧放热涉及气固两相，可采用的多相流模型主要为欧拉法和拉格朗日轨道模型两种。化学反应与燃烧模型则主要包括通用有限速率模型、非预混燃烧模型、预混燃烧模型、部分预混燃烧模型和概率密度函数模型等。在燃烧模拟中，除上述常用模型外，还会用到一些特殊模型，如热辐射模型、挥发分析出模型、焦炭表面燃烧模型、水分迁移模型和污染物模型等。

6.5.1.2　热辐射模型

锅炉炉膛内存在辐射、对流等复杂的换热情况，其中辐射是主要的换热方式，约占总换热量的 90%。燃烧产生的烟气有飞灰、焦炭颗粒、二氧化碳和水蒸气等物质，其均有辐射特性。在该过程的研究中，常用的热辐射模型有 DO 模型、P-1 模型和 WSGG(weighted sum of gray gas)模型等。DO 模型考虑了颗粒的辐射作用，而 P-1 模型考虑了颗粒的辐射作用和散射作用，比较适合计算具有大光学厚度和复杂几何结构的设备，具体细节详见 2.3 节。WSGG 模型用于计算炉膛内燃烧烟气的发射率，被广泛应用于 CFD 模拟，具有较高的计算精度和计算效率。

WSGG 模型假设燃烧气体发射的能量取决于局部温度与气体组分的分压。在 WSGG 模型中，路径长度 s 上气体混合物的普朗克均值吸收系数由式(6-72)确定：

$$\bar{a} = -\ln(1-\varepsilon)/s \tag{6-72}$$

式中，s 为辐射束长度；ε 为气体发射率。ε 根据式(6-73)计算得出：

$$\varepsilon = \sum_i a_{\varepsilon,i}(T)\left[1-\exp(-k_i p_i s)\right] \tag{6-73}$$

式中，$a_{\varepsilon,i}$ 为灰色气体 i 的发射率加权因子；k_i 和 p_i 分别为吸收气体 i 的压力吸收系数和分压。公式中使用的发射率加权因子可作为气体温度的函数，其多项式相关性为

$$a_{\varepsilon,i} = \sum_j b_{\varepsilon,i,j} T^{j-1} \tag{6-74}$$

多项式相关系数 $b_{\varepsilon,i,j}$ 和灰色气体吸收系数 k_i 可从石油和甲烷化学计量燃烧实验数据中得出，其中 CO_2 分压约为 0.1atm，H_2O 和 CO_2 的压力比在 1～2 范围内，路径长度小于 10m。值得注意的是，氧煤燃烧中的 CO_2 和 H_2O 分压及其压力比不在此适用范围内。

6.5.1.3　煤粉燃烧模型

煤粉燃烧是化工工业中燃烧反应的一大应用类别。煤粉颗粒进入锅炉后会经历多种复杂的化学变化及物理变化，一般包括以下阶段：煤粉颗粒从喷嘴进入炉膛后受上游高温烟气冲撞及卷吸烟气的对流作用，温度升高，煤粉水分被蒸发；随着温度的不断上升，易

于热解的挥发分开始析出；当达到煤粉着火温度后，挥发分先与一次风进行燃烧，同时加热煤粒成焦炭成分；当达到一定温度时，焦炭开始着火。除上述基本模型与热辐射模型外，在煤粉燃烧过程中常用的模型还有挥发分析出模型、焦炭表面燃烧模型、水分迁移模型和污染物模型等。

1. 挥发分析出模型

挥发分析出是一个复杂的过程，很难用一个模型准确地模拟出其物理化学过程。煤种不同，其挥发分成分和析出速率也不同。挥发分析出后留下的焦炭粉粒的孔状结构对后续燃烧具有一定影响。到目前为止，学者对挥发分的析出提出了多种假设，详细模型如下。

1) 单方程模型

单方程模型认为蒸发速率大小取决于煤粉里挥发分的残留量。Badzioch 等利用式(6-75)～式(6-77)描述煤粉产生的挥发物质。

$$\frac{\mathrm{d}v}{\mathrm{d}t}=k\left(v_{\infty}-v\right) \tag{6-75}$$

$$v_{\infty}=Q\left(1-v_{\mathrm{c}}\right)v_{\mathrm{p}} \tag{6-76}$$

$$k=A\exp\left(-E/RT\right) \tag{6-77}$$

参数 Q 和 v_{c} 由实验决定，在不膨胀煤的实验中取 v_{c} 值为 0.15。这是一个简单有效的挥发分模型，但参数 v_{p}、k、Q、v_{c} 和 E 取决于煤粉特性，因此也就限制了这一模型的通用性。

2) 两平行反应模型

Kobayashi 等提出利用下面两个平行的一级反应，并且反应是不可逆的，来描述热分解过程：

$$C\xrightarrow{k_1}\left(1-\alpha_1\right)S_1+\alpha_1 v_1$$

$$C\xrightarrow{k_2}\left(1-\alpha_2\right)S_2+\alpha_2 v_2$$

反应速率方程为

$$\frac{\mathrm{d}c}{\mathrm{d}t}=-\left(k_1+k_2\right)c \tag{6-78}$$

以及

$$\frac{\mathrm{d}v}{\mathrm{d}t}=\frac{\mathrm{d}v_1+\mathrm{d}v_2}{\mathrm{d}t}=-\left(\alpha_1 k_1+\alpha_2 k_2\right)c \tag{6-79}$$

式中，k_1、k_2 为反应速率常数，分别为

$$k_n=k_{0n}\exp\left(-E_n/RT\right)\quad\left(n=1,2\right) \tag{6-80}$$

模型的主要特征是存在两个不同的活化能 E_1、E_2 和两个不同的频率因子 k_{01}、k_{02}。这样就可以有更宽的温度应用范围。但是，像前种方法一样，由于参数 α_1、α_2、A_1、A_2、E_1、E_2 等都取决于煤种，因此其通用性仍受到限制。

3) 无限平行反应模型

Anthony 等认为热分解是通过无穷多的平行反应进行的。假定活化能是一个连续的高斯分布，频率因子是一个共同的常数，因此有

$$\frac{v_{\infty}-v}{v_{\infty}}=\left[\delta(2\pi)^{1/2}\right]^{-1}\left\{\int_{0}^{\infty}\exp\left[\left(-\int_{0}^{t}k\mathrm{d}t\right)f(E)\mathrm{d}E\right]\right\} \tag{6-81}$$

式中

$$f(E)=\left[\delta(2\pi)^{t/2}\right]^{-1}\exp\left[-\left(E-E_0\right)^2/2\delta^2\right] \tag{6-82}$$

此方法为实验数据提供了很好的关系式，但并没有给出析出物质的组分。

4) 多组分单方程模型

前面讨论的几组模型均不能给出具体组分，只考虑挥发分的析出量，而多组分挥发析出模型则考虑挥发分的组分，并认为每一种组分的热解都可用单方程表示。

煤是由各种羧基、羟基、醚、芳香氢、脂肪官能团组成的，不同的官能团在热解时产生不同的热解产物。例如，羧基热解时将产生 CO_2，羟基热解时产生水，醚产生 CO，芳香氢、脂肪产生氢等。煤种不同时，各官能团的热解速率系数是不变的，但煤的挥发量随煤种而改变，这是因为各官能团在不同煤中的含量不同，其动力学表达式为

$$W_i=W_i^0\left[1-\exp\left(-k_it\right)\right] \tag{6-83}$$

$$k_i=k_{0t}\exp\left(-E_i/RT\right) \tag{6-84}$$

式中，W_i^0 为官能团的含量；W_i 为某官能团热解时释放的质量分数；k_{0t}、E_i 为某官能团的热解动力学参数，为常数，其不随煤种而变。这一模型可以给出析出物质组分。但其困难在于一般实验室中很难确定官能团的种类及其含量 W_i^0 。

5) FLASHCHAIN 模型

此模型认为煤是芳香核线性碎片的混合物，芳香核由弱键或稳定键两两相连，碎片末端的外围官能团则是脂肪性结构。用概率论描述热解初期连接键、外围官能团和各种尺寸碎片的比率。煤中已断桥键的比例决定了析出物质的数量。

该模型大分子碎片的断裂可以用渗透链统计学模拟，中间体和较小煤塑性体碎片的断裂则用带均一速率因子的总体平衡描述，FLASHCHAIN 模型用到四种脱挥发分化学反应：断桥、自发缩聚、双分子再化合、外围官能团脱除。断桥反应和自发缩聚反应的活化能具有一定形式的分布函数：双分子再化合反应为二级反应，外围官能团脱除为一级反应。

6) FG-DVC 模型

FG-DVC 与前面的模型相比是比较实用和成熟的。FG 指的是 functional group，即官能团。DVC 指的是 depolymerization、vaporization 和 crosslinking，即解聚、蒸气化和交联。

FG 模型描述官能团分解生成气体产物，DVC 模型则通过断桥、交联和焦油形成描述煤交联的解聚。该模型假设：官能团分解生成气体；大分子交联分解生成煤塑性体和焦

油；热解动力学对煤种特性不敏感，气体生成速率取决于该气体所对应的官能团而不是煤种；桥键断裂受煤中可供氢的限制，煤大分子解聚受桥键断裂的限制；在气体产生的同时生成焦油，焦油中含有大量未完全裂解为气体的官能团；焦油和半焦的官能团以相同速率继续热解等。

DVC 模型可以确定焦油、半焦的数量和分子量分布，FG 模型则可以描述气体逸出过程及焦油和半焦的官能团组成，其中气体生成过程可用一级反应描述。DVC 模型最初用蒙特卡罗法分析断键、耗氢和蒸发过程，之后也开始使用渗透理论，只是在个别概念上稍有修正。该模型可以预测燃料氮在半焦、焦油和气态物质中的分布，但无法预测 N-HCN 和 N-NH_3 等其他燃料氮的分布。

7) 神经元网络模型

随着计算机技术的迅猛发展，神经元网络从提出到现在不过几十年时间，却得到了广泛运用。由于神经元网络的特点，在处理多个因素间复杂的非线性关系时特别有用。神经元网络模型通过模拟人体神经元信息传递的过程，建立起多层(通常为三层)网络结构。利用一组样本对网络进行训练(称为网络的学习)，从而使网络具有一定的“知识”，也就是在网络的各层之间产生了权值系数。用这一训练好的网络便可以进行识辨或预报等。

从上面所述的各种煤的挥发分动力学模型可以看出，煤的挥发分析出过程是一个非常复杂的过程，既要考虑不同的煤种、不同的煤质结构，又要考虑不同的加热速率及挥发分析出成分等因素的影响。针对其复杂性，郭兵等对神经元网络模型运用于煤的挥发分析出过程进行了一些尝试。研究结果表明，三层的前向神经网络具有适应性强、简单易行等优点，而且对煤热解过程本身未作任何假设，可以避免模型假设不当造成的系统误差。

8) 分布活化能模型

分布活化能模型(DAEM)最初由 Vand 在 1942 年开发，与上述经验模型不同，该模型基于以下假设：脱挥发分过程中伴随着几个同时发生的一阶反应。在此模型中，至关重要的是估算激活能量的频率因子和分布函数。分布函数通常由高斯分布假设。至于频率因子，为避免分析的复杂性或与基于实验数据的活化能相关联，假定所有反应均为常数。与上述其他挥发分析出模型相比，该模型中引入了额外的模型参数，即活化能的标准偏差。在该模型中，到时间 t 为止释放出的挥发性物质的总量由式(6-85)给出：

$$1-\frac{V}{V^*}=\int_0^\infty \exp\left(-k\int_0^t \mathrm{e}^{-E/RT}\mathrm{d}t\right)f(E)\mathrm{d}E \tag{6-85}$$

式中，$f(E)$为活化能的分布函数；k 为频率因子。根据激活能具有连续性分布的假设，函数 $f(E)$必须满足：

$$\int_0^\infty f(E)\mathrm{d}E=1 \tag{6-86}$$

通常，活化能分布满足中心活化能为 E 、标准偏差为 σ 的高斯分布。频率因子 k 可以视为常数或变量，其取决于激活能 E，计算如下：

$$k=a\mathrm{e}^{bE} \tag{6-87}$$

式中，a 和 b 为常数。

9) TDP 模型

为考虑每个煤颗粒脱挥发分参数的变化，Hashimoto 等开发了一种采用表格-脱挥发分过程的新模型 TDP 模型。在 TDP 模型中，计算之前需要准备含各种温度历史记录和每个温度历史记录下的脱挥发分参数的数据库。在 TDP 模型中，每个迭代步骤为每个煤颗粒设置合适的脱挥发分参数值。具体过程如下：

(1) 首先将脱挥发分参数设置为初始值。

(2) 使用脱挥发分参数执行 CFD 计算。

(3) 一次迭代后，将在上一次迭代中计算出的颗粒温度历史与每个煤粉颗粒脱挥发分数据库中的所有温度历史进行比较。从脱挥发分数据库中选择与最近一次 CFD 迭代获得的颗粒温度历史最接近的温度历史。

化学组分的质量分数由以下方程式表示：

$$m_{\text{vola}} = m_{\text{CH}_4} + m_{\text{C}_2\text{H}_2} + m_{\text{O}_2} + m_{\text{HCN}} \tag{6-88}$$

$$m_{\text{vola}} = m_{\text{C,vola}} + m_{\text{H}} + m_{\text{O}} + (1-\kappa)m_{\text{N}} \tag{6-89}$$

$$m_{\text{C, vola}} = \frac{12}{16}m_{\text{CH}_4} + \frac{24}{26}m_{\text{C}_2\text{H}_2} + \frac{12}{27}m_{\text{HCN}} \tag{6-90}$$

$$m_{\text{C, char}} = \left(1 - P_{\text{moist}} - P_{\text{ash}}\right)U_{\text{C}} - m_{\text{C, vola}} \tag{6-91}$$

$$m_{\text{H}} = \left(1 - P_{\text{moist}} - P_{\text{ash}}\right)U_{\text{H}} = \frac{4}{16}m_{\text{CH}_4} + \frac{2}{26}m_{\text{C}_2\text{H}_2} + \frac{1}{27}m_{\text{HCN}} \tag{6-92}$$

$$m_{\text{O}} = \left(1 - P_{\text{moist}} - P_{\text{ash}}\right)U_{\text{O}} = m_{\text{O}_2} \tag{6-93}$$

$$m_{\text{N}} = \left(1 - P_{\text{moist}} - P_{\text{ash}}\right)U_{\text{N}} = \frac{1}{1-\kappa}\frac{14}{27}m_{\text{HCN}} \tag{6-94}$$

$$m_{\text{C, char}} + m_{\text{vola}} = 1 - P_{\text{moist}} - P_{\text{ash}} \tag{6-95}$$

CH 之间的质量分数之比为

$$\Delta h_{\text{vola}} = \frac{m_{\text{CH}_4}}{m_{\text{vola}}}\left[\xi \Delta h_{\text{CH}_4\text{low}} + (1-\xi)\Delta h_{\text{CH}_4\text{high}}\right] + \frac{m_{\text{C}_2\text{H}_2}}{m_{\text{vola}}}\Delta h_{\text{C}_2\text{H}_2} \tag{6-96}$$

$$\Delta h_{\text{vola}} = \frac{GCV - \Delta h_{\text{char}} m_{\text{C,char}} + \Delta h_{\text{lat}} P_{\text{mosit}}}{m_{\text{vola}}} + \Delta h_{\text{dev}} \tag{6-97}$$

$$\Delta h_{\text{char}} = h_{\text{C}} + \frac{M_{\text{O}_2}}{M_{\text{C}}}h_{\text{O}_2} - \frac{M_{\text{CO}_2}}{M_{\text{C}}}h_{\text{CO}_2} \tag{6-98}$$

$$m_{\text{CH}_4} = \xi m_{\text{CH}_4\text{low}} + (1-\xi)m_{\text{CH}_4\text{high}} \tag{6-99}$$

TDP 模型基于从实验或其他模型(如 FLASHCHAIN 模型)获得脱挥发分数据库。考虑到 TDP 模型计算的复杂性，与传统的脱挥发分模型相比，仿真过程需要更多的计算工作。因此，其应用与外推范围是有限的。

2. 焦炭表面燃烧模型

挥发分释放之后，余下成分为焦炭和燃烧后的灰分。煤在锅炉炉内加热到850℃以上时，随着温度升高，煤中的有机物将会分解，其中挥发性产物逸出后，残留下的不挥发产物就是焦炭。在CFD模拟煤粉燃烧时，对焦炭燃烧反应通常有三种处理方式。

(1) C只与O_2发生反应

$$C+H_2O\xrightarrow{\text{高温}}H_2+CO$$

$$C+O_2\xrightarrow{\text{点燃}}CO_2\text{（氧气充足）}$$

$$2C+O_2\xrightarrow{\text{点燃}}2CO\text{（氧气不充足）}$$

(2) C继续与CO_2发生反应

$$C+O_2=\!=\!=CO_2$$

$$C+CO_2\longrightarrow 2CO$$

(3) C与H_2O发生反应

$$C+O_2=\!=\!=CO_2$$

$$C+CO_2\longrightarrow 2CO$$

$$C+H_2O\xrightarrow{\text{高温}}H_2+CO$$

焦炭燃烧是一个复杂的燃烧反应，不仅与焦炭颗粒的燃烧反应快慢有关，而且与氧气扩散到焦炭颗粒表面的快慢有关。当氧扩散到焦粒表面的速率大于焦粒表面燃烧速率时，燃烧速率由焦粒表面的燃烧反应速率控制，此时称为动力燃烧，介于两者之间时，称为动力-扩散燃烧。在焦炭燃烧过程中，焦粒表面不断生成的灰分会影响氧扩散到焦粒表面的速率，该过程是比较复杂的。广泛采用的模型有动力-扩散模型、多表面反应模型等。

1) 动力-扩散模型

这种方法认为燃烧速率受反应速率与氧扩散速率双重影响。此时颗粒的燃烧速率可以表示为

$$D_0=C_1\frac{\left[\left(T_p+T_\infty\right)/2\right]^{0.75}}{d_p} \tag{6-100}$$

$$\frac{dm_p}{dt}=-A_p p_{ox}\frac{D_0 R}{D_0+R} \tag{6-101}$$

$$R=C_2 e^{-\left(E/RT_p\right)} \tag{6-102}$$

式中，m_p为颗粒的质量；A_p为颗粒的面积；p_{ox}为颗粒周围氧分压；D_0、R分别为扩散速率和燃烧动力速率。

2) 多表面反应模型

焦炭气化燃烧采用颗粒多表面反应模型(MSRM)。氧化剂(O_2、CO_2及H_2O)通过气体扩散与焦炭反应生成的灰分接触，焦炭表面的灰分属于多孔介质，氧化剂需要继续在具有

多孔介质的灰分中扩散，最终与未反应的焦炭表面接触后进行反应。多表面反应模型未考虑焦炭表面形成的多孔介质灰分对氧化剂扩散阻力的影响，认为氧化剂与未反应焦炭直接接触反应，反应机理如图 6-30 所示。

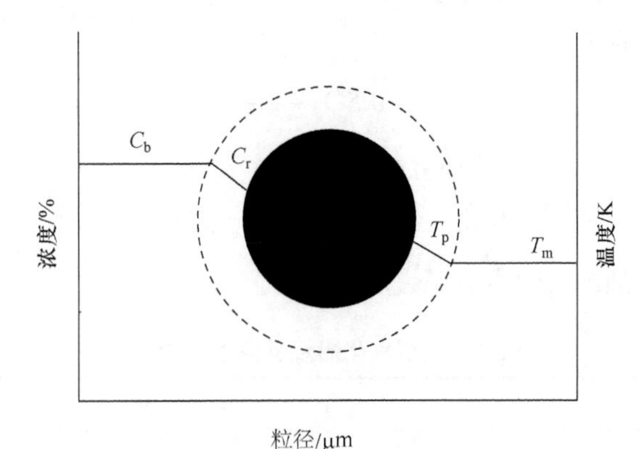

图 6-30 焦炭的多表面反应模型示意图

多表面反应模型颗粒表面物质消耗速率为

$$\bar{R}_{j,r} = S_p \eta_r Y_j R_{j,r} \tag{6-103}$$

$$D_{0,r} = C_{1,r} \frac{\left[\left(T_p + T_\infty\right)/2\right]^{0.75}}{d_p} \tag{6-104}$$

$$R_{j,r} = R_{\mathrm{kin},r}\left(p_n - \frac{R_{j,r}}{D_{0,r}}\right)^{N_r} \tag{6-105}$$

式中，S_p 为颗粒表面积，m^2；Y_j 为颗粒表面组分 j 的质量分数，%；η_r 为有效系数；$R_{j,r}$ 为单位面积的颗粒表面组分反应速率，$kg/(m^2\ s)$；p_n 为气相组分的分压力，Pa；$D_{0,r}$ 为反应 r 的气体扩散系数；$R_{\mathrm{kin},r}$ 为反应 r 的动力学速率；N_r 为反应 r 的显示级数；$C_{1,r}$ 为扩散速率常数。

对于多气相反应组分参与的反应，动力学速率为

$$R_{\mathrm{kin},r} = A_r e^{-(E_r/RT)} \tag{6-106}$$

式中，A_r 为多气相反应组分参与的反应速率指前因子，s^{-1}；E_r 为多气相反应组分参与的反应活化能，J/kmol。

如果不考虑孔内扩散阻力，则有效系数可表示为

$$\eta_r = 1 - x_p \tag{6-107}$$

式中，x_p 为焦炭转化率，%。

焦炭颗粒热平衡为

$$m_p c_p \frac{dm_p}{dt} = hA_p\left(T_\infty - T_p\right) - f_h \frac{dm_p}{dt} H_{\mathrm{reac}} + A_p \varepsilon_p \sigma\left(\theta_r^4 - T_p^4\right) \tag{6-108}$$

式中，c_p 为定压比热容，J/(kg · K)；h 为换热系数，W/(m^2 · K)；f_h 为焦炭颗粒吸热比；H_{reac} 为表面反应放热量，J/kg；ε_p 为焦炭颗粒发射率；σ 为玻尔兹曼常量，5.67×10^{-8}W/(m^2 · K^4)；θ_r 为焦炭颗粒辐射温度，K。

焦炭多表面反应式为

(1) $$C(s)+0.5O_2 \longrightarrow CO$$

(2) $$C(s)+CO_2 \longrightarrow 2CO$$

(3) $$4C(s)+2HO_2 \longrightarrow H_2+4CO$$

焦炭多表面反应的动力学参数见表 6-3。

表 6-3　焦炭气化燃烧反应动力学参数

反应式	A_r	E_r/(J/kmol)	速率指数
(1)	0.005	7.396×10^7	$[O_2]$：1
(2)	0.00635	1.620×10^8	$[CO_2]$：1.3
(3)	0.00192	1.469×10^8	$[HO_2]$：1

3. 水分迁移模型

水分转移是烧结过程中的一个重要步骤，邹志毅在前人研究基础上建立了水分迁移模型，其主要假设有：①气体流动为“活塞流”；②气体为理想气体；③系统是绝热的；④不同状态变量为床层高度 Z 和时间 θ 的函数；⑤传热传质仅通过对流进行；⑥水的输送包括干燥和冷凝两个阶段；⑦ε、a_g、h_p 和 d_e 分别代表床层孔隙率、床的特定面积、传热系数和等效颗粒直径，并认为是恒定的；⑧C_{ps}、C_{pg}(固相和气相的热容)分别为温度和湿区组分的函数；⑨设气体元素的积累项为零；⑩固体颗粒内部温度与其表面温度相同，温度梯度可以被忽略。详细的数学模型如下。

气体热平衡：

$$u\rho_g C_{pg}\frac{\partial T_g}{\partial Z}=a_g h\left(T_s-T_g\right) \tag{6-109}$$

固体热平衡：

$$u\rho_g C_{pg}\frac{\partial T_s}{Z}=a_g h\left(T_g-T_s\right)-M_{H_2O}\gamma_{H_2O}L_v\left(T_g\right) \tag{6-110}$$

大量气体的水汽平衡：

$$u\frac{\partial C_{H_2O}}{\partial Z}=\gamma_{H_2O} \tag{6-111}$$

固体水分平衡：

$$\frac{\partial W_{H_2O}}{\partial \theta}=-M_{H_2O}\gamma_{H_2O} \tag{6-112}$$

气体质量平衡：

$$\frac{\partial \rho_g}{\partial Z} = M_{H_2O}\gamma_{H_2O} \tag{6-113}$$

固体质量平衡：

$$\frac{\partial \rho_a}{\partial \theta} = -M_{H_2O}\gamma_{H_2O} \tag{6-114}$$

动量平衡(满足Ergun关系)：

$$\frac{\Delta P}{L} = A\mu u + B\rho_g u^2 \tag{6-115}$$

$$A = 150\frac{(1-\varepsilon)^2}{d_e^2\varepsilon^3} \tag{6-116}$$

$$B = 1.75\frac{1-\varepsilon}{d_e\varepsilon^3} \tag{6-117}$$

上述平衡方程中的重要参数为水分传递速率γ_{H_2O}。根据热、质、矩传递的传递原理和薄膜理论，提出了一种适用于全量程模拟的通用γ_{H_2O}模型，该模型可快速求解。

水分传递速率γ_{H_2O}模型是：

$$\gamma_{H_2O} = \begin{cases} \gamma_R & \gamma_R < 0 \\ \gamma_R & \gamma_R \geqslant 0,\ W \geqslant W_{cr} \\ \dfrac{W}{W_{cr}} \cdot \gamma_R & \gamma_R \geqslant 0,\ W < W_{cr} \end{cases}$$

颗粒表面束缚气体层的传湿率γ_R为

$$\gamma_R = a_g K\frac{\left(P_{Vhgl} - P_{H_2O}\right)}{RT_g} \tag{6-118}$$

传质系数K为

$$K = \frac{1}{\rho_g C_{pg}} \tag{6-119}$$

此外，金珂等提出了三种用于处理水分蒸发潜热的方法。

1) 变速冷凝蒸发

水分蒸发过程可分为三个区间：冷凝区间 T_0～T_1(20～70℃)，恒速干燥区间 T_1～T_2(70～150℃)，减速干燥区间 T_2～T_3(150～300℃)。可基于实验结果，引入水分冷凝增量。

T_0～T_1冷凝区间水分冷凝量：

$$\omega_m = (1+x)\omega_{m,0} \tag{6-120}$$

式中，ω_m为水分含量；$\omega_{m,0}$为装炉煤水分含量；x为水分冷凝量，为0.2～0.5。

T_1～T_2恒速干燥区间、T_2～T_3减速干燥区间水分蒸发等效比热为

$$c_{e,i} = \frac{H_w \omega_{m,i}}{T_{i+1} - T_i} \quad (i = 1, 2) \tag{6-121}$$

式中，H_w 为水分蒸发潜热，J/kg；$\omega_{m,i}$ 为相应区段水分含量，$\omega_{m,1}$ 为 75%～80%，$\omega_{m,2}$ 为 20%～25%。

2) 水分恒温蒸发

水分恒温蒸发模型假设水分蒸发仅发生在 100℃。计算时，认为水分蒸发潜热在一定温度内 T_a～T_b(如 100～101℃)平均分配，则水分蒸发等效比热为

$$c_e = \frac{H_w \omega_{m,0}}{T_b - T_a} \tag{6-122}$$

3) 非线性蒸发

非线性蒸发将水分蒸发分为多个线性阶段。关于化学反应热的处理，煤料在焦化过程中伴随着化学反应热的生成。若煤料在某一温度范围 T_m～T_n 内的总化学反应热为 H_c(J/kg)，则相应化学反应热的等效比热为

$$c_e = \frac{H_e}{T_b - T_a} \tag{6-123}$$

4. 污染物模型

煤粉在炉膛内燃烧时会产生 NO、NO_2，两者统称 NO_x，其中 NO 占主要部分(约 95%)，还有少量 N_2O 的产生。在研究燃烧过程时，考虑的污染物模型主要是 NO_x 生成模型。按照这些物质生成的原理其可分成三类：热力型 NO_x、燃料型 NO_x、快速型 NO_x。在燃烧反应中与其他两种生成原理相比，快速型 NO_x 生成量较小，一般可以忽略不计。

1) 热力型 NO_x

空气中的氮在高湿条件下反应形成氮氧化物，称为热力型氮氧化物或温度型氮氧化物，主要控制因素为温度，温度对其生成速率的作用呈指数关系。另一主要影响因素是烟气中的氧含量，在一定范围内，氧浓度越高氮氧化物生成越多。其反应过程可用下列一系列化学方程式描述。

$$N_2 + O = N + NO$$

$$O_2 + N = O + NO$$

$$N + OH = NO + H$$

2) 燃料型 NO_x

燃料型 NO_x 形成过程比较复杂，氮主要由燃料中的挥发分和煤粉或焦炭中的氮在炉膛受热后释放而来，其首先形成一些中间产物(HCN、NH_3、CN 等)，然后中间产物经过氧化反应生成 NO_x。此外还包括 NO_x 的还原反应，其生成速率主要与燃料类型和运行方式有关。相关研究指出挥发分氮在与主流烟气混合前有 70% 以 HCN 形式释放出来，焦炭氮全部转化为 HCN 和 NO 形式。挥发分中的氮可以进行氧化还原反应。在氧化性气氛下有如下反应。

HCN：

$$HCN + O \longrightarrow NCO+H$$

$$NCO+O \longrightarrow NO+CO$$

$$NCO+OH \longrightarrow NO+CO+H$$

NH：

$$NH+O_2 \longrightarrow NO+OH$$

$$NH+O \longrightarrow NO+H$$

$$NH+OH \longrightarrow NO+H_2$$

NH_3：

$$NH_3+OH \longrightarrow NH_2+H_2O$$

$$NH_3+O \longrightarrow NH_2+OH$$

$$NH_2+O \longrightarrow NO+H_2$$

在还原性气氛下有如下反应：

$$NCO+H \longrightarrow NH+CO$$

$$NH+H \longrightarrow N+H_2$$

$$NH+NO \longrightarrow N_2+OH$$

焦炭氮燃烧产生氮氧化物的过程中，其表面的形成和还原相当复杂。一般焦炭氮先转化为 HCN，然后和 O_2 反应，主要反应如下：

$$HCN+O_2 \longrightarrow NO+CO+H$$

NO 也可能被还原，有如下反应：

$$NO+C \longrightarrow 0.5N_2+CO$$

$$NO+CO \longrightarrow 0.5N_2+CO_2$$

在 FLUENT 中针对氮氧化物形成原理提供了三种模型。在炉膛燃烧过程中，相较于其他燃烧产物，NO_x 生成量非常少，所以 NO、HCN 和 NH_3 的输运方程建立在已生成的流场基础上，即对 NO_x 生成量的计算采用后处理的方式。

NO_x 的组分输运方程如下：

$$\frac{\partial}{\partial t}(\rho Y_{NO})+\nabla\cdot(\rho \boldsymbol{v} Y_{NO})=\nabla\cdot(\rho D\nabla Y_{NO})+S_{NO} \tag{6-124}$$

对于热力氮的生成，仅上式中 NO 的组分输运方程已足够，热力型 NO_x 总的生成速率可表示为

$$\frac{d[NO]}{dt}=2k_{1f}[O][N_2]\frac{\left(1-\dfrac{k_{1b}k_{2b}[NO]^2}{k_{1f}[N_2]k_{2f}[O_2]}\right)}{\left(1+\dfrac{k_{1b}[NO]}{k_{2f}[O_2]+k_{3f}[OH]}\right)} \tag{6-125}$$

对应的热力型 NO_x 的源项表达式为

$$S_{t,NO}=M_{w,NO}\frac{d[NO]}{dt} \tag{6-126}$$

式中，$M_{w,NO}$ 为 NO 的分子量。

由于计算对象为焦炭或煤粉，因此还需要对中间产物 HCN 和 NH_3 求解输运方程：

$$\frac{\partial}{\partial t}(\rho Y_{HCN})+\nabla\cdot(\rho \boldsymbol{v} Y_{HCN})=\nabla\cdot(\rho D\nabla Y_{HCN})+S_{HCN} \tag{6-127}$$

$$\frac{\partial}{\partial t}(\rho Y_{NH_3})+\nabla\cdot(\rho \boldsymbol{v} Y_{NH_3})=\nabla\cdot(\rho D\nabla Y_{NH_3})+S_{NH_3} \tag{6-128}$$

式中，Y_{HCN}、Y_{NH_3} 和 Y_{NO} 分别为 HCN、NH_3 和 NO 在气相中的质量比例。源项 S_{HCN}、S_{NH_3} 和 S_{NO} 由不同的 NO_x 机理决定。

燃料型 NO_x 生成机理比较复杂，可作如下简化：

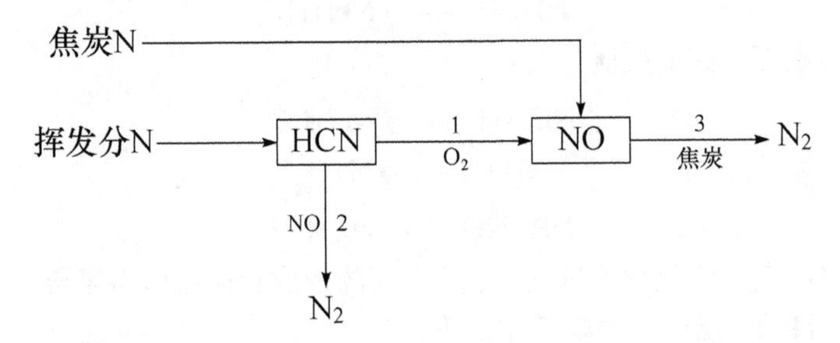

焦炭氮作为 NO 直接转化到气相中

$$S_{c,HCN}=0 \tag{6-129}$$

$$S_{c,NO}=\frac{S_c Y_{N,c} M_{w,NO}}{M_{w,N}V} \tag{6-130}$$

输运方程的源项为

$$S_{HCN}=S_{p,HCN}+S_{HCN\text{-}1}+S_{HCN\text{-}2} \tag{6-131}$$

$$S_{NO}=S_{c,NO}+S_{NO\text{-}1}+S_{NO\text{-}2}+S_{NO\text{-}3} \tag{6-132}$$

式中，$S_{HCN\text{-}1}$、$S_{HCN\text{-}2}$、$S_{NO\text{-}1}$、$S_{NO\text{-}2}$、$S_{NO\text{-}3}$ 分别为 HCN 和 NO 在反应 1、2 和 3 中的消耗率，$kg/(m^3\cdot s)$；$S_{c,NO}$ 为焦炭氮转化为 NO 的源项；$S_{c,HCN}$ 为 HCN 的生成源项。

6.5.2　CFD 在燃烧中的应用

CFD 在燃烧方面的应用比较广泛，本节主要讲述 CFD 在焦炉、锅炉和内燃机仿真中的应用。

6.5.2.1　在焦炉中的应用

Guo 等利用 PHOENICS CFD 商业软件对二维焦炉炭化室中的结焦过程进行了模拟研究，使用多相流模型对焦炉中的气固两相(分别是从煤中析出的挥发分和煤)进行了模拟，根据气固两相在炭化室中的组成含量和煤饼温度解释了挥发分的析出过程、流动形态及煤中密度和孔隙率的变化。在此基础上，Guo 等对采用焦炉煤气循环的结焦过程中的脱硫过程进行了研究，通过与实验值对比发现，将 20% 的焦炉煤气在结焦过程中循环可使焦炭中硫分含量降低 0.2%。

此外，卫宏远教授课题组对不同的焦炉燃烧过程进行了 CFD 模拟研究，包括热回收焦炉炭化过程、6m 焦炉炭化室结焦过程数值模拟、JFE 焦炉燃烧室燃烧过程数值模拟研究、8m 焦炉燃烧室(高炉煤气和焦炉煤气)燃烧过程数值模拟研究等。

6.5.2.2　在锅炉中的应用

Gu 等采用欧拉-拉格朗日方法，对循环流化床锅炉内的气固流动和含氧燃料燃烧过程进行了三维 CFD 模拟。结果表明，实验室、中试和工业级循环流化床锅炉在锅炉结构、气固流动和氧燃料燃烧特性方面存在差异，截面热负荷逐渐减小，而截面面积随着热输入的增大而增大。在实验室和中试规模的氧化燃料循环流化床中，煤颗粒速度场比其在工业循环流化床中分布更均匀，碳转化率随着热输入的增加而增加。工业级氧化燃料循环流化床锅炉的 CO、NO 和 SO_2 排放量均低于实验室和中试锅炉中的排放量。

6.5.2.3　在内燃机中的应用

Park 等应用基于 CFD 模拟结果的化学反应器网络模型方法(CFD-CRN)对 DGT5 燃烧室进行了污染物 NO_x 排放特性预测，建立了包含 22 个理想化学反应器的复杂网络模型，运用 GRI-Mech3.0 详细化学反应机理探究了空气预热温度、热负荷及燃料比率对 NO_x、CO 污染物排放特性的影响。在此研究中，除分析整体 NO_x 的排放特性外，还对每一反应器内的 NO_x 生成速率及反应路径进行了分析，找出了对整体 NO_x 排放特性影响最大的反应区域和生成途径。

秦亮等利用 CFD 数值模拟方法，研究了富氧助燃下甲烷的燃烧及 NO_x 排放特性。对高速气体燃烧器、钝体燃烧器和挡板式燃烧器的特点进行分析，并研究了甲烷在所选燃烧器中的燃烧规律。结果表明，随着氧化剂中氧气浓度的增大，燃烧器内部整体温度水平变高，且燃烧器后半段区域的温度趋于均匀化，燃烧效率提高。随着富氧空气中氧气占比的增大，燃烧器中的 NO_x 浓度增加。在不同氧浓度下，随着其含湿量的增大，燃烧器内整体温度降低，温度场分布趋于均匀化，传热效率提高，当含湿量在 0～100g/kg 时，温度降低的幅值最大；NO_x 的浓度场与温度场分布基本一致，随着含湿量的增大，NO_x 的排放得到了很好的抑制。

6.5.3　燃烧反应模拟案例分析

6.5.3.1　问题描述

本案例(Zheng et al., 2013)对煤粉燃烧进行 CFD 模拟，利用 EDC 模型对热回收焦炉中的煤的燃烧过程及结焦过程进行研究。本案例所采用的热回收焦炉主要由煤/焦炭床、燃烧室、煤气导出管、底部烟道和上升烟道五部分组成，如图 6-31 所示。在炼焦过程中，把煤加入炉中并加热到高温，直到除去几乎所有的挥发性物质，剩下的固体则是焦炭。在图 6-31 中，分别用蓝色和红色箭头(扫描图中的二维码见彩图)表示燃烧室内空气和挥发性气体的流动方向。煤/焦炭床释放的挥发性气体与从焦炉顶部的初级进气口进入的空气相混合，直接在煤/焦炭床上方的燃烧室中进行燃烧。燃烧产生的热量以对流和辐射的形式进入煤/焦炭床。然而，只有一部分挥发性气体在燃烧室中发生燃烧。剩余的富燃料气体则通过炉侧壁上的降液器流入炉底烟道，在炉底烟道中，残留在气流中的易燃物质与从二级进气口进入的空气再次进行燃烧。最后，废气通过炉侧壁的接管进入废气收集系统。本案例详细讨论了热回收焦炉中气体的流场分布、压力分布、温度分布和组分浓度分布等，并且分析了焦炉结构对结焦过程和燃烧过程的影响。

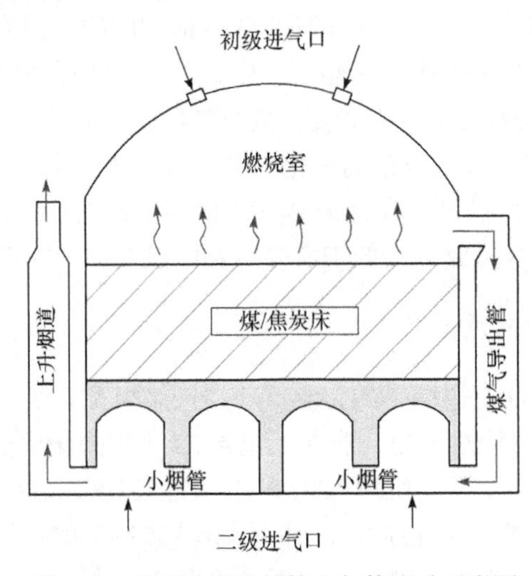

图 6-31　热回收焦炉结构和气体流动示意图

6.5.3.2　问题分析

本案例焦炉内的气流流速快，需使用湍流模型模拟其流动。燃烧是化学反应的一种，使用通用有限速率模型模拟燃烧中的反应。在热回收焦炉燃烧室中，辐射是传热的主导方式，因此采用热辐射模型模拟传热。本案例涉及煤的燃烧，故使用前述模拟煤粉燃烧时所需的模型，且焦化过程中煤/焦炭床层的水分蒸发过程需要采用水分迁移模型。

6.5.3.3　解决方案

1. 几何建模

本案例中，计算域的配置和尺寸设计与实际的热回收焦炉配置和尺寸相匹配，如图 6-32 所示。

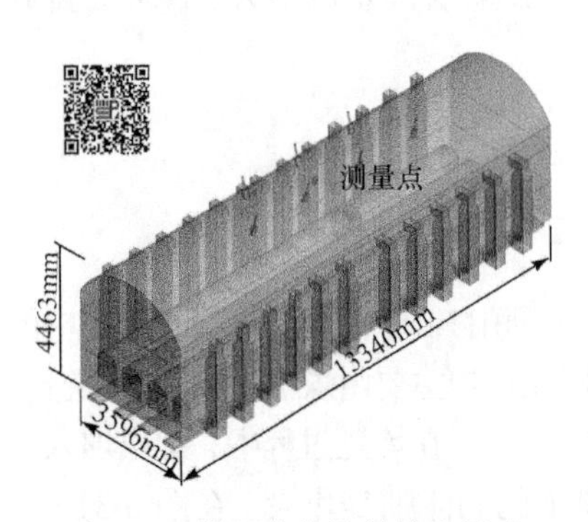

图 6-32　热回收焦炉结构和尺寸

2. 网格划分

本案例的网格在 GAMBIT2.4 中进行创建，并导出到 ANSYS FLUENT12.1 中求解。

此外，本案例进行了网格独立性验证。对于 1h 的焦化时间，使用了三种不同的非均匀网格尺寸，燃烧室中心的三种网格数量下瞬时温度分布如图 6-33 所示。可以观察到，三种网格尺寸获得的温度分布比较相似。通过定量数值分析得到：使用粗网格获得的温度值高于使用中等网格和细网格的温度值，使用中等和细网格获得的温度值彼此非常接近，这表明数值解对网格数量不是十分敏感，两种网格都可以提供相似的结果，但中等网格尺寸的模拟时间是细网格的一半。因此，本研究的所有模拟均采用中等网格尺寸。

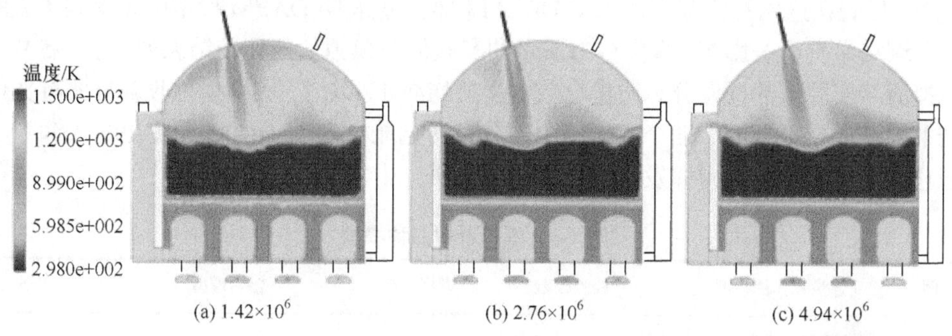

图 6-33　焦化时间为 1h 时三种网格数量下的瞬时温度分布

3. 模拟过程

1) 模型

本案例采用的湍流模型是标准 k-ε 模型。使用 EDC 模型计算挥发性物质与空气中气体的燃烧反应，这种模型可以考虑湍流燃烧过程中详细的化学反应机理。挥发性燃烧速率受 Arrhenius 方程控制。挥发性物质由 10 种组分(甲烷、氧气、一氧化碳、二氧化碳、水蒸气、乙烷、乙烯、苯蒸气、氢气和氮气)组成，其组分分率是在前人研究的基础上确定的。在热回收焦炉燃烧室中，辐射是传热的主导方式，由于 DO 模型具有较高的准确性，本案例采用 DO 辐射模型模拟辐射传热过程。

本案例采用了四种煤的挥发分析出模型，即分别采用单步模型、双竞争反应速率模型、DAEM(k 为常数)和 DAEM($k=ae^{bE}$)，得到挥发分析出速率。此外，本案例采用水分非线性蒸发模型，对焦化过程中煤/焦炭床层的水分蒸发过程进行数值模拟。

2) 其他

本案例空气初级进气口与二级进气口被指定为压力入口，其流体流动方向垂直于边界。将焦炉顶部计算区域处的出口指定为压力出口，相对压力为−150Pa。将煤/焦炭床上的表面设定为内部边界条件，以便挥发性物质可以从燃烧床流到燃烧室。

根据实际运行条件，煤/焦床层和流体区的初始相对压力设定为 0Pa，温度则分别设定为 298K 和 1273K。将焦化出料后残留在燃烧区域中的气体组成和浓度作为气体组分的初始条件。

本案例使用一阶迎风差分方法进行离散。水分蒸发模型和煤的脱挥发分模型由用 C 语言编写的 UDF 定义，并编译到 FLUENT 求解器中。采用 SIMPLE 进行压力-速度的耦合和校正。每个网格中所有变量的归一化绝对残差限制为小于 10^{-6}。

6.5.3.4　结果与讨论

本案例考察了热回收焦炉燃烧过程中挥发分析出速率、炉内温度分布、挥发分组分分布、压力分布等情况。

1. 挥发分析出速率

本案例中，煤焦床层的总挥发分析出速率，即整个煤体中瞬时挥发分析出速率的体积积分，通过四种挥发分析出模型进行模拟，详细信息见表 6-4。从表 6-5 可以看出，不同的挥发分析出模型得出了不同的结果。其中，案例 3 和案例 4 分别得出了最快和最慢析出速率，尽管在这两种情况下使用了 DAEM 模型。这表明 DAEM 模型中频率因子 k 的选择对预测结果有显著影响。挥发分总质量的实验值与模拟值的比较结果列于表 6-5 中。四个模拟值与实验值的挥发分总质量分数的误差均在 1%以内，表明模拟收敛且所有数值模拟结果都是质量平衡的。四个模拟值中，分布活化能模型($k=ae^{bE}$)的预测更令人满意，所以把它进一步应用于炉内挥发分与压力的分布研究中。

表 6-4　模拟所用四种模型

案例	煤液化作用模型	湍流模型	燃烧模型	辐射模型	网格
1	单步模型	标准 k-ε 模型	EDC 模型	离散纵坐标(DO)模型	2.76×10^6
2	双竞争反应速率模型				
3	DAEM(k=常数)				
4	DAEM($k=ae^{bE}$)				

表 6-5　挥发分总质量模拟值与实验值的比较

参数	实验值	模拟值			
		案例 1	案例 2	案例 3	案例 4
挥发分总质量/kg	1.3082×10^4	1.3136×10^4	1.3141×10^4	1.3172×10^4	1.3089×10^4
相对误差/%		0.4142	0.4519	0.6854	0.0531

2. 温度分布

在不同焦化时间的案例 4 中预测的热回收焦炉内的温度分布如图 6-34 所示。可以注意到的是，燃烧室中的温度高于炉内其他部分的温度。燃烧室中部的温度高于两个炉门附

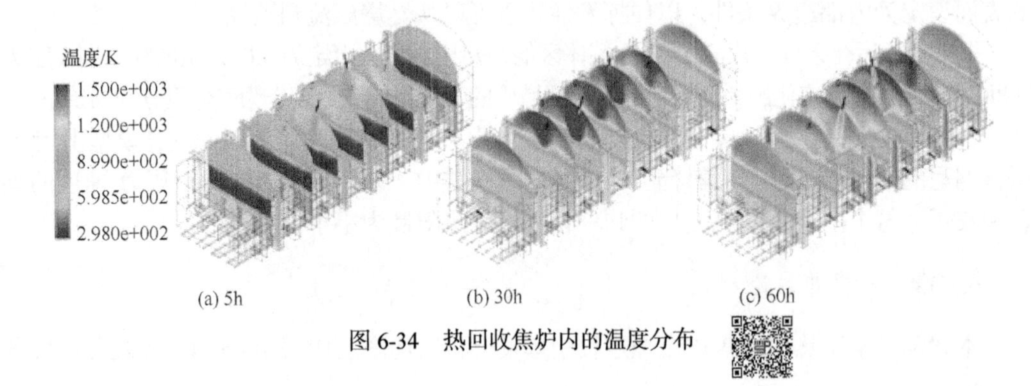

图 6-34　热回收焦炉内的温度分布

近的温度。燃烧室中具有较高温度表示燃烧主要发生在当前操作条件下的燃烧室中。燃烧室中温度的分布不均可归因于空气入口的位置。两个炉门附近没有空气入口导致其温度略低。此外，在模拟中还考虑了由燃烧室仓门引起的热量损失。

3. 挥发分组分分布

图 6-35 显示了在不同焦化时间下炉内中心处预测的甲烷质量分数分布。其他挥发分的质量分数分布与甲烷质量分数分布类似。可以发现，甲烷富集区的位置逐渐从煤/焦炭床层的表面向底部移动，这与炉内温度分布一致。此案例中在焦化期结束阶段表面附近的高甲烷质量分数与传统燃烧室中其组分分布的差异可以通过从煤/焦炭床层底部释放的甲烷积累来解释。

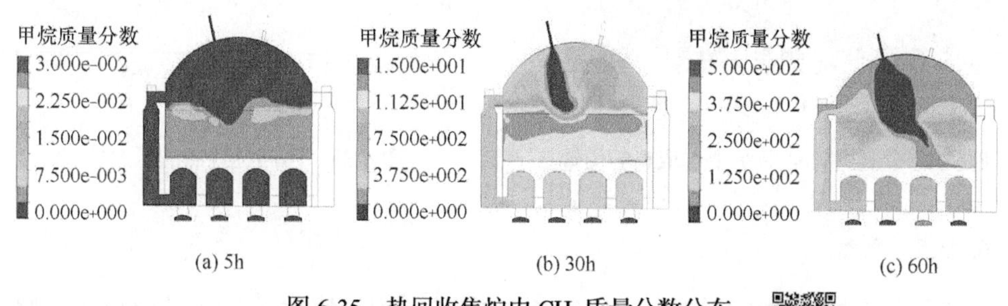

图 6-35　热回收焦炉内 CH_4 质量分数分布

4. 压力分布

通常压力分布受流场影响。图 6-36 显示了不同焦化时间下的流场分布。由图可知，不同焦化时间的速度矢量表现出类似的情况。关于焦化时间为 35h 出现的涡旋，可归因于较高的挥发分析出速率。此外，计算不同焦化时间的体积加权平均速度，在 t=5h、35h 和 60h 时其分别为 3.475m/s、3.842m/s 和 3.576m/s，表明流场对压力分布的影响可以忽略不计。为了量化炉内压力分布的差异，选择了燃烧室中心部分的五个典型位置(图 6-37)。此外，初级进气口和出口处的点用作参考。在图 6-38 中，给出了不同焦化时间这些典型位置点的压力分布。可以注意到，在给定时间内，压力从初级进气口逐渐下降到点 5，这反映了气体流动方向，即气体从初级进气口流到燃烧室中的点 5。对于特定点的压力，在图 6-38 中可以看到，对于所有检查点，压力随着焦化时间的增加而下降。初级进气口和点 1 之间的压力差决定了空气输入，并影响挥发分的燃烧。

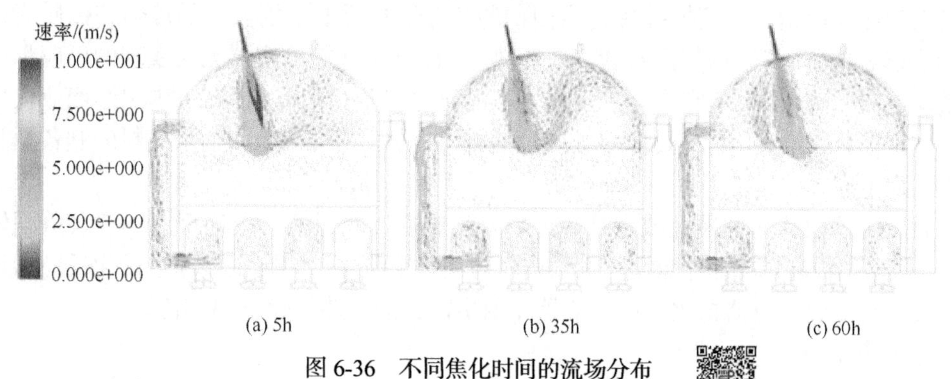

图 6-36　不同焦化时间的流场分布

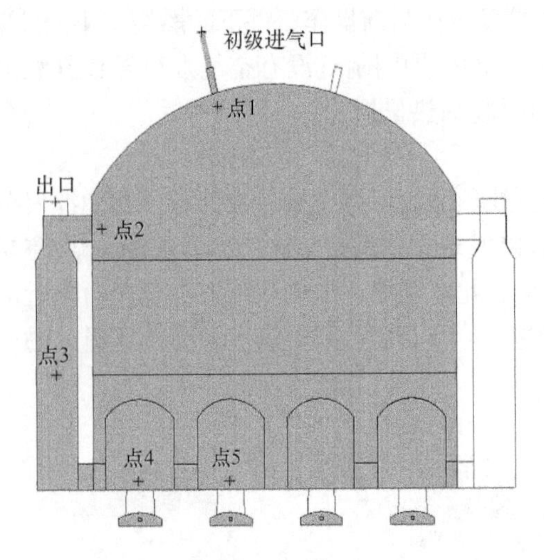

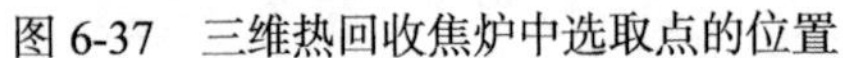
图 6-37 三维热回收焦炉中选取点的位置

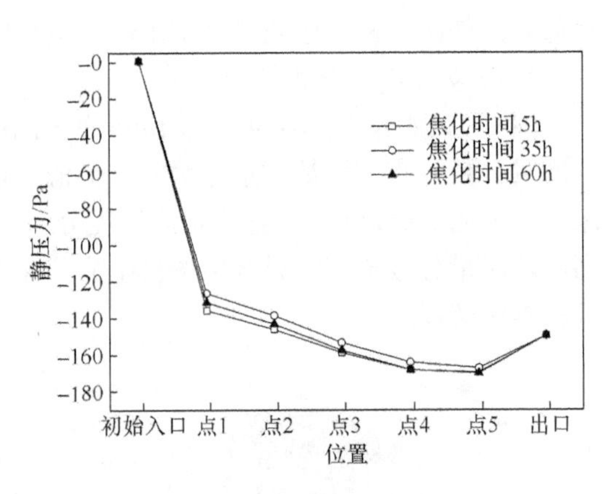

图 6-38 不同位置点的压力分布

6.5.3.5 总结

本案例是对热回收焦炉燃烧和焦化过程的模拟。模拟使用了湍流-化学反应模型、煤粉燃烧模型、热辐射模型及水分迁移模型等。

通过对热回收焦炉进行 CFD 模拟，可以得到焦炉内的温度分布、压力分布及各挥发分的质量分布，可以深入了解焦炉内煤层的燃烧行为，为优化燃烧室与底部烟道的设计及焦化工艺操作提供有益信息。

6.6 微 反 应 器

6.6.1 微反应器简介

微反应器指利用精密加工技术制造的特征尺寸在 10～300μm(或者 1000μm)之间的微通道反应器。它可能包含成百万上千万的微型通道，可以实现很高的产量。根据其主要用途或功能可以细分为微混合器、微换热器和微反应器。内部的微结构使得微反应器设备具有极大的比表面积，达到搅拌釜比表面积的几百倍甚至上千倍。它的传热和传质能力极好，可实现物料的瞬间均匀混合和高效传热，因此许多常规反应器无法实现的反应都可以在微反应器中实现。目前它在化工工艺过程的研究与开发中得到广泛的应用，商业化生产中的应用正日益增多，其主要应用领域包括有机合成过程、微米和纳米材料的制备及日用化学品的生产。

微反应器微结构的最大缺点是固体物料很难通过微通道，故当反应中有大量固体产生时，微通道极易堵塞，导致生产无法连续进行。目前这一问题主要通过优化反应器设计来解决。与一般反应器相比，微反应器显示出特有的传热强化特性和传质。

1) 传热特性

微反应器通道狭窄，使温度梯度增加，且比表面积非常大，大大增强了微反应器的导热能力。在微换热器中，传热系数可达到 25kW/($m^2 \cdot K$) 以上，相对于传统换热器而言，其导热系数值至少要大一个数量级。

2) 传质特性

微米级的微通道大大缩短了微反应器质量传递的时间和距离。对于微混合反应器，传递时间和距离之间存在如下关系：

$$t_{\min} \propto I^2 / D \tag{6-133}$$

式中，$t_{\min}$ 为达到完全混合时所需要的时间；I 为传递距离；D 为扩散系数。

可见混合时间与传递距离之间有一个二次方的比例关系，通道尺寸减小将使扩散时间缩短。因此，微混合器通常在毫秒级范围便可使反应物完全混合，且混合距离为微米尺度。微反应技术在强放热的反应和受传质控制的反应中有很大的应用优势。

由于微反应器特殊的传质和传热特性，在进行微反应器设计时，要求设计人员对微观理论具有充分的认识和理解，且其同样可以利用 CFD 技术对微反应器进行模拟和优化设计。

6.6.1.1 微反应器的应用优势

对于分子水平的反应而言，微反应器的体积是非常大的，因此它对反应机理和反应动力学特性影响甚小。其主要作用是对质量和热量传递过程的强化及流体流动方式的改进，因而比传统间歇反应器具有更多的优势，主要表现在以下方面。

1) 传热系数大，可以良好地控制反应温度

由于微反应器的传热系数非常大，可达 25 kW/($m^2 \cdot K$)，即使是反应速率极快、放热效应极强的化学反应，在微反应器中也能及时移除热量，维持反应温度在合理区间。而常规反应器中由于换热速率不够快，常出现局部过热现象，导致副产物生成，收率和选择性下降，称为热点现象。微反应器能够有效避免热点现象，并能控制强放热反应的激活和熄灭，使反应能在传统反应器无法达到的温度范围内操作。这对于精细化工中涉及中间产物和热不稳定产物的部分反应具有重大意义。

2) 连续流动反应，可以精确控制反应时间

对于剧烈的反应进程，常规反应器往往采用滴加反应物的方式防止反应过于剧烈，这就造成一部分先加入的反应物停留时间过长，导致副产物的产生。而微反应器采取的是微管道中的连续流动反应，可以精确控制物料在反应条件下的停留时间，一旦达到最佳反应时间就立即传递到下一步温度区或终止反应，有效消除因返混导致的反应时间长而产生的副产物。

3) 数增放大，可以很好地解决工艺放大问题

工艺放大是一项技术从实验室到工业生产必经的阶段，对于常规反应器，往往要经过多次中试放大才能应用于实际生产中。而对于微反应器，反应器的微型化和反应器放大属于同一范畴。反应器的微型化使得传统反应器的放大难题迎刃而解。在扩大生产时不再需要对反应器进行尺度放大，只需并行增加微反应器的数量，即数增放大(scale-out)。在对整个反应系统进行优化时，只需对单个微反应器进行模拟和分析，使得在反应器的开发过

程中节省了中试时间，而且不需要制造昂贵的中试设备，缩短了开发周期。不仅如此，数增放大还提高了生产的灵活性。在传统的经营模式下，企业通过放大原有生产设备以获得更低的生产成本或满足市场增加的需求，一旦市场需求量减小，便造成生产能力过剩，产品库存增加。而采用微反应器等微型设备后，能通过数增放大增加或减少产量，并可以做到按时按地按需生产。

4) 反应器结构微型化，可以提高安全性能

由于微反应器的反应体积小，传质传热速率快，能及时移走强放热化学反应产生的大量热量，从而避免宏观反应器中常见的飞温现象；对于易发生爆炸的化学反应，由于微反应器的通道尺寸数量级通常在微米级范围内，能有效地阻断链式反应，使这一类反应能在爆炸极限内稳定地进行。Janicke 等研究表明，具有爆炸性的氢气和氧气的反应都能在微反应器内安全地进行。对于反应物、反应中间产品或反应产物有毒有害的化学反应，由于微反应器数量众多，即使发生泄漏也只是少部分微反应器，而单个微反应器的体积非常小，泄漏非常小，不会对周围环境和人体健康造成严重危害，并且在更换设备时不影响其他微反应器的生产。由微反应器等微型设备组成的微化学工厂能按时按地按需进行生产，从而克服运输和存储大批有害物质的安全难题。

6.6.1.2 微反应器的应用领域

1) 微反应器在纳米材料制备中的应用

目前，纳米颗粒的制备主要在釜式传统间歇式反应器中合成，该方法操作便捷，但由于纳米颗粒的尺寸和形貌对温度较敏感，传统反应器传热传质效率差，较难保证整个反应过程在恒温环境下进行，因此合成的纳米颗粒尺寸分布较宽，形貌变化较大。Wang 等在管式微通道反应器中成功地制备了平均粒径为 37 nm 的硫酸钡纳米粒子。同时发现，反应物 $BaCl_2$ 和 Na_2SO_4 的流速对纳米颗粒的尺寸与形貌有一定影响。这说明微反应器所提供的反应环境有利于体系的均匀成核，连续化操作条件下制备的纳米颗粒尺寸分布较窄、单分散性好，这为制备一定尺寸的纳米级颗粒提供了一定的借鉴。

2) 微反应器在多级结构材料制备中的应用

沸石类多级结构材料具有尺寸规整的通道、独特的骨架结构和高比表面积，在洗涤剂、吸附催化及离子交换等领域得到广泛应用。传统生产过程因技术限制很难做到连续化，且存在能耗高等问题。目前利用微反应技术制备多级结构材料的方法主要有液滴界面反应、液滴技术结合法、微流体纺丝法以及两相微界面萃取法。Yu 等提出了一种以 SiO_2 和 Al_2O_3 溶液为原料，在双液相分段微流控装置中连续合成 A 型沸石的新方法，并且通过改变 SiO_2 和 Al_2O_3 溶液的流速比，可以将产物的粒径控制在 0.9～1.5μm 范围内，且能很容易地调节凝胶合成溶液的组成，减小水凝胶段的尺寸，强化传热传质速率和加快晶化速率，从而获得较高的结晶产物。

3) 微反应器在精细化学品生产中的应用

精细化工生产过程中，与传统搅拌釜式反应器相比，微反应器在产率、反应速率以及选择性上有明显优势。周峰等利用连续流微反应器系统，以醋酸铵为氨源在微反应器中连续高效合成咪唑，通过对合成过程工艺参数的研究发现，反应温度在 140℃、停留时间为

159.4 s 时，咪唑收率可高达 81.6%，而传统釜式反应器以硫酸铵为氨源、85～95℃下反应 80 min，咪唑收率仅为 69%。相比于传统工艺过程，该工艺路线大幅缩短了反应时间，显著提升了过程效率，同时实现了过程的连续化操作。

6.6.2　CFD 在微反应器中的应用

对于微尺度流动，目前常见的侵入式测试技术不可避免地会对流场造成一定影响。而可视化测试技术需要先进的可视化仪器，并且得到的分析结果多以二维形式呈现，造成一定程度上的失真。高精度特别是三维的 CFD 数值模拟能够提供准确的流体内部信息，如流场(速度场)、浓度场和温度场等，对揭示微观流动的时空结构具有重要意义，从而对微尺度多相过程的实验研究起指导作用。因此，CFD 在微尺度多相流领域有广阔的应用前景。

6.6.2.1　CFD 模拟微通道内气液、液液两相流

1) VOF 方法

Qian 和 Lawal 模拟了 T 型微通道内的 2D 气液两相弹状流，研究了操作条件和液体性质对弹状气泡形状的影响，结果表明气栓的长度是微通道宽度、气含率、雷诺数和毛细管数的函数。但由于网格较为粗糙，在模拟结果中没有观察到弹状气泡和壁面之间应存在的薄层液膜。Gupta 等根据 Bretherton 提出的薄层液膜厚度预测公式，在液膜区域内细化网格，成功地在其模拟结果中观察到这一薄层液膜。Kumar 等模拟管道曲率弯曲型微通道内气液两相弹状流流动过程，发现在较小曲率条件下，由于离心力的作用，可能出现气栓在弯曲处停滞甚至倒流的情况。Shao 等用数值模拟的方法，研究了微通道内由喷嘴生成气泡的情况，其气泡也基本占据整个微通道即以气栓形式存在，主要进行了孔径、接触角、操作条件和液体性质等一系列参数的研究。Goel 和 Buwa 也以微通道内喷嘴生成气泡为研究体系，对比了 2D 模拟与 3D 模拟的差异，发现 2D 模拟在网格较密的情况下可能出现气泡无法脱离的情况，从而无法验证模拟结果的网格独立性，可能是因为 2D 模拟无法正确模拟气泡内外的拉普拉斯压力差。Taha 和 Cui 首先以一个流动单元(仅含一个气栓)为研究对象，模拟研究微通道内气液两相弹状流，证明了液栓中漩涡的循环情况，发现漩涡随微通道数增大而变小，并且微通道数的增大可使气栓尾部变得扁平。随后 Taha 和 Cui 又对该过程进行了 3D 数值模拟，重点研究了液体性质对气栓尾涡和气栓形状的影响，并用一系列量纲为一的数表示，均与实验结果吻合较好。Kashid 等模拟研究了 Y 型微通道中 2D 液液弹状流，证明了液栓中两个沿轴向对称内循环的存在。在其随后的工作中，模拟研究了液液弹状流中轴向压降，发现与气液弹状流相似，压力也是沿轴向呈阶梯状下降。Cherlo 等在其模拟工作中，在保证入口段流动充分发展的前提下缩短了入口段的长度，从而使计算工作量减小，从模拟结果中看出，弹状流存在于接触角较小的情况，而接触角较大时会出现分层流。气液两相流 VOF 模拟在工业上也有重要应用，主要应用在燃料电池的设计中，VOF 模拟把气相作为连续相，液相作为离散相从微通道侧壁进入微通道，以此模拟燃料电池内部电极反应产生的水通过多孔扩散层进入到主通道内的情况。通过考察微通道内的润湿情况以确定合适的微通道尺寸结构和材料，防止燃料电池内部

的液泛。微尺度液液两相流的 VOF 模拟主要应用于乳化液滴的制备中，Kobayshi 等模拟了竖直微通道内乳化液滴的形成过程，并通过考察微通道内压降、乳化液滴的大小，研究了微通道尺寸对这一过程的影响。

2) 水平集(level-set，LS)方法

Chen 等用数值模拟的方法考察了微通道内由喷嘴生成气泡的情况，结果表明在高液速、低气速的情况下会出现沿轴向前后两个气栓聚并的情况。Cubaud 等用 3D CFD 数值模拟方法考察了气液两相弹状流中气栓的长度，发现气栓长度主要与气含率、微通道尺寸有关。Liu 等模拟了锯齿形微通道内液液两相液滴的运动情况，着重考察了液滴轴向运动速度与液体性质的关系，模拟结果与实验结果吻合较好。

3) 相场(phase field，PF)方法

De Menech 等用 3D CFD 数值模拟方法考察了 T 型微通道内液液两相流中液滴的生成机理，发现气泡的生成机理由毛细管数控制，分为挤压区、滴状区与喷射区，与实验得到的结论吻合较好。Carlson 等模拟了单个液滴在分岔型微通道内的运动情况，根据液滴是否被撕裂将流动过程分为两种流型，发现撕裂流型容易发生在液滴体积和毛细管数都较大的条件下。

4) 锋面追踪(front-tracking，FT)方法

Chung 等研究了液滴通过宽度比为 5∶1∶5 的哑铃型微通道内的形变过程。介质流体(连续相)都为牛顿流体，根据液滴流体(分散相)是否为牛顿型可分为两种情况：当液滴流体为牛顿型时，液滴在窄通道中主要呈椭圆状；当液滴流体为非牛顿型时，液滴在窄通道中主要呈子弹状。通过模拟发现，该过程还依赖于两相黏度、毛细管数、液滴尺寸等因素。

6.6.2.2 CFD 模拟微通道内气固、液固两相流

Ookawara 等研究了弯曲微通道中气固两相流的流动特性，使用欧拉-欧拉双流体模型，主要进行了弯曲微通道内气固两相的颗粒浓度分布模拟，发现粒径小的颗粒集中分布在微通道的内壁，而粒径较大的颗粒集中分布在微通道的外壁，从而实现了粒径不同的颗粒之间的分离；在低浓度条件下，颗粒运动受介质的曳力和升力控制，在高浓度条件下，颗粒运动主要受颗粒间的碰撞控制。对于微尺度液固两相流，Cisne 等研究了锯齿状微反应器内单个颗粒的流动，定义了量纲为一的斯托克斯数(St)表示颗粒响应流体运动的时间与流动特征时间比值，颗粒的 St 值大小决定其是否沿流线运动。Khashan 等研究了微通道系统内磁性颗粒在磁场中的运动，发现颗粒与流体之间的动量交换会对流场造成一定的影响，故使用流体与颗粒之间的双向耦合模型可增加模拟的准确度。Ai 等对 L 型微通道内带电粒子在电场下的运动情况进行了数值模拟研究，结果发现电泳力对颗粒的运动起主导作用，外加电场可实现带电的颗粒的聚并与分离。

6.6.2.3 CFD 模拟微反应器传热过程

对微尺度气液两相流传热模拟时，主要将传热模拟与两相界面运动的模拟耦合起来。Mehdizadeh 等采用 VOF 方法考察了恒定壁面热通量条件下气液两相弹状流的传热情况，

发现气液两相流中的传热努塞尔数可达单相流的 6.1 倍。Gupta 等同时用 VOF 方法和 LS 方法考察了恒定壁面热通量和恒定壁面温度两种情况下气液两相弹状流的传热情况，两种情况的努塞尔数均可达到单相流的 2.5 倍以上，并且考察了气含率对传热效果的影响，发现气含率在 0.3～0.7 的范围内，努塞尔数随气含率的增加成而下降；其模拟结果也表明 VOF 和 LS 两种方法得到的结果非常接近。Fukagata 等模拟了微通道内气液两相弹状流流动和对流传热情况，模拟数据均与理论值吻合较好，模拟结果显示努塞尔数在液膜内达到最大值，并且气液两相传热效率明显强于液体均相，但是两相压降较液体均相的大，若在相同压降情况下，气液两相流的传热效率甚至不如液体均相。Lakehal 等用 LS 方法模拟了微通道内气液两相弹状流与泡状流的传热情况，发现两种流型的传热能力均强于液体均相，其中弹状流强化传热的机理是内循环加快了流动主体中的热量耗散，而泡状流则提高了壁面热通量，但两种流型强化传热的根本原因都是气泡或气栓的存在加强了壁面处的剪切效应。He 等通过 PF 方法比较了润湿泰勒流和非润湿泰勒流两者的传热能力，发现气泡和壁面之间存在的液膜是泰勒流传热效果增强的主要原因。

6.6.3　微反应器 CFD 模拟案例分析

1. 问题描述

本案例(Peela et al.，2012)对最小尺寸为直径 1mm 的高通量微反应器(high-throughput microreactor，HTM)进行 CFD 模拟研究和优化设计。图 6-39(a)为文献报道的圆盘形分布器设计(10 通道，D1)，图 6-39(b)为本案例提出的锥形分布器设计(10 通道，D2)。HTM 系统包括进气管、分布器、扩散器微通道管、反应器、催化剂床和反应器末端微通道管。反应器中填充了多孔催化剂床，假设孔隙率为 0.4，渗透率为 $10^{-9}m^2$，床的长度是 10mm，流体经过分布器、扩散板分布在所有通道上，以避免反向混合。末端微通道管有助于平衡流量，为了评估其效果，模拟工作考察了微通道长度为 0 (没有末端微通道管)和 30mm 长的情况。本案例研究分布器和微通道位置对高通量反应器内流动均匀性的影响，并对丙烷在低转化率下的总氧化反应进行优化设计。

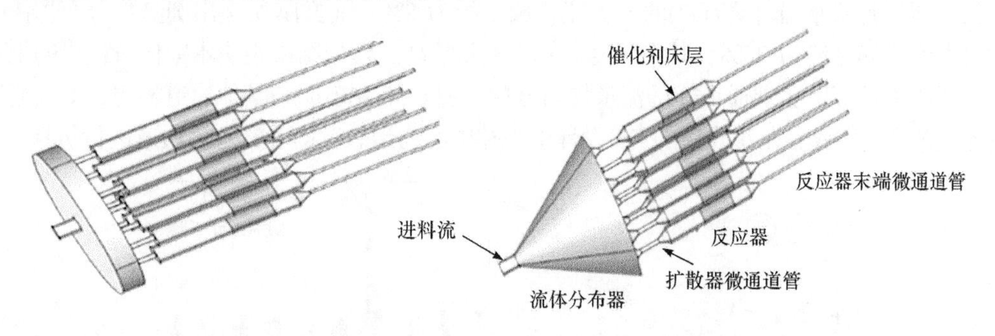

(a) 文献报道的圆盘形分布器设计(10通道，D1)　　(b) 本案例提出的锥形分布器设计(10通道，D2)

图 6-39　反应器流量分布器和微通道示意图

2. 问题分析

在本案例的模拟中，采用自由四面体网格的有限元法对 HTM 系统进行三维仿真。基础模型由自由流动区域内的 Navier-Stokes 方程和多孔催化剂床内的 Brinkman 方程组成。对微通道管段微通道内的反应进行仿真评估时，模型为稳态流动，忽略重力影响，流体且为不可压缩性层流(最大 Re=600)。

3. 解决方案

1) 几何建模和网格划分

利用 COMSOL 软件内的有限元法对 HTM 进行三维仿真，采用自由四面体网格划分计算域，网格大小在计算域的不同部分随尺度变化而不同。

2) 模拟过程

(1) 模型。本案例基础模型是由自由流动区域内的 Navier-Stokes 方程和多孔催化剂床内的 Brinkman 方程组成(图 6-39 中灰色区域)。多孔催化剂床层的 Brinkman 方程为

$$\frac{\rho}{\varepsilon_{\mathrm{p}}}\left((u\cdot\nabla)\frac{u}{\varepsilon_{\mathrm{p}}}\right)=\nabla\cdot\left[-pI+\frac{\mu}{\varepsilon_{\mathrm{p}}}\left(\nabla u+(\nabla u)^{\mathrm{T}}\right)-\frac{2\mu}{3\varepsilon_{\mathrm{p}}}(\nabla\cdot u)I-\left(\frac{\mu}{k_{\mathrm{br}}}\right)u\right] \tag{6-134}$$

$$\rho(\nabla\cdot u)=0 \tag{6-135}$$

式中，ρ 为流体的密度，kg/m^3；u 为速度，m/s；p 为压强，Pa；ε_p 为催化剂床的孔隙率；μ 为液体的黏度，Pa · s; k_{br} 为床层的渗透率。

(2) 其他。本案例的边界条件的设置为：入口速度恒定，出口压力恒定，壁面无滑移，入口处的正常入流速度设为 6m/s，出口压力为 0，黏滞应力为 0。

4. 结果与讨论

本案例通过 CFD 模拟仿真考察微反应器设计的相关问题，在模型验证的基础上，进一步利用 CFD 技术优化反应器的设计。

1) 仿真结果

为了研究本案例所提出的锥形分布器对反应器出口流动均匀性的影响，在无微通道管的情况下对两种设计方案进行仿真。

图 6-40(a)中通道 4 为中央通道，通道 1 和 3 为中间通道，通道 5 和 10 为外部通道。本案例所设计锥形分布器(D2)的最大流量偏差约为 8%，而文献所提出圆盘形分布器(D1)的最大流量偏差约为 25%，其中间通道的流量非常高。模拟结果表明本案例所提出的锥形分布器能够较好地实现通道间的流量均匀分配。图 6-40(b)表明与其他通道相比，中央通道的流量最高，因此，在修改后的 D3 设计中去掉中心通道，对剩下的 9 个通道进行仿真，末

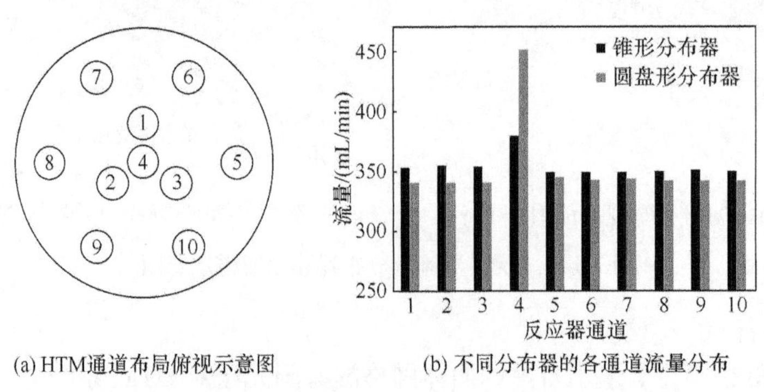

(a) HTM通道布局俯视示意图　　(b) 不同分布器的各通道流量分布

图 6-40　HTM 反应器内通道布置及各通道内流量分布

端微通道管长度为 30mm，结果表明流量的平均偏差减小至 0.35%以下，说明通道的布置对流动的均匀性影响很大。为了进行比较，对圆盘形分布器带有相同的通道布置 D3 设计进行模拟，该设计布置仍有 30mm 反应床层末端微通道管，结果表明流量偏差与锥形分布器相似。

图 6-41 显示了 HTM 在 z=0 处 x-y 切面上的速度分布云图。从分布云图中可以看出，D2 设计在各通道里的速度较 D1 设计相对均匀些；两种设计的差异均随微通道管的长度增加而减小，微通道管越长，流量分布越均匀；即使是圆盘形分布器，要将流量偏差减小到某一特定值，其所需的微通道管长度也还是较长的。

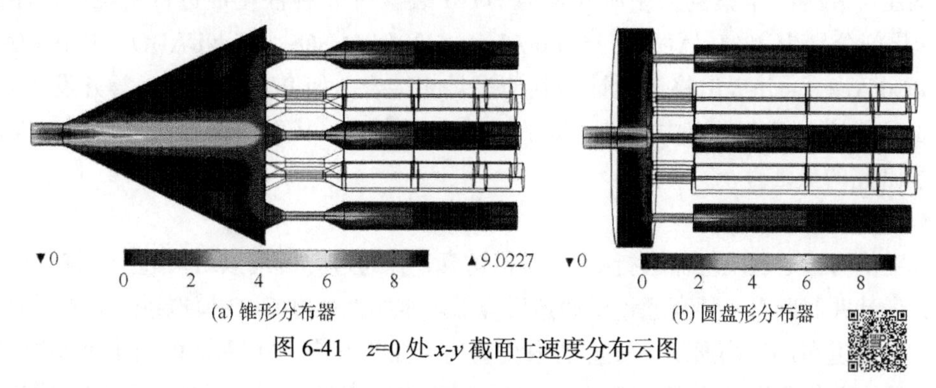

图 6-41　z=0 处 x-y 截面上速度分布云图

图 6-42(a)显示了 D3 设计的反应器空间三维压力分布云图，最大压降发生在每个反应床层末端的微通道管中，所以管道在其他任何轴向位置上的压降都可以忽略不计。例如

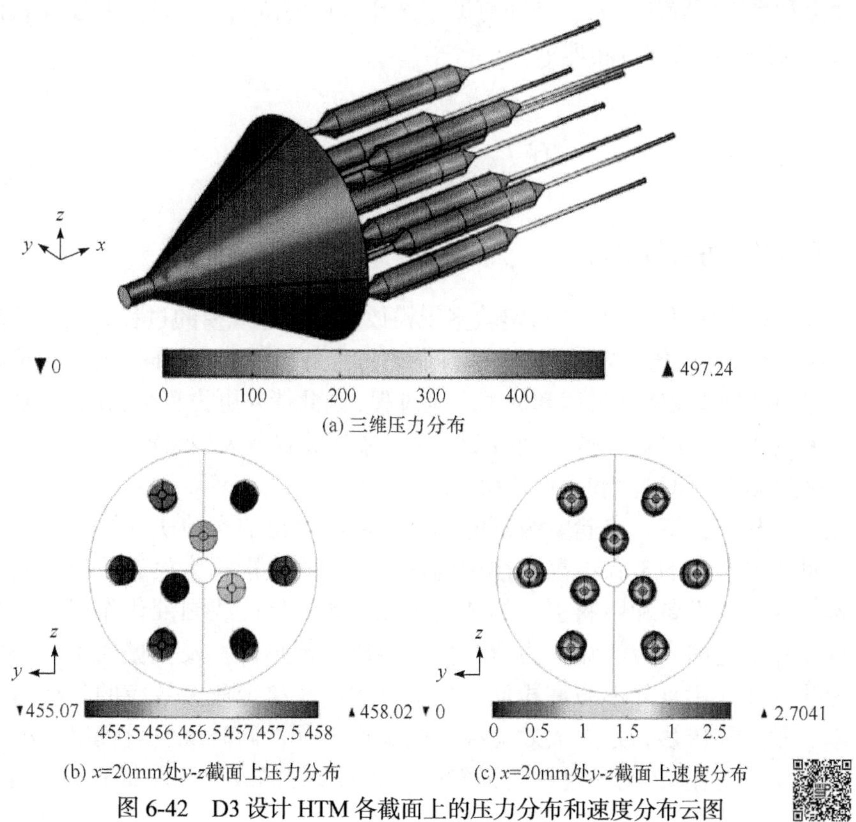

图 6-42　D3 设计 HTM 各截面上的压力分布和速度分布云图

在特定的 *y-z* 平面上，通道之间的压力差 3Pa 与系统的总压降 500Pa 相比是微不足道的，而速度剖面在任何截面上都非常均匀，见图 6-42(b)和(c)。

2) 反应器设计优化

基于 CFD 模拟结果，本案例得出一个最优 HTM 设计方案(D3)，由 9 个通道组成。每个反应床层后再连接一个长 20cm、内径 0.4mm 的微通道管，以确保微通道管内压降远高于催化床层的压降，同时确保通过气相色谱取样阀的流出物的压降与连接到排气口的压降相等。本案例采用所开发的 HTM 装置对 6 种催化剂进行丙烷氧化评价试验，催化剂分别为 1% Pt/Al_2O_3、1% Pd/Al_2O_3、1% Rh/Al_2O_3、5% Ni/Al_2O_3、1% Co/Al_2O_3 和 1% Cu/Al_2O_3，并提出将该设计与其他设计相结合，如 Pérez-Ramíre 等开发的设计，可以更灵活地在每个通道中拥有不同的流速和压力降，从而获得更大的通量，以提高动力学研究的灵活性。

5. 总结

本案例对微通道反应器进行 CFD 模拟仿真，并通过分析模拟结果进一步优化反应器设计，设计并制造出一种高通量微通道反应器。本案例通过 CFD 模拟系统分析了分布器类型和微通道布局对高通量微反应器内流动均匀性的影响，并提出了对丙烷氧化反应的微通道反应器优化设计及实验验证。由此可以看出，CFD 技术对微反应器结构优化及工艺优化都是非常有效的工具。通过 CFD 模拟，可以得到压力分布、速度分布、流量分布以及微通道和系统压降的关系，从而有助于选择合适的微通道布置、长度及其他结果参数，选择合适的进口流体分布器等。

6.7　反应器放大

6.7.1　反应器放大方法与准则

化工放大是指化学品的生产从实验室规模放大到工业规模的过程，是化学品生产规模化、产业化不可或缺的开发过程。与单纯物理过程的设备放大不同，化学反应器放大由于在反应器中同时涉及物理过程和化学反应过程，因此情况更为复杂和困难。通常情况下反应器放大包括几个不同的阶段，如小试装置、中试装置及大型装置等，与之对应的阶段分别为小试阶段、中试阶段和工业化阶段。

在相同操作条件下，实验室级别的小型反应器得出的实验研究结果与实际工程中应用的大型生产装置的工程结果往往差别很大，这些差别称为放大效应。放大效应存在的根本原因，除设备和原料引入的杂质可能导致副反应或副催化作用外，主要在于设备尺寸变化引起的介质的流体力学特性、传质与传热速率及机械效率等的变化，而且这些变化互相作用且并不协调相似。反应过程涉及决定放大效应的各种因素——几何、运动、动力和传热，是放大效应存在的关键过程，同时反应过程决定配套的单元操作过程(物理过程)。在化工过程的开发中，反应过程的放大问题最有挑战性，其他单元操作过程放大难度相对简单，因为反应过程的放大还伴随着工艺安全问题。因此，化工放大重点研究反应过程(反应器)的放大规律。要将实验室成果转化为实际工业过程，需要掌握放大方法，消除放大效应，这是化工过程开发中的关键环节，也是工程技术领域的研究热点。

1. 放大方法

随着测量技术、制造技术、数值计算及计算机技术的发展，很多放大方法已经得到应用，如半理论方法、理论方法、量纲分析法、经验放大法、机器学习设计和 CFD 方法等，详见表 6-6。

表 6-6　反应器放大方法比较

放大方法	含义	优点	缺点
理论方法	建立及求解反应体系中的动量、质量和能量平衡方程	最具系统性；具有科学理论依据	方法复杂，难以求解动量衡算方程；只能用于简单系统，难以用于放大因子大的体系
半理论方法	只考虑主体流体的流动，忽略局部，如搅拌桨叶、挡板等附近的复杂流动	简化动量衡算方程；小型规模反应器中应用广泛	只能用在小型规模(5~30L)反应器中
量纲分析法	维持反应系统参数构成的无量纲数群(又称准数)恒定不变	准数一经获得可以进行进一步放大	获得准数的过程困难；准数太多无法实施
经验放大法	根据经验放大，分为以 K_La 或 K_d、P_0/V_L、搅拌叶尖线速度及搅拌时间等为基准进行	根据不同的基准可以得到更好的结果；结果可信性较高	不适用于大型反应器；耗费大，周期长；传质混合差
几何相似放大法	按反应器内部件几何尺寸的比例放大	方法建立简单；适用于同等比例的反应器放大过程	简单物理过程；工艺参数难控制；适用低黏液体
机器学习方法设计	利用计算机辅助过程工程(CAPE)，利用系统建模和采用机器学习技术	方法创新；未来具有广阔前景	对设计人要求较高；理论不完善；基础数据需要量大；开发成本高
CFD 方法	利用 CFD 方法建模	适用除非牛顿体系以外的任何体系设计；揭示流体特性、传质、传热机理；周期短，成本低；放大风险低	受湍流模型的限制；依赖工艺数学模型的选择；需强大计算硬件

目前的设计过程中，常规的放大方法是逐级经验放大、数学模拟放大和量纲分析放大。

(1) 逐级经验放大是指从实验室尺度放大到工业尺度规模必须要经过中间试验过程，根据试验过程中发现的问题和已解决问题的经验进行放大处理，特别是工业规模较大的状况，有必要进行多级放大试验来确保生产技术的可靠性。人们在长期的工程实践中得出，要使试验数据适用于实际装置，这两个大小系统应该具有相似的条件(几何、运动、动力和传热)。在试验结果中研究起主导决定作用的因素，并尽量在中试验装置中得到检验和解决。例如，对于存在明显热效应反应过程的情况，根据放大倍数和反应热得到传热面积，如果不能满足热平衡，就要在大规模试验装置设计中考虑强化传热性能(增大传热面积、改变传热推动力和增加湍流强度等)。逐级经验放大法是化工技术传统的放大方法，优点是适用范围广、可靠性强，尤其适用于复杂的反应过程，但是也存在实验工作量较大、科学性缺乏、耗资巨大、研发周期长和放大倍数有限等缺点。

(2) 数学模拟放大是基于物料和能量平衡建立的数学表达式来预测结果的放大方法。这种方法根据反应过程的机理建立模型。在放大过程中可以利用实验室获得的研究结果以及物理化学规律建立数学模型，通过校核不断修改数学模型，从而使得到的数学模型有应用价值，大大减少试验工作量。这种放大方法已经在石油化工领域得到较多的应用，适用于过程认识透彻和参数测定可靠的场合。它的优点是可以透彻地了解反应过程、放大结果较为可靠，缺点是依赖于数学模型的准确程度、适用范围小、不适用于小批量和多品种的小规模生产。

(3) 量纲分析放大是基于实验方法论和依据量纲分析理论而进行放大的一种方法。它是结合逐级经验放大法和数学模拟放大法而进行的化工放大方法。这种放大方法不同于前两种放大法，是用一组量纲为一的准数(*Re*、*Nu*、*Sc*、*Ar* 等)来描述过程。量纲分析的原理是描绘物理和化学过程的数学表达式必须量纲一致。它需要较少的参数，只需要几个互相独立的准数。如果描述过程的量纲为一的准数一致，则可以认为两个过程是相似的，结果可以认为是可靠的。它适用于参数均已知的过程，要求两个过程的工艺、几何和操作条件相似，但是很难达到物性相似，原因在于化学过程受多种因素制约。这种放大方法对于放大 2~3 倍是很有价值的，但是很难继续放大，一般只适用于物理过程。

2. 放大准则

放大准则是将实验室规模反应器转化为工业级反应器的参考依据和计算方法。反应器有许多类型，可以适用于不同的放大准则。常用的放大准则主要考虑：几何相似、运动参数相似、单位体积输入功率相似及动力学相似等。

1) 几何相似

几何相似是指在放大过程中使各几何尺寸保持相同比例放大，包括反应釜高度与直径、搅拌桨及反应器直径、内部挡板结构、基本形状等。缺点在于不能完全还原不同规模的混合特性，如混合时间、固体的悬浮与分布、气液分散等，同时还需要综合考虑其他一些参数，如搅拌桨叶和反应釜的几何形状与批次量等。

2) 运动参数相似

运动参数相似旨在使速度保持相同比率放大，包括搅拌桨叶尖速度、液体随搅拌叶轮流出的速度、气体占比、表面气体速度、气泡速度等。缺点在于不能完全还原不同规模的混合特性，如液体流型、反应速率、传质情况等，需要综合考虑某些参数，如叶尖速度及气体流量。

搅拌桨叶尖速度可由下式求得

$$u_{\text{tip}} = \pi(N/60)D \tag{6-136}$$

等桨叶端面速度可表示为

$$N_{\text{S}}D_{\text{S}} = N_{\text{L}}D_{\text{L}} \tag{6-137}$$

3) 单位体积输入功率相似

单位体积输入功率相似表示在单位时间内向单位体积输入相等的能量，输入的能量最终用于克服黏性力而消耗，是评价剪切速度梯度的指标。该准则是最为普遍采用的准则，通常作为放大的第一选择。其局限性在于必须分别考虑剪切力和流量。

等单位体积输入功率可由下式表示：

$$\frac{P_S}{V_S}=\frac{P_L}{V_L} \tag{6-138}$$

反应釜中的搅拌功率可由下式计算：

$$P=\rho N_P\left(N/60\right)^3 D^5 \tag{6-139}$$

将式(6-139)代入式(6-138)，可得

$$\frac{N_{P_S}N_S^3D_S^5}{T_S^3}=\frac{N_{P_L}N_L^3D_L^5}{T_L^3} \tag{6-140}$$

4) 动力学相似

动力学相关参数包括雷诺数、弗劳德数、韦伯数和普朗特数等，如表 6-7 所示。

表 6-7　动力学相关参数

名称	表达式	说明
雷诺数	$Re=ND^2\rho_L/\mu_L$	雷诺数与惯性力和黏性力有关，需在不同尺度上确定混合方式
弗劳德数	$Fr=N^2D/g$	弗劳德数将惯性力与重力相关联，与涡旋形成和表面波有关，需要确认 Fr 在不同尺度上是否都在可接受的范围内
韦伯数	$We=N^2D^3\rho_L/\sigma_L$	与惯性力和表面张力有关，适用于相间的传质过程，即液液传质
普朗特数	$Pr=\mu C_p/k$	在自然对流和强制对流换热过程中需要考虑普朗特数

除以上四种放大准则外，进行反应器放大时还需考虑一些其他的参数或方法，如等混合时间、等循环时间。在实际放大设计过程中，选择何种放大准则不能一概而论，需要根据实际情况进行具体分析，综合考虑设计要求后，得出合适的方案。

确定放大方案后，利用逐级放大实验对其进行验证会耗费大量的时间和资源，而通过 CFD 方法采用数值模拟加以分析，既可节约时间和成本，还对实际生产具有指导意义。反应器放大过程中，按照传统方法进行放大通常无法得到与小型反应器相同的流动状态，流场状态会直接影响到混合传质过程，进而对反应过程产生不利影响。而利用 CFD 技术对不同规模反应器进行分析后的可视化结果，可以帮助设计人员确定切实可行的设计方案，也可以帮助研究人员进一步了解放大过程中各种因素的相互作用。

6.7.2　CFD 在反应器放大过程中的应用

夏力等对用于丙烯高温氯化反应的釜式反应器进行了研究，模拟了两种将反应器生产能力扩大至原来的 1.7 倍的放大方案。其中，反应器的放大原则是基于对反应条件的研究提出的，一种放大方案是将反应器直径和高度都放大至原来的 1.195 倍，喷嘴截面积增至 1.7 倍；另一种是将反应器直径放大至原来的 1.306 倍，高度不变，喷嘴截面积增至 1.7

倍。其研究了放大前后反应器出口氯气摩尔分率、出口温度、釜内最高温度、釜内平均温度、釜内温度和流场分布等。结果表明，高径比例不变的放大方案较好。

罗运柏等对流化床反应器进行了研究，使用拟两相流体力学模型，模拟得到了反应器内气含率分布、液体轴向速度、压降、SO_2浓度轴向分布以及反应器出口的SO_2浓度。其研究了 0.1m 和 1m 两种直径烟气脱硫三相流化床反应器冷态试验装置的性能，获得了将反应器放大到 1m 塔径的计算敏感参数 C_w 的关联式，预测了反应器直径对塔内气含率分布和压降的影响。结果表明，模拟计算结果与实验结果接近，为进一步开展烟气脱硫装置的放大和工业试验奠定了基础。

6.7.3 反应器放大模拟案例分析

1. 问题描述

本案例(Lu et al., 2017)利用 CFD 对不同尺度的甲醇制烯烃(DICP's methanol-to-olefins, DMTO)反应器进行模拟，进而研究反应器的放大效应。图 6-43 显示了小型规模到工业规模的各尺度下的 DMTO 反应器的几何形状。其中，小型床的内径为 0.019m、高度为 0.33m，采用鼓泡流态化，无催化剂循环。中试规模反应器的主反应区是鼓泡反应器，内径为 0.261m，高度为 1.347m，增加了沉淀段和提升管以辅助催化剂的循环。示范规模反应器的主反应区扩大为内径 1.25m、高度为 4m 的圆柱体。工业规模反应器的主反应区进一步扩大到内径 10.5m、高度为 8m。反应物是甲醇和蒸气的混合物，由安装在主反应区底部的气体分布器吹入，并从顶部释放出产物。除微型床外，废催化剂从提升管底部排出，提供少量蒸气进行流态化，然后输送至再生器恢复活性。

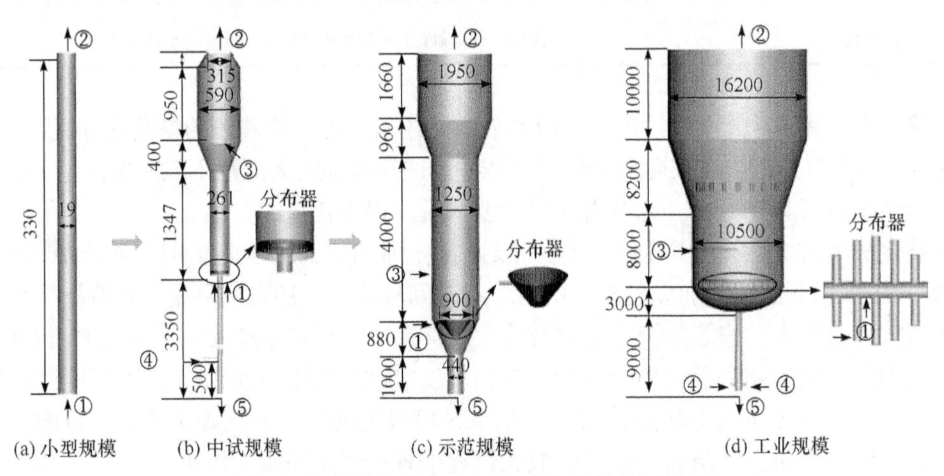

图 6-43 不同尺度的 DMTO 反应器的几何图形

①进口甲醇和蒸气(质量流量入口)；②气体产品出口(压力出口)；③新鲜催化剂进口(速度入口)；④蒸气进口；⑤废催化剂出口(速度入口)

2. 问题分析

在本案例中，DMTO 反应器中存在气相和固相两种相态，因此采用多相流模型进行模拟。另外，阻力系数对气固两相流动的影响很大，需要特别注意阻力系数的建模，因此采用基于能量最小化多尺度(energy-minimization multi-scale，EMMS)方法的阻力模型用于描述循环流化床中流动的非均质状态。

3. 解决方案

1) 几何建模和网格划分

利用 GAMBIT 预处理软件进行几何建模并划分网格，模型中对原始配置进行了简化，中试规模反应器和示范规模反应器中的筛板和烧结板分别被开孔率为 5% 和 2.2% 的多孔板代替，并减少了工业规模反应器中多管分布器的数量。入口边界设为开口，开孔率保持 3.8%不变。小型规模的反应器全部采用六面体单元，网格数为 9180；其他三个规模的反应器的大部分计算域的网格采用六面体单元，分布器和进出口附近区域的网格采用四面体单元，网格数依次为 346214、368443 和 537210，大多数分布在分布器附近(主反应区)。

2) 模拟过程

本案例涉及气固两相，因此采用 FLUENT 软件中的欧拉多相流模型，又称双流体模型(two-fluid model，TFM)。同时为了耦合流体流动和化学反应，使用考虑反应的质量和动量输运方程。由于四个规模的反应器的主反应区温度分布均匀，因此不使用能量输运方程。

由于阻力系数对气固两相流动的影响很大，因此应特别注意阻力系数的建模。基于 EMMS 方法的阻力模型用于描述循环流化床中流动的非均质状态。EMMS 矩阵阻力模型具有两步方案，其中阻力校正因子以多相性指数 H_D 表示，与孔隙率和滑移速度相关。考虑到滑移速度的模型能够提高 CFD 模拟的准确性，同时降低对网格分辨率的敏感性，使得 EMMS 方法可以对大型循环流化床进行粗网格模拟，并且可以与 TFM 相耦合。基于 EMMS 的阻力系数可以写成

$$\beta_{\text{EMMS}} = \frac{3}{4} C_{\text{D0}} \frac{\varepsilon_{\text{s}} \varepsilon_{\text{g}} \rho_{\text{g}} \left| u_{\text{g}} - u_{\text{s}} \right|}{d_{\text{p}}} \varepsilon_{\text{g}}^{-2.65} H_{\text{D}} \tag{6-141}$$

式中，C_{D0} 表示单个粒子的标准阻力系数

$$C_{\text{D0}} = \frac{24\left(1 + 0.15 Re^{0.687}\right)}{Re}, \quad Re < 1000 \tag{6-142}$$

$$C_{\text{D0}} = 0.44, \quad Re \geqslant 1000 \tag{6-143}$$

小型规模、中试规模和示范规模的反应器的表观气速较低、固体夹带量小，因此采用零固相通量的 EMMS/鼓泡阻力模型；工业规模反应器的气速较高且可能存在较大的固体夹带量，因此采用稳态 EMMS 模型预估固体通量，然后根据 EMMS/鼓泡阻力模型的两步法确定 H_D。固体存量和表观气体速度分别指定为 56000kg 和 1.35m/s 时，可以确定固体通量约为 $4\text{kg/(m}^2 \cdot \text{s)}$。

表观动力学模型因其简单可靠依然广泛应用于工程计算。因此，四种反应器均采用了基于微型流化床实验建立的表观动力学模型。每个组分的形成速率 R_i (i=CH_4、C_2H_4、C_3H_6、C_3H_8、C_4H_8、C_5H_{10}、MeOH 和 H_2O，MeOH 指甲醇)由下式给出：

$$R_i = \nu_i k_i \varphi_i C_{\text{MeOH}} M_i \tag{6-144}$$

甲醇和水的总反应速率如下：

$$R_{\mathrm{MeOH}}=-\left(\sum_{1}^{6}\nu_i k_i \varphi_i\right)C_{\mathrm{MeOH}}M_{\mathrm{MeOH}} \tag{6-145}$$

$$R_{\mathrm{H_2O}}=\left(\sum_{1}^{6}\nu_i k_i \varphi_i\right)C_{\mathrm{MeOH}}M_{\mathrm{H_2O}} \tag{6-146}$$

式中，ν_i 为化学计量数；C_{MeOH} 为甲醇浓度，mol/L；M 为分子量，g/mol；k_i 为 i 组分的反应速率常数；φ_i 为一种量化 MTO 过程中产物选择性和突变的选择性失活的函数，如下式所示：

$$\varphi_i=\frac{A}{1+B\exp\left[D\times(w_{\mathrm{coke}}-E)\right]}\exp(-\alpha_i w_{\mathrm{coke}}) \tag{6-147}$$

式中，A、B、D、E 为常数；w_{coke} 为焦炭常数；速率常数 k_i 和 α_i 可由文献获得。

4. 结果与讨论

1) 流场分布

图 6-44 为反应器轴向截面上瞬时固相体积分数分布云图。在小型流化床中捕获了相对均匀的流动结构，平均表观气体速度约为 0.1m/s。随着气体速度的增加，更大尺度的 DMTO 反应器中出现了更多的非均质流动结构。在中试规模反应器中观察到典型的鼓泡流动结构，示范规模反应器预测了具有高度分散的上床层表面的湍流化。工业规模反应器具有更高的速度，气泡被颗粒簇团代替。

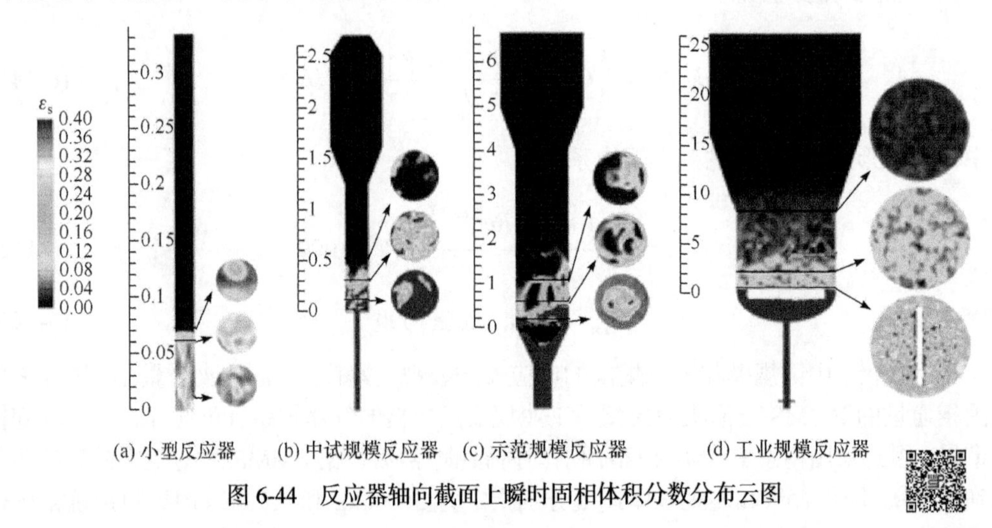

图 6-44　反应器轴向截面上瞬时固相体积分数分布云图

图 6-45 为整个反应器轴向截面上瞬时固相速度分布云图。在小型反应器中，由于较低的运行气速和均匀的流动结构，轴向固相速度在相对较小的范围内变化。三个大型反应器中，随着气体速度的增加，轴向固相速度显示出更宽的分布，并且壁附近出现了更多的负向速度。应当注意，工业规模反应器分布器下方的速度比分布器上方的速度低得多，并且一些甲醇通过气体分布器向下注入。

(a) 小型反应器　(b) 中试规模反应器　(c) 示范规模反应器　(d) 工业规模反应器

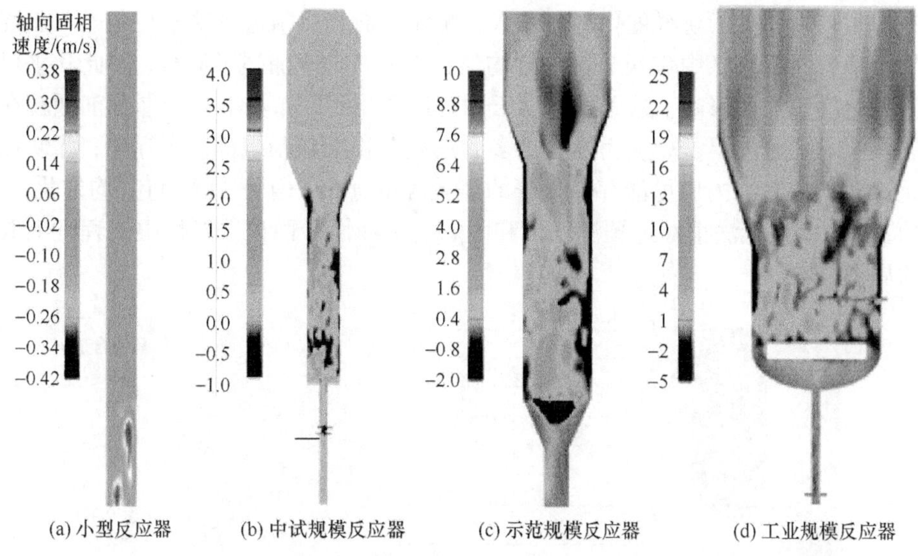

图 6-45　反应器轴向截面上瞬时固相速度分布云图

2) 气体产物分布

小型反应器和中试规模反应器的模拟结果与实验数据吻合良好，而示范规模反应器和工业规模反应器的模拟与实验之间存在很大差异，主要表现为乙烯的预测过高而丙烯的预测过低。在反应器轴向截面上气相产物甲醇质量分数的分布见图 6-46。两个反应器的气体分布器附近都存在大量的甲醇。中试规模反应器中在高度 0.03m 以上几乎没有甲醇残留。工业规模反应器具有较高的气相操作速度，可以在整个中间反应区中都有甲醇生成。

(a) 中试规模反应器　(b) 工业规模反应器

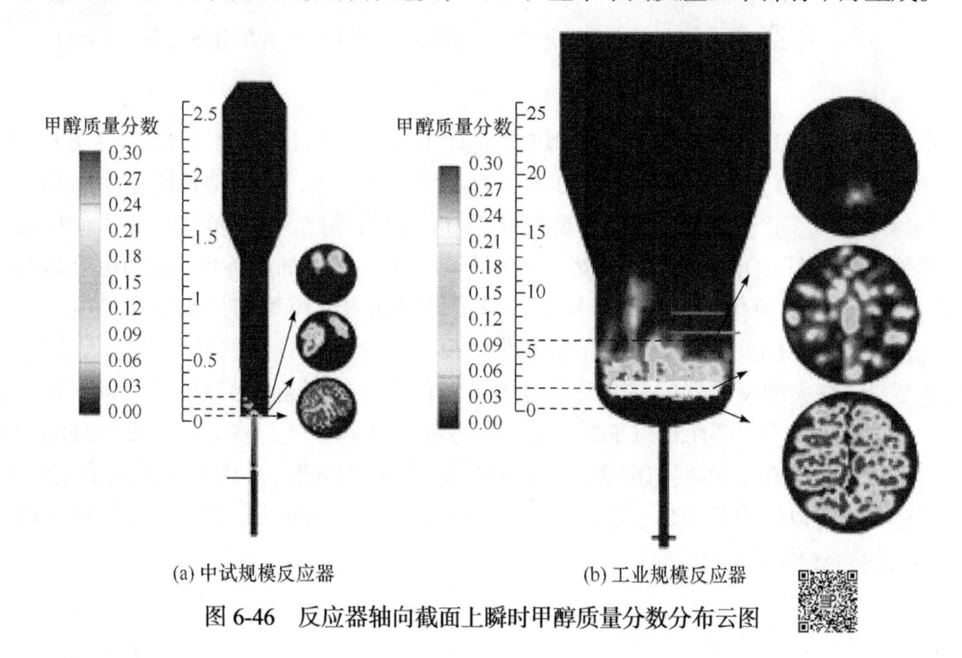

图 6-46　反应器轴向截面上瞬时甲醇质量分数分布云图

3) 焦炭含量分布

图 6-47 显示了反应器轴向截面上瞬时焦炭含量分布云图。中试规模反应器的底部焦

炭分布均匀，但是由于新鲜催化剂的流入，在催化剂入口附近有些不均匀。工业规模反应器的整个中间反应区中焦炭分布都较均匀，加之高气速加强了混合，因此几乎可以忽略新鲜催化剂流入的影响。从固相速度云图可以看出，分布器下方的催化剂颗粒在反应器中的停留时间可能更长，从而导致更多的焦炭沉积在颗粒表面。实际上，即使在像计算单元这样小的空间内也可能存在显著的焦炭含量分布，但是 TFM 将其均匀化，因此，当前的 TFM 模拟无法很好地预测乙烯和丙烯的选择性，而该选择性很大程度上取决于焦炭的局部分布。

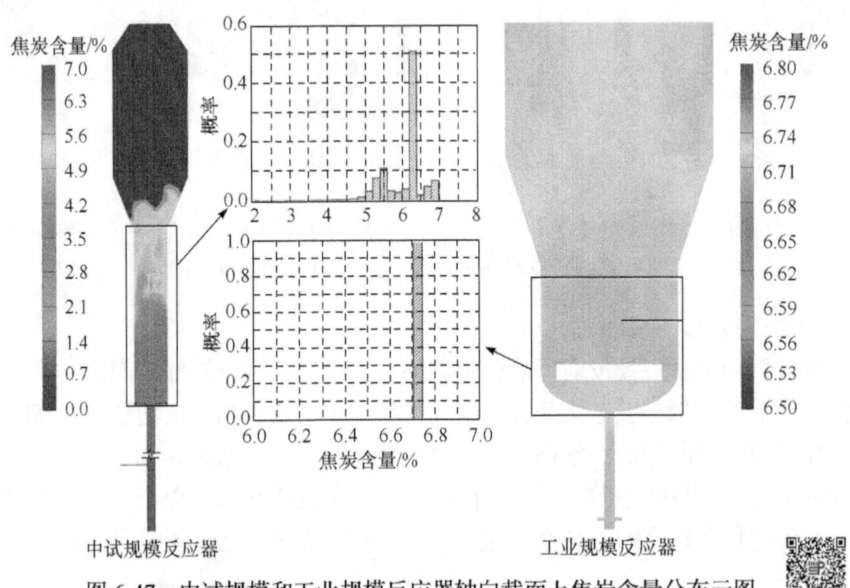

图 6-47 中试规模和工业规模反应器轴向截面上焦炭含量分布云图

5. 总结

本案例对 DMTO 反应器放大过程进行了 CFD 模拟，结合 TFM 和 EMMS 方法，模拟了不同尺度 DMTO 反应器中的流体力学行为。在反应方面，很好地预测了小型和中试规模反应器中的气态产物质量分数、甲醇转化率和乙烯丙烯比，而示范规模和工业规模反应器的模拟没能很好地预测乙烯和丙烯的质量分数，尤其是乙烯丙烯比。原因可能是不同规模反应器在不同的流化尺度下进行反应，但是化学动力学模型却是在微观尺度上拟合实验数据而获得的，因此存在小型反应器和大型反应器之间的预测差异。其次，气体分布器的构造复杂，在大型反应器的整个反应区中可能存在多种流态，导致焦炭含量存在一定的差异。同时，本案例中为加快 CFD 模拟反应过程的计算速度，将 CSTR 模型预测的平均焦炭含量用作初始值。模型与现实之间的差异需要进一步研究。由此可看出采用 CFD 方法进行建模，可以以更低成本、更快的速度进行放大过程的研究，对反应器的放大设计具有非常大的指导作用。

符 号 说 明

英文

A	指前因子
A、B	欧根系数
Ar	阿基米德数

$a_{\varepsilon,i}$　灰色气体 i 的发射率加权因子
b　壁厚，m
$b_{\varepsilon,i,j}$　多项式相关系数
C_{D0}　单个粒子的标准阻力系数
C_i　反应区中物种 i 的浓度，mol/m³
C_w　计算敏感参数
c　摩尔浓度，mol/m³
c_p　定压比热容，J/(kg · K)
D　扩散系数；搅拌桨直径
D_b　管内径，m
d_h　管液压直径，m
d_p　颗粒直径，m
E　吞噬率
E_g　总能量，(kg · m²)/s²
E_i　某官能团的热解动力学参数
F　法拉第常量，C/mol
F　外力，kg/(m² · s²)
Fr　弗劳德数
$f(E)$　活化能的分布函数
G　熵，J/(mol · K)
H　焓，J/mol
H_D　多相性指数
I　传递距离
I_t　湍流强度
J　扩散通量，kg/(m² · s)
k　热传导系数
k　湍动能
k_{br}　床层的渗透性
k_c　局部传质系数，m/s
k_{cell}　每个单元中的湍动能
k_d　引发剂分解速率系数，L/s
k_{eff}　介质的有效热导率，W/(m · K)
k_i　吸收气体 i 的压力吸收系数
k_i　组分 i 的反应速率常数
k_p　传播速率系数，L/(mol · s)
$k_{t,0}$　初始终止速率系数，L/(mol · s)
k_{trfm}　单体的链转移速率系数，L/(mol · s)
L　平均缝长，m
L_t　湍流尺度，m
M_i　i 组分的分子量，g/mol
M_w　摩尔质量，g/mol
m_p　颗粒质量
N　桨叶搅拌速度
N_P　功率准数
Nu　努塞特数
P　混合室搅拌桨输入功率
P_{ox}　颗粒周围氧分压，Pa
Pr　普朗特数
p_s　固体压力
Q　体积流量，m³ · s⁻¹
R　径向坐标，m
R　摩尔气体常量，J/(mol · K)
Re　雷诺数
R_i　组分 i 的形成速率
r_i　反应速率
Sc　施密特数
Sh　舍伍德数
S_p　颗粒表面积，m²
s　辐射束长度
T_L　大混合室宽度
T_S　小混合室宽度
t_{min}　达到混合完全时所需要的时间
u　流速，m/s
V_{gas}　形成的气体量，m³
v_{tip}　搅拌桨叶尖速度
We　韦伯数
W_i　某官能团热解时释放的质量分数
W_i^0　官能团的含量
w_{coke}　焦炭常数

Y_j　颗粒表面物质 j 的质量分数

希文

α_g　壁面流体传热系数，$W/(m^2 \cdot K)$

α_i　速率常数

β_{EMMS}　基于 EMMS 的阻力系数

Γ_T　湍流扩散率

Δ　向量微分算子

ε_g　气体体积分数

ε_p　床层孔隙率

ε_s　固体体积分数

λ　导热系数，$W/(m \cdot K)$

μ　动态黏度，$Pa \cdot s$

ν　运动黏度，m^2/s

σ_L　液体表面张力

τ　应力张量，Pa

φ_i　量化 MTO 过程产物选择性和突然变化的函数

ω　溶质分数

参考文献

蔡子金, 李军庆, 张庆文, 等. 2013. CFD 在搅拌罐性能研究和生化过程放大中的应用. 食品与机械, 29(6): 108-112.

程荡. 2013. 液液和气液液搅拌槽内混合过程的数值模拟与实验研究. 北京：中国科学院大学.

段晓霞. 2017. 搅拌槽微观混合的数值模拟研究. 北京：中国科学院大学(中国科学院过程工程研究所).

郭兵, 沈幼庭, 李定凯, 等. 1999. 煤气化过程的神经网络直接辨识. 燃烧科学与技术, 5(1): 83-90.

郝丹丹. 2012. 焦炉结焦过程及其大型化数值模拟研究. 天津：天津大学.

侯权. 2018. 高温固体氧化物电解池模拟分析. 上海：中国科学院大学(中国科学院上海应用物理研究所).

胡俊成. 2019. 柴油替代燃料燃烧反应机理及污染物生成数值模拟. 成都：西南交通大学.

黄文雪. 2007. 基于 CFD 方法的车用质子交换膜燃料电池建模仿真研究. 长春：吉林大学.

金珂, 冯妍卉, 张欣欣, 等. 2012. 耦合燃烧室的焦炉炭化室内热过程的数值分析. 化工学报, 3: 788-795.

李季, 蒋炜, 唐思扬, 等. 2019. 反应器放大准则探索实验设计. 实验科学与技术, 17(6): 46-50.

李绍芬. 2013. 反应工程. 3 版. 北京：化学工业出版社.

李玉敏. 1992. 工业催化原理. 天津：天津大学出版社.

刘文盛. 2010. 焦炉炭化室计算流体力学仿真模拟. 天津：天津大学.

罗运柏, 胡宗定. 2002. 烟气脱硫三相流化床反应器的数学模拟与预测放大. 化工学报, 2: 122-127.

吕俊博. 2008. 定-转子反应器微观混合性能及应用研究. 北京：北京化工大学.

牛志刚. 2004. 煤、水煤浆燃料氮析出特性和燃料型 NO_x 生成特性研究. 杭州：浙江大学.

秦亮. 2019. 富氧助燃下甲烷燃烧和 NO_x 排放特性的数值模拟. 西安：西安石油大学.

秦优培. 2009. 固体氧化物燃料电池热力电化学耦合数值模拟. 武汉：华中科技大学.

宋素芳, 段滋华, 张永发. 2009. 焦炉煤气制合成气反应器数值模拟. 化学工程, 37(11): 36-39.

孙守峰, 蓝兴英, 马素娟, 等. 2008. 催化重整固定床反应器传递及反应过程的数值模拟. 石油学报(石油加工), 24(1): 38-45.

唐巧, 叶思施, 王运东. 2016. 放大准则对混合澄清槽混合室中混合时间和流动特性的影响. 化工学报, 67(2): 448-457.

夏力, 王继业, 贾小平, 等. 2007. 基于 CFD 的丙烯高温氯化反应器放大研究. 计算机与应用化学, 10: 1413-1417.

肖芳志. 2014. 径向移动床反应器及其用于催化裂解反应的 CFD 模拟. 厦门：厦门大学.

辛怡. 2015. 连续聚合反应釜的流场模拟和结构优化. 上海：华东理工大学.

许超众. 2018. 面向分子量分布的溶液聚合过程 CFD 建模. 杭州：浙江大学.

许明杰. 2013. 热回收焦炉的数值模拟与研究. 大连：大连理工大学.

闫金凤. 2013. CFD 在甲醇合成过程中的应用研究. 大连：大连理工大学.

杨海健. 2007. 新型化学反应器的微观混合实验, 理论及应用研究. 北京：北京化工大学.
张敏华, 百璐, 耿中峰, 等. 2013. 列管式固定床反应器管束间单相流动与传热的 CFD 研究. 高校化学工程学报, (2): 222-227.
张世煜. 2013. 焦炉炭化室热过程的数值模拟. 鞍山：辽宁科技大学.
张涛. 2012. 内循环流化床反应器流动传质特性的计算流体力学模拟研究. 广州：华南理工大学.
郑倩倩. 2013. 热回收焦炉中燃烧和传热过程数值模拟. 天津：天津大学.
周峰, 刘宏臣, 王克军, 等. 2018. 连续流微反应器中简单咪唑的制备. 化工学报, 69(6): 2481-2487.
周睿. 2007. 四种搅拌器放大技术的实验研究与数值模拟. 杭州：浙江大学.
周萱. 2016. 固定床催化反应器的数值模拟研究. 北京：北京化工大学.
邹志毅. 1994. 烧结水分迁移数学模型及计算机仿真. 烧结球团, (2): 1-7.
Ai Y, Park S, Zhu J, et al. 2010. DC electrokinetic particle transport in an L-shaped microchannel. Langmuir, 26(4): 2937-2944.
Akiti O, Armenante P M. 2004. Experimentally-valideted micromixing-based CFD model for fed-batch stirred-tank reators. AIChE Journal, 50(3): 566-577.
Alexopoulos A H, Maggioris D, Kiparissides C. 2002. CFD analysis of turbulence non-homogeneity in mixing vessels: A two-compartment model. Chemical Engineering Science, 57(10): 1735-1752.
Anita C, Alexandros P, Richard S. 2009. Development of model predictive controller for SOFC-IC engine hybrid system. SAE International Journal of Engines, 2(1): 56-66.
Anthony D B, Howard J B, Hottel H C, et al. 1976. Rapid devolatilization and hydrogasification of bituminous coal. Fuel, 55(2): 121-128.
Åström K, Fontell E, Virtanen S. 2007. Reliability analysis and initial requirements for FC systems and stacks. Journal of Power Sources, 171(1): 46-54.
Badzioch S, Hawksley P G W. 1970. Kinetics of thermal decomposition of pulverized coal particles. Industrial & Engineering Chemistry Process Design and Development, 9(4): 521-530.
Bałdyga J, Pohorecki R. 1995. Turbulent micromixing in chemical reactors: A review. The Chemical Engineering Journal and the Biochemical Engineering Journal, 58(2): 183-195.
Bove R, Lunghi P, Sammes N M. 2005. SOFC mathematic model for systems simulations—Part 2: definition of an analytical model. International Journal of Hydrogen Energy, 30(2):189-200.
Bretherton F P. 1961. The motion of long bubbles in tubes. Journal of Fluid Mechanics, 10(2): 166-188.
Brilman D W F, Antink R, van Swaaij W P M, et al. 1999. Experimental study of the effect of bubbles, drops and particles on the product distribution for a mixing sensitive, parallel-consecutive reaction system. Chemical Engineering Science, 54(13-14): 2325-2337.
Byron Smith R J, Muruganandam L, Murthy Shekhar S. 2011. CFD analysis of low temperature water gas shift reactor. Computers & Chemical Engineering, 35(12): 2646-2652.
Cabezas Gómez L, Milioli F E. 2003. Numerical study on the influence of various physical parameters over the gas-solid two-phase flow in the 2D riser of a circulating fluidized bed. Powder Technology, 132(2): 216-225.
Calis H P A, Nijenhuis J, Paikert B C, et al. 2001. CFD modelling and experimental validation of pressure drop and flow profile in a novel structured catalytic reactor packing. Chemical Engineering Science, 56(4): 1713-1720.
Carlson A, Do-Quang M, Amberg G. 2010. Droplet dynamics in a bifurcating channel. International Journal of Multiphase Flow, 36(5): 397-405.
Cha S W, O'Hayre R, Saito Y, et al. 2004. The scaling behavior of flow patterns: A model investigation. Journal of Power Sources, 134(1): 57-71.
Chan S H, Chen X J, Khor K A. 2004. Cathode micromodel of solid oxide fuel cell. Journal of the Electrochemical

Society, 151(1): A164.

Chan S H, Ding O L. 2005. Simulation of a solid oxide fuel cell power system fed by methane. International Journal of Hydrogen Energy, 30(2): 167-179.

Chatterjee D, Deutschmann O, Warnatz J. 2002. Detailed surface reaction mechanism in a three-way catalyst. Faraday Discussions, 119: 371-384.

Che Y , Tian Z, Liu Z, et al. 2015. A CFD-PBM model considering ethylene polymerization for the flow behaviors and particle size distribution of polyethylene in a pilot-plant fluidized bed reactor. Powder Technology, 286: 107-123.

Chen M, Aleixo J, Williams S, et al. 2004. CFD modelling of 3-way catalytic converters with detailed catalytic surface reaction mechanism. SAE International.

Chen Y, Kulenovic R, Mertz R. 2009. Numerical study on the formation of Taylor bubbles in capillary tubes. International Journal of Thermal Sciences, 48(2): 234-242.

Cheng Z, Zha S, Liu M. 2007. Influence of cell voltage and current on sulfur poisoning behavior of solid oxide fuel cells. Journal of Power Sources, 172(2): 688-693.

Cherlo S K R, Kariveti S, Pushpavanam S. 2010. Experimental and numerical investigations of two-phase (liquid-liquid) flow behavior in rectangular microchannels. Industrial & Engineering Chemistry Research, 49(2): 893-899.

Cisne R L C, Vasconcelos T F, Parteli E J R, et al. 2011. Particle transport in flow through a ratchet-like channel. Microfluidics and Nanofluidics, 10(3): 543-550.

Cubaud T, Tatineni M, Zhong X, et al. 2005. Bubble dispenser in microfluidic devices. Physical Review E, 72(3): 037302.

De Menech M, Garstecki P, Jousse F, et al. 2008. Transition from squeezing to dripping in a microfluidic T-shaped junction. Journal of Fluid Mechanics, 595: 141-161.

Deutschmann O, Schmidt R, Behrendt F, et al. 1996. Numerical modeling of catalytic ignition. Symposium (International) on Combustion, 26(1): 1747-1754.

Deutschmann O. 2013. Modeling and simulation of heterogeneous catalytic reactions: From the molecular process to the technical system. Hoboken: John Wiley & Sons.

Dou B, Song Y. 2010. A CFD approach on simulation of hydrogen production from steam reforming of glycerol in a fluidized bed reactor. International Journal of Hydrogen Energy, 35(19): 10271-10284.

Du W, Bao X, Xu J, et al. 2006. Computational fluid dynamics (CFD) modeling of spouted bed: Influence of frictional stress, maximum packing limit and coefficient of restitution of particles. Chemical Engineering Science, 61(14): 4558-4570.

Duan X, Feng X, Yang C, et al. 2016. Numerical simulation of micro-mixing in stirred reactors using the engulfment model coupled with CFD. Chemical Engineering Science, 140: 179-188.

Dudukovic M P. 2009. Frontiers in reactor engineering. Science, 325(5941): 698.

Dutta S, Shimpalee S, Zee J. 2000. Three-dimensional numerical simulation of straight channel PEM fuel cells. Journal of Applied Electrochemistry, 30(2): 135-146.

F Zhao, Virkar A V. 2015. Dependence of polarization in anode-supported solid oxide fuel cells on various cell parameters. Journal of Power Sources, 141(1): 79-95.

Ferguson J R, Fiard J M, Herbin R. 1996. Three-dimensional numerical simulation for various geometries of solid oxide fuel cells. Journal of Power Sources, 58(2): 109-122.

Fukagata K, Kasagi N, Ua-arayaporn P, et al. 2007. Numerical simulation of gas-liquid two-phase flow and convective heat transfer in a micro tube. International Journal of Heat and Fluid Flow, 28(1): 72-82.

Gamwo I K, Halow J S, Gidaspow D, et al. 2003. CFD models for methanol synthesis three-phase reactors:

Reactor optimization. Chemical Engineering Journal, 93(2): 103-112.

Gao X, Zhu Y P, Luo Z H. 2011. CFD modeling of gas flow in porous medium and catalytic coupling reaction from carbon monoxide to diethyl oxalate in fixed-bed reactors. Chemical Engineering Science, 66(23): 6028-6038.

Goel D, Buwa V V. 2009. Numerical simulations of bubble formation and rise in microchannels. Industrial & Engineering Chemistry Research, 48(17): 8109-8120.

Gu J R, Liu Q W, Zhong W Q, et al. 2020. Study on scale-up characteristics of oxy-fuel combustion in circulating fluidized bed boiler by 3D CFD simulation. Advanced Powder Technology, 31(5): 2136-2151.

Guo Z, Tang H. 2005. Numerical simulation for a process analysis of a coke oven. China Particuology, 3(6): 373-378.

Gupta R, Fletcher D F, Haynes B S. 2009. On the CFD modelling of Taylor flow in microchannels. Chemical Engineering Science, 64(12): 2941-2950.

Gupta R, Fletcher D F, Haynes B S. 2010. CFD modelling of flow and heat transfer in the Taylor flow regime. Chemical Engineering Science, 65(6): 2094-2107.

Han Y, Wang J J, Gu X P, et al. 2012. Numerical simulation on micromixing of viscous fluids in a stirred-tank reactor. Chemical Engineering Science, 74: 9-17.

Hao D, Liu W, Dang L, et al. 2012. Numerical simulation of a coke oven. Advanced Materials Research, 479-481: 586-589.

Hashimoto N, Kurose R, Hwang S M, et al. 2012. A numerical simulation of pulverized coal combustion employing a tabulated-devolatilization-process model (TDP model). Combustion and Flame, 159(1): 353-366.

He Q, Fukagata K, Kasagi N. 2007. Numerical simulation of gas-liquid two-phase flow and heat transfer with dry-out in a micro tube. Leipzig: Proc. International Conference on Multiphase Flow.

Hontanon E, Escudero M J, Bautista C, et al. 2000. Optimisation of flow-field in polymer electrolyte membrane fuel cells using computational fluid dynamics techniques. Journal of Power Sources, 86(1-2): 363-368.

Irani M, Alizadehdakhel A, Pour A N, et al. 2011. An investigation on the performance of a FTS fixed-bed reactor using CFD methods. International Communications in Heat and Mass Transfer, 38(8): 1119-1124.

Jakobsen H A, Lindborg H, Handeland V. 2002. A numerical study of the interactions between viscous flow, transport and kinetics in fixed bed reactors. Computers & Chemical Engineering, 26(3): 333-357.

Janardhanan V M, Deutschmann O. 2007. Modeling of solid-oxide fuel cells. Zeitschrift für Physikalische Chemie, 221(4): 443-478.

Janicke M T, Kestenbaum H, Hagendorf U, et al. 2000. The controlled oxidation of hydrogen from an explosive mixture of gases using a microstructured reactor/heat exchanger and Pt/Al_2O_3 catalyst. Journal of Catalysis, 191(2): 282-293.

Ji J Q, Cheng L M, Wei Y J, et al. 2020. Predictions of NO_x /N_2O emissions from an ultra-supercritical CFB boiler using a 2-D comprehensive CFD combustion model. Particuology, 49: 77-87.

Kashid M N, Platte F, Agar D W, et al. 2007. Computational modelling of slug flow in a capillary microreactor. Journal of Computational and Applied Mathematics, 203(2): 487-497.

Khashan S A, Furlani E P. 2012. Effects of particle-fluid coupling on particle transport and capture in a magnetophoretic microsystem. Microfluidics and Nanofluidics, 12(1): 565-580.

Kim K R, Choi S Y, Kim J G, et al. 2010. Multi physics modeling of a molten-salt electrolytic process for nuclear waste treatment. IOP Conference Series: Materials Science and Engineering. IOP Publishing, 9(1): 012002.

Kobayashi H, Howard J B, Sarofim A F. 1977. Coal devolatilization at high temperatures. Symposium (International) on Combustion, 16(1): 411-425.

Kobayashi I, Mukataka S, Nakajima M. 2004. CFD simulation and analysis of emulsion droplet formation from straight-through microchannels. Langmuir, 20(22): 9868-9877.

Kolhapure N H, Tilton J N, Pereira C J. 2004. Integration of CFD and condensation polymerization chemistry for a commercial multi-jet tubular reactor. Chemical Engineering Science, 59(22-23): 5177-5184.

Kulikovsky A A. 1999. Modeling the cathode compartment of polymer electrolyte fuel cells: Dead and active reaction zones. Journal of the Electrochemical Society, 146(11): 3981-3991.

Kumar V, Vashisth S, Hoarau Y, et al. 2007. Slug flow in curved microreactors: hydrodynamic study. Chemical Engineering Science, 62(24): 7494-7504.

Lakehal D. 2013. Advanced simulation of transient multiphase flow & flow assurance in the oil & gas industry. The Canadian Journal of Chemical Engineering, 91(7): 1201-1214.

Lan X, Xu C, Gao J, et al. 2012. Influence of solid-phase wall boundary condition on CFD simulation of spouted beds. Chemical Engineering Science, 69(1): 419-430.

Le A D, Zhou B. 2008. A general model of proton exchange membrane fuel cell. Journal of Power Sources, 182(1): 197-222.

Le A D, Zhou B. 2009. A generalized numerical model for liquid water in a proton exchange membrane fuel cell with interdigitated design. Journal of Power Sources, 193(2): 665-683.

Liu J, Yap Y F, Nguyen N T. 2009. Motion of a droplet through microfluidic ratchets. Physical Review E, 80(4): 046319.

Liu X, Guo H, Ye F, et al. 2007. Water flooding and pressure drop characteristics in flow channels of proton exchange membrane fuel cells. Electrochimica Acta, 52(11): 3607-3614.

Lu B, Zhang J, Luo H, et al. 2017. Numerical simulation of scale-up effects of methanol-to-olefins fluidized bed reactors. Chemical Engineering Science, 171: 244-255.

Ma L, Ingham D B, Pourkashanian M, et al. 2005. Review of the computational fluid dynamics modeling of fuel cells. Journal of Fuel Cell Science and Technology, 2(4): 246-257.

Maffei T, Gentile G, Rebughini S, et al. 2016. A multiregion operator-splitting CFD approach for coupling microkinetic modeling with internal porous transport in heterogeneous catalytic reactors. Chemical Engineering Journal, 283: 1392-1404.

Maffei T, Rebughini S, Gentile G, et al. 2014. CFD analysis of the channel shape effect in monolith catalysts for the CH_4 partial oxidation on Rh. Chemie Ingenieur Technik, 86(7): 1099-1106.

Maggioris D, Goulas A, Alexopoulos A H, et al. 1998. Use of CFD in prediction of particle size distribution in suspension polymer reactors. Computers & Chemical Engineering, 22(Supp-1): 315-322.

Malik K, Baldyga J. 2012. Influence of micromixing on the course of homogenous chemical reactions in suspensions. Warszawa: 14th European Conference on Mixing: 281-286.

Mehdizadeh A, Sherif S A, Lear W E. 2011. Numerical simulation of thermofluid characteristics of two-phase slug flow in microchannels. International Journal of Heat and Mass Transfer, 54(15-16): 3457-3465.

Meszena Z G, Johnson A F. 2001. Prediction of the spatial distribution of the average molecular weights in living polymerisation reactors using CFD methods. Macromolecular Theory & Simulations, 10(2): 123-135.

Müller J T, Urban P M, Hölderich W G. 1999. Impedance studies on direct methanol fuel cell anodes. Journal of Power Sources, 84(2): 157-160.

Nguyen T D B, Seo M W, Lim Y I, et al. 2012. CFD simulation with experiments in a dual circulating fluidized bed gasifier. Computers & Chemical Engineering, 36: 48-56.

Ni M, Leung M K H, Leung D Y C. 2007. Energy and exergy analysis of hydrogen production by solid oxide steam electrolyzer plant. International Journal of Hydrogen Energy, 32(18): 4648-4660.

Nijemeisland M, Dixon A G. 2004. CFD study of fluid flow and wall heat transfer in a fixed bed of spheres.

AIChE Journal, 50(5): 906-921.

Ookawara S, Street D, Ogawa K. 2006. Numerical study on development of particle concentration profiles in a curved microchannel. Chemical Engineering Science, 61(11): 3714-3724.

Park J, Nguyen T H, Joung D, et al. 2013. Prediction of NO_x and CO emissions from an industrial lean-premixed gas turbine combustor using a chemical reactor network model. Energy & Fuels, 27(3): 1643-1651.

Patel H, Ein-Mozaffari F, Dhib R. 2010. CFD analysis of mixing in thermal polymerization of styrene. Computers & Chemical Engineering, 34(4): 421-429.

Peela N R, Lee I C, Vlachos D G. 2012. Design and Fabrication of a high-throughput microreactor and its evaluation for highly exothermic reactions. Industrial & Engineering Chemistry Research, 51(50): 16270-16277.

Pérez-Ramírez J, Berger R J, Mul G, et al. 2000. The six-flow reactor technology: A review on fast catalyst screening and kinetic studies. Catalysis Today, 60 (1-2): 93-109.

Petre C F, Larachi F, Iliuta I, et al. 2003. Pressure drop through structured packings: Breakdown into the contributing mechanisms by CFD modeling. Chemical Engineering Science, 58(1): 163-177.

Qian D, Lawal A. 2006. Numerical study on gas and liquid slugs for Taylor flow in a T-junction microchannel. Chemical Engineering Science, 61(23): 7609-7625.

Roudsari S F, Ein-Mozaffari F, Dhib R. 2013. Use of CFD in modeling MMA solution polymerization in a CSTR. Chemical Engineering Journal Lausanne, 219: 429-442.

Roudsari S F, Turcotte G, Dhib R, et al. 2012. CFD modeling of the mixing of water in oil emulsions. Computers & Chemical Engineering, 45: 124-136.

Serra C, Sary N, Schlatter G, et al. 2005. Numerical simulation of polymerization in interdigital multilamination micromixers. Lab on a Chip, 5(9): 966-973.

Seyednejadian S, Yaghobi N, Maghrebi R, et al. 2011. CFD modeling of reaction and mass transfer through a single pellet: Catalytic oxidative coupling of methane. Journal of Natural Gas Chemistry, 20(4): 356-363.

Shao N, Salman W, Gavriilidis A, et al. 2008. CFD simulations of the effect of inlet conditions on Taylor flow formation. International Journal of Heat and Fluid Flow, 29(6): 1603-1611.

Spacil H S, Tedmon Jr C S. 1969. Electrochemical dissociation of water vapor in solid oxide electrolyte cells: Ⅰ. Thermodynamics and cell characteristics. Journal of the Electrochemical Society, 116(12): 1618.

Stoots C M. 2006. High-temperature co-electrolysis of H_2O and CO_2 for syngas production. Idaho National Laboratory (INL).

Taha T, Cui Z F. 2004. Hydrodynamics of slug flow inside capillaries. Chemical Engineering Science, 59(6): 1181-1190.

Um S, Wang C Y. 2000. Three dimensional analysis of transport and reaction in proton exchange membrane fuel cells. American Society of Mechanical Engineers, Heat Transfer Division, 366: 19-22.

Vand V. 1943. A theory of the irreversible electrical resistance changes of metallic films evaporated in vacuum. Proceedings of the Physical Society, 55(3): 222-246.

Vivaldo-Lima E, Penlidis A, Wood P E, et al. 2006. Determination of the relative importance of process factors on particle size distribution in suspension polymerisation using a bayesian experimental design technique. Journal of Applied Polymer Science, 102(6): 5577-5586.

Vliet E V, Derksen J J, Akker H, et al. 2007. Numerical study on the turbulent reacting flow in the vicinity of the injector of an LDPE tubular reactor. Chemical Engineering Science, 62(9): 2435-2444.

Wang Q A, Wang J X, Li M, et al. 2009. Large-scale preparation of barium sulphate nanoparticles in a high-throughput tube-in-tube microchannel reactor. Chemical Engineering Journal, 149(1-3): 473-478.

Wang X, Nguyen T V. 2008. Modeling the effects of capillary property of porous media on the performance of the cathode of a PEMFC. Journal of the Electrochemical Society, 155:B 1085.

Windmann J, Braun J, Zacke P, et al. 2003. Impact of the inlet flow distribution on the light-off behavior of a 3-way catalytic converter. SAE Transactions, 112: 713-723.

Wu Y, Gidaspow D. 2000. Hydrodynamic simulation of methanol synthesis in gas-liquid slurry bubble column reactors. Chemical Engineering Science, 55(3): 573-587.

Xu B H, Yu A B. 1997. Numerical simulation of the gas-solid flow in a fluidized bed by combining discrete particle method with computational fluid dynamics. Chemical Engineering Science, 52(16): 2785-2809.

Yi J S, Yang J D, King C. 2010. Water management along the flow channels of PEM fuel cells. AIChE Journal, 50(10): 2594-2603.

You L, Liu H. 2002. A two-phase flow and transport model for the cathode of PEM fuel cells. International Journal of Heat and Mass Transfer, 45(11): 2277-2287.

Yu L, Pan Y, Wang C, et al. 2013. A two-phase segmented microfluidic technique for one-step continuous versatile preparation of zeolites. Chemical Engineering Journal, 219: 78-85.

Zhang F, Yang J, Ma J, et al. 2018. Optimization of structural parameters of an inner preheating transpiring-wall SCWO reactor. Chemical Engineering Research and Design, 14: 372-387.

Zhang X, Liu H, Samb A, et al. 2018. CFD simulation of homogeneous reaction characteristics of dehydration of fructose to HMF in micro-channel reactors. Chinese Journal of Chemical Engineering, 26(6): 1340-1349.

Zhao F, Virkar A V. 2015. Dependence of polarization in anode-supported solid oxide fuel cells on various cell parameters. Journal of Power Sources, 141(1): 79-95.

Zheng Q, Wei H. 2013. Three-dimensional numerical simulations and analysis of a heat-recovery coke oven. Energy & Fuel, 27(6): 3570-3577.

Zhu Y P, Luo Z H, Xiao J. 2014. Multi-scale product property model of polypropylene produced in a FBR: From chemical process engineering to product engineering. Computers & Chemical Engineering, 71: 39-51.

Zhuang Y Q, Gao X, Zhu Y P, et al. 2012. CFD modeling of methanol to olefins process in a fixed-bed reactor. Powder Technology, 221: 419-430.

第7章

CFD在化工安全领域中的应用

化工生产过程十分复杂，相比其他生产行业危险性更高。随着化工技术的发展，化工安全已成为国家、行业和普通民众的重点关注问题。本章介绍化工生产的主要特点和化工安全的重要意义，以及CFD在化工本质安全设计中的重要作用。本章共列举六个相关应用案例，涉及反应器热失控、有毒物质泄漏、爆炸、火灾等常见化工事故，详细介绍其几何建模、网格划分、模型及边界设置、结果分析等过程，以展示CFD在化工安全事故分析与安全设计方面如何有效地应用。

7.1 化工安全简介

现代社会的发展离不开化工生产，快速发展的经济对化工产品种类及数量的需求与日俱增。化工产品已经渗透到国民经济的各个领域，化学工业在提高人们生活水平、促进其他工业的迅速发展方面起着十分重要的作用。

众所周知，化工生产过程存在许多不安全因素和职业危害，比其他工业生产过程有更多的不确定因素、更高的危险性以及更严重的事故后果。化工原料、中间体及产品多是易燃、易爆、有毒、有腐蚀性的物质，化工生产过程还具有高温、高压、集中化和规模化等特点。在各类工业爆炸事故中，化学工业的爆炸事故占32.4%，是占比最大的工业领域。事故所造成的损失也以化学工业最为严重，化工火灾和爆炸事故所造成的损失约为其他工业的5倍。因此，在化工生产中要特别重视安全，深入研究事故发生的客观规律，寻求预防和控制危险的有效措施，才能有效控制事故的发生和危害。

7.1.1 化工生产的特点

相比其他生产过程，化工生产具有涉及危险品多、工艺复杂、条件苛刻、生产规模大型化等特点，因此具有更大的危险性。

1. 化工生产涉及的危险品多

化工生产使用的物料绝大多数具有潜在危险性，原料、中间体和产品种类繁多，其中大多数是具有易燃易爆、有毒有害、有腐蚀性等特点的危险化学品。一旦在生产、运输、使用中运行或管理不当便会发生火灾、爆炸、中毒等事故，给人员、工厂、社会带来重大影响。

2. 化工生产工艺过程复杂、工艺条件苛刻

化学品生产从原料到产品都有其特定的工艺流程、控制条件和检测方法，一般需要经过多道生产工序和复杂的加工单元，通过多次反应或分离才能完成。有些化学反应需要高温、高压的条件，危险性较高，如硝化、氯化、氟化、氨化、磺化、加氢、聚合等。化工生产的工艺参数因工艺不同变化很大，有些反应需在高温、高压下进行，有些则要在低温、真空下进行，过程中的不安全因素也因此增加。

3. 生产规模大型化、生产过程连续化

为降低单位产品的投资和成本，提高经济效益，现代化工生产装置规模越来越大。装置的大型化有效地提高了生产效率，但规模越大，储存的危险物料越多，潜在的危险性也越高，事故造成的后果往往也越严重。

生产从原料输入到产品输出具有高度的连续性，前后单元息息相关、相互制约，某一环节发生故障常会影响到整个生产的正常进行。由于装置规模大且工艺流程长，使用设备的种类和数量都非常多，如果出现设备维修、保养不良等情况，很容易引起事故的多米诺骨牌效应。

4. 生产方式自动化、日趋先进

现代化工企业的生产方式已经从过去的手工操作、间歇生产转变为高度自动化、连续化生产，生产设备由敞开式变为密闭式，生产装置由室内变为露天，生产操作由分散控制变为集中控制。随着计算机技术的发展，化工生产普遍使用DCS集散型控制系统，对生产过程的各种参数和开停车实行监测、控制和管理，从而有效地提高了工艺生产的可靠性。然而，若控制系统和仪器仪表维护不好、性能下降、监测和控制失效反而可能引发事故。

现代化工生产中的这些特点对于生产安全存在负面影响。化工生产过程处处存在危险因素、事故隐患，一旦失去控制，事故隐患就会转化为事故，而这些事故中往往同时发生燃烧、爆炸、毒害、污染等多种危害，对生命、财产和环境造成巨大破坏。

7.1.2 化工安全生产的意义

安全在化工生产中有非常重要的意义，是化工生产的前提和保障。装置规模的大型化、生产过程的连续化是化工生产发展的方向，但要充分发挥现代化工生产的优越性，必须实现安全生产，确保装置长期、稳定、安全运转。装置规模越大，停产一天的损失也就越大。开停车越频繁，经济损失越大，装置大型化的优越性随之降低，装置本身也会产生损伤，事故发生的可能性也越大。另外，化工企业的巨大灾害性事故会造成人员伤亡，引起生产停顿、供需失调、社会不安等。因此，安全生产已经成为化工生产发展的关键。

7.1.3 化工安全的重要性

20世纪以来，化学工业迅速发展，环境污染和重大工业事故相继发生。1961年9月14日，日本富山市一家化工厂的管道破裂导致氯气外泄，使9000余人受害，500多人中毒，大片农田被毁。1974年英国弗利克斯巴勒地区化工厂生产己内酰胺的原料环己烷泄漏，发生蒸气云爆炸，人员和装置损伤巨大。1976年7月10日，意大利Seveso小镇的一家生产杀虫剂和除草剂的化工厂反应器发生意外放热反应，压力冲破了安全阀，导致大

量含有剧毒物质二噁英的毒气喷向高空，散落在约 100km^2 的地区，造成大量鸟、兔等动物死亡，许多儿童面部出现痤疮等症状，约 700 人被迫疏散，2000 多人中毒。1984 年 12 月 3 日，位于印度博帕尔的 Union Carbon 工厂发生剧毒化学品异氰酸甲酯泄漏事故，致使 2000 多人死亡，20 万人伤残，这是人类工业史上发生的最大的灾难。1960～1977 年的 18 年间，美国和西欧发生重大火灾和爆炸事故 360 余起，死伤 1979 人，损失数十亿美元。1989 年 8 月 12 日，我国山东省中国石油总公司管道局胜利输油公司黄岛油库内的装有 2.3 万立方米原油储量的五号混凝土油罐，由于内部结构固有的缺陷，在外部雷击的情况下产生感应火花放电，引起火灾爆炸，并引发了附近多个储罐爆炸起火，造成 19 人死亡，100 多人受伤，直接经济损失达 3540 万元。1991 年 9 月 3 日，江西省上饶县一辆甲胺货车违反规定驶入人口稠密的沙溪镇后，甲胺槽罐车进气口阀门被 2.5m 高的树枝碰断，造成甲胺泄漏特大中毒事故，致使周围约 23 万平方米范围内的人员中毒，造成 39 人死亡，近 600 人中毒。

近年来，我国的化学工业事故也频繁发生。据统计，2013～2018 年的 6 年间，全国共发生化工事故 974 起，造成 1253 人死亡，仅在 2019 年的十大化工事故中就有 112 人死亡，717 人受伤。2013 年 11 月 22 日，位于山东省青岛经济技术开发区的中国石油化工股份有限公司管道储运分公司东黄输油管道泄漏原油进入市政排水暗渠，在形成密闭空间的暗渠内油气积聚遇火花发生爆炸，爆炸产生的冲击波及飞溅物致使 62 人死亡、136 人受伤，泄漏原油通过排水暗渠进入附近海域，造成胶州湾局部污染，直接经济损失达 7.5 亿元。2014 年 8 月 2 日，江苏省昆山市中荣金属制品有限公司汽车轮毂抛光二车间发生特别重大铝粉尘爆炸事故，由于除尘系统较长时间未按规定清理，铝粉尘集聚，形成粉尘云，铝粉受潮发生氧化放热反应，达到引燃温度，引发除尘系统及车间的系列爆炸，致 97 人死亡，163 人受伤，直接经济损失达 3.51 亿元。2015 年 8 月 12 日，位于天津市滨海新区天津港的瑞海公司危险品仓库发生火灾爆炸事故，事故造成 165 人遇难，8 人失踪，798 人受伤，304 幢建筑物、12428 辆商品汽车和 7533 个集装箱受损，直接经济损失达 68.66 亿元。2017 年 7 月 2 日，江西九江之江化工有限公司硝基苯胺反应系统由于大量反应热无法通过冷却介质移除，体系温度不断升高，超过了 200℃，引起反应产物对硝基苯胺分解，体系温度、压力极速升高导致对硝基苯胺反应釜发生爆炸，造成 3 人死亡、3 人受伤。2017 年 8 月 17 日，中国石油天然气股份有限公司大连石化分公司第二联合车间 140 万吨/年重油催化裂化装置分馏区原料油泵发生泄漏着火事故，事故造成分馏塔顶油气空冷入口管线开裂、空冷平台局部塌陷、原料油泵上方管线及电缆局部烧损。2019 年 3 月 21 日，江苏省盐城市天嘉宜化工有限公司化学储罐发生爆炸，波及周边 16 家企业，事故共造成 78 人死亡、76 人重伤，640 人住院治疗，直接经济损失 19.86 亿元。

这些惨痛的事故充分说明了在化工生产中如果没有完善的安全防护设施和严格的安全管理，即使具有先进的生产技术和现代化的设备，也难免会发生事故。一旦事故发生，人们的生命和财产将遭受重大损失。因此，安全在化工生产中有着非常重要的作用，是化工生产的前提和关键，没有安全作保障，生产就不能顺利进行。

7.1.4 本质安全

如何确保生产安全进行，使化学工业能稳定持续地健康发展，是化学工业面临的重大问题。本质安全(inherent safety)是化工安全领域一个非常热门的概念，它的提出迄今不过四十多年，但自提出以来其内涵不断丰富发展。本质安全的基本定义是通过选用更合理的物料、工艺、设备等，尽可能从源头上消除危险。

被誉为“本质安全之父”的 Trevor Kletz 教授将本质安全设计最主要的策略概括为强化(intensification)/最小化(minimization)、替代(substitution)、弱化(attenuation)/缓和(moderation)、简化(simplicity)等。

1. 强化/最小化

装置中危险物质的存量应尽量做到最小化，无论是在生产、分离、储存还是输送环节。理想状况下，即使全部泄漏，也不会引发严重的后果。这往往要通过强化各个单元的操作效果来实现。

2. 替代

使用较为安全的物质替换危险的物质。例如，使用不具有可燃性的制冷剂和传热介质，选择原料和中间产物更安全的生产工艺，以及推广生产工艺更安全的同类最终产品。

3. 弱化/缓和

无论是在生产还是储运过程中，当危险物质的使用不可避免时，应该尽量在较不危险的条件下使用它们。

4. 简化

相比复杂装置，简单装置可能发生故障的环节更少，人为误操作的可能性更低。同时，很多设备的复杂化可能并非必要，只是由于片面推崇新技术，或是为了满足不合理的评估标准。因此，合理简化也是本质安全设计中的重要一环。

除上述四条最主要的策略外，Trevor Kletz 还提出了一些补充性的方法，如避免多米诺效应(avoiding knock-on effect)、防止错误装配(making incorrect assembly impossible)、标识清晰(making status clear)、容错(tolerance of mistake)、便于控制(ease of control)、被动防护(passive safety)等。

本质安全的提出要求研究、设计与工程人员在设计大型化工装置与化工厂区时，从根源上减少危险的出现，在计算机技术高速发展的当下，CFD 技术成为符合本质安全要求的新的辅助预测和设计手段。

7.1.5 CFD 在化工过程安全中的应用

安全在化工行业中的地位和重要作用，使得研究人员不断开拓方法与思路，寻求分析安全隐患、确保过程安全的有效手段。随着计算机和数值方法的发展，CFD 提供了可行和可靠的设计和优化方法，以及分析和预测复杂事故的有效工具，在化工安全中的应用逐渐显示出其优势，也出现了许多利用 CFD 方法模拟安全问题的思路和商业软件，其中一部分已在第 1 章进行了介绍，其他有关过程安全模拟的 CFD 商用软件见表 7-1。

表 7-1　用于过程安全的其他商用 CFD 软件

软件名称	背景及特点	开发方/许可	操作平台
FLACS	一种基于计算流体动力学的事故模拟工具，可用于分析海上及陆上石化行业内气体爆炸三维计算等	GEXCON/付费	Windows，Linux
FDS-SMV	FDS 是用于火灾驱动的流体流动的专用 CFD 模型。SMV 是 FDS 模拟结果的可视化软件	NIST/免费	Windows，Mac OSX，Linux
FLAIR	用于分析 HVAC 系统、烟雾移动和火灾蔓延的专用 CFD 软件	CHAM/付费	Windows，Linux
SmartFire	火灾模拟、分析以及疏散分析的专用 CFD 软件	FSEG/付费	Windows
Kobra-3D	用于建筑物中的烟雾模拟和热传递计算，包括传质与生成方程	IST GmbH/付费	Windows
Solvent	用于模拟隧道中的流体流动、传热和烟气传输	Solvent/付费	Windows

化工安全中的危害类型较多，包括危险物质的泄漏与扩散、化工燃烧与爆炸、机械与电气安全、噪声污染、辐射危害等。本章后几节选择了化工安全中几种常见事故进行 CFD 仿真案例分析，分别是反应器热失控、化学气体泄漏、爆炸事故和池火事故。

热失控是对反应器运行安全考察的重点。Dakshinamoorthy 对搅拌反应器进行了研究，使用 CFD 技术模拟了涡轮搅拌反应器与喷射搅拌反应器中的混合过程，研究物料的混合特性及抑制剂对失控反应的抑制效果，研究结果表明：在使用普通搅拌桨时，示踪剂注入的位置对混合时间没有明显影响，但使用喷射混合器时具有显著影响；最佳射流配置是 30° 倾斜射流，喷嘴直径为 18mm。Cui 对苯乙烯聚合的间歇反应器进行了研究，采用 MRF 法处理搅拌桨的旋转运动，并通过 UDF 添加了组分输运方程源项和能量方程源项，将流体力学模型与流固耦合模型相结合，模拟了反应器失控的过程，考察了搅拌速率、冷却温度和冷却流速对其的影响，研究结果表明：间歇式反应器对温度参数敏感，温度检测器应安装在远离冷却入口的反应液系统内。

化工过程中的有毒、有害物泄漏可以分为气体扩散与液体扩散。Scargiali 等对气体扩散进行了研究，使用湍流方程和组分输运方程，对大面积复杂地形的重气扩散进行了模拟，并与真实情况进行对比以验证 CFD 方法的可行性，继而建立了能够准确描述该类重气扩散过程的方法。沈艳涛等使用湍流模型对氯气扩散进行了研究，以浓度和毒负荷的分布及变化特征为依据进行伤害等级区域划分和风险的动态分析，考察了不同风速条件下氯气泄漏扩散的浓度分布，研究结果表明：利用该扩散模型计算的数据能定性和定量地动态分析毒性重气扩散过程的近场风险。

火灾与爆炸是极为危险的化工事故，往往会伴随发生。赵祥迪等对液体燃料泄漏与爆炸过程进行了研究，利用数值模拟软件 FLACS(flare acceleration simulator)对液态烃罐区泄漏爆炸事故进行分析，建立了一套从泄漏到扩散再到爆炸的事故后果分析方法，结果表明：该方法能考虑到爆炸后空间各个部位超压的变化趋势与规律，弥补了传统方法近场超压预测的不足，并能够对爆炸冲击波进行实时三维展示与预测，更加直观可靠。钱新明等对某一爆炸过程进行了模拟，利用 AutoReaGas 软件对在不同初始条件和边界条件下的爆炸事故进行模拟分析，模拟了爆炸温度与爆炸压力，肯定了数值模拟方法可以在不同的假定边界条件下重现事故的发生过程，迅速得到定量的结果，为事故调查提供更合理、更科学的依据，可得到更具说服力的事故原因。

7.2 反应器热失控模拟

许多反应是典型的强放热反应，如聚合反应、硝化反应等，而且反应过程中物料黏度迅速增加，导致反应热不易导出，反应器局部过热。当反应的放热速率超过冷却系统的移热速率时，反应器内温度会急剧上升，导致二次分解(失控)反应发生，从而引起火灾、爆炸事故。为了对易于出现热失控的反应进行监测，确保反应过程安全进行，可以利用 CFD 方法对反应过程进行模拟，从而了解反应进程，确定温度传感器的设计和布局，并制定热失控事故的预防及应急措施。

1. 问题描述

本案例(Jiang et al.，2018)对酯化反应器的热失控过程进行 CFD 数值模拟，对配备四桨叶的 2L 的 RC1e(梅特勒产的等温量热仪)反应釜进行研究，考察了一系列基于丙酸异丙酯酯化的间歇反应器热失控场景。使用 RC1e 反应釜在冷却温度保持恒定时进行异丙醇和丙酸酐的酯化反应。反应试剂包括 505g 丙酸酐(GC≥98.5%)、233.21g 异丙醇(AR)、2.284g 硫酸，反应物的总体积约 789mL。反应初始温度为 300.15K，进料速度为 3m/s，搅拌速度为 100r/min，在恒定温度和速度下，冷却介质从下部入口流入外套。本案例分析了不同故障状态的后果，以及冷却温度、冷却速度和搅拌速度的影响，根据散度(DIV)准则确定温度探头的适当位置，并评价了整体混合的效果。

2. 问题分析

在本案例中，反应器规模较小，搅拌速度较快，流场为充分发展的湍流流动，故选择标准 k-ε 湍流模型。由于采用搅拌设备进行混合，本案例选用 MRF 模型处理搅拌桨转动问题。本案例重点研究传热问题，因此应用具有热效应的增强壁面函数处理。同时，为了解决两个区域之间的传热问题，在流固界面上设置了一种热流固耦合方法。

3. 解决方案

1) 几何建模与网格划分

使用 SpaceClaim 预处理软件建立带有冷却夹套的间歇反应器的几何模型，反应釜的几何形状和监测点(A～D)如图 7-1 所示。在流体边界附近采用四面体网格以满足湍流模型对边界层网格的要求，网格细节如图 7-2 所示，整个反应器计算域被划分为 1265190 个网格单元。

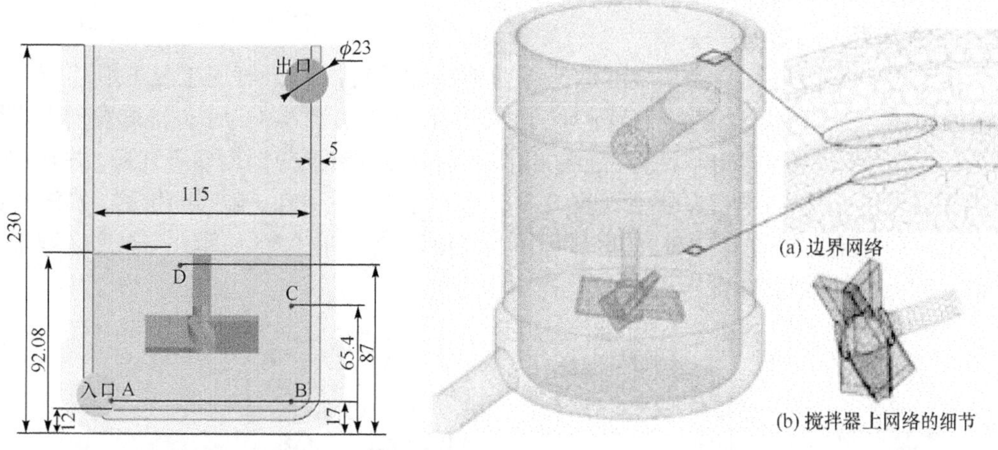

图 7-1　反应器几何模型(mm)

图 7-2　计算域与网格分布

2) 模拟过程

此案例中，与反应物体积相比，加入的液体体积足够小，不会导致流体液位的明显增加，因此可以忽略自由表面液位的增加。本案例采用单相流模型。

在反应器模型中，酯化反应是均相液相反应。可以使用通用方程描述各组分浓度标量在各网格单元的传递方程：

$$\frac{\partial \phi}{\partial t}+u_i\left(\frac{\partial \phi}{\partial x_i}\right)=\frac{\partial}{\partial x_i}\left(\Gamma_i\frac{\partial \phi}{\partial x_i}\right)+S_\phi \tag{7-1}$$

式中，ϕ 为各组分浓度标量；u_i 为局部速度；Γ_i 为扩散输运系数；S_ϕ 为源项。

采用基于混沌理论的热失控在线临界判据获得热失控的临界条件，该判据表明当反应过程中的散度大于零时，系统处于热失控状况。可定义其为雅可比矩阵：

$$J=\begin{bmatrix} j_{11} & j_{12} \\ j_{21} & j_{22}\end{bmatrix}=\begin{bmatrix} \dfrac{\partial(\mathrm{d}\xi/\mathrm{d}t)}{\partial \xi} & \dfrac{\partial(\mathrm{d}\xi/\mathrm{d}t)}{\partial T} \\ \dfrac{\partial(\mathrm{d}T/\mathrm{d}t)}{\partial \xi} & \dfrac{\partial(\mathrm{d}T/\mathrm{d}t)}{\partial T}\end{bmatrix} \tag{7-2}$$

其可简化为

$$\mathrm{div}=j_{11}+j_{22} \tag{7-3}$$

div>0 表示反应已进入临界条件。

将反应器中的其他壁面设置为绝热边界，假设液体的上表面平坦，设置为对称边界。如图 7-1 所示，喷嘴沿半径等距分布，直径为 4mm。在均相假设下，冷却剂被视为与反应器内容物物理性质相同的流体。流场稳定时，将约 40mL 冷却剂一次性加入到反应器中。

4. 结果与讨论

1) 冷却温度的影响

本案例分别通过改变冷却温度和速度模拟冷却系统故障。等压工况下搅拌速度为100r/min时，夹套冷却温度波动范围为300.15～302.15K。图7-3为不同冷却温度下进行反应的模拟结果。可以看出，冷却温度的微小波动可能导致反应温度显著升高，并导致热失控提前发生。图7-4为冷却夹套温度为302.15K时的温度分布，随时间推移，高温区逐渐向上移动。温度超过379.15K的区域标注为高温区域，如图7-5所示，高温度区域集中在搅拌轴上，并靠近自由表面。

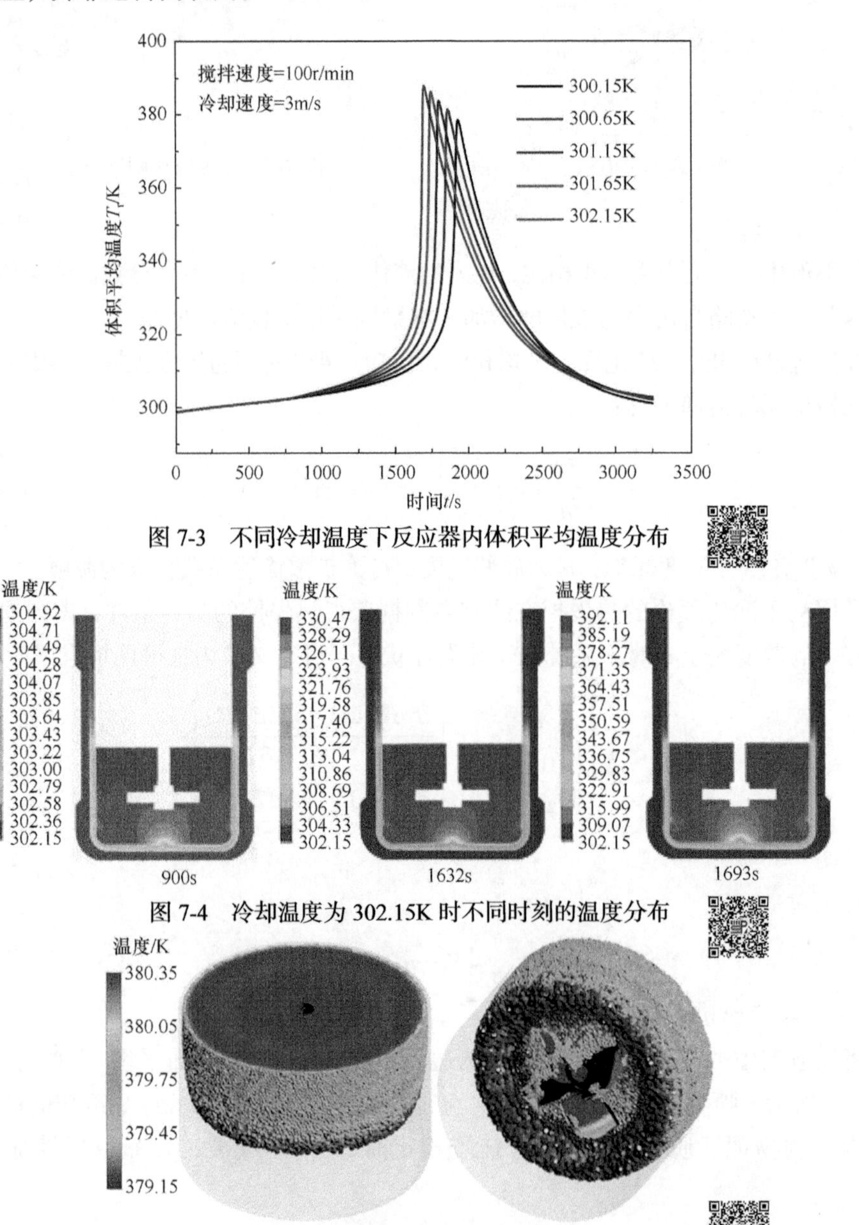

图7-3 不同冷却温度下反应器内体积平均温度分布

图7-4 冷却温度为302.15K时不同时刻的温度分布

图7-5 反应器中高温区分布

2) 冷却速度的影响

冷却循环泵故障或管道堵塞可能导致冷却速度发生变化。如图 7-6 所示，冷却速度从 3m/s 突然变化到 0 将导致反应器内的平均传热系数在 70.4s 内从 31.3W/(m^2 · K)变为 16.8W/(m^2 · K)。较低的冷却速度会降低反应冷却阶段的温度下降速率。本案例将冷却循环泵里冷却剂流动速度设为 0m/s 模拟真实的故障情况，与绝热假设相比，反应失控推迟了约 166.8s，最高温度降低了 18.82K。图 7-7 为反应达到最高温度时不同的冷却速度下夹套壁面处的温度分布云图。冷却入口处的传热系数最大。随冷却速度降低，传热死区逐渐出现在夹套底部。当冷却系统完全失效时，传热系数分布受搅拌效果影响，温度分布出现层状现象，此时反应器存在两个高温区域：一个靠近自由表面，另一个位于反应器底部。

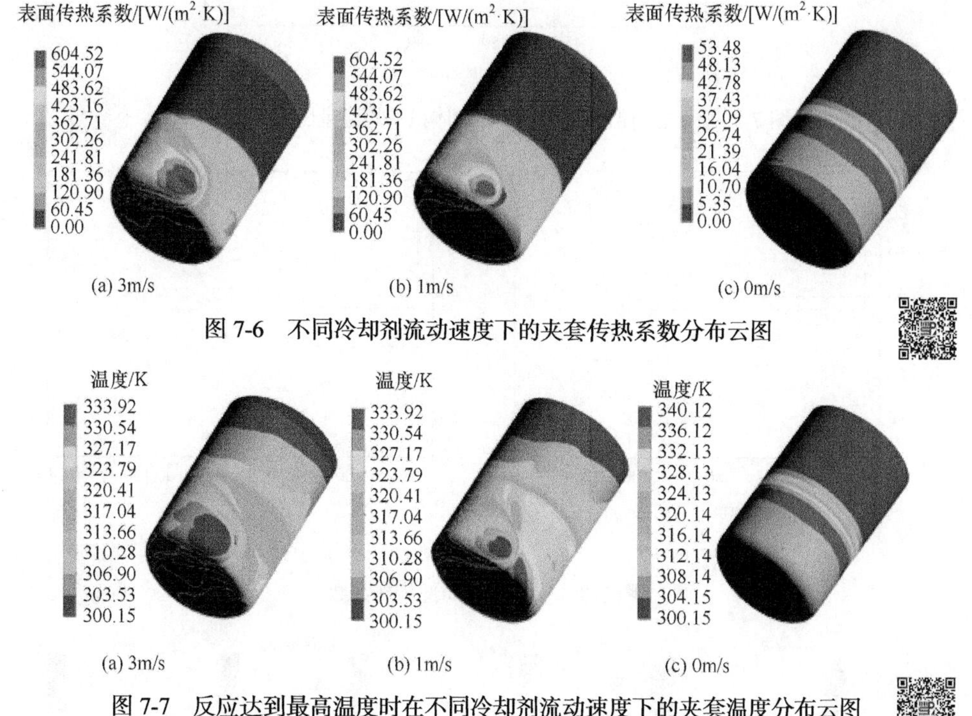

图 7-6　不同冷却剂流动速度下的夹套传热系数分布云图

图 7-7　反应达到最高温度时在不同冷却剂流动速度下的夹套温度分布云图

3) 搅拌速度的影响

为模拟故障情况，设定搅拌速度从 100r/min 骤降到较低状态，结果如图 7-8 所示。搅拌速度下降导致混合效率低下，搅拌釜内的平均传热系数大大降低。由图 7-9 可以看出，不同搅拌速度造成反应釜内的局部传热系数不同，与桨叶同高度处区域的传热系数最大。图 7-10 显示反应器高温区域随时间的变化情况。局部“热点”与冷却故障时不同：热点首先出现在液体顶部，然后扩散到搅拌桨叶片，集中在搅拌轴附近。搅拌效果显著影响反应器内部的传热行为，搅拌速度降低会导致器壁附近传热不均匀，并使高温区域的位置不同。当搅拌完全停止时，反应器最高温度分布如图 7-11 所示，由此可以看出，随着叶片附近温度升高，反应器内部的温度发生分层。在这种情况下，反应器内部温度分布引起的自由对流主导混合过程。

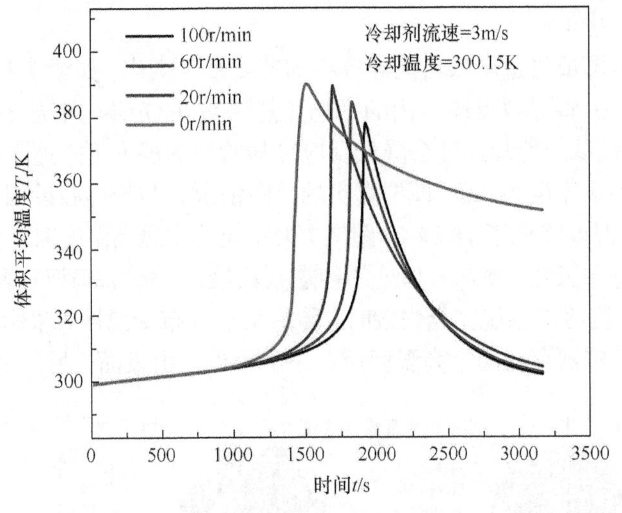

图 7-8　不同搅拌速度下反应釜内体积平均温度随时间的变化

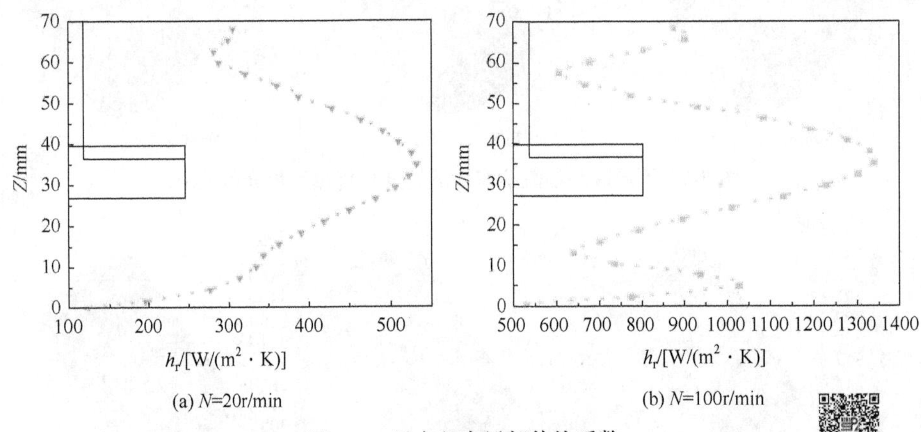

图 7-9　反应釜内局部传热系数

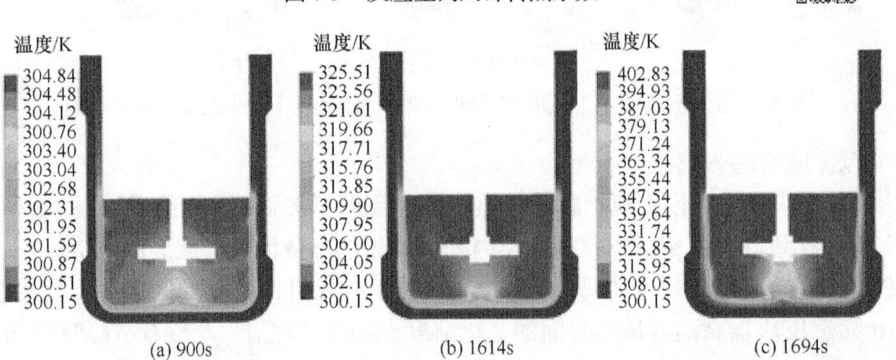

图 7-10　搅拌速度为 20r/min 时反应釜内不同时刻的温度分布云图

5. 总结

本案例以酯化反应为例给出了反应器热失控的 CFD 模拟研究过程，得到冷却温度、冷却剂流速、搅拌速度等因素对反应器热量交换的影响；基于失控分析，揭示了在不同失

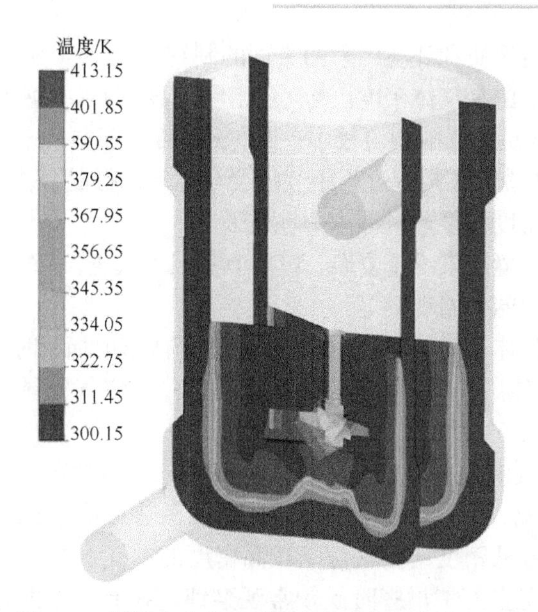

图 7-11　搅拌完全停止时反应釜内的温度分布云图

控模式下的反应热失控行为，为监控系统设置提供优化建议。对于强放热反应，如聚合反应、硝化反应等，可以采用 CFD 方法研究反应器的安全问题，既可以模拟正常反应过程的放热情况以设计反应器结构，也可以如本案例中模拟各种失控情境下的结果以加强安全控制与防护工作。这种反应器热失控的 CFD 模型仿真方法适用于各种反应器类型。通过模拟可以获得反应正常运行与失控情况下的流场、压力、温度分布，得到临界温度、响应时间等参考数据，有利于了解反应进程，确定温度传感器的设计和布局，并制定热失控事故的预防及应急措施。

7.3　化学气体泄漏模拟

气体泄漏对于化工行业来说具有很高的危险性和很大的危害性。1984 年印度博帕尔的 Union Carbon 工厂发生剧毒化学品异氰酸甲酯泄漏事故，致使 2000 多人死亡，20 万人伤残，这是人类工业史上发生的最大的灾难。化工气体往往具有高毒性，是化学气体泄漏高危性的原因之一；此外，储存和输运过程中的气体常处于极端条件下，如高压、低温；易燃气体的泄漏容易引起火灾、爆炸，并发生次生灾害等，这也是化学物质泄漏可引起的危害。物料的物理状态在其泄漏后是否发生改变、如何改变、其引起的危害范围和造成的后果也会发生变化。出于这样的考虑，利用 CFD 手段对化工场景下的气体泄漏进行模拟是实现过程安全的重要保障之一。根据泄漏源和环境条件，可以建立泄漏物质浓度随时间和空间变化的数学模型，即扩散模型。本节主要对气体泄漏后物料的扩散过程进行介绍。

7.3.1　气体扩散简介

7.3.1.1　气体扩散影响因素

气体和蒸气泄漏后，在泄漏源上方形成气云，气云在大气中扩散，扩大影响区域。气云的扩散情况受到自身性质和环境因素两方面的制约。

自身性质中最重要的是气体密度。当气云密度明显小于空气密度时称为轻气云，气云将向上扩散，对下方人员的影响相对较小；当气云密度大于空气密度时称为重气云，气云将向下沉降并沿地面扩散；在扩散过程中气云会与空气进行混合，密度逐渐趋近于空气密度，气云密度与空气密度相接近时称为中性气云。

影响气体扩散的环境因素纷繁复杂，包括但不限于风速、大气稳定度、地面条件、释放处距地面距离、释放的初始动量等。

风速会影响释放气体云团的形状，当连续点源释放形成烟羽时，风速增加使烟羽边长变窄；风速增加还会使物质向下风向输送的速度加快，被空气稀释至逐渐接近中性气的速度也会加快。

大气稳定度与空气的垂直混合有关，大致可以分为不稳定、中性和稳定三种情况。对于不稳定的大气情况，太阳对地面的加热比地面散热更快，因此地面附近空气温度比高处的空气温度高，较低密度的空气位于较高密度的空气下方，浮力的影响加强了大气的机械湍流。这种情况在上午早些时候较常观察到。对于中性稳定度的情况，地面上方空气温度较高，风速增加，减弱了日光照射的影响，空气温度差对大气的机械湍流影响不大。对于稳定的大气情况，阳光加热地面的速度小于地面的冷却速度，地面附近的空气温度低于高处的空气，高密度空气位于较低密度空气的下方，浮力对大气的机械湍流起抑制作用。

地面条件主要影响地表附近空气与泄漏气体的机械混合，以及风速随高度的变化。树木和建筑物的存在会加强机械混合，而湖泊等敞开的区域则会减弱这种混合。

释放高度对地面附近的浓度有很大影响。释放高度越高，烟羽需要垂直扩散的距离越长，与空气的混合越充分，因而地面附近的泄漏气浓度也就越低。

释放的初始动量和浮力事实上改变了释放的有效高度。气体向上做管口喷射的释放比没有喷射的释放具有更高的有效高度。同样，如果释放气体的温度高于周围空气的温度，那么浮力的作用也增加了释放的有效高度。对于通过烟囱的排放，可以通过 Holland 经验公式计算释放动量和浮力造成的额外高度：

$$\Delta H = \frac{\overline{u_s} d}{\overline{u}}\left[1.5 + 2.68\times10^{-3} Pd\left(\frac{T_s - T_a}{T_s}\right)\right] \tag{7-4}$$

式中，ΔH 为释放高度的修正值；$\overline{u_s}$ 和 $\overline{u}$ 分别为气体释放速度和风速，m/s；P 为大气压力，MPa；T_s 和 T_a 分别为排放气体温度和空气温度。

7.3.1.2　重气扩散

危险物质泄漏后，即使其分子量并没有明显大于空气，仍然有可能形成重气。例如，闪蒸释放过程中一部分液态介质可能以小液滴的方式雾化在蒸气介质中。判断扩散介质是否为重气，可以用 R_i 作为判据。它表示质点的湍流作用导致的重力加速度变化值与高度为 h 的云团由于周围空气对其剪切作用而产生的加速度值之比，表达式为

$$R_i = \frac{(\rho - \rho_a)gh}{\rho_a^2 \upsilon} \tag{7-5}$$

式中，ρ 和 ρ_a 分别为云团和空气的密度；υ 为空气对云团的剪切力产生的摩擦速度。通常定义一个 R_i 的临界值，超过这个临界值时即认为该扩散介质属于重气。这个值的选取根据环境条件有一定的不确定性，一般情况下可以取 10。

重气在向四周扩散的同时也在向下方沉降。地面条件等复杂环境因素的影响，比非重气扩散中更为明显，与非重气的扩散也有较大差异。根据数学建模思路的不同，可以把重气扩散的模型分为三类。

(1) 经验模型，又称 BM 模型。该模型将一系列重气扩散的实验数据进行量纲为一化处理后绘制成图表，并拟合出经验公式。这种模型简单易用，但精度只能供初步筛选使用，而且难以进行深入的改进。

(2) 一维模型。该模型主要包括用于瞬时泄漏的箱模型和用于连续泄漏的板块模型。此类模型一般将重气扩散划分为重力沉降、重气向非重气扩散转换、被动扩散三个阶段，引入了空气吞噬的概念，并假设各阶段云团内密度、温度等的分布遵循统一的规律。根据对云团内温度、密度分布和空气吞噬处理方法的不同，产生了很多对箱模型的改进。这也是目前安全设计被广泛应用的一类模型。

(3) 浅层模型。浅层模型对气云主体和气云边缘采用了不同的处理方法，相比于一维模型，对复杂地形的处理能力有了明显的提升。典型的浅层模型有 SLAB 模型和 TWODEE 模型等。

7.3.1.3　中性气扩散

中性气体的扩散通常可以用烟羽或烟团两种模型进行描述。烟羽模型适合描述来自连续源释放物质的稳态浓度，典型的例子是气体自烟囱的连续释放，稳态烟羽在烟囱的下风向形成。烟团模型适合描述一定量的单一物质释放后的暂时浓度，典型的例子是由于储罐的破裂，一定量的物质突然泄漏，形成一个巨大的蒸气云团，并逐渐远离释放处。烟羽可以视为连续释放的烟团，它不涉及过程的动态变化，因而更加简单易用。如果具有稳态烟羽模型所需的所有信息，那么建议使用烟羽模型，如果涉及动态烟羽的研究，则应该选择烟团模型。

对于中性气云而言，无论是释放的气体本身与空气密度相近，还是与空气混合后密度接近，最突出的影响都是重力下沉与浮力上升作用可以忽略，扩散主要在水平方向上进行，且由空气的湍流决定。

考虑固定质量 Q_m^* 的物质瞬时泄漏到无限膨胀扩张的空气中(距地面距离暂不考虑)，设泄放源处为坐标原点。不考虑扩散过程中可能发生的化学反应，中性气释放导致的物质浓度 C 的变化可以由水平对流方程给出：

$$\frac{\partial C}{\partial t} + \frac{\partial}{\partial x_j}(u_j C) = 0 \tag{7-6}$$

式中，下标 j 代表所有坐标方向 x、y、z 的总和；u 为空气速度。如果人们能够确切地给定某时某地的风速，那么利用式(7-6)就可以正确预测浓度的变化。但在这个过程中，湍流的影响是不可忽略的，而目前又没有可以精确描述湍流的数学模型，只能使用近似值。一般的方法是用平均值和随机量代替速度：

$$u_j = \overline{u_j} + u'_j \tag{7-7}$$

式中，$\overline{u_j}$为平均风速，而u_j'为湍流引起的随机波动。

浓度C也随速度场而波动，可以表达为类似的形式：

$$C = \overline{C} + C' \tag{7-8}$$

将式(7-8)和式(7-7)代入式(7-6)，并使结果对时间平均，可以得到

$$\frac{\partial \overline{C}}{\partial t} + \frac{\partial}{\partial x_j}(\overline{u_j C}) + \frac{\partial}{\partial x_j}\overline{u_j' C'} = 0 \tag{7-9}$$

浓度和风速都是在平均值附近波动，所以$\overline{u_j'}$且$\overline{C'}=0$，但湍流项$\overline{u_j' C'}$不一定为零，仍保留在方程中。

要描述湍流还需要其他方程，通常的方法是定义湍流扩散系数K_j，即

$$\overline{u_j' C'} = -K_j \frac{\partial \overline{C}}{\partial x_j} \tag{7-10}$$

将式(7-10)代入式(7-9)，得到

$$\frac{\partial \overline{C}}{\partial t} + \frac{\partial}{\partial x_j}(\overline{u_j C}) = \frac{\partial}{\partial x_j}\left(K_j \frac{\partial \overline{C}}{\partial x_j}\right) \tag{7-11}$$

如果假设空气是不可压缩的，那么

$$\frac{\partial \overline{u_j}}{\partial x_j} = 0 \tag{7-12}$$

式(7-11)变为

$$\frac{\partial \overline{C}}{\partial t} + \overline{u_j}\frac{\partial \overline{C}}{\partial x_j} = \frac{\partial}{\partial x_j}\left(K_j \frac{\partial \overline{C}}{\partial x_j}\right) \tag{7-13}$$

式(7-13)是中性气扩散模型的理论基础。根据不同的实际情况，给出相应的初始条件和边界条件，就可以得到该情况下的浓度分布。

在接下来的讨论中，除非特别声明，否则均以释放源处为坐标原点建立直角坐标系，x轴是从释放源径直指向下风向，z轴是垂直于释放源的方向。

1. 无风状态下，稳态连续点源释放

适用条件：泄漏流率为常数(Q_m=constant)；无风($\overline{u_j}=0$)；稳态，即计算过程中不考虑浓度变化($\partial C/\partial t=0$)；各方向上湍流扩散系数相同($K_x=K_y=K_z=K^*$)。

根据上述初始条件，式(7-13)化为

$$\frac{\partial^2 \overline{C}}{\partial^2 x} + \frac{\partial^2 \overline{C}}{\partial^2 y} + \frac{\partial^2 \overline{C}}{\partial^2 z} = 0 \tag{7-14}$$

如果将数学模型改为建立在球坐标系基础上，可以使问题的处理变得简单。式(7-14)可以化为

$$\frac{\mathrm{d}}{\mathrm{d}r}\left(r^2\frac{\mathrm{d}\overline{C}}{\mathrm{d}r}\right)=0 \tag{7-15}$$

对于连续稳态释放，通过任意半径 r 处的球面的质量流率应该与泄漏流率 Q_{m} 相等，可以表示为

$$-4\pi r^2K\frac{\mathrm{d}\overline{C}}{\mathrm{d}r}=Q_{\mathrm{m}} \tag{7-16}$$

其他边界条件还包括：当 $r\to\infty$时，$\overline{C}\to 0$。

将式(7-16)的浓度项与半径项分离，并在任意 r 和 $r=\infty$之间进行积分

$$\int_{\overline{C}}^{0}\mathrm{d}\overline{C}=-\frac{Q_{\mathrm{m}}}{4\pi K}\int_{r}^{\infty}\frac{\mathrm{d}r}{r^2} \tag{7-17}$$

可以求解出任意 r 处的浓度：

$$\overline{C}=\frac{Q_{\mathrm{m}}}{4\pi rK} \tag{7-18}$$

式(7-18)的结果可以很容易地转化为直接坐标系下的表达式：

$$\overline{C}=\frac{Q_{\mathrm{m}}}{4\pi K\sqrt{x^2+y^2+z^2}} \tag{7-19}$$

2. 无风状态下的瞬时释放

适用条件：一定量的物质瞬时释放，采用烟团模型；无风($\overline{u_j}=0$)；各方向上湍流扩散系数相同($K_x=K_y=K_z=K^*$)；$t=0$ 时，$\overline{C}=0$。

根据上述初始条件，式(7-13)化为

$$\frac{\partial^2\overline{C}}{\partial^2 x}+\frac{\partial^2\overline{C}}{\partial^2 y}+\frac{\partial^2\overline{C}}{\partial^2 z}=\frac{1}{K}\frac{\partial\overline{C}}{\partial t} \tag{7-20}$$

可以求得球坐标系下的解为

$$\overline{C}=\frac{Q_{\mathrm{m}}^*}{8(\pi Kt)^{3/2}}\exp\left(-\frac{r^2}{4Kt}\right) \tag{7-21}$$

而直角坐标系下的解为

$$\overline{C}=\frac{Q_{\mathrm{m}}^*}{8(\pi Kt)^{3/2}}\exp\left(-\frac{x^2+y^2+z^2}{4Kt}\right) \tag{7-22}$$

3. 无风情况下的非稳态点源释放

适用条件：泄漏流率为常数(Q_{m}=constant)；无风($\overline{u_j}=0$)；$t=0$ 时，$\overline{C}=0$；各方向上湍流扩散系数相同($K_x=K_y=K_z=K^*$)。

得到与式(7-20)相同的基本表达式。边界条件还包括：当 $r\to\infty$时，$\overline{C}\to 0$。通过将瞬

时解对时间积分可以求得球坐标系下的结果为

$$\overline{C}=\frac{Q_{\mathrm{m}}^{*}}{4\pi Kt}\int^{t}\left(\frac{r}{2\sqrt{Kt}}\right) \tag{7-23}$$

而直角坐标系下的解为

$$\overline{C}=\frac{Q_{\mathrm{m}}}{4\pi K\sqrt{x^{2}+y^{2}+z^{2}}}\int^{t}\left(\frac{\sqrt{x^{2}+y^{2}+z^{2}}}{2\sqrt{Kt}}\right) \tag{7-24}$$

当 $t\to\infty$时，可以认为释放达到稳态，式(7-23)和式(7-24)简化为相应的稳态解式(7-18)和式(7-19)。

4. 无风状态下的烟团，湍流扩散系数是方向的函数

除各个方向上的湍流扩散系数 K_j 要单独取值外，其他条件与情况 2 相同。式(7-13)可以化为

$$K_x\frac{\partial^{2}\overline{C}}{\partial^{2}x}+K_y\frac{\partial^{2}\overline{C}}{\partial^{2}y}+K_z\frac{\partial^{2}\overline{C}}{\partial^{2}z}=\frac{\partial\overline{C}}{\partial t} \tag{7-25}$$

方程的解为

$$\overline{C}=\frac{Q_{\mathrm{m}}^{*}}{8(\pi t)^{3/2}\sqrt{K_xK_yK_z}}\exp\left[-\frac{1}{4t}\left(\frac{x^{2}}{K_x}+\frac{y^{2}}{K_y}+\frac{z^{2}}{K_z}\right)\right] \tag{7-26}$$

5. 有风状态下的稳态连续点源释放

适用条件：泄漏流率为常数(Q_{m}=constant)；各方向上湍流扩散系数相同($K_x=K_y=K_z=K^{*}$)；风只沿 x 轴方向吹($\overline{u_j}=\overline{u_x}=u=\text{const}$)。

式(7-13)可以简化为

$$\frac{\partial^{2}\overline{C}}{\partial^{2}x}+\frac{\partial^{2}\overline{C}}{\partial^{2}y}+\frac{\partial^{2}\overline{C}}{\partial^{2}z}=\frac{u}{K}\frac{\partial\overline{C}}{\partial t} \tag{7-27}$$

可以适用情况 1 的边界条件，式(7-27)的解为

$$\overline{C}=\frac{Q_{\mathrm{m}}}{4\pi K\sqrt{x^{2}+y^{2}+z^{2}}}\exp\left[-\frac{u}{2k}\left(\sqrt{x^{2}+y^{2}+z^{2}}-x\right)\right] \tag{7-28}$$

如果假设烟羽很细很长，并且始终没有远离 x 轴，即

$$y^{2}+z^{2}\ll x^{2} \tag{7-29}$$

利用 $\sqrt{1+a}\approx 1+a/2$，式(7-28)可以简化为

$$\overline{C}=\frac{Q_{\mathrm{m}}}{4\pi Kx}\exp\left[-\frac{u}{2k}(y^{2}+z^{2})\right] \tag{7-30}$$

沿烟羽的中心线有 y=z=0，则式(7-30)继续简化为

$$\overline{C}=\frac{Q_{\mathrm{m}}}{4\pi Kx} \tag{7-31}$$

6. 有风状态下的稳态连续点源释放，湍流扩散系数是方向的函数

除各方向上的湍流扩散系数需单独取值外，其他适用条件与情况 5 相同，并保留细长烟羽的假设。简化后的模型方程为

$$K_x\frac{\partial^2\overline{C}}{\partial^2 x}+K_y\frac{\partial^2\overline{C}}{\partial^2 y}+K_z\frac{\partial^2\overline{C}}{\partial^2 z}=u\frac{\partial\overline{C}}{\partial t} \tag{7-32}$$

方程的解为

$$\overline{C}=\frac{Q_{\mathrm{m}}}{4\pi x\sqrt{K_yK_z}}\exp\left[-\frac{u}{2x}\left(\frac{y^2}{K_y}+\frac{z^2}{K_z}\right)\right] \tag{7-33}$$

沿烟羽的中心线有 $y=z=0$，平均浓度为

$$\overline{C}=\frac{Q_{\mathrm{m}}}{4\pi x\sqrt{K_yK_z}} \tag{7-34}$$

7. 有风状态下的烟团释放

除去有了沿 x 轴方向的风速外，其他条件与情况 4 相同。通过简单的坐标移动可以解决此问题。情况 4 代表了围绕在释放源周围的固定烟团，如果烟团随风沿 x 轴移动，则用随风移动的新坐标系($x-ut$)代替原来的坐标系 x，即可得到解。所得解析式与式(7-26)相同，但要注意所参照的坐标系发生了变化。

8. 无风条件下，释放源在地面上的烟团

地面在此模型中代表了不能扩散通过的边界。除此之外，其他条件与情况 4 相同。得到的结果表明浓度是情况 4 下浓度的 2 倍：

$$\overline{C}=\frac{Q_{\mathrm{m}}^*}{4(\pi t)^{3/2}\sqrt{K_xK_yK_z}}\exp\left[-\frac{1}{4t}\left(\frac{x^2}{K_x}+\frac{y^2}{K_y}+\frac{z^2}{K_z}\right)\right] \tag{7-35}$$

9. 有风条件下，释放源在地面上的连续稳态点源释放

类似地，所得浓度是情况 6 下浓度的 2 倍：

$$\overline{C}=\frac{Q_{\mathrm{m}}}{2\pi x\sqrt{K_yK_z}}\exp\left[-\frac{u}{4x}\left(\frac{y^2}{K_y}+\frac{z^2}{K_z}\right)\right] \tag{7-36}$$

10. 有风情况下，高空稳态连续点源释放

释放源在距地面 H_r 处，即视为在距释放源 z 轴负方向 H_r 处存在不能扩散通过的边界，所得结果为

$$\overline{C}=\frac{Q_{\mathrm{m}}}{4\pi x\sqrt{K_yK_z}}\exp\left(-\frac{uy^2}{4K_yx}\right)\left\{\exp\left[-\frac{u}{4K_zx}(z-H_r)^2\right]+\exp\left[-\frac{u}{4K_zx}(z-H_r)^2\right]\right\} \tag{7-37}$$

当 $H_r=0$ 时，式(7-37)简化为式(7-36)，即释放源在地面的连续稳态点源释放。

上述情况在计算中都依赖于湍流扩散系数 K_j 的确定。K_j 随着位置、时间、风速和天气情况等发生变化，而且通过实验测定很不方便。目前常用的解决方法由 Lees 提出，他定义了一个更容易通过实验测定的扩散系数：

$$\sigma_x^2=\frac{1}{2}\overline{C}^2(u_xt)^{2-n} \tag{7-38}$$

类似地，可以给出σ_y和σ_z的定义。此扩散系数是大气稳定度和距释放源距离的函数。如前所述，大气稳定度主要取决于风速和日照程度，在决定扩散系数时，往往按照表 7-2 所示进一步细化为六个等级，由 A 到 F 表示稳定性逐渐增强。对于连续源(烟羽释放)的扩散系数，可以由图 7-12 和图 7-13 查出。烟团释放的扩散系数可以由图 7-14 给出，但准确性要差一些。

表 7-2　使用 P-G 扩散模型的大气稳定度等级

表面风速/(m/s)	白天日照			夜间条件	
	强	适中	弱	云层很薄或覆盖>4/8	云层覆盖≤3/8
<2	A	A~B	D	F	F
2～3	A~B	B	C	E	F
3～4	B	B~C	C	D	E
4～6	C	C~D	D	D	D
>6	C	D	D	D	D

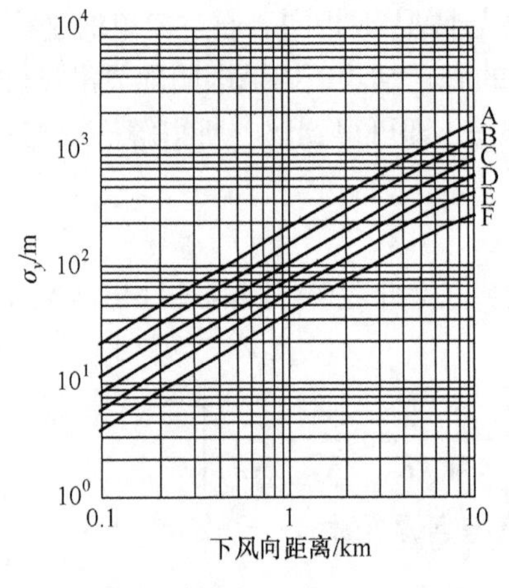

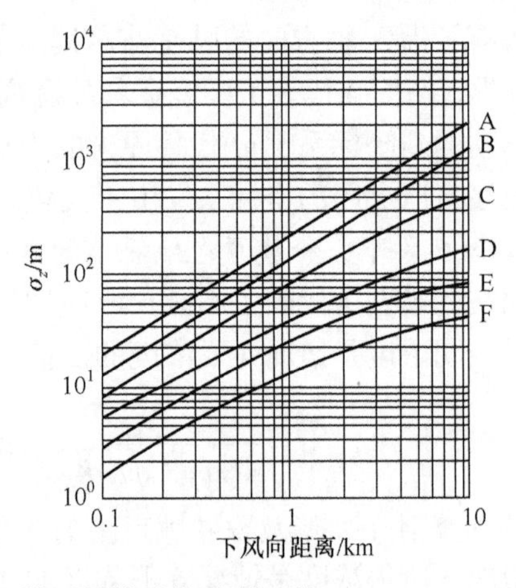

图 7-12　Pasquill-Gifford 烟羽模型扩散系数(农村环境)

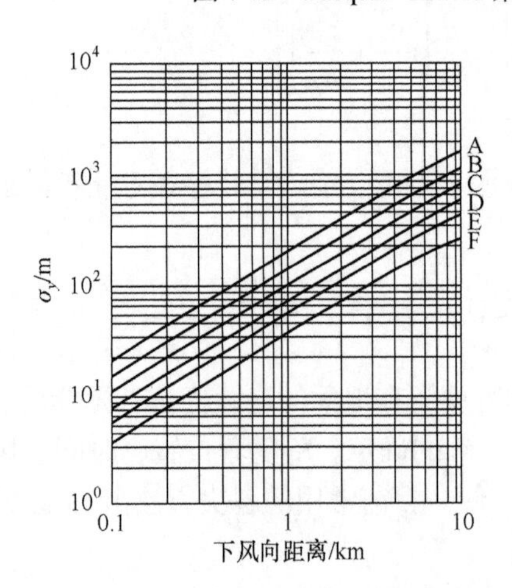

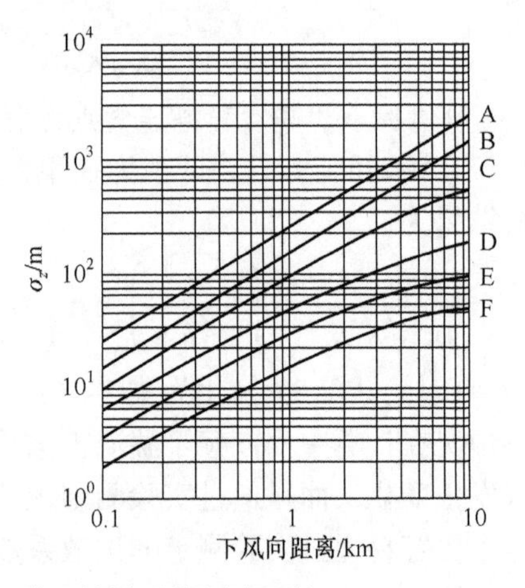

图 7-13　Pasquill-Gifford 烟羽模型扩散系数(城市环境)

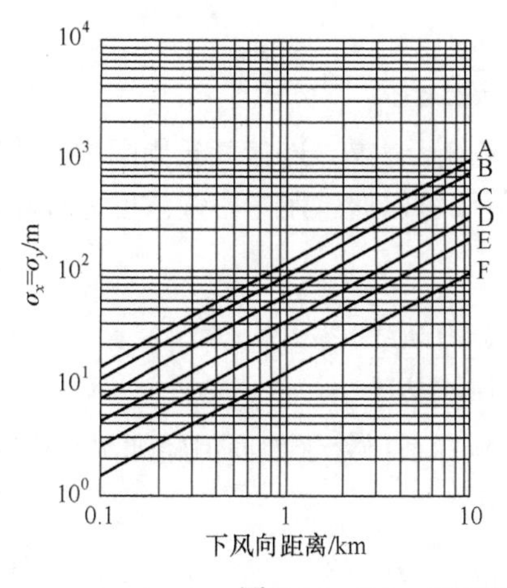

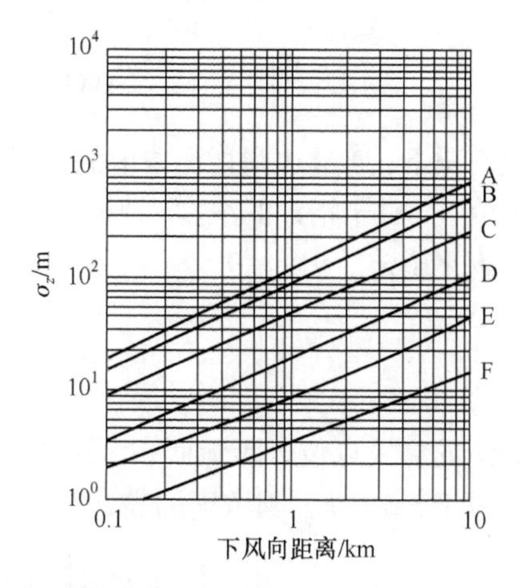

图 7-14　Pasquill-Gifford 烟团模型的扩散系数

将扩散系数应用于前面烟羽和烟团模型，即著名的 Pasquill-Gifford 扩散模型。可以利用 P-G 扩散模型求解的问题主要包括以下几类：

1. 瞬时释放，烟团模型

当释放源位于地面时，即前面所述的第 7 种情况。结果也与式(7-26)类似。

$$\overline{C}=\frac{Q_{\mathrm{m}}^{*}}{\sqrt{2}\pi^{\frac{3}{2}}\sigma_x\sigma_y\sigma_z}\exp\left\{-\frac{1}{2}\left[\left(\frac{x-ut}{\sigma_x}\right)^2+\frac{y^2}{\sigma_y^2}+\frac{z^2}{\sigma_z^2}\right]\right\} \tag{7-39}$$

令 z=0，可以求得地面处的浓度

$$\overline{C}_{(x,y,0,t)}=\frac{Q_{\mathrm{m}}^{*}}{\sqrt{2}\pi^{\frac{3}{2}}\sigma_x\sigma_y\sigma_z}\exp\left\{-\frac{1}{2}\left[\left(\frac{x-ut}{\sigma_x}\right)^2+\frac{z^2}{\sigma_z^2}\right]\right\} \tag{7-40}$$

地面上沿风向即 x 轴方向的浓度可以通过令 y=z=0 得到：

$$\overline{C}_{(x,0,0,t)}=\frac{Q_{\mathrm{m}}^{*}}{\sqrt{2}\pi^{\frac{3}{2}}\sigma_x\sigma_y\sigma_z}\exp\left[-\frac{1}{2}\left(\frac{x-ut}{\sigma_x}\right)^2\right] \tag{7-41}$$

烟团中心坐标为(ut,0,0)，据此可以得到移动烟团中心的浓度：

$$\overline{C}_{(ut,0,0,t)}=\frac{Q_{\mathrm{m}}^{*}}{\sqrt{2}\pi^{\frac{3}{2}}\sigma_x\sigma_y\sigma_z} \tag{7-42}$$

将浓度对时间积分，可以得到站在固定点(x,y,z)处的个体所接受的全部剂量 D_{tid}：

$$D_{\mathrm{tid}}(x,y,z)=\int_0^{\infty}\overline{C}(x,y,z,t)\mathrm{d}t \tag{7-43}$$

当人站在地面上以及位于下风向时，式(7-43)的结果分别为

$$D_{\mathrm{tid}}(x,y,0)=\frac{Q_{\mathrm{m}}^{*}}{\pi\sigma_y\sigma_z u}\exp\left(-\frac{1}{2}\frac{y^2}{\sigma_y^2}\right) \tag{7-44}$$

$$D_{\text{tid}}(x,0,0)=\frac{Q_{\text{m}}^{*}}{\pi\sigma_{y}\sigma_{z}u} \tag{7-45}$$

一般情况下，通过达到指定浓度的位置定义气云边界。连接气云周围相等浓度点的曲线称为等值线。对于指定的浓度，地面上的等值线可以通过用中心线浓度方程除以一般地面浓度方程来确定。

$$y=\sigma_{y}\sqrt{2\ln\frac{\overline{C}(x,0,0,t)}{\overline{C}(x,y,0,t)}} \tag{7-46}$$

当烟团的释放点位于距地面 H_r 高处时，令坐标系仍处于地面但随烟团进行水平移动，烟团中心位于 $x=ut$ 处，则浓度的表达式为

$$\overline{C}=\frac{Q_{\text{m}}}{(2\pi)^{\frac{3}{2}}\sigma_{x}\sigma_{y}\sigma_{z}}\exp\left(-\frac{1}{2}\frac{y^{2}}{\sigma_{y}^{2}}\right)\left\{\exp\left[-\frac{1}{2}\left(\frac{z-H_{r}}{\sigma_{z}}\right)^{2}\right]+\exp\left[-\frac{1}{2}\left(\frac{z+H_{r}}{\sigma_{z}}\right)^{2}\right]\right\} \tag{7-47}$$

时间的影响可以通过扩散系数体现，当烟团向下风向运动时，它们的值也会发生变化。如果在无缝条件下，式(7-47)是不适用的。

地面浓度和地面中心线的浓度分别为

$$\overline{C}(x,y,0,t)=\frac{Q_{\text{m}}}{\sqrt{2}\pi^{\frac{3}{2}}\sigma_{x}\sigma_{y}\sigma_{z}}\exp\left[-\frac{1}{2}\left(\frac{y^{2}}{\sigma_{y}^{2}}+\frac{H_{r}^{2}}{\sigma_{z}^{2}}\right)\right] \tag{7-48}$$

$$\overline{C}(x,0,0,t)=\frac{Q_{\text{m}}}{\sqrt{2}\pi^{\frac{3}{2}}\sigma_{x}\sigma_{y}\sigma_{z}}\exp\left(-\frac{1}{2}\frac{H_{r}^{2}}{\sigma_{z}^{2}}\right) \tag{7-49}$$

对于烟团，最大浓度通常在烟团的中心。当释放源高于地面时，中性气的烟团中心将平行于地面移动，而地面上的最大浓度将位于烟团中心的正下方。

2. 连续稳态释放，烟羽模型

当释放源位于地面时，风速沿 x 轴正向，风速恒定为 u。这种情况与前面的情况九类似，可以得到与式(7-36)类似的结果

$$\overline{C}=\frac{Q_{\text{m}}^{*}}{\pi u\sigma_{y}\sigma_{z}}\exp\left[-\frac{1}{2}\left(\frac{y^{2}}{\sigma_{y}^{2}}+\frac{z^{2}}{\sigma_{z}^{2}}\right)\right] \tag{7-50}$$

令 $z=0$，可以得到地面上的浓度：

$$\overline{C}(x,y,0)=\frac{Q_{\text{m}}}{\pi u\sigma_{y}\sigma_{z}}\exp\left(-\frac{1}{2}\frac{y^{2}}{\sigma_{y}^{2}}\right) \tag{7-51}$$

令 $y=z=0$，可以得到下风向沿烟羽中心线的浓度：

$$\overline{C}(x,0,0)=\frac{Q_{\text{m}}}{\pi u\sigma_{y}\sigma_{z}} \tag{7-52}$$

等值线的求解可以按照与瞬时释放时类似的方法处理。

当释放源位于比地面高 H_r 处时，情况与有风条件下高空稳态连续点源释放相同，所得结果与式(7-37)相似。

$$\overline{C}=\frac{Q_{\mathrm{m}}}{2\pi u\sigma_y\sigma_z}\exp\left(-\frac{1}{2}\frac{y^2}{\sigma_y^2}\right)\times\left\{\exp\left[-\frac{1}{2}\left(\frac{z-H_r}{\sigma_z}\right)^2\right]+\exp\left[-\frac{1}{2}\left(\frac{z+H_r}{\sigma_z}\right)^2\right]\right\} \tag{7-53}$$

地面浓度和地面中心线浓度分别为

$$\overline{C}(x,y,0)=\frac{Q_{\mathrm{m}}}{\pi u\sigma_y\sigma_z}\exp\left[-\frac{1}{2}\left(\frac{y^2}{\sigma_y^2}+\frac{H_r^2}{\sigma_z^2}\right)\right] \tag{7-54}$$

$$\overline{C}(x,0,0)=\frac{Q_{\mathrm{m}}}{\pi u\sigma_y\sigma_z}\exp\left(-\frac{1}{2}\frac{H_r^2}{\sigma_z^2}\right) \tag{7-55}$$

对于烟羽，最大浓度通常在释放点处。当释放源高于地面时，地面上的最大浓度出现在释放处的下风向上的某一点。下风向地面上最大浓度出现的位置可以由下式求得：

$$\sigma_z=\frac{H_r}{\sqrt{2}} \tag{7-56}$$

根据式(7-56)确定最大浓度处的位置后，可以算出沿 x 轴的最大浓度：

$$\overline{C}_{\max}=\frac{2Q_{\mathrm{m}}}{e\pi uH_r^2}\left(\frac{\sigma_z}{\sigma_y}\right) \tag{7-57}$$

除了只能用于中性气扩散外，P-G扩散模型在使用上还有一些别的限制。一般来说，它只在距释放源0.1～10km的范围内有效，而且预测得到的结果是时间平均值，因此，局部浓度的瞬时值有可能超过预测结果。在紧急响应中这一点应该纳入考虑。实际浓度的瞬时值一般在模型计算结果的两倍范围内变化。

7.3.2　气体泄漏案例分析

7.3.2.1　问题描述

本案例(Yang et al., 2017)对有毒气体泄漏的事故后果进行了CFD模拟，模拟的是2012年真实发生的灾难性的氟化氢气体泄漏事故。2012年9月27日，韩国龟尾市一家LCD清洁溶剂生产厂发生氟化氢泄漏事故，该事故除对3200头家畜造成伤害外，还导致5人死亡，12人受伤，破坏了2.4km^{2}的农田。泄漏源是一个18t的氟化氢储罐，由于误操作，储罐的阀门持续开启了将近8h，释放了8～12t氟化氢气体。事故发生时正在刮向西的强风。发生事故时，环境温度为22℃，氟化氢保持液相状态，泄漏源的球阀内径为20mm。本案例模拟了0.72km^{3}空间内的泄漏后果，模拟气体泄漏范围、死亡人数预测及环境破坏结果，与实际造成的损害进行了比较。

7.3.2.2　问题分析

本案例使用的CFD软件为FLACS10.4，通过设定与实际情况相符的其他环境条件，模拟事故的真实发生过程。鉴于扩散气体与空气不同，且为确保模型的有效性，本案例分别使用单相和两相扩散模型验证无水氟化氢的泄漏过程，并与其他扩散模型进行比较。

7.3.2.3　解决方案

1. 几何建模与网格划分

本案例应用实际几何特征进行建模。模拟空间为 0.72km^3，顺风方向为 2km，侧风方向为 1.8km，垂直方向为 0.2km。靠近泄漏源附近的最小网格为 10m × 10m × 3m，周围网格逐渐扩大因子为 1.2，网格总数为 330750。

2. 模拟过程

分别使用单相和两相扩散模型验证无水氟化氢的泄漏过程。模拟时间设置为 2h，以使模拟体积中的浓度在 1mg/kg 以下。

7.3.2.4　结果与讨论

1. 氟化氢气体泄漏模拟结果

泄漏扩散模拟结果如图 7-15 所示。泄漏开始前，设置一定的风积聚时间，以使风向保持稳定。在风力聚集期间，由于事故地点的几何特征，西风略微转变为西北风，使云层向南移动。泄漏范围从工业园区蔓延到农业区。

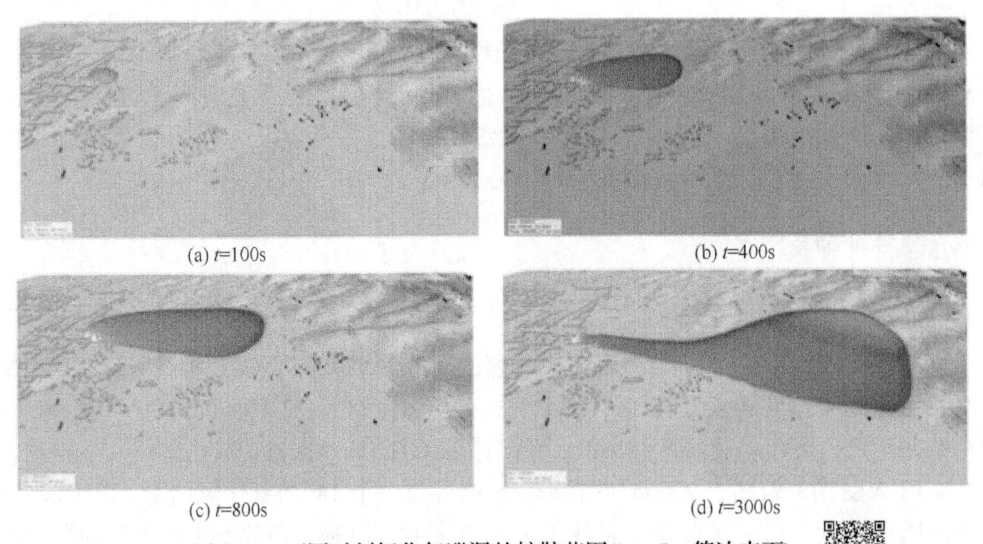

(a) t=100s　(b) t=400s　(c) t=800s　(d) t=3000s

图 7-15　不同时刻氟化氢泄漏的扩散范围(1 mg/kg 等浓表面)

2. 致死概率估算

泄漏发生时，氟化氢厂内共有 8 人，其中 5 人死亡；工厂外没有死亡报告。图 7-16 显示模拟出的因暴露于氟化氢气体中而死亡的概率。工厂内部死亡率很高，而工厂外部死亡率较低，与真实情况相符。

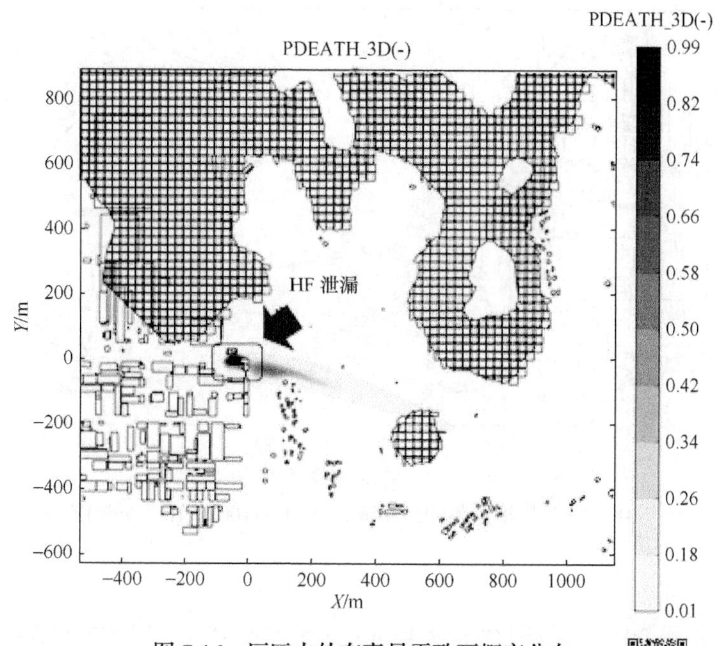

图 7-16 厂区内外有毒暴露致死概率分布

3. 环境破坏

图 7-17 显示了 CFD 所预测的氟化氢泄漏点附近毒性分布。黑点代表枯萎植被的位置。该等值线图基于 z=1.5m 高度处，模拟近似人类的高度，因此图中未显示高于 1.5m 的建筑物或山丘的某些点。相比实际污染情况，模拟得到的剂量大了 6～7 倍。

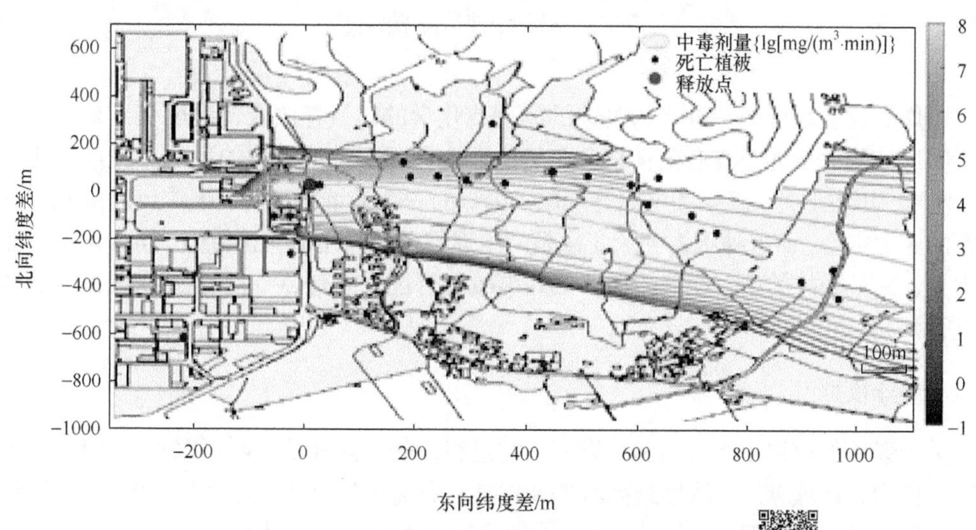

图 7-17 CFD 模拟预测的泄漏点附近毒性分布

通过模拟毒性剂量的分布预测了植被的破坏情况，图 7-18 中的蓝色标志表示毒性剂量为 100mg/(m^3 · min)。红色标记为 CFD 在同剂量条件下的模拟结果。泄漏点以东的顺风方向，植被破坏面积与模拟结果相似。

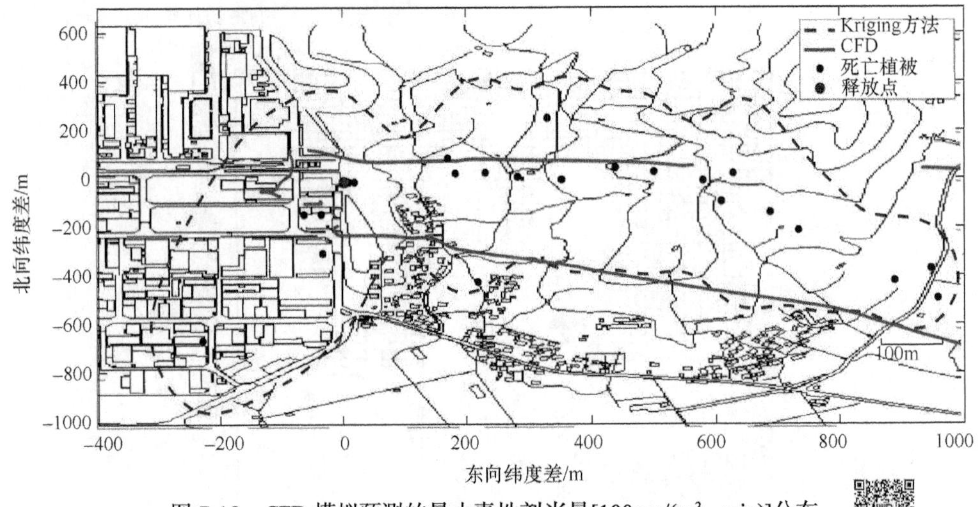

图 7-18 CFD 模拟预测的最小毒性剂当量[100mg/(m³ · min)]分布

7.3.2.5 总结

本案例研究了 2012 年韩国真实发生的氟化氢泄漏事故，用 CFD 仿真技术模拟了氟化氢的泄漏扩散情况，并分析了其对周围生命和环境的影响。由此案例可以看出，CFD 仿真技术可以较为准确地模拟气体扩散的范围、相应压力及浓度分布等结果，在此基础上，结合生物致死数据可以分析对人体及环境的影响程度等，对实际工业生产过程中的厂址选择、事故应急处理和后续事故分析有重要意义。

7.4 爆炸事故模拟

爆炸是物质系统的一种极为迅速的物理或化学的能量释放或转换过程，是系统蕴藏或瞬间形成的大量能量在有限体积和极短时间内骤然释放或转化的现象。爆炸常伴有发热、发光、压力上升、真空和电离等现象。爆炸的一个最重要特征是爆炸点周围介质发生急剧的压力突变，而这种压力突跃变化是产生爆炸破坏作用的直接原因。作为化工行业中的常见、高危事故类型，在氢能源评估和事故分析过程中有必要利用 CFD 模拟方法对爆炸进行研究。

7.4.1 爆炸模型

关于爆炸的模拟主要包括两种模型：需进行爆炸风险评估，则可以直接采用 TNT 等效爆炸模型，计算爆炸物浓度最高时的冲击波；若需模拟具体爆炸性物质的扩散及爆炸，则可采用扩散爆炸模型，如液化石油气的爆炸，其主要成分是丙烷及丁烷。

7.4.1.1 TNT 等效爆炸模型

1. TNT 当量计算

TNT 当量法是将已知能量的可燃燃料等同于当量质量的 TNT 的一种方法。该方法建立在假设燃料爆炸的行为如同具有相等能量的 TNT 爆炸的基础之上。TNT 的当量质量可用下式估算：

$$m_{\mathrm{TNT}} = \frac{\eta m \Delta H_{\mathrm{c}}}{E_{\mathrm{TNT}}} \tag{7-58}$$

式中，m_{TNT} 为 TNT 当量质量；η 为经验爆炸效率(量纲为一)；m 为可燃物的质量；ΔH_{c} 为可燃物的爆炸能(能量/质量)；E_{TNT} 为 TNT 的爆炸能，TNT 爆炸能的典型值为 1120cal/g = 4686kJ/kg。

确定爆炸效率是该当量方法中的主要问题之一。爆炸效率用于调整对众多因素的估算，包括：可燃物质与空气的不完全混合；热量向机械能的不完全转化等。爆炸效率是经验值，对于大多数可燃气云，其值在 1%～10% 之间变化。

TNT 当量的估算步骤为：①确定参与爆炸的可燃物质的总量；②估计爆炸效率，用式(7-58)计算 TNT 当量质量。例如，采用 TNT 等效爆炸模型描述蒸气云爆炸(VCE)的能量，即将爆炸所涉及的可燃气体释放的能量转化为可释放相同能量的 TNT 量。W_{TNT} 代表以 kg 为单位的蒸气云的 TNT 当量，计算公式为

$$W_{\mathrm{TNT}} = \frac{1.8aWQ}{Q_{\mathrm{TNT}}} \tag{7-59}$$

式中，a 为 VCE 的效率因子，等于 0.04；W 为蒸气云中可燃气体的质量，kg；Q 为可燃气体的燃烧热，J/kg；Q_{TNT} 为 TNT 的爆炸热，J/kg。

对于地面爆炸，由于地面反射，爆炸威力几乎翻倍。一般地爆炸系数应乘以 1.8。

爆炸中心和给定超压之间的距离计算如下：

$$R = 0.396 W_{\mathrm{TNT}}{}^{1/3} \exp[3.0531 - 0.7241\ln\Delta P + 0.0398(\ln\Delta P)^2] \tag{7-60}$$

式中，R 为爆炸中心与给定超压之间的距离，或以 m 为单位的爆炸损伤半径；ΔP 是以 kPa 为单位的超压。超压破坏的影响如表 7-3 所示。

表 7-3　超压的破坏作用

超压/kPa	损坏效应
1.035	玻璃窗损坏的典型压力
2.07	10%的玻璃破碎
3.45	窗户破损，建筑结构破损较少
4.83	对人员的可逆影响上限
6.90	部分建筑物受损，金属板扭曲，玻璃破碎
13.8	部分墙体和屋顶倒塌
16.56	暴露工人的耳膜破裂
17.25	人员严重死亡
20.7	钢结构建筑物的变形和基础位移

续表

超压/kPa	损坏效应
34.5	木结构断裂
69.0	几乎所有建筑物倒塌，人员肺部流血
138	直接冲击波导致 100%死亡

2. 冲击波模拟

当爆炸发生时，高温高压的爆炸产物迅速挤压周围的空气对外做功，在距离爆炸中心相同的位置形成一个内外侧压差(或温差)相同的波面，在压差(或温差)的作用下波面向外扩散，这个过程就是冲击波作用的过程。

冲击波可以采用凝聚态爆炸物爆炸冲击模拟，该模型并不模拟爆炸反应本身，而是将特定质量的爆炸物转化为对应狭小空间内的凝聚态气体爆炸物，并将此作为初始模拟条件。该模型将爆炸近似看作一个不断膨胀的“气球”，初始爆炸条件为一个高温高压球形空间内的凝聚态爆炸性气体。该模型采用理想气体状态方程模拟流体流量及温度场变化、采用超压公式模拟压力场变化。

初始爆炸体积是通过标准 TNT 曲线获得的，因此“气球”的直径与爆炸物 TNT 当量成正比。已知可燃物 TNT 当量后，通过计算将其转化为等熵下一定压力、一定温度的爆炸性“气球”，设定合适的模拟空间和网格单元后，即可获取较为准确的预测结果。

3. 定量风险分析与识别

对于爆炸后果及风险分析，可根据后果计算模型，结合实际情况，定量评价爆炸对周边地区的影响面积，识别对应的个人风险和社会风险。

如上例中，基于 TNT 等效爆炸模型，计算蒸气云爆炸的影响。爆炸发生时，死亡半径(R_1)为

$$R_1 = 13.6 \times (W_{\text{TNT}} / 1000)^{0.37} \tag{7-61}$$

重伤半径(R_2)和轻伤半径(R_3)分别为

$$\Delta P = 0.137[R_i / (E / p_0)^{1/3}]^{-3} + 0.119[R_i (E / p_0)^{1/3}]^{-2} + 0.269[R_i (E / p_0)^{1/3}]^{-1} - 0.019 \quad (i = 2,3) \tag{7-62}$$

$$E = W_{\text{TNT}} Q_{\text{TNT}} \tag{7-63}$$

式中，p_0 为大气压，101kPa；ΔP 为超压，kPa；E 为 TNT 爆炸产生的能量。因此，根据不同的超压值可以计算出不同的损伤半径。

此外，可以根据计算结果识别个人风险及社会风险。个人风险即危险化学品引发的各种潜在的火灾、爆炸、毒气泄漏事故而导致的单位时间(通常为每年)的个体死亡率，通常以个人风险等高线表示。社会风险即可导致至少 N 人死亡的事故的累积频率(F)，或单位时间(通常为每年)的死亡人数，通常以社会风险曲线(F-N 曲线)表示。可允许的社会风险标准可以采用尽可能低到合理实践(ALARP)的原则，ALARP 原则使用两条风险分界线将风险划分为 3 个区域，即不准入区、尽可能低的区和准入区。

7.4.1.2　扩散爆炸模型

当已知具体爆炸性物质时，在FLACS软件中可对扩散和气体爆炸进行联合模拟：

(1) 在模拟开始之前，先设置点火时间和位置，然后进行扩散模拟。如果点火时的燃料浓度或位置在可燃区之外，则不会发生爆炸。这种方法需固定风速，不可设定风力条件，不适合用于爆炸模拟。

(2) 先进行一次扩散模拟，根据模拟结果确定点火时间和地点，然后由确定的点火时间和地点重新进行扩散模拟，因已选择了确切的点火时间和位置，所以会发生爆炸，但此方法需多次重复进行扩散模拟，时间成本较高。此方法也需固定风速，不可设定风力条件，依然不适合用于爆炸模拟。

(3) 可行的方法是先进行扩散模拟，在选定的时间点创建模拟转储文件，查看结果并从转储文件中最接近目标点火时间的时间点重新开始模拟。此方法可以选择多个点火位置而不必重新进行扩散模拟。同时，可以对扩散情况进行实时监测。此方法在扩散模拟中可以使用风力条件，然后将其关闭(改为欧拉边界条件)进行爆炸模拟。

需注意的是：

(1) 对于大多数爆炸模拟，可以使用欧拉边界条件。

(2) 对于风和扩散模拟，喷嘴边界条件(类似于欧拉边界条件)更加稳定。

(3) 对于低约束爆炸和远场爆炸传播，建议使用平面波边界条件。其边界必须远离爆炸(火焰不应到达边界，且区域大于膨胀云尺寸)。

(4) 在模拟海面或地面时，建议将固体表面与欧拉或喷嘴边界条件一起使用。

(5) 不同的边界不需有相同的条件。

(6) 当利用边界条件试图模拟边界之外发生的事件时，除实体外，其并不简单。有时边界条件会干扰甚至破坏模拟过程。此时应该：确保选择的边界条件是最适合正在模拟的问题；考虑增加模拟体积，并将边界移动到坡度不太陡的区域。

7.4.2　爆炸案例分析

7.4.2.1　问题描述

本案例是编者团队利用CFD技术对天津港“8 · 12”瑞海公司危险品仓库火灾爆炸事故进行模拟。2015年8月12日，位于天津市滨海新区的瑞海公司危险品仓库发生了爆炸事故。事故原因为仓库存放的硝化棉($C_{12}H_{16}N_4O_{18}$)分解放热引发初始火灾，随后发生约15t TNT当量的一次爆炸和约430t TNT当量的二次爆炸。本案例对事故中最为剧烈的第二次爆炸进行仿真模拟，将得到的爆炸冲击波、爆坑等结果与实际事故后果进行对比。

7.4.2.2　问题分析

本案例是针对天津港“8 · 12”火灾爆炸事故所做的CFD仿真模拟和后果损伤定量评估。使用FLACS软件分析事故历程，对第二次爆炸过程进行模拟。围绕爆炸中心规划模拟区域，并设立计算网格；分析、计算爆炸强度并转化为边界条件与初始条件而作为输入值，以得到所关心的模拟结果参数，模拟事故的发生过程。本案例采用专门仿真爆炸模型以应用于凝聚爆炸物爆炸冲击波的模拟，以获得更准确的压力场模拟结果。

7.4.2.3 解决方案

1. 几何建模与网格划分

本案例对爆炸中心区域进行3D建模，并围绕爆炸中心区域设立计算网格。为确保模拟的准确性，设置单元网格尺寸为3m，扩散因子为1.1倍。爆炸核心模拟区域为100m×100m×51m的长方体，爆炸扩散区域为850m×750m×300m的长方体。计算域的几何模型与网格划分情况如图7-19及图7-20所示。

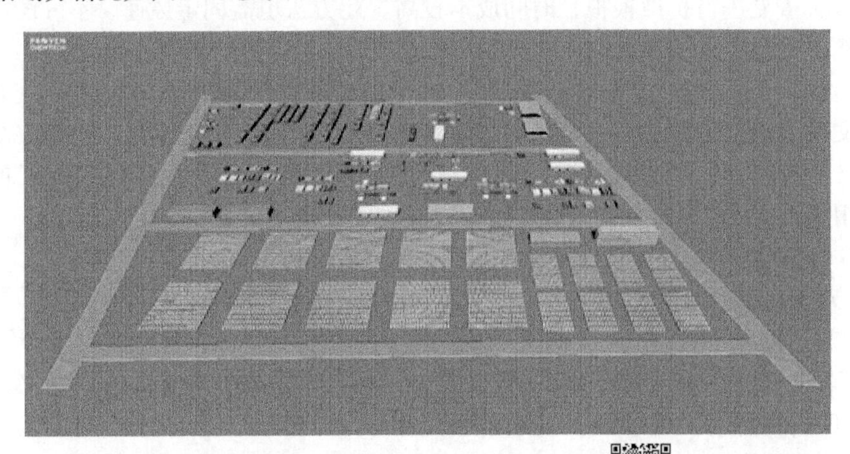

图7-19 爆炸计算域几何模型

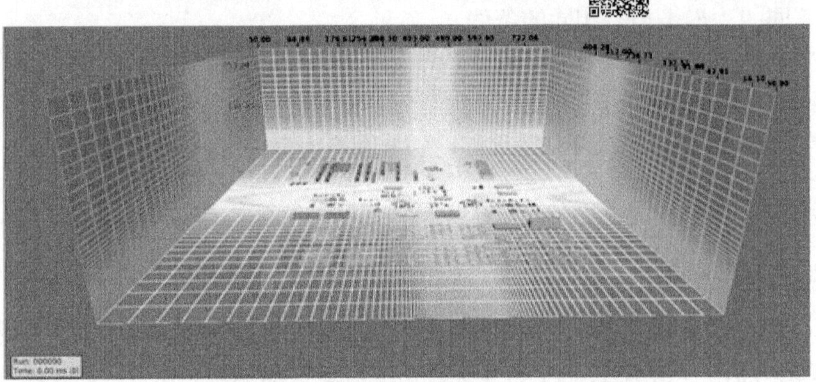

图7-20 爆炸计算域网格划分

2. 模拟过程

本案例采用专用的仿真爆炸模型模拟凝聚爆炸物爆炸冲击波。相较而言，这样处理的模型对压力场的模拟结果更为准确。

初始爆炸体积通过标准TNT曲线获得，因此“气球”的直径与爆炸物TNT当量成正比。输入可燃物TNT当量后，系统即将其转化为等熵下压力808bar、温度10000K的爆炸性“气球”，设定合适的模拟空间和网格单元后，可获取较为准确的预测结果。

本案例对冲击波损伤进行了定量评估。冲击波损伤可基于压力波作用在建筑物上导致的侧向超压峰值确定，超压可由TNT当量以及距离地面上爆炸源点的距离 r 估算。由

经验得到的比拟关系规律如式(7-64)及式(7-65)所示

$$Z_e = \frac{r}{m_{TNT}^{1/3}} \tag{7-64}$$

$$\frac{p_0}{p_a} = \frac{1616\left[1+\left(\frac{Z_e}{4.5}\right)^2\right]}{\sqrt{1+\left(\frac{Z_e}{0.048}\right)^2}\sqrt{1+\left(\frac{Z_e}{0.32}\right)^2}\sqrt{1+\left(\frac{Z_e}{1.35}\right)^2}} \tag{7-65}$$

式中，p_0 为侧向超压峰值压力；p_a 为周围环境压力；Z_e 为 TNT 当量比例距离。

基于此，本研究的模型计算得出各时点超压数据，并基于超压进行定量损伤估算。

7.4.2.4　结果与讨论

1. 爆炸冲击波

应用上述模型与方法对爆炸冲击波进行 CFD 仿真并用 3D 图像处理技术勾画出冲击波随时间发展的 3D 等值面扩散图，如图 7-21 所示。

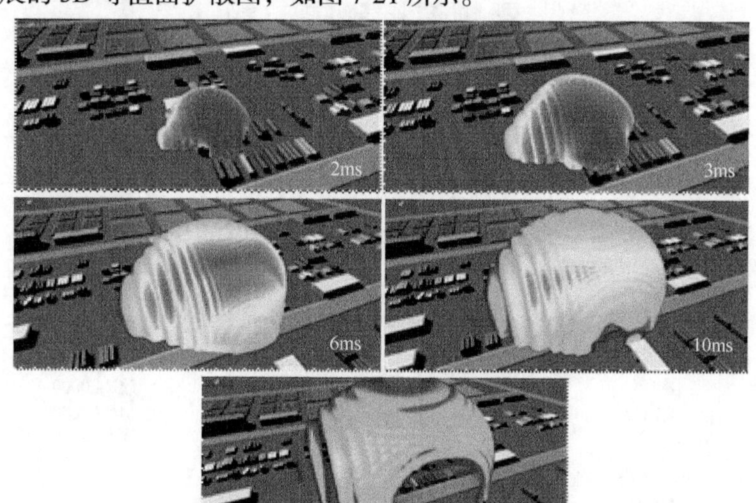

图 7-21　不同时刻爆炸冲击波模拟图

大爆炸发生时，12ms 内即可造成直径 100m 左右的超强冲击波(20.4barg 以上)，此时建筑物全部遭到破坏，重型机械工具被移走并遭到严重破坏，钢筋混凝土严重变形失效，玻璃全部破裂。此压力下可导致人员直接丧生。

2. 爆坑的预测

图 7-22 为爆炸平面图，从图中可分析冲击波平面范围及爆坑。产生爆坑痕迹的超压为 21.4kg 大气压，对超压大于 20.4barg 的冲击波进行模拟，计算可以获得最大直径 100m 左右的爆坑。

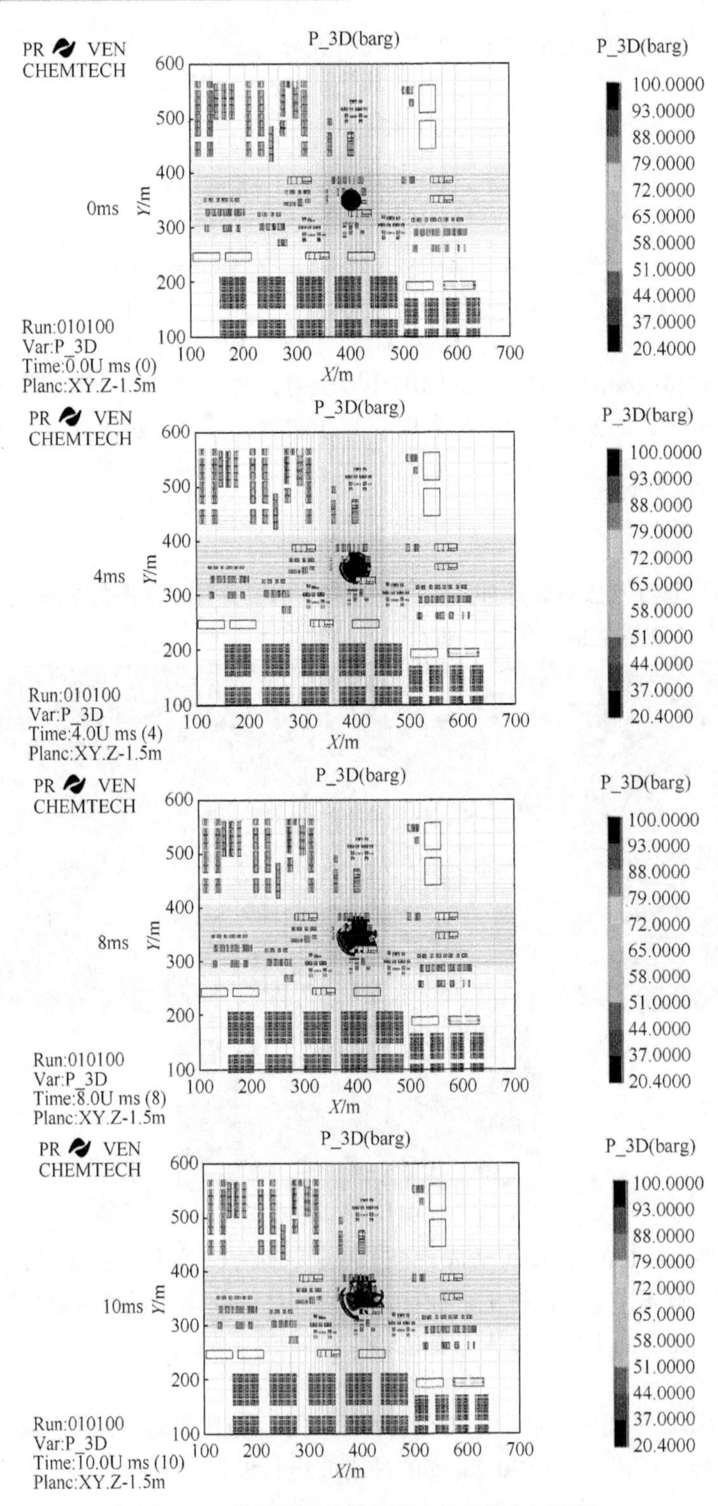

图 7-22 模拟预测的爆炸冲击波及爆坑平面图

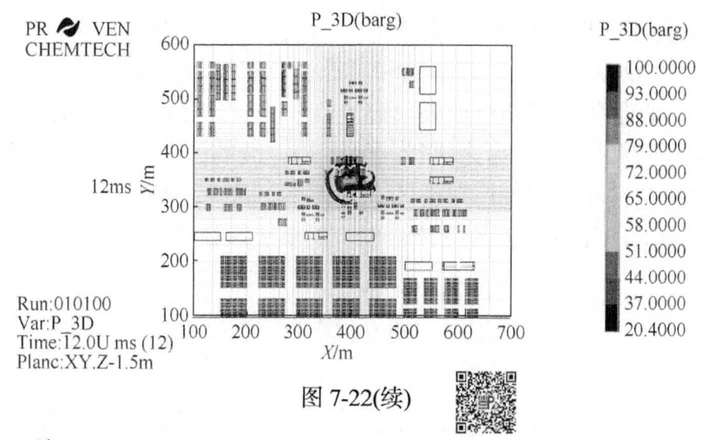

图 7-22(续)

3. 对比实际情况

图 7-23 为现实情况的爆炸前后对比图。实际事故中大爆坑直径约 97m，以大坑为中心的 150m 范围内的建筑被摧毁，东侧的瑞海公司综合楼和南侧的中联建通公司办公楼只剩下钢筋混凝土框架；堆场内大量普通集装箱和罐式集装箱被掀翻、解体、炸飞，形成由南至北的 3 座巨大堆垛。模拟预测得到的大爆炸后果与实际后果高度吻合。

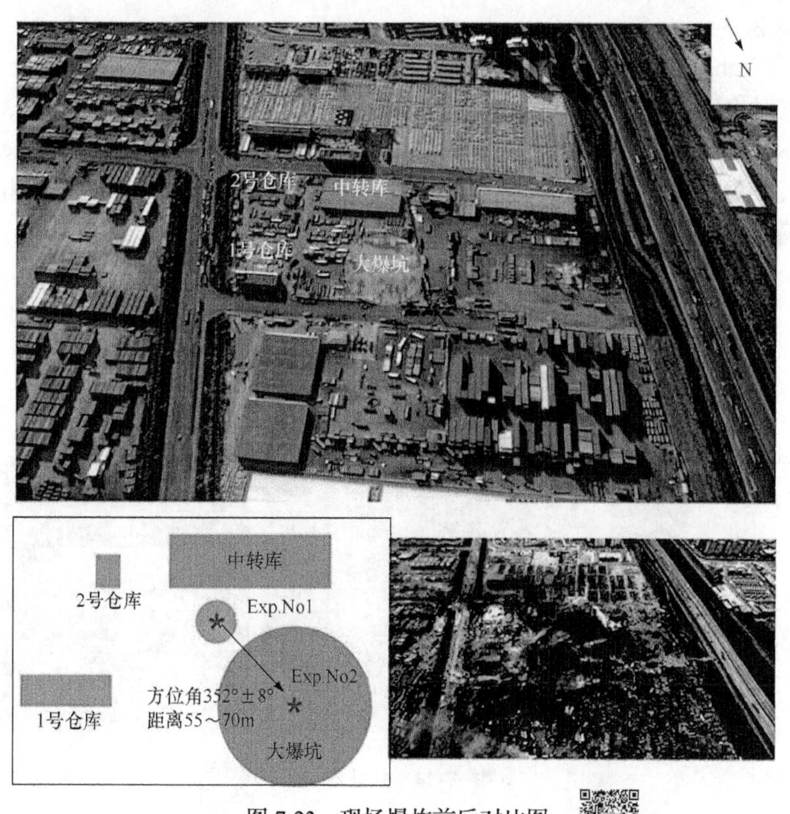

图 7-23　现场爆炸前后对比图

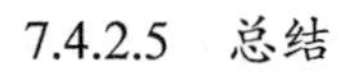
7.4.2.5　总结

本案例采用 CFD 分析方法研究爆炸过程，案例模拟了天津港“8 · 12”瑞海公司危险品仓库火灾爆炸事故中第二次爆炸事故的冲击波范围，得到爆坑大小，通过与实际事故后果对比，验证了 CFD 模拟方案的准确性和可靠性。爆炸作为化工过程发生频率较高、危害较大的过程，一直是化工安全过程的研究重点。由于其瞬间发生剧烈变化的特点，通过 CFD 技术并结合专用冲击波模型来进行压力、冲击波的模拟，可以主要考察爆炸的影响范围，常用于事故调查和预测爆炸损伤的定量评估。同时，通过 CFD 模拟可以指导罐区、控制室、厂区的布局以及防爆墙的设计，也可对事故后果预测及应急响应提供指导依据。

7.5 池火事故模拟

火灾是化学过程工业中最常见的事故类型，可发生在易燃易爆物生产、运输和储存中的任何一个环节。火灾有许多不同的类型，如喷射火、闪火、池火等。可燃液体(如汽油、柴油等)泄漏后流到地面形成液池，或流到水面并覆盖水面，遇到火源燃烧形成池火。在事故调查中，大多数事故(约 42%)都与池火有关。池火经常引发爆炸，可能导致火灾趋势增加，造成巨大的生命和财产损失。池火的风险和发生频率都很高，因此有必要对与池火相关的风险进行建模，以便正确预测此类火灾的情况。

1. 问题描述

本案例(Zhang et al.，2014)利用 CFD 方法研究池火事故，以天津某化工企业的石化储罐区为研究对象，根据储备材料的基本特点和储罐区的具体情况，对消防堤坝池火的危害分析及破坏区域等进行研究，厂区布局见图 7-24。本案例使用 FDS(fire dynamics simulator)软件对池火事故进行模拟，考察由储罐泄漏引起的池火对周围 36760m^3 范围内的影响，获得了火焰形态、热辐射强度、烟雾分布、温度变化等结果。

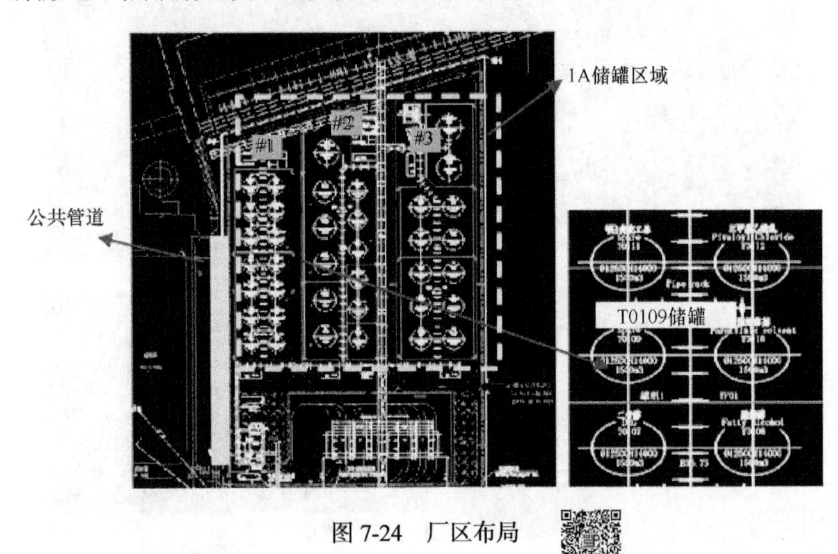

图 7-24 厂区布局

2. 问题分析

FDS 作为目前应用最广泛的安全领域 CFD 模拟软件之一，在模拟池火方面有其特定的优势，它使用拉格朗日粒子代表燃烧气体和热烟来描述流动行为。本案例利用 FDS 对实际储罐区发生的池火事故进行模拟研究，采用火堤内池火的燃烧计算模型对液池火焰形状、高度和温度，火焰热辐射和火焰危害程度进行系统分析。

3. 解决方案

1) 几何建模与网格划分

如图 7-25 所示，1A 储罐区位于化工厂的北侧，总存储容量为 $9.9\times10^4m^3$，地面上有 38 个储罐。根据储罐的容积大小，1A 储罐的面积分为三组，依次按东西方向排列。其中，丙烯酸丁酯罐(T0109)是工厂西侧最靠近公共管道的储罐，容积为 $1500m^3$，直径为 12.5m，高度为 14m。储存条件通常为常温常压。

在本案例中，模拟区域为 $35m\times35m\times30m$，网格大小为 $0.1m\times0.1m\times0.1m$。堤防中水池火灾的几何模型如图 7-25 所示。

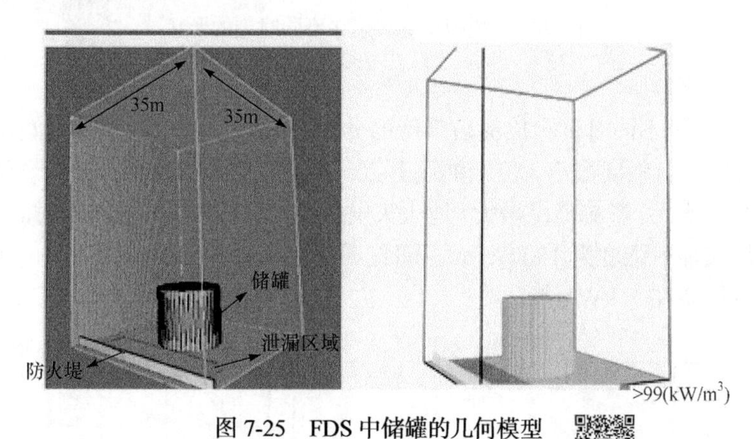

图 7-25　FDS 中储罐的几何模型

2) 模拟过程

FDS 模拟池火过程中使用的模型包括连续性方程、动量守恒方程、能量守恒方程、组分守恒方程、状态方程。上表面设置为 OPEN，侧面和底部设置为 INERT。火焰中心设置一个垂直平面，以记录热辐射强度的输出。在 FDS 模拟过程中，忽略风的影响，可燃液体在溢出区域的表面起火。设置火源有两种不同的方法：一种是设置固定火源，另一种是根据化学反应放热率设置火源。由于原油的化学反应机理十分复杂，本案例采用固定火源的方法，火源的放热率设为 $1500kJ/m^2$。为了简化模拟和计算，假设模拟的空间边界黑度等于 1，温度为 300K，地面为绝热。假设在物料处理过程中，防火堤中发生了储罐泄漏和聚积火。泄漏口位于罐壁与管道的连接处，高度为 0.5m，压力为 3×10^5Pa，泄漏时间为 5min，火灾模拟时间设置为 60s。

4. 结果与讨论

1) 火焰形态

模拟预测的池火火焰在不同时刻的形状如图 7-26 所示。随着丙烯酸丁酯液体的燃烧，火焰逐渐扩大，高温时释放出大量烟雾，火焰沿罐壁垂直蔓延，呈圆柱形。池火发生 20s 后，火焰蔓延至计算域空间顶部，高度约 30m。此后，由于火焰与外部环境的新鲜空气之间的相互作用，火焰厚度偶尔会发生变化，但总体上是圆柱形的。火焰的形状和高度不变，并保持稳定状态。随着燃烧的发展，在没有及时得到有效控制的情况下，池火迅速发展，并在周围的设备和建筑物上产生强烈的热辐射。

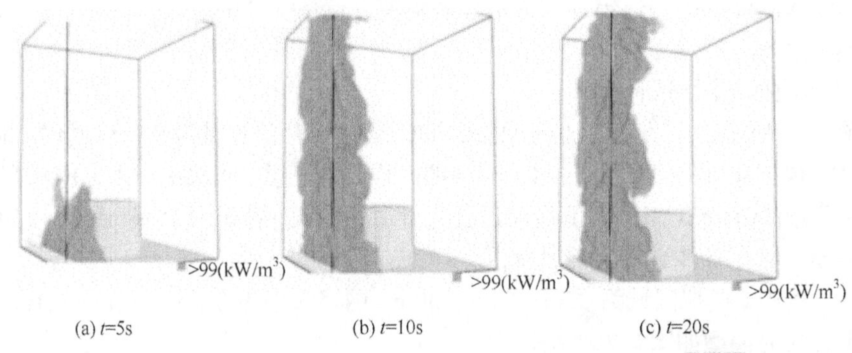

图 7-26　模拟预测火焰在不同时刻的形状

2) 热辐射强度

图 7-27 显示了不同时刻火焰辐射强度的分布。辐射强度随着燃烧时间发生变化，在火灾早期，火焰辐射强度很小，位于油罐上方，占据一小部分空间；随着燃烧的发展，火焰辐射强度明显增大，影响范围增大。池火灾发生 20s 后，池壁一侧的辐射面积达到 80%，火焰中心的最大辐射强度为 150kW/m^2。随着燃烧稳定性和大气湍流效应的影响，表观辐射强度降低后保持在 75kW/m^2。

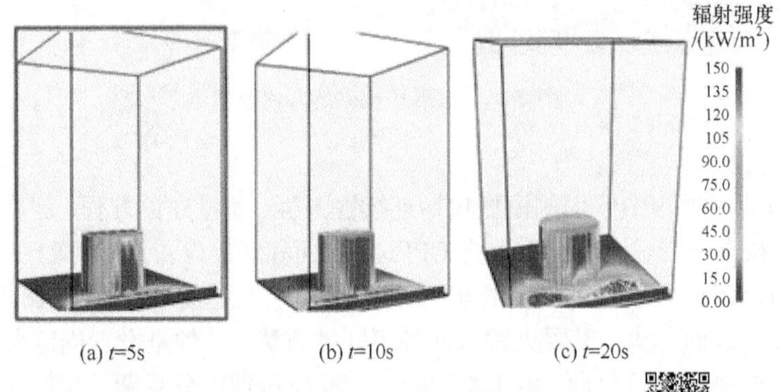

图 7-27　不同时刻火焰辐射强度的分布

如图 7-28 所示，模拟条件下的热辐射强度保持在 75kW/m^2，有害半径为 28.46m，可能损坏相邻的 5 个储罐(T0107、T0108、T0110、T0111、T0112)以及工厂西侧的公共管道，甚至引起二次起火爆炸。

3) 烟雾矢量分布

图 7-29 为池火燃烧过程中不同时刻火焰中心烟气速度的分布。在模拟过程中，选取储罐中心垂直面作为观测面，检测烟气流速的变化。池火刚发生时，烟气速度变化不大，较高烟速主要集中在池火柱周围；随着燃烧的发展，池火柱附近的烟速较高，靠近火焰中心的烟速较低，靠近火焰边缘的烟速较高。随着火焰高度上升 20～30m 高度，烟速再次增加，最大烟速为 3.8m/s，最高烟温为 215℃。

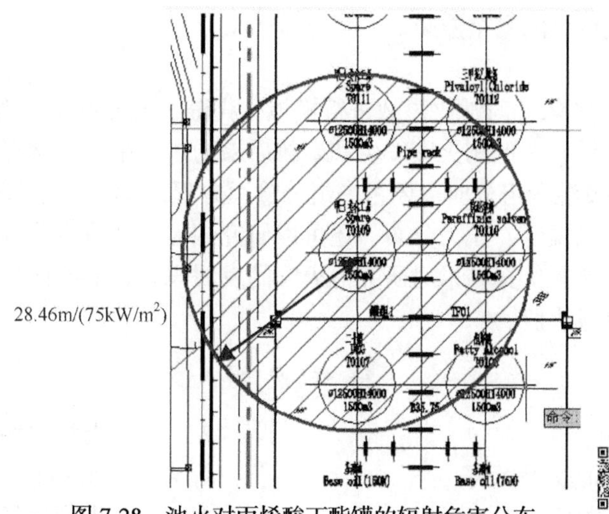

图 7-28　池火对丙烯酸丁酯罐的辐射危害分布

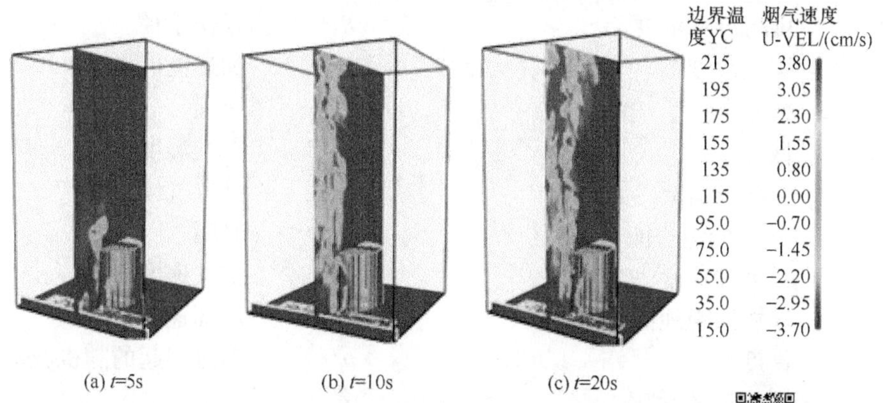

图 7-29　不同时刻火焰中心烟气速度的分布

4) 相邻储罐的表面温度

图 7-30 为相邻储罐在不同时刻的表面温度分布。火焰中心温度为 830～920℃，储罐壁的最高表面温度约为 520℃。一旦引发丙烯丁酯罐起火，会产生更高的火焰温度，对环

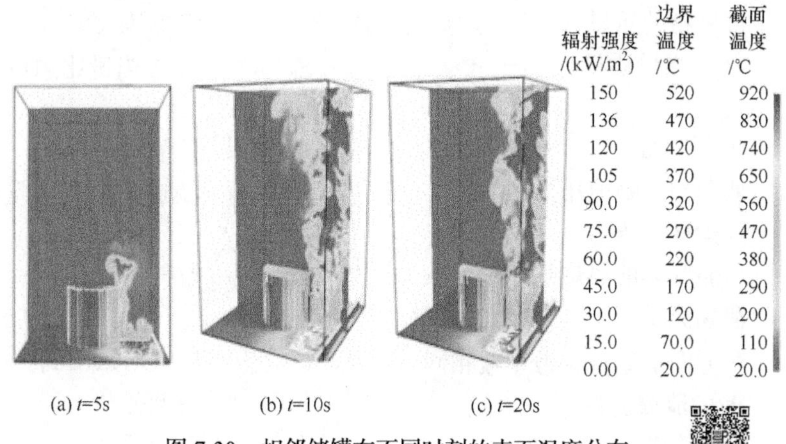

图 7-30　相邻储罐在不同时刻的表面温度分布

境和其他储罐造成更大的安全威胁。

5. 总结

本案例使用FDS软件对池火事故进行模拟，获得了火焰形态、热辐射强度、烟雾分布、温度变化等结果。在预测火灾发生和事故后果的过程中，应选择湍流模型和化学反应及燃烧模型，涉及混合组分时需要考虑组分输运方程，指定特定计算域内的组分含量。通过模拟能得到火焰温度、压力分布，还可以研究烟雾、蒸汽变化情况，并可以获得热辐射影响范围及后果。仿真结果对研究池火灾的发展规律、储罐区环境影响评价和安全设计具有重要的参考价值。

符号说明

英文

A	VCE的效率因子
C	物质浓度
C'	随机波动浓度
$\overline{C}$	平均浓度
D_{tid}	剂量
div	散度
E	TNT爆炸产生的能量
E_{TNT}	TNT的爆炸能
g	重力加速度
H_r	释放源距地面距离
h	高度
K	湍流扩散系数
K^*	各方向上湍流扩散系数相同时的湍流扩散系数
K_j	湍流扩散系数
K_x,K_y,K_z	x,y,z方向上的湍流扩散系数
m	可燃物的质量
m_{TNT}	TNT当量质量
P	大气压
p	压力，Pa
p_0	侧向超压峰值压力
p_a	周围环境压力
Q	可燃气体的燃烧热，J/kg
Q_m	泄漏流率
Q_m^*	各方向上湍流扩散系数相同时的泄漏流率
Q_{TNT}	TNT的爆炸热，J/kg
R	爆炸损伤半径
R_1	死亡半径
R_2	重伤半径
R_3	轻伤半径
R_i	加速度值之比
S_ϕ	源项
T_a	空气温度
T_s	排放气体温度
t	时间
u	空气速度
u_i	局部速度
u_j'	湍流引起的随机波动速度
$\overline{u}$	风速
$\overline{u}_s$	气体释放速度
W	蒸气云中可燃气体的质量，kg
W_{TNT}	以kg为单位的蒸气云的TNT当量
y	等值线高度
Z_e	TNT当量比例距离

希文

Γ_i	扩散输运系数
η	经验爆炸效率(量纲为一)
ρ	云团密度
ρ_a	空气密度
$\sigma_x,\sigma_y,\sigma_z$	x,y,z方向上的扩散系数
υ	空气对云团的剪切力产生的摩擦速度
ϕ	系统变量

参 考 文 献

蔡凤英, 谈宗山, 孟赫, 等. 2001. 化工安全工程. 北京: 科学出版社.

高清军. 2008. 多种海况下的水下溢油数值模拟. 大连：大连海事大学.

胡万吉. 2019. 2009~2018 年我国化工事故统计与分析. 今日消防, 4(2): 3-7.

李晋. 2012. 化工安全技术与典型事故剖析. 成都: 四川大学出版社.

刘刚. 2015. 海底输油管道泄漏检测及溢油水下扩散模拟技术研究. 成都：西南石油大学.

陆春荣, 王晓梅. 2009. 化工安全技术. 苏州: 苏州大学出版社.

宁平，张朝能，沈武艳. 2010. 危险品泄漏的风洞实验与数值模拟. 北京：冶金工业出版社.

钱新明, 冯长根, 刘振翼. 2003. 数值模拟方法在爆炸事故分析的应用. 沈阳：2003 年中国科学技术协会学术年会、“安全健康：全面建设小康社会”专题交流会、全国第三次安全科学技术学术交流大会.

邵辉. 2012. 化工安全. 北京: 冶金工业出版社.

沈艳涛, 于建国. 2008. 毒性重气瞬时泄漏扩散过程 CFD 模拟与风险分析. 华东理工大学学报(自然科学版), 34(1): 19-23.

王正, 姜春明, 赵祥迪, 等. 2015. CFD 模拟分析技术在罐区火灾事故分析中的应用. 安全、健康和环境, 15(1): 19-22.

赵祥迪, 袁纪武, 翟良云, 等. 2011. 基于 CFD 的液态烃罐区泄漏爆炸事故后果模拟. 油气储运, 30(8): 634-636.

周丹, 张勇, 蒋军成, 等. 2016. 苯乙烯聚合反应热失控及其紧急抑制的数值模拟. 高校化学工程学报, 30(3): 618-625.

Cui J, Ni L, Jiang J, et al. 2019. Computational fluid dynamics simulation of thermal runaway reaction of styrene polymerization. Organic Process Research & Development, 23(3): 389-396.

Dakshinamoorthy D, Khopkar A R, Louvar J F, et al. 2006. CFD simulation of shortstopping runaway reactions in vessels agitated with impellers and jets. Journal of Loss Prevention in the Process Industries, 19(6): 570-581.

FLACS. 2018. User’s Manual. Gexcon AS, 109, 349.

Jiang J, Wu H, Ni L, et al. 2018. CFD simulation to study batch reactor thermal runaway behavior based on esterification reaction. Process Safety and Environmental Protection, 120: 87-96.

Lees F. 2004. Lees’ Loss Prevention in the Process Industries. 3rd Edition. Oxford: Butterworth-Heinemann.

Scargiali F, Di Rienzo E, Ciofalo M, et al. 2005. Heavy gas dispersion modelling over a topographically complex mesoscale. Process Safety and Environmental Protection, 83(3): 242-256.

Yang S, Jeon K, Kang D, et al. 2017. Accident analysis of the gumi hydrogen fluoride gas leak using CFD and comparison with post-accidental environmental impacts. Journal of Loss Prevention in the Process Industries, 48: 207-215.

Zhang M, Song W H, Wang J, et al. 2014. Accident consequence simulation analysis of pool fire in fire dike. Procedia Engineering, 84: 565-577.

Zhang Q , Zhou G , Hu Y, et al. 2019. Risk evaluation and analysis of a gas tank explosion based on a vapor cloud explosion model: A case study. Engineering Failure Analysis, 101: 22-35.